2016 Excel
应用大全

赵骥 高峰 刘志友 编著

清华大学出版社
北京

内 容 简 介

Microsoft Excel 是 Microsoft Office 办公组件中的重要组成部分，在企业日常办公中被广泛应用。本书根据现代企业日常办公的需要，详细地介绍了 Microsoft Excel 的最新版本 Excel 2016 的基本操作，公式、函数、图表以及数据处理等内容。同时在各章的讲解中安排了应用实例，以提升读者的操作水平。

本书内容翔实，实例丰富，步骤详细，可操作性强，无论是初学者还是对 Excel 有一定了解的用户都可以通过本书轻松掌握 Excel 2016 的使用。本书适用于企业办公人员自学，也可作为 Excel 2016 的培训教材使用。

图书在版编目（CIP）数据

Excel 2016 应用大全/赵骥，高峰，刘志友编著. —北京：清华大学出版社，2016（2017.7 重印）
ISBN 978-7-302-44871-6

Ⅰ. ①E… Ⅱ. ①赵… ②高… ③刘… Ⅲ. ①表处理软件 Ⅳ. ①TP317.3

中国版本图书馆 CIP 数据核字(2016)第 201663 号

责任编辑：王金柱
封面设计：王　翔
责任校对：闫秀华
责任印制：宋　林

出版发行：清华大学出版社
　　　　　网　　　址：http://www.tup.com.cn，http://www.wqbook.com
　　　　　地　　　址：北京清华大学学研大厦 A 座　　　　邮　　编：100084
　　　　　社 总 机：010-62770175　　　　邮　　购：010-62786544
　　　　　投稿与读者服务：010-62776969，c-service@tup.tsinghua.edu.cn
　　　　　质 量 反 馈：010-62772015，zhiliang@tup.tsinghua.edu.cn
印 刷 者：清华大学印刷厂
装 订 者：三河市新茂装订有限公司
经　　销：全国新华书店
开　　本：190mm×260mm　　　印　张：40　　　字　　数：1024 千字
版　　次：2016 年 10 月第 1 版　　　印　　次：2017 年 7 月第 3 次印刷
印　　数：4001～6000
定　　价：89.00 元

产品编号：069894-01

前　言

作为当今最流行的电子表格处理软件，Microsoft Office Excel 以其操作简单和功能强大著称，在企业日常办公中得到了广泛的使用。Excel 2016 是 Microsoft Office Excel 的最新版本，同以前的版本相比，它不仅在功能上有了较大的改进和完善，在外观和操作上也有了很大的变化和提高。

全书共分为 17 章，由浅入深，全面细致地讲解了 Excel 的基本操作，公式、函数、图表以及数据处理等内容。公式与函数功能、图表应用是 Excel 的常用功能，公式与函数主要应用于数据的计算和处理，以方便用户的直观分析。

第 1～2 章主要介绍 Excel 2016 的基本知识和基本操作。

第 3～13 章主要介绍 Excel 2016 中公式和函数的基本概念和操作以及 Excel 2016 中常用的函数和专业函数，包括逻辑函数、时间和日期函数、数学和三角函数、信息函数、文本函数、数据库与 Web 函数、查找和引用函数、统计函数、财务函数、工程函数。在函数的介绍中，本文引用了大量的实例，力求通过实例使读者了解函数的使用方法和功能。

第 14～17 章主要介绍 Excel 2016 中的图表类型和编辑的应用，数据透视表和数据透视图的应用，Excel 2016 中的数据分析，包括数据的筛选、排序、分类汇总、合并的基础知识。在这一部分列举了大量的实例，详细地讲解了操作步骤，图文并茂，相信读者通过本部分内容的学习可以轻松掌握 Excel 2016 的各种图表工具。

本书最大的特色是不仅有基础知识的详细介绍，还通过综合实例帮助读者对知识进行巩固，而且在掌握 Excel 2016 知识的同时，还可以学习财务管理、企业生产管理、人力资源管理等相关的知识，将会使读者受益匪浅。书中每章都设有"提示"、"技巧"等小知识点，让读者对隐蔽的小知识点得到更好的了解。对重要知识点及操作进行提示，使读者少走弯路，更熟练地掌握重要知识点。

本书在编写时，力求文字浅显易懂、条理清晰、内容循序渐进，在写作风格上注重实用、好用，使读者可以在短时间内掌握 Excel 2016 的使用。另外，全书对操作术语进行了规范，操作步骤详细并结合图形加以说明，可操作性强。无论是具有一定的 Excel 使用基础的用户，还是从未使用过 Excel 的初学者，相信通过对本书的学习，都能轻松快速地掌握 Excel 2016 的使用，成为 Excel 办公高手。

由于编者经验有限，书中难免有不当之处，敬请广大读者批评指正。

提供素材文件下载

为方便初学者上机练习，本书还提供了各章节的 Excel 案例文件，读者可在 Excel 软件中直接打开使用。文件下载地址：http://pan.baidu.com/s/1pLF706Z（注意区分字母的大小写）。如果读者在下载中遇到问题，请电子邮件联系 booksaga@126.com，邮件主题为"求 Excel 2016 应用大全素材"。

编　者

2016 年 1 月

目　录

目 录

目 录

第 1 章
Excel 2016 基本操作

学习导读

Excel 2016 是 Office 中重要的组件之一，其应用范围十分广泛，在学习系统的知识之前，需要对 2016 版本的应用领域和新特性有一个整体的了解，以便以后能够更好地使用 Excel，为我们的工作和学习带来方便。

学习要点

- 学习 Excel 2016 的启动与退出。
- 学习工作簿的基本操作。
- 掌握工作表、单元格的基本操作。
- 掌握格式化工作表操作。

1.1　Excel 2016 的启动、退出及工作界面

在使用 Excel 2016 进行操作之前，需要启动软件，当工作完成后则需要退出 Excel 2016，因此掌握启动与退出是使用 Excel 2016 之前必须掌握的。

1.1.1　启动 Excel 2016

启动程序也就是进入 Excel 的工作界面，在计算机中安装软件后可以通过以下几种方法启动程序。

1. 利用"开始"菜单启动

单击 Windows 桌面左下角的 ![按钮] 按钮，在弹出的"开始菜单"中选择 Excel 2016，如图 1-1 所示，便可以启动 Excel 2016 软件。

2. 利用快捷方式图标启动

快捷方式图标位于桌面，双击如图 1-2 所示的 Excel 2016 图标即可启动程序，或者鼠标右键单击该快捷方式图标，在弹出的快捷菜单中选择"打开"命令也可启动程序，如图 1-3 所示。

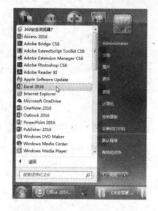
图 1-1　Excel 2016 命令

图 1-2　Excel 2016 图标

图 1-3　"打开"命令

1.1.2　熟悉 Excel 2016 工作界面

Excel 2016 与 Word 2013 的界面布局基本相同，都有标题栏、快速访问工具栏、功能区、状态栏等，但 Excel 2016 所特有的是"名称框"和"编辑框"，如图 1-4 所示。

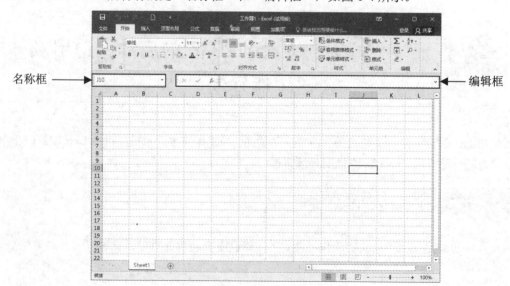
图 1-4　Excel 2016 工作界面

- 名称框：主要用于指示当前选定的单元格、图表项或绘图对象。
- 编辑框：用于显示当前单元格中的常数或公式。如果用户要向单元格输入、编辑数据或公式，可以先选定单元格，然后直接在编辑栏中输入数据，再按 Enter 键确认即可。

1.1.3 退出 Excel 2016

使用 Excel 完成工作之后，退出程序有以下几种方法。

（1）单击软件界面右上角的 ⊠ 按钮，如图 1-5 所示，即可关闭 Excel 2016。

（2）单击 Excel 2016 窗口左上角，弹出快捷菜单，单击"关闭"命令，如图 1-6 所示，关闭 Excel 2016。

（3）单击"文件"菜单，在弹出的菜单中选择"退出"命令，如图 1-7 所示。

图 1-5 "关闭"按钮

图 1-6 "关闭"命令

图 1-7 "退出"命令

1.2 工作簿的基本操作

工作簿是 Excel 软件中用来储存并处理工作数据的文件。一个工作簿就是一个 Excel 文件，文件的扩展名为".xlsx"，它由若干张工作表组成。当启动 Excel 2016 时，工作簿自动打开，而且其中默认有 3 个工作表，分别以 Sheet1、Sheet2、Sheet3 来命名，单击工作表标签可以切换工作表。一个工作簿内最多可以有 255 个工作表，工作簿中除了工作表外，还可以保存宏表、图表等。

1.2.1 创建新工作簿

启动 Excel 后会自动创建一个工作簿，如果需要新的工作簿时，可以再新建一个工作簿。

1. 利用"文件"菜单

工作簿的类型比较多，在创建时可以根据需要进行选择。

（1）启动程序后，单击界面左上方"文件"菜单，弹出一组菜单，从中选择"新建"命令，如图 1-8 所示。

（2）在右侧选择"空白工作簿"，单击"创建"按钮即可创建一个空白工作簿，如图 1-9 所示。

图 1-8　"新建"命令　　　　　　　　　　　　　图 1-9　选择"空白工作簿"

（3）除了创建空白工作簿外，还可以创建具有固定模式的办公范本，如会议议程类的各种工作簿，如图 1-10 所示，如果其中没有所需的模板，还可在线进行搜索。

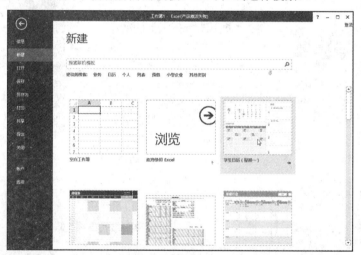

图 1-10　选择模版

2. 利用新建按钮

单击"快速访问工具栏"中的"新建"按钮，直接新建一个空白的工作簿。

技巧

将鼠标置于"快速访问工具栏"中的按钮上，可以看到提示，如图 1-11 所示。按 Ctrl+N 快捷键，即可建立空白工作簿，此种方法也适用于其他按钮。

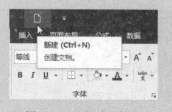

图 1-11　"新建"按钮

3．在系统中创建工作簿文件

安装了 Excel 2016 的 Windows 系统，会在鼠标右键的快捷菜单中自动添加新建"Microsoft Excel 工作表"的快捷命令，通过这一快捷命令也可以创建新的 Excel 工作簿文件，并且所创建的工作簿是一个存在于磁盘空间内的真实文件。操作方法如下：

在 Windows 桌面或者文件夹窗口的空白处单击鼠标右键，在弹出的快捷菜单中依次单击"新建"＞"Microsoft Excel 工作表"，如图 1-12 所示。完成操作后可在当前位置创建一个新的 Excel 工作簿文件，双击新建的文件即可在 Excel 工作窗口中打开此工作簿。

图 1-12　通过鼠标右键快捷菜单创建工作簿

1.2.2　开始输入数据

创建工作簿之后，便有默认 Sheet1 工作表，若要输出数据，则需要选中某个单元格，双击单元格，即可输入数据。

步骤1 选中 C2 单元格，单元格出现绿色方框，如图 1-13 所示。

步骤2 双击 C2 单元格，单元格呈输入状态，用户可输入文字、数字、日期等，如图 1-14 所示。

图 1-13　选中 C2 单元　　　　　　　　　　　图 1-14　输入文字

步骤3 在输入以 0 开头的数字时，要先输入"'"，再输入 0，如图 1-15 所示。

步骤4 单击快捷菜单"转换为数字"命令，如图 1-16 所示。

步骤5 回车，方可输入"01"数字，如图 1-17 所示。

 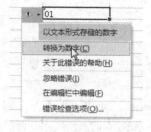

图 1-15　输入以 0 开头的数字　　图 1-16　选择"转换为数字"命令　　图 1-17　输入"01"

提示

在输入 0 开头的数字时，如果不先输入"'"，则在单元格中不会显示 0，而是直接显示 1~9 的数字。

1.2.3　保存和关闭工作簿

创建好工作簿之后，要进行保存，以防止文件丢失，当用户不再使用该工作簿时，可以将其关闭。

1. 保存工作簿

如果当前工作簿是用户第一次保存，用户须为它命名并且指定一个存放位置。具体操作步骤如下。

步骤 1 单击快速访问工具栏上的"保存"按钮，或选择"文件">"保存"命令，打开"另存为"对话框，如图 1-18 所示。

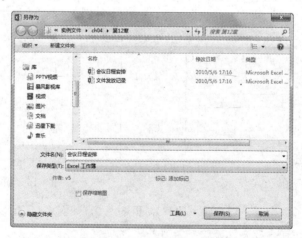

图 1-18　"另存为"对话框

步骤 2 如果要保存的位置不是系统默认的位置，用户可以设定或选择一个合适的位置。在"文件名"的文本框中，键入合适的文件名。在"保存类型"文本框中选择合适的文件类型。

步骤 3 单击"保存"按钮。

技巧

如果要保存的工作簿是以前曾经使用并在磁盘上保存过的，且不想改变工作簿的名称、位置和类型，可以通过单击快速访问工具栏中的"保存"按钮，来快速保存该工作簿。

2. 关闭工作簿

查看或编辑工作簿后，不再使用时可将其关闭。单击"文件"菜单中的"关闭"命令，如图 1-19 所示，或单击菜单栏右侧的"关闭"按钮 ，或按 Alt+F4 快捷键，即可关闭工作簿。

1.2.4 打开保存的工作簿

如果用户已经启动了 Excel 程序，那么可以通过执行"打开"命令打开指定的工作簿。有以下几种等效方式可以显示"打开"对话框。

（1）在功能区依次单击"文件" > "打开"命令。在右侧，选择"计算机"，单击"浏览"图标，如图 1-20 所示。

（2）在键盘上按 Ctrl+O 组合键。

（3）执行操作后，将显示如图 1-21 所示的"打开"对话框，选择需要打开的 Excel 文件，单击"打开"按钮，即可打开文档。

图 1-19 "关闭"命令

图 1-20 "游览"图标

图 1-21 "打开"对话框

提示

如果用户知道工作簿文件所保存的确切位置，可以利用 Windows 的资源管理器找到文件所在，直接双击文件图标即可打开。

1.2.5 保护工作簿

保护工作簿是指将工作簿设为保护状态，禁止别人访问、修改或查看，用户可以通过以下两种方法保护工作簿。

（1）单击"文件"菜单，在右侧选择"保护工作簿"下的三角按钮，弹出"保护工作簿"的选项，如图1-22所示，用户可根据需要选择不同的选项，保护工作簿。

（2）单击"审阅"菜单中的"保护工作簿"按钮，弹出"保护结构和窗口"对话框，如图1-23所示，勾选复选框，输入密码，单击"确定"按钮，保护工作簿。

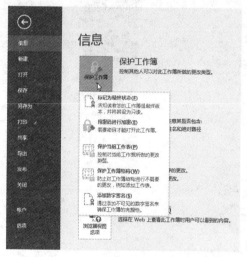

图1-22 "保护工作簿"选项

图1-23 "保护结构和窗口"对话框

- 结构：选择此项，指工作簿中不允许再插入新的工作表，就是从外在结构上保护工作簿。
- 窗口：指保护工作簿的窗口界面，保护之后窗口不能最大化或最小化，只能是默认界面。
- 密码：可选，也就是可以设置也可以不设置。

取消保护工作簿与设置保护工作簿的方法相同，再次执行即可取消保护，若设有密码，在取消时会弹出"撤销工作簿保护"对话框，输入设置的密码，单击"确定"按钮即可撤消保护，如图1-24所示。

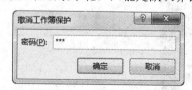

图1-24 "撤销工作簿保护"对话框

1.3 工作表的基本操作

工作表是一个由若干行和列组成的表格，每一行的行号由1、2、3……数字表示；每一列的列标由A、B、C……字母表示。Z列之后依次是AA、AB、AC……依次类推。

1.3.1　选取工作表

一个工作簿默认有 3 个工作表，用户根据需要可以建立多个工作表，并在每个工作表中输入相关内容。工作表之间可以相互切换，为用户提供了方便。下面介绍选取工作表（从 Sheet1 切换到 Sheet2）的操作方法。

（1）用鼠标单击 Sheet1 工作表，如图 1-25 所示。
（2）用鼠标单击 Sheet2 工作表，如图 1-26 所示，即可完成切换工作表。

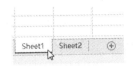

图 1-25　单击 Sheet1 工作表　　　　　　　图 1-26　单击 Sheet2 工作表

1.3.2　重命名工作表

默认情况下，工作表自动命名为 Sheet1、Sheet2、Sheet3……为了使用户容易分辨工作表，可以自定义工作表的名称。

1. 利用鼠标命名

双击工作表的名称，进入编辑状态，输入工作表名称即可，如图 1-27 所示。

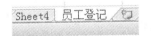

图 1-27　双击工作表名称

2. 利用"重命名"命令

步骤 1　单击"开始">"单元格">"格式">"重命名工作表"选项，如图 1-28 所示。
步骤 2　选择需要更名的工作表，单击鼠标右键，选择"重命名"选项，如图 1-29 所示。

图 1-28　"重命名工作表"命令　　　　　　　图 1-29　"重命名"选项

1.3.3 添加与删除工作表

用户可以随意在工作簿中添加或删除工作表，下面介绍具体操作方法。

1. 添加工作表

用户可以利用快捷菜单或利用"插入"选项两种方法添加工作表，具体操作方法如下。

步骤1 选定当前工作表，在该工作表标签处单击鼠标右键，在弹出的快捷菜单中选择"插入"选项，如图 1-30 所示。在弹出的"插入"对话框中选择需要的模板，单击"确定"按钮，可根据所选择的模板建立一个新的工作表，如图 1-31 所示。

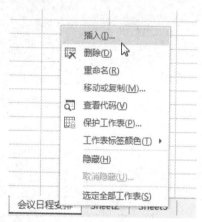

图 1-30 选择"插入"选项

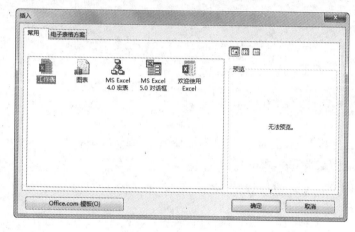

图 1-31 "插入"对话框

步骤2 单击"插入">"单元格">"插入">"插入工作表"选项，进行插入工作表，如图 1-32 所示。

图 1-32 "插入工作表"选项

技巧

如果要插入多张工作表，可以先按住 Shift 键，再选中与待添加工作表数目相同的工作表标签，单击鼠标右键，在弹出的快捷菜单中选择"插入"选项，在弹出的"插入"对话框中根据所选择的模板建立新的工作表，或者直接单击 ⊕ 也可创建新的工作表。

2. 删除工作表

删除一个工作表的具体操作步骤如下。

步骤 1 单击要删除的工作表标签。

步骤 2 在工作表标签上单击鼠标右键，在弹出的快捷菜单中选择"删除"选项，如图 1-33 所示。

步骤 3 单击"开始">"单元格">"删除">"删除工作表"选项，如图 1-34 所示。

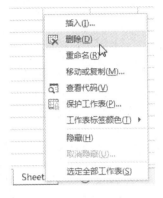

图 1-33 "删除"选项　　　　　　　图 1-34 "删除工作表"选项

步骤 4 如果该工作表是空的，就会看到选定的工作表被删除，与它相邻的右侧工作表成为当前活动工作表；如果工作表中有数据，则在执行删除命令时，系统会弹出询问对话框，询问是否确定要删除，如图 1-35 所示。如果不想删除，则单击"取消"按钮，一旦删除将不能恢复。

图 1-35 询问对话框

提示

Excel 不允许将一个工作簿中的所有工作表都删除，至少要保留一个工作表。

1.3.4 复制与移动工作表

通过复制操作，工作表可以在其他工作簿中创建副本，还可以通过移动操作在同一个工作簿中改变顺序，也可以在不同的工作簿间转移。下面介绍两种复制和移动工作表的方法。

1. 菜单操作

有以下两种等效的方法可以显示"移动或复制"对话框。

（1）在工作表标签上单击鼠标右键，在弹出的快捷菜单上选择"移动或复制工作表"选项，如图 1-36 所示。

（2）选中需要进行移动或者复制的工作表，单击"开始"选项卡中"单元格"分组中的"格式"按钮，在其扩展列表中选择"移动或复制工作表"选项，如图 1-37 所示。

图 1-36　选择"移动或复制"选项

图 1-37　选择"移动或复制"选项

在"移动或复制工作表"对话框中，"工作簿"下拉列表中选择复制/移动的目标工作簿。这里可以选择当前 Excel 程序中所有打开的工作簿或新建工作簿，默认为当前工作簿。下面的列表框中显示了指定工作簿中所包含的全部工作表，可以选择复制/移动工作表的目标排列位置，如图 1-38 所示。"建立副本"复选框是一个操作类型开关，勾选此复选框则为"复制"方式，取消勾选则为"移动"方式。

图 1-38　"移动或复制工作表"对话框

技巧

在复制和移动操作中，如果当前工作表与目标工作簿中的工作表名称相同，则会被自动重新命名，例如，"Sheet1"会被更改为"Sheet1（2）"，如图 1-39 所示。

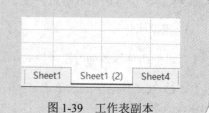

图 1-39　工作表副本

2. 拖动工作表标签

拖动工作表标签来实现移动或者复制工作表的方法更为直接。

将光标移至需要移动的工作表标签上，按下鼠标左键，鼠标指针显示出文档的图标，此时就可以拖动鼠标将此工作表移动至其他位置。拖动 Sheet2 标签至 Sheet1 标签上方时，Sheet1 标签前出现黑色三角箭头图标，以此标识了工作表的移动插入位置。此时松开鼠标按键即可将 Sheet2 移至 Sheet1 之前，如图 1-40 所示。

图 1-40　拖动 Sheet2

如果在当前工作窗口中显示了多个工作簿，拖动工作表标签的操作也可以在不同工作簿中进行。

技巧

如果在按住鼠标左键的同时，按 Ctrl 键，则执行"复制"操作。

无论是移动还是复制，都可以同时对多张工作表进行操作。

1.3.5　保护工作表

保护工作表与保护工作簿的原理类似，只是针对的对象不同。保护工作表是通过指定保护的信息，防止对工作表中的信息进行更改。

1. 设置保护工作表

步骤 1 单击"开始">"单元格">"格式">"保护工作表"选项，如图 1-41 所示。

步骤 2 单击"审阅">"更改">"保护工作表"图标，如图 1-42 所示。

图 1-41　"保护工作表"选项

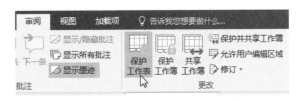

图 1-42　"保护工作表"图标

步骤 3 弹出"保护工作表"对话框，输入保护工作表密码，单击"确定"按钮，完成保护工作表的设置，如图 1-43 所示。

步骤 4 弹出"确认密码"对话框，重新输入保护工作表密码，单击"确定"按钮，如图 1-44 所示。

图 1-43 "保护工作表"对话框

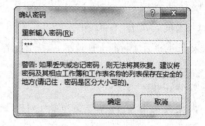

图 1-44 "确认密码"对话框

- 保护工作表及锁定的单元格内容：选择此项可以保护工作表及单元格的内容，使用户无法更改工作表的数据。
- 取消工作表保护时使用的密码：在该项文本框中输入密码，则使用密码保护工作表，当需要取消保护状态时，则需要输入设定的密码。
- 允许此工作表的所有用户进行：在此选项区域中选择需要保护的权限，例如选择"删除行"选项，则表示对该操作进行保护，使用户无法删除工作表的行。

2. 撤消工作表保护

取消工作表保护是指取消所设的保护状态，具体操作步骤如下。

步骤 1 单击"开始" > "单元格" > "格式" > "撤消工作表保护"选项，如图 1-45 所示。

步骤 2 单击"审阅" > "更改" > "撤消工作表保护"图标，如图 1-46 所示。

图 1-45 "撤消工作表保护"选项

图 1-46 "撤消工作表保护"图标

步骤3 直接撤消工作表保护状态，若设有密码将弹出"撤消工作表保护"对话框，要求输入密码，如图 1-47 所示。

图 1-47　"撤消工作表保护"对话框

1.4　单元格的基本操作

行和列的交叉处称为单元格，用列标和行号进行标识，如 A1、B20 等。

可以用一块区域中左上角和右下角的单元格来表示一个连续的单元格区域，中间用":"分隔，例如 C2:G9 表示从 C2 单元格开始到 G9 单元格结束的矩形区域。

> **提示**
>
> 为了区分不同工作表上的单元格，应在单元格名称前增加工作表名称，工作表名与单元格名之间必须使用"!"来分隔。例如 Sheet2!D6 表示该单元格是 Sheet2 工作表上的 D6 单元格。

1.4.1　选取单元格

在工作表中，经常会遇到要选取单元格、行、列的情况。

1. 选取单元格

每个工作表中都有单元格，其选取方法非常简单，即用鼠标单击某个单元格即可，如图 1-48 所示。

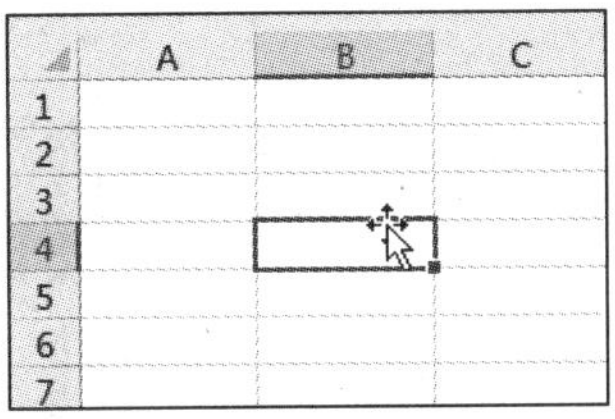

图 1-48　选取单元格

2. 选择行、列

步骤1 将鼠标放置在目标选取行的左侧，当鼠标变成黑色三角形状后单击，可选定此行，如图 1-49 所示。

步骤 **2** 将鼠标放置在目标选取列的上方，当鼠标变成黑色三角形状后单击，可选定此列，如图 1-50 所示。

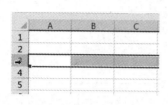

图1-49　选定某行

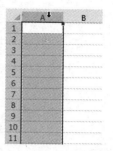

图1-50　选定某列

1.4.2　插入单元格

插入单元格的具体操作步骤如下。

步骤 **1** 选中需要在某处插入的 C4 单元格，如图 1-51 所示。

步骤 **2** 单击"开始">"单元格">"插入">"插入单元格"选项，如图 1-52 所示。

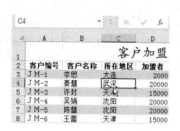

图1-51　选取单元格

图1-52　"插入单元格"选项

步骤 **3** 弹出"插入"对话框，根据需要选择相应的按钮，此处选择"活动单元格下移"，单击"确定"按钮，如图 1-53 所示。

步骤 **4** 原 C4 单元格向下移动，C4 单元格变为空，即插入的单元格，如图 1-54 所示。

图1-53　"插入"对话框

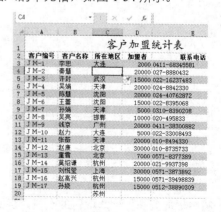

图1-54　插入的单元格

提示

整行、整列的插入方法与插入单元格相似，此处不再做介绍。

1.4.3 清除与删除单元格

清除单元格与删除单元格是两个不同的概念。

1. 清除单元格

清除单元格是指将指定单元格中的内容删除，单元格存在，即单元格位置保持不变。

步骤 1 选中要清除的 B5 单元格，如图 1-55 所示。

步骤 2 单击"开始">"编辑">"清除">"清除内容"选项（也可按键盘上的 Delete 键），如图 1-56 所示。

步骤 3 B5 单元格中的文本内容被清除，如图 1-57 所示。

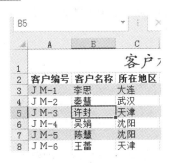
图 1-55 选中单元格

图 1-56 "清除内容"选项

图 1-57 清除单元格内容

2. 删除单元格

删除单元格是指将所选中的单元格以及所指定的单元格删除，对应的单元格、行或列补位。

步骤 1 选中要删除的 B5 单元格，如图 1-58 所示。

步骤 2 单击"开始">"单元格">"删除">"删除单元格"选项，如图 1-59 所示。

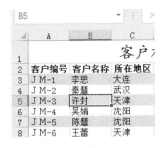
图 1-58 选中单元格

图 1-59 "删除单元格"选项

步骤 3 弹出"删除"对话框，选择"右侧单元格左移"按钮，单击"确定"按钮，如图 1-60 所示。

步骤 4 B5 单元格被删除，原 C5 单元格补位，成为 B5 单元格，如图 1-61 所示。

图 1-60 "删除"对话框

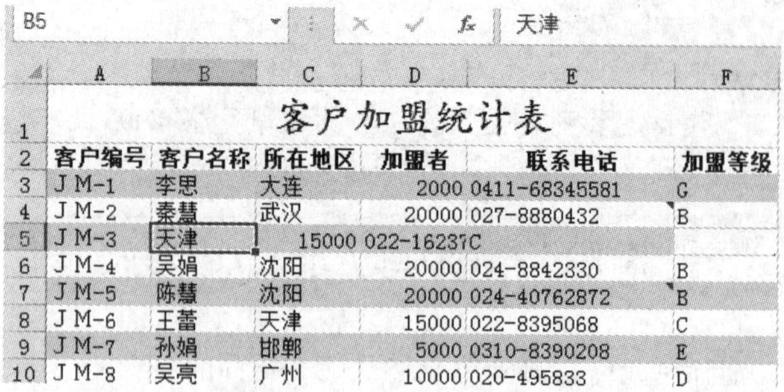

图 1-61 删除单元格效果

1.4.4 复制与剪切单元格

复制单元格与剪切单元格是两个不同的概念。

1. 复制单元格

复制单元格是指将选中的单元格的内容移动到指定位置，且被复制的单元格格式、内容保持不变。

步骤 1 选中 A5:C8 单元格，如图 1-62 所示。

步骤 2 单击"开始" > "剪贴板" > "复制" > "复制"选项，如图 1-63 所示。

步骤 3 之前所选中的 A5:C8 单元格区域变成虚线框，如图 1-64 所示。

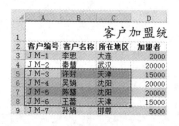

图 1-62 选取单元格

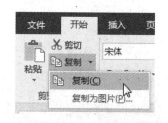

图 1-63 "复制"选项

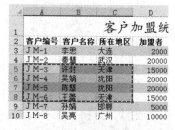

图 1-64 虚线框

步骤 4 单击 K2 单元格，单击"开始" > "剪贴板" > "粘贴" > "粘贴"选项，可以看到所复制的单元格内容，如图 1-65 所示。

图 1-65 复制单元格效果

2. 剪切单元格

剪切单元格是指将选中的单元格的内容首先粘贴到剪贴板上，然后再复制到指定位置，被剪切单元格变为空，没有文本内容。

步骤1 选中 A5:C8 单元格，如图 1-66 所示。

步骤2 单击"开始">"剪贴板">"剪切"图标，如图 1-67 所示。

步骤3 之前所选中 A5:C8 单元格区域变成虚线框，如图 1-68 所示。

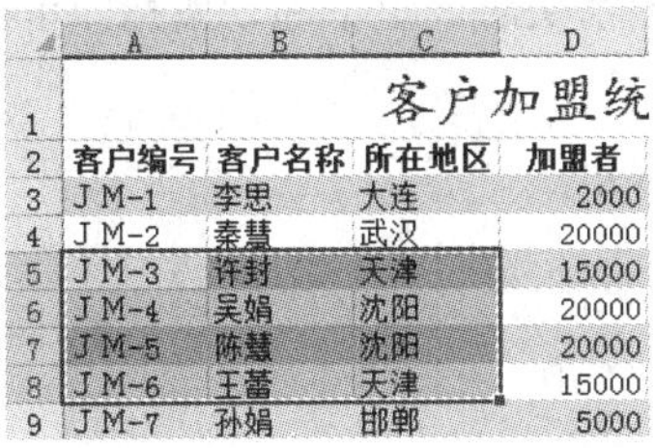

图 1-66　选取单元格

图 1-67　"剪切"图标

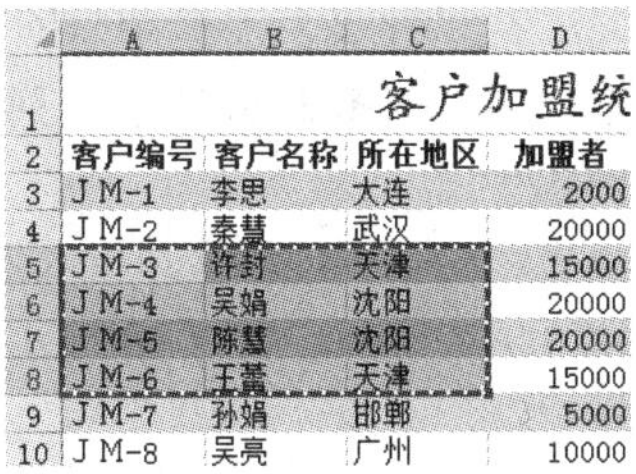

图 1-68　虚线框

步骤4 单击 K2 单元格，单击"开始">"剪贴板">"复制">"复制"选项，则可以看到所剪切的单元格效果，如图 1-69 所示。

图 1-69　剪切单元效果

技巧

复制单元格快捷键为 Ctrl+C，剪切单元格快捷键为 Ctrl+X，粘贴单元格快捷键为 Ctrl+V。用户可以应用这些快捷方式进行单元格的复制、剪切和粘贴操作。

1.5　格式化工作表

用户可以根据自己的需要设置工作表的属性，即进行美化工作，如调整表格行高、列宽，设置字体格式、对齐方式，为表格添加边框、自动套用格式等。

1.5.1　调整表格行高与列宽

调整表格行高与列宽的方法有三种：手动调整、利用快捷菜单调整、选择"开始" > "单元格" > "格式" > "单元格大小"选项进行调整。本节介绍前两种方法。

1. 手动调整行高、列宽

将鼠标移至需要调整的行号下方边缘处，当鼠标呈现上下双向箭头时，上下拖动鼠标即可调整行高，如图 1-70 所示，列宽亦如此。

图 1-70　手动调整行高

2. 调整多行行高、列宽

（1）选择所有需要调整的行，在选取的位置内单击鼠标右键，在弹出的快捷菜单中选择"行高"选项，如图 1-71 所示。

（2）在弹出的"行高"对话框内输入行高数值，单击"确定"按钮即可，如图 1-72 所示。调整列宽亦如此。

图 1-71　选择"行高"选项

图 1-72　"行高"对话框

1.5.2　设置字体格式

单元格字体格式包括字体、字号、颜色和背景图案等。Excel 中文版的默认设置为：字体为"宋体"、字号为 11 号，设置字体格式的方法有如下 3 种。

（1）单击"文件"＞"选项"命令，打开"Excel 选项"对话框，可以在"常规"选项中修改默认字体、字号等，如图 1-73 所示。

图 1-73　"Excel 选项"对话框

（2）用户还可以按 Ctrl+1 组合键或单击"开始"＞"字体"选项组中的"字体设置"按钮 ⌐，打开"设置单元格格式"对话框，选择"字体"选项卡，通过更改相应设置来调整单元格内容的格式，如图 1-74 所示。

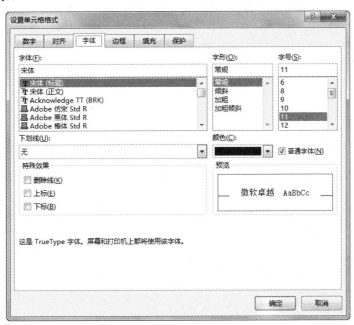

图 1-74　"设置单元格格式"对话框

"字体"选项卡选项的具体设置含义如下。

- 字体：在"字体"下拉列表中列示了 Windows 系统提供的各种字体。
- 字形："字形"下拉列表中提供了包括"常规"、"倾斜"、"加粗"及"加粗倾斜"4 种字形。
- 字号：字号是指文字显示的大小，用户可以在"字号"下拉列表中选择字号，也可以直接在文本框中输入字号的磅数，允许的范围为 1～409。
- 下划线：在"下划线"下拉列表中可以为单元格内容设置下划线，默认设置为"无"。下划线类型包括"单下划线"、"双下划线"、"会计用单下划线"、"会计用双下划线"4 种。会计用下划线比普通下划线离单元格内容更靠下一些，而且会填充整个单元格宽度。

> **提示**
>
> "会计用下划线"对单元格内容的某一部分使用时无效。

- 颜色："颜色"下拉调色板可以为字体设置颜色。
- 删除线：在单元格内容上显示横穿内容的直线，表示内容被删除。
- 上标：将文本内容显示为上标形式，如"m^3"。
- 下标：将文本内容显示为下标形式，如"O_2"。

除了可以对整个单元格的内容设置字体格式外，还可以对同一个单元格内的文本内容设置多种字体格式。用户只要选中单元格文本的某一部分，设置相应的字体格式即可。

（3）选择"开始"＞"字体"选项组中的按钮或选项进行设置字体格式，如图 1-75 所示。

图 1-75　"字体"选项

下面用一个实例介绍如何设置字体格式，具体操作步骤如下。

步骤 1 对于一个已经打开的工作簿，首先选中要调整文字格式的单元格，选中标题所在单元格，如图 1-76 所示。

步骤 2 单击"开始"＞"字体"选项组 "字体设置"按钮 ，打开"设置单元格格式"对话框。单击"字体"选项卡，在该选项卡中，可以选择"字体"、"字形"、"字号"中的选项。这里选择"字体"中的"宋体"，"字形"中的"加粗"，"字号"中的"14，"颜色"中的"黑色"。单击"确定"按钮，如图 1-77 所示。

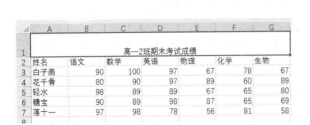

图 1-76　选中单元格

图 1-77　"设置单元格格式"对话框

步骤3 得到如图 1-78 所示的效果，可以看到 A1:G1 区域的文本字体格式已发生变化。

	A	B	C	D	E	F	G
1			高一2班期末考试成绩				
2	姓名	语文	数学	英语	物理	化学	生物
3	白子画	90	100	97	67	78	67
4	花千骨	80	90	97	89	60	89
5	轻水	98	89	89	67	65	80
6	糖宝	90	89	98	87	65	69
7	落十一	97	98	78	56	81	58
8							

图 1-78　设置字体格式

提示

在 Excel 中，可以设置单元格中数字的格式，这些格式包括货币格式、小数点后留一位格式、百分比、日期以及自定义格式等。用户可以在"设置单元格格式"对话框中的"数字"选项卡中进行设置，如图 1-79 所示。

图 1-79　"数字"选项卡

1.5.3 设置对齐方式

Excel 的对齐方式局限在单元格内，增加了顶端对齐、垂直居中和底端对齐。为了使工作表有一个更专业、更讲究的外观，可以更改单元格数据的对齐方式，在默认情况下，数字右对齐、文本左对齐。

要改变单元格的对齐方式，首先选择要进行操作的单元格，选中对齐方式，然后，可以在 3 种更改对齐方式的方法中选择。

（1）选择"开始" > "对齐方式"选项组中的对齐相关按钮设置对齐方式，如图 1-80 所示。

（2）单击"开始" > "对齐方式"选项组中的"设置对齐"按钮 。弹出"设置单元格格式"对话框，在"对齐"选项卡，选择各种对齐选项，如图 1-81 所示。

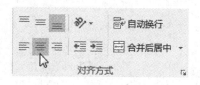

图 1-80 "对齐方式"选项组

（3）鼠标右键单击选项中对齐的单元格，在弹出的快捷菜单中选择"设置单元格格式"选项，如图 1-82 所示，弹出"设置单元格格式"对话框，在"对齐"选项卡中，选择各种对齐选项。

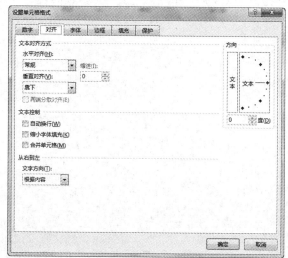

图 1-81 "对齐"选项卡

图 1-82 "设置单元格格式"选项

"设置单元格格式"对话框选项如下：

- "水平对齐"方式分为：常规、靠左（缩进）、居中、靠右（缩进）、填充、两端对齐、跨列居中、分散对齐（缩进）。
- "垂直对齐"方式分为：靠上、居中、靠下、两端对齐、分散对齐。
- "文本控制"分为：自动换行、缩小字体填充、合并单元格式。
- "文字方向"分为：根据内容、总是从左到右、总是从右到左。
- "方向"或"度"：利用 Excel 提供的功能，可以在单元格中垂直显示文本，也可以把文本旋转一定的角度，这样可以吸引人的目光。Excel 提供的这两个选项为：垂直设置文本或旋转文本。

提示

- 居中：可以居中单元格的内容。
- 自动换行：当在单元格内输入很长的文本时，可以强迫 Excel 将文本换行，文本换行时，Excel 会自动调整行高。
- 两端对齐：两端对齐执行的动作与在文字处理中相同，在多行的情形下，它使每行中第一个字靠近左边缘，而最后一个字靠近右边缘。

下面设置期末考试成绩表单元格对齐方式，具体操作步骤如下。

步骤 1 打开文件，选中 A2:G2 单元格区域，如图 1-83 所示。

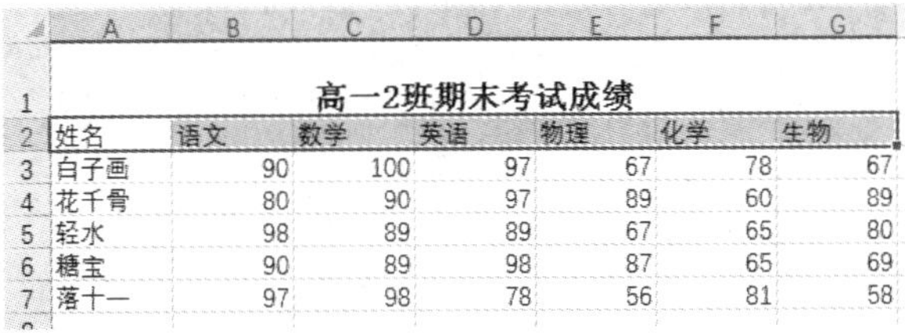

图 1-83 选取区域

步骤 2 单击"开始">"对齐方式"选项组中的垂直居中、居中按钮，如图 1-84 所示。

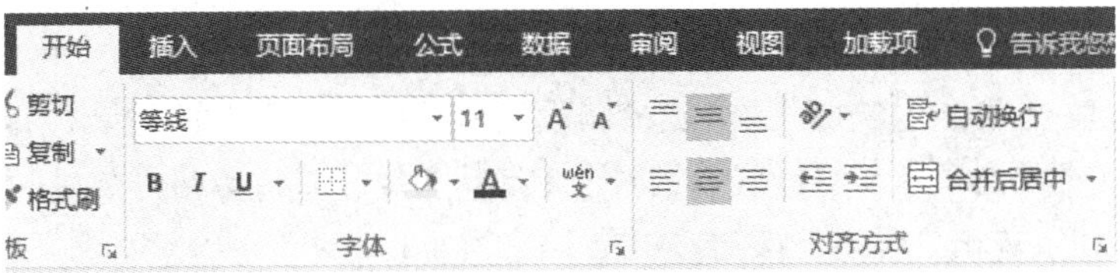

图 1-84 "对齐方式"选项组

步骤 3 A2:G2 单元格文本内容居中显示，如图 1-85 所示。

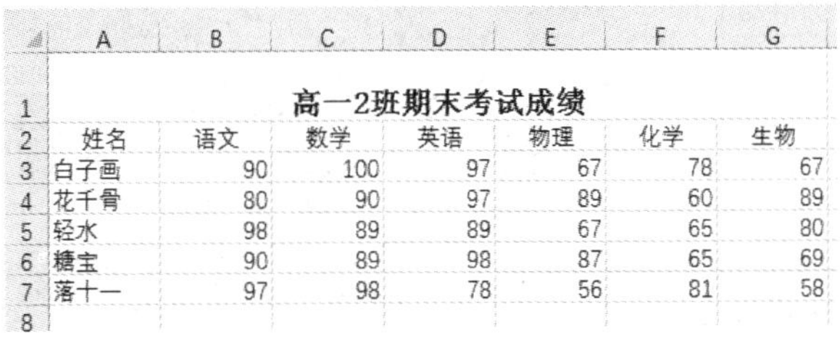

图 1-85 文字居中对齐

1.5.4 添加表格边框

边框是组成单元格的 4 条线段，设置了单元格边框，不仅会美化表格，而且打印时也可以打印出来表格。

设置单元格表格边框，可以通过以下 2 种方法实现。

（1）选中单元格单击鼠标右键，在弹出的快捷菜单中选择"设置单元格格式"命令，如图1-86所示，会弹出"设置单元格格式"对话框，在"边框"选项卡中进行设置即可。

（2）单击"开始"＞"字体"选项组中的"设置对齐"按钮，弹出"设置单元格格式"对话框，在"边框"选项卡，选择"样式"进行设置即可，如图1-87所示。

图1-86　选择"设置单元格格式"命令

图1-87　"边框"选项卡

下面设置期末考试成绩表单元格边框，具体操作步骤如下。

步骤1　打开文件，选中A1:G7单元格区域，如图1-88所示。

步骤2　单击鼠标右键，在弹出的快捷菜单中选择"设置单元格格式"命令，弹出"设置单元格格式"对话框，选择"边框"选项卡。"样式"列表框中选择单线样式，单击"预置"选项区的"外边框"、"内部"按钮，单击"确定"按钮，如图1-89所示。

图1-88　选中A1:G7区域

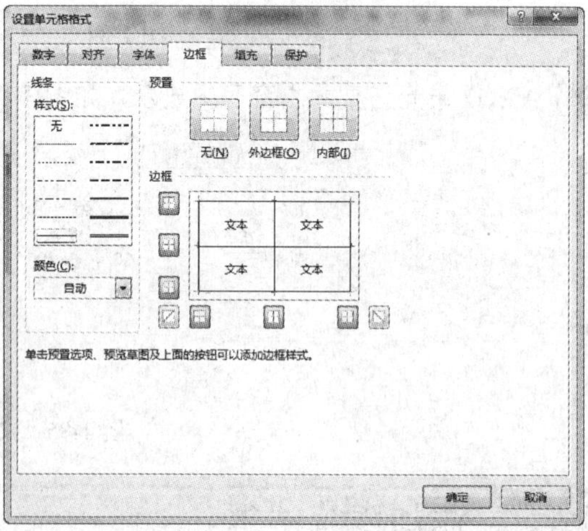

图1-89　设置边框

步骤3　最后效果如图1-90所示。

			高一2班期末考试成绩			
姓名	语文	数学	英语	物理	化学	生物
白子画	90	100	97	67	78	67
花千骨	80	90	97	89	60	89
轻水	98	89	89	67	65	80
糖宝	90	89	98	87	65	69
落十一	97	98	78	56	81	58

图 1-90　边框效果图

1.5.5　自动套用格式

Excel 2016 依然提供了自动套用功能，用户通过此功能可以快速为表格设置格式，既方便、又美观。

单击"开始">"样式">"套用表格样式"下三角按钮，弹出下拉列表，如图 1-91 所示，选择某种样式即可。

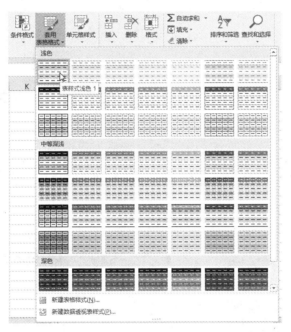

图 1-91　套用表格样式下拉列表

下面设置期末考试成绩表的表格格式，具体操作步骤如下。

步骤 1 单击"开始">"样式">"套用表格样式"下三角按钮，弹出下拉列表，选择"表样式浅色 10"，如图 1-92 所示。

步骤 2 弹出"套用表格式"对话框，单击"表数据的来源"右侧按钮，选择表数据来源区域，此时"套用表格式"对话框变为"创建表"对话框，勾选"表包含标题"复选框，单击"确定"按钮，如图 1-93 所示。

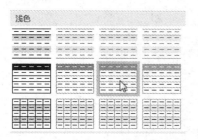

图 1-92　选择"表样式浅色 10"

图 1-93　"创建表"对话框

步骤 **3** 表格效果如图 1-94 所示。

	A	B	C	D	E	F	G
1			高一2班期末考试成绩				
2	姓名	语文	数学	英语	物理	化学	生物
3	白子画.	90	100	97	67	78	67
4	花千骨	80	90	97	89	60	89
5	轻水	98	89	89	67	65	80
6	糖宝	90	89	98	87	65	69
7	落十一	97	98	78	56	81	58

图 1-94　自动套用格式效果图

1.6　综合实例：制作客户信息表

　　张梦瑶是某公司的后勤职员，接到主管任务，她需要为公司制作客户信息表。要求显示公司、姓名、联系方式等基本信息，并对表格进行设置，使表格信息看起来更清晰，具体操作步骤如下。

步骤 **1** 从开始菜单启动 Excel 2016 软件，如图 1-95 所示。

步骤 **2** 系统会自动新建一个空白的工作簿，如图 1-96 所示。

图 1-95　打开 Excel 2016

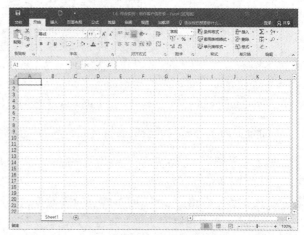

图 1-96　空白工作簿

步骤 **3** 手动输入如下内容，如图 1-97 所示。

步骤 4 选中 A1 至 H1 单元格，如图 1-98 所示。

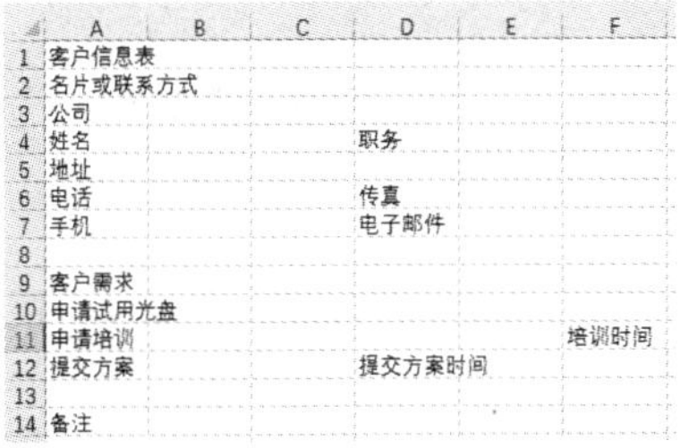

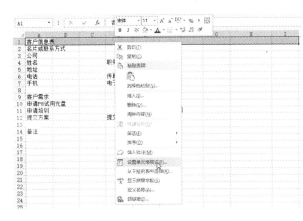

图 1-97 输入内容

图 1-98 选定单元格

步骤 5 用鼠标右键单击选定区域，在弹出的快捷菜单中选择"设置单元格格式"选项，如图 1-99 所示。

步骤 6 系统弹出"设置单元格格式"对话框，如图 1-100 所示。

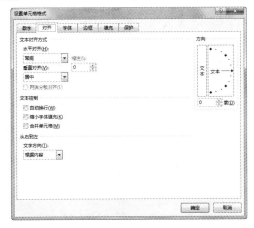

图 1-99 设置单元格格式

图 1-100 "设置单元格格式"对话框

步骤 7 切换到"对齐"选项卡，如图 1-101 所示。

步骤 8 选择"水平对齐"方式为"居中"，如图 1-102 所示。

图 1-101 对齐

图 1-102 水平居中

步骤9 选择"垂直对齐"方式为"居中",如图1-103所示。

步骤10 勾选"合并单元格"复选框,如图1-104所示。

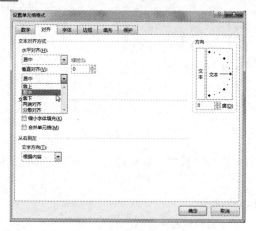

图1-103　垂直居中　　　　　　　　　　图1-104　合并单元格

步骤11 单击"确定"按钮完成设置,返回工作表中,单元格的效果如图1-105所示。

步骤12 依次合并所需单元格,效果如图1-106所示。

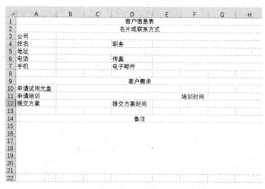

图1-105　合并效果　　　　　　　　　　图1-106　合并后效果

步骤13 选定标题所在单元格,设置标题"客户信息表"字体为"黑体",如图1-107所示。

步骤14 设置"字号"为"14"号,效果如图1-108所示。

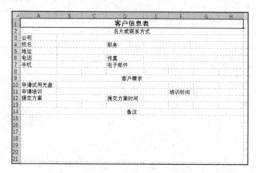

图1-107　黑体　　　　　　　　　　　图1-108　设置字号

步骤 15 加粗标题字体，如图 1-109 所示。

步骤 16 按此方法设置 A2、A9 和 A14 单元格字体为黑体，12 号，加粗，设置后效果如图 1-110 所示。

图 1-109 加粗

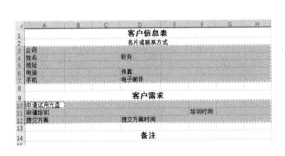

图 1-110 设置字体

技巧

按住 Ctrl 键，分别选中 A2、A9、A14 单元格，同时进行设置。

步骤 17 设置其余字体为宋体、字号为 11 号，如图 1-111 所示。

步骤 18 选择标题所在行，单击"开始">"单元格">"格式">"行高"选项，如图 1-112 所示。

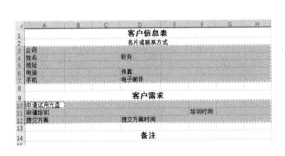

图 1-111 设置字体

图 1-112 行高

步骤 19 弹出设置行高对话框，输入"行高"为"60"，如图 1-113 所示。

步骤 20 单击"确定"按钮，返回工作簿，设置行高后效果如图 1-114 所示。

图 1-113 设置行高

图 1-114 效果

步骤 21 设置其余行行高为 25，设置后效果如图 1-115 所示。

步骤22 选定整个表格内容，如图 1-116 所示。

图 1-115 设置行高

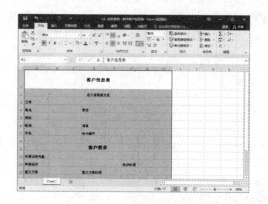

图 1-116 选定整个表格

步骤23 单击鼠标右键，在打开的快捷菜单中选择"设置单元格格式"选项，打开"设置单元格格式"对话框，切换到"边框"选项卡，如图 1-117 所示。

步骤24 设置边框效果如图 1-118 所示，然后单击"确定"按钮完成设置。

图 1-117 边框

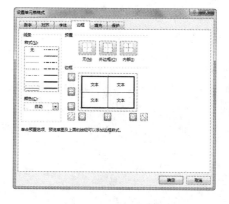

图 1-118 设置边框

步骤25 表格制作出来的最终效果如图 1-119 所示，单击快速访问工具栏上的"保存"按钮 ，保存文件。

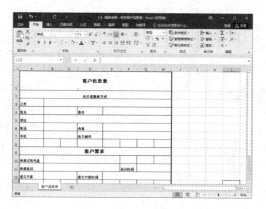

图 1-119 最终效果

第 2 章
数据处理

学习导读

　　本章着重讲解了 Excel 2016 中与数据有关的一些概念和操作，包括数据输入的类型与技巧，数据的编辑以及与数据相关的一些设置等，这些都是使用 Excel 软件的基本操作，读者应通过实际操作对此加以熟悉。本章的最后特别介绍了 Excel 中的数据填充与序列。通过本章的学习，希望读者能够对 Excel 2016 有一个初步的认识，并且熟悉 Excel 2016 文件的基本操作和数据输入的相关操作。

学习要点

- 了解 Excel 的数据类型。
- 学习输入和编辑数据。
- 学习数据输入的实用技巧。
- 学习填充与序列的设置。

2.1　数据类型的简单认识

　　在 Excel 中，输入数据等信息内容是最主要的功能，同样，单元格中可以输入的数据类型有多种，如数值、日期和时间、文本、逻辑值、错误值以及公式等。

2.1.1　数值

　　任何由数字组成的单元格输入项均被视为数值，数值里可以包含一些特殊字符，如正负号、百分比符号、千位分隔符、货币符号和科学计算符。

2.1.2　日期和时间

Excel 把日期和时间视为特殊类型的数值，一般情况下，这些值都经过了格式设置，当在单元格中输入系统可识别的日期或时间数据时，单元格的格式会自动转换为相应的日期或时间格式，无须用户进行专门设置。如果是系统不能识别的日期或时间格式，则输入的内容将被视为文本。

2.1.3　文本

通常所说的文本是指字符型数据，是字符和数字的组合。任何输入到单元格中的字符串，只要不是指定为数字、公式、日期和时间及逻辑值的都被认为是文本。

2.1.4　逻辑值

Excel 的逻辑值有 AND（与）、OR（或）和 NOT（非）。

- AND（与）：全真为真，其余为假。
- OR（或）：有真为真，全假为假。
- NOT（非）：真变假，假变真。

逻辑值表示的是一个"是"和"否"的问题，也就是说是真是假，表示为 TRUE 或 FALSE。用下面这三条互换准则来浅析 Excel 中数、文本、逻辑值之间的关系：

在四则运算中，TRUE=1，FALSE=0；

在逻辑判断中，0=FALSE，所有的非 0 数值=TRUE；

在比较运算中，数值<文本<FALSE<TRUE。

逻辑值 TRUE（真）和逻辑值 FALSE（假）在运算时自动转换为数值 1 和 0。如果用数值来表示逻辑值，0 表示逻辑假，非零数据表示逻辑真。例如：

=IF(-5,9,15)

=IF(5,9,15)

两个公式的结果均为 9。

=IF(0,9,15)

结果为 15。

2.1.5　错误值

Excel 工作表中有一些错误值信息，例如：#N/A!、#VALUE!、#DIV/O!等，这些错误信息也被称为"错误值"。出现这些错误的原因有很多种，熟练掌握解决这些错误值的方法是解决问题的关键。下面介绍几种常见的错误值及其解决方法。

1.

如果单元格所含的数字、日期或时间比单元格宽，或者单元格的日期时间公式产生了一个负值，就会产生#####。

解决方法：如果单元格所含的数字、日期或时间比单元格宽，可以通过拖动列表之间的宽度来修改列宽，如图2-1所示。如果使用的是1900年的日期系统，那么Excel中的日期和时间必须为正值。如果公式正确，也可以将单元格的格式改为非日期和时间型来显示该值。

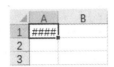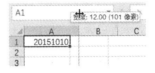

图2-1　调整单元格宽度

2. #VALUE!

当使用错误的参数或运算对象类型时，或者当公式自动更正功能不能更正公式时，将产生错误值#VALUE!。这其中主要包括3点原因。

（1）在需要数字或逻辑值时输入了文本，Excel不能将文本转换为正确的数据类型。

解决方法：确认公式或函数所需的运算符或参数正确，并且公式引用的单元格中包含有效的数值。例如：如果单元格A1包含一个数字，单元格A2包含文本，则公式="A1+A2"将返回错误值#VALUE!。可以用SUM工作表函数将这两个值相加（SUM函数忽略文本）：=SUM（A1:A2）。

（2）将单元格引用、公式或函数作为数组常量输入。

解决方法：确认数组常量不是单元格引用、公式或函数。

（3）赋予需要单一数值的运算符或函数一个数值区域。

解决方法：将数值区域改为单一数值。修改数值区域，使其包含公式所在的数据行或列。

3. #DIV/O!

当公式被零除时，将会产生错误值#DIV/O!，在具体操作中主要表现为以下两种原因。

（1）在公式中，除数使用了指向空单元格或包含零值单元格的单元格引用（在Excel中如果运算对象是空白单元格，Excel将此空值当作零值）。

解决方法：修改单元格引用，或者在用作除数的单元格中输入不为零的值。

（2）输入的公式中包含明显的除数零，例如：公式=1/0。

解决方法：将零改为非零值。

4. #N/A

当函数或公式中没有可用数值时，将产生错误值#N/A。

解决方法：如果工作表中某些单元格暂时没有数值，请在这些单元格中输入"#N/A"，公式在引用这些单元格时，将不进行数值计算，而是返回#N/A。

5. #REF!

删除由其他公式引用的单元格，或将移动单元格粘贴到由其他公式引用的单元格中，当单元格引用无效时将产生错误值#REF！。

解决方法：更改公式或者在删除或粘贴单元格之后，立即单击"撤消"按钮，以恢复工作表中的单元格。

6. #NUM！

当公式或函数中某个数字有问题时，将产生错误值#NUM！。

（1）在需要数字参数的函数中使用了不能接受的参数。
解决方法：确认函数中使用的参数类型正确无误。
（2）由公式产生的数字太大或太小，Excel 不能表示。
解决方法：修改公式，使其结果在有效数字范围之内。

7. #NULL！

使用了不正确的区域运算符或不正确的单元格引用，当试图为两个并不相交的区域指定交叉点时将产生错误值#NULL！。

解决方法：如果要引用两个不相交的区域，请使用联合运算符逗号（，）。公式要对两个区域求和，请确认在引用这两个区域时，使用逗号。如果没有使用逗号，Excel 将试图对同时属于两个区域的单元格求和，由于 A1:A13 和 C12:C23 并不相交，它们没有共同的单元格，所以就会出错。

> **技巧**
>
> 要想在显示单元格值或单元格公式之间来回切换，只需按下 CTRL+`（位于 TAB 键上方）。

2.1.6 公式

公式是在工作表中对数据进行分析和计算的等式，使用公式可以对工作表中的数据进行加、减、乘、除等运算并实时得出运算结果。公式的这种功能使得一些数据的分析和计算工作变得非常容易，大大减少了用户的工作量，提高了工作效率。

从应用的角度来看，我们可以把公式视为一类特殊的数据。为什么这么说呢？因为公式的输入同单元格中数据的输入完全一样，只不过输入的内容是一些在 Excel 中定义的有特殊格式的数学表达式，并且单元格中的数据，即公式计算的结果是随着公式计算数据的改变而改变的，而不是像一般的单元格数据一样是不变的。所以对于用户来讲，公式的使用主要包括两方面的内容，即运算数据的来源和运算结果。使用公式进行数值计算时必须指定运算数据的来源，公式可以引用同一工作表中的单元格、单元格区域、同一工作簿中不同工作表的单元格数据以及其他工作簿中的数据。公式运算的结果也是数据，它将显示在公式输入的单元格内。如果公式所引用的单元格的数据发生变化，其运算结果将随之改变，公式所在单元格的数据将自动刷新。

公式由"="开始，其组成元素如下所述。

- 运算符：例如"+"、"-"、"*"、"/"等。
- 单元格引用：它包括单个的单元格或多个单元格组成的范围，以及单元格区域。这些单元格或范围可以是同一工作表中的，也可以是同一工作簿其他工作表中的，甚至是其他工作簿的工作表中的。
- 数值或文本：即两种基本的数据类型。
- 函数：可以是 Excel 内置的函数，如 SUM 或 MAX，也可以是自定义的函数。
- 括号：即"("和")"，用来确定公式中各表达式运算的优先级。

下面通过一个简单的例子介绍公式的使用。

如图 2-2 所示是一张商品销售单，工作表中分别记录有商品 A、商品 B 和商品 C 的单价和数量，现在我们需要计算各种商品的金额以及三种商品的金额合计。

	A	B	C	D
1	商品销售单			
2	商品	单价	数量	金额
3	A	¥280.00	8	
4	B	¥300.00	20	
5	C	¥120.00	13	
6				
7	合计：			
8				

图 2-2　商品销售单

步骤 1 选中金额一栏的单元格 D3，输入公式=B3*C3，按回车键确认，其结果如图 2-3 所示。公式 =B3*C3 表明将单元格 B3 和 C3 中的数值相乘，将计算结果返回到单元格 D3 中。从图中可以看到，单元格 D3 中显示了公式的计算结果，即商品 A 的金额，为"￥2240"，而且在单元格 D3 被选中的状态下，编辑栏中会显示单元格中输入的公式。

步骤 2 将 D3 单元格的内容复制到单元格 D4，D5 中，分别计算商品 B、C 的金额，显示结果如图 2-4 所示。

	A	B	C	D
1	商品销售单			
2	商品	单价	数量	金额
3	A	¥280.00	8	¥2,240.00
4	B	¥300.00	20	
5	C	¥120.00	13	
6				
7	合计：			
8				

图 2-3　输入公式计算商品 A 的金额

	A	B	C	D
1	商品销售单			
2	商品	单价	数量	金额
3	A	¥280.00	8	¥2,240.00
4	B	¥300.00	20	¥6,000.00
5	C	¥120.00	13	¥1,560.00
6				
7	合计：			

图 2-4　输入公式计算商品 B、C 的金额

步骤 3 在单元格 D7 中输入公式=SUM(D3:D5)，其结果如图 2-5 所示。公式=SUM(D3:D5)中用到了函数 SUM，其作用是计算单元格区域 D3:D5 中所有数值的和。

	A	B	C	D
1		商品销售单		
2	商品	单价	数量	金额
3	A	¥280.00	8	¥2,240.00
4	B	¥300.00	20	¥6,000.00
5	C	¥120.00	13	¥1,560.00
6				
7	合计:			¥9,800.00
8				

图 2-5　输入公式计算金额合计

2.2　输入和编辑数据

作为专业的数据处理和分析办公软件，Excel 中的所有高级功能包括图表分析等都建立在数据处理的基础之上。从本节开始将简要介绍 Excel 2016 中数据输入的相关基本操作。数据输入通常是在单元格中进行的，因此对数据输入的介绍还包括了单元格的一些基本操作的介绍。

2.2.1　在单元格中输入数据

在单元格中输入数据，首先需要选定单元格，然后再向其中输入数据，所输入的数据将会显示在编辑栏和单元格中。在单元格中可以输入的内容包括文本、数字、日期和公式等，用户可以用以下三种方法来对单元格输入数据。

（1）用鼠标选定单元格，直接在其中输入数据，按下 Enter 键确认，如图 2-6 所示。

（2）用鼠标选定单元格，然后在编辑栏中单击鼠标左键，并在其中输入数据，然后按下 Enter 键，如图 2-7 所示。

（3）双击单元格，单元格内显示了插入点光标，移动插入点光标，在特定位置输入数据，如图 2-8 所示，此方法主要用于修改工作。

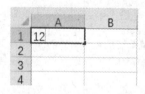

图 2-6　直接输入数据

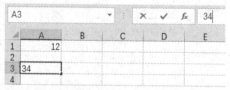

图 2-7　编辑栏输入数据

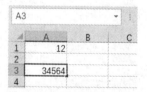

图 2-8　在光标处输入数据

任何由数字组成的单元格输入项都被当作数值，在默认情况下，Excel 将数字沿单元格右对齐，数值里也可以包含以下 6 种特殊字符。

（1）正号

如果数值前面带有一个正号（+），Excel 会认为这是一个正数（正号不显示），但输入正数时可不输入正号。

（2）负号

如果数值前面带有一个负号（-），或将数字输在圆括号中，Excel 会认为这是一个负数。

（3）百分比符号

如果数值后面有一个百分比符号（%），Excel 会认为这是一个百分数，并且自动应用百分比格式，系统默认保留小数点后两位。

（4）千位分隔符

如果在数字里包含了一个或者多个系统可以识别的千位分隔符（例如逗号），Excel 会认为这个输入项是一个数字，并采用数字格式来显示千位分隔符。

（5）货币符号

假如数值前面有系统可以识别的货币符号（例如$），Excel 会认为这个输入项是一个货币值，并且自动变成货币格式，为数字插入千位分隔符。

（6）科学记数符

如果数值里包含了字母 E，Excel 会认为这是一个科学记数符号，例如 1.2E5 会被当成 1.2×10^5。

通常所说的文本是指字符型数据，是字符或数字的组合。任何输入单元格内的字符集，只要不被解释成数字、公式、日期、时间和逻辑值等，Excel 都认为是文本。在默认情况下，Excel 将文本沿单元格左对齐。

2.2.2　编辑单元格内容

编辑单元格内容包括修改、删除、清除、移动、复制、查找和替换等。

1. 修改单元格数据

修改单元格的数据只需将原有数据删除，再向单元格中输入新的数据即可。修改的操作与在空白单元格中输入数据的操作相同，可以直接在单元格中进行，也可以选中单元格后在编辑栏中修改。

2. 删除单元格数据

删除单元格数据是指将单元格中的数据连通单元格一起删除。在需要删除的单元格上单击鼠标右键弹出快捷菜单，选择"删除"选项，弹出如图 2-9 所示的"删除"对话框，在对话框中选择相应的选项并单击确定即可执行删除操作。删除操作也可通过使用"开始">"单元格">"删除">"删除单元格"选项来实现。

图 2-9　"删除"对话框

3. 清除单元格数据

清除单元格数据是指将单元格中的数据删除，相应单元格变为空白单元格而非被删除。清除单元格数据有如下 3 种方法。

（1）选中单元格，按"Delete"或"Backspace"键可直接清除单元格数据。

（2）选中单元格，单击鼠标右键，在弹出的快捷菜单中选择"清除内容"命令，如图 2-10 所示。

（3）选择"开始">"编辑">"清除">"清除内容"选项，弹出如图 2-11 所示的下拉列表，从中选择一种清除方式即可实现清除操作。

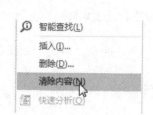

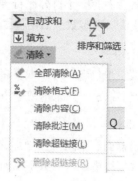

图 2-10   "清除内容"选项

图 2-11   "清除"下拉列表

4. 移动单元格数据

移动单元格数据除了使用常用的剪切和粘贴命令外，还可以通过以下操作实现。

步骤 1 选定需要移动的数据所在的单元格区域，将鼠标移动到选定区域的边框上，鼠标上将出现十字形箭头，如图 2-12 所示。

步骤 2 按住鼠标左键，拖动鼠标至目标单元区域放开鼠标左键即可完成单元格数据移动操作，如图 2-13 所示。

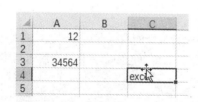

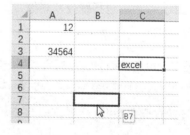

图 2-12   选定移动单元格数据

图 2-13   移动单元格数据

5. 复制单元格数据

复制单元格数据有如下 3 种方法。

（1）使用复制和粘贴命令。复制和粘贴命令可以在"开始">"剪贴板"选项组中找到，如图 2-14 所示。

（2）使用鼠标复制数据。使用鼠标复制数据的操作与移动数据的操作类似，选中需要复制的区域，按住"Ctrl"键，将鼠标移至选中区域的边框上，此时鼠标旁出现一个"+"形符号，按住鼠标左键拖动至目标单元格区域即可完成复制操作，如图 2-15 所示。

图 2-14 "剪贴板"选项组

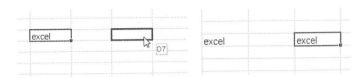

图 2-15 使用鼠标复制数据

（3）选择性粘贴。如果不需要将单元格中的所有内容都复制到新的单元格，可以使用"选择性粘贴"命令。选定被复制的单元格区域并复制该区域，选定目标单元格区域并在其上单击鼠标右键，在弹出的快捷菜单中选择"选择性粘贴"命令，将弹出如图 2-16 所示的"选择性粘贴"对话框，在对话框中选择相应的选项，单击"确定"按钮即可实现选择性粘贴。

6. 查找和替换数据

在编辑 Excel 时，可以使用查找和替换命令对指定的字符、公式和批注等内容进行定位和改动，从而提高工作效率。使用查找功能可以快速找到指定的数据，使用替换功能可以将指定数据替换为另外的数据。使用查找和替换功能的具体操作如下。

图 2-16 "选择性粘贴"对话框

步骤 1 单击 "开始">"编辑">"查找和选择"三角按钮，在弹出的下拉列表中选择"查找"或"替换"选项，如图 2-17 所示，可打开"查找和替换"对话框，如图 2-18 所示。

图 2-17 "查找和选择"下拉列表

图 2-18 "查找和替换"对话框

步骤 2 在"查找"标签下的"查找内容"编辑框中输入需要查找的内容并按回车键即可执行查找功能。单击"查找全部"按钮，则在该对话框的下部显示一个列表，显示所有查找结果，单击"查找下一个"按钮，会在工作表中显示查找到的一个结果。

步骤 **3** 切换到"替换"标签下，进入"替换"选项卡，如图 2-19 所示，在"查找内容"文本框中输入要替换的内容，在"替换为"编辑框中输入想要替换的内容，单击"全部替换"和"替换"可以分别实现全部替换和逐个替换的功能。

图 2-19   "替换"选项卡

提示

在"查找和替换"对话框中，单击"选项"按钮，可以弹出更多的查找或替换的功能设置，用户可根据需要进行选择，如图 2-20 所示。

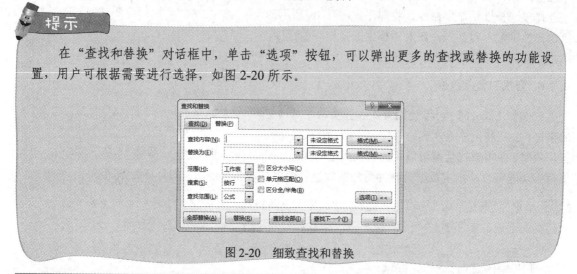

图 2-20   细致查找和替换

2.2.3 日期和时间的输入

在 Excel 中，把日期和时间视为特殊类型的数值，一般来说，这些值都经过了格式设置，当在单元格中输入系统可识别的日期或时间数据时，单元格的格式会自动转换为相应的日期或时间格式，而不需要进行专门的设置。在单元格中输入的日期或时间数据采取右对齐的默认对齐方式，如果系统不能识别输入的日期或时间格式，则输入的内容将被视为文本，并在单元格中左对齐。

1. 输入日期

在 Excel 中允许使用破折号、斜线、文字以及数字组合的方式来输入日期。例如，输入 2015 年 10 月 1 日，最常用的输入日期的方法有如下 3 种。

（1）2015-10-1。

（2）2015/10/1。

（3）2015 年 10 月 1 日。

若要输入系统当前日期，可以按"Ctrl+;"组合键，如图 2-21 所示，可显示当前系统日期。

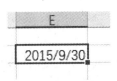

图 2-21　显示的当前系统日期

在 Excel 工作表中，用户可以设置日期格式，具体操作步骤如下。

步骤1 选择需要转换日期显示格式的单元格（或单元格区域）。

步骤2 单击鼠标右键，在弹出的快捷菜单中单击"设置单元格格式"命令，出现"设置单元格格式"对话框，在"数字"选项卡中选择"日期"，并选择需要的日期类型，如图 2-22 所示。

步骤3 单击"确定"按钮，当前单元格中的日期便使用新的格式显示。

图 2-22　选择日期类型

2. 输入时间

时间由时、分和秒三个部分构成，在输入时间时要以冒号（;）将这三个部分隔开。在输入时间时，系统默认按 24 小时制输入，因此要按照 12 小时制输入时间，就要在输入的时间后键入一个空格，并且上午时间要以字母"AM"或者"A"结尾，下午时间要以"PM"或"P"结尾。

若要输入系统当前时间，可以按下"Ctrl+Shift+;"组合键，如图 2-23 所示，显示当前系统时间。

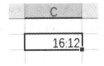

图 2-23　显示的当前系统时间

提示

可以在同一单元格内输入日期和时间，但二者之间必须以空格隔开。

在 Excel 工作表中，用户可以设置时间格式，具体操作步骤如下。

步骤1 选择需要转换时间显示格式的单元格（或单元格区域）。

步骤2 单击鼠标右键，在弹出的快捷菜单中单击"设置单元格格式"命令，出现"设置单元格格式"对话框，在"数字"选项卡中选择"时间"，并选择需要的时间类型，如图 2-24 所示。

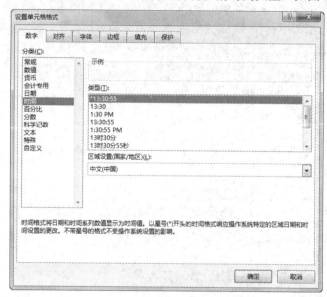

图 2-24　选择时间类型

步骤3 单击"确定"按钮，当前单元格中的时间便使用新的格式显示。

2.2.4　为单元格添加批注

批注是指附加在单元格中，对单元格的内容进行说明注释。通过批注，可以使用户更加清晰地了解单元格中数据的含义。

1. 添加批注

给单元格添加批注，可以突出显示单元格中的数据，使该单元格的信息更容易记住。

如果需要给单元格添加批注，首先选中需要添加批注的单元格，然后在功能区中，单击"审阅">"批注">"新建批注"图标，或鼠标右键单击单元格，在弹出的快捷菜单中选择"新建批注"命令。具体操作步骤如下所示。

步骤1 新建一个工作表，输入数据。选取需要添加批注的单元格，如图 2-25 所示。

步骤2 鼠标右键单击单元格，从弹出的快捷菜单中选择"插入批注"命令，如图 2-26 所示，

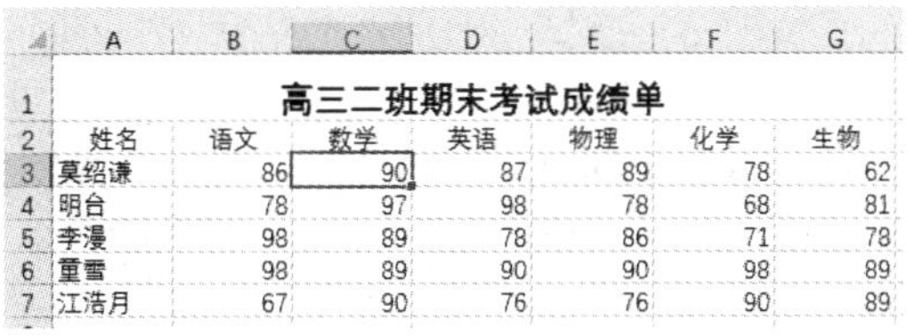

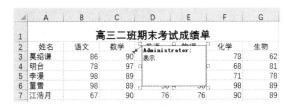

图 2-25　输入数据

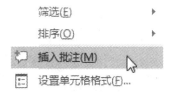

图 2-26　插入批注

步骤 3 在单元格右侧弹出一个文本框，在文本框中输入批注的内容，如图 2-27 所示。

步骤 4 将鼠标指针移到有批注的单元格上，显示批注信息，如图 2-28 所示。

图 2-27　输入批注

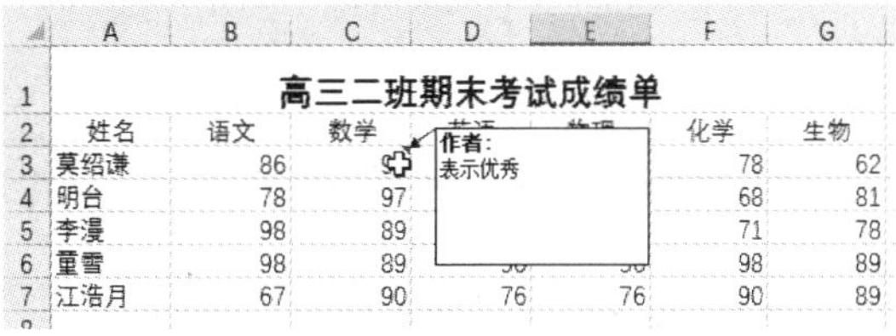

图 2-28　显示批注

2. 查看批注

在 Excel 工作表中，单击"审阅">"批注">"显示所有批注"图标，可以显示工作表中所有批注。再次单击"显示所有批注"图标，可关闭所有批注显示。

步骤 1 打开学生成绩表，如图 2-29 所示。

步骤 2 单击"审阅">"批注">"显示所有批注"图标，如图 2-30 所示。

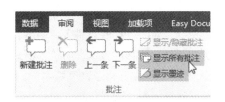

图 2-29　学生成绩表

图 2-30　选择"显示所有批注"图标

步骤 3 在工作表中可显示所有批注，如图 2-31 所示。

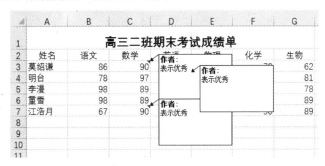

图 2-31　显示批注

在 Excel 2016 中，可以删除某一单元格的批注，也可以删除所有的批注。如果需要删除某一单元格的批注，可鼠标右键单击需要删除批注的单元格，从弹出的列表中单击"删除批注"命令，这样就可以将单元格的批注删除。

2.3　数据输入实用技巧

在 Excel 单元格中输入数据是常用的功能之一，也是进行公式计算、图表应用的前提基础。下面介绍在 Excel 工作表中实现自动换行、在多个单元格中同时输入数据等技巧。

2.3.1　自动换行

一个 Excel 单元格有固定的长度，如果所输入的数据超过了单元格的长度，那么数据会继续以横向显示，这样会影响其他单元格数据的显示。Excel 提供了自动换行功能，设置为自动换行后，数据会按超过的单元格长度自动换行。实现自动换行功能的有以下 3 种方法。

（1）单击"开始">"对齐方式图">"自动换行"图标，如图 2-32 所示，打开"设置单元格格式"对话框，选择"对齐"标签，进入"对齐"选项卡，勾选"自动换行"复选框，单击"确定"按钮，如图 2-33 所示，即设置好自动换行功能。

（2）单击"开始">"对齐方式">"对齐设置"启动按钮，打开"设置单元格格式"对话框，选择"对齐"标签，进入"对齐"选项卡，勾选"自动换行"复选框，单击"确定"按钮，如图 2-33 所示，即设置好自动换行功能。

（3）选中单元格单击鼠标右键，在弹出的快捷菜单中"设置单元格格式"命令，也可打开"设置单元格格式"对话框，勾选"对齐"选项卡中的"自动换行"复选框单击"确定"按钮，如图 2-33 所示。

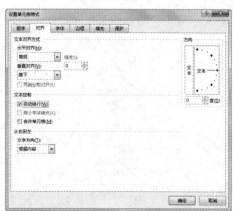

图 2-32　"自动换行"图标　　　　图 2-33　勾选"自动换行"复选框

下面以实例介绍自动换行，具体操作步骤。

步骤 1 在 A1 单元格中输入文本"远处未来天空中涌动着金色的麦浪"，如图 2-34 所示。

步骤 2 选中 A1 单元格，单击"开始">"对齐方式图">"自动换行"图标，打开"设置单元格格式"对话框，选择"对齐"标签，进行"对齐"选项卡，勾选"自动换行"复选框，如图 2-35 所示，单击"确定"按钮。

步骤 3 可以看到 A1 单元格的文本内容根据单元格的实际长度，进行了自动换行，如图 2-36 所示。

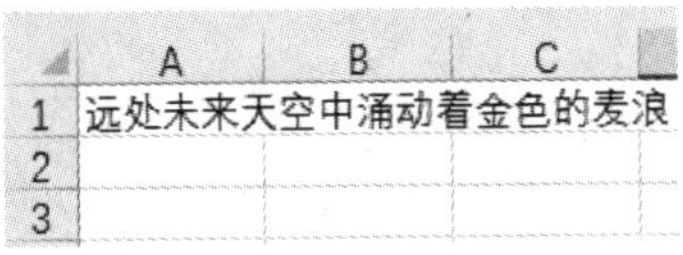

图 2-34　输入文本 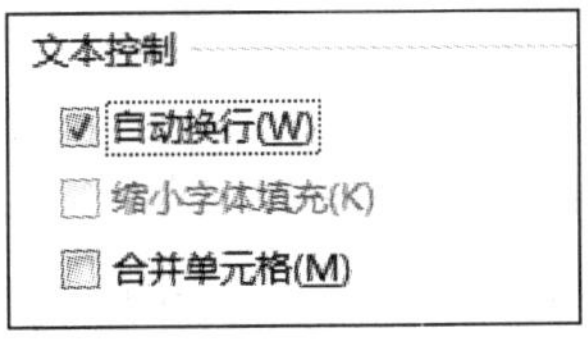　　　　图 2-35　设置自动换行 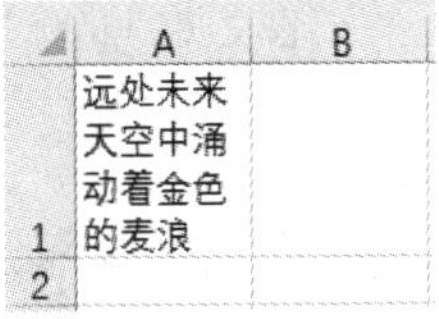　　　　图 2-36　自动换行效果图

2.3.2　在多个单元格同时输入数据

在多个单元格同时输入数据，可以极大地减少工作量，提高工作效率。有两种方法可以快速向多个单元格中输入相同的数据。

1. 使用组合键

步骤 1 选定需要输入相同数据的单元格，除最后选定的一个单元格呈白色显示外，其余单元格均呈灰度显示，在最后选定的那个单元格中输入数据，如图 2-37 所示。

步骤 2 按"Ctrl + Enter"组合键，数据将自动填充到其余的单元格中，如图 2-38 所示。

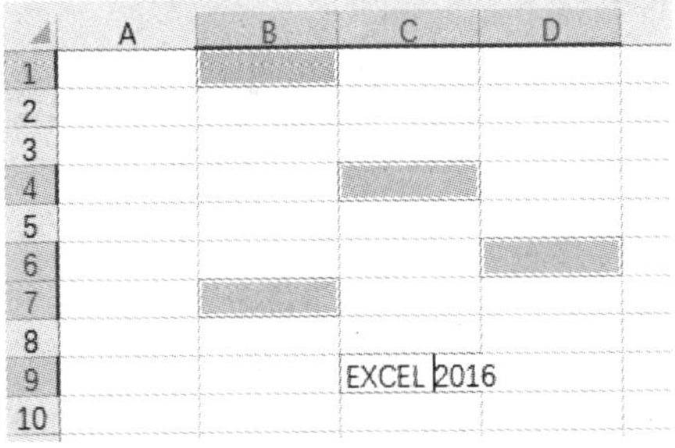

图 2-37　最后选定单元格输入数据 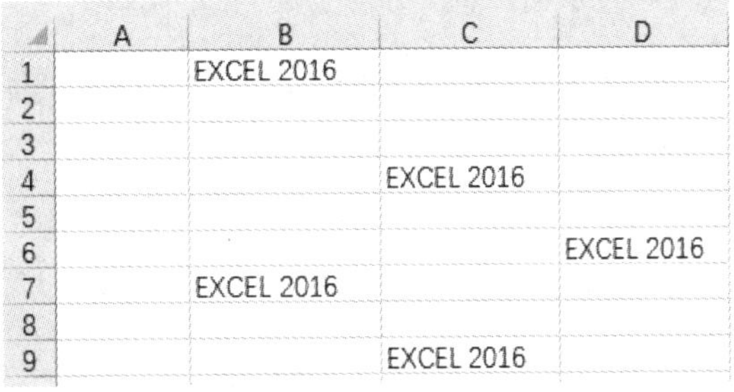　　　　图 2-38　自动填充数据

2. 使用鼠标

步骤 1 选定需要输入相同数据的多个单元格的第一个单元格并向其中输入数据，然后将鼠标移至该单元格右下角的填充柄上，此时鼠标指针变为黑色的十字形状，如图 2-39 所示。

步骤 2 同时按下 Ctrl 按钮，按下鼠标左键拖动，则沿该单元格所在行或列将自动填充相同数据，如图 2-40 所示。

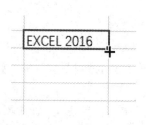

| EXCEL 2016 |
| EXCEL 2016 |
| EXCEL 2016 |
| EXCEL 2016 |
| EXCEL 2016 |
| EXCEL 2016 |
| EXCEL 2016 |
| EXCEL 2016 |

图 2-39　鼠标指针变为十字形　　　　图 2-40　使用鼠标自动填充数据

技巧

鼠标指针变为黑色的十字形状时，如果直接按下鼠标左键拖动，则沿该单元格所在行或列将会以递增方式填充数据，如图 2-41 所示。

使用鼠标填充数据的方法只能沿行和列填充相同数据，而使用组合键的方法可以选定任意的单元格加以填充。

如果需要在多个工作表的相同位置输入相同的数据，可以使用如下操作方法：使用"Shift"或"Ctrl"键选定需要输入相同数据的多个工作表，在任意一个工作表中输入数据即可。

| EXCEL 2016 |
| EXCEL 2017 |
| EXCEL 2018 |
| EXCEL 2019 |
| EXCEL 2020 |
| EXCEL 2021 |
| EXCEL 2022 |
| EXCEL 2023 |

图 2-41　递增填充数据

2.3.3　分数输入

Excel 在数学统计功能方面确实很强大，输入分数有特定的方法，不能直接按分数形式输入，下面介绍 5 种输入分数的方法。

（1）整数位+空格+分数

要输入二分之一，可以输入：0（空格）1/2；如果要输入一又三分之一，可以输入：1（空格）1/3。

（2）使用 ANSI 码输入

输入二分之一，先按住"Alt"键，然后输入"189"，再放开"Alt"键即可（"189"要用小键盘输入，在大键盘输入无效）。

（3）设置单元格格式

要输入二分之一，可以选中一个单元格后，使用"设置单元格格式"对话框中的"数字"选项卡，选中"分类"为"分数"，"类型"为"分母为一位数"，设置完后，在此单元格输入 0.5，即可以显示"1/2"。

（4）使用 Microsoft 公式输入

我们可以使用 "插入" > "对象" 图标，在对象类型里找到"Microsoft 公式 3.0"，（确定）即可出现公式编辑器，用户可以按在 Word 中使用公式编辑器同样的方法输入分数。

（5）自定义输入法

要输入二分之一，先选中单元格，使用 "格式" > "单元格" > "格式" > "设置单元格格式"选项，弹出"设置单元格格式"对话框，在"数字"的分类里选择"自定义"，再在类型里输入：#（空格）??/2 。

2.3.4　输入指数上标

指数在数学中代表着次方，是有理数乘方的一种运算形式，它表示的是几个相同因数相乘的关系，如 $2^3=2×2×2=8$，其中 2 是底数，3 是指数，8 是结果。

在 Excel 工作表中，有时需要输入指数，用户可以利用公式编辑器输入指数上标。下面介绍如何在工作表中输入 2^3，具体操作步骤如下。

步骤 1　选中单元格，单击 "插入" > "符号" > "公式" 图标，如图 2-42 所示。

步骤 2　弹出"公式工具"选项卡，单击 "结构" > "上下标"下三角按钮，在弹出的下拉列表中选择"上标"，如图 2-43 所示。

步骤 3　然后输入对应的指数，如图 2-44 所示。

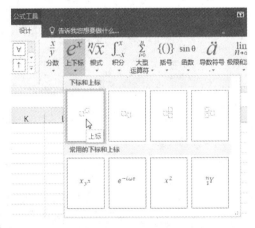

图 2-42　"公式"图标　　　　　图 2-43　选择"上标"　　　　　图 2-44　输入指数

2.3.5　自动输入小数点

在 Excel 工作表中，小数点的输入方法一般设置如下。

步骤 1　单击 "文件" > "选项" 命令，弹出"Excel 选项"对话框，切换到"高级"选项卡，勾选"自动插入小数点"复选框，在"位数"列表中输入小数位数，单击"确定"按钮，如图 2-45 所示。

步骤 2　在单元格中输入数据，会自动保留 2 位小数位数，如图 2-46 所示。

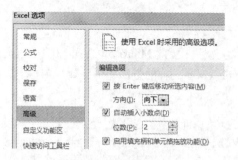

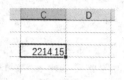

图 2-45　设置小数点　　　　　　　　　　　　图 2-46　显示结果

2.3.6　记忆式键入

用户在进行 Excel 数据处理时，经常需要输入大量重复的信息，例如制作员工档案时，需要键入年龄、性别、职称、籍贯等信息，这些信息很多是重复的。想要简化输入，减少工作量，用户可以使用记忆式键入功能进行输入，具体操作步骤如下。

步骤 1 单击"文件">"选项"命令，弹出"Excel 选项"对话框，切换到"高级"选项卡，勾选"为单元格值启用记忆式键入"复选框，如图 2-47 所示。

步骤 2 在工作表中，用户已经在前几行中输入了职称，下面继续输入职称，比如需要输入高级工程师，只需要输入"高"，单元格中就会全部显示出"高级工程师"，如果输入"副"，就会显示出"教授"，如图 2-48 所示，这样可以减少输入。

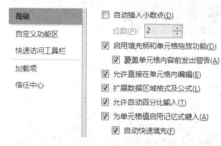

图 2-47　启用记忆式键入　　　　　　　　　　图 2-48　记忆式输入

技巧

用户可以直接使用快捷键方式进行记忆式输入，首先选中继续输入职称的单元格，按住"Alt+方向键↓"，或者单击鼠标右键，在快捷菜单中选择"从下拉列表中选择"命令，会在单元格下方出现职称的下拉列表，如图 2-49 所示。可见使用这种方法进行输入，不仅可以减少工作量，还能保持数据的一致性。

记忆式键入功能仅对文本型数据适用，对数值型数据和公式不起作用。

图 2-49　下拉列表

2.3.7 为中文添加拼音标注

在 Excel 工作表中编辑文件时，可能需要对文字内容添加拼音。Excel 提供了添加拼音的功能，方便用户进行编辑 Excel 的内容。为中文添加拼音标注的具体操作步骤如下。

步骤 1 选中已在输入内容的单元格，单击"开始">"字体">"显示或隐藏拼音字段"下三角按钮，在弹出的下拉列表中选择"编辑拼音"选项，如图 2-50 所示。

步骤 2 手动输入拼音"lang ya bang"，显示出文字的拼音，如图 2-51 所示。

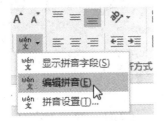

图 2-50　选择"编辑拼音"选项

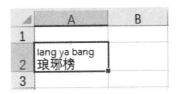

图 2-51　显示文字拼音

步骤 3 单击"开始">"字体">"显示或隐藏拼音字段"下三角按钮，在弹出的下拉列表中选择"拼音设置"选项，弹出"拼音属性"对话框，如图 2-52 所示。在"设置"选项卡中可以设置拼音的对齐方式，在"字体"选项卡中可以设置字体大小、类型等属性。

图 2-52　"拼音属性"对话框

2.4　填充与序列

在 Excel 工作表中提供的填充与序列功能，帮用户解决了许多输入麻烦，本节介绍如何设置填充、序列。

2.4.1 自动填充功能

在 Excel 中设置了自动填充功能，用户可以快速填充数据，节约时间。下面介绍日期来填充，具体操作步骤如下。

步骤1 打开工作表，选中 A2 单元格，如图 2-53 所示。

步骤2 向下拖动鼠标，日期可按递增方式自动填充，如图 2-54 所示。

	A	B	C	D
1	日期	提货地	发货地	数量
2	10月1日			
3				
4				
5				
6				
7				

图 2-53　选中单元格

	A	B	C	D
1	日期	提货地	发货地	数量
2	10月1日			
3	10月2日			
4	10月3日			
5	10月4日			
6	10月5日			
7	10月6日			
8				

图 2-54　自动填充效果

2.4.2 序列

设置单元格序列，选择相关数据进行填充，用户不用再次输入数据，可大量节约时间。下面以输入发货地地点为例，介绍序列功能的应用，具体操作步骤如下。

步骤1 选中要进行序列设置的单元格，单击"数据" > "数据工具" > "数据验证"下三角按钮，在弹出的下拉列表中选择"数据验证"选项，如图 2-55 所示。

步骤2 弹出"数据验证"对话框，进入"设置"选项卡，"允许"下拉列表中选择"序列"，"来源"中输入"太原,石家庄,北京"，单击"确定"按钮，如图 2-56 所示。

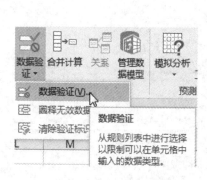

图 2-55　"数据验证"选项

图 2-56　设置序列

步骤3 被选中设置序列的单元格右侧出现下三角按钮 ，单击即可弹出下拉列表，选择地点即可，如图 2-57 所示。

图 2-57　序列填充

2.5　综合实例：制作客户加盟信息表

赵康是某公司的职员，接到上级领导任务，需要制作客户加盟信息表。

2.5.1　输入客户加盟信息

面对大量的公司客户加盟，应该整理出一份醒目、直观的客户加盟表，有助于日后对这些客户进行管理与分析。赵康首先要做的是制作客户加盟信息表，即输入客户加盟的相关内容，包括客户编号、客户名称、所在地区、加盟者、联系电话等。具体操作步骤如下。

步骤 1　新建一个工作表，双击 Sheet1 工作表标签，将其改名为"客户加盟表"，按 Enter 键确认，如图 2-58 所示。

步骤 2　单击单元格 A1，然后输入"客户加盟统计表"，按 Enter 键确认。

步骤 3　在区域 A2:F2 中输入各列标题，如图 2-59 所示。

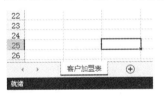

图 2-58　更改工作表标签名称

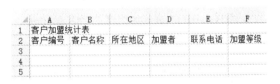

图 2-59　输入表格标题

步骤 4　选择区域 A1:F1，然后单击功能区中的"开始"＞"对齐方式"＞"合并后居中"＞"合并后居中"选项，将所选单元格合并，并将文字居中对齐，如图 2-60 所示。

图 2-60　合并居中主标题

步骤 **5** 选择区域 A2:F2，然后单击功能区中的"开始">"对齐方式">"居中"图标，将各列文字居中对齐，如图 2-61 所示。

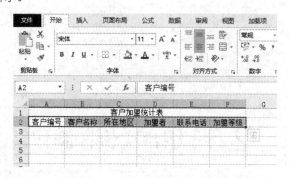

图 2-61 A2:F2 文本居中对齐

步骤 **6** 将单元格 A1:F1 中的文字字体设置为"华文楷体"，字号设置为"20"。然后将区域 A2:F2 中的文字加粗，如图 2-62 所示。

步骤 **7** 选择 A3 单元格，输入 JM-01，如图 2-63 所示。这里的"JM"表示"加盟"二字的拼音首字母。

图 2-62 设置标题字体格式

图 2-63 输入 JM-01

步骤 **8** 继续选中 A3 单元格，鼠标指针变成十字形状，向下拖动，直至 A19 单元格，自动填充数据，如图 2-64 所示。

步骤 **9** 在区域 B3:D19 中输入加盟客户的其他信息，如图 2-65 所示。

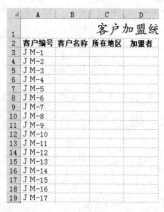

图 2-64 自动输入带有前缀的编号

	客户编号	客户名称	所在地区	加盟者	联系电话	加盟等级
3	JM-1	李思	大连	2000		
4	JM-2	秦慧	武汉	20000		
5	JM-3	许封	天津	15000		
6	JM-4	吴娟	沈阳	20000		
7	JM-5	陈慧	沈阳	20000		
8	JM-6	王蕾	天津	15000		
9	JM-7	孙娟	邯郸	5000		
10	JM-8	吴亮	广州	10000		
11	JM-9	钱京	大连	20000		
12	JM-10	赵力	天津	5000		
13	JM-11	张薇	北京	20000		
14	JM-12	赵康	北京	30000		
15	JM-13	童雪	杭州	7000		
16	JM-14	莫绍谦	上海	20000		
17	JM-15	刘悦莹	杭州	30000		
18	JM-16	赵高兴	杭州	15000		
19	JM-17	孙娆	苏州	15000		

图 2-65 输入客户的其他信息

步骤 **10** 输入联系电话。由于电话区号的第一位有可能是 0，为了能够正确输入 0，因此需要在输入联系电话前为输入区域设置文本格式。选择区域 E3:E19，在功能区中的"开始">"字体">"数字格式">"文本"选项。输入好的联系电话如图 2-66 所示。

图 2-66　输入客户的联系电话

提示

如果是以分隔符将区号与电话号码分开，那么就无须设置单元格为文本格式，而直接输入电话号码即可。

2.5.2　添加批注以标记电话类型

赵康为了让情况不确定的内容表达出清楚明了的含义，为这些内容添加批注。与 Word 程序不同，在 Excel 中添加的批注只有在单击包含批注的单元格时，才会显示。因此，Excel 中的批注在平时可以很好地起到隐藏作用，不会影响表格的整体外观。本例中对不同的电话号码添加批注，以指明是何种电话（例如办公、家庭等）。例如，要将第 2、3、5、8、13、16 个客户的联系电话标记为家庭电话，具体操作步骤如下。

步骤 1 单击单元格 E4，然后单击功能区中的"审阅">"批注">"新建批注"图标，进入批注编辑状态，如图 2-67 所示。

步骤 2 在批注框里输入要说明的内容，例如输入"家庭电话"，如图 2-68 所示。

图 2-67　进入批注编辑状态

图 2-68　输入批注内容

步骤 **3** 单击除批注框以外的其他区域，确认输入，这样就为单元格 E4 添加了一个批注。此时，单元格 E4 右上角将会显示小三角标记，如图 2-69 所示，这就是批注标记。当鼠标指向该单元格时，将会自动显示批注，当鼠标移开该单元格时，批注又会自动隐藏。

步骤 **4** 按照相同的方法，为其他几个单元格添加批注，如图 2-70 所示。

图 2-69 小三角标记

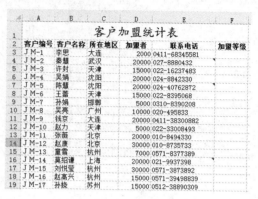

图 2-70 添加其他批注

第 3 章
公式与函数基础

 学习导读

公式与函数在涉及数据处理（包括文本数据）的时候非常有用，掌握其概念和使用方法是运用 Excel 高级功能的基础。公式和函数不必严格地加以区分，实际上所有的函数都必须以公式的形式使用。通过本章的学习，读者应掌握公式的输入和编辑的方法，了解函数的概念，熟悉函数的输入和编辑等基础操作，为 Excel 中各类函数的学习打下良好的基础。

 学习要点

- 学习公式与函数的定义。
- 掌握单元格的引用技巧。
- 学习公式的运算符及优先级。
- 学习公式的编辑与修改。
- 学习函数的运用。

 ## 3.1 认识公式与函数

Excel 作为一个功能强大的电子表格软件，除了一些通常的表格处理命令之外，更重要的是具备强大的数据处理能力，引入公式、函数后，功能显示更加强大，可以实现财务处理方面的内容。

3.1.1 什么是公式

公式是单元格中的一系列值、单元格引用、名称或运算符的组合，可生成新的值。在使用 Excel 的过程中，公式是对工作表中数据进行处理的最好方法，而函数则是公式使用过程中的一种内部工具，熟练使用公式与函数在 Excel 数据处理中尤为重要。

在 Excel 中，公式是可以进行以下操作的方程式：执行计算、返回信息、操作其他单元格的内容以及测试条件等。

Excel 公式的基本结构如下：

=[操作数][运算符][操作数]……

即所有公式都是由等号"="开始的，跟着输入一个或者多个"操作数"，操作数之间使用一个或者多个"运算符"相连。

操作数主要包括值、单元格引用、区域名或者函数名等。

运算符主要包括算数运算符（+、-、*、/）、比较符号（<、>）、连接运算符（&）等。

例如，下面是一些常见的公式类型：

=5+2*3 基本运算公式

=A1+A2*A3 单元格引用运算公式

=TODAY() 使用函数的公式

=IF(A1>=0) 带有参数函数的公式

> **提示**
>
> Excel 允许在公式中操作数和运算符之间插入空格，而且这样做有很多好处。使用空格可以分隔公式的各个部分，且 Excel 还允许在公式中换行，当公式很长时，可使用换行来提高公式的可读性。

Excel 对公式相关的各个对象有一些限制，虽然在 Excel 2016 中这些限制已经变得很宽松，但读者还是应该有一定的了解。具体的限制内容如下表 3-1 所示。

表 3-1　Excel 对公式对象的限制

对象	最大数量限制
列	16384
行	16777216
公式长度（字符数）	8192
函数参数	255
公式嵌套层数	64
数组引用（行数或者列数）	无限
透视表列数	16384
透视表行数	1048576
透视表字段数	16384
唯一的透视字段项目数	1048576

3.1.2 什么是函数

Excel 是目前办公自动化中最常用的一款软件，因为它具有强大的数据分析功能，而实现这些数据分析的主要工具就是函数。函数作为 Excel 处理数据的重要手段，功能是十分强大的，在生活和工作中应用范围也很广泛。

函数就是一些预定好的公式，使用一些称为参数的特定数值按指定的顺序或结构进行计算。用户可以直接用这些特定数值对某个区域内的数值进行运算，例如计算加减乘除、日期和时间的处理、计算平均值等。

Excel 中所提的函数其实是一些预定义的公式，它们使用一些称为参数的特定数值按特定的顺序或结构进行计算。用户可以直接用它们对某个区域内的数值进行一系列运算，如分析和处理日期值和时间值、确定贷款的支付额、确定单元格中的数据类型、计算平均值、排序显示和运算文本数据等，可将公式大大简化，提高工作效率。

什么是参数？参数可以是数字、文本、形如 TRUE 或 FALSE 的逻辑值、数组、形如 #N/A 的错误值或单元格引用，给定的参数必须能产生有效的值。参数也可以是常量、公式或其他函数，还可以是数组、单元格引用等。

- 数组：用于建立可产生多个结果或可对存放在行和列中的一组参数进行运算的单个公式。在 Microsoft Excel 有两类数组：区域数组和常量数组。区域数组是一个矩形的单元格区域，该区域中的单元格共用一个公式；常量数组将一组给定的常量用作某个公式中的参数。
- 单元格引用：用于表示单元格在工作表所处位置的坐标值。例如，显示在 B 列和第 3 行交叉处的单元格，其引用形式为 "B3"。
- 常量：常量是直接键入单元格或公式中的数字或文本值，或由名称所代表的数字或文本值。例如，日期 10/9/96、数字 210、文本 "Quarterly Earnings" 都是常量。公式或由公式得出的数值都不是常量。

在学习 Excel 函数之前，我们需要对函数的结构做一些必要的了解。如图 3-1 所示，函数的结构以函数名称开始，后面是左圆括号、以逗号分隔的参数和右圆括号。如果函数以公式的形式出现，请在函数名称前面键入等号（=）。

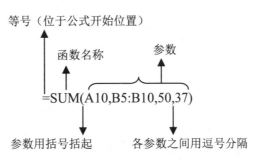

图 3-1 函数的结构

函数名是唯一标识一个函数的，函数名称总是以大写字母表示，即使输入的函数为小写，Excel

也会自动将其改为大写。参数可以分为必要参数和可选参数，参数要求必须出现在函数的括号内，否则会产生错误信息，可选参数则根据公式的需要而定。

3.2 单元格引用

在公式中可以引用单元格来代替单元格中的具体数据。例如，在公式中使用工作表中的不同部分的数据，或者在多个公式中使用同一个单元格中的数据，在 Excel 中包括三种引用方式：相对引用、绝对引用和混合引用。在理解了相对引用和绝对引用后，才能在复制公式的过程中熟练控制各个参数的引用位置。

3.2.1 相对引用

相对引用是指公式所在的单元格与公式中引用的单元格之间的相对位置。如果公式所在的单元格位置发生改变，则引用的单元格位置也将随之改变。

当多行或多列需要复制或填充公式时，引用会自动调整，默认情况下，相对引用是新公式使用的引用方式。

例如，将单元格 C1 中的公式通过相对引用复制或填充到 C2 单元格中，此时引用的公式由 =A1*B1 变成=A2*B2，如图 3-2 所示。

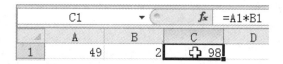

图 3-2 相对引用公式

> **提示**
>
> 移动公式时不会改变相对引用的单元格，因为在移动公式时，Excel 认为用户想保持单元格引用不变。

3.2.2 绝对引用

绝对引用是指在特定位置引用单元格。如果公式所在单元格的位置发生改变，绝对引用将保持不变。如果多行或多列地复制或填充公式，绝对引用将不作调整。

要使用绝对引用，需要分别在行号和列号之前加入符号"$"。例如"$A$1"绝对引用 A1 单元格。在进行绝对引用时，使用的是绝对地址引用，即使将公式粘贴到目标位置，公式中固定单元格地址保持不变，如图 3-3 所示。

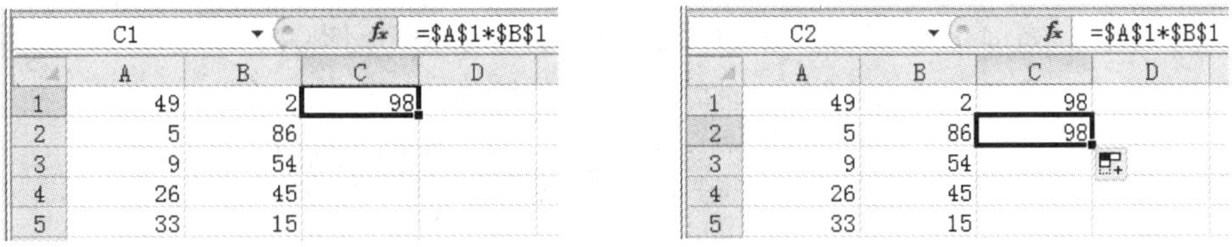

图 3-3　绝对引用公式

在 Excel 中输入公式时，只要正确使用 F4 键，就能简单地对单元格的相对引用和绝对引用进行切换。

对于某单元格所输入的公式为=SUM(B4:B8)。

- 选中整个公式，按下 F4 键，该公式内容变为=SUM($B$4:$B$8)，表示对横、纵行单元格均进行绝对引用。
- 第二次按下 F4 键，公式内容又变为=SUM(B$4:B$8)，表示对横行单元格进行绝对引用，纵行相对引用。
- 第三次按下 F4 键，公式则变为=SUM($B4:$B8)，表示对横行单元格进行相对引用，对纵行进行绝对引用。
- 第四次按下 F4 键时，公式变回到初始状态=SUM(B4:B8)，表示对横、纵行单元格均进行相对引用。

3.2.3　混合引用

混合引用是指在一个单元格引用中，既包含绝对单元格地址引用，也包含相对单元格地址引用，即引用单元格的行和列之中有一个是相对的，一个是绝对的。

列采用 $A1、$B1 等形式。绝对引用行采用 A$1、B$1 等形式。如果公式所在单元格的位置改变，则相对引用将改变，而绝对引用不变。如果多行或多列地复制或填充公式，相对引用将自动调整，而绝对引用将不作调整。例如，如果将一个混合引用从单元格 C1 复制到 C2，那么内容将从=A$1 调整为=A$2，如图 3-4 所示。

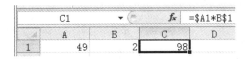

图 3-4　混合引用公式

提示

粘贴含有混合引用的公式后，绝对引用部分不变化，而相对引用部分将根据偏移量来改变。

公式不但可以引用当前工作表中的单元格，还可以引用其他工作表中的单元格，甚至是其他工作簿中的单元格。要引用单元格，可以用键盘直接输入，也可以通过单击鼠标来引用。

如果要引用同一个工作簿不同工作表中的单元格，需要使用的格式为：工作表名称!单元格地址，或者直接单击需要引用的工作表，选择单元格，如图 3-5 所示。

C2		f_x	=A1*Sheet2!C1	
	A	B	C	
1	49	2	98	
2	5	86	980	

图 3-5　引用同一个工作簿不同工作表中的单元格

如果要引用不同工作簿中的单元格，应该使用的格式为：[工作簿名称]工作表名称!单元格地址，或者直接通过单击"视图" > "窗口" > "切换窗口"下三角按钮 ，切换到要引用的工作簿，再选择工作表及工作格，如图 3-6 所示。

C2		f_x	=A2*[工作簿2]Sheet1!$A$1		
	A	B	C	D	E	F
1	49	2	98		
2	5	86	110		

图 3-6　引用一个不同工作簿中的单元格

3.3　公式中的运算符及其优先级

运算符是公式中的基本元素，一个运算符就是一个符号，代表着一种运算。Excel 包含 4 种类型的运算符：算术运算符、比较运算符、文本运算符和引用运算符。

3.3.1　算术运算符

算术运算符可以完成基本的数学运算，如加、减、乘、除等，它们能够连接数字并产生计算结果。算术运算符及其含义如表 3-2 所示。

表 3-2　算术运算符

名称	运算符	示例	计算结果
加	+	=4+5	9
减	-	=5-4	1
乘	*	=5*4	20
除	/	=4/2	2
百分数	%	=5%	0.05
指数	^	=5^3	75

在运算符中，指数运算与常见的书面格式略有不同，例如公式 "=5^3" 是指 5^3，其运算结果为 5*5*5=125。

3.3.2 比较运算符

比较运算符是指比较两个或者多个数字、字符串、单元格内容或者函数结果的公式。如果比较公式的结果为真，将返回结果值"TRUE"，如果公式结果为假，将返回结果值"FALSE"，表 3-3 给出了在比较公式中常见的运算符。

表 3-3   比较运算符

名称	运算符	示例	计算结果
=	等于	=5=4	FALSE
>	大于	=5>4	TRUE
<	小于	=5<4	FALSE
>=	大于等于	=a>=b	FALSE
<=	小于等于	=a<=b	TRUE
<>	不等于	=a<>b	TRUE

比较公式的用途非常广泛。例如可以比较员工的销售业绩以确定为各员工发放奖金的数额。如果大于指定的销售值，则发放员工奖金，如果小于指定的销售额则无法获得奖金。

> **提示**
>
> 可以通过观察状态栏左侧的内容来方便地查看当前所处的状态，状态栏中的状态可以显示为：输入、点和编辑，它们分别对应三种模式。在公式的运算中，逻辑值"TRUE"相当于任何非零值，而逻辑值"FALSE"相当于零值。

3.3.3 文本运算符

文本运算符指使用和运算符（&）来处理文本或者文本单元格的公式。

文本运算符的主要用途是连接字符串。使用公式="Windows"&"7"，运算将返回结果"Windows 7"（结果不包含引号）。

例如，在单元格 A1 中输入"北京"，在 C2 单元格中输入"奥运会"，在 F3 中输入公式=A1&C2，就可以将这两个词连起来，如图 3-7 所示。

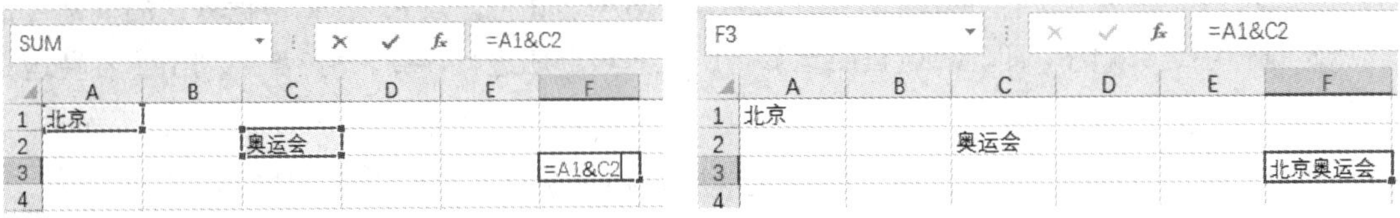

图 3-7   输入公式

3.3.4 引用运算符

引用运算符是指使用引用运算符组合若干个单元格或者区域，从而生成单个引用的公式。表3-4给出了常用的引用运算符。

表 3-4 引用运算符

名称	运算符	示例	说明
区域	:	A1:C10	使用两个单元格引用得到一个区域
交集	空格	A1:C10 B2 E8	生成两个区域的重叠部分
并集	,	A1:C10,B2 E8	生成两个区域的并集

引用运算符常用于复杂的问题中，例如要判断 A3 单元格中的值是否为"15"，B2 单元格中是否为"30"，并将判断的结果在 C1 单元格中显示。

在 C3 单元格中输入公式=AND（A3=15,B2=30）。

结果如图 3-8 所示，可以看到在 C3 中返回的值是 TRUE，表示 A3 中是 15，B2 中是 30。

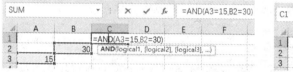 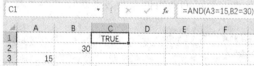

图 3-8　引用运算返回值 1

如果返回的是 FALSE，则说明有一个单元格中的数据不正确或两个值都不正确，如图 3-9 所示。

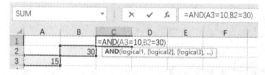 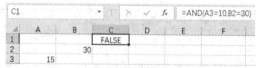

图 3-9　引用运算返回值 2

3.3.5　运算符的优先级顺序

在 Excel 中使用公式进行计算时，若公式中含有多个运算符，则 Excel 将根据默认的规则决定每一个运算符的运算顺序，即计算时按照运算符的优先级顺序进行计算。表 3-5 中列出了各种运算符的优先级。

表 3-5　公式中运算符的优先级

运算符	说明	优先级
区域（冒号）、联合（逗号）、交叉（空格）	引用运算符	1
-	负号	2

（续表）

运算符	说明	优先级
%	百分号	3
^	乘幂号	4
*和/	乘号和除号	5
+和-	加号和减号	6
&	文本运算符	7
=, >, <, >=, <=, <>	比较运算符	8

对于不同优先级的运算，将按照运算符的优先级从高到低进行计算，而对于同一优先级的运算，将按照从左到右的顺序进行计算。若要改变公式的运算顺序，可以使用圆括号将公式中要优先计算的表达式括起来，括号中的表达式最先计算。括号还可以嵌套使用，即括号中还可以包含括号，此时首先运算最里面括号内的表达式，然后再计算外层括号中的表达式。

3.4 输入与编辑公式

在 Excel 工作表中可以创建的公式分为算术公式、比较公式、文本公式和引用公式等几大类。

3.4.1 输入公式

在工作表中输入公式的具体操作步骤如下。

步骤 1 选择要输入公式的单元格。

步骤 2 输入等号"="，这将表示其后输入的内容都是公式的一部分。

步骤 3 输入公式的操作数和运算符。

步骤 4 按回车键确认公式。

从上面的步骤可以看出，在 Excel 中输入一个公式的步骤是很简单的。但在输入公式时还应该注意，Excel 有三种不同的输入模式，它决定了 Excel 如何解释键盘和鼠标的操作。

- 输入模式：当输入等号时，即告诉 Excel 开始输入公式，此时输入的文本将作为公式的一部分。
- 点模式：输入公式时，按下任何导航键（如方向键、PageUp 或者 PageDown 键），或者使用鼠标在工作表中单击任何其他单元格时，Excel 将进入点模式。在点模式下，可以使用鼠标或者键盘选择单元格作为正在输入的公式的单元格名称。此时，再使用键盘输入任何运算符，Excel 将返回输入模式。
- 编辑模式：当按下 F2 键时，Excel 将进入编辑模式，这种模式可以用来修改公式。此时，可以使用左、右方向键将光标移动到公式的其他地方，以便删除或者插入字符。再次按下 F2 键将返回输入模式。

1. 单个单元格公式输入

Excel 中的公式均以"="开始，所以在单元格中输入公式的时候一定要在公式前面输入"="符号。在工作表中输入公式后，单元格中自动显示公式计算的结果，若选中该单元格，则编辑栏将显示公式本身而非公式计算结果。

公式的输入同单元格中数据的输入类似，用户可以在单元格中直接输入公式，也可选中单元格在编辑栏中输入公式。公式的输入有以下两种方法。

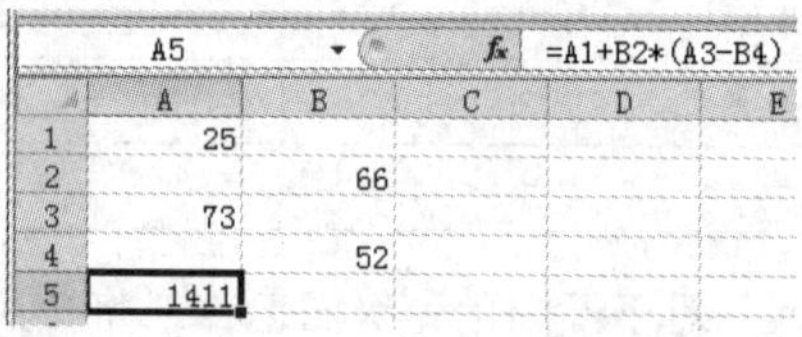

图 3-10　手动输入公式

（1）手动输入公式

输入公式时可在 A5 单元格中输入"="，然后输入公式=A1+B2*（A3-B4），按 Enter 键即可得到运算的结果，如图 3-10 所示。

（2）单击单元格输入公式

单击输入公式是指在公式输入时直接单击单元格，此时当前单元格的标记即可显示在公式中。

单元格标记就是各个单元格的名称，一个单元格标记就代表了该单元格中的内容。在 Excel 中，单元格标记是以列的英文标记加上行的数字编号来表示，例如第一个单元格的标记就是 A1。

步骤 1 打开"输入公式.xlsx"，在工作表中单击 A4 单元格，如图 3-11 所示。

步骤 2 输入"="，然后单击 A1 单元格，此时 A1 被虚线框包围，其名称出现在编辑栏中，如图 3-12 所示。

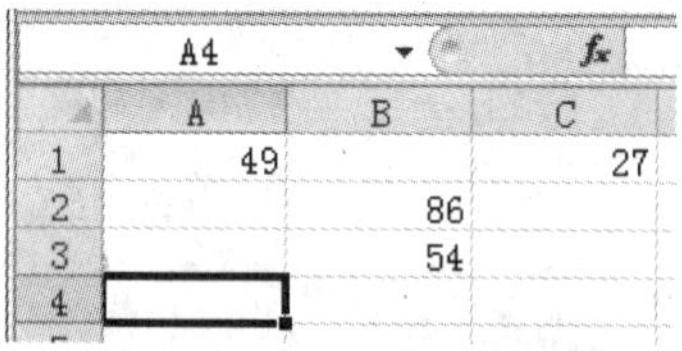

图 3-11　选中 A4 单元格

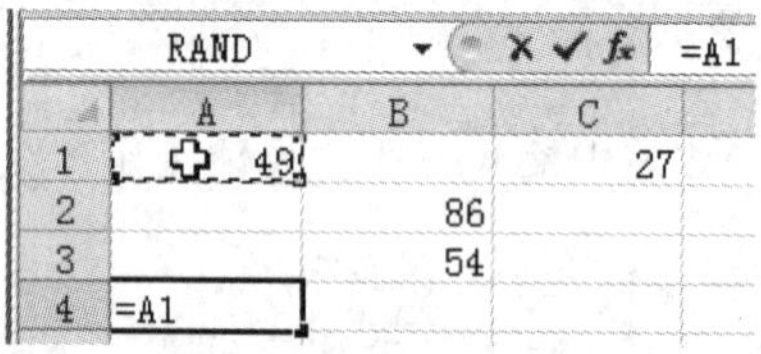

图 3-12　A1 被虚线框

步骤 3 输入数学运算符，乘号"*"，此时 A1 闪动的边框消失，并且变为蓝色，再单击 B2，如图 3-13 所示。

步骤 4 按照上面的方法再输入运算符，单击单元格，直到公式完成，如图 3-14 所示。

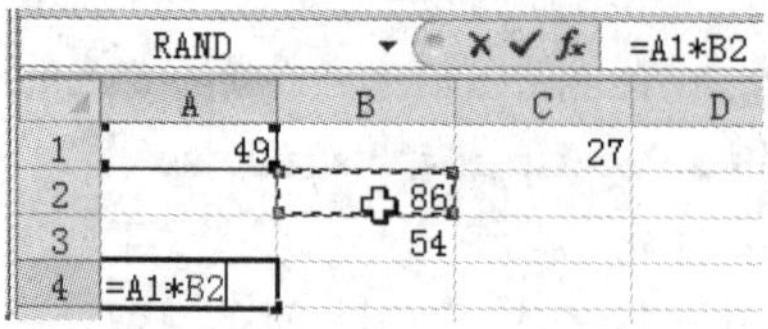

图 3-13　选择 B2 单元格

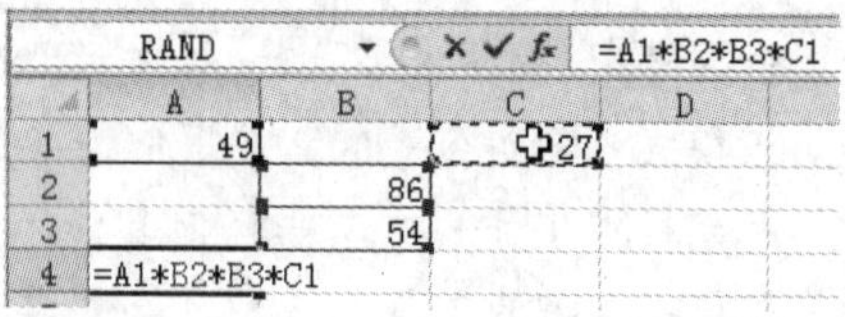

图 3-14　输入公式

步骤 5 按回车键确认，此时在 A4 单元格中将显示公式的结果，如图 3-15 所示。

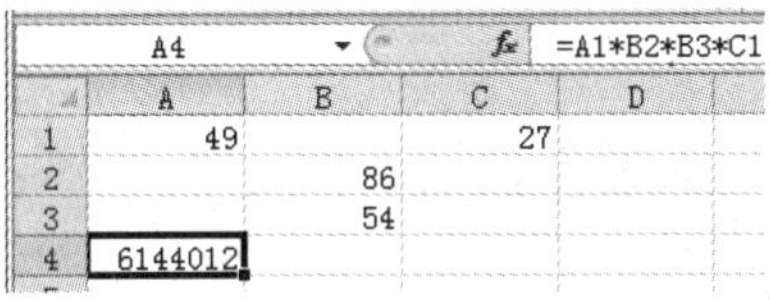

图 3-15　显示公式

2. 多个单元格公式输入

在实际工作中，常常需要向多个单元格中输入相同的公式，如果逐个输入的话效率会很低，Excel 针对这种情况提供了两种简便的方法。

（1）使用复制和粘贴命令快速输入公式。使用复制和粘贴命令向单元格中输入公式的操作与输入基本数据的操作类似，其步骤如下。

步骤 1　建立工作表，向单元格 D4 中输入公式=B4*C4，完成公式的计算，如图 3-16 所示。

步骤 2　选中单元格 D4，单击"开始"＞"剪贴板"＞"复制"图标，如图 3-17 所示。

图 3-16　计算 D4 单元格金额

图 3-17　单击"复制"图标

步骤 3　选中需要输入相同公式的单元格区域并在其上单击鼠标右键，在弹出的右键快捷菜单中选择"选择性粘贴"项，打开"选择性粘贴"对话框，选择"公式"或"全部"单选按钮，单击"确定"按钮，如图 3-18 所示。

步骤 4　公式被粘贴到目标单元格区域中，结果如图 3-19 所示。

图 3-18　选择粘贴方式

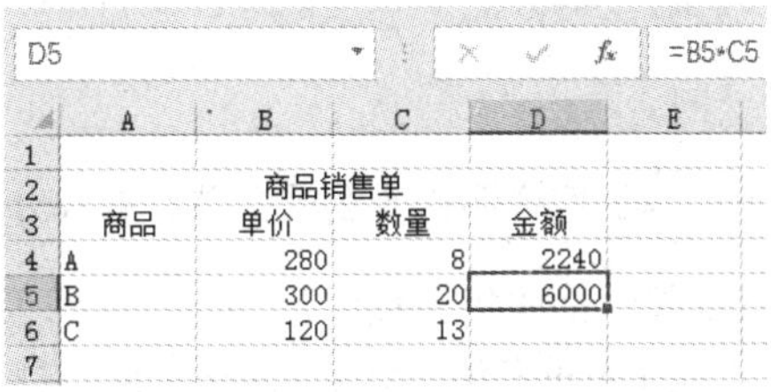

图 3-19　粘贴公式结果

除了使用菜单命令进行公式的复制和粘贴外，也可使用"Ctrl + C"和"Ctrl + V"组合键实现公式的快速复制和粘贴。

（2）使用填充方式快速输入公式，其步骤如下。

步骤1 建立工作表，向单元格 D4 中输入公式=B4*C4。选中单元格 D4，用鼠标拖动单元格右下角的填充柄，如图 3-20 所示。

步骤2 将填充柄拖动到目标单元格后释放鼠标，可得到与复制和粘贴的方法相同的结果，如图 3-21 所示。

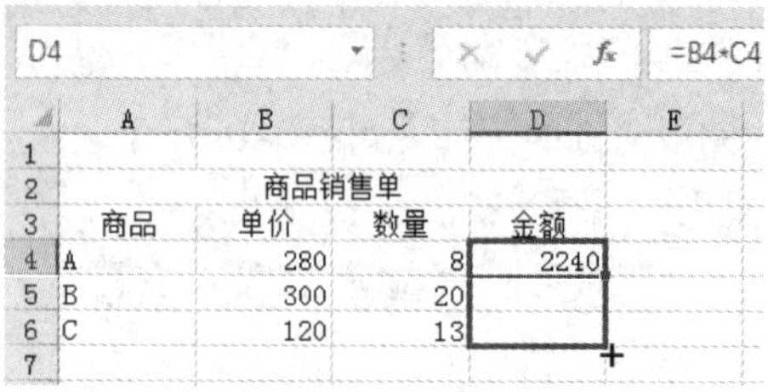

图 3-20　拖动填充柄

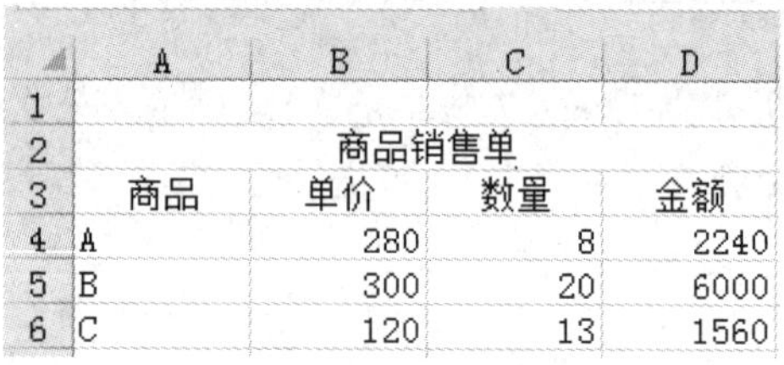

图 3-21　使用自动填充功能输入公式

3.4.2　修改公式

Excel 提供了 3 种修改公式的方法。

（1）按 F2 键。

（2）双击单元格。

（3）单击公示栏中的公式文本。

公式输入后，如果出现错误可以对公式重新进行编辑。双击公式运算结果所在的单元格，即可重新显示输入的公式，或者也可以在编辑栏中重新编辑公式，如图 3-22 所示。

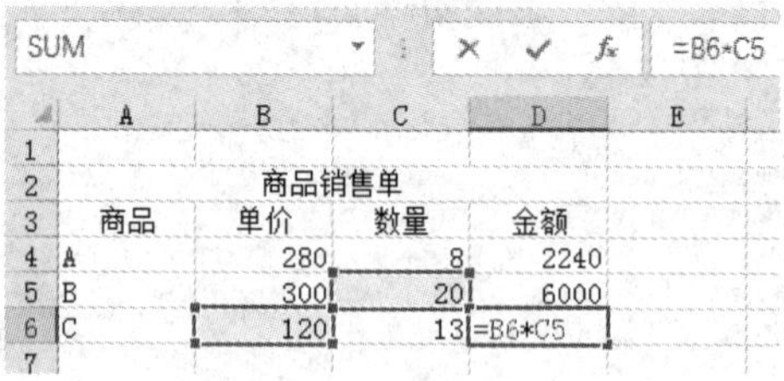

图 3-22　修改公式

下面以实例说明修改公式，具体操作步骤如下。

步骤1 D6 单元格中的金额应为 B6*C6，而公式中却是 B6*C5，原公式是错误的，如图 3-23 所示。

步骤2 双击 D6 单元格，将 C5 改为 C6，如图 3-24 所示，按下 Enter 键。

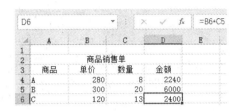

D6 =B6*C5

	A	B	C	D	E
1					
2		商品销售单			
3	商品	单价	数量	金额	
4	A	280	8	2240	
5	B	300	20	6000	
6	C	120	13	2400	

图 3-23　引用公式错误

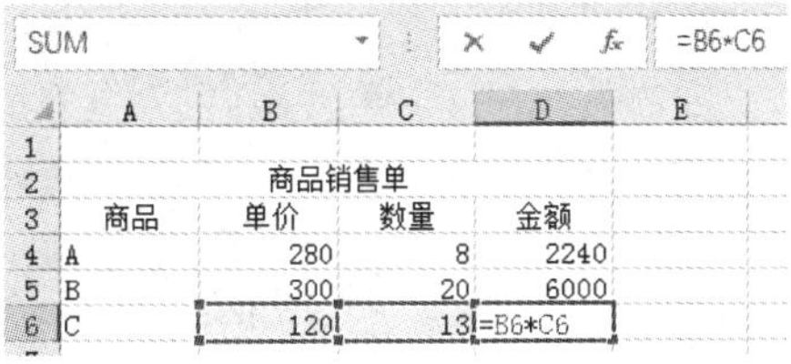

SUM =B6*C6

	A	B	C	D	E
1					
2		商品销售单			
3	商品	单价	数量	金额	
4	A	280	8	2240	
5	B	300	20	6000	
6	C	120	13	=B6*C6	

图 3-24　C5 改为 C6

步骤 3 可以看到单元格 D6 中的金额变为正确的计算结果，如图 3-25 所示。

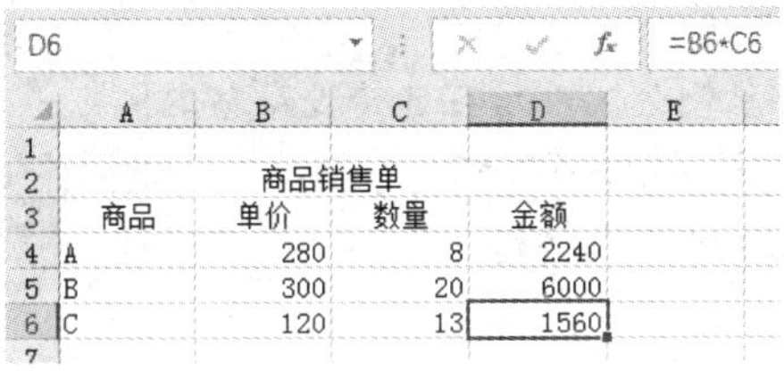

D6 =B6*C6

	A	B	C	D	E
1					
2		商品销售单			
3	商品	单价	数量	金额	
4	A	280	8	2240	
5	B	300	20	6000	
6	C	120	13	1560	

图 3-25　重新计算单元格 D6 金额

3.4.3 公式的复制和移动

复制或者移动包含公式的区域或者单元格的方法与移动常规的区域和单元格的方法相同，但其移动的结果却并不一定是简单的公式复制。

1. 复制公式

复制公式是指在其他单元格应用相同的运算公式。

（1）使用鼠标拖动复制

对于相邻的单元格复制公式，可以使用鼠标拖动的方法。

选中需要复制公式的单元格，用鼠标拖动该单元格右下角的填充柄，释放后即可复制公式，如图 3-26 所示。

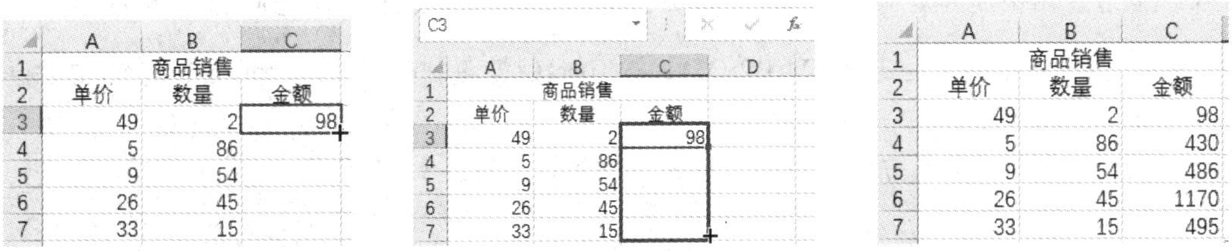

	A	B	C
1		商品销售	
2	单价	数量	金额
3	49	2	98
4	5	86	
5	9	54	
6	26	45	
7	33	15	

C3

	A	B	C	D
1		商品销售		
2	单价	数量	金额	
3	49	2	98	
4	5	86		
5	9	54		
6	26	45		
7	33	15		

	A	B	C
1		商品销售	
2	单价	数量	金额
3	49	2	98
4	5	86	430
5	9	54	486
6	26	45	1170
7	33	15	495

图 3-26　填充柄复制公式

（2）使用菜单复制

对于不相邻的单元格复制公式，可以通过菜单进行复制。

选中公式单元格，单击“开始”>“剪贴板”>“复制”图标，在目标单元格上单击鼠标右键，在弹出的快捷菜单中选择公式按钮 ，如图 3-27 所示。公式就被粘贴到目标单元格或单元格区域中，并将运算结果显示出来，如图 3-28 所示。

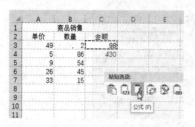

图 3-27　选择选择 f_x（公式）按钮

图 3-28　显示运算结果

技巧

　　若需要在多个单元格中复制公式，可在选择性粘贴之前，同时选择多个单元格，选择连续的单元格可以拖动鼠标选择，选择不连续的单元格，可以按住 Ctrl 键单击选中单元格，然后再右击弹出快捷菜单，从中选择 按钮。

（3）使用填充方式复制

"填充"可以将公式扩展到一个或多个相邻的单元格中。

选中公式单元格，再选择其他需要复制的单元格，将要运用该公式的单元格包括在内，单击"开始"＞"编辑"＞"填充"按钮，选择"向下"选项，此时公式被粘贴，并将结果显示在目标单元格区域中，如图 3-29 所示。

图 3-29　使用填充方式复制公式

下面通过使用快捷键复制公式的方法将员工的季度销售业绩快速复制到其他对应的单元格。

步骤 1 在单元格 E2 中使用公式=SUM(B2:D2)，按 Ctrl+C 键复制此公式，单元格 E2 变成虚线框状态，如图 3-30 所示。

步骤 2 在单元格 E3 单击鼠标右键，选择"粘贴"命令，如图 3-31 所示。

	A	B	C	D	E
1	员工	一月	二月	三月	第一季度
2	Tom	20500	26000	18000	64500
3	Kasey	18560	16548	19540	
4	Jason	21000	15000	30200	
5					
6					

图 3-30　复制单元格 E2 公式

图 3-31　选择"粘贴"命令

步骤 3 计算结果与 E2 明显不同，复制后的公式为=SUM(B3:D3)，如图 3-32 所示。

| E3 | ▼ | : | × | ✓ | fₓ | =SUM(B3:D3) |

	A	B	C	D	E
1	员工	一月	二月	三月	第一季度
2	Tom	20500	26000	18000	64500
3	Kasey	18560	16548	19540	54648
4	Jason	21000	15000	30200	
5					
6					
7					

图 3-32　复制后的公式

2. 复制公式而不调整相对引用

用户如果想复制公式而不改变公式中的相对引用，可以按照下面的步骤进行操作。

步骤 1 选择包含需要复制公式的单元格。

步骤 2 在公式栏中单击鼠标将其激活。

步骤 3 使用鼠标或者键盘选中整个公式。

步骤 4 使用 Ctrl+C 或者复制命令来复制公式。

步骤 5 按 Esc 键取消公式栏的编辑状态。

步骤 6 选择将要复制的目标单元格。

步骤 7 使用粘贴命令完成复制操作。

下面例子展示了如何在使用相对引用的情况下复制公式而不改变参数引用位置。实际上，此种复制方法使用的是 Windows 的粘贴板功能来复制公式，具体操作步骤如下。

步骤 1 选中要复制公式的单元格 E2，如图 3-33 所示。

步骤 2 使用鼠标或者键盘选中整个公式，然后使用 Ctrl+C 或者复制命令来复制公式，再按 Esc 键取消公式栏的编辑状态，如图 3-34 所示。

| E2 | ▼ | : | × | ✓ | fₓ | =SUM(B2:D2) |

	A	B	C	D	E
1	员工	一月	二月	三月	第一季度
2	Tom	20500	26000	18000	64500
3	Kasey	18560	16548	19540	
4	Jason	21000	15000	30200	
5					
6					
7					

图 3-33　选中单元格 E2

| COUPPCD | ▼ | : | × | ✓ | fₓ | =SUM(B2:D2) |

	A	B	C	D	E
1	员工	一月	二月	三月	第一季度
2	Tom	20500	26000	18000	=SUM(B2:D
3	Kasey	18560	16548	19540	
4	Jason	21000	15000	30200	
5					
6					

图 3-34　复制单元格 E2 公式

步骤 3 选择将要复制的目标单元格，使用粘贴命令复制公式，如图 3-35 所示。

步骤 4 最后复制的公式仍然为原公式，如图 3-36 所示。

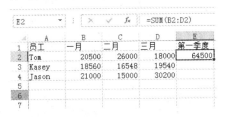

图 3-35　粘贴命令复制公式

| E3 | ▼ | : | × | ✓ | fₓ | =SUM(B2:D2) |

	A	B	C	D	E
1	员工	一月	二月	三月	第一季度
2	Tom	20500	26000	18000	64500
3	Kasey	18560	16548	19540	64500
4	Jason	21000	15000	30200	
5					
6					

图 3-36　得到结果

3．移动公式

移动公式是指将公式移到另一个单元格中，具体操作步骤如下。

步骤 **1** 选中要移动的单元格公式 C7，当鼠标变成十形状，开始移动，如图 3-37 所示。

步骤 **2** 直至将公式移动到指定单元格，松开鼠标左键，公式将被移动，如图 3-38 所示。

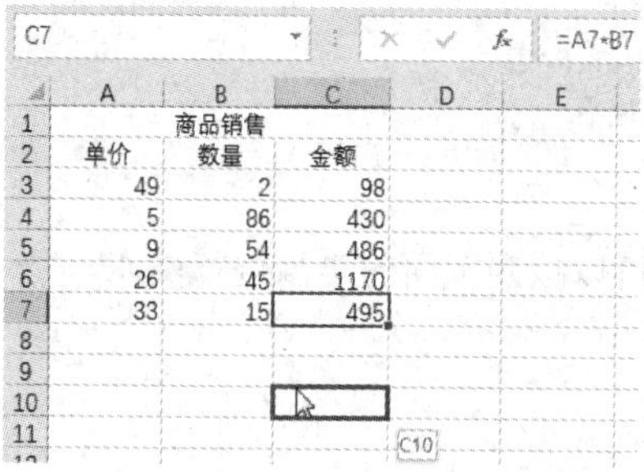

图 3-37　移动公式过程中

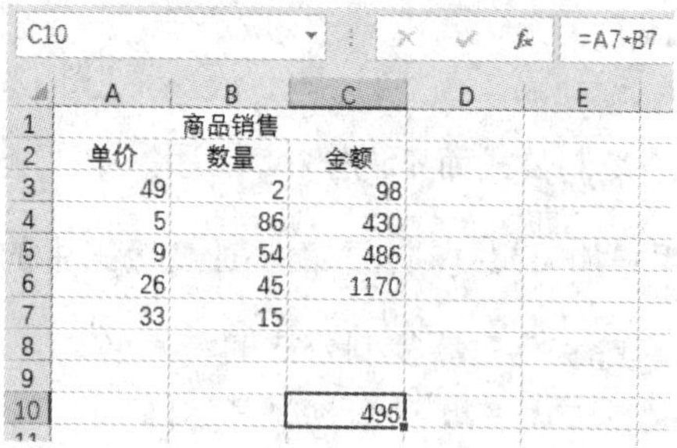

图 3-38　移动公式后效果

3.4.4　公式的显示与隐藏

通过前面介绍的方法输入公式后，在单元格中显示了公式的计算结果，同时在编辑栏中显示了公式本身。为了方便看到公式可以在单元格中显示出来，用户可以利用"公式"选项卡中的"显示公式"图标来显示或隐藏当前工作表中所有的公式，具体操作步骤如下。

步骤 **1** 打开工作表，单击"公式"＞"公式审核"＞"显示公式"图标，将会在单元格中显示所有公式，如图 3-39 所示。

步骤 **2** 再次单击公式"＞"公式审核"＞"显示公式"图标，在单元格中隐藏所有公式，只显示计算结果，如图 3-40 所示。

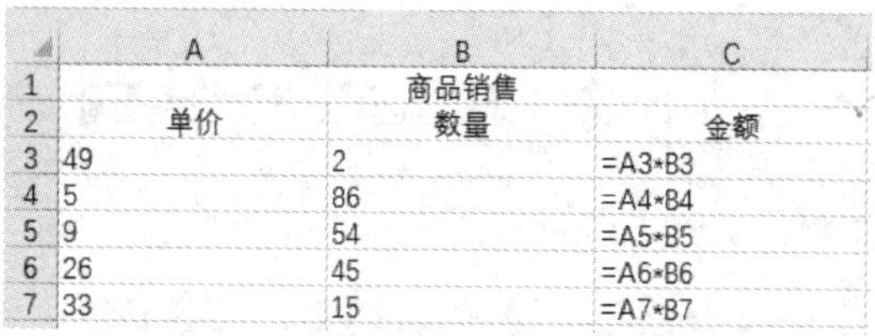

▲	A	B	C
1		商品销售	
2	单价	数量	金额
3	49	2	=A3*B3
4	5	86	=A4*B4
5	9	54	=A5*B5
6	26	45	=A6*B6
7	33	15	=A7*B7

图 3-39　显示公式

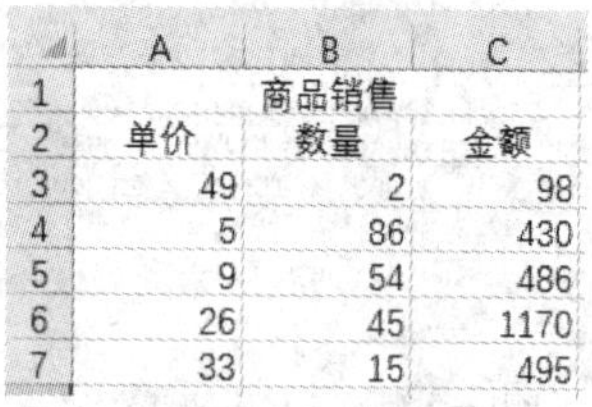

▲	A	B	C
1		商品销售	
2	单价	数量	金额
3	49	2	98
4	5	86	430
5	9	54	486
6	26	45	1170
7	33	15	495

图 3-40　隐藏公式

3.4.5　删除公式

默认情况下，删除公式时，该公式的结果值也会被删除。但是，也可以改为仅删除公式，而保留单元格中所显示的公式的结果值。

要将公式与其结果值一起删除，执行下列操作。

步骤 **1** 选择包含公式的单元格或单元格区域。

步骤 **2** 按 Delete 键直接删除即可。

要删除公式而不删除其结果值，可执行下列操作。

步骤 1 选择包含公式的单元格或单元格区域。如果公式是数组公式，选择包含数组公式的单元格区域。

步骤 2 在"开始"选项卡中的"剪贴板"选项组中，单击"复制"命令。

步骤 3 在"开始"选项卡上的"剪贴板"选项组中，单击"粘贴"下的箭头，然后单击"粘贴值"。

下面实例讲解在保留公式结果的前提下删除公式，具体操作方法如下。

步骤 1 选中并复制公式的单元格 E2，如图 3-41 所示。

步骤 2 鼠标右键单击要粘贴值的单元格 E3，在弹出的右键菜单中选择"选择性粘贴">"粘贴值"命令，如图 3-42 所示。

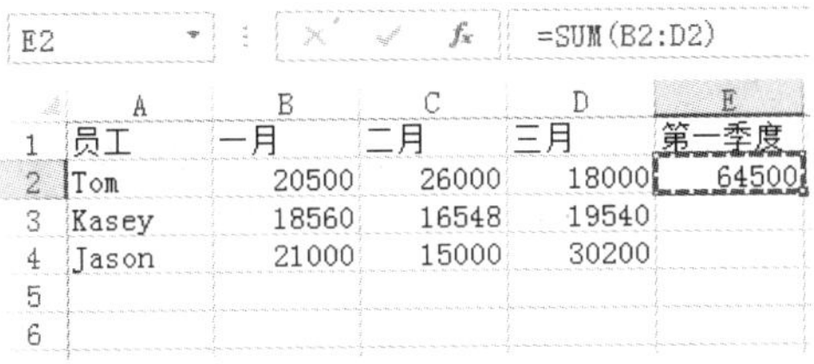

图 3-41　复制单元格 E2 公式 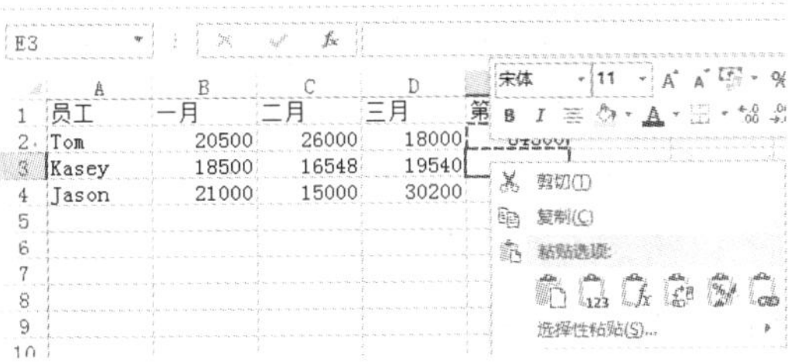　　　　图 3-42　选择"粘贴值"命令

步骤 3 粘贴后的单元格只保留了值，而没有复制公式，如图 3-43 所示。

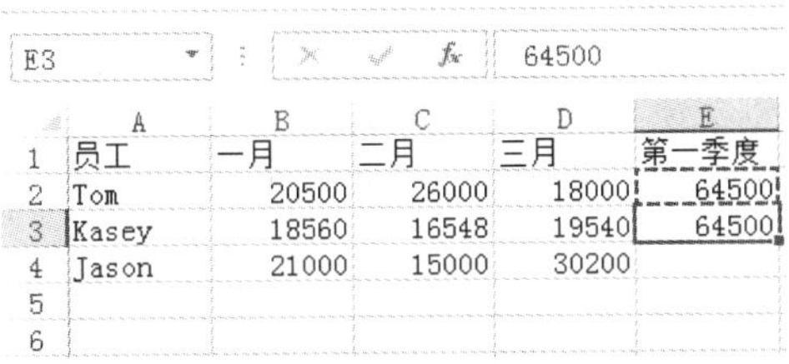

图 3-43　粘贴值

3.5　函数的结构和种类

　　Excel 函数其实是一些预定义的公式，它们使用一些称为参数的特定数值按特定的顺序或结构进行计算。用户可以直接用它们对某个区域内的数值进行一系列的运算，如分析和处理日期值和时间值、确定贷款的支付额、单元格中的数据类型，计算平均值、排序显示和运算文本数据等。使用函数的优势主要有以下 3 个方面。

● 函数使简单但输入烦琐的公式更加容易使用。例如，要将单元格 A1 到 A100 的 100 个数字相加，可能没有时间或者耐心在同一个单元格中输入如此烦琐而乏味的公式（即 A1+A2+……+A100），而 Excel 的函数提供了另一种解决方案：函数 SUM()。使用该函数时，只需要输入公式=SUM(A1:A100)。

- 函数能够让工作表中包含复杂的数学表达式，而这些运算可能是难以实现甚至无法实现的。例如，根据本金、利率和期限计算抵押贷款的归还额就很复杂，但如果使用 Excel 函数 PMT()，只要输入几个参数就可以完成这项工作。
- 函数能够让工作表中包含原本无法获取的数据。例如，函数 INFO()指出系统的可用内存、使用的操作系统等信息；又或者，使用 IF()函数可以让用户监测单元格中的内容，然后根据判断结果自行执行相应的操作。

3.5.1 函数的结构

Excel 的所有函数都遵循如下的基本结构：

```
FUNCTION(argument1,argument2,……)
```

FUNCTION 是函数的名称，用户在输入时不一定要采用大写，无论以何种方式输入，Excel 都会自动将函数名称转换为大写形式，如果没有进行转换，那么很可能是 Excel 无法识别此函数名，或者函数名输入有误。

argument 是函数的参数，它是函数的输入数据，用于执行计算，多个函数之间要使用逗号分隔。根据参数有无可疑将参数分为两大类。

- 无参数函数：很多函数不需要任何参数。例如，NOW()函数可返回当前的日期和时间，而不需要添加任何参数。
- 有参数函数：大多数函数都有至少 1 个参数，而参数又分为必需参数和可选参数两大类。必需参数必需出现在括号中，否则函数将返回错误值；而可选参数仅在公式需要的时候才输入。

下面，我们以 FV()函数为例，看一下这个函数都需要哪些参数。FV()函数的格式如下：

```
FV(rate,nper,pmt,[pv],[type])
```

其一共包含 5 个参数：3 个必需参数和 2 个可选参数。

- rate（必需）。各期利率。
- nper（必需）。年金的付款总期数。
- pmt（必需）。各期所应支付的金额，在整个年金期间保持不变。
- pv（可选）。现值。如果省略 pv，则假定其值为 0。
- type（可选）。数字 0 或 1，用以指定各期的付款时间是在期初还是期末。如果省略 type，则假定其值为 0。

在本书的所有函数格式中，方括号中的参数表示可选参数，其他参数都是必需参数。
在使用该函数时，每个参数都应该使用合适的值替换，参数可以是下列几种形式之一。

- 字母或数字。
- 表达式。
- 单元格或区域引用。

- 区域名。
- 数组。
- 其他函数的结果。

输入参数后，函数将根据输入的数据进行计算，最终返回一个结果。例如，FV()函数可返回投资期结束时的投资总价值。

提示

省略可选参数时要保留逗号。如果完整路径中包含空格字符，如上例中所示，必须将路径用单引号引起来（在路径开头处工作表名称后面，感叹号之前）。在包含可选参数的函数中，省略可选参数时，如果该参数位于末位，则不须保留该参数前的逗号。例如，省略了FV()函数的type参数，应将格式写为：FV(rate,nper,pmt,pv)。但是，如果省略了pv参数，则必须保留此参数前的逗号，以确保参数对应关系是明确而无歧义的。所以此时应将格式写为：FV(rate,nper,pmt, ,type)。

3.5.2　函数的种类

按照函数的功能，Excel 函数可以分为以下几种类型，后面的章节会陆续介绍这些函数种类。

- 逻辑函数：使用逻辑函数可以进行真假值判断，或者进行复合检验。
- 信息函数：用于确定存储在单元格中的数据类型。
- 日期和时间函数：用于分析和处理日期值和时间值。
- 文本函数：用于处理字符串。
- 数据库函数：用于分析和处理数据清单（数据库）中的数据。
- 查找和引用函数：用于在数据清单或工作表中查找特定的数据，或者查找某一单元格的引用。
- 统计函数：用于对选定区域的数据进行统计分析。
- 财务函数：用于进行一般的财务计算。
- 工程函数：用于工程分析。

3.6　输入函数的方法

所有函数都必须在公式中，所以即使只使用函数本身，也要在前面加上等号。在公式中输入参数有两种基本方法：直接输入和使用插入函数对话框输入。

3.6.1 直接输入函数

用户可以直接将函数名输入到需要使用的公式中，然后根据函数格式，使用括号将所需的参数放入其中，从而完成函数的输入。但在输入函数时，还需要遵循以下原则。

- 可以使用大写或者小写方式输入函数名，但 Excel 会将所有函数名转为大写。
- 所有函数参数都必须放在括号中。
- 使用逗号将参数分开，为了提高可读性，还可以在每个逗号后加上一个空格，Excel 会忽略参数中多余的空格。
- 可以将函数结果作为另一个函数的参数，这种使用方法称为函数嵌套。

为了方便用户手动输入函数，Excel 2007 至 2016 版本，全部新增加了函数名自动完成功能。在输入函数名时，用户只需要输入开头的几个字母，系统将自动弹出列表，显示所有以用户输入字母开始的函数，同时还可以显示当前选定函数的描述，如图 3-44 所示。用户可以选择需要使用的函数，然后按下 Tab 键将其添加到公式中。

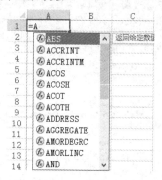

图 3-44 自动弹出列表

从自动完成列表中选择函数后，Excel 还将显示该函数的语法，方便用户使用。

下面以实例介绍直接输入函数，具体操作步骤如下。

步骤 1 选中需要输入函数的单元格，在单元格中输入公式=S，则单元格下方会出现如图 3-45 所示的函数列表，且函数列表中处于选中状态的函数右侧会自动出现文本框以提示该函数的作用。

步骤 2 输入完整的公式=SUM 并按提示输入参数，或者用鼠标选定参数的引用单元格，如图 3-46 所示。

图 3-45 输入函数列表

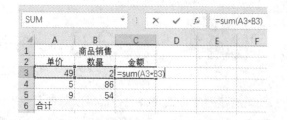

图 3-46 用鼠标选取单元格作为函数参数

步骤 3 单击回车键确认即可得出计算结果，如图 3-47 所示。

步骤 4 利用自动填充功能填充其他商品公式，计算出金额，如图 3-48 所示。

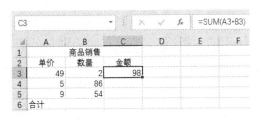

图 3-47　计算单元格 C3 金额

图 3-48　计算其他金额

步骤 5 单击单元格 C6，输入公式函数=SUM(C3+C4+C5)，按 Enter 键，得出合计金额，如图 3-49 所示。

图 3-49　合计金额

3.6.2　通过【插入函数】对话框输入

熟悉 Excel 函数的用户通常都会手工输入常用函数，但对于 Excel 的初学者，或者在使用不常见函数的时候，用户可能就需要 Excel 提供一些帮助，如以下的情况。

- 不知道应该使用哪个函数；
- 想详细了解某函数的语法；
- 查看指定类别的类似函数，以便从中选择最符合需要的函数来使用；
- 了解不同参数值对于函数结果的影响。

为了满足上面的这些需求，Excel 提供了函数向导工具来帮助用户选择，具体的操作步骤如下。

步骤 1 选择需要插入函数的单元格 C6，如图 3-50 所示。

步骤 2 单击功能区"公式">"插入函数"图标，如图 3-51 所示，或者直接单击公式栏中的"插入函数"按钮。

图 3-50　选中单元格 C6

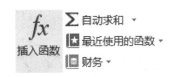

图 3-51　单击"插入函数"图标

步骤 3 在弹出的"插入函数"对话框中，用户可以在"选择类别"列表中单击所需的 SUM 函数类型，如图 3-52 所示，单击"确定"按钮。

步骤 4 弹出"函数参数"对话框，用户只需要在文本框中输入每个参数的值，如图 3-53 所示。

图 3-52　"插入函数"对话框

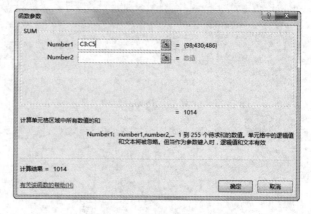

图 3-53　"函数参数"对话框

步骤 5 设置好参数后，单击"确定"按钮，显示出计算结果，如图 3-54 所示。

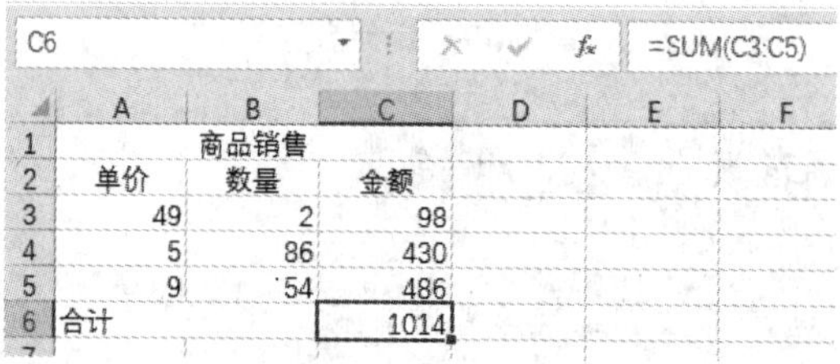

	A	B	C	D	E	F
1		商品销售				
2	单价	数量	金额			
3	49	2	98			
4	5	86	430			
5	9	54	486			
6	合计		1014			
7						

图 3-54　计算出结果

在使用"函数参数"对话框时，还需要注意以下事项。

- 用户需要在每个参数对应的文本框中输入值、表达式或者单元格引用。
- 将光标插入某个参数的文本框中时，Excel 将显示该参数的说明。
- 用户填写参数文本框后，Excel 将在其右侧显示出该参数的当前值。
- 用户填写完所有必须参数后，Excel 将显示函数的当前值。

提示

　　如果想要在输入函数时直接进入"函数参数"对话框来输入公式，可以在单元格中输入函数名，然后单击"插入函数"按钮或者按下 Ctrl+A 组合键，也可以输入等号"="，然后在"名称"框中的最近使用函数列表中单击所需的函数。

3.7　定义和使用名称

　　如果需要经常引用一些单元格或单元格区域中的数据，可以为该单元格或该单元格区域定义一个名称，这样就可以直接用定义的名称来引用所需的数据。

所谓名称就是对单元格或单元格区域赋予的便于辨认和记忆的标记。如果需要经常引用某些单元格或单元格区域中的数据，可以为该单元格或单元格区域定义一个名称，这样就可以直接用定义的名称来代表该单元格或单元格区域。

3.7.1 命名名称

名称的命名需遵循以下规则。

- 可以使用任何字符和数字的组合。
- 第一个字符必须是字母或下划线。
- 名称中不能包含空格，但可以使用下划线或点号代替空格。
- 名称中可以使用反斜线 "\" 和问号 "?"。
- 不区分大小写。

命名名称有以下 3 种方法。

1. 使用名称框命名

步骤 1 选中要命名的单元格或单元格区域，用鼠标单击名称框，将其激活，如图 3-55 所示。
步骤 2 在名称框中输入名称，按回车键确认，如图 3-56 所示。

图 3-55　激活名称框

图 3-56　使用名称框命名

2. 使用"新建名称"对话框命名

步骤 1 选中要命名的单元格或单元格区域，切换到"公式"选项卡，单击"定义的名称"选项组中的"定义名称"下三角按钮，在随后出现的列表中选择"定义名称"选项，如图 3-57 所示。
步骤 2 在弹出的"新建名称"对话框中的"名称"编辑框中输入名称，如图 3-58 所示，单击"确定"按钮返回。

图 3-57　选择"定义名称"选项

图 3-58　使用"新建名称"对话框命名名称

3. 使用行列标志命名

步骤1 选中要命名的单元格或单元格区域，将行和列标志也包含进去，如图 3-59 所示。

步骤2 切换到"公式"选项卡，单击"定义的名称"选项组中的"根据所选内容创建"按钮，如图 3-60 所示。

步骤3 在弹出的"以选定区域创建名称"对话框中勾选"首行"和"最左列"，如图 3-61 所示，则首行和最左列交叉处单元格中的文本将是整个选中单元格区域的名称，因此上述单元格区域的名称是"员工编号"。

图 3-59　选中要命名的单元格　　图 3-60　选择"根据所选内容创建"　　图 3-61　以选定区域创建名称
　　　　　区域　　　　　　　　　　　　　选项

3.7.2　使用名称

使用上述方法指定的名称只引用包含数值的单元格，而不包含原有的行和列标志，例如在名称框中输入"员工编号"后，在工作表中不包含行和列标志的单元格区域才被选中，如图 3-62 所示。

使用"名称管理器"可以管理工作簿中所有已定义的名称。切换到"公式"选项卡，单击"定义的名称"选项组中的"名称管理器"，将会打开如图 3-63 所示的"名称管理器"对话框。在该对话框中可以新建名称、编辑已有名称或者删除名称。

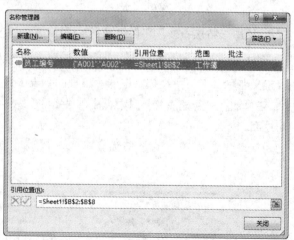

图 3-62　由名称选择单元格区域　　　　　　　　图 3-63　"名称管理器"对话框

3.7.3 在公式中使用区域名称

在公式中使用区域名的方法非常简单，只需要将公式名输入到公式的相应位置即可。但是手动输入的过程中可能会将名称输错，特别是在区域名较长的情况下。

针对这种情况，Excel 提供了多种方法，让用户可以从列表中直接选择区域名称，并且粘贴到公式中，具体操作方法如下。

步骤 1 单击 "公式">"用于公式"三角按钮，然后在列表中选择需要的名称，如图 3-64 所示。

步骤 2 单击 "公式">"用于公式">"粘贴名称"图标，打开"粘贴名称"对话框，如图 3-65 所示，再单击需要使用的区域名称即可。

图 3-64　选择用于公式选项　　　　　　图 3-65　"粘贴名称"对话框

步骤 3 输入区域名的前几个字母，Excel 会自动弹出以输入字母开头的区域名，单击需要的区域名称，如图 3-66 所示。

图 3-66　自动弹出区域名

3.8 综合实例：制作销售人员业绩核算表

通过实例来说明综合引用 Excel 公式与函数，特别是查询与引用函数可通过输入销售人员名字和商品名称，返回该销售人员销售该商品的数量，并以此来判断该工作人员是否完成任务或超额完成任务，最后根据销售业绩来核算该员工在某商品销售上的提成，最终得出所有销售人员的提成。

步骤 1 首先建立的销售工作表，如图 3-67 所示。

步骤 2 这里采用最简单的方法定义名称，即在选中单元格区域 B10:F10 后，单击左上角的名称框，将名称框中的名称改为 Price，按下 Enter 键即可，如图 3-68 所示。

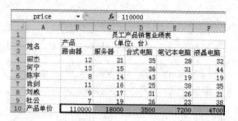

	A	B	C	D	E	F	G
1				员工产品销售业绩表			
2	姓名	产品		（单位：台）			总销售额
3		路由器	服务器	台式电脑	笔记本电脑	液晶电脑	
4	田杰	12	21	35	28	32	
5	何宁	13	15	36	31	44	
6	陈宇	8	14	43	19	19	
7	肖剑	11	16	25	38	35	
8	刘威	9	17	31	26	21	
9	杜云	7	19	36	23	38	
10	产品单价	110000	18000	3500	7200	4700	

图 3-67　新建一个表格

price　　fx 110000

	A	B	C	D	E	F
1				员工产品销售业绩表		
2	姓名	产品		（单位：台）		
3		路由器	服务器	台式电脑	笔记本电脑	液晶电脑
4	田杰	12	21	35	28	32
5	何宁	13	15	36	31	44
6	陈宇	8	14	43	19	19
7	肖剑	11	16	25	38	35
8	刘威	9	17	31	26	21
9	杜云	7	19	36	23	38
10	产品单价	110000	18000	3500	7200	4700

图 3-68　将名称改为 Price

步骤 3 定义名称后，单元格 G4 中的公式可改写为=SUMPRODUCT（B4:F4, Price），拖动复制以上公式到单元格 G9，计算出各员工的总销售额，如图 3-69 所示。

步骤 4 建立一张销售金额表，如图 3-70 所示。

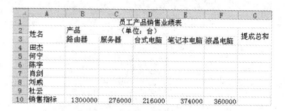

	A	B	C	D	E	F	G
1				员工产品销售业绩表			
2	姓名	产品		（单位：台）			总销售额
3		路由器	服务器	台式电脑	笔记本电脑	液晶电脑	
4	田杰	12	21	35	28	32	2172500
5	何宁	13	15	36	31	44	2256000
6	陈宇	8	14	43	19	19	1508600
7	肖剑	11	16	25	38	35	2023600
8	刘威	9	17	31	26	21	1690400
9	杜云	7	19	36	23	38	1582200
10	产品单价	110000	18000	3500	7200	4700	1.251E+10

图 3-69　各员工的总销售额

	A	B	C	D	E	F	G
1				员工产品销售业绩表			
2	姓名	产品		（单位：台）			提成总和
3		路由器	服务器	台式电脑	笔记本电脑	液晶电脑	
4	田杰						
5	何宁						
6	陈宇						
7	肖剑						
8	刘威						
9	杜云						
10	销售指标	1300000	276000	216000	374000	360000	

图 3-70　建立销售金额表

步骤 5 计算每个员工各产品的销售额。这些数据需从销售业绩表中获得，在单元格 B4 中输入如下公式=销售数量表!B4*销售数量表!B10，将以上公式拖动复制到单元格 F4，得到员工田杰产品的销售额，如图 3-71 所示。

步骤 6 对以上公式做如下修改=销售数量表!B4*销售数量表!B$10，这里对产品单价的单元格使用绝对引用，方便后面使用拖动复制计算其他员工路由器的销售额，使用同样的方法可以得到各员工各产品的销售额，即得到销售额表，如图 3-72 所示。

	A	B	C	D	E	F
1				员工产品销售业绩表		
2	姓名	产品		（单位：台）		
3		路由器	服务器	台式电脑	笔记本电脑	液晶电脑
4	田杰	1320000	378000	122500	201600	150400
5	何宁					
6	陈宇					
7	肖剑					
8	刘威					
9	杜云					
10	销售指标	1300000	276000	216000	374000	360000

图 3-71　输入公式

	A	B	C	D	E	F
1				员工产品销售业绩表		
2	姓名	产品		（单位：台）		
3		路由器	服务器	台式电脑	笔记本电脑	液晶电脑
4	田杰	1320000	378000	122500	201600	150400
5	何宁	1430000	270000	126000	223200	206800
6	陈宇	880000	252000	150500	136800	89300
7	肖剑	1210000	288000	87500	273600	164500
8	刘威	990000	306000	108500	187200	98700
9	杜云	770000	342000	126000	165600	178600
10	销售指标	1300000	276000	216000	374000	360000

图 3-72　销售额表

第 4 章
逻辑函数

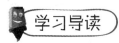 学习导读

本章主要讲解逻辑函数，它是用来判断真假值或者进行复合检验的函数，在 Excel 中提供了六种逻辑函数，包括 AND 函数、OR 函数、NOT 函数、FALSE 函数、IF 函数和 TRUE 函数。通过运用这些函数可以实现对表格中数据的判断。

 学习要点

- 掌握判断真假值的逻辑函数 AND、FALSE、NOT、OR、TRUE 的功能与使用方法。
- 掌握进行复合检验的逻辑函数 IF、IFERROR 的功能与使用方法。

4.1 判断真假值的逻辑函数

逻辑函数是根据不同条件进行不同处理的函数。条件判断式中使用比较符号指定逻辑式，并用逻辑值表示它的结果。

逻辑值用 TRUE、FALSE 等特殊文本表示指定条件是否成立，即条件成立时逻辑值为 TRUE，条件不成立时逻辑值为 FALSE。逻辑式经常被利用，它以 IF 函数为前提，其他函数为参数。

下面将对逻辑函数的分类和用途进行简单的介绍。

1. 判定条件

判定条件是否成立的函数。除 AND 函数和 OR 函数外，还有检验不满足条件的 NOT 函数。任意一个函数都可以单独利用，但一般情况下，它们和 IF 函数组合使用，可参考表 4-1 中的函数说明。

表 4-1　判定条件函数

函数名称	函数使用说明
AND	判定指定的多个条件式是否全部成立
OR	判定指定的多个条件式中是否有一个或一个以上的条件成立
NOT	对参数的逻辑值求反

2. 分支条件

判定指定条件是否成立的函数。在 IF 函数的条件式中如果指定 AND 函数和 OR 函数则可以判定多个条件是否成立。可参考表 4-2 中的函数说明。

表 4-2　分支条件函数

函数名称	函数使用说明
IF	执行逻辑值判断，根据逻辑测试值返回不同的结果

3. 逻辑值的表示

单元格内显示逻辑值 TRUE 或 FALSE 的函数。如果不指定参数，则输入"=TRUE()"或"=FALSE()"。它常用于单元格内需要表示 TRUE 或 FALSE 的情况。可参考表 4-3 中的函数说明。

表 4-3　逻辑值函数

函数名称	函数使用说明
TRUE	返回逻辑值 TRUE
FALSE	返回逻辑值 FALSE

4.1.1　应用 AND 函数进行交集运算

AND 函数的一种常见用途就是扩大用于执行逻辑检验的其他函数的效用。例如，IF 函数用于执行逻辑检验，它在检验的计算结果为 TRUE 时返回一个值，在检验的计算结果为 FALSE 时返回另一个值。通过将 AND 函数用作 IF 函数的 logical_test 参数，可以检验多个不同的条件，而不仅仅是一个条件。

功能：使用所有参数的计算结果为 TRUE 时，返回 TRUE；只要有一个参数的计算结果为 FALSE，即返回 FALSE。

格式：AND(logical1, [logical2], ...)。

参数：logical1（必需）。要测试的第一个条件，其计算结果可以为 TRUE 或 FALSE。

logical2, ...（可选）。要测试的其他条件，其计算结果可以为 TRUE 或 FALSE，最多可包含 255 个条件。

如果数组或引用参数中包含文本或空白单元格，则这些值将被忽略。

例如，在 A1 单元格中输入 30，在 B1 单元格中输入公式=AND(A1>10,A1<40)，数据符合这两个条件，则返回结果为 TRUE，如图 4-1 所示。

图 4-1　返回结果

　　需要注意的是，参数的计算结果必须是逻辑值，如果数组或引用参数中包含文本或空白单元格，则这些值将被忽略，如果指定的单元格区域未包含逻辑值，则 AND 函数将返回错误值 #VALUE!。

　　下面实例中，每个应聘者必须经三名面试官一致通过才能被正式录取。利用 AND 函数，判断面试者是否被录取。

步骤 1 输入 3 个面试官的面试结果，选择目标单元格 E3，如图 4-2 所示。

步骤 2 单击"公式">"函数库">"插入函数"图标，弹出"函数参数"对话框，插入 AND 函数，如图 4-3 所示，单击"确定"按钮。

图 4-2　输入数据

图 4-3　插入 AND 函数

步骤 3 弹出"函数参数"对话框，在 AND 下 Logical1 文件框中输入公式 B3:D3="通过"，单击"确定"按钮，如图 4-4 所示。

步骤 4 录取结果显示在目标单元格，如图 4-5 所示，FLASE 表示没有被录取，TRUE 表示被录取。

图 4-4　"函数参数"对话框

	A	B	C	D	E
1	判断应聘者是否录用				
2	应聘者	面试官1	面试官2	面试官3	是否录取
3	00001	不通过	通过	通过	FLASE
4	00002	通过	通过	通过	TRUE
5	00003	通过	不通过	不通过	FLASE
6					

图 4-5　显示应聘录取结果

4.1.2 应用 FALSE 函数判断逻辑值为假

FALSE 函数用于返回逻辑值 FALSE。可以直接在工作表或公式中输入文字 FALSE，Microsoft Excel 会自动将它解释成逻辑值 FALSE。FALSE 函数主要用于检查与其他电子表格程序的兼容性。

功能：使用在单元格内显示 FALSE。

格式：FALSE()。

参数：函数没有参数。

下面有两列英文单词，第一列为正确的单词，第二列为人工输入的单词，部分存在错误，现判断单词输入是否有误。

步骤 1 分别输入正确的单词和不正确的单词，选择目标单元格 C3，如图 4-6 所示。

步骤 2 在公式编辑栏输入 A3=B3 进行判断，如图 4-7 所示，结果为 TRUE 就表示相同，结果为 FALSE 则表示两者不同。

图 4-6　输入数据　　　　　　　　　　图 4-7　输入判断公式

步骤 3 继续按照相同方法判断其他单元格，显示结果如图 4-8 所示。

	A	B	C	D
1	两数据是否相同			
2	正确	人工输入	是否正确	
3	dream	dream	TRUE	
4	loading	loeding	FALSE	
5	forget	forgrt	FALSE	
6	remeaber	remember	FALSE	
7	jump	jump	TRUE	

图 4-8　显示判断结果

4.1.3 应用 NOT 函数计算反函数

NOT 函数用于对参数值求反。当要确定一个值不等于某一特定值时，可以使用 NOT 函数。

功能：使用对参数的逻辑值求反。参数为 TRUE 时返回 FALSE，参数为 FALSE 时返回 TRUE。

格式：NOT(logical)。

参数：logical（必需），计算结果为 TRUE 或 FALSE 的任何值或表达式。

使用该函数时，要注意参数的个数。此函数只允许存在一个参数，不能像 AND 函数一样可以多个参数并列使用。

例如，NOT（3+2=5），由于 3+2 的结果为 5，该参数结果为 TRUE，由于是 NOT 函数，因此返回函数结果应与之相反，为 FALSE。

下面实例使用 IF、NOT 函数来判断学生的总成绩是否达标，学生 3 门课程的考试成绩大于或等于 210，则达标。

步骤 1 输入学生的总成绩，选择目标单元格 F3，如图 4-9 所示。

步骤 2 单击“公式”>“函数库”>“逻辑”>“IF”选项，弹出“函数参数”对话框，输入判断是否符合规定条件的计算公式以及参数（生成公式 IF(NOT(E2<210),"达标","不达标")），如图 4-10 所示，单击“确定”按钮。

	A	B	C	D	E	F
1	判断成绩是否达标					
2	学生姓名	语文	英语	数学	总分	是否达标
3	李冰	75	80	60	215	
4	陈振	85	95	90	270	
5	张志明	50	63	75	188	

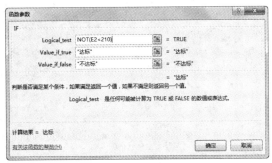

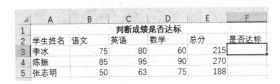

图 4-9 选择单元格 F3

图 4-10 输入判断公式

步骤 3 得到计算结果，目标单元格判断出学生总分是否达标，如图 4-11 所示。

步骤 4 按照相同方法判断其他人员是否达标，最终结果如图 4-12 所示。

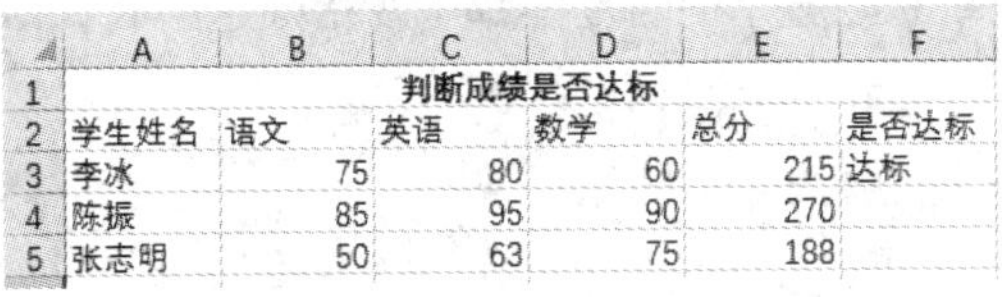

	A	B	C	D	E	F
1	判断成绩是否达标					
2	学生姓名	语文	英语	数学	总分	是否达标
3	李冰	75	80	60	215	达标
4	陈振	85	95	90	270	
5	张志明	50	63	75	188	

图 4-11 得出计算结果

	A	B	C	D	E	F
1	判断成绩是否达标					
2	学生姓名	语文	英语	数学	总分	是否达标
3	李冰	75	80	60	215	达标
4	陈振	85	95	90	270	达标
5	张志明	50	63	75	188	不达标

图 4-12 最终计算结果

提示

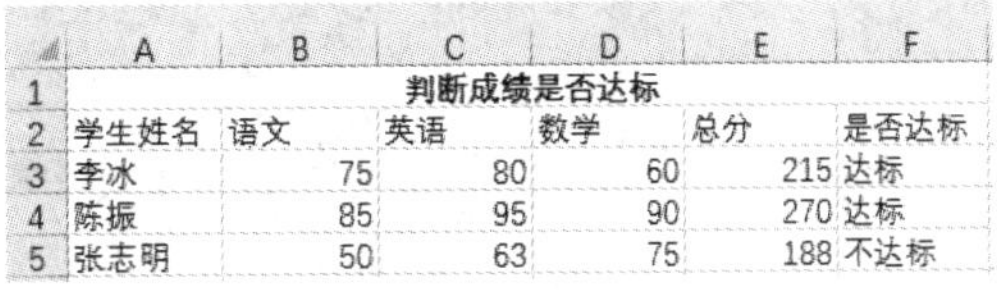

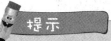

当要确保一个值不等于某一特定值时，可以使用 NOT 函数。

4.1.4 应用 OR 函数进行并集运算

OR 函数是指在其参数组中，任何一个参数逻辑值为 TRUE，即返回 TRUE；任何一个参数的逻辑值为 FALSE，即返回 FALSE。它与 AND 函数的不同点是，AND 函数要求所有函数逻辑值均为真，结果才可真，而 OR 函数仅需要其中任何一个为真即可为真。

功能：使用任何一个参数逻辑值为 TRUE，即返回 TRUE；只有当所有参数的逻辑值为 FALSE 时，才返回 FALSE。

格式：OR(logical1, [logical2], ...)。

参数：logical1, logical2, ... logical1 是必需的，后续逻辑值是可选的。这些是 1 到 255 个需要进行测试的条件，测试结果可以为 TRUE 或 FALSE。

OR 函数返回的值是逻辑值 TRUE 或 FALSE。

下面实例利用 OR 函数统计有哪些学生 3 个科目考试全部不及格，例如李小亮语文、英文和数学全不及格，则考评为 FALSE。

步骤 1 输入学生的各科成绩，选择目标单元格 E3，如图 4-13 所示。

步骤 2 单击“公式”>“函数库”>“逻辑”>“OR”选项，弹出“函数参数”对话框，分别输入每个科目是否大于 60 分，如图 4-14 所示，单击“确定”按钮。

	A	B	C	D	E
1	考核学生考试情况				
2	学生姓名	语文	英语	数学	考评
3	李冰	78	95	55	
4	李小宙	56	40	59	
5	陈媛雪	85	80	68	

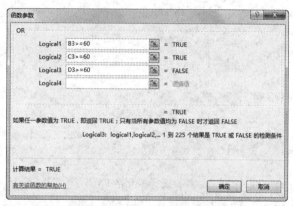

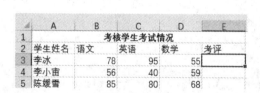

图 4-13　输入学生的各科成绩

图 4-14　OR 参数设置

步骤 3 生成公式=OR(B2>=60,C2>=60,D2>=60)，目标单元格显示出若 3 科都不及格则返回 FALSE，如图 4-15 所示。

步骤 4 按照相同方法判断其他人员是否及格，最终结果如图 4-16 所示。

E3　=OR(B3>=60,C3>=60,D3>=60)

	A	B	C	D	E	F	G
1	考核学生考试情况						
2	学生姓名	语文	英语	数学	考评		
3	李冰	78	95	55	TRUE		
4	李小宙	56	40	59			
5	陈媛雪	85	80	68			

图 4-15　判断李冰是否及格

	A	B	C	D	E
1	考核学生考试情况				
2	学生姓名	语文	英语	数学	考评
3	李冰	78	95	55	TRUE
4	李小宙	56	40	59	FALSE
5	陈媛雪	85	80	68	TRUE

图 4-16　判断所有学生情况

4.1.5 应用 TRUE 函数判断逻辑值为真

TRUE 函数用于返回逻辑值 TRUE。

功能：使用在单元格内显示 TRUE。

格式：TRUE()。

参数：函数没有参数。

可以直接在单元格或公式中输入"TRUE"，而不使用此函数。函数 TRUE 主要用于与其他电子表格程序兼容。

TRUE 函数一般都结合其他函数一起使用，下面实例中利用该函数判断员工销售额是否达标，规定每月至少 20000 元。

步骤 **1** 输入员工的销售额，选择目标单元格 C3，如图 4-17 所示。

步骤 **2** 单击"公式">"函数库">"逻辑">"IF"选项，弹出"函数参数"对话框，输入参数，如图 4-18 所示，单击"确定"按钮。

⊿	A	B	C
1	员工考核是否达标		
2	员工姓名	销售额	是否达标
3	李冰	25600	
4	张杰	35100	
5	谷丽	19058	
6	孙山	14201	

图 4-17　输入记录

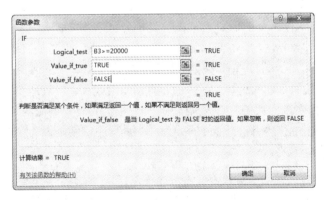

图 4-18　"函数参数"对话框

步骤 **3** 生成公式=IF(B3>=20000,TRUE,FALSE)，达标情况显示在目标单元格中，超过 2000 元则为 TRUE，如图 4-19 所示。

步骤 **4** 按照相同方法判断其他员工是否达标，最终结果如图 4-20 所示。

图 4-19　判断出李冰是否达标

图 4-20　判断其他员工是否达标

提示

在 Excel 中，我们可以直接在单元格或者公式中输入值 TRUE，而不需要使用 TRUE 函数，此函数主要为了与其他电子表格程序相兼容。

4.2　进行复合检验的逻辑函数

IF、IFERROR 是常用的复合检验逻辑函数，本节介绍这两个函数的功能以及应用方法。

4.2.1　应用 IF 函数对真假函数进行判断

使用 IF 函数执行真假值判断后，根据逻辑测试的真假值返回不同的结果，因此 IF 函数也被称为条件函数。

如果指定条件的计算结果为 TRUE, IF 函数将返回某个值；如果该条件的计算结果为 FALSE，则返回另一个值。例如，如果 A1 大于 10，公式=IF(A1>10,"大于 10","不大于 10")将返回"大于 10"，如果 A1 小于等于 10，则返回"不大于 10"。

功能：使用根据逻辑判断的结果（TRUE 或者 FALSE），返回不同的函数结果。

格式：IF(logical_test, [value_if_true], [value_if_false])。

参数：logical_test（必需）。计算结果为 TRUE 或 FALSE 的任何值或表达式。

value_if_true（可选）。logical_test 参数的计算结果为 TRUE 时所要返回的值。

value_if_false（可选）。logical_test 参数的计算结果为 FALSE 时所要返回的值。

如果 IF 函数的任意参数为数值，则在执行 IF 语句时，将计算数组的每一个元素。

IF 函数在日常工作中经常使用，下面实例展示了判断学生成绩是否及格的方法，数学成绩超过 60 分的为及格，否则为不及格。

步骤 1 选择目标单元格 C2，判断学生是否及格，选择目标单元格 C3，如图 4-21 所示。

步骤 2 单击"公式"＞"函数库"＞"逻辑"＞"IF"选项，弹出"函数参数"对话框，分别输入条件和两种结果"及格"和"不及格"，如图 4-22 所示。

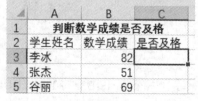

图 4-21　输入信息

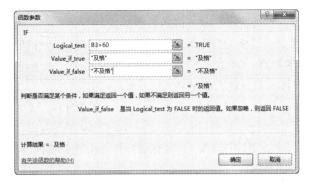

图 4-22　判断条件

步骤 3 生成公式=IF(B3>60,"及格","不及格")，判断结果显示在目标单元格中，如图 4-23 所示。

步骤 4 按照相同方法判断其他学生是否及格，最终结果如图 4-24 所示。

图 4-23　判断李冰是否及格　　　　　　图 4-24　判断其他学生是否及格

提示

最多可以使用 64 个 IF 函数作为 value_if_true 和 value_if_false 参数进行嵌套，从而完成各种复杂的逻辑判断。

4.2.2　应用 IFERROR 函数自定义公式错误时的提示函数

使用 IFERROR 函数来捕获和处理公式（公式：单元格中的一系列值、单元格引用、名称或运算符的组合，可生成新的值。公式总是以等号"="开始）中的错误。

功能：使用如果公式的计算结果错误，则返回指定的提示信息，否则返回公式的计算结果。使用 IFERROR 函数可捕获和处理公式中的错误。

格式：IFERROR(value, value_if_error)。

参数：value（必需）。检查是否存在错误的参数。

value_if_error（必需）。公式的计算结果错误时返回的提示信息。

使用该函数时，如果两参数指定的是空单元格，则将其默认为空字符串。

如果 value 或 value_if_error 是空单元格，则 IFERROR 将其视为空字符串值 ("")。

如果 value 是数组公式，则 IFERROR 为 value 中指定区域的每个单元格返回一个结果数组。

公式返回错误的原因有许多种。例如，除以 0 是不允许的，如果输入公式=1/0，Excel 将返回#DIV/0！错误值包括#DIV/0!、#N/A、#NAME?、#NULL!、#NUM!、#REF! 和 #VALUE!。

对包含错误的单元格中的文本进行格式设置，以便不显示这些错误值。

将错误值转换为零值，然后应用隐藏该值的数字格式。

以下过程演示了将错误值转换为数字（如 0）的方法和应用隐藏该值的条件格式。若要完成以下过程，还需要在 IFERROR 函数中"嵌入"一个单元格的公式以返回零（0）值，然后应用防止任何数字在该单元格中显示的自定义数字格式。

例如，如果单元格 A1 包含公式"=B1/C1"，且 C1 的值为 0，则 A1 中的公式返回#DIV/0! 错误。

在单元格 C1 中输入 0，在 B1 中输入 3，并在 A1 中输入公式=B1/C1。

单元格 A1 中将出现#DIV/0! 错误。

选中 A1，然后按 F2 以编辑该公式。

公式"=B1/C1"将变为"=IFERROR(B1/C1,0)"，按 Enter 键完成该公式。

该单元格的内容现在应显示 0，而不是#DIV!错误。

选中包含错误值的单元格，在功能区单击"条件格式"（"开始"选项卡上的"样式"组），单击"新建规则"。在"新建格式规则"对话框中，单击"只为包含以下内容的单元格设置格式"。在"只为满足以下条件的单元格设置格式"下，在第一个列表框中选择"单元格值"，在第二个列表框中选择"等于"，然后在右侧的文本框中键入 0。单击"格式"按钮。单击"数字"选项卡，然后在"类别"下，单击"自定义"。在"类型"框中键入 ;;;（三个分号），然后单击"确定"，再次单击"确定"，单元格中的 0 将消失。出现此情况的原因是;;;自定义格式使得单元格中的任何数字都不显示。但是，实际值（0）仍位于单元格中。

下面的实例通过简单的除法，使用 IFERROR 函数判断函数是否出现错误值，具体操作步骤如下。

步骤 1 输入除数和被除数，选择目标单元格 C3，如图 4-25 所示。

步骤 2 单击"公式">"函数库">"逻辑">"IFERROR"选项，弹出"函数参数"对话框，分别输入除数、被除数和公式出错时要返回的值，如图 4-26 所示，单击"确定"按钮。

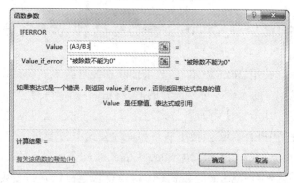

图 4-25　输入数据　　　　　　　　　　　　图 4-26　输入 IFERROR 参数

步骤 3 生成公式=IFERROR(A3/B3,"被除数不能为 0")，在目标单元格中结算出相除的结果，如图 4-27 所示。

步骤 4 如果结算出错则返回"被除数不为 0"，如图 4-28 所示。

C3 =IFERROR(A3/B3,"被除数不能为0")

	A	B	C	D	E	F	G	H
1	计算相除的结果							
2	除数	被除数	结果					
3	6	2	3					
4	15	4						
5	23	0						
6	38	4						

图 4-27　计算结果

	A	B	C
1	计算相除的结果		
2	除数	被除数	结果
3	6	2	3
4	15	4	3.75
5	23	0	被除数不能为0
6	38	4	9.5

图 4-28　计算全部结果

提示

如果 value 是数组公式，则 IFERROR 为 value 中指定区域的每个单元格返回一个结果数组。

4.3　综合实战：制作销售业绩核算 B 表

通过本章的学习可以使用户对 Excel 中的逻辑函数有个大概的了解，使读者通过本章的学习掌握如何对数据进行判断分析，下面结合本章所介绍的知识讲解如何对员工的销售业绩 B 表进行核算。

步骤 1　首先建立销售表-B 表，如图 4-29 所示。

步骤 2　计算员工总销售额，先计算员工田洁的总销售额，可在单元格 G4 中输入公式 =SUMPRODUCT(B4:F4,B10:F10)，如图 4-30 所示。

	A	B	C	D	E	F	G
1	员工产品销售业绩表						
2	姓名			产品		(单位:台)	总销售额
3		路由器	服务器	台式电脑	笔记本电脑	液晶电脑	
4	田洁	12	21	35	28	32	
5	何宁	13	15	36	31	44	
6	陈雨	8	14	43	19	19	
7	肖牡	11	16	25	38	35	
8	毕伟	9	17	31	26	21	
9	祝雪	7	19	36	23	38	
10	产品单价(元)	110000	18000	3500	7200	4700	

图 4-29　销售表-B 表

	A	B	C	D	E	F	G
1	员工产品销售业绩表						
2	姓名			产品		(单位:台)	总销售额
3		路由器	服务器	台式电脑	笔记本电脑	液晶电脑	
4	田洁	12	21	35	28	32	2172500
5	何宁	13	15	36	31	44	
6	陈雨	8	14	43	19	19	
7	肖牡	11	16	25	38	35	
8	毕伟	9	17	31	26	21	
9	祝雪	7	19	36	23	38	
10	产品单价(元)	110000	18000	3500	7200	4700	

图 4-30　计算田洁总销售额

步骤 3　计算所有员工的总销售额，直接输入公式算一种方法，这里介绍另外两种方法，将上述公式进行绝对引用，即公式写成= SUMPRODUCT(B4:F4,B$10:F$10)，如图 4-31 所示。

步骤 4　另一种方法是使用定义名称，这里采用最简单的方法，即在选中单元格区域 B10:F10 后，单击左上角的名称框，将名称框中的名称改为 Price，按下 Enter 键，如图 4-32 所示。

G4 = SUMPRODUCT(B4:F4,B$10:F$10)

	A	B	C	D	E	F	G
1	员工产品销售业绩表						
2	姓名			产品		(单位:台)	总销售额
3		路由器	服务器	台式电脑	笔记本电脑	液晶电脑	
4	田洁	12	21	35	28	32	2172500
5	何宁	13	15	36	31	44	
6	陈雨	8	14	43	19	19	
7	肖牡	11	16	25	38	35	
8	毕伟	9	17	31	26	21	
9	祝雪	7	19	36	23	38	
10	产品单价(元)	110000	18000	3500	7200	4700	

图 4-31　绝对引用公式

Price 110000

	A	B	C	D	E	F
1	员工产品销售业绩表					
2	姓名			产品		(单位:台)
3		路由器	服务器	台式电脑	笔记本电脑	液晶电脑
4	田洁	12	21	35	28	32
5	何宁	13	15	36	31	44
6	陈雨	8	14	43	19	19
7	肖牡	11	16	25	38	35
8	毕伟	9	17	31	26	21
9	祝雪	7	19	36	23	38
10	产品单价(元)	110000	18000	3500	7200	4700

图 4-32　定义名称

步骤 5　定义名称后，单元格 G4 中的公式可改写为=SUMPRODUCT(B4:F4, Price)，拖动复制以上公式到单元格 G9，计算出各员工的总销售额，如图 4-33 所示。

步骤 6 建立一张销售金额表，如图 4-34 所示。

图 4-33 计算得各员工总销售额　　图 4-34 销售金额表

步骤 7 计算每个员工各产品的销售额，这些数据需从销售业绩表中得到，故可在单元格 B4 中输入如下公式：=销售数量表!B4*销售数量表!B10。将以上公式拖动复制到单元格 F4，得到员工田洁产品的销售额，如图 4-35 所示。

步骤 8 对以上公式做如下修改：=销售数量表!B4*销售数量表!B$10，这里对产品单价单元格使用绝对引用，方便后面使用拖动复制计算其他员工路由器的销售额，如图 4-36 所示。

图 4-35 田洁产品的销售额　　图 4-36 其他人员路由器销售额

步骤 9 使用同样的方法可以得到各员工所有的销售额，即得到销售额表，如图 4-37 所示。

步骤 10 建立查询部分的表格，如图 4-38 所示。

图 4-37 输入其他人员销售额数据　　图 4-38 查询部分的表格

步骤 11 用公式返回该员工的服务器销售额，可以在单元格 B15 中输入公式=INDEX(B4:F9, MATCH(B13,A4:A9,0),MATCH(B14,B3:F3,0))，然后按 Enter 键，如图 4-39 所示。

步骤 12 之前在 E13:G19 单元格中填入的文本与数值内容有利于计算销售人员的提成总和，如图 4-40 所示。

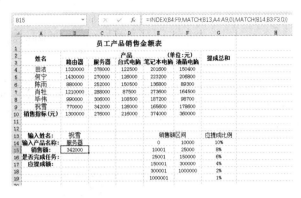

B15 =INDEX(B4:F9,MATCH(B13,A4:A9,0),MATCH(B14,B3:F3,0))

员工产品销售金额表

姓名	路由器	服务器	产品 台式电脑	笔记本电脑	(单位:元) 液晶电脑	提成总和
田洁	1320000	378000	122500	201600	150400	
何宁	1430000	270000	126000	223200	206800	
陈雨	880000	252000	150500	136800	89300	
肖牡	1210000	288000	87500	273600	164500	
毕伟	990000	306000	108500	187200	98700	
祝雪	770000	342000	126000	165600	178600	
销售指标(元)	1300000	276000	216000	374000	360000	

			销售额区间		应提成比例
输入姓名:	祝雪				
输入产品名称:	服务器		0	10000	10%
销售额:	342000		10001	25000	8%
是否完成任务:			25001	150000	6%
应提成额:			150001	300000	4%
			300001	1000000	2%
			1000001		1%

图 4-39　查询祝雪

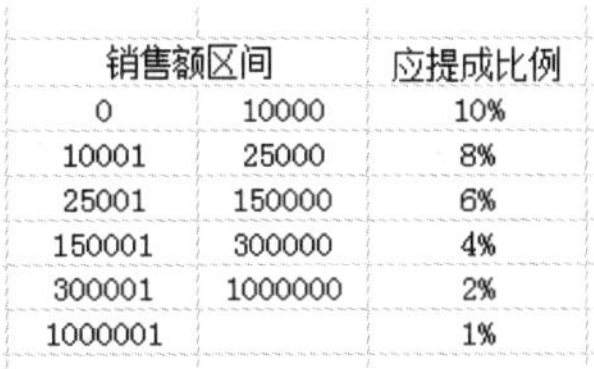

销售额区间		应提成比例
0	10000	10%
10001	25000	8%
25001	150000	6%
150001	300000	4%
300001	1000000	2%
1000001		1%

图 4-40　填入的文本与数值内容

步骤 13 判断该员工是否完成服务器的销售任务。可在单元格 B15 中输入公式=CHOOSE(IF(INDEX(B3:F10,8,MATCH(B14,B3:F3,0))>B15,1,2),"未完成","完成")，然后按 Enter 键，如图 4-41 所示。

B16 =CHOOSE(IF(INDEX(B3:F10,8,MATCH(B14,B3:F3,0))>B15,1,2),"未完成","完成")

员工产品销售金额表

姓名	路由器	服务器	产品 台式电脑	笔记本电脑	(单位:元) 液晶电脑	提成总和
田洁	1320000	378000	122500	201600	150400	
何宁	1430000	270000	126000	223200	206800	
陈雨	880000	252000	150500	136800	89300	
肖牡	1210000	288000	87500	273600	164500	
毕伟	990000	306000	108500	187200	98700	
祝雪	770000	342000	126000	165600	178600	
销售指标(元)	1300000	276000	216000	374000	360000	

			销售额区间		应提成比例
输入姓名:	祝雪				
输入产品名称:	服务器		0	10000	10%
销售额:	342000		10001	25000	8%
是否完成任务:	完成		25001	150000	6%
应提成额:			150001	300000	4%
			300001	1000000	2%
			1000001		1%

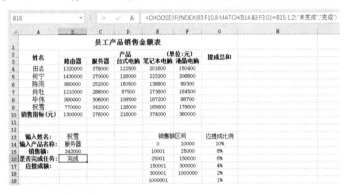

图 4-41　判断员工是否完成服务器的销售

步骤 14 接下来需要根据员工销售量计算提成金额，在单元格 B17 中输入公式=B15*VLOOKUP(B15,E14:G19,3)，然后按 Enter 键，如图 4-42 所示。

步骤 15 完成以上公式编辑后，用户输入任意员工的姓名和产品名称将自动得到该员工产品的销售额，并判断其是否完成任务，进而得到该商品员工应提出额，如图 4-43 所示。

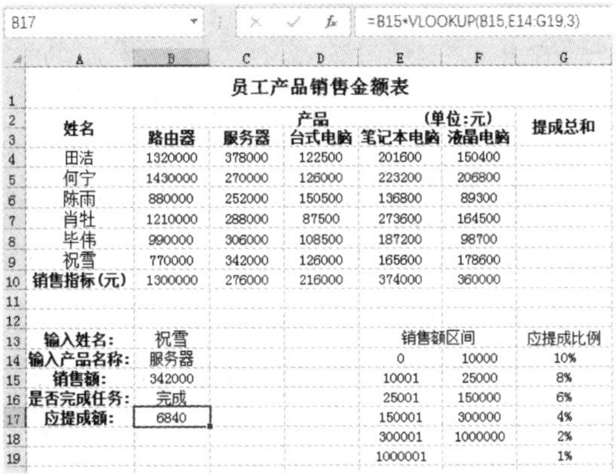
B17 =B15*VLOOKUP(B15,E14:G19,3)

员工产品销售金额表

姓名	路由器	服务器	产品 台式电脑	笔记本电脑	(单位:元) 液晶电脑	提成总和
田洁	1320000	378000	122500	201600	150400	
何宁	1430000	270000	126000	223200	206800	
陈雨	880000	252000	150500	136800	89300	
肖牡	1210000	288000	87500	273600	164500	
毕伟	990000	306000	108500	187200	98700	
祝雪	770000	342000	126000	165600	178600	
销售指标(元)	1300000	276000	216000	374000	360000	

			销售额区间		应提成比例
输入姓名:	祝雪				
输入产品名称:	服务器		0	10000	10%
销售额:	342000		10001	25000	8%
是否完成任务:	完成		25001	150000	6%
应提成额:	6840		150001	300000	4%
			300001	1000000	2%
			1000001		1%

图 4-42　计算提成金额

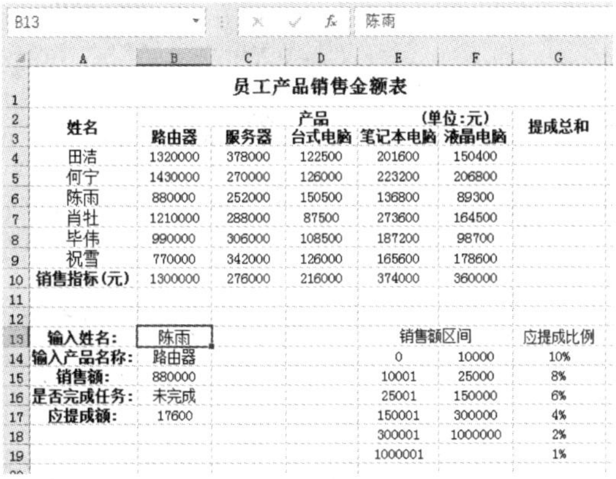
B13 陈雨

员工产品销售金额表

姓名	路由器	服务器	产品 台式电脑	笔记本电脑	(单位:元) 液晶电脑	提成总和
田洁	1320000	378000	122500	201600	150400	
何宁	1430000	270000	126000	223200	206800	
陈雨	880000	252000	150500	136800	89300	
肖牡	1210000	288000	87500	273600	164500	
毕伟	990000	306000	108500	187200	98700	
祝雪	770000	342000	126000	165600	178600	
销售指标(元)	1300000	276000	216000	374000	360000	

			销售额区间		应提成比例
输入姓名:	陈雨				
输入产品名称:	路由器		0	10000	10%
销售额:	880000		10001	25000	8%
是否完成任务:	未完成		25001	150000	6%
应提成额:	17600		150001	300000	4%
			300001	1000000	2%
			1000001		1%

图 4-43　显示员工提成金额

步骤16 最后需要计算销售人员的提成总和。在编辑公式前，为方便后续工作，建议对公司规定的提成比例进行定义，这里定义的名称为 rate，如图 4-44 所示。

步骤17 定义完名称后，在单元格 G4 中输入公式，计算单个员工的提成总和：=B4*VLOOK UP(B4,rate,3)+C4*VLOOKUP(C4,rate,3)+D4*VLOOKUP(D4,rate,3)+E4*VLOOKUP(E4,rate,3)+F4*VLOOKUP(F4,rate,3)，然后按 Enter 键，如图 4-45 所示。

销售额区间		应提成比例
0	10000	10%
10001	25000	8%
25001	150000	6%
150001	300000	4%
300001	1000000	2%
1000001		1%

图 4-44　定义名称

G4　=B4*VLOOKUP(B4,rate,3)+C4*VLOOKUP(C4,rate,3)+D4*VLOOKUP(D4,rate,3)+E4*VLOOKUP(E4,rate,3)+F4*VLOOKUP(F4,rate,3)

	A	B	C	D	E	F	G
1	员工产品销售金额表						
2	姓名			产品		(单位:元)	提成总和
3		路由器	服务器	台式电脑	笔记本电脑	液晶电脑	
4	田洁	1320000	378000	122500	201600	150400	42190
5	何宁	1430000	270000	126000	223200	206800	
6	陈雨	880000	252000	150500	136800	89300	
7	肖牡	1210000	288000	87500	273600	164500	
8	毕伟	990000	306000	108500	187200	98700	
9	祝雪	770000	342000	126000	165600	178600	
10	销售指标(元)	1300000	276000	216000	374000	360000	
11							
12							
13	输入姓名:	陈雨			销售额区间		应提成比例
14	输入产品名称:	路由器			0	10000	10%
15	销售额:	880000			10001	25000	8%
16	是否完成任务:	未完成			25001	150000	6%
17	应提成额:	17600			150001	300000	4%
18					300001	1000000	2%
19					1000001		1%

图 4-45 计算员工提成金额

步骤18 使用拖动复制的方法完成其他员工提成总和的计算，这里没有使用绝对引用，之所以可以拖动复制是因为前面对提成率进行了定义名称，这就是定义名称的作用所在，通过拖动复制得到完整的销售额表，如图 4-46 所示。

	A	B	C	D	E	F	G
1	员工产品销售金额表						
2	姓名			产品		(单位:元)	提成总和
3		路由器	服务器	台式电脑	笔记本电脑	液晶电脑	
4	田洁	1320000	378000	122500	201600	150400	42190
5	何宁	1430000	270000	126000	223200	206800	49860
6	陈雨	880000	252000	150500	136800	89300	47266
7	肖牡	1210000	288000	87500	273600	164500	46394
8	毕伟	990000	306000	108500	187200	98700	45840
9	祝雪	770000	342000	126000	165600	178600	43568
10	销售指标(元)	1300000	276000	216000	374000	360000	
11							
12							
13	输入姓名:	陈雨			销售额区间		应提成比例
14	输入产品名称:	路由器			0	10000	10%
15	销售额:	880000			10001	25000	8%
16	是否完成任务:	未完成			25001	150000	6%
17	应提成额:	17600			150001	300000	4%
18					300001	1000000	2%
19					1000001		1%

图 4-46　显示总结果

第 5 章
日期与时间函数

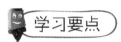 学习导读

本章主要讲解如何应用日期与时间函数。在数据表的处理过程中，日期与时间是工作表不可缺少的部分，因此函数可以使日期与时间的操作更为简洁方便。这类函数与文本函数类似，因为日期与时间还可以以普通文本的形式输入工作表中。

学习要点

- 学习日期函数。
- 学习时间函数。

5.1　日期系统概述

在 Excel 中，提供了多种处理各种日期和时间问题的函数。日期和时间是我们日常生活中经常遇到的，如上课的时间，特定日期的序列号等。

5.1.1　选择日期系统

1．取出当前系统时间/日期信息

用于取出当前系统时间/日期信息的函数主要有 NOW 和 TODAY。

语法形式均为函数名（）。

NOW 函数的作用就是返回系统当前日期和时间，格式为 NOW()。与快捷键相比，NOW 函数不仅可以插入当前的日期和时间，而且用户还可以通过公式的巧妙组合来输入如昨天的日期"=NOW()-1"、上个月的日期"=NOW()-31"等。

序列号是用于计算日期和时间的日期-时间代码。只能将 **TODAY** 函数作为默认值；不能在计算列中使用该函数。

日期是作为有序序列数进行存储的，因此可将其用于计算。默认情况下，1899 年 12 月 31 日的序列数为 1，而 2008 年 1 月 1 日的序列数为 39448，因为它是 1900 年 1 月 1 日之后的第 39,448 天。

2. 取得日期/时间的部分字段值

如果需要单独的年份、月份、日期或小时的数据，可以使用 YEAR、MONTH、DAY、HOUR 函数直接从日期/时间中取出需要的数据。具体示例参看图 5。

比如，需要返回 2015-10-15 12:30 PM 的年份、月份、日期及小时数，可以分别采用相应函数来实现，如图 5-1 所示。

```
YEAR(A3)=2015
MONTH (A3)=10
DAY(A3)=15
HOUR(A3)=12
```

图 5-1　部分值的函数

5.1.2　日期序列号的理解

Excel 中提供了大量的日期和时间函数，它们的分类如下：

1. 当前日期

表示电脑当前日期和时间的函数。这些函数不使用参数，如表 5-1 所示。

表 5-1　当前日期函数

函数名称	函数使用说明
TODAY	返回日期格式的当前日期
NOW	返回日期格式的当前日期和时间

2. 周数

按照指定的日期序列数，返回第几周的日期，如表 5-2 所示。

表 5-2　周数函数

函数名称	函数使用说明
WEEKNUM	返回日期对应的一年中的周数

3．用序列数表示日期

这些函数用于统计每月的销售款数据或总计每个时间段等，如表 5-3 所示。

表 5-3　用序列数表示日期函数

函数名称	函数使用说明
YEAR	返回对应于某个日期的年份
MONTH	返回日期（以序列数表示）中的月份
DAY	返回以序列数表示的某日期在一个月中的天数
HOUR	返回时间值的小时数
MINUTE	返回时间值的分钟
SECOND	返回时间值的秒数
WEEKDAY	返回代表一周中的第几天的数值

4．计算时间的序列号

这类函数用于计算最后一天或不包含休息日的工作日，需要注意的是，这些函数多是将日期转换为序列号的形式来表示的，但单纯的序列号不能用于计算日期，如表 5-4 所示。

表 5-4　计算时间的序列号函数

函数名称	函数使用说明
EDATE	返回指定日期的序列号
EOMONTH	求指定月份最后一天的日期
WORKDAY	返回与某日期相隔指定工作日天数的日期

5．特定日期的序列数

使用特定日期的序列数函数可把输入各单元格内的年、月、日汇总成一个日期，或把文本转换成序列号，如表 5-5 所示。

表 5-5　特定日期的序列数函数

函数名称	函数使用说明
DATE	返回特定日期的连续序列数
TIME	返回特定时间的序列数
DATEVALUE	把表示日期的字符串转换成序列数
TIMEVALUE	将文本格式时间转换成序列数

6．期间差

用于求两个日期的期间差，把一年当作 360 天计算，如表 5-6 所示。

表 5-6 期间差函数

函数名称	函数使用说明
NETWORKDAYS	计算起始日和结束日之间的工作日天数
DAYS360	返回两日期间相差的天数按一年 360 天计算
YEARFRAC	返回起止日期之间天数占全年天数的百分比
DATEDIF	用指定的单位计算两个日期之间的天数

7. 来自序列值的文本

显示日期和日历的文本，如表 5-7 所示。

表 5-7 来自序列的文本函数

函数名称	函数使用说明
DATESTRING	把序列数转换为文本日期

5.2 日期函数

日期函数是在公式中用来分析和处理日期值的函数。在数据表的处理过程中，日期函数是相当重要的处理依据。而 Excel 在这方面也提供了相当丰富的函数供大家使用。

5.2.1 应用 DATE 函数计算特定日期的序列号

功能：使用 DATE 函数可返回表示特定日期的连续序列数。

格式：DATE(year,month,day)。

参数：year（必需）。year 参数的值可以包含 1~4 位数字。

month（必需）。一个正整数或负整数，表示一年中从 1 月至 12 月的各个月。

day（必需）。一个正整数或负整数，表示一月中从 1 日到 31 日的每天。

在使用该参数时，一定要注意各参数的取值范围。

例如，公式=DATE("2015,1,1")，返回 1 1 2015，该序列号表示 2015-01-01，如图 5-2 所示。

A1			:	×	✓	fx	=DATE(2015,1,1)
	A	B	C	D	E	F	
1	2015/1/1						
2							

图 5-2 DATA 函数返回日期

如果在输入该函数之前单元格格式为"常规",则结果将使用日期格式,而不是数字格式。若要显示序列号或要更改日期格式,可以在"开始"选项卡的"数字"组中选择其他数字格式。

在通过公式或单元格引用提供年月日时,DATE 函数最为有用。例如,有一个工作表所包含的日期使用了 Excel 无法识别的格式(如 YYYYMMDD)可通过将 DATE 函数与其他函数结合使用,将这些日期转换为 Excel 可识别的序列号。

下面实例将每个人出生的年月日合并为一个格式正规的出生日期,用户可以利用此函数合并其他日期,具体操作步骤如下。

步骤 1 分别在单元格中输入年月日信息,选择目标单元格 E3,如图 5-3 所示。

步骤 2 单击"公式">"函数库">"日期和时间">"DATE"选项,弹出"函数参数"对话框,分别输入"年"、"月"、"日"对应的单元格,如图 5-4 所示,单击"确定"按钮。

图 5-3 输入数据   图 5-4 输入对应年、月、日

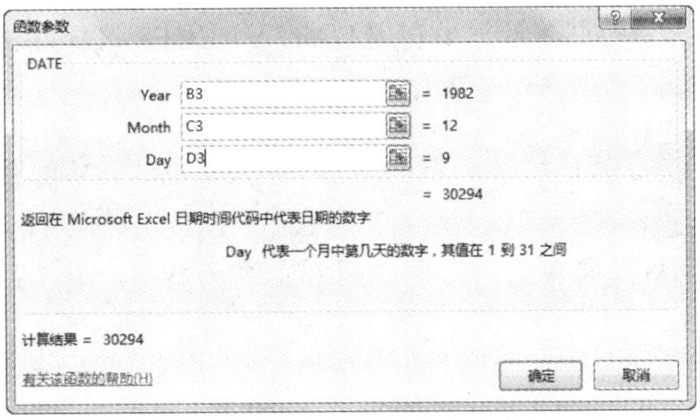

步骤 3 生成公式=DATE(B3,C3,D3),生成日期格式显示在目标单元格中,如图 5-5 所示。

步骤 4 按照相同的操作步骤,计算其他人员的出生日期,如图 5-6 所示。

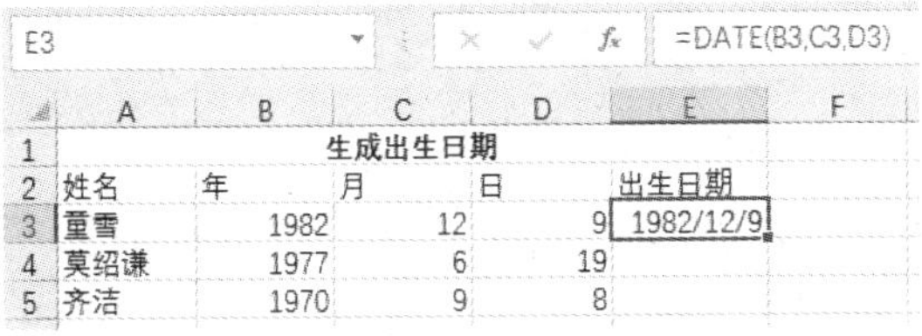

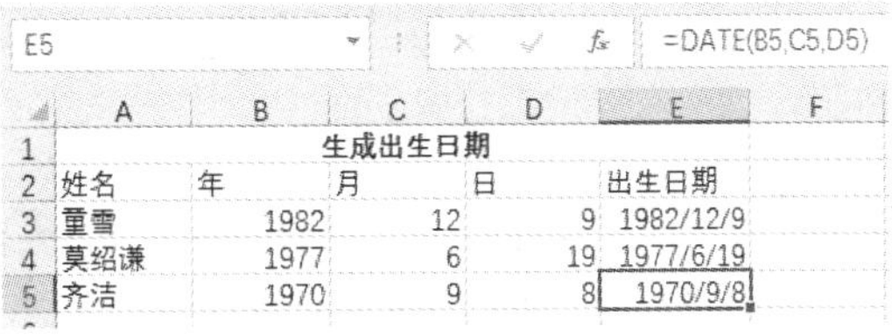

图 5-5 显示出日期   图 5-6 显示所有人出生日期

5.2.2 应用 DATEVALUE 函数计算日期的序列号

如果工作表包含采用文本格式的日期并且要对这些日期进行筛选、排序、设置日期格式或执行日期计算,则 DATEVALUE 函数是十分有用的。

功能:使用 DATEVALUE 函数将存储为文本格式的日期转换为序列数。

格式:DATEVALUE(date_text)。

参数：date_text（必需）。代表 Excel 日期格式的日期文本，或是对包含这种文本的单元格的引用。

函数返回的是日期的序列数，如果要改为日期的显示格式，需要设置对应的单元格格式。

例如，在工作表的单元格中输入公式=DATEVALUE("2015-1-1")，得到的结果为返回日期2015-1-1 的序列号 42005，如图 5-7 所示。

图 5-7　DATEVALUE 函数返回值

> **提示**
>
> 需要注意的是，DATEVALUE 函数所返回的序列号可能与上述示例不同，具体取决于计算机的系统日期设置。要将序列号显示为日期，可以重新设置单元格的格式为日期格式。

图书馆管理员利用 DATEVALUE 函数可以根据还书日期与借书日期计算出每位读者的借书天数，具体操作步骤如下。

步骤 1 输入学生的借书日期和还书日期，选择目的单元格 D3，如图 5-8 所示。

步骤 2 单击"公式">"函数库">"日期和时间">"DATEVALUE"选项，弹出"函数参数"对话框，参数选择还书日期所在单元格，如图 5-9 所示，单击"确定"按钮。

图 5-8　输入数据

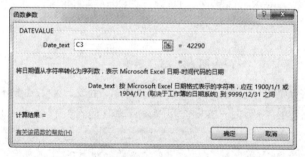

图 5-9　选择还书日期所在单元格

步骤 3 分别两次插入 DATEVALUE 函数，最终生成公式=DATEVALUE(C3)-DATEVALUE(B3)，计算出全部人员借书时间，显示在目标单元格中，如图 5-10 所示。

图 5-10　显示结果

函数参数 date_text 的格式必须为文本格式，而不能是日期格式。

5.2.3 应用 DAY 函数计算某日期天数

功能：使用；使用 DAY 函数可返回以序列数表示的某日期在一个月中的天数。天数是介于 1 到 31 之间的整数。

格式：DAY(serial_number)。

参数：serial_number（必需）。要查找的那一天的日期。

应使用 DATE 函数输入日期，或者将日期作为其他公式或函数的结果输入。如果输入了非法的日期格式，函数则会返回错误值#VALUE!。例如，使用函数 DATE(2015,5,23)输入 2015 年 5 月 23 日。

例如，在单元格中输入日期，然后使用 DAY 函数计算日期的天数，如图 5-11 所示。

图 5-11　显示日期的天数

下面实例利用 DAY 函数，根据提供的日期提取出该日期在当月的天数，这样用户就可以不用一一写出日期对应的天数了，具体操作步骤如下。

步骤 1　输入任意日期信息，选择目的单元格 B3，如图 5-12 所示。

步骤 2　单击"公式">"函数库">"日期和时间">"DAY"选项，弹出"函数参数"对话框，输入日期所在单元格，如图 5-13 所示，单击"确定"按钮。

图 5-12　输入信息

图 5-13　输入日期所在单元格

步骤 3　生成公式=DAY(A3)，当月已经经过的天数显示在目标单元格中，如图 5-14 所示。

步骤 4　按照相同的操作步骤，计算其他天数，如图 5-15 所示。

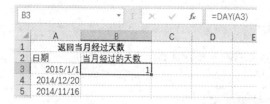

图 5-14　生成当月已经经过的天数　　　　　　　图 5-15　显示其他天数

> **提示**
>
> 　不论提供的日期值以何种格式显示，DAY 函数返回的值都是时间的标准值（即 Gregorian 值）。

5.2.4　应用 DAYS360 函数计算日期间相差的天数

DAYS360 函数按照一年 360 天的算法（每个月以 30 天计，一年共计 12 个月），返回两日期间相差的天数。

功能：使用 DAYS360 函数返回两个日期间相差的天数（1 年按 360 天计算）。

格式：DAYS360(start_date,end_date,[method])。

参数：start_date、end_date（必需）。用于计算期间天数的起止日期。如果 start_date 在 end_date 之后，则 DAYS360 将返回一个负数。应使用 DATE 函数来输入日期。

method（可选）。逻辑值，用于指定在计算中是采用美国方法还是欧洲方法。

下面实例中，银行员工根据提供的取钱日期和存款日期计算出两个日期之间的总天数，用户应注意的是此函数以一年 360 天为基准，具体操作步骤如下。

步骤 1 输入用户的存款日期和取款日期，选择目的单元格 C2，如图 5-16 所示。

步骤 2 单击"公式" > "函数库" > "日期和时间" > "DAYS360"选项，弹出"函数参数"对话框，分别输入存款日期和取款日期，如图 5-17 所示，单击"确定"按钮。

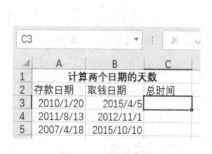

图 5-16　输入数据

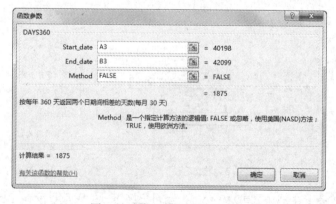

图 5-17　输入存款日期和取款日期

步骤 3 生成公式=DAYS360(A3,B3,FALSE)，存款总时间显示在目标单元格中，如图 5-18 所示。

步骤 4 按照相同的操作步骤，计算其他总时间，如图 5-19 所示。

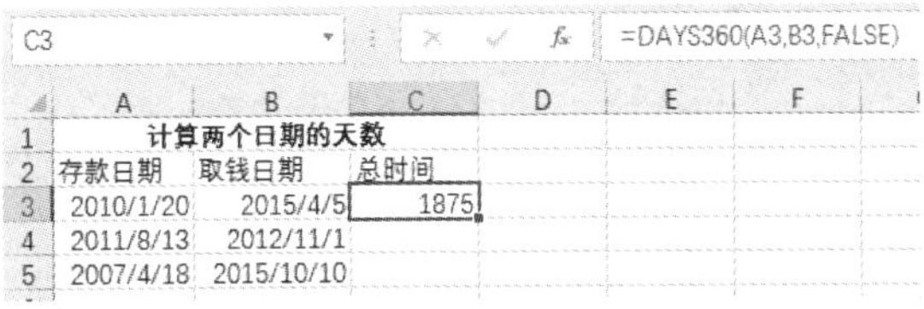

C3			f_x	=DAYS360(A3,B3,FALSE)

	A	B	C	D	E	F
1	计算两个日期的天数					
2	存款日期	取钱日期	总时间			
3	2010/1/20	2015/4/5	1875			
4	2011/8/13	2012/11/1				
5	2007/4/18	2015/10/10				

C5			f_x	=DAYS360(A5,B5,FALSE)

	A	B	C	D	E	F
1	计算两个日期的天数					
2	存款日期	取钱日期	总时间			
3	2010/1/20	2015/4/5	1875			
4	2011/8/13	2012/11/1	438			
5	2007/4/18	2015/10/10	3052			

图 5-18　计算存款总时间 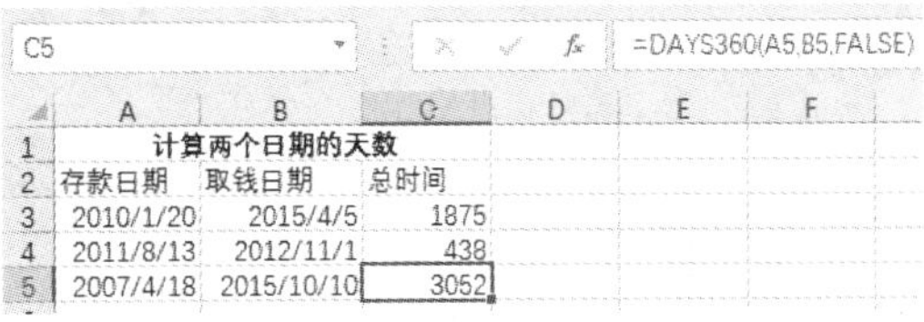　　　　　　　　　　图 5-19　计算所有存款总时间

> **提示**
>
> DAYS360 函数按照一年 360 天计算，这在一些会计计算中将会用到。如果会计系统是基于一年 12 个月，每月 30 天，则可用此函数帮助计算支付款项。

5.2.5　应用 EDATE 函数计算日期之前或之后的月数的序列号

EDATE 函数用于表示某个日期的序列号，该日期与指定日期 (start_date) 相隔（之前或之后）指示的月份数。使用函数 EDATE 可以计算与发行日处于一月中同一天的到期日的日期。

功能：使用 EDATE 函数返回表示某个日期的序列数。该值为日期与指定日期 (start_date)相隔（之前或之后）的天数。

格式：EDATE(start_date, months)

参数：start_date（必需）。一个代表开始日期的日期。

months（必需）。start_date 之前或之后的月份数。months 为正值将生成未来日期；为负值将生成过去日期。

EDATE 函数计算的结果是日期的序列数，如果以日期格式显示，需要先设置单元格格式。

例如，输入日期为 2011 年 5 月 10 日，输入公式=EDATE(D1,1)，得到输入日期之后一个月的日期，如图 5-20 所示。

若要得到之前一个月的日期，可输入公式=EDATE(D1,-1)，如图 5-21 所示。

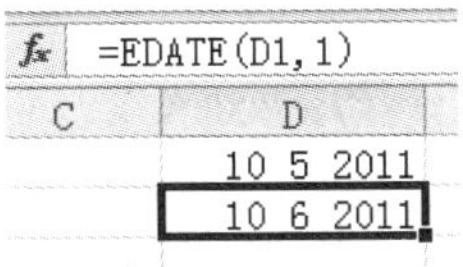

f_x	=EDATE(D1,1)

C	D
	10 5 2011
	10 6 2011

f_x	=EDATE(D1,-1)

C	D
	10 5 2011
	10 4 2011

图 5-20　输入公式=EDATE(D1,1) 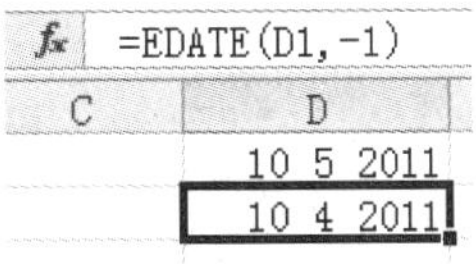　　　　　图 5-21　输入公式=EDATE(D1,-1)

下面实例用 EDATE 函数获取一段时间后的过期时间，用户熟练使用此函数可以大大提高办公效率，具体操作步骤如下。

步骤 1 输入商品的生产日期及保质期，选择目的单元格 D3，如图 5-22 所示。

步骤 2 单击"公式">"函数库">"日期和时间">"EDATE"选项，弹出"函数参数"对话框，输入要转换的日期，如图 5-23 所示，单击"确定"按钮。

图 5-22　输入数据

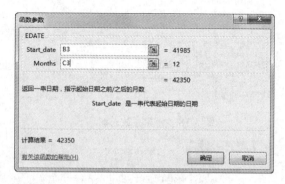

图 5-23　输入要转换的日期

步骤 3 生成公式=EDATE(B3,C3)，过期时间显示在目标单元格中，如图 5-24 所示。

步骤 4 按照相同的操作步骤，计算其他过期时间，如图 5-25 所示。

图 5-24　计算过期日期

图 5-25　计算所有过期日期

由例子可以看出，由于日期序列是从 1900 年 1 月 1 日开始计算，所以此天的序列数为 1。

5.2.6　应用 EOMONTH 函数计算数月之前或之后的月末序列号

功能：使用 EOMONTH 函数返回某个月份最后一天的日期。该值为月份与 start_date 相隔（之前或之后）的月份数。

格式：EOMONTH(start_date, months)。

参数：start_date（必需）。一个代表开始日期的日期。应使用 DATE 函数输入日期，或者将日期作为其他公式或函数的结果输入。

months（必需）。start_date 之前或之后的月份数。months 为正值将生成未来日期；为负值将生成过去日期。

EOMONTH 函数计算的结果是日期，如果以日期格式显示，需要先设置单元格格式。

下面实例利用 EOMONTH 函数以给出的日期为基础返回借款的还款日期，具体操作步骤如下。

步骤 1 输入借款日期及借款时间，选择目的单元格 B3，如图 5-26 所示。

步骤 2 单击"公式">"函数库">"日期和时间">"EOMONTH"选项，弹出"函数参数"对话框，输入要返回的日期，如图 5-27 所示，单击"确定"按钮。

图 5-26　输入数据　　　　　　　　　　　　图 5-27　输入要返回的日期

步骤 **3** 生成公式=EOMONTH(C3,D3)，还款日期显示在目标单元格中，如图 5-28 所示。

步骤 **4** 按照相同的操作步骤，计算其他人员还款日期，如图 5-29 所示。

图 5-28　显示还款日期　　　　　　　　　　图 5-29　显示所有人还款日期

　提示

　　如果 start_date 和 months 产生非法日期值，则函数 EOMONTH 返回错误值#NUM!。

5.2.7　应用 MONTH 函数计算日期中的月份

　　功能：使用 MONTH 函数返回日期（以序列数表示）中的月份。月份是介于 1（一月）到 12（十二月）之间的整数。

　　格式：MONTH(serial_number)。

　　参数：serial_number（必需）。要查找其月份的日期值。

　　例如，单元格中的日期为 2015 年 6 月 1 日，输入公式=MONTH(A1)返回值表示单元格的月份为 6，如图 5-30 所示。

图 5-30　返回月份

参数值的格式必须是日期形式，在实际操作时，应使用 DATE 函数输入日期，或者将日期作为其他公式或函数的结果输入。使用函数 DATE(2015,5,23)输入 2015 年 5 月 23 日。如果日期以文本形式输入，则会出现问题。

下面实例为利用 MONTH 函数提取对应日期的月份。利用该函数，用户可以很轻松地提取需要的信息，具体操作步骤如下。

步骤 1 输入日期信息，选择目的单元格 C3，如图 5-31 所示。

步骤 2 单击"公式">"函数库">"日期和时间">"MONTH"选项，弹出"函数参数"对话框，输入需要转换的日期，如图 5-32 所示，单击"确定"按钮。

图 5-31　输入数据

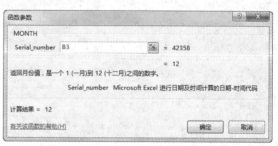

图 5-32　输入需要转换的日期

步骤 3 生成公式=MONTH(B3)，返回日期月份显示在目标单元格中，如图 5-33 所示。

步骤 4 按照相同的操作步骤，计算其他产品销售月份，如图 5-34 所示。

图 5-33　返回日期月份

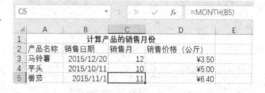

图 5-34　返回所有产品日期月份

不论提供的日期值以何种格式显示，MONTH 函数返回的值都是时间的标准值（即 Gregorian 值）。

5.2.8　应用 NETWORKDAYS 函数计算工作日的数值

功能：使用 NETWORKDAYS 函数返回参数起始日和结束日之间完整的工作日天数。

格式：NETWORKDAYS(start_date, end_date, [holidays])。

参数：start_date（必需）。一个代表开始日期的日期。

end_date（必需）。一个代表终止日期的日期。

holidays（可选）。不在工作日中的一个或多个日期所构成的可选区域。

函数章的工作日不包括周末和专门指定的假期。需要正确输入开始和结束日期值，结束日期要晚于开始日期。

公司某员工利用 NETWORKDAYS 函数计算自己在 10 月份的工作天数，注意，国庆节公司放 6 天假，具体操作步骤如下。

步骤 1 输入国庆节的日期，选择目的单元格 C3，如图 5-35 所示。

步骤 2 单击"公式" > "函数库" > "日期和时间" > "NETWORKDAYS"选项，弹出"函数参数"对话框，分别输入开始和结束时间和假期，如图 5-36 所示，单击"确定"按钮。

图 5-35　输入国庆节的日期

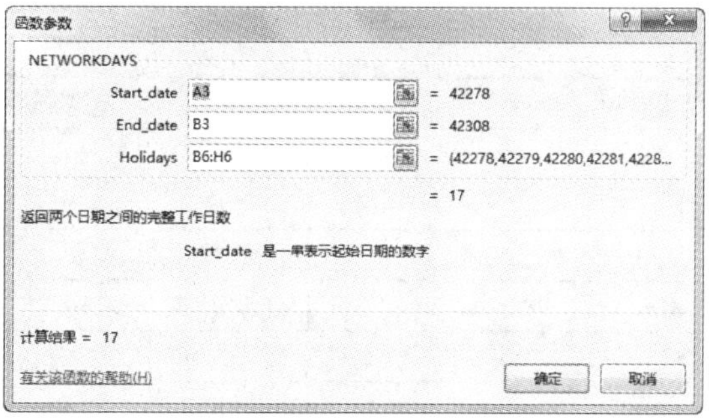

图 5-36　输入开始和结束时间和假期

步骤 3 生成公式=NETWORKDAYS(A3,B3,B6:C6)，本月工作日的天数显示在目标单元格中，如图 5-37 所示。

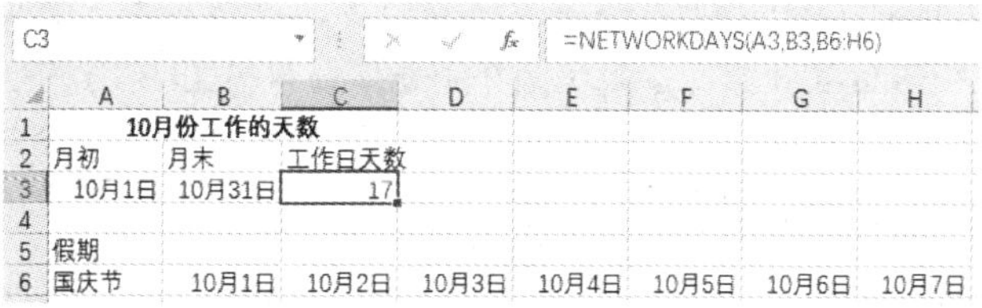

图 5-37　计算工作日的天数

技巧

若要使用参数来指明周末的日期和天数，从而计算两个日期间的全部工作日数，可使用 NETWORKDAYS.INTL 函数。

5.2.9　应用 NETWORKDAYS.INTL 函数返回两个日期之间的工作日天数

功能：使用 NETWORKDAYS.INTL 函数返回两个日期之间的所有工作日天数，可以使用参数指出哪些天是周末，以及有多少天。周末和任何指定为假期的日期不被视为工作日。

格式：NETWORKDAYS.INTL(start_date, end_date, [weekend], [holidays])。

参数：start_date 和 end_date（必需）。要计算其差值的日期。start_date 可以早于或晚于 end_date，也可以与它相同。

weekend（可选）。表示介于 start_date 和 end_date 之间但又不包括所有工作日数中的周末日。weekend 是一个用于指定周末日的数字或字符串，其数值对应周末日如表 5-8 所示。

表 5-8 weekend 参数对应的周末日

weekend 数值	对应的周末日
1 或省略	星期六、日
2	星期日、一
3	星期一、二
4	星期二、三
5	星期三、四
6	星期四、五
7	星期五、六
11	仅星期日
12	仅星期一
13	仅星期二
14	仅星期三
15	仅星期四
16	仅星期五
17	仅星期六

holidays（可选）。一组可选的日期，表示要从工作日日历中排除的一个或多个日期。holidays 应是一个包含相关日期的单元格区域，或者是一个由表示这些日期的序列值构成的数组常量。

用户要注意本函数和 NETWORKDAYS 函数的区别，本函数多了一个 weekend 参数，用户可以根据参数表指定自己周末日的数值。下面实例介绍如何计算员工 10 月份所有的工作天数，具体操作步骤如下。

步骤 1 输入国庆节的日期，选择目的单元格 C3，如图 5-38 所示。

步骤 2 单击"公式" > "函数库" > "日期和时间" > "NETWORKDAYS.INTL"选项，弹出"函数参数"对话框，分别输入开始日期、结束日期、周末和假期，如图 5-39 所示，单击"确定"按钮。

图 5-38 输入国庆节的日期　　　　　　图 5-39 输入开始日期结束日期周末和假期

步骤 3 生成公式=NETWORKDAYS.INTL(A3,B3,11,B6:G6)，本月工作日的天数显示在目标单元格中，如图 5-40 所示。

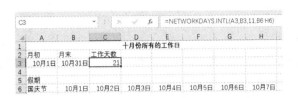

图 5-40　计算工作日的天数

提示

NETWORKDAYS.INTL 函数的参数较多，所以在使用该函数时，一定要注意各参数的具体含义，特别是 weekend 参数值与对应周末日的关系，此函数在计算员工的工作日天数时功能更加强大。

5.2.10　应用 TODAY 函数计算当前日期

TODAY 函数返回的是日期的序列数，可以用于计算。如果在输入该函数之前单元格格式为"常规"，Excel 会将单元格格式更改为"日期"。若要显示序列数，必须将单元格格式更改为"常规"或"数字"。

功能：使用 TODAY 函数返回当前日期，该日期以日期格式表示。

格式：TODAY()。

参数：TODAY 函数没有参数。

下面实例用来计算火车票的预售时间，具体操作步骤如下。

步骤 1 输入数据信息，选择目的单元格 B2，如图 5-41 所示。

步骤 2 单击"公式">"函数库">"日期和时间">"TODAY"选项，弹出"函数参数"对话框，此函数不需要参数，直接单击"确定"按钮，如图 5-42 所示。

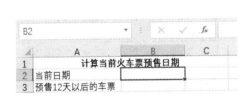

图 5-41　输入数据信息

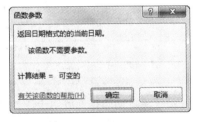

图 5-42　"函数参数"对话框

步骤 3 生成公式=TODAY()，当前日期显示在目标单元格中，如图 5-43 所示。

步骤 4 在单元格 B3 中输入公式=TODAY()+12，计算 12 天后的售票日期，如图 5-44 所示。

图 5-43　显示当前日期

图 5-44　计算 12 天后的售票日期

5.2.11 应用 WEEKDAY 函数计算日期为星期几

WEEKDAY 函数用于返回在某日期（起始日期）之前或之后、与该日期相隔指定工作日的某一日期的日期值。工作日不包括周末和指定的假日。在计算发票到期日、预期交货时间或工作天数时，可以使用函数 WEEKDAY 来扣除周末或假日。

功能：使用 WEEKDAY 函数返回对应于某个日期是一周中的第几天的数值。默认情况下，是 1（星期日）到 7（星期六）范围内的整数。

格式：WEEKDAY(serial_number,[return_type])。

参数：serial_number（必需）。一个序列数，代表尝试查找的那一天的日期。应使用 DATE 函数输入日期，或者将日期作为其他公式或函数的结果输入。

return_type（可选）。用于确定返回值类型的数字。return_type 值与返回数字之间的关系如表 5-9 所示。

表 5-9　return_type 值与返回数字之间的关系

return_type 值	返回的数字
1 或省略	数字 1（星期日）到数字 7（星期六）
2	数字 1（星期一）到数字 7（星期日）
3	数字 0（星期一）到数字 6（星期日）
11	数字 1（星期一）到数字 7（星期日）
13	数字 1（星期三）到数字 7（星期二）
14	数字 1（星期四）到数字 7（星期三）
15	数字 1（星期五）到数字 7（星期四）
16	数字 1（星期六）到数字 7（星期五）
17	数字 1（星期日）到数字 7（星期六）

EXCEL 可将日期储存为可用于计算的序列数。默认情况下，1900 年 1 月 1 日的序列号是 1，而 2013 年 1 月 1 日的序列数是 41275，这是因为它距 1900 年 1 月 1 日有 41275 天。

下面实例利用 WEEKDAY 函数，根据提供的每位员工的值班日期，计算出当天所在的星期数，具体操作步骤如下。

步骤 1 输入值班日期，选择目的单元格 B3，如图 5-45 所示。

步骤 2 单击"公式"＞"函数库"＞"日期和时间"＞"WEEKDAY"选项，弹出"函数参数"对话框，输入值班日期和 return type 值，如图 5-46 所示，单击"确定"按钮。

图 5-45　输入值班日期　　　　　　　　　　图 5-46　输入值班日期和 return type 值

步骤 3 生成公式=WEEKDAY(A3,11)，对应的星期数显示在目标单元格中，如图 5-47 所示。

步骤 4 按照相同的操作步骤，计算其他日期的星期数，如图 5-48 所示。

图 5-47　显示星期数　　　　　　　　　　图 5-48　显示所有星期数

需要确保星期几的日期必须是正确、合法的日期，否则函数将返回错误值。

5.2.12　应用 WEEKNUM 函数计算某星期在一年中的星期数

功能：使用 WEEKNUM 函数对应的一年中的周数。例如，包含 1 月 1 日的周为该年的第 1 周，其编号为第 1 周。

格式：WEEKNUM(serial_number,[return_type])。

参数：serial_number（必需）。特定日期。应使用 DATE 函数输入日期，或者将日期作为其他公式或函数的结果输入。

return_type（可选）。格式为数值，确定某星期从哪一天开始。默认值为 1，其参数值说明如表 5-10 所示。

表 5-10　return_type 值说明

return_type	一周的第一天为
1 或省略	星期日
2	星期一
11	星期一
12	星期二
13	星期三

（续表）

return_type	一周的第一天为
14	星期四
15	星期五
16	星期六
17	星期日
21	星期一

WEEKNUM 函数将 1 月 1 日所在的周视为一年中的第 1 周，例如 2015 年 1 月 1 日所在的周是一年的第 1 周，所以为 1。

大学生最关注期末考试每科所在的周数，下面实例就是根据每科考试日期计算出当天所在的周，具体操作步骤如下。

步骤 1 输入考试科目和时间，选择目的单元格 C3，如图 5-49 所示。

步骤 2 单击 "公式" > "函数库" > "日期和时间" > "WEEKNUM" 选项，弹出 "函数参数" 对话框，输入考试的时间和 return type 参数，如图 5-50 所示，单击 "确定" 按钮。

图 5-49　输入考试科目和时间

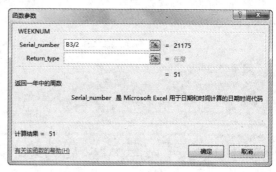

图 5-50　输入考试的时间和 return type 参数

步骤 3 生成公式=WEEKNUM(B3/2)，返回考试日期在本年的周数并显示在目标单元格中，如图 5-51 所示。

步骤 4 按照相同的操作步骤，计算其他科目的考虑周数，如图 5-52 所示。

图 5-51　显示周数

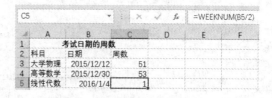

图 5-52　显示所有科目周数

提示

使用 WEEKNUM 函数时，要注意设置单元格格式。serial_numb 参数需要设置为日期或文本格式。

5.2.13 应用 WORKDAY 函数计算工作日之前或之后日期的序列号

功能：使用 WORKDAY 函数返回在某日期（起始日期）之前或之后、与该日期相隔指定工作日天数的某一日期的日期值。

格式：WORKDAY(start_date, days, [holidays])。

参数：start_date（必需）。一个代表开始日期的日期。

days（必需）。start_date 之前或之后不含周末及节假日的天数。days 为正值将生成未来日期；为负值将生成过去日期。

holidays（可选）。一个可选列表，其中包含需要从工作日历中排除的一个或多个日期，例如各种省/市/自治区和国家/地区的法定假日及非法定假日。

提示

注意工作日不包括周末和专门指定的假日。如果 days 参数不是整数，将截尾取整。

员工李明申请为期一个月的休假，因人员紧缺，公司要求李明在 50 个工作日后才准许休假，李明利用 WORKDAY 计算一下自己放假的日期，具体操作步骤如下。

步骤 1 输入任务开始日期和元旦放假时间，选择目的单元格 C3，如图 5-53 所示。

步骤 2 单击"公式">"函数库">"日期和时间">"WORKDAY"选项，弹出"函数参数"对话框，输入任务开始日期和工作天数和假期，如图 5-54 所示，单击"确定"按钮。

图 5-53　输入数据

图 5-54　输入任务开始日期和工作天数和假期

步骤 3 生成公式=WORKDAY(A3,B3,B6:D6)，任务结束的日期显示在目标单元格中，如图 5-55 所示。

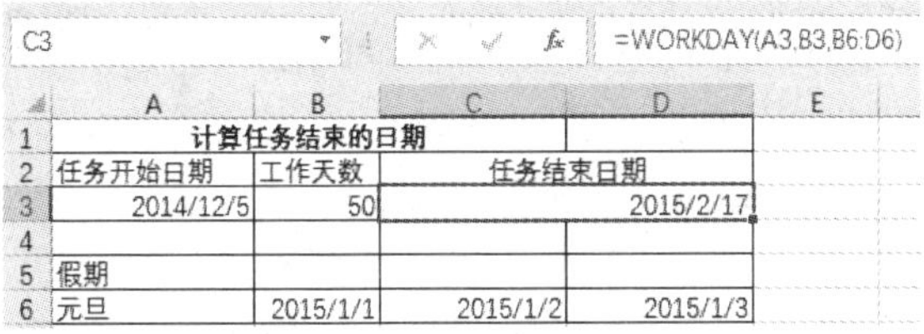

图 5-55　计算任务结束的日期

提示

若要通过使用参数来得出哪些天是周末以及有多少天是周末来计算指定工作日天数之前或之后日期的序列号，可使用 WORKDAY.INTL 函数。

5.2.14 应用 WORKDAY.INTL 函数返回指定的若干个工作日之前或之后的日期

功能：使用 WORKDAY.INTL 函数返回指定若干个工作日之前或之后的日期（使用自定义周末参数）。周末参数指明周末有几天以及是哪几天。周末和任何指定为假期的日期不被视为工作日。

格式：WORKDAY.INTL(start_date, days, [weekend], [holidays])。

参数：start_date（必需）。开始日期（小数将被截尾取整）。

days（必需）。Start_date 之前或之后的工作日的天数。正值表示未来日期；负值表示过去日期；零值表示开始日期。

weekend（可选）。一周中属于周末的日子和不作为工作日的日子。

weekend 参数数值如表 5-11 所示。

表 5-11　weekend 数值说明

weekend 数值	周末日	weekend 数值	周末日
1 或省略	星期六、日	11	仅星期日
2	星期日、一	12	仅星期一
3	星期一、二	13	仅星期二
4	星期二、三	14	仅星期三
5	星期三、四	17	仅星期六
6	星期四、五	15	仅星期四
7	星期五、六	16	仅星期五

用户应注意本函数与 WORKDAY 函数的区别，本函数可以自己设定周末日，而 WORKDAY 函数规定的周末日为星期六与星期日。下面实例为返回若干个工作日之后任务结束的日期，具体操作步骤如下。

步骤 1　输入任务开始日期和元旦放假时间，选择目的单元格 C3，如图 5-56 所示。

步骤 2　单击"公式">"函数库">"日期和时间">"WORKDAY.INT"选项，弹出"函数参数"对话框，输入任务开始日期、工作日、假期和 weekend 数值，如图 5-57 所示，单击"确定"按钮。

图 5-56　输入信息

步骤 3　生成公式=WORKDAY.INTL(A3,B3,11,B6:D6)，任务结束的日期显示在目标单元格中，如图 5-58 所示。

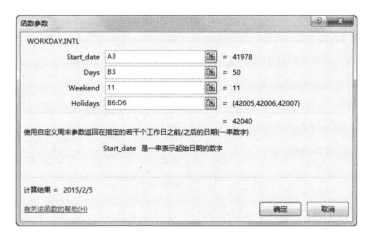

图 5-57　输入任务开始日期和工作日和假期和 weekend 数值

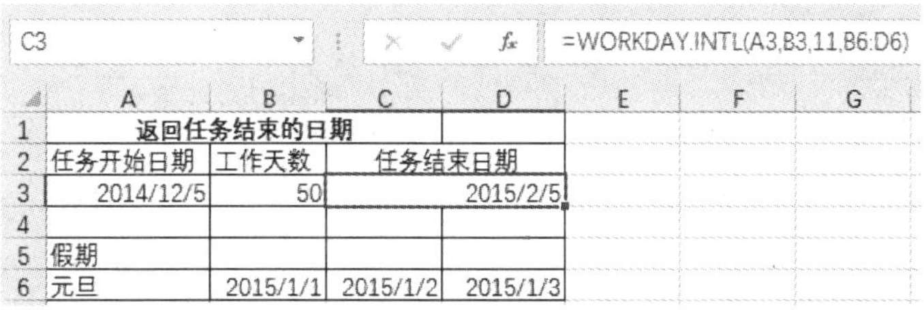

图 5-58　计算任务结束的日期

提示

如果周末字符串的长度无效或包含无效字符，则函数 WORKDAY.INTL 将返回错误值 #VALUE!。

5.2.15　应用 YEAR 函数计算年份

功能：使用 YEAR 函数返回对应于某个日期的年份，返回值是一个 1900 ~9999 之间的整数。

格式：YEAR(serial_number)。

参数：serial_number（必需）。要查找年份的日期。使用 DATE 函数输入日期，或者将日期作为其他公式或函数的结果输入。

参数值的格式必须是"日期"格式，否则函数将返回错误值。

下面实例为返回员工的上班年份，具体操作步骤如下。

步骤 1 输入日期信息，选择目的单元格 B3，如图 5-59 所示。

步骤 2 单击"公式">"函数库">"日期和时间">"YEAR"选项，弹出"函数参数"对话框，输入需要转换的日期，如图 5-60 所示，单击"确定"按钮。

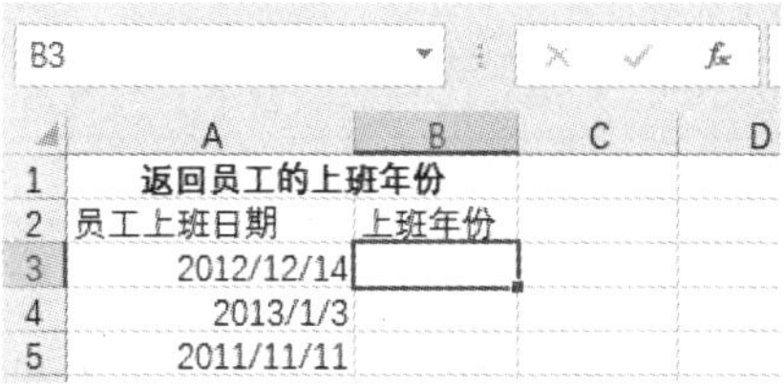

图 5-59　输入日期信息

图 5-60　输入需要转换的日期

步骤 3　生成公式=YEAR (A3)，返回日期年份显示在目标单元格中，如图 5-61 所示。

步骤 4　按照相同的操作步骤，计算其他员工的上班年份，如图 5-62 所示。

图 5-61　返回日期年份　　　　　　　　图 5-62　返回所有日期年份

提示

不论提供的日期值以何种格式显示，YEAR 函数返回的值都是标准值（即 Gregorian 值）。

5.2.16　应用 YEARFRAC 函数计算天数占全年天数的百分比

功能：使用 YEARFRAC 函数返回起止日期和结束日期之间的天数占全年天数的百分比。

格式：YEARFRAC(start_date, end_date, [basis])。

参数：start_date（必需）。一个代表开始日期的日期。

end_date（必需）。一个代表终止日期的日期。

basis（可选）。要使用的日计数基准参数值如表 5-12 所示。

表 5-12　basis 参数值说明

basis 值	日计数基准
0 或省略	US 30/360
1	实际天数/实际天数
2	实际天数/360
3	实际天数/365
4	欧洲/360

使用该函数时，需要正确输入开始日期值和结束日期值，结束日期必须晚于开始日期。

莫氏集团为了与其他公司比较一下放假的天数是否合理，要计算一下职工年假天数占全年的百分比，具体操作步骤如下。

步骤 1 输入员工的放假时间和结束时间，选择目的单元格 D3，如图 5-63 所示。

步骤 2 单击"公式">"函数库">"日期和时间">"YEARFRAC"选项，弹出"函数参数"对话框，输入放假的开始和结束日期所在的单元格以及 basis，如图 5-64 所示，单击"确定"按钮。

图 5-63　输入信息　　　　　　　图 5-64　输入放假的开始和结束日期所在单元格以及 basis

步骤 3 生成公式=YEARFRAC(B3,C3,0)，年假占全年的百分比显示在目标单元格中，如图 5-65 所示。

步骤 4 按照相同的操作步骤，计算其他员工的年假比例，如图 5-66 所示。

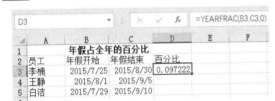

图 5-65　计算年假占全年的百分比　　　　　图 5-66　计算所有员工年假占全年的百分比

使用 YEARFRAC 工作表函数可判别某一特定条件下全年效益或债务的比例。

5.3　时间函数

时间就是指当前的时钟、分钟和秒钟，通过时间函数可以将当前的准备时间添加到单元格，并进行编辑。

5.3.1　应用 HOUR 函数计算时间值的小时数

功能：使用 HOUR 函数用于返回时间值的小时数，即一个介于 0（12:00 A.M）到 23（11:00 P.M）之间的整数。

格式：HOUR(serial_number)。

参数：serial_number 为一个时间值，其中包含要查找的小时数。

需要注意的是，时间值为日期值的一部分，用十进制数来表示，例如 12:00PM 可表示为 0.5，因为此时是一天的一半。

例如，输入时间 17:00:29，返回小时数为 17，如图 5-67 所示。

图 5-67　返回小时数

下面实例利用 HOUR 函数返回提供的时间的小时数，假设长途车每一个小时发一次车，具体操作步骤如下。

步骤 1 填入线路的发车时间，包括小时、分钟和秒，选择目的单元格 C3，如图 5-68 所示。

步骤 2 单击"公式">"函数库">"日期和时间">"HOUR"选项，弹出"函数参数"对话框，输入需要转换的任意时间，如图 5-69 所示，单击"确定"按钮。

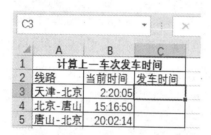

图 5-68　填入线路的发车时间

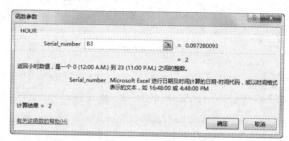

图 5-69　输入需要转换的时间

步骤 3 生成公式=HOUR(A3)，为了使结果更直观，修改公式为=HOUR(A3)&"点"，返回的钟点数显示在目标单元格中，如图 5-70 所示。

步骤 4 按照相同的操作步骤，计算其他车辆的发车时间，如图 5-71 所示。

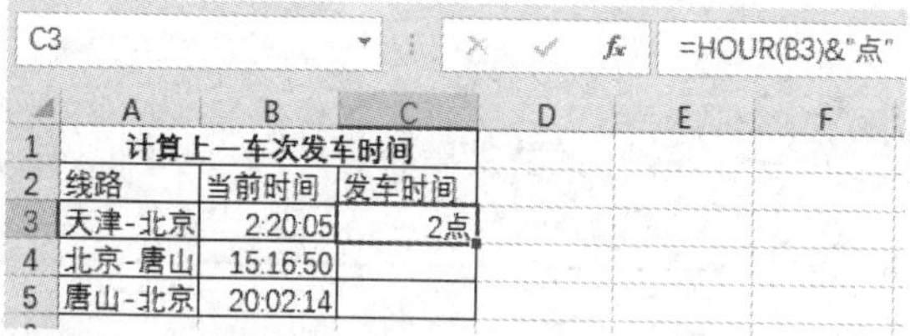

图 5-70　返回的钟点数

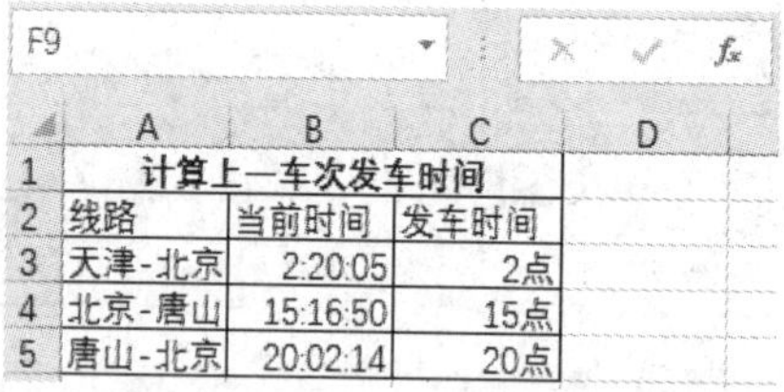

图 5-71　返回所有车辆的钟点数

提示

使用 HOUR 函数时，注意设置目标单元格格式，只有设置为文本格式才能正确显示计算结果。

5.3.2 应用 MINUTE 函数计算时间值的分钟数

功能：使用 MINUTE 函数返回时间值中的分钟数，返回值是一个 0~59 之间的整数。

格式：MINUTE(serial_number)。

参数：serial_number（必需）。一个时间值，其中包含要查找的分钟数。

在使用 MINUTE 函数时，需要把用来存放时间的单元格设置为"时间"格式，而用来存放结果的单元格设置为"常规"格式。

根据发卷时间和学生的交卷时间，计算每一个学生完成试卷花费的时间，具体操作步骤如下。

步骤 1 输入学生的发卷时间和交卷时间，选择目的单元格 D3，如图 5-72 所示。

步骤 2 单击"公式">"函数库">"日期和时间">"MINUTE"选项，弹出"函数参数"对话框，输入交卷时间减去发卷时间，如图 5-73 所示，单击"确定"按钮。

图 5-72　输入信息

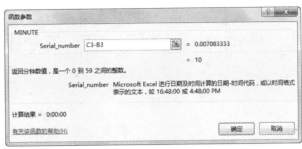

图 5-73　输入交卷时间减去发卷时间

步骤 3 生成公式=MINUTE(C3-B3)，各同学完成试卷的时间显示在目标单元格中，如图 5-74 所示。

步骤 4 按照相同的操作步骤，计算其他人员的完成分钟数，如图 5-75 所示。

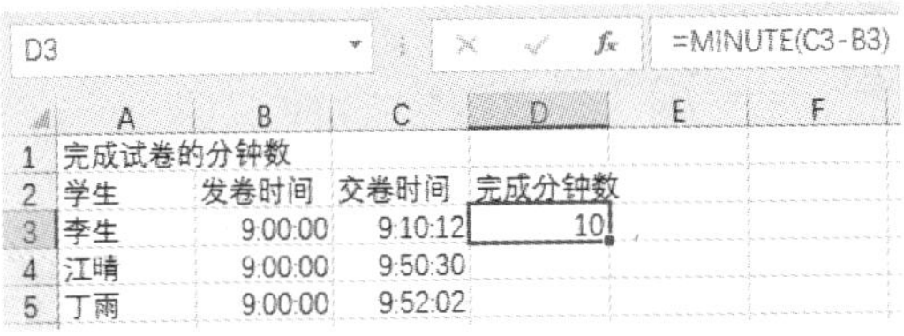

图 5-74　计算完成试卷的时间

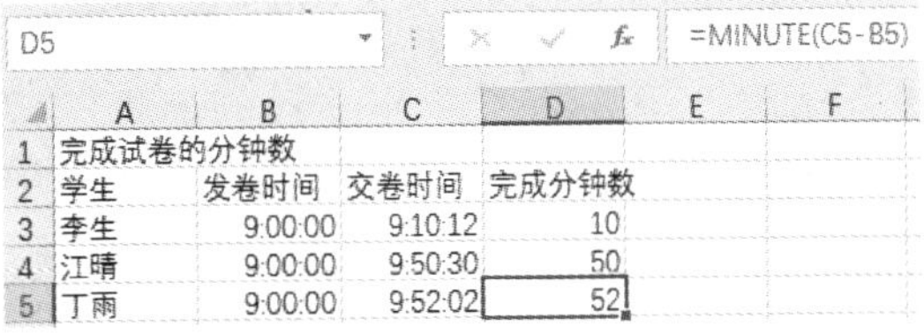

图 5-75　计算所有人员完成试卷的时间

提示

参数 Serial_number 可以是多种分钟的表示方法：带引号的文本字符串（例如 "6:45 PM"）、十进制数（例如 0.78125 表示 6:45 PM）及其他公式或函数的结果（例如 TIMEVALUE("6:45 PM")）。

5.3.3　应用 SECOND 函数计算时间值的秒数

功能：使用 SECOND 函数返回时间值的秒数，返回值是一个 0~59 之间的整数。

格式：SECOND(serial_number)。

参数：serial_number（必需）。一个时间值，其中包含要查找的秒数。

使用 SECOND 函数时，要注意设置单元格格式，时间的单元格格式应设置为"时间"，用来存放结果的单元格格式应设置为"常规"。

快餐店需要时刻关注餐饮的供餐速度，此时可以使用 SECOND 函数来计算订餐时间和出餐时间的差值，从而获得间隔时间，具体操作步骤如下。

步骤 1 输入订餐时间和出餐时间，包括小时、分钟和秒，选择目的单元格 E4，如图 5-76 所示。

步骤 2 单击"公式">"函数库">"日期和时间">"SECOND"选项，弹出"函数参数"对话框，填写时间所在单元格，如图 5-77 所示，单击"确定"按钮。

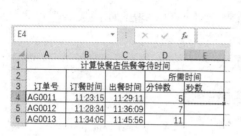

图 5-76 输入信息

图 5-77 填写公式

步骤 3 生成公式=SECOND(C4-B4)，时间的秒数显示在目标单元格中，如图 5-78 所示。

步骤 4 按照相同的操作步骤，计算其他人员的快餐供餐秒数，如图 5-79 所示。

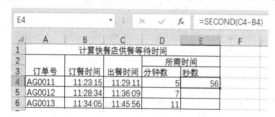

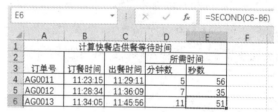

图 5-78 计算秒数

图 5-79 计算所有人员秒数

5.3.4 应用 NOW 函数计算当前的时间

功能：使用 NOW 函数返回当前日期和时间，该日期和时间用正规的日期时间格式表示。

格式：NOW()。

参数：该函数没有参数。

如果在输入该函数前，单元格格式为"常规"，Excel 会更改单元格格式，使其与区域设置的日期和时间格式匹配。在常规格式下，日期将显示为表示日期的序列号，时间将显示为小数形式。

下面实例使用 NOW 函数返回文本形式描述的日期和时间，该日期与时间将以正式的日期时间格式表示，具体操作步骤如下。

步骤 1 输入商品数据信息，选择目的单元格 C8，如图 5-80 所示。

步骤 2 单击"公式">"函数库">"日期和时间">"NOW"选项，弹出"函数参数"对话框，此函数没有参数，直接单击"确定"按钮，如图 5-81 所示。

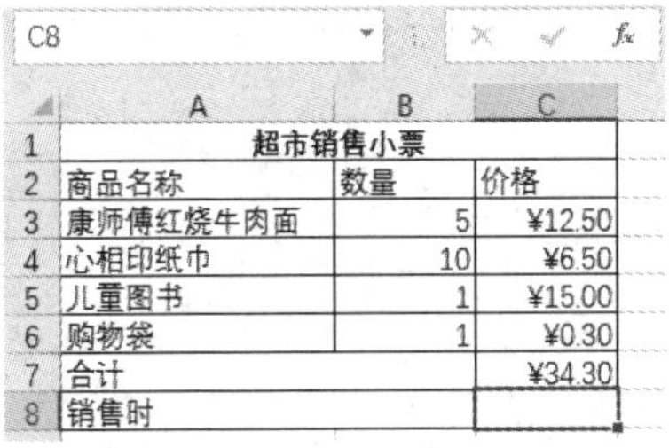

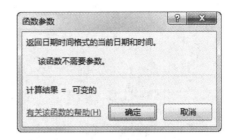

图 5-80　输入信息　　　　　　　　　　图 5-81　"函数参数"对话框

步骤 3　生成公式=NOW()，当前的日期和时间显示在目标单元格中，如图 5-82 所示。

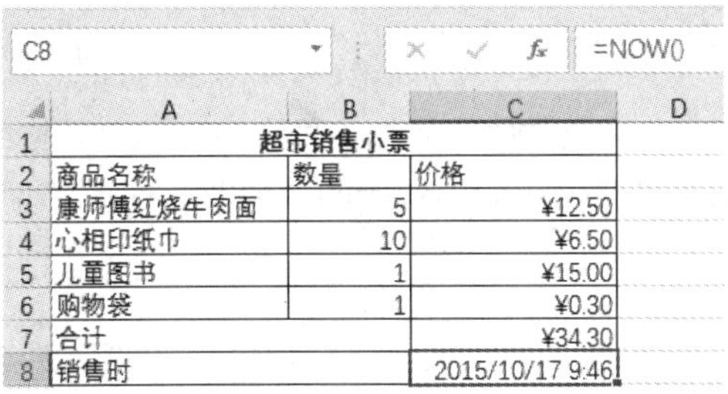

图 5-82　显示日期和时间

提 示

NOW 函数的结果仅在计算工作表或运行含有该函数的宏时才改变，并不会持续更新。

5.3.5　应用 TIME 函数计算时间

功能：使用 TIME 函数返回特定时间的序列数，这是一个十进制数值。

格式：TIME(hour, minute, second)。

参数：hour（必需）。0（零）到 32767 之间的数字，代表小时。

minute（必需）。0 到 32767 之间的数字，代表分钟。Second（必需）。0 到 32767 之间的数字，代表秒。

如果在输入该函数之前单元格格式为"常规"，则应将其改为"时间"。

下面实例将数字转换为时间，具体操作步骤如下。

步骤 1　分别在单元格中填写小时、分钟和秒信息，选择目的单元格 D3，如图 5-83 所示。

步骤 2　单击"公式">"函数库">"日期和时间">"TIME"选项，弹出"函数参数"对话框，将小时、分钟和秒对应的单元格填入参数中，如图 5-84 所示，单击"确定"按钮。

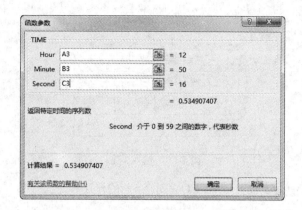

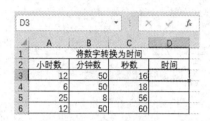

图 5-83　输入信息

图 5-84　填入参数

步骤3 生成公式=TIME(A3,B3,C3)，指定的时间结果显示在目标单元格中，如图 5-85 所示。

步骤4 按照相同的操作步骤，转换所有表格中的时间，如图 5-86 所示。

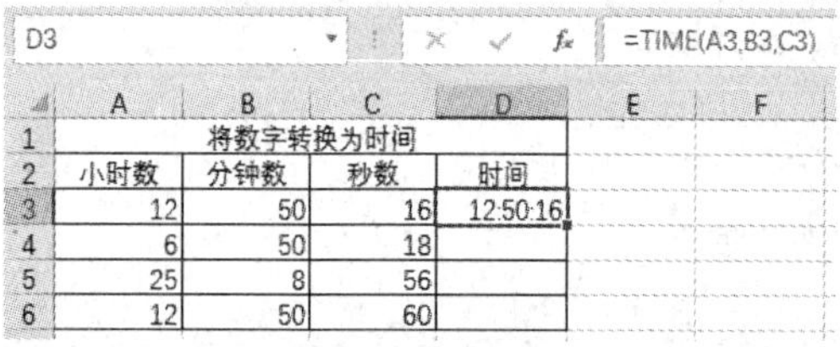

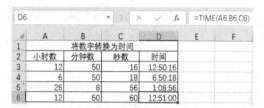

图 5-85　显示时间

图 5-86　显示所有表格时间

> **提示**
>
> 　　TIME 函数返回值为 0（零）到 0.99999999 之间的数值，代表从 0:00:00 (12:00:00 AM)到 23:59:59 (11:59:59 P.M.)之间的时间。

5.3.6　应用 TIMEVALUE 函数计算时间

　　功能：使用 TIMEVALUE 函数将文本形式的时间转换成 Excel 序列数，返回值是一个从 0(12:00:00 AM)到 0.999988426（11:59:59 PM）的数。

　　格式：TIMEVALUE(time_text)。

　　参数：time_text（必需）。一个文本字符串，代表以任意 Excel 时间格式表示的时间。

　　为了更加准确地比较两时间的迟早，下面实例可以先将其转换为对应的序列数，具体操作步骤如下。

步骤1 输入时间信息，选择目的单元格 B3，如图 5-87 所示。

步骤2 单击"公式">"函数库">"日期和时间">"TIMEVALUE"选项，弹出"函数参数"对话框，将时间所在单元格填入参数中，如图 5-88 所示，单击"确定"按钮。

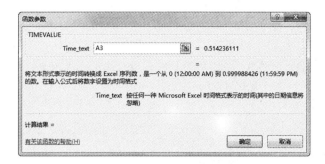

	A	B
1	将时间转换为序列数	
2	时间	小数值
3	12:20:30	
4	08:01:02	
5	23:11:11	

图 5-87　输入时间信息

图 5-88　填入参数

步骤 3　生成公式=TIMEVALUE(A3)，时间转换为小数值显示在目标单元格中，如图 5-89 所示。

	A	B
1	将时间转换为序列数	
2	时间	小数值
3	12:20:30	0.514236111
4	08:01:02	0.334050926
5	23:11:11	0.966099537

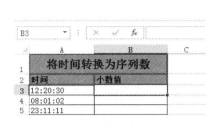

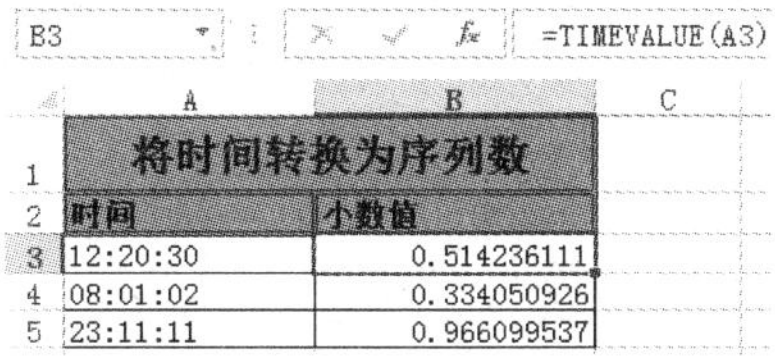

图 5-89　转换为小数值

提示

如果参数 time_text 中包含日期信息，那么在计算时它们将被忽略。

5.4　综合实战：人事档案管理

本章讲解的是日期与时间函数，该类型的函数主要用于在工作表中记录当前或某些人物及事件相关的日期与时间。

步骤 1　创建“人事档案管理与统计”工作簿，并在工作表中输入员工档案统计表，如图 5-90 所示。

步骤 2　从身份证号中提取员工性别，选择单元格 E3，输入“=”号，如图 5-91 所示。

	B	C	D	E	F	G
1	职工资料管理表					
2	姓名	职务	身份证号码	性别	出生日期	年龄
3	田洁	主管	140432197507257229			
4	张亮	技术人员	140432197902156096			
5	李辉	副主管	140432197008291054			
6	祝雪	经理	140432197206136038			
7	李峰	技术人员	140432198008069092			
8	马杰	财务	140432196810123047			
9	何宁	副主管	140432197703186072			
10	陈雨	技术人员	140432198006124061			
11	肖牡	技术人员	140432197301033083			
12	毕伟	财务	140432196505243094			
13			统计			

图 5-90　输入员工档案统计表

	B	C	D	E
1	职工资料管理表			
2	姓名	职务	身份证号码	性别
3	田洁	主管	140432197507257229	=
4	张亮	技术人员	140432197902156096	
5	李辉	副主管	140432197008291054	
6	祝雪	经理	140432197206136038	
7	李峰	技术人员	140432198008069092	
8	马杰	财务	140432196810123047	
9	何宁	副主管	140432197703186072	
10	陈雨	技术人员	140432198006124061	
11	肖牡	技术人员	140432197301033083	
12	毕伟	财务	140432196505243094	
13			统计	

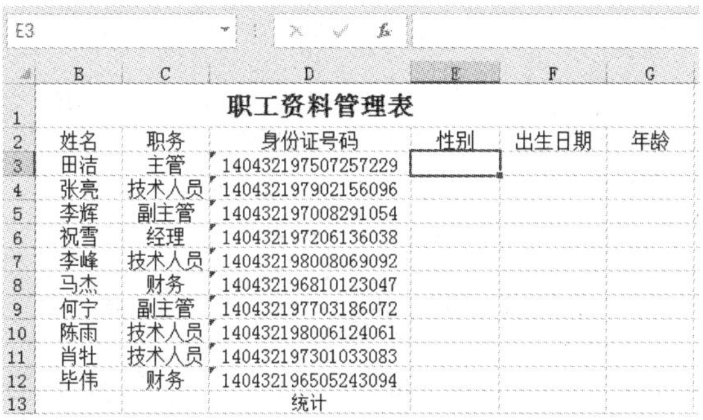

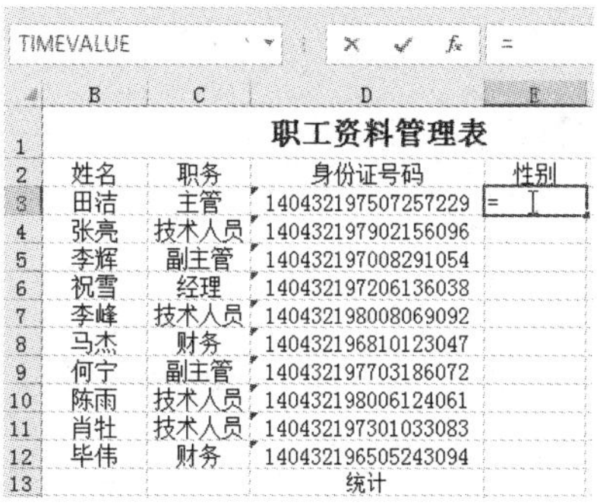

图 5-91　输入“=”号

步骤 3 在单元格中输入公式=IF(MOD(MID(D3, 17,1),2)=1,"男","女")，通过身份证号码提取职工的性别，如图 5-92 所示。

步骤 4 下面员工的性别可以不必再次输入公式，选中"E3"单元格，将光标移至单元格右下角，出现"+"，如图 5-93 所示。

图 5-92 显示职工的性别 　　　　　　　　图 5-93 十字形光标

步骤 5 按住鼠标左键向下拖动，其他员工的性别就会自动显示，如图 5-94 所示。

步骤 6 接下来从身份证号码中提取出生年月日，选中"F3"单元格，如图 5-95 所示。

图 5-94 显示所有职工的性别 　　　　　　图 5-95 选中"F3"单元格

步骤 7 在单元格 F3 中输入公式 =CONCATENATE("19",MID(D3,9,2),"-",MID(D3,11,2),"-",MID(D3,13,2))，从身份证号码中得到出生年月日，如图 5-96 所示。

步骤 8 按照与上面同样的方法拖动复制公式，得到如下结果，如图 5-97 所示。

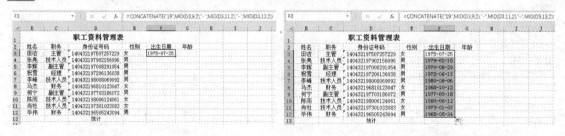

图 5-96 计算出生日期 　　　　　　　　　图 5-97 计算所有员工出生日期

步骤 9 接下来计算员工工龄，首先计算系统时间与参加工作时间之间相差的年份。选择"G4"单元格，在单元格输入公式：=DATEDIF(F3, TODAY(),"y")，如图 5-98 所示。

步骤 10 接下来按照上面的方法拖动复制公式，得到其他员工的年龄，如图 5-99 所示。

G3				f_x	=DATEDIF(F3, TODAY(),"y")	

职工资料管理表

姓名	职务	身份证号码	性别	出生日期	年龄
田洁	主管	140432197507257229	女	1975-07-25	40
张亮	技术人员	140432197902156096	男	1979-02-15	
李辉	副主管	140432197008291054	男	1970-08-29	
祝雪	经理	140432197206136038	男	1972-06-13	
李峰	技术人员	140432198008069092	男	1980-08-06	
马杰	财务	140432196810123047	女	1968-10-12	
何宁	副主管	140432197703186072	男	1977-03-18	
陈雨	技术人员	140432198006124061	女	1980-06-12	
肖牡	技术人员	140432197301033083	女	1973-01-03	
毕伟	财务	140432196505243094	男	1965-05-24	
		统计			

图 5-98　计算员工年龄

J10				f_x		

职工资料管理表

姓名	职务	身份证号码	性别	出生日期	年龄
田洁	主管	140432197507257229	女	1975-07-25	40
张亮	技术人员	140432197902156096	男	1979-02-15	36
李辉	副主管	140432197008291054	男	1970-08-29	45
祝雪	经理	140432197206136038	男	1972-06-13	43
李峰	技术人员	140432198008069092	男	1980-08-06	35
马杰	财务	140432196810123047	女	1968-10-12	47
何宁	副主管	140432197703186072	男	1977-03-18	38
陈雨	技术人员	140432198006124061	女	1980-06-12	35
肖牡	技术人员	140432197301033083	女	1973-01-03	42
毕伟	财务	140432196505243094	男	1965-05-24	50
		统计			

图 5-99　计算所有员工年龄

提示

前面都是通过身份证号码可以提取到人物的性别与出生年月日，身份证号码有 15 位和 18 位之分。15 位的身份证号码，第 1~6 位为地区代码，第 7~8 位为出生年份，9~10 位为出生月份，11~12 位为出生日期，13~15 位为顺序号，能够判别性别，奇数为男性，偶数为女性。18 位的身份证号码，第 1~6 位地区代码，7~10 位为出生年份，11~12 位为出生月份，13~14 位为出生日期，15~17 位为顺序号，能够判别性别，奇数为男性，偶数为女性。

第6章
数学与三角函数

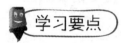 **学习导读**

数学函数是用户最熟悉的一类函数，包括常见的数学运算；三角函数，顾名思义，就是涉及三角运算的各类函数。本章对数学与三角函数的用法和特点进行讲解。

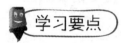 **学习要点**

- 学习数学函数。
- 学习三角函数。

6.1　数学与三角函数的分类

Excel 2016 中，通过数学与三角函数可以处理简单的计算，如对数字取整、计算单元格区域中的数值总和等。数学与三角函数主要有如下分类。

1. 零数处理

在四舍五入或舍去、舍入数字时使用，例如金额的零数处理、勤务时间的零数处理等。可参考表 6-1 中的函数说明。

表 6-1　零数处理函数

函数名称	函数使用说明
INT	将数字向下舍入到最接近的整数
TRUNC	将数字的小数部分截去，返回整数
ROUND	将数字四舍五入到指定的位数
ROUNDUP	向绝对值增大的方向舍入数字
ROUNDDOWN	向绝对值减小的方向舍入数字
CEILING	将数字舍入为最接近的整数或最接近的基数倍数

（续表）

函数名称	函数使用说明
FLOOR	将参数向下舍入为最接近的指定基数的倍数
MROUND	将数字舍入到所需的倍数
EVEN	返回数字向上舍入到的最接近的偶数
ODD	返回数字向上舍入到的最接近的奇数

2. 计算

在数值的四则运算中使用。根据指定的合计方法，可以在一个函数中进行求和、最大值、最小值、公差、偏差等多种类型的计算。可参考表 6-2 中的函数说明。

表 6-2　计算数值函数

函数名称	函数使用说明
SUM	将参数相加求和
SUMIF	将符合指定条件的值求和
PRODUCT	将所有参数相乘并返回乘积
SUMSQ	返回参数的平方和
SUMX2PY2	返回两数组中对应值的平方和之和
SUMX2MY2	返回两数组中对应值的平方差之和
SUMXMY2	返回两数组中对应数值之差的平方和
SUBTOTAL	返回列表或数据库中的分类汇总
QUOTIENT	返回两数相除后的整数部分
MOD	返回两数相除的余数
ABS	返回数字的绝对值
SIGN	返回数字的正负号
GCD	返回两个或多个整数的最大公约数
LCM	返回整数的最小公倍数
SERIESSUM	返回基于公式的幂级数之和

3. 三角函数

在 Excel 中，提供了常见的正弦、余弦、正切、余切等函数，这些函数和对应的三角函数名称基本相同，用户可以很直观地了解这些函数的功能。可参考表 6-3 中的函数说明。

表 6-3　三角函数

函数名称	函数使用说明
RADIANS	将度数转换为弧度
DEGREES	将弧度转换为角度
SIN	返回给定角度的正弦值
COS	返回指定角度的余弦值

（续表）

函数名称	函数使用说明
TAN	返回指定角度的正切值
三角函数的反函数	
ASIN	返回数字的反正弦值
ACOS	返回数字的反余弦值
ATAN	返回数字的反正切值
ATAN2	返回给定的 X 及 Y 坐标值的反正切值
双曲线函数	
SINH	返回数字的双曲正弦值
COSH	返回数字的双曲余弦值
TANH	返回数字的双曲正切值
双曲线函数的反函数	
ASINH	返回数字的反双曲正弦值
ACOSH	返回数字的反双曲余弦值
ATANH	返回数字的反双曲正切值

4. 圆周率与平方根

求圆周率的精确值或数值的平方根时使用。可参考表 6-4 中的函数说明。

表 6-4　圆周率与平方根

函数名称	函数使用说明
PI	返回数字 Pi 的值，精确到 14 位小数
SQRT	返回正的平方根
SQRTPI	返回某数与 Pi 的乘积的平方根

5. 指数函数与对数函数

求指定数值的指数或对数时使用，例如求正方形的面积、立方体的体积等。可参考表 6-5 中的函数说明。

表 6-5　指数与对数函数

函数名称	函数使用说明
指数函数	
POWER	返回数字的乘幂
EXP	返回 e 的 n 次方
对数函数	
LOG	根据指定底数返回数字的对数
LN	返回数字的自然对数
LOG10	返回数字以 10 为底的对数

6. 随机数

用于生产随机数的函数。例如，当需要一些无关紧要的数据时，可使用这些函数来产生随机数。可参考表 6-6 中的函数说明。

表 6-6　随机数函数

函数名称	函数使用说明
RAND	返回大于等于 0 且小于 1 的随机实数
RANDBETWEEN	返回位于两个指定数之间的随机整数

7. 组合

用于求数值的组合。可参考表 6-7 中的函数说明。

表 6-7　组合函数

函数名称	函数使用说明
FACT	返回数字的阶乘
COMBIN	返回从给定对象集合中提取若干对象的组合数
MULTINOMIAL	返回参数和的阶乘与各参数阶乘乘积的比值

8. 字符变换

可将阿拉伯数字转换为罗马数字。参考表 6-8 中的函数说明。

表 6-8　字符转换函数

函数名称	函数使用说明
ROMAN	将阿拉伯数字转换为文本形式的罗马数字

9. 矩阵行列式

用于求一个数组矩阵行列式的值。参考表 6-9 中的函数说明。

表 6-9　矩阵行列式函数

函数名称	函数使用说明
MINVERSE	返回数组的逆矩阵
MMULT	返回两个数组的矩阵乘积
MDETERM	返回一个数组的矩阵行列式的值

6.2　数学函数

数学函数主要是数学运算中经常用到的运算，常用的数学函数有 ABS、CEILING、COMBIN、EVEN 等，下面介绍这些数学函数的使用技巧。

6.2.1　应用 ABS 函数计算绝对值

功能：使用 ABS 函数返回数字的绝对值。一个数字的绝对值是该数字不带符号的形式。

格式：ABS(number)。

参数：number（必需）。需要计算其绝对值的实数。

使用 ABS 函数时，参数值必须是数值。

下面实例为直接对原始数字进行求绝对值运算，绝对值在数值的比较中经常用到，具体操作步骤如下。

步骤 1 输入原始数据，选择目的单元格 B3，如图 6-1 所示。

步骤 2 单击"公式">"函数库">"数学和三角函数">"ABS"选项，弹出"函数参数"对话框，在文本框中输入 A3，如图 6-2 所示，单击"确定"按钮。

图 6-1　输入原始数据

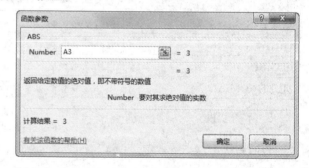

图 6-2　输入 A3

步骤 3 生成公式=ABS(A3)，求绝对值的结果显示在目标单元格中，如图 6-3 所示。

步骤 4 按照相同的操作步骤，计算其他绝对值，如图 6-4 所示。

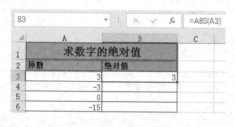

图 6-3　显示绝对值

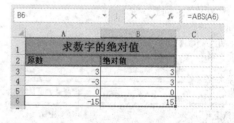

图 6-4　显示所有绝对值

如果参数为数值以外的其他类型，则 ABS 函数会返回错误值#VALUE!。

6.2.2　应用 CEILING.MATH 函数按条件向上舍入数值

功能：使用 CEILING.MATH 函数返回参数 number 向上舍入（沿绝对值增大的方向）为最接近的整数或指定基数的倍数。

格式：CEILING.MATH (number, significance)。

参数：number（必需）。要舍入的值。

significance（必需）。要舍入到的倍数。

某班级男生共有 33 人，需要重新分配宿舍，每个宿舍最多能住 6 个人，现在计算需要几个宿舍才能住下所有学生，具体的操作方法如下。

步骤 1 输入学生人数和宿舍容量，选择目的单元格 C3，如图 6-5 所示。

步骤 2 单击"公式">"函数库">"数学和三角函数">"CEILING.MATH"选项，弹出"函数参数"对话框，输入 A3/B3 作为第一个参数，如图 6-6 所示，单击"确定"按钮。

图 6-5 输入学生人数和宿舍容量

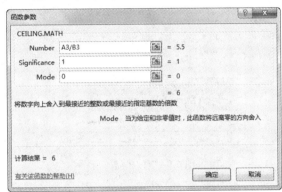

图 6-6 输入参数

步骤 3 生成公式=CEILING(A3/B3,1)，需要的宿舍数显示在目标单元格中，如图 6-7 所示。

步骤 4 按照相同的操作步骤，计算其他学生需要的宿舍数，如图 6-8 所示。

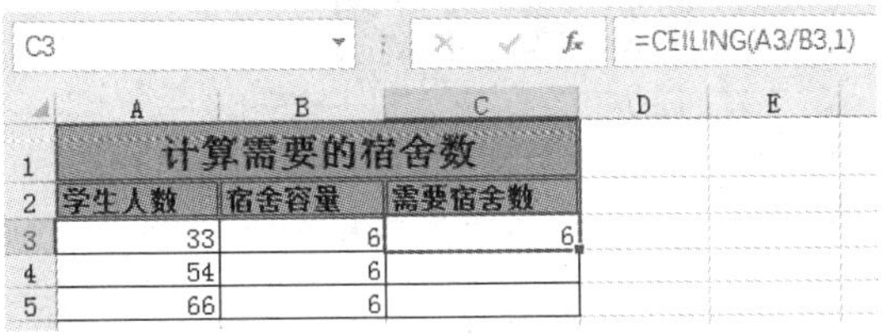

图 6-7 计算宿舍数

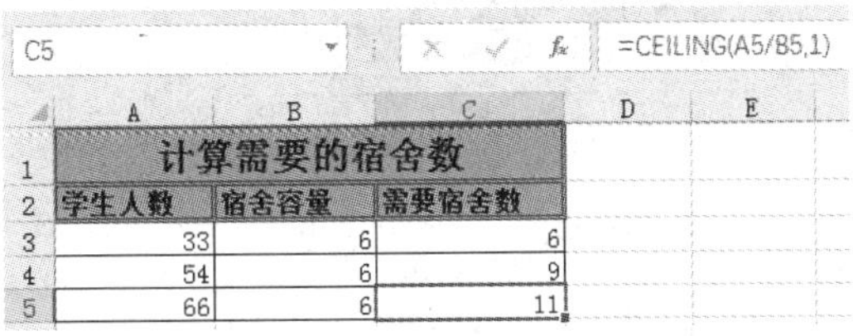

图 6-8 计算所有宿舍数

提示

当参数 number 与 significance 的符号不同时，CEILING 函数将返回错误值#NUM!。

6.2.3 应用 COMBIN 函数计算给定数目对象的组合数

功能：使用 COMBIN 函数返回从给定对象集合中提取若干对象的所有可能的组合数。

格式：COMBIN(number, number_chosen)。

参数：number（必需）。对象集的数量。

number_chosen（必需）。每一组合中对象的数量。

使用COMBIN函数可以确定给定对象集合可能的总组合数，从函数返回的结果不包括各个对象的排列顺序。

某班有若干学生，随机抽取一定学生参加学校会议，计算所有可能的组合数目，具体操作步骤如下。

步骤1 输入学生人数和参加会议的人数，选择目的单元格C3，如图6-9所示。

步骤2 单击"公式" > "函数库" > "数学和三角函数" > "COMBIN"选项，弹出"函数参数"对话框，输入原始数据所在单元格，如图6-10所示，单击"确定"按钮。

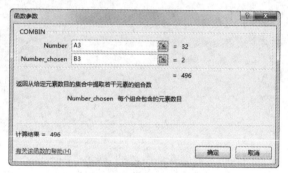

图6-9　输入信息　　　　　　　　　　　　　　　　　图6-10　输入原始数据

步骤3 生成公式=COMBIN(A3,B3)，可能的组合数显示在目标单元格中，如图6-11所示。

步骤4 按照相同的操作步骤，计算其他组合数目，如图6-12所示。

图6-11　计算组合数目　　　　　　　　　　　　　　图6-12　计算所有组合数目

组合数计算公式如下，其中number = n，number_chosen = k：

$$\binom{n}{k} = \frac{P_{kn}}{k!} = \frac{n!}{k!(n-k)!}$$

6.2.4　应用EVEN函数计算取整后最接近的偶数

功能：使用EVEN函数返回数字舍入到的最接近的偶数值。

格式：EVEN(number)。

参数：number（必需）。要舍入的值。

实际使用时，可以使用EVEN函数来处理成对出现的项目。

下面实例利用 EVEN 函数获取指定数值最接近的偶数，具体操作步骤如下。

步骤 1 输入任意数值，选择目的单元格 B3，如图 6-13 所示。

步骤 2 单击"公式">"函数库">"数学和三角函数">"EVEN"选项，弹出"函数参数"对话框，在文本框中输入 A3，如图 6-14 所示，单击"确定"按钮。

图 6-13　输入任意数值

图 6-14　输入 A3

步骤 3 生成公式=EVEN(A3)，显示任意数值最接近的偶数，如图 6-15 所示。

步骤 4 按照相同的操作步骤，计算其他偶数值，如图 6-16 所示。

图 6-15　计算最接近的偶数

图 6-16　计算所有最接近的偶数

> **提示**
>
> 使用 EVEN 函数可以处理那些成对出现的对象。例如，一个包装箱一行可以装一宗或两宗货物，只有当这些货物的宗数向上取整到最近的偶数，与包装箱的容量相匹配时，包装箱才会装满。

6.2.5　应用 EXP 函数计算 e 的 n 次幂

功能：使用 EXP 函数返回 e 的 n 次幂。

格式：EXP(number)。

参数：number（必需）。底数 e 的指数。

常数 e 等于 2.71828182845904，是自然对数的底数。在多项式的计算中，用户将需要经常使用 EXP 函数。

下面实例利用 EXP 函数获取指定指数的幂值，具体操作步骤如下。

步骤 1 输入任意指数值，选择目的单元格 B3，如图 6-17 所示。

步骤 2 单击"公式">"函数库">"数学和三角函数">"EXP"选项，弹出"函数参数"对话框，在文本框中输入 A3，如图 6-18 所示，单击"确定"按钮。

图 6-17　输入数据　　　　　　　　　　　图 6-18　输入 A3

步骤 3 生成公式=EXP(A3)，幂值函数的计算结果显示在目标单元格中，如图 6-19 所示。

步骤 4 按照相同的操作步骤，计算其他幂值，如图 6-20 所示。

图 6-19　计算幂值函数　　　　　　　图 6-20　计算所有幂值函数

> EXP 函数与 LN 函数互为反函数。

6.2.6　应用 FACT 函数计算某数的阶乘

功能：使用 FACT 函数返回数字的阶乘，等于 1*2*3*…*number。

格式：FACT(number)。

参数：number（必需）。要计算其阶乘的非负数。如果 number 不是整数，将被截尾取整。数字 number 的阶乘等于 1*2*3*...* number。在高级数学中，阶乘是经常出现的运算。

下面实例利用 FACT 函数获取指定正数值的阶乘值，具体操作步骤如下。

步骤 1 输入任意数值，选择目的单元格 B3，如图 6-21 所示。

步骤 2 单击"公式">"函数库">"数学和三角函数">"FACT"选项，弹出"函数参数"对话框，在文本框中输入 A3，如图 6-22 所示，单击"确定"按钮。

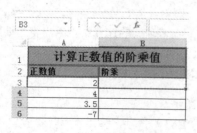

图 6-21　输入数据　　　　　　　　　　　图 6-22　输入 A3

步骤 **3** 生成公式=FACT(A3)，阶乘值显示在目标单元格中，如图 6-23 所示。

步骤 **4** 按照相同的操作步骤，计算其他阶乘值，负数的阶乘返回错误值#NUM!，如图 6-24 所示。

B3			✕	✓	fx	=FACT(A3)

	A	B	C	D
1	计算正数值的阶乘值			
2	正数值	阶乘		
3	2	2		
4	4			
5	3.5			
6	-7			

B5			✕	✓	fx	=FACT(A5)

	A	B	C	D
1	计算正数值的阶乘值			
2	正数值	阶乘		
3	2	2		
4	4	24		
5	3.5	6		
6	-7	#NUM!		

图 6-23　计算阶乘　　　　　　　　　　图 6-24　计算所有数据阶乘

提示

FACT 函数的参数 number 必须为正值，如果为负值，将返回错误值#NUM!。

6.2.7　应用 FACTDOUBLE 函数计算数字的双倍阶乘

功能：使用 FACTDOUBLE 函数返回数字的双阶乘。该数字必须为正数。

格式：FACTDOUBLE(number)。

参数：number（必需）。为其返回双阶乘的数值。如果 number 不是整数，将被截尾取整。

如果参数 number 为非数值型，FACTDOUBLE 函数返回错误值#VALUE!。

下面实例利用 FACTDOUBLE 函数获取指定正数值的双倍阶乘值，具体操作步骤如下。

步骤 **1** 输入任意数值，选择目的单元格 B3，如图 6-25 所示。

步骤 **2** 单击"公式">"函数库">"数学和三角函数">"FACTDOUBLE"选项，弹出"函数参数"对话框，在文本框中输入 A3，如图 6-26 所示，单击"确定"按钮。

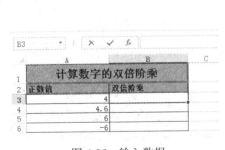

B3		✕	✓	fx	

	A	B	C
1	计算数字的双倍阶乘		
2	正数值	双倍阶乘	
3	4		
4	4.6		
5	6		
6	-6		

图 6-25　输入数据

图 6-26　输入 A3

步骤 **3** 生成公式=FACTDOUBLE (A3)，双倍阶乘的计算结果显示在目标单元格中，如图 6-27 所示。

步骤 **4** 按照相同的操作步骤，计算其他双倍阶乘值，负数的双倍阶乘返回错误值#NUM!，如图 6-28 所示。

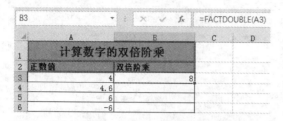

图 6-27　计算双倍阶乘　　　　　　　　　图 6-28　计算所有数据双倍阶乘

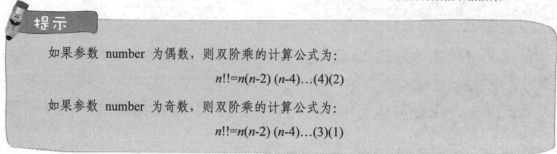

提示

如果参数 number 为偶数，则双阶乘的计算公式为：

$$n!!=n(n-2)(n-4)…(4)(2)$$

如果参数 number 为奇数，则双阶乘的计算公式为：

$$n!!=n(n-2)(n-4)…(3)(1)$$

6.2.8　应用 FLOOR 函数计算向下舍入最接近的倍数

功能：使用 FLOOR 函数将参数向下舍入（沿绝对值减小的方向）为最接近的指定基数的倍数。

格式：FLOOR(number, significance) 。

参数：number（必需）。要舍入的数值。

significance（必需）。要舍入到的倍数。

如果 FLOOR 函数参数为非数值型，则函数 FLOOR 将返回错误值#VALUE!。FLOOR 函数可以向绝对值减小的方向舍入自己设定的要舍入到的倍数，下面实例中商贩可以根据批发销售表，计算每个小商品的销售金额，且设定倍数为 0.01，具体操作步骤如下。

步骤 1　输入每件商品的总额和件数，选择目的单元格 B3，如图 6-29 所示。

步骤 2　单击"公式"＞"函数库"＞"数学和三角函数"＞"FLOOR"选项，弹出"函数参数"对话框，分别输入要舍入的数值和要舍入到的倍数，如图 6-30 所示，单击"确定"按钮。

图 6-29　输入商品数据

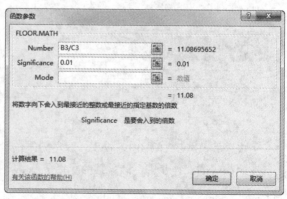

图 6-30　输入要舍入的数值和要舍入到的倍数

步骤 3 生成公式=FLOOR(B3/C3,0.01)，单件商品的金额显示在目标单元格中，如图 6-31 所示。

步骤 4 按照相同的操作步骤，计算其他物品的金额，如图 6-32 所示。

| D3 | | | f_x | =FLOOR(B3/C3,0.01) |

	A	B	C	D	E	F
1	计算物品的单件金额					
2	物品	总额	件数	金额		
3	纸巾	510	46	11.08		
4	衣架	420	250			
5	牙签	210	150			

图 6-31　计算商品的金额

| D5 | | | f_x | =FLOOR(B5/C5,0.01) |

	A	B	C	D	E	F
1	计算物品的单件金额					
2	物品	总额	件数	金额		
3	纸巾	510	46	11.08		
4	衣架	420	250	1.68		
5	牙签	210	150	1.4		

图 6-32　计算所有商品的金额

> **提示**
>
> 　　如果参数 number 的符号为正，函数值会向靠近零的方向舍入。如果 number 的符号为负，函数值会向远离零的方向舍入。如果 number 恰好是 significance 的整数倍，则不进行舍入。

6.2.9　应用GCD函数和LCM函数计算整数的最大公约数和最小公倍数

1. 返回最大公约数——GCD

功能：使用 GCD 函数返回两个或多个整数的最大公约数。

格式：GCD(number1, [number2], ...)。

参数：number1, number2, ... number1 是必需的，后续数字是可选的。介于 1 到 255 之间的值。如果任意值不是整数，将被截尾取整。

参数的值必须是正整数。如果参数是负数，则函数返回错误值#NUM!。

下面实例利用 GCD 函数获取三个指定整数的最大公约数，具体操作步骤如下。

步骤 1 输入原始数据，选择目的单元格 D3，如图 6-33 所示。

步骤 2 单击"公式">"函数库">"数学和三角函数">"GCD"选项，弹出"函数参数"对话框，分别输入参数，如图 6-34 所示，单击"确定"按钮。

图 6-33　输入数据

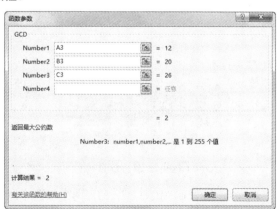

图 6-34　输入参数

步骤3 生成公式=GCD(A3,B3,C3)，最大公约数显示在目标单元格中，如图 6-35 所示。

步骤4 按照相同的操作步骤，计算其他最大公约数，如图 6-36 所示。

图 6-35　计算最大公约数　　　　　　　图 6-36　计算所有最大公约数

提示

任何数都能被 1 整除。质数（又称素数）只能被其本身和 1 整除。

2．返回最小公倍数——LCM

功能：使用 LCM 函数返回整数的最小公倍数。最小公倍数是所有整数参数 number1、number2 等的倍数中的最小正整数。

格式：LCM(number1, [number2], ...)。

参数：number1, number2, ... number1 是必需的，后续数字是可选的。是介于 1 到 255 之间的值。如果值不是整数，将被截尾取整。

如果参数为非数值型，则 LCM 函数返回错误值#VALUE!。

下面实例利用 LCM 函数获取三个指定整数的最小公倍数，具体操作步骤如下。

步骤1 输入原始数据，选择目的单元格 D3，如图 6-37 所示。

步骤2 单击"公式"＞"函数库"＞"数学和三角函数"＞"LCM"选项，弹出"函数参数"对话框，分别输入每个正整数作为参数，如图 6-38 所示，单击"确定"按钮。

图 6-37　输入数据

图 6-38　输入每个正整数作为参数

步骤3 生成公式=LCM(A3,B3,C3)，两个或两个以上正整数的最小公倍数显示在目标单元格中，如图 6-39 所示。

步骤4 按照相同的操作步骤，计算其他最小公倍数，如图 6-40 所示。

| 图 6-39 | 计算最小公倍数 | 图 6-40 | 计算所有最小公倍数 |

6.2.10 应用 INT 函数将数字向下舍入到最接近的整数

功能：使用 INT 函数将数值向下取整为最接近的整数。

格式：INT(number)。

参数：number（必需）。需要进行向下舍入取整的实数。

参数值可以是正数，也可以是负数。在舍入后，返回值将比原值小。

下面实例中利用 INT 函数把员工三个月的平均工资舍入到最接近的整数，以方便查看，具体操作步骤如下。

步骤 1 输入员工三个月的工资值，选择目的单元格 E3，如图 6-41 所示。

步骤 2 单击"公式">"函数库">"数学和三角函数">"INT"选项，弹出"函数参数"对话框，输入公式 AVERAGE(B3:D3)求平均工资，如图 6-42 所示，单击"确定"按钮。

图 6-41　输入数据　　　　　　图 6-42　输入公式 AVERAGE(B3:D3)

步骤 3 生成公式=INT(AVERAGE(B3:D3))，求整后的结果显示在目标单元格中，如图 6-43 所示。

步骤 4 按照相同的操作步骤，计算其他员工平均工资的求整，如图 6-44 所示。

图 6-43　求整　　　　　　　　图 6-44　其他人员工资的求整

提示

这里首先利用 AVERAGE 函数求出平均的工资再使用 INT 函数进行取整。

6.2.11 应用 LN 函数、LOG 函数和 LOG10 函数计算对数

1. 返回数字的自然对数——LN

功能：使用 LN 函数返回数字的自然对数，自然对数以常数 e (2.71828182845904) 为底。

格式：LN(number)。

参数：number（必需）。想要计算其自然对数的正实数。

下面实例利用 LN 函数获取指定正数的自然对数值，具体操作步骤如下。

步骤 1 输入原始数据，选择目的单元格 B3，如图 6-45 所示。

步骤 2 单击"公式" > "函数库" > "数学和三角函数" > "LN"选项，弹出"函数参数"对话框，输入 A3，如图 6-46 所示，单击"确定"按钮。

图 6-45 输入数据

图 6-46 输入 A3

步骤 3 生成公式＝LN(A3)，自然对数值显示在目标单元格中，如图 6-47 所示。

步骤 4 按照相同的操作步骤，计算其他对数值，如图 6-48 所示。

图 6-47 计算对数值

图 6-48 计算所有对数值

当参数 number 值为非正数时，将返回错误值#NUM!。

2. 返回数字的对数——LOG

功能：使用 LOG 函数根据指定底数返回数字的对数。

格式：LOG(number, [base])。

参数：number（必需）。想要计算其对数的正实数。

base（可选）。对数的底数。如果省略 base，则假定其值为 10。

用于计算的底数必须是正实数，否则 LOG 函数会返回错误值#NUM!。

下面实例求指定正数值和底数的对数值，具体操作步骤如下。

步骤 1 输入要求对数的正数值和底数值，选择目的单元格 C3，如图 6-49 所示。

步骤 2 单击"公式">"函数库">"数学和三角函数">"LOG"选项，弹出"函数参数"对话框，输入 A3、B3，如图 6-50 所示，单击"确定"按钮。

图 6-49　输入数据　　　　　　　　　　图 6-50　分别输入 A3、B3

步骤 3 生成公式＝LOG(A3,B3)，任意底数的对数值结果显示在目标单元格中，如图 6-51 所示。

步骤 4 按照相同的操作步骤，计算其他底数的对数值，如图 6-52 所示。

图 6-51　计算底数的对数值　　　　　　图 6-52　计算所有底数的对数值

当忽略参数 base 时，LOG 函数等同于 LOG10 函数，都是计算以 10 为底的对数值。

3. 返回数字以 10 为底的对数——LOG10

功能：使用 LOG10 函数返回数字以 10 为底的对数。注意其与 LOG 函数的区别。

格式：LOG10(number)。

参数：number（必需）。想要计算其以 10 为底的对数的正实数。

下面实例求任意正数以 10 为底的对数值，具体操作步骤如下。

步骤 1 输入任意数值，求其以 10 为底的对数值，选择目的单元格 B3，如图 6-53 所示。

步骤 2 单击"公式">"函数库">"数学和三角函数">"LOG10"选项，弹出"函数参数"对话框，输入 A3，如图 6-54 所示，单击"确定"按钮。

图 6-53　输入数据

图 6-54　输入 A3

步骤3 生成公式 =LOG10(A3)，以 10 为底的对数值显示在目标单元格中，如图 6-55 所示。

步骤4 按照相同的操作步骤，计算其他以 10 为底数的对数值，如图 6-56 所示。

图 6-55　计算以 10 为底的对数值

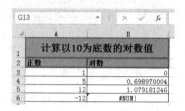

图 6-56　计算所有以 10 为底的对数值

当参数 number 只为非正数时，将返回错误值#NUM!。

6.2.12　应用 MDETERM 函数计算矩阵行列式的值

功能：使用 MDETERM 函数返回一个数组的矩阵行列式的值。

格式：MDETERM(array)。

参数：array（必需）。行数和列数相等的数值数组。

MDETERM 函数的精确度可达 16 位有效数字，因此运算结果因位数的取舍可能会导致小的误差。

下面实例利用 MDETERM 函数求一个数组的矩阵行列式的值，具体步骤如下。

步骤1 输入 4*4 阶行列式中的值，选择目的单元格 E3，如图 6-57 所示。

步骤2 单击"公式"＞"函数库"＞"数学和三角函数"＞"MDETERM"选项，弹出"函数参数"对话框，将行列式所在区域设为参数，如图 6-58 所示，单击"确定"按钮。

图 6-57　输入数值

图 6-58　输入参数

步骤 3 生成公式 =MDETERM(A3:D6)，行列式的值显示在目标单元格中，如图 6-59 所示。

E3		× ✓ fx	=MDETERM(A3:D6)	

	A	B	C	D	E
1	指定行列式的值				
2	矩阵行列式			行列式的值	
3	4	8	4	6	
4	1	6	9	2	112
5	3	2	3	8	
6	5	7	1	9	

图 6-59　计算行列式的值

提示

函数 MDETERM 的精确度可达十六位有效数字，因此运算结果因位数的取舍可能导致某些微小误差。

6.2.13　应用 MINVERSE 函数和 MMULT 函数计算逆距阵和矩阵乘积

1.返回数组的逆矩阵——MINVERSE

功能：使用 MINVERSE 函数返回数组中存储的矩阵的逆矩阵。

格式：MINVERSE(array)。

参数：array（必需）。行数和列数相等的数值数组。

与求行列式的值一样，求解矩阵的逆矩阵常被用于求解多元联立方程组。

下面实例中有嵌套函数，无法直接通过"插入函数"命令完成，部分公式需要手动输入，利用矩阵求二元一次方程组的解，具体操作步骤如下。

步骤 1 输入求二元一次方程的系数和得数，选择目标单元格 A6，如图 6-60 所示。

步骤 2 单击"公式">"函数库">"数学和三角函数">"MMULT"选项，弹出"函数参数"对话框，直接输入二元一次方程组的系数，如图 6-61 所示，单击"确定"按钮。

图 6-60　输入数据

图 6-61　输入参数

步骤 3 生成公式 =MMULT(MINVERSE(A3:B4),C2:C3)，按下 Ctrl+Shift+Enter 组合键转换为数组公式，计算出二元一次方程 X，Y 的值显示在目标单元格中，如图 6-62 所示。

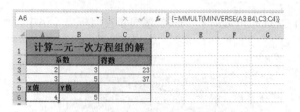

图 6-62　计算出方程组的解

提示

与求行列式的值一样，求解矩阵的逆矩阵常被用于求解多元联立方程组。矩阵和它的逆矩阵相乘为单位矩阵：对角线的值为 1，其他值为 0。

2. 返回两个数组的矩阵乘积——MMULT

功能：使用 MMULT 函数返回两个数组的矩阵乘积。结果矩阵的行数与 array1 的行数相同，矩阵的列数与 array2 的列数相同。

格式：MMULT(array1, array2)。

参数：array1、array2（必需）。要进行矩阵乘法运算的两个数组。

对于返回结果为数组的公式，必须以数组公式的形式输入。

下面实例求两个指定矩阵行列式的乘积矩阵行列式，一定要选择正确的单元格区域进行操作，具体操作步骤如下。

步骤 1 输入两个行列式的值，选择目的单元格 A7，如图 6-63 所示。

步骤 2 单击"公式"＞"函数库"＞"数学和三角函数"＞"MMULT"选项，弹出"函数参数"对话框，直接输入两个矩阵行列式的区域，如图 6-64 所示，单击"确定"按钮。

图 6-63　输入数据

图 6-64　输入两个矩阵行列式的区域

步骤 3 生成公式 =MMULT(A3:C5,D3:F5)，再将其转化为数组公式，行列式乘积结果显示在目标区域，如图 6-65 所示。

A7				f_x	{=MMULT(A3:C5,D3:F5)}	

	A	B	C	D	E	F
1	计算两个矩阵行列式的乘积矩阵行列式					
2	矩阵行列式1			矩阵行列式		
3	1	2	4	2	5	6
4	3	6	3	1	4	7
5	4	8	5	3	2	0
6	乘积结果					
7	16	21	20			
8	21	45	60			
9	31	62	80			

图 6-65　计算行列式乘积

提示

对于返回结果为数组的公式，必须以数组公式的形式输入。

6.2.14 应用 MOD 函数计算两数相除的余数

功能：使用 MOD 函数返回两数相除的余数，结果的符号与除数相同。

格式：MOD(number, divisor)。

参数：number（必需）。要计算余数的被除数。

divisor（必需）。除数。

如果 divisor 为 0，则 MOD 函数返回错误值#DIV/0!。

在下面的实例中，使用手中的整钱去购买商品，直到剩余的钱数不够购买一件商品为止，计算此时剩余的钱数，具体操作步骤如下。

步骤 1 输入原始数据，选择目的单元格 D3，如图 6-66 所示。

步骤 2 单击"公式" > "函数库" > "数学和三角函数" > "MOD"选项，弹出"函数参数"对话框，输入参数，如图 6-67 所示，单击"确定"按钮。

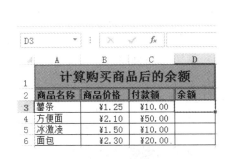

图 6-66　输入数据

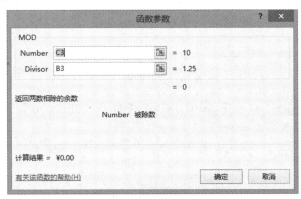

图 6-67　输入参数

步骤 3 生成公式=MOD(C3,B3)，计算的余额结果显示在目标单元格中，如图 6-68 所示。

步骤 4 按照相同的操作步骤，计算其他余额结果，如图 6-69 所示。

图 6-68　计算余额 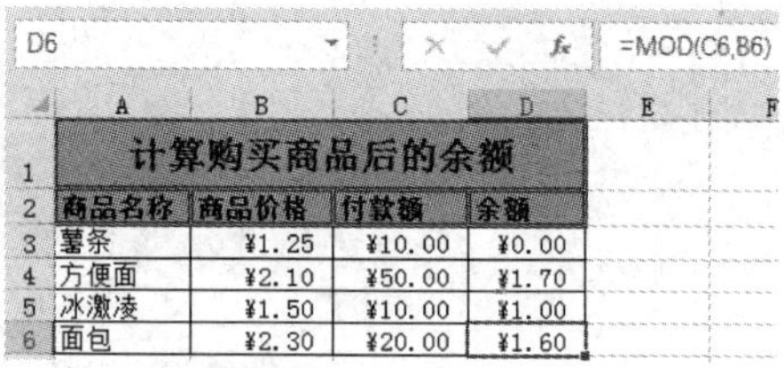　　　　　　　　　　　　　图 6-69　计算所有商品余额

6.2.15　应用 MROUND 函数计算按指定基数舍入后的数值

功能：使用 MROUND 函数返回参数按指定倍数舍入后的数值。

格式：MROUND(number, multiple)。

参数：number（必需）。要舍入的值。

multiple（必需）。要舍入到的倍数。

下面实例计算可分宿舍数，已知某班有 40 名男生，每 6 个人为一个宿舍，如果最后剩下的人数不到 3 个人，则编入其他班的宿舍，如果剩下人数超过 4 个人则多分一个宿舍，具体操作步骤如下。

步骤 1　输入原始数据，选择目的单元格 C3，如图 6-70 所示。

步骤 2　单击"公式">"函数库">"数学和三角函数">"MROUND"选项，弹出"函数参数"对话框，输入人数及宿舍容量作为参数，如图 6-71 所示，单击"确定"按钮。

图 6-70　输入数据

图 6-71　输入人数及宿舍容量作为参数

步骤 3　生成公式=MROUND(A3,B3)，再将其除以 6 即可获得结果，可分宿舍数显示在目标单元格中，如图 6-72 所示。

步骤 4　按照相同的操作步骤，计算其他可分宿舍数，如图 6-73 所示。

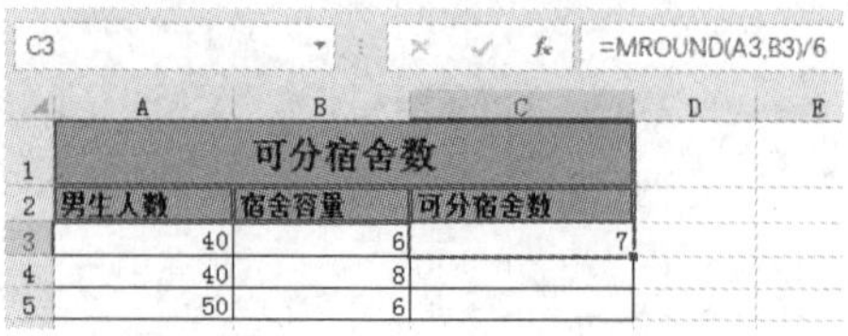

图 6-72　计算可分宿舍数 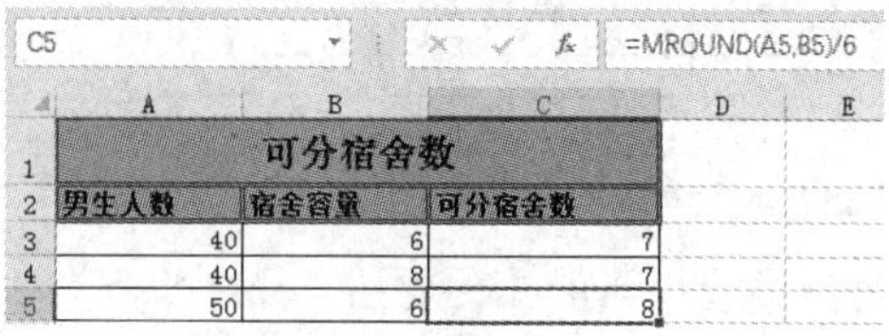　　　　　　　　　　图 6-73　计算所有可分宿舍数

提示

如果数值 number 除以倍数的余数大于或等于倍数的一半，则 MROUNS 函数向远离零的方向舍入。

6.2.16 应用 MULTINOMIAL 函数计算一组数字的多项式

功能：使用 MULTINOMIAL 函数返回参数和的阶乘与各参数阶乘乘积的比值。

格式：MULTINOMIAL(number1, [number2], ...)。

参数：number1（必需）。第一个数值。

number2, ...（可选）。后续数字是可选的。最多可以计算多项式的 255 个值。

如果任意参数为非数值型，则 MULTINOMIAL 函数返回错误值#VALUE!。

下面实例将数字进行随机组合，计算有几种组合数，具体操作步骤如下。

步骤 1 输入随机组合的筛选数和选取的数值，选择目标单元格 C3，如图 6-74 所示。

步骤 2 单击"公式">"函数库">"数学和三角函数">"MULTINOMIAL"选项，弹出"函数参数"对话框，输入必要的参数，如图 6-75 所示，单击"确定"按钮。

图 6-74 输入数据

图 6-75 输入参数

步骤 3 生成公式=MULTINOMIAL(A3,B3)，随机组合数的结果显示在目标单元格中，如图 6-76 所示。

步骤 4 按照相同的操作步骤，计算其他组合数，如图 6-77 所示。

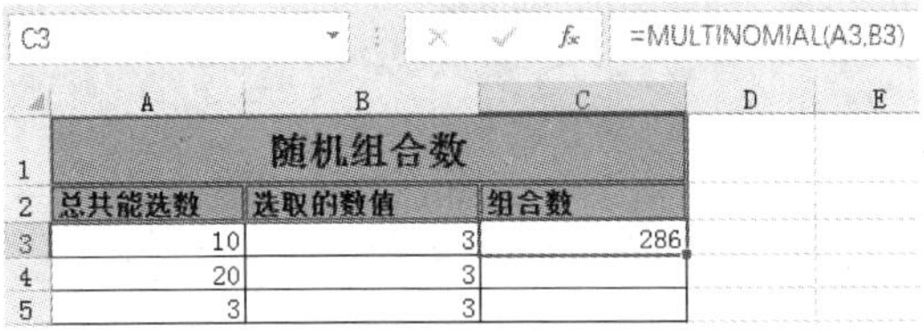

图 6-76 计算随机组合数

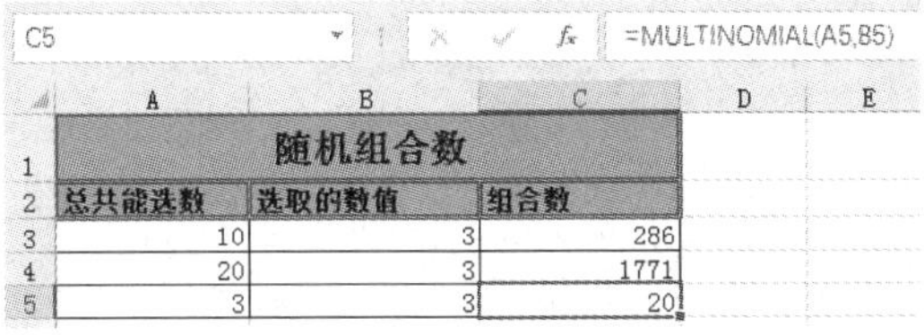

图 6-77 计算所有随机组合数

6.2.17 应用 ODD 函数计算对指定数值向上舍入后的奇数

功能：使用 ODD 函数返回数字向上舍入到的最接近的奇数。

格式：ODD(number)。

参数：number（必需）。要舍入的值。

如果 number 是非数值的，则 ODD 函数返回错误值#VALUE!。

下面实例统计每班参加比赛的人数。学校开展一年一度的校运会，要求每个班至少 1/2 的学生参与，同时要求每班参加人数为奇数，统计每班参与校运会的人数，具体操作步骤如下。

步骤 1 输入每个班级的总人数，选择目标单元格 C3，如图 6-78 所示。

步骤 2 单击"公式">"函数库">"数学和三角函数">"ODD"选项，弹出"函数参数"对话框，参数为班级总人数/2，如图 6-79 所示，单击"确定"按钮。

图 6-78　输入数据

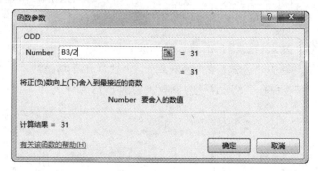

图 6-79　输入参数

步骤 3 生成公式=ODD(B3/2)，参与人数显示在目标单元格中，如图 6-80 所示。

步骤 4 按照相同的操作步骤，计算其他参与人数，如图 6-81 所示。

图 6-80　计算参与人数

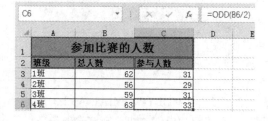

图 6-81　计算所有参与人数

> **提示**
>
> 无论数字符号如何，ODD 函数都按远离 0 的方向向上舍入。如果 number 恰好是奇数，则不须进行任何舍入处理。

6.2.18 应用 PI 函数和 SQRTPI 函数计算 π 值和返回某数与 π 的乘积的平方根

1. 返回 pi 的值——PI

功能：使用 PI 函数返回数字 3.14159265358979（数学常量 pi）的值，精确到小数点后 14 位。

格式：PI()。

参数：该函数没有参数。

PI 函数中的"()"不能省略。

下面实例已知圆的半径，计算圆的面积，具体操作步骤如下。

步骤 1 输入圆的半径，选择目标单元格 B3，如图 6-82 所示。

步骤 2 单击"公式">"函数库">"数学和三角函数">"PI"选项，弹出"函数参数"对话框，此函数不需要参数，如图 6-83 所示，单击"确定"按钮。

图 6-82　输入数据

图 6-83　"函数参数"对话框

步骤 3 生成公式=PI()，修改公式为=PI()*A3*A3，计算圆的面积，结果显示在目标单元格中，如图 6-84 所示。

步骤 4 按照相同的操作步骤，计算其他单元格的面积，如图 6-85 所示。

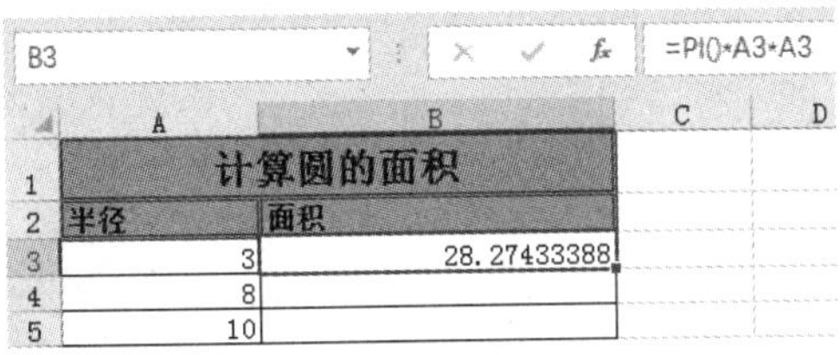

图 6-84　计算圆的面积中心

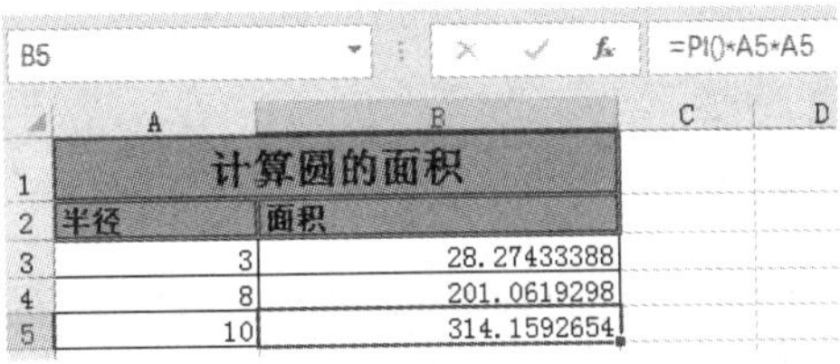

图 6-85　计算所有圆的面积中心

> **提示**
>
> PI 函数通常和其他函数一起使用。

2. 返回某数与 Pi 的乘积的平方根——SQRTPI

功能：使用 SQRTPI 函数返回某数与 PI 的乘积的平方根。

格式：SQRTPI(number)。

参数：number（必需）。与 PI 相乘的数。

使用 SQRTPI 函数时，参数值不能为负数。若参数为负值，则 SQRTPI 函数将返回错误值 #NUM!。

下面实例返回任意正数与 PI 的乘积的平方根，具体操作步骤如下。

步骤 1 输入任意正数，选择目标单元格 B3，如图 6-86 所示。

步骤 2 单击"公式">"函数库">"数学和三角函数">"SQRTPI"选项，弹出"函数参数"对话框，输入正数所在单元格，如图 6-87 所示，单击"确定"按钮。

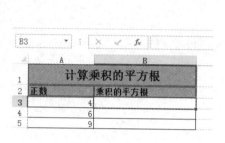

图 6-86　输入数据

图 6-87　输入正数所在单元格

步骤 3 生成公式=SQRTPI(A3)，任意正数值与 PI 乘积的平方根的结果显示在目标单元格，如图 6-88 所示。

步骤 4 按照相同的操作步骤，计算其他平方根，如图 6-89 所示。

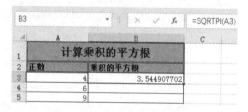

图 6-88　计算平方根中心

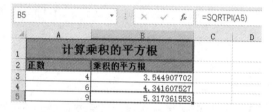

图 6-89　计算所有平方根中心

6.2.19　应用 POWER 函数计算给定数字的乘幂

功能：使用 POWER 函数返回数字乘幂的结果。

格式：POWER(number, power)。

参数：number（必需）。底数，可为任意实数。

power（必需）。底数乘幂运算的指数。

可以使用"^"代替 POWER 函数来表示基数乘幂运算的幂。

下面实例根据给出的底数和指数，计算方根值，具体操作步骤如下。

步骤 1 输入计算方根值的底数和指数，选择目标单元格 C3，如图 6-90 所示。

步骤 2 单击"公式">"函数库">"数学和三角函数">"POWER"选项，弹出"函数参数"对话框，输入底数和指数所在单元格，如图 6-91 所示，单击"确定"按钮。

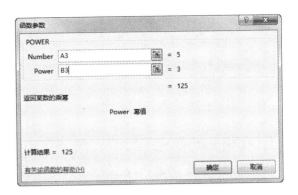

图 6-90　输入数据

图 6-91　输入底数和指数

步骤 3 生成公式=POWER(A3,B3)，方根值的计算结果显示在目标单元格中，如图 6-92 所示。

步骤 4 按照相同的操作步骤，计算其他方根值，如图 6-93 所示。

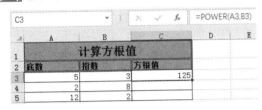

图 6-92　计算方根

图 6-93　计算其他方根值

可以使用 "^" 代替 POWER 函数来表示基数乘幂运算的幂。

6.2.20　应用 PRODUCT 函数计算指定数值的乘积

功能：使用 PRODUCT 函数将所有以参数形式给出的数值相乘并返回乘积。

格式：PRODUCT(number1, [number2], ...)。

参数：number1（必需）。要相乘的第一个数字或单元格区域。

number2, ...（可选）。　要相乘的其他数字或单元格区域，最多可以使用 255 个参数。

如果参数是一个数组或引用，则只使用其中的数字相乘。数组或引用中的空白单元格、逻辑值和文本将被忽略。

PRODUCT 函数将所有给出的参数数值相乘并返回乘积。下面实例根据商品的销量和单价统计利润，参数分别为单价、销量和利率，相乘后得到的为利润，具体操作步骤如下。

步骤 1 输入商品的单价、销量和利率，选择目标单元格 E3，如图 6-94 所示。

步骤 2 单击 "公式" > "函数库" > "数学和三角函数" > "PRODUCT" 选项，弹出 "函数参数" 对话框，输入必要的参数，如图 6-95 所示，单击 "确定" 按钮。

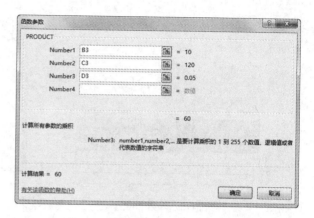

图 6-95　输入参数

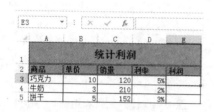

图 6-94　输入数据

步骤 3 生成公式=PRODUCT(B3,C3,D3)，利润的计算结果显示在目标单元格中，如图 6-96 所示。

步骤 4 按照相同的操作步骤，计算其他利润，如图 6-97 所示。

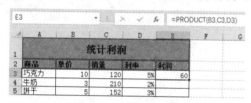

图 6-96　计算利润

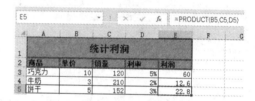

图 6-97　计算所有利润

提示

使用 PRODUCT 函数计算乘积与使用运算符 "*" 计算乘积的结果相同，如果需要让许多单元格相乘，则使用 PRODUCT 函数很有用。例如，公式=PRODUCT(A1:A3, C1:C3)等同于=A1 * A2 * A3 * C1 * C2 * C3。

6.2.21　应用 QUOTIENT 函数计算商的整数部分

功能：使用 QUOTIENT 函数返回两数相除后的整数部分。要放弃两数相除后的余数时，可使用此函数。

格式：QUOTIENT(numerator, denominator)。

参数：numerator（必需）。被除数。

denominator（必需）。除数。

如果任意参数是非数值的，则 QUOTIENT 函数返回错误值#VALUE!。

下面实例为计算每辆货车的最多载物数。实例中求一辆货车的最多载物数，用总共需要的承重量除以每个货物的平均重量可以得到，具体操作步骤如下。

步骤 1 输入每辆货车的承重量和货物的平均重，选择目标单元格 D3，如图 6-98 所示。

步骤 2 单击 "公式" > "函数库" > "数学和三角函数" > "QUOTIENT" 选项，弹出 "函数参数" 对话框，输入必要的参数，如图 6-99 所示，单击 "确定" 按钮。

图 6-98　输入数据

图 6-99　输入参数

步骤 3 生成公式=QUOTIENT(B3,C3)，货车的最多载物量显示在目标单元格中，如图 6-100 所示。

步骤 4 按照相同的操作步骤，计算其他货车最多载物数，如图 6-101 所示。

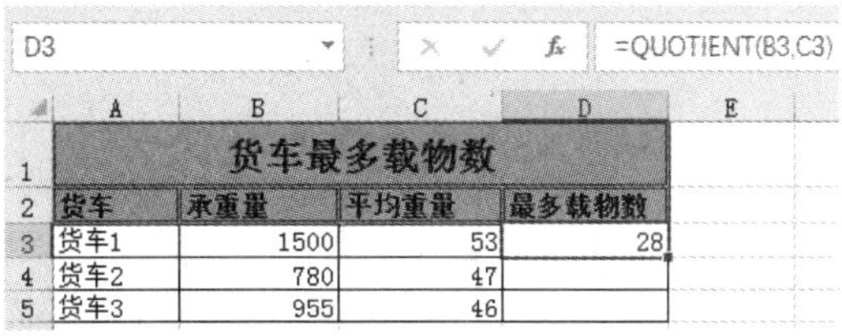

图 6-100　计算最多载物量

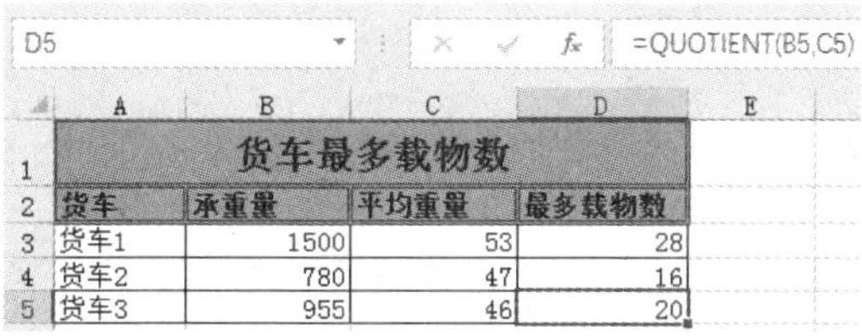

图 6-101　计算所有最多载物量

提示

QUOTIENT 函数可以用来计算在预算内最多可购买的商品数或最大运货量，另外，也可以计算除法的整数商。

6.2.22 应用 RAND 函数和 RANDBETWEEN 函数计算随机实数和随机整数

1. 返回 0 和 1 之间的随机数——RAND

功能：使用 RAND 函数返回大于等于 0 且小于 1 的平均分布随机数。每次打开工作表时都将返回新的随机数。

格式：RAND()。

参数：该函数没有参数。

若要生成 a 与 b 之间的随机数，可使用 RAND()*(b-a)+a。

下面实例随机产生 1～100 之间的数。在公司年终游戏抽奖中，若每位参与者都随机抽取一个 1～100 之间的数，可以利用 RAND 函数，具体操作步骤如下。

步骤 1 输入数据，选择目标单元格 A2，如图 6-102 所示。

步骤 2 单击"公式"＞"函数库"＞"数学和三角函数"＞"RAND"选项，弹出"函数参数"对话框，此函数不需要参数，如图 6-103 所示，单击"确定"按钮。

图 6-102　输入数据

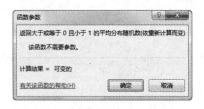

图 6-103　"函数参数"对话框

步骤 3 生成公式=RAND()，为了获得 1~100 之间的数，修改公式为=RAND()*100，随机生成的数值显示在目标单元格中，如图 6-104 所示。

图 6-104　计算随机数

> **提示**
>
> 如果需要的是 1~100 之间的整数，可以修改公式为=INT(RAND()*100)。

2. 使用返回两个指定数间的随机数——RANDBETWEEN

功能：使用 RANDBETWEEN 函数返回位于两个指定数之间的随机整数。每次打开工作表时都将返回新的随机整数。

格式：RANDBETWEEN(bottom, top)。

参数：bottom（必需）。RANDBETWEEN 函数将返回的最小整数。

top（必需）。RANDBETWEEN 函数将返回的最大整数。

RANDBETWEEN 函数的第二个参数不能小于第一个参数，否则将产生错误值#NUM!。

RANDBETWEEN 函数与 RAND 函数的不同，RANDBETWEEN 函数随机生成的是两个指定数之间的整数。

下面实例随机生成-100～100 之间的整数，具体操作步骤如下。

步骤 1 输入数据，选择目标单元格 A2，如图 6-105 所示。

步骤 2 单击"公式"＞"函数库"＞"数学和三角函数"＞"RANDBETWEEN"选项，弹出"函数参数"对话框，输入生成随机值的上下界，如图 6-106 所示，单击"确定"按钮。

图 6-105　输入数据

图 6-106　输入生成随机值的上下界

步骤 3 生成公式=RANDBETWEEN(-100,100)，计算出的随机值显示在目标单元格中，如图 6-107 所示。

A2		▼	:	✗	✓	*fx*	=RANDBETWEEN(-100,100)	
	A	B	C	D	E	F	G	
1	生成-100到100随机整数							
2	-94	85	-38	88				
3	-70	67	-13	-32				
4	-4	23	18	-13				
5	98	-70	42	-87				

图 6-107　计算随机值

提示

　　对于 RAND 函数和 RANDBETWEEN 函数，如果要使生成的随机数不随单元格的计算而改变，可以在编辑栏中输入公式，例如=RAND()，保持编辑状态，然后按 F9，将公式永久性地改为随机数。

6.2.23　应用 ROMAN 函数将阿拉伯数字转换为罗马数字

功能：使用 ROMAN 函数将阿拉伯数字转换为文本形式的罗马数字。

格式：ROMAN(number, [form])。

参数：number（必需）。需要转换的阿拉伯数字。

form（可选）。指定所需罗马数字的类型。

如果数字为负数，则返回错误值#VALUE!。

下面实例将阿拉伯数字转换为罗马数字，具体操作步骤如下。

步骤 1 输入阿拉伯数字，选择目标单元格 B3，如图 6-108 所示。

步骤 2 单击"公式"＞"函数库"＞"数学和三角函数"＞"ROMAN"选项，弹出"函数参数"对话框，输入阿拉伯数字所在单元格 A3，如图 6-109 所示，单击"确定"按钮。

图 6-108　输入阿拉伯数字

图 6-109　输入 A3

步骤 3 生成公式=ROMAN(A3)，阿拉伯数字对应的罗马数字显示在目标单元格中，如图 6-110 所示。

步骤 4 按照相同的操作步骤，转换所有数，如图 6-111 所示。

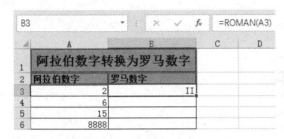

<table>
<tr><td colspan="2">阿拉伯数字转换为罗马数字</td></tr>
<tr><td>阿拉伯数字</td><td>罗马数字</td></tr>
<tr><td align="right">2</td><td align="right">II</td></tr>
<tr><td align="right">6</td><td></td></tr>
<tr><td align="right">15</td><td></td></tr>
<tr><td align="right">8888</td><td></td></tr>
</table>

图 6-110　显示罗马数字　　　　　　　图 6-111　显示所有罗马数字

参数 number 的最大值为 3999，如果阿拉伯数字大于 3999，也返回错误值#VALUE!。

6.2.24　应用 ROUND 函数、ROUNDDOWN 函数和 ROUNDUP 函数按位数进行舍入

1. 将数字四舍五入到指定位数——ROUND

功能：使用 ROUND 函数可以将数字四舍五入到指定的位数。

格式：ROUND(number, num_digits)。

参数：number（必需）。要四舍五入的数字。

num_digits（必需）。要四舍五入到的位数。

参数的值必须是数值，如果参数的值不是数值，函数将返回错误值#VALUE!。

下面实例中超市将两位小数的价格四舍五入到一位小数，具体操作步骤如下。

步骤 1　输入商品的价格，保留两位小数，选择目标单元格 C3，如图 6-112 所示。

步骤 2　单击"公式">"函数库">"数学和三角函数">"ROUND"选项，弹出"函数参数"对话框，输入必要的参数，如图 6-113 所示，单击"确定"按钮。

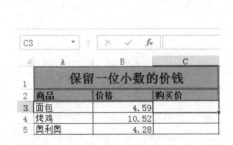

图 6-112　输入商品的价格

图 6-113　输入参数

步骤 3　生成公式=ROUND(B3,1)，保留一位小数的结果显示在目标单元格中，如图 6-114 所示。

步骤 4　按照相同的操作步骤，计算所有商品购买价，如图 6-115 所示。

| 图 6-114　计算购买价 | 图 6-115　计算所有购买价 |

若要始终进行向上舍入（远离 0），可使用 ROUNDUP 函数。若要始终进行向下舍入（朝向 0），可使用 ROUNDDOWN 函数。

2. 向绝对值减小的方向舍入数字——ROUNDDOWN

功能：使用 ROUNDDOWN 函数向下舍入数字，即向绝对值减少的方向舍入。

格式：ROUNDDOWN(number, num_digits)

参数：number（必需）。需要向下舍入的任意实数。

num_digits（必需）。要将数字舍入到的位数。

ROUNDDOWN 的行为与 ROUND 相似，不同的是它始终将数字进行向下舍入。

ROUNDDOWN 函数可朝着零的方向将数字进行向下舍入，下面实例为计算钻石会员卡的账单。叶子超市推出了钻石会员卡，购买任何商品都舍去商品销售价的小数值，具体操作步骤如下。

步骤 1 输入商品的价格，保留两位小数，选择目标单元格 C3，如图 6-116 所示。

步骤 2 单击"公式"＞"函数库"＞"数学和三角函数"＞"ROUNDDOWN"选项，弹出"函数参数"对话框，分别输入需要调整的价格和保留小数点的位数，如图 6-117 所示，单击"确定"按钮。

图 6-116　输入商品的价格

图 6-117　输入参数

步骤 3 生成公式=ROUNDDOWN(B3,0)，钻石消费者购买的实际价钱显示在目标单元格中，如图 6-118 所示。

步骤 4 按照相同的操作步骤，计算所有商品购买价，如图 6-119 所示。

图 6-118　显示价钱

图 6-119　显示所有商品价钱

3. 向绝对值增大的方向舍入数字——ROUNDUP

功能：使用 ROUNDUP 函数向上舍入，即向绝对值增大的方向舍入。

格式：ROUNDUP(number, num_digits)。

参数：number（必需）。需要向上舍入的任意实数。

num_digits（必需）。要将数字舍入到的位数。

ROUNDUP 函数与 ROUND 函数相似，所不同的是它始终将数字进行向上舍入。

下面实例计算在公用电话亭的收费。电信公司规定在电话亭打电话不足一分钟的通话记录按照一分钟收费。本例给出通话时间，按照每分钟收费 0.25 元计算相应收费，具体操作步骤如下。

步骤 1 输入数据，选择目标单元格 C3，如图 6-120 所示。

步骤 2 单击"公式"＞"函数库"＞"数学和三角函数"＞"ROUNDUP"选项，弹出"函数参数"对话框，分别输入通话秒数和保留小数点的位数，如图 6-121 所示，单击"确定"按钮。

图 6-120　输入数据

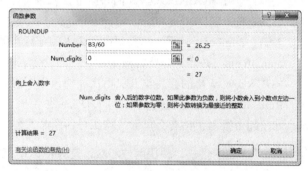

图 6-121　"函数参数"对话框

步骤 3 生成公式=ROUNDUP(B2/60,0)，0.25* ROUNDUP(B2/60,0)，计算的通话价格显示在目标单元格中，如图 6-122 所示。

步骤 4 按照相同的操作步骤，计算所有收费，如图 6-123 所示。

图 6-122　计算通话价格　　　　　　　图 6-123　计算所有通话价格

6.2.25　应用 SERIESSUM 函数计算基于公式的幂级数之和

功能：使用 SERIESSUM 函数可根据公式返回幂级数之和。

格式：SERIESSUM(x, n, m, coefficients)。

参数：x（必需）。幂级数的输入值。

n（必需）。x 的首项乘幂。

m（必需）。级数中每一项的乘幂 n 的步长值。

coefficients（必需）。与 x 的每个连续乘幂相乘的一组系数 coefficients 中的值的数量决定了幂级数的项数。

如果任意参数是非数值的，则 SERIESSUM 函数返回错误值#VALUE!。

下面实例指定数值、首项乘幂、增加值和系数，求幂级数之和，具体操作步骤如下。

步骤 1 输入幂级数的各相关系数，选择目标单元格 E3，如图 6-124 所示。

步骤 2 单击"公式" > "函数库" > "数学和三角函数" > "SERIESSUM"选项，弹出"函数参数"对话框，分别输入数值、首项乘幂、增加数和系数，如图 6-125 所示，单击"确定"按钮。

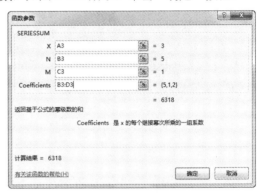

图 6-124　输入数据　　　　　　　　　　　　图 6-125　输入参数

步骤 3 生成公式=SERIESSUM(A3,B3,C3,B3:D3)，幂级数的计算结果显示在目标单元格中，如图 6-126 所示。

步骤 4 按照相同的操作步骤，计算所有幂级数，如图 6-127 所示。

图 6-126　计算幂级数　　　　　　　　　　　图 6-127　计算所有幂级数

 提示

　　SERIESSUM 函数可以计算幂级数的近似值，也可以进行微积分的计算。

6.2.26　应用 SIGN 函数计算数字的符号

功能：使用 SIGN 函数可确定数字的符号。如果数字为正数，则返回 1；如果数字为 0，则返回零（0）；如果数字为负数，则返回-1。

格式：SIGN(number)。

参数：number（必需）。任意实数。

SIGN 函数比较简单，灵活使用该函数可以处理各种数值范围的问题。

下面实例计算各员工每月业绩是否达标。在实例中，会计利用 SIGN 函数根据每个员工的业绩和要求判断达标情况，用业绩数减去要求数，若大于 0 则达标，具体操作步骤如下。

步骤 1 输入员工的业绩的达标要求，选择目标单元格 D3，如图 6-128 所示。

步骤 2 单击"公式">"函数库">"逻辑">"IF"选项，弹出"函数参数"对话框，第一个参数使用公式 SIGN(B3-C3)>=0，判断两者相减的结果是否大于 0，如图 6-129 所示，单击"确定"按钮。

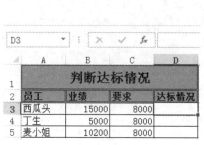

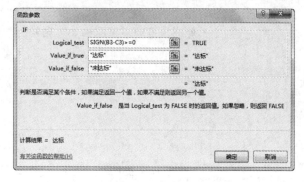

图 6-128　输入数据　　　　　　　　　　　　　　图 6-129　输入参数

步骤 3 生成公式=IF(SIGN(B3-C3)>=0,"达标","未达标")，员工的业绩达标情况显示在目标单元格中，如图 6-130 所示。

步骤 4 按照相同的操作步骤，计算所有员工的达标情况，如图 6-131 所示。

图 6-130　计算是否达标　　　　　　　　　　　　图 6-131　计算所有员工是否达标

提示

上面的实例使用了 IF 函数与 SIGN 函数嵌套的方法实现功能，在生成嵌套公式时，直接输入对应的公式可以更加快捷。

6.2.27　应用 SQRT 函数计算正平方根

功能：使用 SQRT 函数返回数值的正的平方根。

格式：SQRT(number)。

参数：number（必需）。要计算其平方根的数值。

下面实例中，已知圆的面积，求其半径，具体操作步骤如下。

步骤 1 输入圆的面积，选择目标单元格 B3，如图 6-132 所示。

步骤 2 单击"公式">"函数库">"数据和三角函数">"SQRT"选项，弹出"函数参数"对话框，输入 A2/PI()，求出圆的半径的平方，如图 6-133 所示，单击"确定"按钮。

图 6-132　输入圆的面积

图 6-133　输入 A2/PI()

步骤 3 生成公式=SQRT(A3/PI()，圆面积对应的半径显示在目标单元格，如图 6-134 所示。

步骤 4 按照相同的操作步骤，计算所有圆对应的半径，如图 6-135 所示。

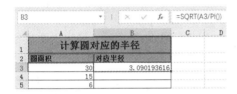

图 6-134　计算圆面积

图 6-135　计算所有圆面积

如果 number 为负值，则 SQRT 返回错误值#NUM!。

6.2.28　应用 SUBTOTAL 函数计算列表或数据库中的分类汇总

功能：使用 SUBTOTAL 函数返回列表或数据库中的分类汇总。

格式：SUBTOTAL(function_num,ref1,[ref2],...)。

参数：function_num（必需）。1 到 11（包含隐藏值）或 101 到 111（忽略隐藏值）之间的数字，用于指定使用何种函数在列表中进行分类汇总计算，如表 6-10 所示。

表 6-10　function_nim 参数说明

Function_num	Function_num	函数
1	101	AVERGE
2	102	COUNT
3	103	COUNTA
4	104	MAX
5	105	MIN
6	106	PRODUCT
7	107	STDEV
8	108	STEDVP
9	109	SUM

（续表）

Function_num	Function_num	函数
10	110	VAR
11	111	VARP

ref1（必需）。要对其进行分类汇总计算的第一个命名区域或引用。

ref2,...（可选）。要对其进行分类汇总计算的第 2 个至第 254 个命名区域或引用。

如果在 ref1、ref2…中有其他的分类汇总（嵌套分类汇总），将忽略这些嵌套分类汇总，以避免重复计算。

下面实例统计学生的平均成绩和最低单科成绩。实例中老师利用 SUBTOTAL 函数，根据学生 3 个科目的成绩，统计其平均成绩和最低单科成绩。

步骤 **1** 统计每位学生的平均成绩，选择目标单元格 B8，如图 6-136 所示。

步骤 **2** 单击"公式" > "函数库" > "数据和三角函数" > "SUBTOTAL"选项，弹出"函数参数"对话框，分别输入功能的符号和每位学生成绩的区域，如图 6-137 所示，单击"确定"按钮。

图 6-136　输入数据

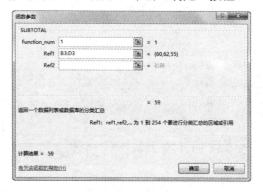

图 6-137　输入功能的符号和每位学生成绩的区域

步骤 **3** 生成公式=SUBTOTAL(1,B3:D3)，每位学生的平均成绩显示在目标单元格中，再统计每位学生的最低单科的成绩，选择目标单元格 C8，如图 6-138 所示。

步骤 **4** 单击"公式" > "函数库" > "数据和三角函数" > "SUBTOTAL"选项，弹出"函数参数"对话框，分别输入功能的符号和每位学生成绩的区域，如图 6-139 所示，单击"确定"按钮。

图 6-138　计算平均成绩

图 6-139　输入功能的符号和每位学生成绩的区域

步骤5 生成公式=SUBTOTAL(5,B3:D3),每位学生的最低单科成绩显示在目标单元格中,如图6-140所示。

	A	B	C	D
	C8		f_x	=SUBTOTAL(5,B3:D3)
1	学生的平均成绩和最低科目成绩			
2	学生	数学	语文	英语
3	小麦	60	62	55
4	丁丁	80	82	65
5	鱼蛋	70	75	78
6	李杰	90	85	88
7	学生	平均成绩	最低单科	
8	小麦	59	55	
9	丁丁	75.66666667	65	
10	鱼蛋	74.33333333	70	
11	李杰	87.66666667	85	

图6-140 最低单科的成绩

提示

SUBTOTAL函数除了可以完成汇总求和、求平均值、求最大值和最小值外,还可以根据实际需要进行汇总。

6.2.29 应用 SUM 函数求和

功能:使用 SUM 函数将对您指定的参数求和。

格式:SUM(number1,[number2],...)。

参数:number1(必需)。想要相加的第一个数值参数。

number2...(可选)。想要相加的第2到255个数值参数。

如果参数是一个数组或引用,则只计算其中的数字,数组或引用中的空白单元格、逻辑值或文本将被忽略。

下面实例计算每位员工每个季度的总业务额,会计利用 SUM 函数将每个月的业务相加计算每位员工每个季度的总业务额,具体操作步骤如下。

步骤1 输入员工三个月的工资,选择目标单元格 E3,如图6-141所示。

步骤2 单击"公式">"函数库">"数据和三角函数">"SUM"选项,弹出"函数参数"对话框,输入需要相加的单元格区域,如图6-142所示,单击"确定"按钮。

	A	B	C	D	E
	E3			f_x	
1	员工总业务金额				
2	员工	一月	二月	三月	第一季度
3	文浩	20500	26000	18000	
4	李键	18560	16548	19540	
5	何丽	21000	15000	30200	

图6-141 输入员工工资

图6-142 输入参数

步骤 3 生成公式=SUM(B3:D3)，第一季度业绩的计算结果显示在目标单元格中，如图 6-143 所示。

步骤 4 按照相同的操作步骤，计算所有员工的第一季度业务金额，如图 6-144 所示。

| E3 | | | f_x | =SUM(B3:D3) | |

	A	B	C	D	E	F
1			员工总业务金额			
2	员工	一月	二月	三月	第一季度	
3	文浩	20500	26000	18000	64500	
4	李健	18560	16548	19540		
5	何丽	21000	15000	30200		

图 6-143 计算文浩第一季度业绩

| E5 | | | f_x | =SUM(B5:D5) | |

	A	B	C	D	E	F
1			员工总业务金额			
2	员工	一月	二月	三月	第一季度	
3	文浩	20500	26000	18000	64500	
4	李健	18560	16548	19540	54648	
5	何丽	21000	15000	30200	66200	

图 6-144 计算所有员工第一季度业务金额

> **提示**
>
> 如果任意参数为错误值或不能转换为数字的文本，Excel 将会提示错误。

6.2.30 应用 SUMIF 函数按给定条件对指定单元格求和

功能：使用 SUMIF 函数可以将区域中符合指定条件的值求和。

格式：SUMIF(range, criteria, [sum_range])。

参数：range（必需）。要计算的单元格区域。

criteria（必需）。用于确定对哪些单元格求和的条件，其形式可以为数字、表达式、单元格引用、文本或函数。

sum_range（可选）。要求和的实际单元格（如果要对未在 range 参数中指定的单元格求和）。

使用 SUMIF 函数匹配超过 255 个字符的字符串时，将返回不正确的结果#VALUE!。

下面实例统计不同部门的总奖金。工资表包含了每个员工所在的部门和对应的每人的奖金，现会计统计人事部的总奖金，具体操作步骤如下。

步骤 1 输入员工所属部门及奖金额，选择目标单元格 C10，如图 6-145 所示。

步骤 2 单击"公式">"函数库">"数据和三角函数">"SUMIF"选项，弹出"函数参数"对话框，分别输入满足条件的单元格和要求和的实际单元格，如图 6-146 所示，单击"确定"按钮。

图 6-145 输入数据

图 6-146 输入参数

步骤 3 生成公式=SUMIF(B3:B9,"人事部",C3:C9)，人事部的总奖金显示在目标单元格中，如图 6-147 所示。

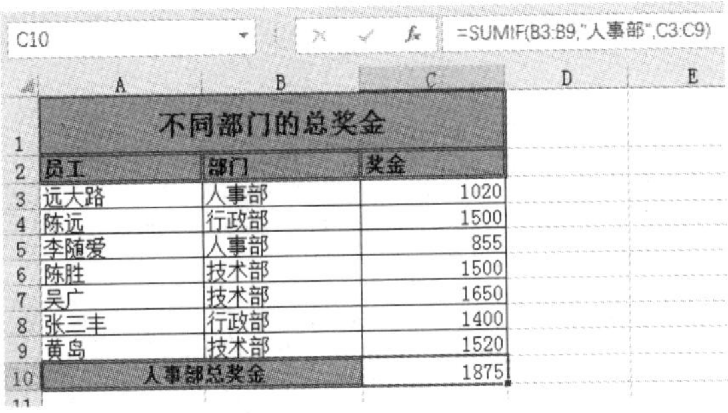

C10 =SUMIF(B3:B9,"人事部",C3:C9)

不同部门的总奖金		
员工	部门	奖金
远大路	人事部	1020
陈远	行政部	1500
李随爱	人事部	855
陈胜	技术部	1500
吴广	技术部	1650
张三丰	行政部	1400
黄岛	技术部	1520
人事部总奖金		1875

图 6-147　计算出总奖金

提示

如果要根据多个条件对若干单元格求和，可以使用 SUMIFS 函数。

6.2.31　应用 SUMIFS 函数对某一区域内满足多重条件的单元格求和

功能：使用 SUMIFS 函数对区域中满足多个条件的单元格求和。

格式：SUMIFS(sum_range, criteria_range1, criteria1, [criteria_range2, criteria2], ...)。

参数：sum_range（必需）。对一个或多个单元格求和，包括数字或包含数字的名称、区域或单元格引用。

criteria_range1（必需）。在其中计算关联条件的区域。

criteria1（必需）。关联条件，条件的形式为数字、表达式、单元格引用或文本，可用来定义对 Criteria_range1 参数中的哪些单元格求和。

criteria_range2, criteria2, …（可选）。附加的区域及其关联条件。

在 SUMIFS 函数中，仅在 sum_range 参数中的单元格满足所有相应的指定条件时，才对该单元格求和。例如，假设一个公式中包含两个 criteria_range 参数，如果 criteria_range1 的第一个单元格也满足 criteria1，而 criteria_range2 的第一个单元格满足 criteria2，则 sum_range 的第一个单元格才计入总和中。对于指定区域中的其余单元格，依此类推。另外，sum_range 中包含 TRUE 的单元格计算为 1；sum_range 中包含 FALSE 的单元格计算为 0（零）。

与 SUMIF 函数中的区域和条件参数不同，SUMIFS 函数中每个 criteria_range 参数包含的行数和列数必须与 sum_range 参数相同。

可以在条件中使用通配符，即问号（?）和星号（*），问号匹配任意单个字符，星号匹配任意一串字符。如果要查找实际的问号或星号，可在字符前键入波形符（~）。

下面实例统计人事部工龄 10 年以上员工的总奖金。会计根据员工的工资表统计公司人事部工龄在 10 年以上员工的总奖金，具体操作步骤如下。

步骤 1　输入员工部门、奖金额及工龄，选择目标单元格 C10，如图 6-148 所示。

步骤 2　单击“公式”>“函数库”>“数据和三角函数”>“SUMIFS”选项，弹出“函数参数”对话框，输入参数，如图 6-149 所示，单击“确定”按钮。

图 6-148　输入数据

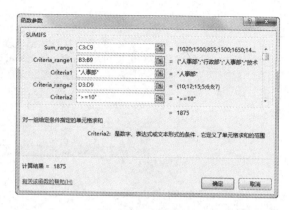

图 6-149　输入参数

步骤 3 生成公式=SUMIFS(C3:C9,B3:B9,"人事部",D3:D9,">=10")，人事部工龄在 10 年以上员工的总奖金显示在目标单元格中，如图 6-150 所示。

图 6-150　算总奖金

提示

SUMIFS 和 SUMIF 函数的参数顺序有所不同。具体而言，sum_range 参数在 SUMIFS 中是第一个参数，而在 SUMIF 中则是第三个参数。如果要复制和编辑这些相似函数，请确保按正确的顺序放置参数。

6.2.32　应用 SUMPRODUCT 函数计算数组间元素乘积之和

功能： 使用 SUMPRODUCT 函数在给定的几个数组中，将数组间对应的元素相乘，并返回其乘积之和。

格式： SUMPRODUCT(array1, [array2], [array3], ...)

参数： array1（必需）。其相应元素需要相乘并求和的第一个数组。

array2, array3,...（可选）。2 到 255 个数组，其相应元素需要相乘并求和。

数组必须具有相同的维数，否则 SUMPRODUCT 函数将返回错误值#REF!。

下面实例计算三大类商品的总销售额。超市把商品分为食品、电器和生活用品 3 大类，现根据每种商品的单价和销量统计这 3 大类商品的总销售额，具体操作步骤如下。

步骤 1 输入商品的名称、种类、单价及销量，选择目标单元格 B9，如图 6-151 所示。

步骤2 单击"公式">"函数库">"数据和三角函数">"SUMPRODUCT"选项，弹出"函数参数"对话框，直接输入其相应元素需要进行相乘并求和的第一个数组参数，如图 6-152 所示，单击"确定"按钮。

图 6-151　输入商品信息

图 6-152　输入参数

步骤3 生成公式=SUMPRODUCT((B3:B7="食品")*(C3:C7)*(D3:D7))，食品的总销量显示在目标单元格中，如图 6-153 所示。

步骤4 使用同样的方法可以求出电器和生活用品的销量，如图 6-154 所示。

图 6-153　计算食品销量

图 6-154　计算其他商品销量

在计算过程中，SUMPRODUCT 函数将非数值型的数组元素作为 0 处理。

6.2.33　应用 SUMSQ 函数计算参数的平方和

功能：使用 SUMSQ 函数返回所有参数的平方之和。参数可以是数值、数组、名称，或者是对数值单元格的引用。

格式：SUMSQ(number1, [number2], ...)。

参数：number1, number2, ... number1 是必需的，后续数字是可选的。参数数量 1 到 255。可以用单一数组或对某个数组的引用来代替用逗号分隔的参数。

下面实例计算学生跳高成绩偏差的平方和，具体操作步骤如下。

步骤 **1** 输入学生的跳高成绩，使用公式=ACERAGE(B3:B6)计算成绩的平均值，再分别将成绩与平均值的差值填入 C3:C6 的单元格中，如图 6-155 所示。

步骤 **2** 单击"公式" > "函数库" > "数据和三角函数" > "SUMSQ"选项，弹出"函数参数"对话框，输入需要相加的单元格或者区域，如图 6-156 所示，单击"确定"按钮。

图 6-155　计算平均成绩

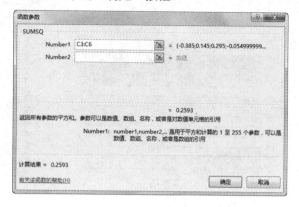

图 6-156　输入参数

步骤 **3** 生成公式=SUMSQ(C3:C6)，偏差平方和的计算结果显示在目标单元格中，如图 6-157 所示。

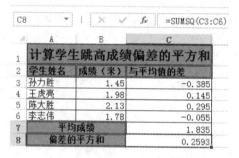

图 6-157　计算偏差平方和

> **提示**
>
> 如果参数是一个数组或引用，则只计算其中的数字，数组或引用中的空白单元格、逻辑值、文本或错误值将被忽略。

6.2.34　应用 SUMXMY2 函数计算两数组中对应数值之差的平方和

功能：使用 SUMXMY2 函数返回两个数组中对应值之差的平方和。

格式：SUMXMY2(array_x, array_y)。

参数：array_x（必需）。第一个数组或数值区域。

array_y（必需）。第二个数组或数值区域。

参数可以是数字或者是包含数字的名称、数组或引用。

下面实例计算两个数组对应数值之差的平方和，具体操作步骤如下。

步骤 1 输入两组数据"数组 1"和"数组 2",选择目标单元格 C3,如图 6-158 所示。

步骤 2 单击"公式">"函数库">"数据和三角函数">"SUMXMY2"选项,弹出"函数参数"对话框,输入需要求和的单元格区域,如图 6-159 所示,单击"确定"按钮。

图 6-158　输入数据 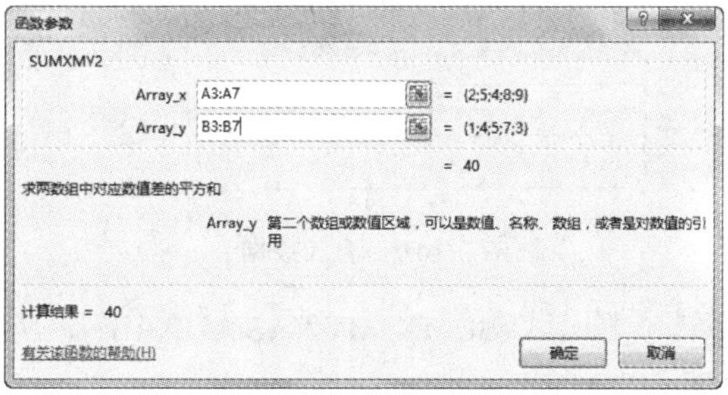　　　　　　　　　　　　　　　　　　图 6-159　输入参数

步骤 3 生成公式=SUMXMY2(A3:A7,B3:B7),两组数据差的平方和结果显示在目标单元格中,如图 6-160 所示。

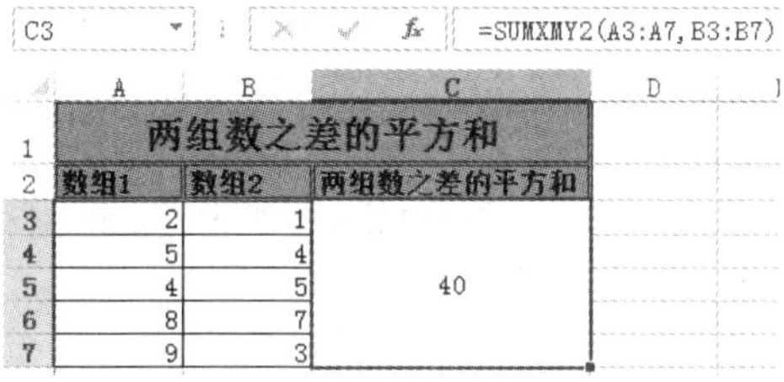

图 6-160　计算两组数之差的平方和

6.2.35 应用 SUMX2MY2 函数和 SUMX2PY2 函数计算两数组中对应数值的平方差之和与平方和之和

1. 返回对应值平方差之和——SUMX2MY2

功能:使用 SUMX2MY2 函数返回两数组中对应数值的平方差之和。

格式:SUMX2MY2(array_x, array_y)。

参数:array_x(必需)。第一个数组或数值区域。

array_y(必需)。第二个数组或数值区域。

如果 array_x 和 array_y 的对应值数目不同,SUMX2MY2 函数返回错误值#N/A。

下面实例计算数据列的平方差之和,具体操作步骤如下。

步骤 1 输入两组数据"数组 1"和"数组 2",选择目标单元格 C3,如图 6-161 所示。

步骤 2 单击"公式">"函数库">"数据和三角函数">"SUMX2MY2"选项,弹出"函数参数"对话框,输入需要求和的单元格区域,如图 6-162 所示,单击"确定"按钮。

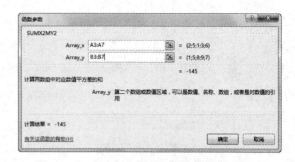

图 6-161　输入数据　　　　　　　　　　　　图 6-162　输入参数

步骤 3 生成公式=SUMX2MY2(A3:A7,B3:B7)，两组数据的平方差之和的结果显示在目标单元格中，如图 6-163 所示。

图 6-163　计算两组数据的平方差之和

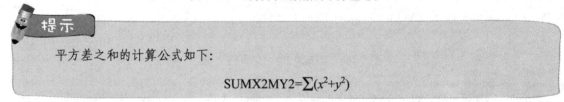

平方差之和的计算公式如下：

$$SUMX2MY2=\sum(x^2+y^2)$$

2. 返回对应值的平方和之和——SUMX2PY2

功能：使用 SUMX2PY2 函数返回两个数组中对应值的平方和之和。平方和之和是许多统计计算中的常用术语。

格式：SUMX2PY2(array_x, array_y)。

参数：array_x（必需）。第一个数组或数值区域。

array_y（必需）。第二个数组或数值区域。

参数可以是数字或者是包含数字的名称、数组或引用。

下面实例计算两个数组对应数值的平方和之和，具体操作步骤如下。

步骤 1 输入两组数据"数组 1"和"数组 2"，选择目标单元格 C3，如图 6-164 所示。

步骤 2 单击"公式">"函数库">"数据和三角函数">"SUMX2PY2"选项，弹出"函数参数"对话框，输入需要求和的单元格区域，如图 6-165 所示，单击"确定"按钮。

图 6-164　输入两组数据　　　　　　　　　　　图 6-165　输入参数

步骤 3 生成公式=SUMX2PY2 (A3:A7,B3:B7)，两组数据的平方和之和结果显示在目标单元格中，如图 6-166 所示。

图 6-166　计算数据平方和

平方和之和的计算公式如下：

$$SUMX2PY2=\sum(x^2+y^2)$$

6.2.36　应用 TRUNC 函数将数字的小数部分截去返回整数

功能：使用 TRUNC 函数将数字的小数部分截去，返回整数。

格式：TRUNC(number, [num_digits])

参数：number（必需）。需要截尾取整的数字。

num_digits（可选）。用于指定取整精度的数字。num_digits 的默认值为 0。

下面实例计算商品利润的金额。实例中用销售量乘以单品利润计算每样商品的总利润，结果有小数，用 TAUNC 函数保留整数部分，具体操作步骤如下。

步骤 1 输入商品的销售量和单品利润，选择目标单元格 D3，如图 6-167 所示。

步骤 2 单击"公式" > "函数库" > "数据和三角函数" > "TRUNC"选项，弹出"函数参数"对话框，输入计算公式和保留的位数，如图 6-168 所示，单击"确定"按钮。

步骤 3 生成公式=TRUNC(B3*C3,0)，保留整数位的总利润显示在目标单元格中，如图 6-169 所示。

步骤 4 按照相同的操作步骤，计算其他商品的总利润，如图 6-170 所示。

图 6-167　输入商品信息

图 6-168　输入参数

图 6-169　计算水壶总利润

图 6-170　计算其他商品的总利润

 提示

　　TRUNC 和 INT 函数类似，都返回整数。TRUNC 函数直接去除数字的小数部分，而 INT 函数则是依照给定数的小数部分的值，将其四舍五入到最接近的整数。

6.3　三角函数

　　基本三角函数也就是我们日常用到的正弦、余弦和正切等三角知识，在 Excel 中提供了多种三角类的函数。

　　中学数学的练习中，常常需要画各种函数图像，需要用坐标纸一点点描绘，常常因为计算的疏忽，描不出平滑的函数曲线。现在，我们已经知道 Excel 几乎囊括了我们需要的各种数学和三角函数，那可以利用 Excel 函数与 Excel 图表功能描绘函数图像。

　　例如，以正弦函数和余弦函数为例说明函数图像的描绘方法。

步骤 1 录入数据，首先在表中录入数据。

步骤 2 求函数值。分别使用 SIN、COS 等函数，这里需要注意的是：由于 SIN 等三角函数在 Excel 中的定义是要求弧度值，因此必须先将角度值转换为弧度值，例如公式为=SIN(D1*PI()/180)。

步骤 3 选择图像类型。首先选中制作函数图像所需要的表中数据，利用 Excel 工具栏上的图表向导按钮（也可利用"插入"选项中的"图表"），在"图表类型"中选择"XY 散点图"，再在右侧选择适合的类型，直接创建图表。

步骤 4 图表选项操作。图表选项操作是制作函数曲线图的重要步骤，在"图表选项"窗口中进行，可以修改标题、坐标轴、网格线、图例和数据标志等。

步骤 5 最后完成图像。操作结束后,一幅图像就插入 Excel 的工作区了。

6.3.1 应用 ACOS 函数计算数字的反余弦值

功能:使用 ACOS 函数返回数字的反余弦值。反余弦值是指余弦值为 number 的角度。

格式:ACOS(number)。

参数:number(必需)。所求角度的余弦值,必须介于-1 和 1 之间。

ACOS 函数返回的结果是弧度,可以用 DEGREES 函数把弧度转换成角度。

下面实例利用 ACOS 函数获取指定数字的反余弦值,具体操作步骤如下。

步骤 1 输入原始数据,选择目的单元格 B3,如图 6-171 所示。

步骤 2 单击"公式">"函数库">"数据和三角函数">"ACOS"选项,弹出"函数参数"对话框,输入原始数据所在单元格,如图 6-172 所示,单击"确定"按钮。

图 6-171 输入数据

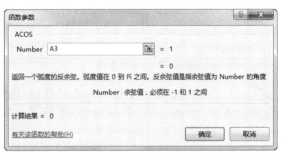

图 6-172 输入参数

步骤 3 生成公式=ACOS(A3),反余弦值显示在目标单元格中,如图 6-173 所示。

步骤 4 按照相同的操作步骤,计算其他数字的反余弦值,如图 6-174 所示。

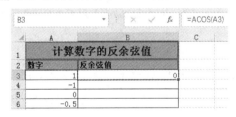

图 6-173 计算 1 的反余弦值

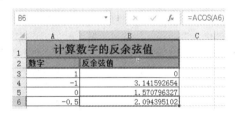

图 6-174 计算其他数的反余弦值

> ACOS 函数返回值为以弧度表示的角度值,范围是 0～PI。

6.3.2 应用 ACOSH 函数计算数字的反双曲余弦值

功能:使用 ACOSH 函数返回数字的反双曲余弦值。该数字必须大于或等于 1。

格式:ACOSH(number)。

参数：number（必需）。大于或等于 1 的任意实数。

使用 ACOSH 函数时，参数必须是数值。如果为文本等非数值形式的数据，则函数会返回错误值#VALUE!。

下面实例利用 ACOSH 函数获取指定数字的反双曲余弦值，具体操作步骤如下。

步骤 1 输入原始数据，选择目的单元格 B3，如图 6-175 所示。

步骤 2 单击"公式" > "函数库" > "数据和三角函数" > "ACOSH"选项，弹出"函数参数"对话框，输入原始数据所在单元格，如图 6-176 所示，单击"确定"按钮。

图 6-175　输入数据

图 6-176　输入参数

步骤 3 生成公式=ACOSH(A3)，反双曲余弦值显示在目标单元格中，如图 6-177 所示。

步骤 4 按照相同的操作步骤，计算其他数据的反双曲余弦值，如图 6-178 所示。

图 6-177　计算 1.2 的反双曲余弦值

图 6-178　计算其他数据的反双曲余弦值

提示

ACOSH 反双曲余弦值与双曲余弦值互为反函数，所以公式 ACOSH(COSH(number))的返回值为 number。

6.3.3　应用 ASIN 函数计算数字的反正弦值

功能：使用 ASIN 函数返回数字的反正弦值。反正弦值是一个角度，以弧度表示。

格式：ASIN(number)。

参数：number（必需）。所求角度的正弦值，必须介于-1 到 1 之间。

反正弦值是指正弦值为 number 的角度。

下面实例返回指定数字的反正弦值，具体操作步骤如下。

步骤 1 输入原始数据，选择目的单元格 B3，如图 6-179 所示。

步骤 2 单击"公式">"函数库">"数据和三角函数">"ASIN"选项，弹出"函数参数"对话框，输入原始数据所在单元格，如图 6-180 所示，单击"确定"按钮。

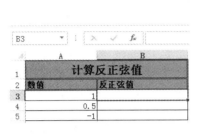

图 6-179　输入数据　　　　　　　　　　　　图 6-180　输入参数

步骤 3 生成公式=ASIN(A3)，反正弦值显示在目标单元格中，如图 6-181 所示。

步骤 4 按照相同的操作步骤，计算其他数据的反正弦值，如图 6-182 所示。

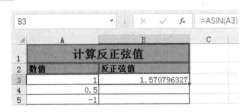

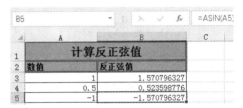

图 6-181　计算 1 的反正弦值　　　　　　　图 6-182　计算其他数据的反正弦值

提示

反正弦值的返回结果为一个角度，该角度以弧度形式表示，范围为-PI/2～PI/2。

6.3.4 应用 ASINH 函数计算数字的反双曲正弦值

功能：使用 ASINH 函数返回数字的反双曲正弦值。

格式：ASINH(number)。

参数：number（必需）。任意实数。

使用 ASINH 函数时，参数必须是数值，如果为文本等非数值形式的数据，函数会返回错误值 #VALUE!。

下面实例返回指定数字的反双曲正弦值，具体操作步骤如下。

步骤 1 输入原始数据，选择目的单元格 B3，如图 6-183 所示。

步骤 2 单击"公式">"函数库">"数据和三角函数">"ASINH"选项，弹出"函数参数"对话框，输入原始数据所在单元格，如图 6-184 所示，单击"确定"按钮。

步骤 3 生成公式=ASINH(A3)，反双曲正弦值显示在目标单元格中，如图 6-185 所示。

步骤 4 按照相同的操作步骤，计算其他数据的反双曲正弦值，如图 6-186 所示。

图 6-183　输入数据

图 6-184　输入参数

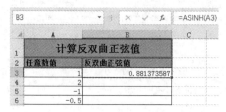

图 6-185　计算 1 的反双曲正弦值

图 6-186　计算其他数据的反双曲正弦值

ASINH 函数和 SINH 函数互为反函数，均可用于数学计算和过程计算。

6.3.5　应用 ATAN 函数计算数字的反正切值

功能：使用 ATAN 函数返回数字的反正切值。反正切值是指正切值为 number 的角度。返回的角度以弧度表示，弧度值在 -Pi/2 到 Pi/2 之间。

格式：ATAN(number)。

参数：number（必需）。所求角度的正切值。

若要用角度表示，可以利用 DEGREES 函数将其转化为角度。

下面实例为返回指定数字的反正切值，具体操作步骤如下。

步骤1　输入原始数据，选择目的单元格 B3，如图 6-187 所示。

步骤2　单击"公式"＞"函数库"＞"数据和三角函数"＞"ATAN"选项，弹出"函数参数"对话框，输入原始数据所在单元格，如图 6-188 所示，单击"确定"按钮。

图 6-187　输入数据

图 6-188　输入参数

步骤 3 生成公式=ATAN(A3)，反正切值显示在目标单元格中，如图 6-189 所示。

步骤 4 按照相同的操作步骤，计算其他数据的反正切值，如图 6-190 所示。

B3		× ✓ fx	=ATAN(A3)

	A	B	C	D
1	计算反正切值			
2	任意数值	反正切值		
3	1	0.785398163		
4	0.5			
5	-1			

图 6-189　计算 1 的反正切值

B5		× ✓ fx	=ATAN(A5)

	A	B	C	D
1	计算反正切值			
2	任意数值	反正切值		
3	1	0.785398163		
4	0.5	0.463647609		
5	-1	-0.785398163		

图 6-190　计算其他数据的反正切值

6.3.6　应用 ATANH 函数计算数字的反双曲正切值

功能：使用 ATANH 函数返回数字的反双曲正切值。反双曲正切值是一个数值。

格式：ATANH(number)。

参数：number（必需）。-1 到 1 之间的任意实数。

使用该函数时，参数必须是数值，如果为文本等非数值形式的数据，函数会返回错误值 #VALUE!。

下面实例返回指定数字的反双曲正切值，具体操作步骤如下。

步骤 1 输入原始数据，选择目的单元格 B3，如图 6-191 所示。

步骤 2 单击"公式">"函数库">"数据和三角函数">"ATANH"选项，弹出"函数参数"对话框，输入原始数据所在单元格，如图 6-192 所示，单击"确定"按钮。

图 6-191　输入数据

图 6-192　输入 A3

步骤 3 生成公式=ATANH(A3)，反双曲余弦值显示在目标单元格中，如图 6-193 所示。

步骤 4 按照相同的操作步骤，计算其他数据的反双曲余弦值，如图 6-194 所示。

B3		× ✓ fx	=ATANH(A3)

	A	B	C
1	计算反双曲正切值		
2	任意数（-1到1）	反双曲正切值	
3	0.5	0.549306144	
4	-0.2		
5	0		
6	-0.3		

图 6-193　计算 0.5 的反双曲余弦值

B6		× ✓ fx	=ATANH(A6)

	A	B	C
1	计算反双曲正切值		
2	任意数（-1到1）	反双曲正切值	
3	0.5	0.549306144	
4	-0.2	-0.202732554	
5	0	0	
6	-0.3	-0.309519604	

图 6-194　计算其他数据的反双曲余弦值

提示

> ATANH 函数与 TANH 互为反函数，所以 ATANH(TANH(number)) 的结果为 number。

6.3.7 应用 ATAN2 函数计算 X 及 Y 坐标值的反正切值

功能：使用 ATAN2 函数返回给定的 X 轴及 Y 轴坐标值的反正切值。反正切值在-Pi 到 Pi 之间（不包括-Pi）。

格式：ATAN2(x_num, y_num)。

参数：x_num（必需）。点的 x 坐标。

y_num（必需）。点的 y 坐标。

下面实例返回 X 和 Y 坐标的反正切值，具体操作步骤如下。

步骤 1 输入 X 和 Y 坐标的原始数据，选择目的单元格 C3，如图 6-195 所示。

步骤 2 单击"公式"＞"函数库"＞"数据和三角函数"＞"ATAN2"选项，弹出"函数参数"对话框，输入原始数据所在单元格，如图 6-196 所示，单击"确定"按钮。

图 6-195　输入数据

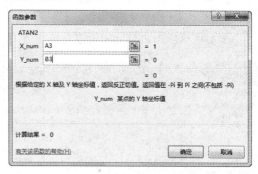

图 6-196　输入参数

步骤 3 生成公式=ATAN2(A3,B3)，反正切值显示在目标单元格中，如图 6-197 所示。

步骤 4 按照相同的操作步骤，计算其他数据的反正切值，如图 6-198 所示。

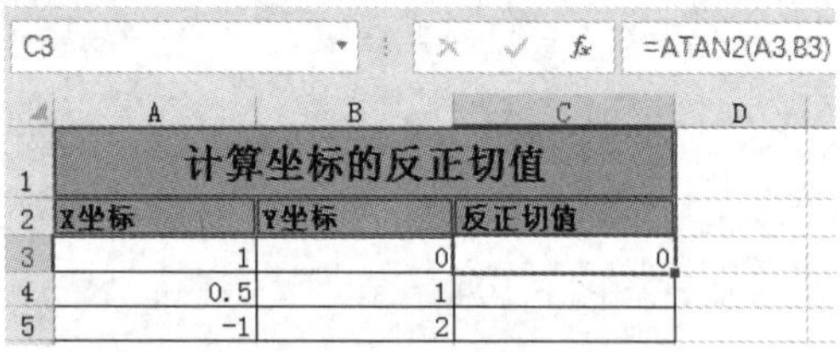

图 6-197　计算反正切值

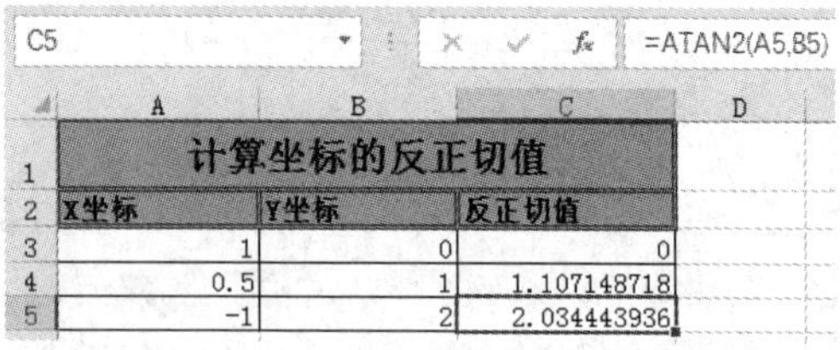

图 6-198　计算所有数据反正切值

提示

> ATAN 函数与 ATAN2 函数都是求反正切值，但 ATAN 计算坐标 y/x 的值，返回值在-PI/2 至 PI/2 之间，而 ATAN2 计算坐标值的比值，返回值在-PI 至 PI 之间。

6.3.8 应用 COS 函数计算角度的余弦值

功能：使用 COS 函数返回已知角度的余弦值。如果角度以度为单位，可用 RADIANS 函数将其转换为弧度。

格式：COS(number)。

参数：number（必需）。想要求余弦值的角度，以弧度表示。

使用该函数时，参数必须以弧度表示，否则会报错。

下面实例返回指定角度的余弦值，具体操作步骤如下。

步骤 1 输入角度的弧度数据，选择目的单元格 B3，如图 6-199 所示。

步骤 2 单击"公式">"函数库">"数据和三角函数">"COS"选项，弹出"函数参数"对话框，输入原始数据所在单元格，如图 6-200 所示，单击"确定"按钮。

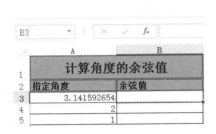

图 6-199　输入数据

图 6-200　输入 A3

步骤 3 生成公式=COS (A3)，余弦值显示在目标单元格中，如图 6-201 所示。

步骤 4 按照相同的操作步骤，计算其他数据的余弦值，如图 6-202 所示。

图 6-201　计算余弦值

图 6-202　计算其他数据的余弦值

6.3.9 应用 COSH 函数计算数字的双曲余弦值

功能：使用 COSH 函数返回任意实数的双曲余弦值。

格式：COSH(number)。

参数：number（必需）。想要求双曲余弦值的任意实数。

下面实例返回指定数字的双曲余弦值，具体操作步骤如下。

步骤 1 输入原始数据，选择目的单元格 B3，如图 6-203 所示。

步骤 2 单击"公式">"函数库">"数据和三角函数">"COSH"选项，弹出"函数参数"对话框，输入原始数据所在单元格，如图 6-204 所示，单击"确定"按钮。

图 6-203　输入数据　　　　　　　　　　图 6-204　输入 A3

步骤 3 生成公式=COSH(A3)，双曲余弦值显示在目标单元格中，如图 6-205 所示。

步骤 4 按照相同的操作步骤，计算其他数据的双曲余弦值，如图 6-206 所示。

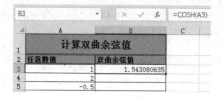

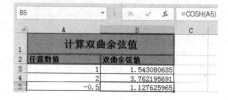

图 6-205　计算 1 的双曲余弦值　　　　　图 6-206　计算其他数据的双曲余弦值

> **提示**
>
> 使用 COSH 函数时，参数必须是数值，如果为文本等非数值形式的数据，函数会返回错误值#VALUE!。

6.3.10　应用 DEGREES 函数将弧度转换为度

功能：使用 DEGREES 函数将 0～2*PI 见的弧度值单位转换为 0～360°之间的角度值。

格式：DEGREES(angle)。

参数：angle（必需）。要转换的角度，以弧度表示。

使用 DEGREES 函数时，参数值必须是弧度形式的数值。

下面实例将指定弧度转换为角度，具体操作步骤如下。

步骤 1 输入任意的弧度值，选择目的单元格 B3，如图 6-207 所示。

步骤 2 单击"公式" > "函数库" > "数据和三角函数" > "DEGREES"选项，弹出"函数参数"对话框，输入弧度值所在单元格，如图 6-208 所示，单击"确定"按钮。

图 6-207　输入数据　　　　　　　　　　图 6-208　输入 A3

步骤 3 生成公式=DEGREES(A3)，弧度值对应的角度显示在目标单元格中，如图 6-209 所示。

步骤 4 按照相同的操作步骤，计算其他数据的弧度值，如图 6-210 所示。

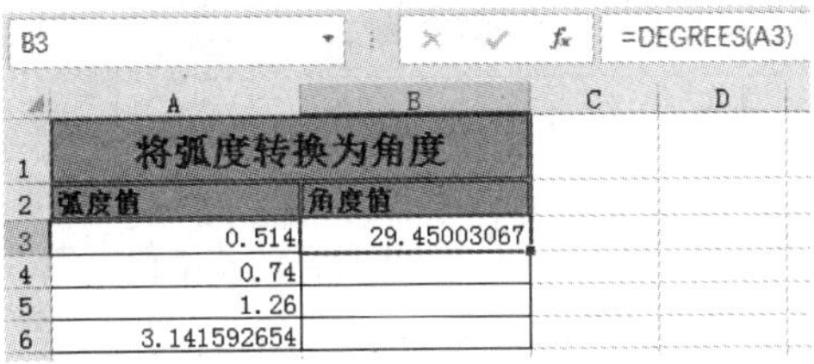

图 6-209　计算弧度值 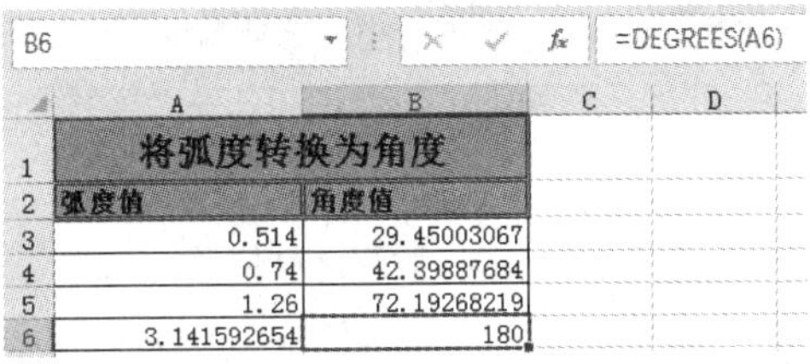 图 6-210　计算其他数据的弧度值

提示

在数学的角度计算中，DEGREES 函数常常用于进行数值转换。

6.3.11　应用 RADIANS 函数将角度转换为弧度

功能：使用 RADIANS 函数将角度表示方式转换为弧度方式。

格式：RADIANS(angle)。

参数：angle（必需）。将角度值转换成弧度值。

使用 RADIANS 函数时，参数值必须是角度形式的数值，也就是说，其值是 0~360 之间的任意数值。

下面实例将任意的角度转换为弧度，具体操作步骤如下。

步骤 1 输入角度值，选择目标单元格 B3，如图 6-211 所示。

步骤 2 单击"公式"＞"函数库"＞"数据和三角函数"＞"RADIANS"选项，弹出"函数参数"对话框，输入角度值所在单元格，如图 6-212 所示，单击"确定"按钮。

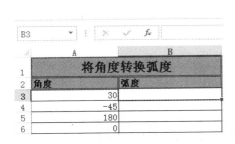

图 6-211　输入数据

图 6-212　输入 A3

步骤 3 生成公式=RADIANS(A3)，角度值对应的弧度值显示在目标单元格中，如图 6-213 所示。

步骤 4 按照相同的操作步骤，计算其他数据的角度值，如图 6-214 所示。

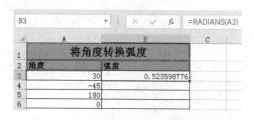

图 6-213　计算角度值

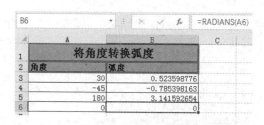

图 6-214　计算其他数据的角度值

6.3.12　应用 SIN 函数计算给定角度的正弦值

功能：使用 SIN 函数返回给定角度的正弦值。

格式：SIN(number)。

参数：number（必需）。需要求正弦值的角度，以弧度表示。

下面实例计算直角三角形中锐角的对边长度。在一个直角三角形已知斜边长和一锐角的角度，求锐角所对边的边长的问题，下面实例用 SIN 函数解决该问题，具体操作步骤如下。

步骤 1　输入直角三角形的斜边长和锐角角度，选择目标单元格 C3，如图 6-215 所示。

步骤 2　单击"公式">"函数库">"数据和三角函数">"SIN"选项，弹出"函数参数"对话框，输入角度值所在单元格，如图 6-216 所示，单击"确定"按钮。

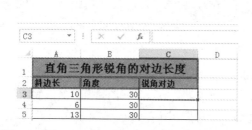

图 6-215　输入数据

图 6-216　输入 RADIANS(B3)

步骤 3　生成公式=SIN(RADIANS(B3))，为了计算锐角边，修改公式为=A3* SIN(RADIANS(B3))，锐角边长显示在目标单元格中，如图 6-217 所示。

步骤 4　按照相同的操作步骤，计算其他三角形的锐角边，如图 6-218 所示。

图 6-217　计算锐角边　　　　　　　　　图 6-218　计算其他三角形的锐角边

提示

如果参数的单位是度，则可以乘以 PI()/180 或使用 RADIANS 函数将其转换为弧度。

6.3.13 应用 SINH 函数计算某数字的双曲正弦值

功能：使用 SINH 函数返回任意实数的双曲正弦值。

格式：SINH(number)。

参数：number（必需）。任意实数。

SINH 函数的参数可以是任意实数，但如果参数为非数值型，函数将返回错误值#VALUE!。

下面实例求任意实数的双曲正弦值，具体操作步骤如下。

步骤 1 输入任意实数，选择目标单元格 B3，如图 6-219 所示。

步骤 2 单击"公式">"函数库">"数据和三角函数">"SINH"选项，弹出"函数参数"对话框，输入实数所在单元格，如图 6-220 所示，单击"确定"按钮。

图 6-219 输入数据

图 6-220 输入 A3

步骤 3 生成公式=SINH(A3)，双曲正弦值显示在目标单元格中，如图 6-221 所示。

步骤 4 按照相同的操作步骤，计算其他数据双曲正弦值，如图 6-222 所示。

图 6-221 计算 1 的双曲正弦值   图 6-222 计算其他数据双曲正弦值

6.3.14 应用 TAN 函数计算给定角度的正切值

功能：使用 TAN 函数返回指定角度的正切值。

格式：TAN(number)。

参数：number（必需）。要求正切值的角度，以弧度表示。

如果参数是以度数表示的，可乘以 PI()/180 或使用 RADIANS 函数将其转换为弧度。

下面实例求任意角度对应的正切值，具体操作步骤如下。

步骤 1 输入任意角度的弧度值，选择目标单元格 B3，如图 6-223 所示。

步骤 2 单击"公式">"函数库">"数据和三角函数">"TAN"选项，弹出"函数参数"对话框，输入角度所在单元格，如图 6-224 所示，单击"确定"按钮。

图 6-223　输入数据

图 6-224　输入参数

步骤 3 生成公式 TAN(A3)，任意角度的正切值结果显示在目标单元格中，如图 6-225 所示。

步骤 4 按照相同的操作步骤，计算其他数据角度的正切值，如图 6-226 所示。

图 6-225　计算正切值

图 6-226　计算其他数据角度的正切值

6.3.15　应用 TANH 函数计算某一数字的双曲正切

功能：使用 TANH 函数返回数字的双曲正切值。

格式：TANH(number)。

参数：number（必需）。任意实数。

TANH 函数还可以应用在复杂的工程运算中。

下面实例返回任意实数的双曲正切值，具体操作步骤如下。

步骤 1 输入任意实数，选择目标单元格 B3，如图 6-227 所示。

步骤 2 单击"公式">"函数库">"数据和三角函数">"TANH"选项，弹出"函数参数"对话框，输入实数所在单元格，如图 6-228 所示，单击"确定"按钮。

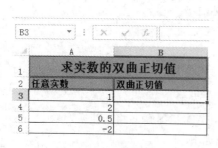

图 6-227　输入数据

图 6-228　输入 A3

步骤 3 生成公式=TANH(A3)，双曲正切值显示在目标单元格中，如图 6-229 所示。

步骤 4 按照相同的操作步骤，计算其他数据角度的正切值，如图 6-230 所示。

图 6-229　计算 1 的双曲正切值　　　　图 6-230　计算其他数据角度的正切值

6.4　综合实战：计算员工加班费

飞扬公司规定，员工一个月加班时间少于 3 小时的没有加班费，超过 3 小时的则按每小时 60 元加班费计算。对于整时不够一小时的时薪也按 60 元计算。实例使用的函数有 CEILING 和 INT，具体操作步骤如下。

步骤 1　输入员工的加班时间，选择目标单元格 C3，如图 6-231 所示。

步骤 2　单击功能区"插入函数"命令，弹出"函数参数"对话框，插入 CEILING 函数，输入加班时间和加班小时费用，如图 6-232 所示。

图 6-231　输入数据

图 6-232　输入加班时间和加班小时费用

步骤 3　生成公式=CEILING(B3*60,60)，为了保证员工加班大于 3 小时才计算加班费，再插入 INT 函数，参数选择加班时间单元格，如图 6-233 所示。

步骤 4　将两公式相乘，获得公式=CEILING(B3*60,60)*(INT(B3)>3)，计算的加班工资显示在目标单元格中，如图 6-234 所示。

图 6-233　参数选择加班时间单元格　　　　图 6-234　计算加班工资

第7章
信息函数

 学习导读

　　信息函数专门用来返回某些指定单元格或区域等的信息，比如单元格的内容、格式、个数等，我们将对这一类函数做详细的了解，同时对于其中一些常用的函数及其参数的应用做出示例。本章主要讲解信息函数的应用。

 学习要点

- 学习信息函数。
- 学习获取信息与转换数值函数。

7.1　信息函数概述

　　使用信息函数，可以确认当前单元格的内容和格式等信息，也可以检验数值类型并返回不同的逻辑值，以进行数据转换，下面我们将对信息函数的分类和用途进行逐一介绍。

1. IS 类函数

　　IS 类函数是信息类函数中使用最频繁的一类，用来检测数值或引用类型。

　　参考表 7-1 中的具体函数及其作用。

表 7-1　IS 类函数

函数名	函数功能及说明
ISBLANK	如果值为空，则返回 TRUE
ISERR	如果值为除#N/A 以外的任何错误值，则返回 TRUE
ISERROR	如果值为任何错误值，则返回 TRUE
ISEVEN	如果数字为偶数，则返回 TRUE

（续表）

函数名	函数功能及说明
ISLOGICAL	如果值为逻辑值，则返回 TRUE
ISNA	如果值为错误值#N/A，则返回 TRUE
ISNONTEXT	如果值不是文本，则返回 TRUE
ISNUMBER	如果值为数字，则返回 TRUE
ISODD	如果数字为奇数，则返回 TRUE
ISREF	如果值为引用值，则返回 TRUE
ISTEXT	如果值为文本，则返回 TRUE

2. 转换数值

这些函数能够将数据转换为数值或者拼音字符。参考表 7-2 中的具体函数及其作用。

表 7-2　转换数值类函数

函数名	函数功能及说明
N	返回转换为数字的值
NA	返回错误值#N/A

3. 获取信息

这些函数可以获取 Excel 的操作环境、单元格信息以及产生错误时的错误种类。参考表 7-3 中的具体函数及其作用。

表 7-3　获取信息函数

函数名	函数功能及说明
CELL	返回有关单元格格式、位置或内容的信息
ERROR.TYPE	返回对应错误类型的数字
INFO	返回有关当前操作环境的信息
TYPE	返回表示值的数据类型的数字
SHEET	引用工作表的工作表编号
SHEETS	以数字形式返回引用中的工作表数

7.2　IS 类函数

IS 类函数是指用来检验数值或引用类型的工作表函数，在 Excel 中的函数包括：ISBLANK、ISBLANK、ISERROR、ISEVEN、ISLOGICAL、ISNA、ISNONTEXT、ISNUMBER、ISODD、ISREF 及 ISTEXT。

这些函数概括为 IS 类函数，可以检验数值的类型并根据参数取值返回 TRUE 或 FALSE。例如，如果数值为对空白单元格的引用，则函数 ISBLANK 返回逻辑值 TRUE，否则返回 FALSE。其语法形式为函数名（value），其中 Value 为需要进行检验的数值。针对不同的 IS 类函数分别为：空白（空白单元格）、错误值、逻辑值、文本、数字、引用值或对于以上任意参数的名称引用。

> **提示**
>
> 需要说明的是 IS 类函数的参数 value 是不可转换的。例如，在其他大多数需要数字的函数中，文本值"19"会被转换成数字 19。然而在公式 ISNUMBER("19") 中，"19"并不由文本值转换成别的类型的值，函数 ISNUMBER 返回 FALSE。IS 类函数主要用于检验公式计算结果。

7.2.1 应用 ISBLANK 函数判断单元格是否为空白

功能：使用 ISBLANK 函数选定的单元格如果值为空，则返回 TRUE。

格式：ISBLANK(value)。

参数：value（必需），指的是要测试的值。

下面实例检查引用的单元格是否为空。作为 IS 类函数中的一员，ISBLANK 函数可以判断所选单元格是否是空单元格。

步骤1 初始数据，"成绩"列有一个空的单元格，对其进行判断，选择目标单元格 E3，如图 7-1 所示。

步骤2 单击"公式">"函数">"其他函数">"信息">"ISBLANK"选项，插入 ISBLANK 函数，弹出"函数参数"对话框，参数选择单元格 C3，判断引用的单元格是否为空，如图 7-2 所示，单击"确定"按钮。

图 7-1　输入数据

图 7-2　输入 C3

步骤3 生成公式=ISBLANK(C3)，结果显示在目标单元格中，由于 C5 单元格为空，返回 TRUE，如图 7-3 所示，复制公式，计算出其他学生单元格是否为空。

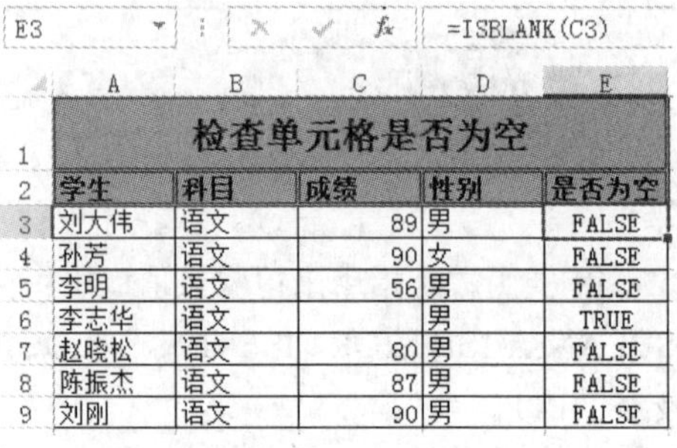

图 7-3　判断是否为空

提示

参数 value 可以是空白（空单元格）、错误值、逻辑值、文本、数字和引用值。

7.2.2　应用 ISERR 或 ISERROR 函数判断参数是否为错误值

1.　应用 ISERR 函数判断参数是否为错误值

功能：使用如果值为除#N/A 以外的任何错误值，则返回 TRUE。

格式：ISERR(value)。

参数：value（必需）。指的是要测试的值。

下面实例员工销售额对比。本例使用 ISERR 函数判断所选单元格是否为#N/A 以外的错误值。

步骤1 输入数据，选择目标单元格 E3，如图 7-4 所示。

步骤2 单击"公式"＞"函数"＞"其他函数"＞"信息"＞"ISERR"选项，插入 ISERR 函数，弹出"函数参数"对话框，参数选择单元格 D3，如图 7-5 所示，单击"确定"按钮。

图 7-4　输入数据

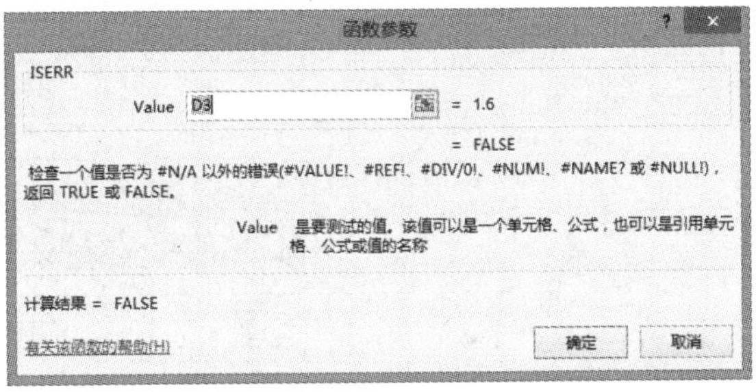

图 7-5　输入 D3

步骤3 生成公式=ISERR(D3)，结果显示在目标单元格中，其中 D6 单元格错误值#DIV/0!，所以返回 TRUE，如图 7-6 所示。

图 7-6　判断值

2.　应用 ISERROR 函数判断参数是否为错误值

功能：如果值为任何错误值，则返回 TRUE。

格式：ISERROR(value)。

参数：value（必需）。指的是要测试的值。

下面实例查找员工销售额对比表中的错误值，使用 ISERRPR 函数判断所选单元格是否为任意错误值，具体操作步骤如下。

步骤 1 检查当前单元格是否为错误值，选择目标单元格 E3，如图 7-7 所示。

步骤 2 单击"公式">"函数">"其他函数">"信息">"ISERROR"选项，插入 ISERROR 函数，弹出"函数参数"对话框，在参数中输入要判断的单元格，如图 7-8 所示，单击"确定"按钮。

图 7-7　输入数据　　　　　　　　　　　　　　图 7-8　输入 D3

步骤 3 生成公式=ISERROR(D3)，结果显示在目标单元格中，返回值为 TRUE 则代表当前单元格内是错误值，如图 7-9 所示。复制公式，得出其他员工的判断错误值。

	员工销售额对比			
员工姓名	上月销售额	本月销售额	两月对比	判断错误值
时华丽	5000	8000	160.00%	FALSE
魏荣	5000	2000	40.00%	FALSE
李雪	#N/A	2000	#N/A	TRUE
冯玉华	0	3000	#DIV/0!	TRUE

图 7-9　判断错误值

> **提示**
>
> ISERROR 函数可以判断的错误值有#N/A、#VALUE!、#REF!、#DIV/0!、#NUM!、#NAME? 和#NULL!。

7.2.3　应用 ISEVEN 函数判断数值是否为偶数

功能：如果数字为偶数，则返回 TRUE。

格式：ISEVEN(number)。

参数：number（必需）。要测试的值。如果 number 不是整数，将被截尾取整。

下面实例判断某一个学生的成绩是否为偶数。作为 IS 类函数中的一员，ISEVEN 函数可以判断所选单元格是否为偶数，具体操作步骤如下。

步骤 1 原始的学生成绩表，对其中某一个学生的成绩进行判断，选择目标单元格 B13，如图 7-10 所示。

步骤 2 单击"公式">"函数">"其他函数">"信息">"ISEVEN"选项，插入 ISEVEN 函数，弹出"函数参数"对话框，对其中一个学生成绩（B4 单元格）进行判断，判断成绩是否为偶数，如图 7-11 所示，单击"确定"按钮。

图 7-10　输入数据　　　　　　　　　　　图 7-11　输入 B4

步骤 3 生成公式=ISEVEN(B4)，结果显示在目标单元格中，返回值为 FALSE，证明为奇数，此函数通常与其他函数一同使用，如图 7-12 所示。

	A	B	C	D	E	F	G	H	I
1					判断学生的成绩是否为偶数				
2		语文成绩		数学成绩		历史成绩		体育成绩	
3	姓名	期中	期末	期中	期末	期中	期末	期中	期末
4	孙家正	85	78	87	96	58	87	87	54
5	李秀华	45	78	58	78	98	68	65	45
6	吴涛	56	68	69	69	54	48	45	98
7	周迅达	81	87	89	66	65	54	87	89
8	郑肃立	21	45	47	98	78	45	54	85
9	赵欣	48	12	64	44	48	12	14	2
10	陈枫韵	48	79	79	79	87	89	78	45
11	蒋达菲	81	87	89	87	54	77	45	24
12	孟丽	89	89	78	78	54	54	89	15
13		FALSE							

图 7-12　返回值 FALSE

7.2.4　应用 ISLOGICAL 函数判断参数是否为逻辑值

功能：如果值为逻辑值，则返回 TRUE。

格式：ISLOGICAL(value)。

参数：value（必需）。指的是要测试的值。参数 value 可以是空白（空单元格）、错误值、逻辑值、文本、数字、引用值，或者引用要测试的以上任意值的名称。

下面实例判断使用的值类型是否为逻辑值。

作为 IS 类函数中的一员，ISLOGICAL 函数可以判断所选单元格是否为逻辑值，即 TRUE 或者 FALSE，具体操作步骤如下。

步骤 1 原始的学生成绩表，及格采用部分逻辑值进行表达，选择目标单元格 D3，如图 7-13 所示。

步骤 2 单击"公式">"函数">"其他函数">"信息">"ISLOGICAL"选项，插入 ISLOGICAL 函数，弹出"函数参数"对话框，对其中一个学生进行判断，判断其及格是否为逻辑值，如图 7-14 所示，单击"确定"按钮。

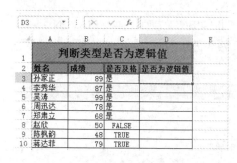

图 7-13　输入数据

图 7-14　输入 C3

步骤 3 生成公式=ISLOGICAL(C3)，结果显示在目标单元格中。可以看到下面三位学生采用的是逻辑值，如图 7-15 所示。

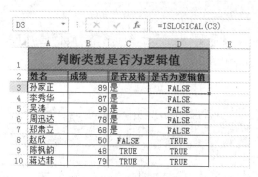

图 7-15　判断逻辑值

 提示

　　ISLOGICAL 函数参数如果为逻辑值（即 TRUE 或者 FALSE），将返回 TRUE。而参数为其他任何值时，将返回 FALSE 值。

7.2.5　应用 ISNA 函数判断错误值是否为#N/A

　　功能：判断错误值是否为#N/A，如果值为错误值#N/A，则返回 TRUE。

　　格式：ISNA(value)。

　　参数：value（必需）。指的是要测试的值。

　　下面实例判断当前单元格错误是否为#N/A。作为 IS 类函数中的一员，ISNA 函数可以判断所选单元格是否为错误值#N/A。ISNA 与 ISERROR 的区别在于，ISERROR 用来判断是否为错误值#N/A，而 ISNA 只判断单元格中的值是否为#N/A。具体操作步骤如下。

　　步骤 1 原始的数据表，此处要求对市场占有率进行错误判断，并填充此列，选择目标单元格 D3，如图 7-16 所示。

　　步骤 2 单击"公式"＞"函数"＞"其他函数"＞"信息"＞"ISNA"选项，插入 ISNA 函数，弹出"函数参数"对话框，对指定数据库的数据占有率进行判断，如图 7-17 所示，单击"确定"按钮。

判断当前单元格错误是否为#N/A			
数据库	市场占有率	年份	是否为#N/A错误
MySQL	12	2011	
ACCESS	21	2011	
SQLServer	#N/A	2011	
ORACL	18	2011	
MDB	15	2011	

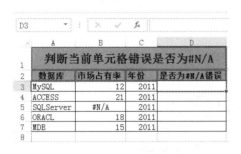

图 7-16　输入数据

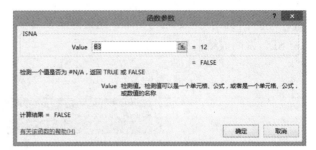

图 7-17　输入 B3

步骤 3 生成公式=ISNA(B3)，结果显示在目标单元格中，第四个数据库类型的市场占有率是错误值#N/A，如图 7-18 所示。

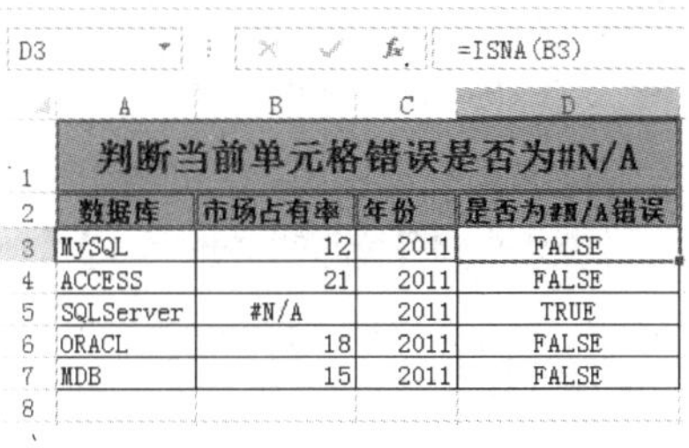

判断当前单元格错误是否为#N/A			
数据库	市场占有率	年份	是否为#N/A错误
MySQL	12	2011	FALSE
ACCESS	21	2011	FALSE
SQLServer	#N/A	2011	TRUE
ORACL	18	2011	FALSE
MDB	15	2011	FALSE

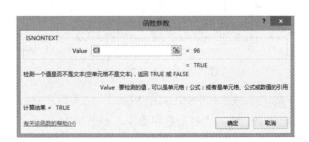

图 7-18　判断结果

7.2.6 应用 ISNONTEXT 函数判断参数是否为非字符串

功能：如果值不是文本，则返回 TRUE。

格式：ISNONTEXT(value)。

参数：value（必需）。指的是要测试的值。

下面实例判断学生是否缺考。作为 IS 类函数中的一员，ISNONTEXT 函数可以判断所选单元格是否为文本，具体操作步骤如下。

步骤 1 原始的数据表，判断学生的成绩是否是文本，从而判断其成绩是否正常，选择目标单元格 E3，如图 7-19 所示。

步骤 2 单击“公式”>“函数”>“其他函数”>“信息”>“ISNONTEXT”选项，插入 ISNONTEXT 函数，弹出“函数参数”对话框，对指定数据判断是否为文本，如图 7-20 所示，单击“确定”按钮。

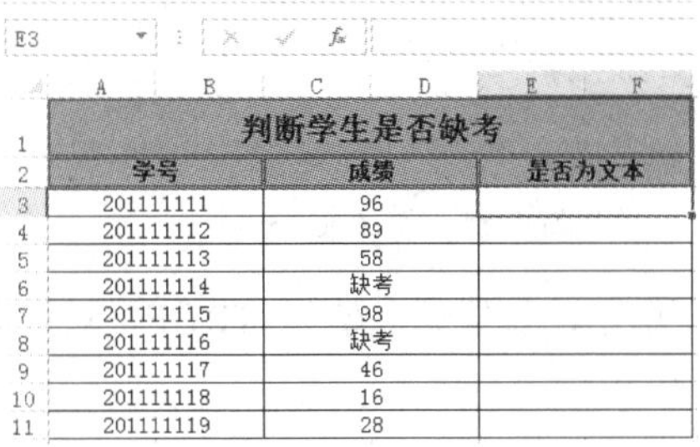

判断学生是否缺考		
学号	成绩	是否为文本
201111111	96	
201111112	89	
201111113	58	
201111114	缺考	
201111115	98	
201111116	缺考	
201111117	46	
201111118	16	
201111119	28	

图 7-19　输入数据

图 7-20　输入 C3

步骤 3 对指定数据判断是否为文本，结果显示在目标单元格中，如果成绩为"缺考"，则函数返回 FALSE，说明成绩不正常，如图 7-21 所示。

| E3 | ▼ | : | × | ✓ | fx | =ISNONTEXT(C3) |

	A	B	C	D	E	F
1			判断学生是否缺考			
2	学号		成绩		是否为文本	
3	201111111		96		TRUE	
4	201111112		89		TRUE	
5	201111113		58		TRUE	
6	201111114		缺考		FALSE	
7	201111115		98		TRUE	
8	201111116		缺考		FALSE	
9	201111117		46		TRUE	
10	201111118		16		TRUE	
11	201111119		28		TRUE	

图 7-21　判断结果

7.2.7　应用 ISNUMBER 函数判断参数是否为数字

功能：如果值为数字，则返回 TRUE。

格式：ISNUMBER(value)。

参数：value（必需）。指的是要测试的值。

下面实例是对数字的单元格进行求和。

作为 IS 类函数中的一员，ISNUMBER 函数可以判断所选单元格是否为数字。

步骤 1 原始数据表中列出了各个城市的基本状况，对其内容进行判断，选择目标单元格 E3，如图 7-22 所示。

步骤 2 单击"公式" > "函数" > "其他函数" > "信息" > "ISNUMBER"选项，插入 ISNUMBER 函数，弹出"函数参数"对话框，判断其指定的单元格的内容是否为数字，如图 7-23 所示，单击"确定"按钮。

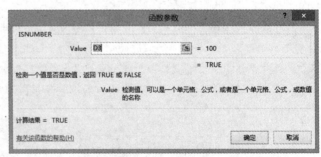

图 7-22　输入数据　　　　　　　　　　图 7-23　输入 D33

步骤 3 生成公式=ISNUMBER(D3)，结果显示在目标单元格中，如果返回值为 TRUE，可以知道引用的单元格的内容是数字类型，如图 7-24 所示。

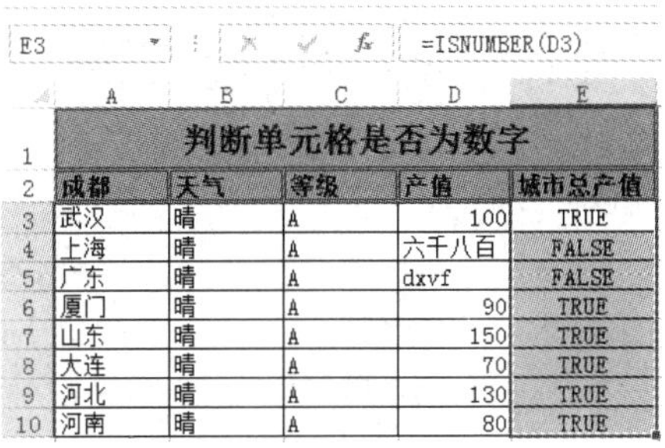
E3 =ISNUMBER(D3)

判断单元格是否为数字				
成都	天气	等级	产值	城市总产值
武汉	晴	A	100	TRUE
上海	晴	A	六千八百	FALSE
广东	晴	A	dxvf	FALSE
厦门	晴	A	90	TRUE
山东	晴	A	150	TRUE
大连	晴	A	70	TRUE
河北	晴	A	130	TRUE
河南	晴	A	80	TRUE

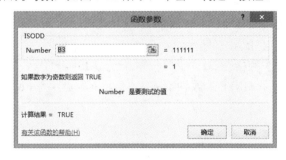

图 7-24　判断结果

7.2.8 应用 ISODD 函数判断数值是否为奇数

功能：使用 ISODD 函数，如果数字为奇数，则返回 TRUE。

格式：ISODD(value)。

参数：value（必需）。指的是要测试的值。

下面实例判断学号的类型。作为 IS 类函数中的一员，ISODD 函数可以判断所选单元格数字是否为奇数，具体操作步骤如下。

步骤 1 原始数据表，表中列出了不同学生的基本信息，选择目标单元格 D3，如图 7-25 所示。

步骤 2 单击“公式”>“函数”>“其他函数”>“信息”>“ISODD”选项，插入 ISODD 函数，弹出“函数参数”对话框，判断指定的单元格是否为奇数，如图 7-26 所示，单击“确定”按钮。

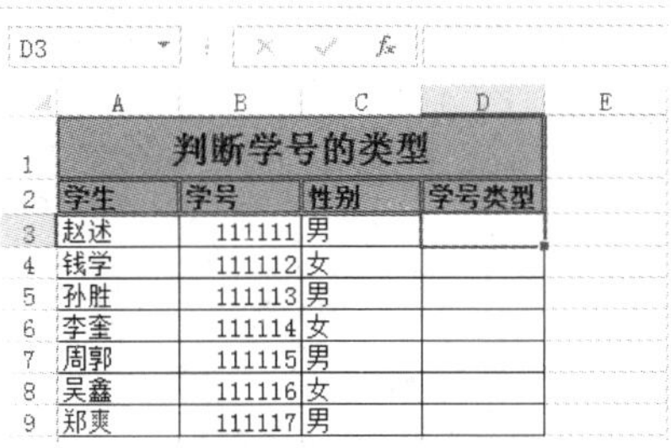
D3

判断学号的类型			
学生	学号	性别	学号类型
赵述	111111	男	
钱学	111112	女	
孙胜	111113	男	
李奎	111114	女	
周郭	111115	男	
吴鑫	111116	女	
郑爽	111117	男	

图 7-25　输入数据

图 7-26　输入 B3

步骤 3 生成公式=ISODD(B3)，结果显示在目标单元格中，对于返回值为 TRUE 的结果，说明此学号为奇数，如图 7-27 所示。

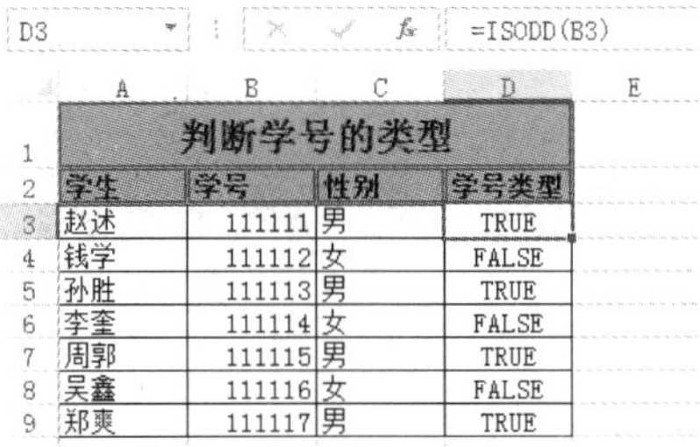
D3 =ISODD(B3)

判断学号的类型			
学生	学号	性别	学号类型
赵述	111111	男	TRUE
钱学	111112	女	FALSE
孙胜	111113	男	TRUE
李奎	111114	女	FALSE
周郭	111115	男	TRUE
吴鑫	111116	女	FALSE
郑爽	111117	男	TRUE

图 7-27　判断结果

7.2.9　应用 ISREF 函数判断参数是否为引用

功能：如果值为引用值，则返回 TRUE。

格式：ISREF(value)。

参数：value（必需）。指的是要测试的值。

下面实例判断当前单元格内容是否为引用值。作为 IS 类函数中的一员，ISREF 函数可以判断所选单元格是否为引用值，具体操作步骤如下。

步骤 1 原始数据表，将商品分类的内容填入表格中，选择目标单元格 B3，如图 7-28 所示。

步骤 2 单击"公式"＞"函数"＞"其他函数"＞"信息"＞"ISREF"选项，插入 ISREF 函数，弹出"函数参数"对话框，对指定的单元格进行判断，内容是否为引用值，如图 7-29 所示，单击"确定"按钮。

图 7-28　输入数据

图 7-29　输入 A3

步骤 3 生成公式=ISREF(A3)，对于参数为单元格引用的函数返回值都为 TRUE，说明此内容为引用值，如图 7-30 所示。

步骤 4 直接在 B6 单元格中输入公式=ISREF("硬件")，结果显示在目标单元格中，对于 B6 单元格的公式，ISREF 函数参数为文本值，返回值则为 FALSE，如图 7-31 所示。

图 7-30　判断结果 1

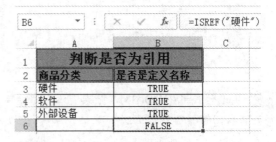

图 7-31　判断结果 2

7.2.10　应用 ISTEXT 函数判断参数是否为文本

功能：如果值为文本，则返回 TRUE。

格式：ISTEXT(value)。

参数：value（必需）。指的是要测试的值。

下面实例判断当前单元格的值是否为文本。作为 IS 类函数中的一员，ISTEXT 函数可以判断所选单元格是否为文本，具体操作步骤如下。

步骤 1 输入数据，选择目标单元格 C5，如图 7-32 所示。

步骤 2 单击"公式">"函数">"其他函数">"信息">"ISTEXT"选项，插入 ISTEXT 函数，弹出"函数参数"对话框，对指定单元格中的值判断其是否为文本值，如图 7-33 所示，单击"确定"按钮。

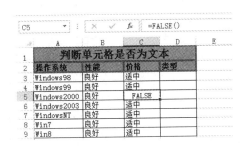

图 7-32　输入数据

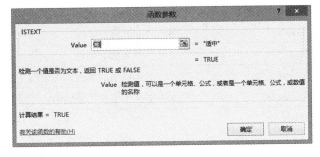

图 7-33　输入 C3

步骤 3 生成公式=ISTEXT(C3)，结果显示在目标单元格中，得出的结果证明逻辑值不是文本类型，如图 7-34 所示。

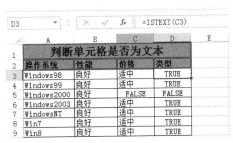

图 7-34　判断结果

7.3　获取信息与转换数值函数

Excel 工作表中有获取信息函数：CELL、ERROR.TYPE、INFO 及 TYPE；转换数值函数：N 和 NA，下面介绍这些函数。

7.3.1　应用 CELL 函数计算并显示单元格的信息

功能：使用 CELL 函数返回有关单元格的格式、位置或内容的信息。例如在对单元格执行计算之前，验证它包含的是数值还是文本。

格式：CELL(info_type, [reference])。

参数：Info_type（必需）。一个文本值，指定要返回的单元格信息的类型。如表 7-4 所示显示了 info_type 参数的可能值及相应的结果。

reference（可选）。需要其相关信息的单元格。如果省略，则将 info_type 参数中指定的信息返回给最后更改的单元格。如果参数 reference 是某一单元格区域，则函数 CELL 只将该信息返回给该区域左上角的单元格。

表 7-4   info_type 参数的可能值及相应的结果

info_type 值	返回的内容
"address"	第一个单元格的引用，文本类型
"col"	引用中单元格的列标
"color"	如果单元格中的负值以不同颜色显示，则为值 1；否则，返回 0（零）
"contents"	引用中左上角单元格的值：不是公式
"filename"	包含引用的文件名（包括全部路径），文本类型。如果包含目标引用的工作表尚未保存，则返回空文本("")
"format"	与单元格中不同的数字格式相对应的文本值。下表列出不同格式的文本值。如果单元格中负值以不同颜色显示，则在返回的文本值的结尾处加"-"；如果单元格中为正值或所有单元格均加括号，则在文本值的结尾处返回"()"
"parentheses"	如果单元格中为正值或所有单元格均加括号，则为值 1；否则返回 0
"prefix"	与单元格中不同的"标志前缀"相对应的文本值。如果单元格文本左对齐，则返回单引号(')；如果单元格文本右对齐，则返回双引号(")；如果单元格文本居中，则返回插入字符(^)；如果单元格文本两端对齐，则返回反斜线(\)；如果是其他情况，则返回空文本("")
"protect"	如果单元格没有锁定，则为值 0；如果单元格锁定，则返回 1
"row"	引用中单元格的行号
"type"	与单元格中的数据类型相对应的文本值。如果单元格为空，则返回"b"。如果单元格包含文本常量，则返回"1"；如果单元格包含其他内容，则返回"v"
"width"	取整后的单元格的列宽。列宽以默认字号的一个字符的宽度为单位

如表 7-5 所示描述参数 info_type 为"format"，以及参数 reference 为用内置数字格式设置的单元格时，函数 CELL 返回的文本值。

表 7-5   函数 CELL 返回的文本值

如果 Excel 的格式为	CELL 函数返回值
常规	"G"
0	"F0"
#,##0	",0"
0.00	"F2"
#,##0.00	",2"
$#,##0_);($#,##0)	"C0"

（续表）

如果 Excel 的格式为	CELL 函数返回值
$#,##0_);[Red]($#,##0)	"C0-"
$#,##0.00_);($#,##0.00)	"C2"
$#,##0.00_);[Red]($#,##0.00)	"C2-"
0%	"P0"
0.00%	"P2"
0.00E+00	"S2"
# ?/? 或 # ??/??	"G"
yy-m-d 或 yy-m-d h:mm 或 dd-mm-yy	"D4"
d-mmm-yy 或 dd-mmm-yy	"D1"
mmm-yy	"D2"
d-mmm 或 dd-mmm	"D3"
dd-mm	"D5"
h:mm AM/PM	"D7"
h:mm:ss AM/PM	"D6"
h:mm	"D9"
h:mm:ss	"D8"

下面实例使用 CELL 函数获得收盘情况的格式信息，具体操作步骤如下。

步骤 1 输入初始数据，各种股票的情况，选择目标单元格 D11，如图 7-35 所示。

步骤 2 单击 "公式" > "函数库" > "插入函数" > " " 弹出 "插入函数" 对话框，在类别下拉列表框中选择 "信息"，选择类型列表框中选择 "CELL 函数"，单击 "确定" 按钮，弹出 CELL 的 "函数参数" 对话框，设定查询信息的类型，format 代表对格式的查询，指定要查询信息的单元格，此处指定的是联想集团的收盘情况，如图 7-36 所示，单击 "确定" 按钮。

图 7-35 输入数据

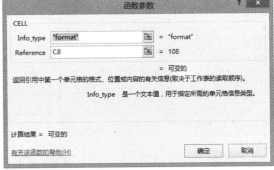

图 7-36 输入参数

步骤 3 生成公式=CELL("format",C8)，指定股票所在单元格的列格式显示在目标单元格中，如图 7-37 所示。

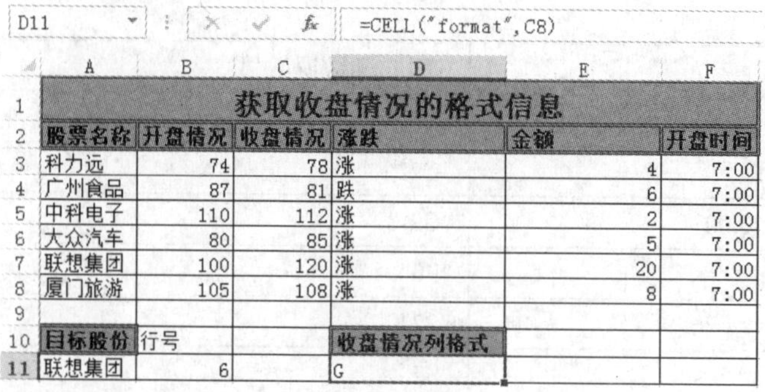

D11 =CELL("format",C8)

	A	B	C	D	E	F
1	获取收盘情况的格式信息					
2	股票名称	开盘情况	收盘情况	涨跌	金额	开盘时间
3	科力远	74	78	涨	4	7:00
4	广州食品	87	81	跌	6	7:00
5	中科电子	110	112	涨	2	7:00
6	大众汽车	80	85	涨	5	7:00
7	联想集团	100	120	涨	20	7:00
8	厦门旅游	105	108	涨	8	7:00
9						
10	目标股份	行号		收盘情况列格式		
11	联想集团	6		G		

图 7-37　收盘情况列格式

提示

如果 CELL 函数中的 info_type 参数为“format”，并且以后向被引用的单元格应用了其他格式，则必须重新计算工作表以更新 CELL 函数的结果。

7.3.2 应用 ERROR.TYPE 函数判断错误的类型

功能：使用 ERROR.TYPE 函数返回对应 Microsoft Excel 中某一错误值的数字。

格式：ERROR.TYPE(error_val)。

参数：error_val（必需）。要查找标识号的错误值。尽管 error_val 可以为实际的错误值，但它通常为一个单元格引用，而此单元格中包含需要检测的公式。错误值与错误类型的对应关系如表 7-6 所示。

表 7-6　错误值与错误类型的对应关系

如果 error_val 为	函数 ERROR.TYPE 返回
#NULL!	1
#DIV/0!	2
#VALUE!	3
#REF!	4
#NAME?	5
#NUM!	6
#N/A	7
#GETTING_DATA	8
其他值	#N/A

下面实例常见的错误类型。在有些情况下，必须使用数值作为其他函数的参数，此时，使用 ERROR.TYPE 可以将错误的类型转换为错误值，具体操作步骤如下。

步骤 1 初始表格，此填入错误值，选择目标单元格 B3，如图 7-38 所示。

步骤 2 单击“公式”>“函数”>“其他函数”>“信息”>“ERROR.TYPE”选项，插入 ERROR.TYPE

函数，弹出"函数参数"对话框，指定要进行错误查询的单元格 **A3**，如图 7-39 所示，单击"确定"按钮。

图 7-38　输入数据

图 7-39　输入 A3

步骤 3 生成公式=ERROR.TYPE(A3)，错误值显示在目标单元格中，如图 7-40 所示。

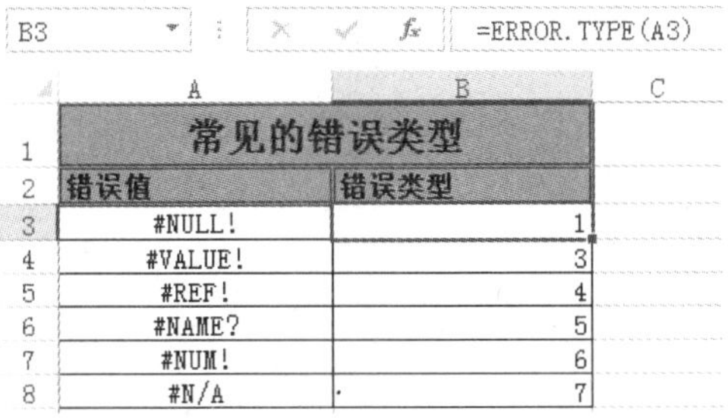

图 7-40　显示结果

提示

无错误值的情况。如果在参数指定的单元格或者区域中没有错误，则 ERROR.TYPE 会返回错误值#N/A。

7.3.3　应用 INFO 函数计算有关当前操作环境的信息

功能：使用 INFO 函数返回有关当前操作环境的信息，例如路径、操作系统版本、EXCEL 版本信息等。

格式：INFO(type_text)。

参数：type_text（必需）。用于指定要返回的信息类型的文本。可用文本如表 7-7 所示。

表 7-7　可用文本

type_text	返回内容
"directory"	当前目录或文件夹的路径
"numfile"	打开的工作簿中活动工作表的数目
"origin"	以当前滚动位置为基准，返回窗口中可见的左上角单元格的绝对单元格引用
"osversion"	当前操作系统的版本号，文本值

（续表）

type_text	返回内容
"recalc"	当前的重新计算模式，返回"自动"或"手动"
"release"	Microsoft Excel 的版本号，文本值
"system"	操作系统名称

下面实例检测操作系统的环境。INFO 函数可以返回各种操作系统的信息，方便用户了解 Excel 的运行环境。

步骤 1 初始表格，对当前使用的操作系统版本进行查询，选择目标单元格 B3，如图 7-41 所示。

步骤 2 单击"公式">"函数">"其他函数">"信息">"INFO"选项，插入 INFO 函数，弹出"函数参数"对话框，参数 release 代表对 EXCEL 版本号进行查询，如图 7-42 所示，单击"确定"按钮。

图 7-41　输入数据

图 7-42　输入"release"

步骤 3 生成公式=INFO("release")，查询结果显示在目标单元格中，此处可以看到笔者使用的 EXCEL 版本号为 15.0，同理，使用其他参数还可以返回操作系统等的版本信息，如图 7-43 所示。

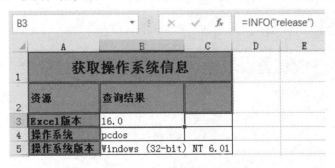

图 7-43　显示结果

7.3.4　应用 N 函数计算转化为数值后的值

功能：使用 N 函数返回转换为数字后的值。

格式：N(value)。

参数：value（必需）。要转换的值。函数 N 可以转换为如表 7-8 所示列出的值。

表 7-8　函数 N 可以转换列出的值

数值或引用	N 返回值
数字	该数字
日期	该日期的序列号
TRUE	1
FALSE	0
错误值，例如 #DIV/0!	错误值
其他值	0

下面实例返回转换为数字的值，具体操作步骤如下。

步骤 1 对 A 列单元格中的内容进行数字转换，得到其所代表的数字，选择目标单元格 B3，如图 7-44 所示。

步骤 2 单击"公式">"函数">"其他函数">"信息">"N"选项，插入 N 函数，弹出"函数参数"对话框，选择需要对数值进行转换的单元格，如图 7-45 所示，单击"确定"按钮。

图 7-44　输入数据

图 7-45　输入 A3

步骤 3 生成公式=N(C3)，结果显示在目标单元格中，可以看到逻辑值返回了 0 或者 1，日期则返回日期的序号，数值结果不变，对于文本也返回 0，如图 7-46 所示。

图 7-46　显示结果

> **提示**
>
> 上面实例中，单元格 A8 的值为使用汉字大写的数字，实际上为文本值，所以 N 函数返回值为 0。

7.3.5 应用 NA 函数计算错误值#N/A

功能：使用返回错误值#N/A。

格式：NA()。

参数：无参数。

为当前单元格返回错误值#N/A，在指定的单元格选择该函数，插入一个#N/A 错误，不需要任何参数，如图 7-47 所示。

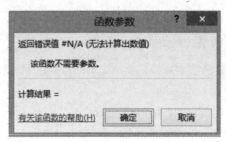

图 7-47　"函数参数"对话框

7.3.6 应用 TYPE 函数计算数值类型

功能：当某一个函数的计算结果取决于特定单元格中数值的类型时，可使用函数 TYPE。

格式：TYPE(value)。

参数：value（必需）。可以为任意 Microsoft Excel 数值，如数字、文本以及逻辑值等。如表 7-9 所示为 TYPE 函数的返回值。

表 7-9　TYPE 函数的返回值

如果 value 为	函数 TYPE 返回
数字	1
文本	2
逻辑值	4
误差值	16
数组	64

下面实例返回逻辑值的数据类型的数字。使用 TYPE 函数可以将各种数据类型转换为数值，从而作为其他函数的参数，具体操作步骤如下。

步骤 1 工作表中列出了数字与逻辑值，可以用 Type 函数计算出其数字值类型，选择目标单元格 B3，如图 7-48 所示。

步骤 2 单击"公式"＞"函数"＞"其他函数"＞"信息"＞"TYPE"选项，插入 TYPE 函数，弹出"函数参数"对话框，对指定单元格内的内容进行转换，将其转换成数据类型，如图 7-49 所示，单击"确定"按钮。

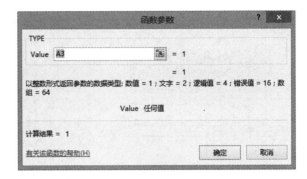

图 7-48 输入数据 图 7-49 输入 A3

步骤3 生成公式=TYPE(A3)，结果显示在目标单元格中，给出了不同类型数据的类型值，如图 7-50 所示。

图 7-50 返回值

TYPE 函数将时间判断为数字类型，所以在本例中，A7 单元格的返回值为 1。

7.3.7 应用 SHEET 函数返回引用工作表的工作表编号

功能：使用 SHEET 函数以数字形式返回引用工作表的工作表编号。

格式：SHEET(value)。

参数：value（可选）。value 为所需工作表编号的工作表或引用的名称。如果 value 被省略，则 SHEET 返回含有该函数的工作表编号。

SHEET 函数可以返回某单元格所在的工作表编号，也可以返回单元格引用所在单元格的工作表编号。下面实例为返回当前单元格引用工作表的编号，具体操作步骤如下。

步骤1 表中列出工作表的各种信息，在公示栏中输入"SHEET()"即可返回当前所在工作表编号，选择目标单元格 B3，如图 7-51 所示。

步骤2 单击"公式">"函数">"其他函数">"信息">"SHEET"选项，插入 SHEET 函数，弹出"函数参数"对话框，对指定单元格的内容进行判断，输入下一张工作表中的单元格，如图 7-52 所示，单击"确定"按钮。

图 7-51　输入数据

图 7-52　输入 Sheet2!A1

步骤 3 生成公式 =SHEET(Sheet2!A1)，结果显示在目标单元格中，SHEET 函数即可判断出"Sheet2!A1"所在的工作表编号，如图 7-53 所示。

图 7-53　显示结果

7.3.8 应用 SHEETS 函数返回引用中的工作表数

功能：使用 SHEETS 函数以数字形式返回引用中的工作表数。

格式：SHEETS(reference)。

参数：reference（可选）。reference 指一项引用，此函数要获得引用中所包含的工作表数。如果 reference 被省略，SHEETS 返回工作簿中含有该函数的工作表数。

下面实例返回当前单元格引用的工作表数，具体操作步骤如下。

步骤 1 输入数据，在单元格 B6 中插入公式 =SHEET(Sheet2!A1)，使其引用第二张工作表中的单元格，选择目标单元格 B7，如图 7-54 所示。

步骤 2 单击"公式">"函数">"其他函数">"信息">"SHEETS"选项，插入 SHEETS 函数，弹出"函数参数"对话框，不需要添加参数，如图 7-55 所示，单击"确定"按钮。

图 7-54　输入数据

图 7-55　不添加参数

步骤 3 生成公式=SHEETS()，结果显示在目标单元格中，用 SHEETS 函数计算出当前工作表指定的内容引用的工作表的数目，如图 7-56 所示。

工作表说明	工作表编号
返回当前单元格引用的工作表数	
上一张工作表	0
下一张工作表	2
当前工作表号	1
引用的工作表号	2
引用的工作表数	2

图 7-56　显示工作表的数目

7.4　综合实战：输入文本时显示出错误信息

　　ISNUMBER 返回的是逻辑值，通常和 IF 函数连用。在制作表格时，可以利用该组合检测"体育成绩"列是否输入了正确格式的信息。实例中引用到的函数有：IF、ISNUMBER。

步骤 1 原始数据表，表中成绩列有错误格式的成绩数据，进行检测，选择目标单元格 F3，如图 7-57 所示。

步骤 2 单击"公式">"函数">"其他函数">"信息">"ISNUMBER"选项，插入 ISNUMBER 函数，弹出"函数参数"对话框，输入 D3，如图 7-58 所示，单击"确定"按钮。

小学体育成绩表

姓名	年级	学号	体育成绩	排名	检测
赵志凯	三年级	201	60		
李丽萍	三年级	202	75分		
孙旭	三年级	301	50		
李阳	四年级	302	Bc		
周涛	四年级	401	<>		
吴尊	四年级	402	70		
郑爽	四年级	403	六十		

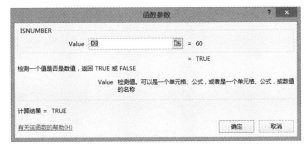

图 7-57　输入数据　　　　　　　　　　　　图 7-58　输入 D3

步骤 3 生成公式=ISNUMBER(D3)，此时返回的只是逻辑值，并不直观，下面我们要用 IF 函数来改造公式，如图 7-59 所示。

步骤 4 在此单元格中插入 IF 函数，将刚才复制的公式填入第一个参数文本框，第二个参数输入 D3，第三个参数输入"格式错误"，如图 7-60 所示。

图 7-59　生成公式 ISNUMBER(D3)　　　　　　　　图 7-60　输入参数

步骤 5 生成公式=IF(ISNUMBER(D3),D3,"格式错误")，填充后的结果，用户可以清晰地看出成绩录入错误的单元格，以进行更改，如图 7-61 所示。

图 7-61　显示结果

技巧

实例中通过 IF 函数与 ISNUMBER 函数连用，检测成绩列的格式，对不是正确格式的单元格提示格式错误。

第8章
文本函数

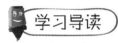 学习导读

　　文本类的函数用于处理文字串，例如改变大小写、更改文字串的长度、替换某些字符、去除某些字符等操作，均可使用文本类函数。文本函数的种类有很多，本章主要讲解应用比较广泛的文本函数以及如何应用文本类的函数。

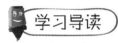 学习要点

- 学习文本转换函数。
- 学习文本操作函数。
- 学习文本删除、复制函数。

 ## 8.1　文本函数概述

　　在 Excel 中，英文单词、名称、标题文字等都属于文本。以半角单引号"'"开始的内容都被 Excel 默认为文本内容，以文本的形式存储和显示。Excel 2016 中提供了大量的文本函数来操作文本内容，让用户能够充分利用文本的各种功能，主要包括文本的转换、文本的操作、文本的删除和复制等。

1. 文本的转换

　　文本的转换主要包括转换文本的大小写、全角及半角、转换数值的表示形式等操作。用户可以参考表 8-1 中的具体函数及其作用。

表 8-1　文本转换函数

函数名称	函数使用说明
转换全角及半角	
ASC	将文本中的全角字符改为半角字符
JIS	将字符串中的半角字符更改为全角字符
修改文本的大小写	
LOWER	将文本转换为小写
UPPER	将文本转换为大写形式
PROPER	将文本值的每个字的首字母大写
转换文本的表现形式	
BAHTTEXT	将数字文本转换为泰语文本
CHAR	返回由代码数字指定的字符
CODE	返回文本字符串中第一个字符的数字代码
DOLLAR	使用货币格式及给定的小数位将数字转换为文本
FIXED	将数字格式设置为具有固定小数位数的文本
T	返回值引用的文本
TEXT	设置数值格式并将其转换为文本
VALUE	将文本参数转换为数值

2. 文本的操作

文本函数还可以提取、查找和替换文本中的部分内容。主要包括的函数及其说明如下表 8-2 所示。

表 8-2　文本操作函数

函数名称	函数使用说明
获得文本的长度	
LEN	返回文本字符串中的字符个数
LENB	返回文本中所代表字符的字节数
合并文本字符串	
CONCATENATE	将多个文本字符串合并为一个
查找字符串中的文本	
FIND	在一个文本字符串中查找另一个文本字符串的起始位置
FINDB	在一个文本字符串中查找另一个文本字符串的起始字节数位置
SEARCH	在一个文本字符串中查找另一个文本字符串第一次出现的位置
SEARCHB	在一个文本字符串中查找另一个文本字符串第一次出现的字节数起始位置
提取文本	
LEFT	返回文本字符串中从最左边开始指定个数的字符
LEFTB	返回文本字符串中从左边开始指定字节数的字符

（续表）

函数名称	函数使用说明
MID	从文本字符串中的指定位置起返回特定个数的字符
MIDB	从文本字符串中的指定位置起返回特定字节数的字符
RIGHT	返回文本字符串中从最右边开始指定个数的字符
RIGHTB	返回文本字符串中从最右边开始指定字节数的字符
替换文本	
REPLACE	用指定字符串替换文本中的字符串
REPLACEB	用指定字符串替换文本中指定字节数的字符串
SUBSTITUTE	在文本字符串中用新文本替换旧文本

3. 文本的删除和复制

这些函数可以判定两个字符串是否相等、删除不需要的文本字符串和复制指定次数的字符串。参考表 8-3 中的函数说明。

表 8-3　文本的删除和复制

函数名称	函数使用说明
比较文本	
EXACT	检查两个文本字符串是否相同
删除文本	
CLEAN	删除文本字符串中所有非打印字符
TRIM	删除文本字符串中的空格
REPT	按指定次数重复文本

8.2　文本转换函数

Excel 2016 提供了文本转换函数，用户可以利用这些函数更加方便地操作工作表。

8.2.1　应用 ASC 函数将全角字符更改为半角字符

功能：使用 ASC 函数将文本中的全角字符更改为半角字符。

格式：ASC(text)。

参数：text（必需）。文本或对包含需要更改文本的单元格的引用。如果文本中不包含任何全角字符，则文本不做任何修改。

ASC 函数将指定文本字符串中的全角字符转换为半角字符。如果文本中并不包含全角字符，函数将按照原有的样式返回。与其功能相反的函数为 JIS 函数。

下面实例将文本中的全角字符都改为半角字符，需要注意的是中文和日文是不会更改的，具体操作步骤如下。

步骤 1 输入若干全角字符的服装代码，选择要转换的目标单元格 D3，如图 8-1 所示。

步骤 2 单击"公式">"函数库">"文本">"ASC"选项，弹出"函数参数"对话框，输入要转换的单元格，如图 8-2 所示，单击"确定"按钮。

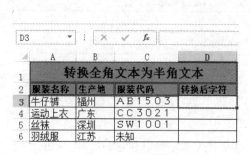

图 8-1 输入数据

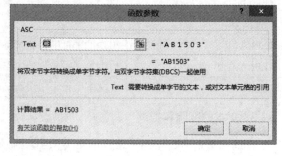

图 8-2 输入 C3

步骤 3 生成公式=ASC(C3)，转换后的半角字符显示在目标单元格中，如图 8-3 所示。

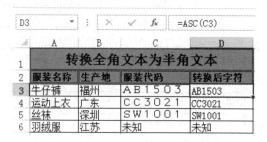

图 8-3 转换后的半角字符

 提示

> 从上面的例子可以看出，字符串中的半角字符和汉字会直接复制到目标单元格。

8.2.2 应用 JIS 或 WIDECHAR 函数将字符串中的半角字符更改为全角字符

功能：使用 JIS/WIDECHAR 函数将字符串中的半角（单字节）字符转换为全角（双字节）字符。

格式：JIS(text)/ WIDECHAR(text)。

参数：text（必需）。文本或包含需要转换文本的单元格的引用。如果文本中不包含任何半角英文字母或片假名，则不会对文本进行转换。与其功能相反的函数为 ASC 函数。

8.2.3 应用 LOWER 函数将大写字母转换为小写字母

功能：使用 LOWER 函数将文本字符串中的所有大写字母转换为小写字母。

格式：LOWER(text)。

参数：text（必需）。要转换为小写字母的文本。

LOWER 函数不转换字符串中的非英文字符。转换后，返回的结果不区分全角和半角。

下面实例将大写字母转换为小写字母，具体操作步骤如下。

步骤 1 输入需要转换的字符串，选择目的单元格 B3，如图 8-4 所示。

步骤 2 单击"公式">"函数库">"文本">"LOWER"选项，弹出"函数参数"对话框，输入原始数据所在单元格 A3，如图 8-5 所示，单击"确定"按钮。

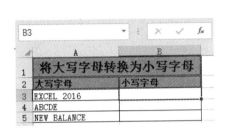

图 8-4　输入数据　　　　　　　　　　　图 8-5　输入 A3

步骤 3 生成公式=LOWER(A3)，改写后的字符串显示在目标单元格中，如图 8-6 所示。

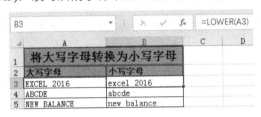

图 8-6　显示字符串

8.2.4　应用 UPPER 函数将文本转换为大写

功能：使用 UPPER 函数将指定内容的所有文本字符转换为大写形式。

格式：UPPER(text)。

参数：text（必需）。要转换为大写形式的文本。可以是单元格引用或文本字符串。

UPPER 函数不能转换字符串中的非英文字符。

UPPER 函数和 LOWER 函数正好相反，可将文本中的小写字母转换为大写字母，具体操作步骤如下。

步骤 1 输入小写字母，选择目的单元格 B3，如图 8-7 所示。

步骤 2 单击"公式">"函数库">"文本">"UPPER"选项，弹出"函数参数"对话框，输入需要转换的小写字母所在单元格，如图 8-8 所示，单击"确定"按钮。

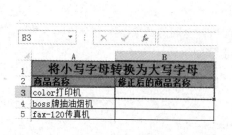

图 8-7　输入数据

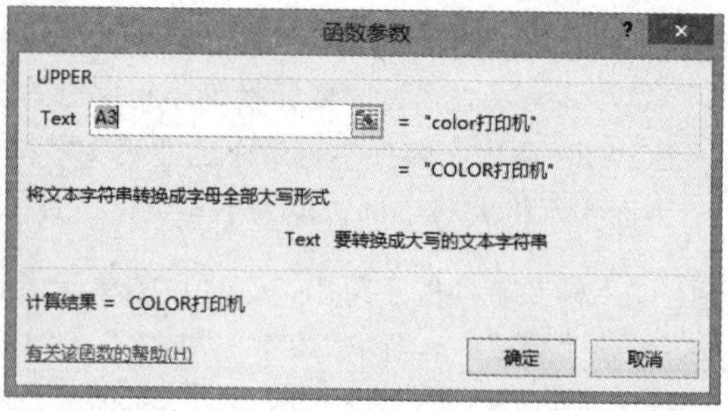

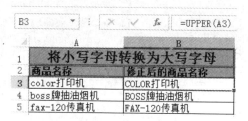

图 8-8　输入 A3

步骤 3 生成公式=UPPER(A3)，转换后的大写字母单词显示在目标单元格中，如图 8-9 所示。

图 8-9　转换后的大写字母

8.2.5　应用 PROPER 函数将字符串首字母转换为大写

功能：使用 PROPER 函数将文本字符串的首字母以及文本中任何非字母字符之后的首字母转换成大写，其余字母转换为小写。

格式：PROPER(text)。

参数：text（必需）。文本字符串（加双引号）、返回文本字符串的公式，或者对包含要进行部分大写转换文本的单元格的引用。

PROPER 函数只转换单一单元格的内容，不能转换单元格区域。

下面实例简单介绍了将文本字符串每个单词的首字母转换为大写，具体操作步骤如下。

步骤 1 输入原始文本信息，其中大小写字母可以混编，选择目的单元格 B3，如图 8-10 所示。

步骤 2 单击"公式">"函数库">"文本">"PROPER"选项，弹出"函数参数"对话框，输入原始数据所在单元格 A3，如图 8-11 所示，单击"确定"按钮。

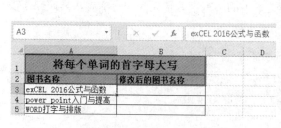

图 8-10　选中单元格 A3

图 8-11　输入 A3

步骤 3 生成公式=PROPER(A3)，生成首字母大写的字符串显示在目标单元格中，如图 8-12 所示。

图 8-12　生成首字母大写的字符串

8.2.6　应用 BAHTTEXT 函数将数字转换为泰语文本

功能：使用 BAHTTEXT 函数将数字文本转换为泰语数字文本。本函数一般用在泰语操作系统中。

格式：BAHTTEXT(number)。

参数：number（必需）。要转换成文本的数字、对包含数字的单元格的引用或结果为数字的公式。

使用 BAHTTEXT 函数可以将数字文本转换为泰语文本。

下面实例中将纯数字和中文加数字的文本都转换为泰语文本，具体操作步骤如下。

步骤 1 输入需要转换的数据，选择目标单元格 B3，如图 8-13 所示。

步骤 2 单击"公式" > "函数库" > "文本" > "BAHTTEXT"选项，弹出"函数参数"对话框，参数输入要转换的源单元格，如图 8-14 所示，单击"确定"按钮。

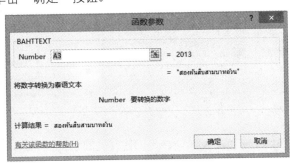

图 8-13　选中单元格 A3　　　　　　　　　　图 8-14　输入 A3

步骤 3 生成公式=BAHTTEXT(A3)，数字转换为泰铢货币格式，含有汉字或者其他字符无法转换，如图 8-15 所示。

图 8-15　数字转换为泰铢货币格式

提示

如果单元格中含有汉字或者其他字符时，BAHTTEXT 函数不能正确地转换此文本，而是返回错误信息。

8.2.7 应用 CHAR 函数计算对应于数字代码的字符

功能：使用 CHAR 函数可将其他类型计算机文件中的代码转换为字符。

格式：CHAR(number)。

参数：number（必需）。介于 1 到 255 之间用于指定所需字符的数字。字符是本机所用字符集中的字符。

CHAR 函数可以将指定的代码数字转换为对应的字符。用户可以查阅标准的 ASCII 代码表（见附录）来获得代码数字与字符的对应关系。与 CHAR 函数功能相反的对应函数为 CODE 函数。

下面实例将不同的代码数字转换为不同的字符，具体操作步骤如下。

步骤 1 输入需要进行转换的数字，选择目标单元格 B3，如图 8-16 所示。

步骤 2 单击“公式”>“函数库”>“文本”>“CHAR”选项，弹出“函数参数”对话框，输入要转换的源单元格，如图 8-17 所示，单击“确定”按钮。

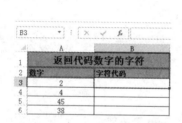

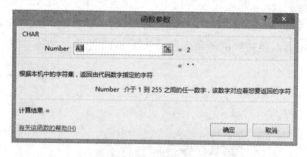

图 8-16 选中单元格 B3

图 8-17 输入 A3

步骤 3 生成公式=CHAR(A3)，转换后的字符代码显示在目标单元格中，如图 8-18 所示。

图 8-18 显示转换后字符代码

提示

“Microsoft Office Online”下，依次单击特定的模板类别、要下载的模板和“下载”按钮即可。

数值在 1~31 之间的数字对应的字符为控制字符，在 Excel 中不能显示和打印。

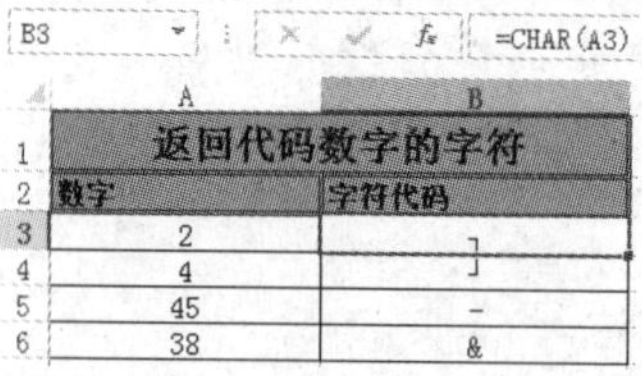

8.2.8　应用 CODE 函数计算文本字符串中第一个字符的数字代码

功能：使用返回文本字符串中第一个字符的数字代码。返回的代码与当前计算机使用的字符集有关。

格式：CODE(text)。

参数：text（必需）。获取第一个字符数字的代码的文本字符串。

CODE 函数可以将字符串转换为其对应的数字代码。用户可以查阅标准的 ASCII 代码表（见附录）来获得数字代码与字符的对应关系。与 CODE 函数功能相反的对应函数为 CHAR 函数。

下面实例返回字符的数字代码，具体操作步骤如下。

步骤 1　输入需要转换为数字的字符，选择目标单元格 B3，如图 8-19 所示。

步骤 2　单击"公式">"函数库">"文本">"CODE"选项，弹出"函数参数"对话框，输入要转换的源单元格，如图 8-20 所示，单击"确定"按钮。

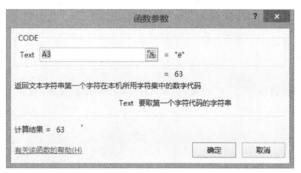

图 8-19　选中单元格 B3　　　　　　　　　　　　图 8-20　输入 A3

步骤 3　生成公式=CODE(A3)，转换为数字的结果显示在目标单元格中，如图 8-21 所示。

图 8-21　转换为数字

8.2.9　应用 DOLLAR 函数将数字转换为文本格式并应用货币符号

功能：使用 DOLLAR 函数依照货币格式将小数四舍五入到指定的位数并转换成文本。

格式：DOLLAR(number, [decimals])。

参数：number（必需）。数字、对包含数字的单元格的引用或是计算结果为数字的公式。

decimals（可选）。小数位数。如果 decimals 为负数，则 number 的小数点后的数字按相应位数四舍五入保留。

通过 DOLLAR 函数返回的价格是文本形式，而通过设置单元格的数值格式设置的价格仍然是数字形式。

下面实例将某公司员工的工资表转换为美元货币格式，具体操作步骤如下。

步骤 1 输入员工的姓名和工资值，选择目标单元格 C3，如图 8-22 所示。

步骤 2 单击"公式">"函数库">"文本">"DOLLAR"选项，弹出"函数参数"对话框，选择原始数据所在单元格，如图 8-23 所示，单击"确定"按钮。

图 8-22　选中单元格 C3　　　　　　　　　　　　图 8-23　输入 B3

步骤 3 生成公式=DOLLAR(B3,0)，转换后的结果显示在目标单元格中，如图 8-24 所示。

图 8-24　转换为美元货币格式

8.2.10　应用 FIXED 函数将数字按指定小数位数取整并返回文本

功能：使用 FIXED 函数将数字四舍五入到指定的小数位数，并以十进制数格式对该数字进行格式设置，然后以文本形式返回结果。

格式：FIXED(number, [decimals], [no_commas])。

参数：number（必需）。要进行舍入并转换为文本的数字。

decimals（可选）。小数点右边的位数。

no_commas（可选）。一个逻辑值，如果为 TRUE，则会禁止 FIXED 函数在返回的文本中包含逗号。

用小数位数参数 decimals 来指定四舍五入的位置，它和在单元格中设定数值的格式设置小数位数作用相同。

下面实例实现了两个数值的相加且设定小数点右边的位数为 2，具体操作步骤如下。

步骤 1 输入两项支出的数值，选择目标单元格 D3，如图 8-25 所示。

步骤 2 单击"公式">"函数库">"文本">"FIXED"选项，弹出"函数参数"对话框，输入要进行舍入并转换的数字和小数位数，如图 8-26 所示，单击"确定"按钮。

图 8-25　选中单元格 D3

图 8-26　输入参数

步骤 3 生成公式=FIXED(B3,2)+FIXED(C3,2)，四舍五入后的数值显示在目标单元格中，如图 8-27 所示。

图 8-27　显示四舍五入后的数值

技巧

FIXED 函数与使用单元格命令的区别：使用单元格命令格式化包含数字的单元格与直接使用函数 FIXED 格式化数字的主要区别在于：函数 FIXED 将其结果转换成文本，而用"单元格"命令设置格式的数字仍然是数字。

8.2.11　应用 T 函数将值转换为文本

功能：使用 T 函数，检测给定值是否为文本，如果是文本按原样返回，如果不是文本则返回双引号（空文本）。

格式：T(value)。

参数：value（必需）。要测试的值。value 必须是文本或文本引用，否则 T 函数将返回空文本""。

通常不需要在公式中使用 T 函数，因为 EXCEL 可以自动按需要转换数值的类型。T 函数主要是用于与其他电子表格程序兼容。

8.2.12 应用 TEXT 函数将数值转换为文本

功能：使用 TEXT 函数可将数值转换为文本，并可以使用特殊格式字符串指定显示格式。

格式：TEXT(value, format_text)。

参数：value（必需）。数值、计算结果为数值的公式，或对包含数值的单元格的引用。

format_text（必需）。用引号括起来的文本字符串的数值格式。例如，"m/d/yyyy"或"#,##0.00"。

在财务工作中，经常需要将工资转换为文本形式，具体的操作方法如下。

步骤 1 输入数据，选择目的单元格 C3，如图 8-28 所示。

步骤 2 单击"公式">"函数库">"文本">"TEXT"选项，弹出"函数参数"对话框，输入需要被转化的数值和转化后的文本格式，如图 8-29 所示，单击"确定"按钮。

图 8-28　输入数据

图 8-29　输入参数

步骤 3 生成公式=TEXT(B3,"￥#")，工资值以会计工资的形式显示在目标单元格中，如图 8-30 所示。

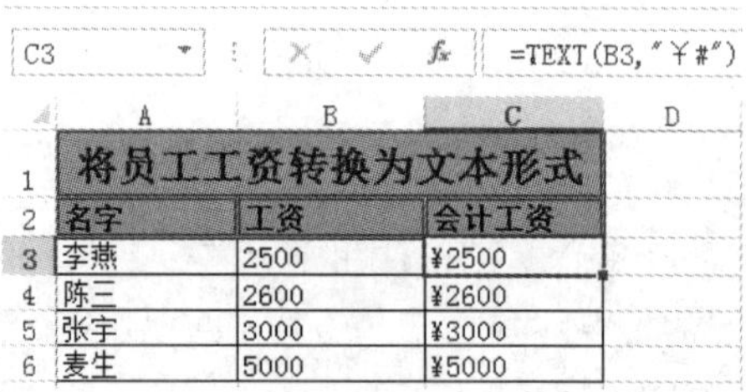

图 8-30　显示工资值

技巧

　使用 TEXT 函数将数值转换为带格式的文本，此时将无法将结果当作数字来执行计算。若要设置某个单元格的格式以使得其值仍保持为数字，可以在"设置单元格格式"中设置。

8.2.13 应用 VALUE 函数将代表数字的文本转换为数字

功能：使用 VALUE 函数将表示数值的文本字符串转换为数值。

格式：VALUE(text)。

参数：text（必需）。用引号括起来的文本或包含要转换文本的单元格的引用。

下面实例利用 VALUE 函数将代表数值的文本转换为数值，具体操作方法如下。

步骤1 输入以文本形式储存的日期信息，选择目的单元格 B3，如图 8-31 所示。

步骤2 单击"公式"＞"函数库"＞"文本"＞"VALUE"选项，弹出"函数参数"对话框，输入要被转换的文本所在单元格，如图 8-32 所示，单击"确定"按钮。

图 8-31　选中单元格 B3　　　　　　　　　　　　　图 8-32　输入 A3

步骤3 生成公式=VALUE(A3)，日期对应的数字格式显示在目标单元格中，如图 8-33 所示。

图 8-33　显示日期对应的数字格式

8.3 文本操作函数

Excel 工作表中的文本操作函数有：LEN、LENB、CONCATENATE、FIND、FINDS 等，下面介绍这些函数的具体操作方法与应用。

8.3.1 应用 LEN、LENB 函数计算字符串数或字节数

功能：使用 LEN 函数返回文本字符串中的字符个数。

LENB 函数返回文本字符串中字符的字节数。

格式：LEN(text)。

LENB(text)。

参数：text（必需）。要查找其长度的文本字符串或者单元格。

LEN 函数和 LENB 函数有相同的功能，但计算单位不同。计算单位不是字符而是字节时，可使用 LENB 函数。

LEN 函数经常用在统计文本字符个数中，下面实例利用 LEN 函数计算出每个原始数据的字符个数。

步骤 1 输入数据，选择目的单元格 C3，如图 8-34 所示。

步骤 2 单击"公式">"函数库">"文本">"LEN"选项，弹出"函数参数"对话框，输入原始数据所在单元格 A3，如图 8-35 所示，单击"确定"按钮。

图 8-34　选中单元格 C3　　　　　　　　　　　　图 8-35　输入 A3

步骤 3 生成公式＝LEN(A3)，字符个数显示在目标单元格中，如图 8-36 所示。

图 8-36　显示字符个数

LENB 函数与 LEN 函数的区别，LENB 函数计算的是文本的字节数而不是字符个数。下面实例计算字符串的字节数　，具体操作步骤如下。

步骤 1 输入需要计算字节数的原始数据，选择目的单元格 C3，如图 8-37 所示。

步骤 2 单击"公式">"函数库">"文本">"LENB"选项，弹出"函数参数"对话框，输入原始数据所在单元格 A3，如图 8-38 所示，单击"确定"按钮。

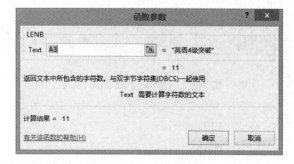

图 8-37　选中单元格 C3　　　　　　　　　　　　图 8-38　输入 A3

步骤 3 生成公式＝LENB(A3)，字节数显示在目标单元格中，如图 8-39 所示。

图 8-39　显示字节数

 提示

无论是 LEN 函数还是 LENB 函数，字符串中的空格都将作为字符计入字符数中。

8.3.2　应用 CONCATENATE 函数合并文本字符串

功能：使用 CONCATENATE 函数可将多个文本字符串合并为一个文本字符串。

格式：CONCATENATE (text1, [text2], ...)。

参数：text1（必需）。要连接的第一个文本字符串。

text2, ...（可选）。其他文本字符串最多为 255 项，且项与项之间必须用逗号隔开。

CONCATENATE 函数的连接项可以是文本、数字、单元格引用或这些项的组合。text 参数直接引用文本字符串时，需要加半角双引号，否则返回错误值#NAME!。如果直接引用数字则不需要加引号。

下面实例利用 CONCATENATE 函数，根据账号和邮箱后缀组合每个邮箱地址，具体操作步骤如下。

步骤 1　输入用户的姓名和账号信息，选择目标单元格 C3，如图 8-40 所示。

步骤 2　单击"公式">"函数库">"文本">"CONCATENATE"选项，弹出"函数参数"对话框，选择要合并的单元格，输入要合并的文本，如图 8-41 所示，单击"确定"按钮。

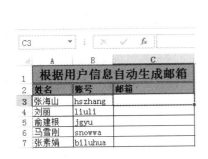

图 8-40　输入用户的姓名和账号信息

图 8-41　输入参数

步骤 3　生成公式=CONCATENATE(B3,"@qq.com")，合并后的结果显示在目标单元格中，如图 8-42 所示。

图 8-42　显示合并结果

技巧

合并字符串上限：CONCATENATE 函数最多可以将 255 个字符串合并为一个字符串。

使用&运算符：可以用&号（与）计算运算符代替 CONCATENATE 函数来连接文本项。例如，公式 A1 & B1 与 CONCATENATE(A1, B1)返回的结果是相同的。

8.3.3　应用 FIND、FINDB 函数定位文本串并返回起始位置的值

功能：使用 FIND 和 FINDB 函数用于在指定文本字符串中查找文本，并返回文本的起始位置的值，该值从第二个文本字符串的第一个字符算起。

格式：FIND(find_text, within_text, [start_num])。

FINDB(find_text, within_text, [start_num])。

参数：find_text（必需）。要查找的文本字符串。

within_text（必需）。包含要查找文本字符串的文本字符串。

start_num（可选）。指定开始进行查找的字符。within_text 中的首字符是编号为 1 的字符。如果省略 start_num，则假定其值为 1。

使用 FIND 函数时，半角字符和字母是单字节，全角字符和汉字都是双字节。

下面实例利用 FIND 函数从每位员工的邮箱地址查找"@"所在的位置，具体操作步骤如下。

步骤 1　输入员工姓名和邮件地址，选择目标单元格 C3，如图 8-43 所示。

步骤 2　单击"公式" > "函数库" > "文本" > "FIND"选项，弹出"函数参数"对话框，输入必要的参数，如图 8-44 所示，单击"确定"按钮。

图 8-43　输入员工姓名和邮件地址

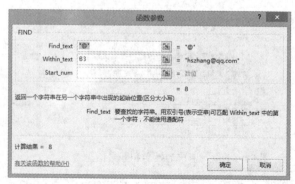

图 8-44　输入参数

步骤 3 生成公式 = FIND("@",B3)，查找结果显示在目标单元格中，如图 8-45 所示。

	A	B	C
1	查找邮箱地址中"@"所在位置		
2	姓名	邮箱	账号
3	张海山	hszhang@qq.com	8
4	刘丽	liliu@qq.com	6
5	俞建根	jgyu@qq.com	5

图 8-45 显示查找结果

提示

FIND 与 FINDB 的区别：函数 FIND 面向使用单字节字符集（SBCS）的语言，而函数 FINDB 面向使用双字节字符集（DBCS）的语言。无论默认语言设置如何，函数 FIND 始终将每个字符（不管是单字节还是双字节）按 1 计数。当启用支持 DBCS 的语言并将其设置为默认语言时，函数 FINDB 会将每个双字节字符按 2 计数，否则，函数 FINDB 会将每个字符按 1 计数。

双字节字符集（DBCS）：支持 DBCS 的语言包括日语、中文（简体）、中文（繁体）以及朝鲜语。

8.3.4 应用 SEARCH、SEARCHB 函数查找文本

功能：使用在第二个文本字符串中查找第一个文本字符串，并返回第一个文本字符串的起始位置。

格式：SEARCH(find_text,within_text,[start_num])。

SEARCHB(find_text,within_text,[start_num])。

参数：find_text（必需）。要查找的文本字符串。

within_text（必需）。要在其中搜索 find_text 参数的值的文本字符串。

start_num（可选）。

SEARCH 函数是面向单字节字符集语言的，无论系统使用何种语言，函数始终将每个字符按 1 计算。

下面实例查找字符串在文本中的位置，具体操作步骤如下。

步骤 1 输入文本内容及需要查找的字符串，选择目的单元格 C3，如图 8-46 所示。

步骤 2 单击"公式">"函数库">"文本">"SEARCH"选项，弹出"函数参数"对话框，输入要提取的单元格及提出位数，如图 8-47 所示，单击"确定"按钮。

步骤 3 生成公式 SEARCH(B3,A3)，查找位置结果显示在目标单元格，如图 8-48 所示。

	A	B	C	D
1	查找文本位置			
2	文本	字符串	查找位置结果	
3	迈尔密热火队	热火		
4	河北联合大学	大学		
5	中国图书馆	图书馆		

图 8-46 输入内容

图 8-47　输入参数　　　　　　　　　　　图 8-48　显示查找位置结果

提示

SEARCH 和 SEARCHB 函数不区分大小写。如果要执行区分大小写的搜索，可以使用 FIND 和 FINDB 函数。

8.3.5　应用 LEFT、LEFTB 函数计算左边字符

功能：使用 LEFT 函数从文本字符串的第一个字符开始返回指定个数的字符。

使用 LEFTB 函数返回文本字符串中的指定字节数的字符。

格式：LEFT(text, [num_chars])。

LEFTB(text, [num_bytes])。

参数：text（必需）。包含要提取的字符的文本字符串。

num_chars（可选）。指定要由 LEFT 函数提取的字符的数量。

num_bytes（可选）。按字节数指定要由 LEFTB 函数提取的字符的数量。

在提取单字节字符时，LEFT 函数应用十分广泛。

下面实例获取学生入学年份。已知学生的学号，根据学号前四位可以得知学生的入学年份。在单元格 C2 中输入表达式=LEFT(B2,4)，获取第一名学生的入学年份，然后利用自动填充功能获取其他学员的入学年份，具体操作步骤如下。

步骤 1　输入学生的学号信息，选择目标单元格 C3，如图 8-49 所示。

步骤 2　单击"公式">"函数库">"文本">"LEFT"选项，弹出"函数参数"对话框，输入要进行取舍的位置参数，如图 8-50 所示，单击"确定"按钮。

图 8-49　输入学生的学号信息　　　　　　　图 8-50　输入参数

步骤 3 生成公式=LEFT(B3,4)，入学年份信息显示在目标单元格中，如图 8-51 所示。

下面实例为在学生信息登记表中，根据学生姓名自动提取其姓氏，具体操作步骤如下。

步骤 1 输入学生的姓名等信息，选择目标单元格 D3，如图 8-52 所示。

步骤 2 单击"公式"＞"函数库"＞"文本"＞"LEFTB"选项，弹出"函数参数"对话框，输入必要的参数，如图 8-53 所示，单击"确定"按钮。

图 8-51　显示入学年份信息

图 8-52　输入学生的姓名等信息

图 8-53　输入参数

步骤 3 生成公式=LEFTB(A3,2)，学生的姓氏信息显示在目标单元格中，如图 8-54 所示。

图 8-54　显示学生的姓氏信息

提示

LEFT 函数和 LEFTB 函数有相同的功能，但它们的计算单位不同，LEFT 函数得到的是字符个数，而 LEFTB 得到的是字节数。与之类似的函数还有 LEN 与 LENB、MID 与 MIDB、REPLACE 与 REPLACEB 等。

8.3.6　应用 MID、MIDB 函数计算特定字符

功能：使用 MID 函数返回文本字符串中从指定位置开始的特定个数的字符，该个数由用户指定。

使用 MIDB 函数返回文本字符串中从指定位置开始的特定字节数的字符。

格式：MID(text, start_num, num_chars)。

MIDB(text, start_num, num_bytes)。

参数：text（必需）。包含要提取字符的文本字符串。

start_num（必需）。文本中要提取的第一个字符的位置。文本中第一个字符的 start_num 为 1，以此类推。

num_chars（必需）。指定希望 MID 函数从文本中返回的字符个数。

num_bytes（必需）。指定希望 MIDB 函数从文本中返回的字符字节数。

使用函数时，参数 text 如果直接输入字符串，那么需要为字符串加上双引号。

下面实例为从学生学号登记表中提取出每位学生的班级号，从而减少手工输入操作，大大提高了效率，具体操作步骤如下。

步骤 1 输入学生的学号信息，选择目的单元格 B3，如图 8-55 所示。

步骤 2 单击"公式"＞"函数库"＞"文本"＞"MID"选项，弹出"函数参数"对话框，填充各种必需的数据，如图 8-56 所示，单击"确定"按钮。

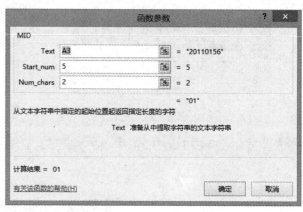

图 8-55　输入学生的学号信息

图 8-56　输入参数

步骤 3 生成公式=MID(A3,5,2)，提取出每个学号的班级信息显示在目标单元格中，如图 8-57 所示。

图 8-57　提取学号的班级信息

提示

　　MID 函数是面向单字节字符集语言的，无论系统的语言设置如何，函数始终将每个字符按 1 计算。MIDB 函数是面向双字节字符集语言的，当系统把 MBCS 的语言设置为默认语言时，MIDB 函数将双字节字符集按 2 计算，但单字节字符仍按 1 计算。

8.3.7 应用 RIGHT、RIGHTB 函数计算右边字符

功能：使用 RIGHT 函数根据指定的字符数返回文本字符串中最后一个或多个字符。

使用 RIGHTB 函数根据指定的字节数返回文本字符串中最后一个或多个字符。

格式：RIGHT(text,[num_chars])。

RIGHTB(text,[num_bytes])。

参数：text（必需）。包含要提取字符的文本字符串。

num_chars（可选）。指定希望 RIGHT 函数提取的字符数。

num_bytes（可选）。指定要由 RIGHTB 函数提取的字符的字节数。

RIGHT 函数是面向单字节字符集语言的，无论系统使用何种语言，函数始终将每个字符按 1 计算。

下面实例根据电话号码提取出免区号的号码，利用 RIGHT 函数提取文本值中右边的字符，具体操作步骤如下。

步骤 1 输入带有区号的电话号码，选择目的单元格 B3，如图 8-58 所示。

步骤 2 单击"公式">"函数库">"文本">"RIGHT"选项，弹出"函数参数"对话框，输入要提取的单元格及提取位数，如图 8-59 所示，单击"确定"按钮。

图 8-58　输入带有区号的电话号码

图 8-59　输入参数

步骤 3 生成公式=RIGHT(A3,8)，提取后的电话号码显示在目标单元格中，如图 8-60 所示。

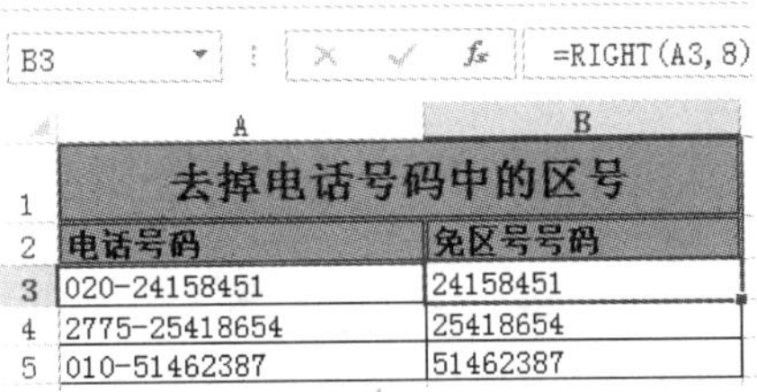

图 8-60　提取后电话号码

提示

函数 RIGHT 面向使用单字节字符集（SBCS）的语言，而函数 RIGHTB 面向使用双字节字符集（DBCS）的语言。

8.3.8 应用 REPLACE、REPLACEB 函数替代文本

功能：使用 REPLACE 函数将部分文本字符串替换为指定的文本字符串。

使用 REPLACEB 函数将其他文本字符串根据所指定的字节数替换某文本字符串中的部分字符。

格式：REPLACE(old_text, start_num, num_chars, new_text)。

REPLACEB(old_text, start_num, num_bytes, new_text)。

参数：old_text（必需）。要替换其部分字符的文本字符串。

start_num（必需）。old_text 中要替换为 new_text 的字符位置。

num_char（必需）。old_text 中使用 new_text 来进行替换的字符数。

num_byte（必需）。old_text 中使用 new_text 来进行替换的字节数。

new_text（必需）。将替换 old_text 中字符的文本字符串。

REPLACE 和 REPLACEB 函数不支持单元格区域引用，否则将返回错误值#VALUE。

下面实例以替换的方式修改学生学号。由于学校扩招，需要修改所有学生的学号。修改方法是将原来学号的前缀"10"改为"101"，具体操作步骤如下。

步骤 1 输入学生的学号信息，选择目的单元格 C3，如图 8-61 所示。

步骤 2 单击"公式">"函数库">"文本">"REPLACE"选项，弹出"函数参数"对话框，输入用于替换的数据，如图 8-62 所示，单击"确定"按钮。

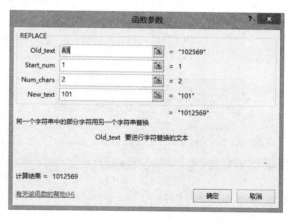

图 8-61　输入学生的学号信息　　　　　　　　图 8-62　输入参数

步骤 3 生成公式=REPLACE(A3,1,2,101)，新的学号显示在目标单元格中，如图 8-63 所示。

图 8-63　显示新的学号

提示

在升级电话号码、身份证号码时，REPLACE 函数的应用十分广泛。

8.3.9 应用 SUBSTITUTE 函数替换文本

功能：使用 SUBSTITUTE 函数在文本字符串中用新文本替换旧文本。

格式：SUBSTITUTE(text, old_text, new_text, [instance_num])。

参数：text（必需）。需要替换其中字符的文本，或对含有文本（需要替换其中字符）的单元格的引用。

old_text（必需）。需要替换的文本。

new_text（必需）。用于替换 old_text 的文本。

instance_num（可选）。指定要用 new_text 替换 old_text 的事件。

要替换的文本参数 text 既可以是直接引用的字符，也可以是单元格引用的字符。

下面实例使用 SUBSTITUE 函数将每个人的生日日期格式中年和月之间的"."改为"/"，具体操作步骤如下。

步骤 1 输入需要替换格式的出生年月信息，选择目的单元格 C3，如图 8-64 所示。

步骤 2 单击"公式">"函数库">"文本">"SUBSTITUTE"选项，弹出"函数参数"对话框，输入要替换的旧文本和新文本，如图 8-65 所示，单击"确定"按钮。

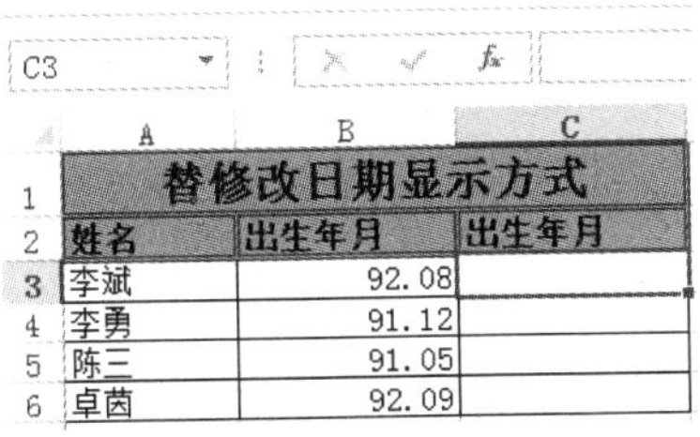

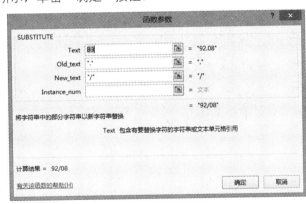

图 8-64 输入日期　　　　　　　　　　　　图 8-65 输入参数

步骤 3 生成公式=SUBSTITUTE(B3,".","/")，修改后的日期显示在目标单元格中，如图 8-66 所示。

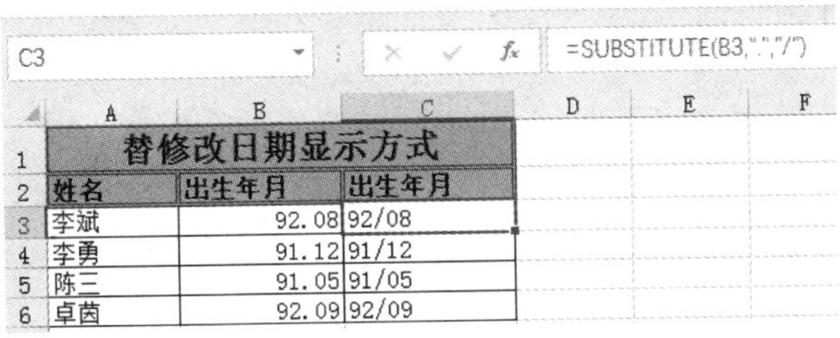

图 8-66 修改后的日期

> **提示**
>
> 如果需要在某一文本字符串中替换指定的文本，可使用函数 SUBSTITUTE；如果需要在某一文本字符串中替换指定位置处的任意文本，可使用函数 REPLACE。

8.4　文本删除和复制函数

文本比较函数有 EXACT，文本删除函数有 CLEAN、TRIM、REPT，下面介绍这些函数的具体应用技巧。

8.4.1　应用 EXACT 函数比较两个字符串并返回逻辑值

功能：使用 EXACT 函数比较两个文本字符串，如果它们完全相同，则返回 TRUE，否则返回 FALSE。

格式：EXACT(text1, text2)。

参数：text1（必需）。第一个文本字符串。

text2（必需）。第二个文本字符串。

EXACT 函数区分大小写，但忽略格式上的差异，也就是说，如果两个相同的字符串一个是大写，一个是小写，函数将返回 FALSE。使用 EXACT 函数可以检验在文档中输入的文本。

下面实例比较采购 1 部和采购 2 部同一产品的采购价格是否一致，具体操作步骤如下。

步骤 1 输入产品的名称和采购价格，选择目标单元格 D3，如图 8-67 所示。

步骤 2 单击"公式">"函数库">"文本">"EXACT"选项，弹出"函数参数"对话框，分别选择两个比较的数据源，如图 8-68 所示，单击"确定"按钮。

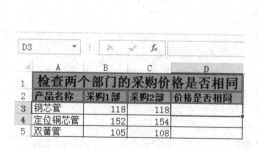

图 8-67　输入产品的名称和采购价格

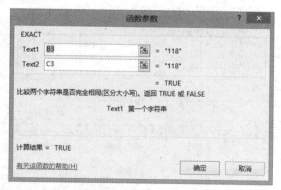

图 8-68　输入参数

步骤 3 生成公式=EXACT(B3,C3)，比较后的结果显示在目标单元格中，TRUE 表示价格相同，如图 8-69 所示。

	A	B	C	D
1	检查两个部门的采购价格是否相同			
2	产品名称	采购1部	采购2部	价格是否相同
3	钢芯管	118	118	TRUE
4	定位铜芯管	152	154	FALSE
5	双簧管	105	108	FALSE

D3 =EXACT(B3,C3)

图 8-69　比较后的结果

提示

与 IF 函数组合使用效果更好: 上例中的返回结果并不直观,可以使用 IF 函数来修改公式,例如使用 IF(EXACT(B3,C3),"相同","不同"),能够更直观地将返回结果表示出来。

8.4.2　应用 CLEAN 函数删除文本中不能打印的字符

功能:使用 CLEAN 函数删除文本中所有不能打印的字符。例如,可以删除通常出现在数据文件头部或尾部、无法打印的低级计算机代码。

格式:CLEAN(text)。

参数:text(必需)。要从中删除非打印字符的任何文本。

使用 CLEAN 函数可以删除文本中的非打印字符。例如,可以使用 CLEAN 函数删除某些通常出现在数据文件开头和结尾处且无法打印的低级计算机代码。

下面实例删除文本中不小心输入的所有非打印字符,具体操作步骤如下。

步骤 1 输入带有非打印字符的字符串,选择目标单元格 C3,如图 8-70 所示。

步骤 2 单击"公式">"函数库">"文本">"CLEAN"选项,弹出"函数参数"对话框,输入要转换的源单元格,如图 8-71 所示,单击"确定"按钮。

	A	B	C
1	删除文本中所有非打印字		
2		带有非打印字符的文本	删除非打印字符后的文本
3	住址	河北联合大学网络中心	
4	姓名	鲜于♪单茜	

图 8-70　输入带有非打印字符的字符串

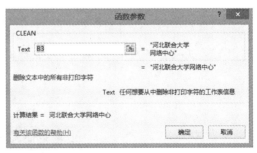

图 8-71　输入 B3

步骤 3 生成公式=CLEAN(B3),删除了不能打印的换行字符和特殊字符,如图 8-72 所示。

	A	B	C
1	删除文本中所有非打印字		
2		带有非打印字符的文本	删除非打印字符后的文本
3	住址	河北联合大学网络中心	河北联合大学网络中心
4	姓名	鲜于♪单茜	鲜于单茜

C3 =CLEAN(B3)

图 8-72　删除后的结果

8.4.3 应用 TRIM 函数清除文本中的空格

功能：使用 TRIM 函数除了单词之间的单个空格之外，移除文本字符串中的所有空格。

格式：TRIM(text)。

参数：text（必需）。要从中移除空格的文本字符串。

TRIM 函数经常用于处理从一个应用程序收到的可能含有不规则间距的文本。如果参数 text 是直接输入的文本，则需要给文本加上双引号，否则函数将返回错误值#VALUE!。

下面实例删除英文短句中的多余空格。简单的英文句子，每个单词之间超过一个空格，可使用 TRIM 函数移除除了单词之间的单个空格之外的所有空格，具体操作步骤如下。

步骤1 输入原始的英文短句，选择目的单元格 B3，如图 8-73 所示。

步骤2 单击"公式">"函数库">"文本">"TRIM"选项，弹出"函数参数"对话框，输入需要删除空格的数据所在的单元格，如图 8-74 所示，单击"确定"按钮。

图 8-73　输入原始的英文短句

图 8-74　输入 A3

步骤3 生成公式=TRIM(A3)，结果显示在目标单元格中，英文短句中多余的空格被删除，如图 8-75 所示。

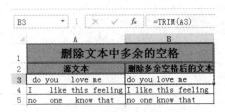

图 8-75　删除空格

提示

TRIM 函数删除文本末尾和字母之间大于一个的多余空格，而不删除字母之间的单个空格。

8.4.4 应用 REPT 函数重复显示文本

功能：使用 REPT 函数将文本重复一定次数，常用于大量复制文本内容。

格式：REPT(text, number_times)。

参数：text（必需）。需要重复显示的文本。

number_times（必需）。用于指定文本重复次数的正数。

使用 REPT 函数可以很方便地在单元格中填充大量的文本字符串。参数 number_times 必须是大于 0 的整数。如果参数是小数，将会被截尾取整。

下面实例重复输入文本，具体操作步骤如下。

步骤 **1** 填写需要重复输入的文本内容，选择目的单元格 C3，如图 8-76 所示。

步骤 **2** 单击"公式">"函数库">"文本">"REPT"选项，弹出"函数参数"对话框，填写文本和重复次数所在的单元格，如图 8-77 所示，单击"确定"按钮。

图 8-76　输入数据

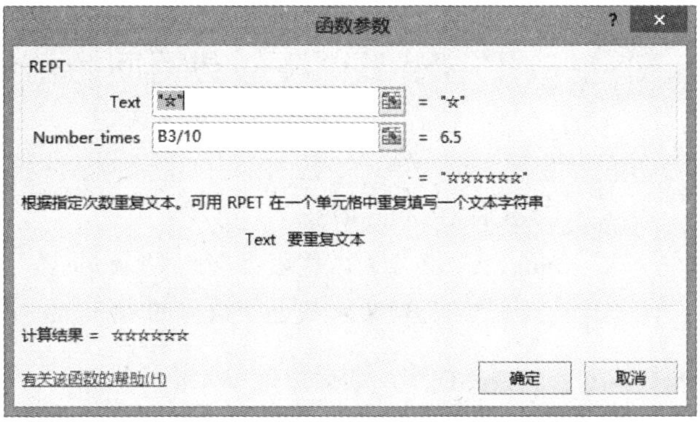

图 8-77　输入参数

步骤 **3** 生成公式=REPT("☆",B3/10)，生成的星号显示在目标单元格中，如图 8-78 所示。

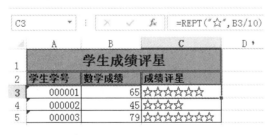

图 8-78　生成星号

可以通过函数 REPT 来不断地重复显示某一文本字符串，对单元格进行填充。

8.5 其他文本函数

除了上述介绍的文本函数之外，Excel 还提供了 PHONETIC、UNICHAR、UNICODE 文本函数。

8.5.1 应用 PHONETIC 函数提取文本字符串中的拼音信息

功能：使用 PHONETIC 函数提取文本字符串中的拼音信息。该函数只适用于日文版。

格式：PHONETIC(reference)。

参数：reference（必需）。文本字符串或对单个单元格或包含日文文本字符串的单元格区域的引用。

由于 PHONETIC 函数只适用于日文版的 Office 系统，本文不再具体介绍。

8.5.2 应用 UNICHAR 函数返回数值的 Unicode 字符

功能：使用 UNICHAR 函数返回由给定数值引用的 Unicode 字符。

格式：UNICHAR(number)。

参数：number（必需）。代表字符的 Unicode 数字。

下面实例用 UNICHAR 函数返回数值的 Unicode 字符，具体操作步骤如下。

步骤 1 输入要转换的数字，选择目的单元格 B3，如图 8-79 所示。

步骤 2 单击"公式"＞"函数库"＞"文本"＞"UNICHAR"选项，弹出"函数参数"对话框，输入要被转换的数字所在单元格，如图 8-80 所示，单击"确定"按钮。

图 8-79　输入要转换的数字

图 8-80　输入 A3

步骤 3 生成公式=UNICHAR(A3)，数字对应的 UNICODE 字符显示在目标单元格中，如图 8-81 所示。

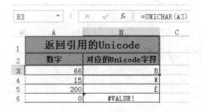

图 8-81　显示数字对应的 UNICODE 字符

提示

通常 Unicode 码由四位十六进制数字组成，范围即 0000~FFFF，虽然 Unicode 码还在扩充定义，但全部为正数，所以当 UNICHAR 函数参数为 0 或者负数时，函数将返回错误值 #VALUE!。

8.5.3 应用 UNICODE 函数返回第一个字符的对应数值

功能：使用 UNICODE 函数返回对应文本的第一个字符的数值。

格式：UNICODE(text)。

参数：text（必需）。text 是要获得其 Unicode 值的文本。

下面实例用 UNICODE 函数返回文本第一个字符的对应数值，具体操作步骤如下。

步骤 1 输入要转换的字符，选择目的单元格 B3，如图 8-82 所示。

步骤 2 单击"公式">"函数库">"文本">"UNICODE"选项，弹出"函数参数"对话框，输入需要转换的字符所在的单元格，如图 8-83 所示，单击"确定"按钮。

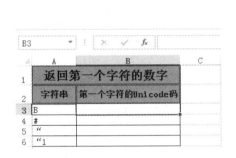

图 8-82　输入要转换的字符

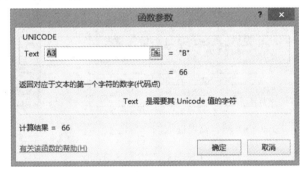

图 8-83　输入 A3

步骤 3 生成公式=UNICODE(A3)，字符对应的 UNICODE 码显示在目标单元格中，如图 8-84 所示。

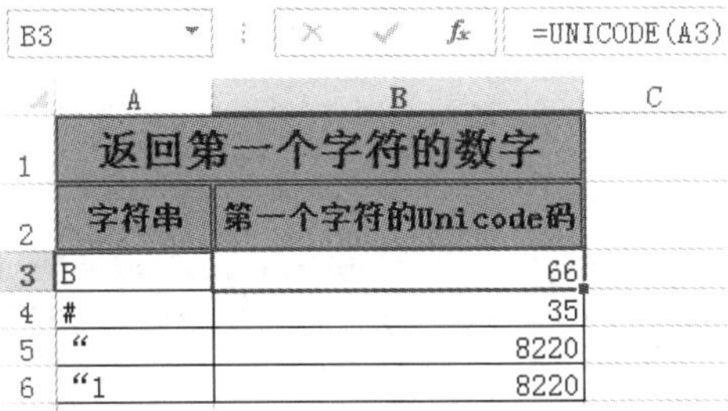

图 8-84　显示字符对应的 UNICODE 码

提示

UNICODE 函数只返回首字母的编码，所以对于字符串和 1，两者返回值是相同的。

8.6 综合实战：提取身份证号中的信息

身份证号中包含着丰富的个人信息，在统计各种个人信息时，可以直接提取身份证号中的信息来使用，例如要查看出生年份主要集中在哪一年，那么可以从输入的身份证号码中提取出个人的出生年份。计算时，先要判断身份证号为 18 位还是 15 位。

实例中使用到的函数有：IF、MID 和 LEN，具体操作步骤如下。

步骤 1 输入需要提取的身份证号，其中包含 18 位和 15 位两种形式，选择目的单元格 C3，如图 8-85 所示。

步骤 2 单击"公式">"函数库">"文本">"LEN"选项，弹出"函数参数"对话框，输入需要计算长度的单元格 B3，如图 8-86 所示，单击"确定"按钮。

图 8-85　输入需要提取的身份证号

图 8-86　输入 B3

步骤 3 生成公式=LEN(B3)，如图 8-87 所示。

步骤 4 单击"插入函数"命令，弹出"函数参数"对话框，插入 IF 函数，第一个参数使用公式 LEN(B3)=18，判断身份证是否为 18 位，第二、三个参数根据不同情况获取身份证中的年份信息，如图 8-88 所示。

图 8-87　生成公式=LEN(B3)

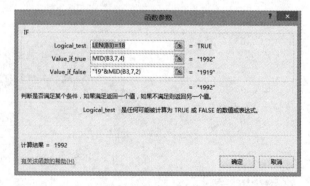

图 8-88　输入参数

步骤 5 生成公式=IF(LEN(B3)=18,MID(B3,7,4),"19"&MID(B3,7,2))，年份信息显示在目标单元格中，如图 8-89 所示。

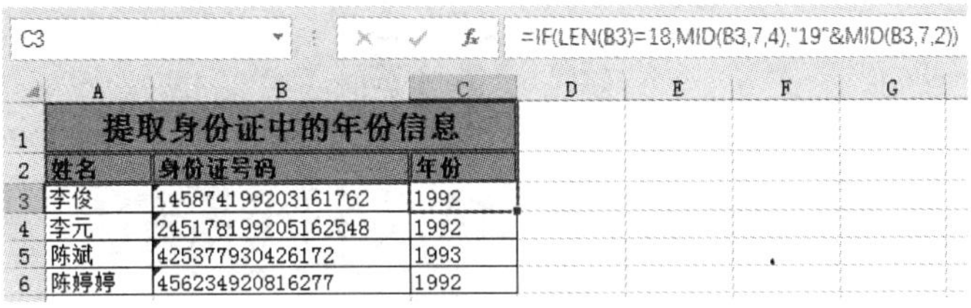

	A	B	C	D	E	F	G
	C3		fx	=IF(LEN(B3)=18,MID(B3,7,4),"19"&MID(B3,7,2))			
1		提取身份证中的年份信息					
2	姓名	身份证号码	年份				
3	李俊	145874199203161762	1992				
4	李元	245178199205162548	1992				
5	陈斌	425377930426172	1993				
6	陈婷婷	456234920816277	1992				

图 8-89　显示年份

提示

本例中，如果是 18 位的身份证号，可直接使用公式 MID(B3,7,4)提取 4 位的年份信息，如果为 15 位的身份证号，则使用 MID(B3,7,2))提取年份后两位，在其前面添加 19 合并为 4 位的年份值。

第9章
数据库与 Web 函数

 学习导读

在 Excel 中包含一些工作表函数，可以对数据清单或数据库中的数据进行处理分析，通过将这类函数称为数字库函数。本章将详细介绍 Excel 中数据库函数的应用以及如何使用这些函数对数据库进行管理。

学习要点

- 学习数据库函数的应用。
- 学习 Web 函数的应用。

9.1 数据库函数概述

数据库是包含一组相关数据的列表，我们把数据库整体叫作清单，其中包含相关信息的行叫作记录，包含数据的列叫作字段。列表的第一行包含着每一行列的标志项。数据库用于提取满足条件的记录，然后得到有用的信息。

9.1.1 数据库函数的共同特点

数据库管理系统通常使用一种或几种表来存储数据。一个数据库的构成样式与 Excel 工作表很类似，数据库表中的每一行称为一条记录，每一列称为一个字段，字段是用来存储特定信息的。Excel 中所包含的数据库函数如图 9-1 所示。

图 9-1　数据库函数

这一类函数具有一些共同特点：

- 每个函数均有三个参数：database、field 和 criteria。这些参数指向函数所使用的工作表区域。
- 除了 GETPIVOTDATA 函数之外，其余十二个函数都以字母 D 开头。
- 如果将字母 D 去掉，可以发现其实大多数数据库函数已经在 Excel 的其他类型函数中出现过了。比如，DAVERAGE 将 D 去掉的话，就是求平均值的函数 AVERAGE。

9.1.2　数据库函数的参数介绍

由于数据库函数具有相同的三个参数，因此将首先介绍一下该类函数的参数，然后再以具体示例来说明数据库函数的应用方法。

该类函数的语法形式为函数名称(database,field,criteria)。

Database 为构成数据清单或数据库的单元格区域。

Field 为指定函数所使用的数据列。数据清单中的数据列必须在第一行具有标志项。Field 可以是文本，即两端带引号的标志项，如“使用年数”或“产量”；此外，Field 也可以是代表数据清单中数据列位置的数字：1 表示第一列，2 表示第二列，等等。

Criteria 为一组包含给定条件的单元格区域。可以为参数 criteria 指定任意区域，只要它至少包含一个列标志和列标志下方用于设定条件的单元格。

9.1.3　数据库函数种类

Excel 中数据库函数是为了提取所需要的数据，然后返回数据库的列中满足指定条件的数据的和或者平均值。在三角函数和统计函数中，也有求和或平均值的函数，但是数据库函数是求满足一定条件下的数据的总和或者平均值，下面我们将对数据库函数进行逐一的介绍。

1. 数据库的计算

这些函数用来对数据库的数据进行求和及乘积，具体函数及其作用参考表 9-1 所示。

表 9-1　数据库的计算

函数名	函数功能及说明
DPRODUCT	将数据库中符合条件的记录的特定字段中的值相乘
DSUM	对数据库中符合条件的记录的字段列中的数字求和

2. 数据库的统计

这些函数用来对数据库中的数据求平均值、最大值、最小值及方差等数据，函数开头都带有表示数据库的字母"D"，如表 9-2 所示为数据库统计函数的说明。

表 9-2　数据库的统计

函数名	函数功能及说明
DAVERAGE	返回所选数据库条目的平均值
DCOUNT	计算数据库中包含数字的单元格的数量
DCOUNTA	计算数据库中非空单元格的数量
DGET	从数据库提取符合指定条件的单个记录
DMAX	返回所选数据库条目的最大值
DMIN	返回所选数据库条目的最小值
DPRODUCT	将数据库中符合条件的记录的特定字段中的值相乘
DSTDEV	基于所选数据库条目的样本估算标准偏差
DSTDEVP	基于所选数据库条目的样本总体计算标准偏差
DSUM	对数据库中符合条件的记录的字段列中的数字求和
DVAR	基于所选数据库条目的样本估算方差
DVARP	基于所选数据库条目的样本总体计算方差
DCOUNT	计算数据库中包含数字的单元格的数量
DCOUNTA	计算数据库中非空单元格的数量
DGET	从数据库提取符合指定条件的单个记录
DMAX	返回所选数据库条目的最大值
DMIN	返回所选数据库条目的最小值
DSTDEV	基于所选数据库条目的样本估算标准偏差
DSTDEVP	基于所选数据库条目的样本总体计算标准偏差
DVAR	基于所选数据库条目的样本估算方差
DVARP	基于所选数据库条目的样本总体计算方差

9.2 数据库函数

数据库的表都是以记录形式存在的，数据库表中的每一行称为一条记录，因为与工作表很类似，因此用户也可以使用 Excel 完成对数据库记录的基本操作。对数据库的基本操作一般包括对记录的添加、查询、更新以及删除等，运用 Excel 中的数据库函数可以完成这些操作，下面介绍数据库函数的应用。

9.2.1 应用 DAVERAGE 函数计算条目的平均值

功能：使用 DAVERAGE 函数对列表或数据库中满足指定条件的记录字段（列）中的数值求平均值。

格式：DAVERAGE(database, field, criteria)。

参数：database（必需）。构成列表或数据库的单元格区域。数据库是包含一组相关数据的列表，其中包含相关信息的行为记录，而包含数据的列为字段。列表的第一行包含每一列的标签。

field（必需）。指定函数所使用的列。输入两端带双引号的列标签，如"使用年数"或"产量"；或是代表列表中列位置的数字（不带引号）：1 表示第一列，2 表示第二列，依此类推。

criteria（必需）。包含指定条件的单元格区域。可以为参数指定 criteria 任意区域，只要此区域包含至少一个列标签，并且列标签下至少有一个在其中为列指定条件的单元格。

下面实例利用 DAVERAGE 函数求取提供数据中高度在 4 以上苹果树的平均产量，具体操作步骤如下。

步骤 1 输入数据，其中 A2:F4 为筛选条件区域，A5:E11 为数据区域，选择目标单元格 D12，如图 9-2 所示。

步骤 2 单击"公式">"函数库">"插入函数"图标，弹出"插入函数"对话框，在选择类型下拉列表中选择"数据库"，在函数列表中选择"DAVERAGE"，单击"确定"按钮，弹出"函数参数"对话框，输入参数，三个参数分别为数据区域、所求的属性和筛选条件，如图 9-3 所示，单击"确定"按钮。

图 9-2　输入数据　　　　　　　　　　　　图 9-3　输入参数

步骤 3 生成公式=DAVERAGE(A5:E11,"产量",A2:B3)，计算结果显示在目标单元格中，如图 9-4 所示。

D12		× ✓ fx	=DAVERAGE(A5:E11,"产量",A2:B3)		
	A	B	C	D	E	F

A	B	C	D	E	F
计算高度在 4 以上的苹果树的平均产量					
树种	高度	使用年数	产量	利润	高度
苹果树	>4				<6
梨树					
树种	高度	使用年数	产量	利润	
苹果树	5.5	20	14	105	
梨树	2.6	12	10	96	
樱桃树	4.1	14	9	105	
苹果树	4.7	15	10	75	
梨树	3.9	8	8	76.8	
苹果树	3.8	9	6	45	
高度在 4 以上的苹果树的平均产量			12		

图 9-4　计算结果

技巧

　　虽然条件区域可以位于工作表的任意位置，但不要将条件区域置于列表的下方。因为如果向列表中添加更多信息，新的信息将会添加在列表下方的第一行。如果列表下方的行不是空行，Excel 将无法添加新的信息。

9.2.2　应用 DCOUNT 函数计算包含数字的单元格的数量

　　功能：使用 DCOUNT 函数返回列表或数据库中满足指定条件的记录字段（列）中包含数字的单元格的个数。

　　格式：DCOUNT(database, field, criteria)。

　　参数：database（必需）。构成列表或数据库的单元格区域。

　　field（必需）。指定函数所使用的列。

　　criteria（必需）。包含所指定条件的单元格区域。

　　下面实例查找高度在 4～6 的苹果树，具体操作步骤如下。

步骤 1 输入数据，其中 A2:F4 为筛选条件区域，A5:E11 为数据区域，选择目标单元格 D13，如图 9-5 所示。

步骤 2 单击"公式"＞"函数库"＞"插入函数"图标，弹出"插入函数"对话框，在选择类型下拉列表中选择"数据库"，在函数列表中选择"DCOUNT"，单击"确定"按钮，弹出"函数参数"对话框，输入参数，三个参数分别为数据区域、所求的属性、筛选条件，如图 9-6 所示，单击"确定"按钮。

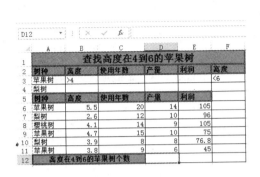

图 9-5　输入数据

图 9-6　输入参数

步骤 3 生成公式=DCOUNT(A5:E11,"使用年数",A2:F3)，计算结果显示在目标单元格中，如图 9-7 所示。

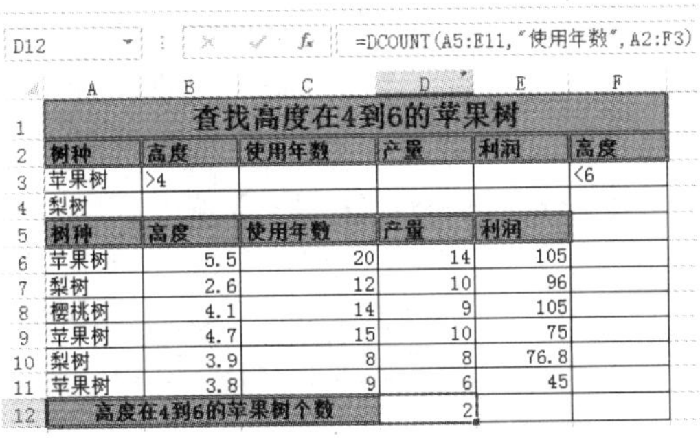

图 9-7　计算结果

9.2.3　应用 DCOUNTA 函数计算非空单元格的数量

功能：使用 DCOUNTA 函数返回列表或数据库中满足指定条件的记录字段（列）中的非空单元格的个数。

格式：DCOUNTA(database, field, criteria)。

参数：database（必需）。构成列表或数据库的单元格区域。

field（可选）。指定函数所使用的列。

criteria（必需）。包含所指定条件的单元格区域。

若要对数据库中的一个完整列执行操作，需在条件区域中的列标签下方加入一个空行。

下面实例使用 DCOUNTA 函数计算高度在 4～6 之间苹果树利润的非空单元格数目，具体操作步骤如下。

步骤 1 输入数据，其中 A2:F4 为筛选条件区域，A5:E11 为数据区域，选择目标单元格中，如图 9-8 所示。

步骤 2 单击"公式">"函数库">"插入函数"图标，弹出"插入函数"对话框，在选择类型下拉列表中选择"数据库"，在函数列表中选择"DCOUNTA"，单击"确定"按钮，弹出"函数参数"对话框，输入参数，三个参数分别为数据区域、所求的属性、筛选条件，如图 9-9 所示，单击"确定"按钮。

图 9-8　输入数据

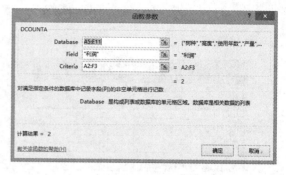

图 9-9　输入参数

步骤 3 生成公式=DCOUNTA(A5:E11,"利润",A2:F3)，计算结果显示在目标单元格中，如图 9-10 所示。

图 9-10　计算结果

　　参数 field 为可选项。如果省略 field，DCOUNTA 将返回数据库中满足条件的所有记录数。

9.2.4　应用 DGET 函数计算符合条件的记录

　　功能：使用 DGET 函数从列表或数据库的列中提取符合指定条件的单个值。

　　格式：DGET(database, field, criteria)。

　　参数：database（必需）。构成列表或数据库的单元格区域。

　　field（必需）。指定函数所使用的列。

　　criteria（必需）。包含所指定条件的单元格区域。可以为参数 criteria 指定任意区域，只要此区域包含至少一个列标签，并且列标签下方包含至少一个指定列条件的单元格。

　　如果没有满足条件的记录，则函数 DGET 将返回错误值#VALUE!。

　　如果有多个记录满足条件，则函数 DGET 将返回错误值#NUM!。

　　下面实例使用 DGET 函数计算高度在 5～6 之间苹果树的产量，具体操作步骤如下。

步骤 1 输入数据，其中 A2:F4 为筛选条件区域，A5:E11 为数据区域，选择目标单元格 D12，如图9-11 所示。

步骤 **2** 单击"公式">"函数库">"插入函数"图标，弹出"插入函数"对话框，在选择类型下拉列表中选择"数据库"，在函数列表中选择"DGET"，单击"确定"按钮，弹出"函数参数"对话框，输入参数，三个参数分别为数据区域、所求的属性、筛选条件，如图9-12所示，单击"确定"按钮。

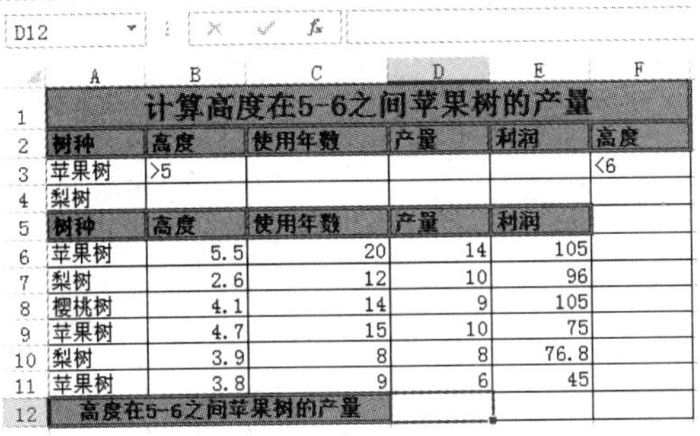

图 9-11　输入数据

图 9-12　输入参数

步骤 **3** 生成公式=DGET(A5:E11,"产量",A2:F3)，计算结果显示在目标单元格中，即高度在3~6之间苹果树的产量为14，如图9-13所示。

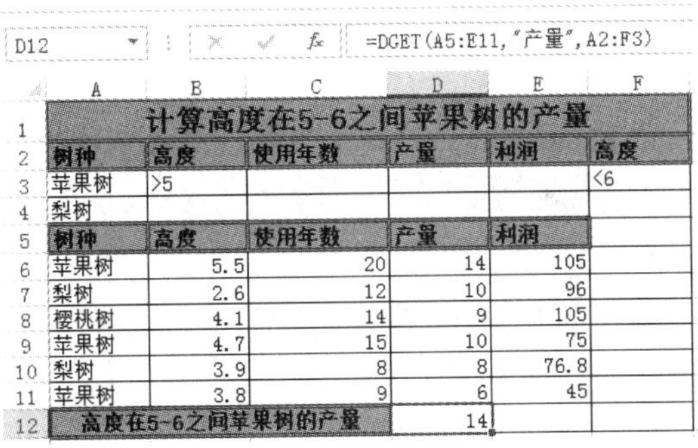

图 9-13　计算结果

9.2.5　应用 DMAX 函数计算符合条件的最大数值

功能：使用 DMAX 函数返回列表或数据库中满足指定条件的记录字段（列）中的最大数字。

格式：DMAX(database, field, criteria)。

参数：database（必需）。构成列表或数据库的单元格区域。

field（必需）。指定函数所使用的列。指定函数所使用的列。输入两端带双引号的列标签，如"使用年数"或"产量"；或是代表列在列表中的位置的数字（不带引号）：1表示第一列，2表示第二列，依此类推。

criteria（必需）。包含所指定条件的单元格区域。可以为参数 criteria 指定任意区域，只要此区域包含至少一个列标签，并且列标签下方包含至少一个指定列条件的单元格。

下面实例使用 DMAX 函数计算高度在3~6之间苹果树的产量最大值，具体操作步骤如下。

步骤 **1** 输入数据，其中 A2:F4 为筛选条件区域，A5:E11 为数据区域，选择目标单元格 D12，如图9-14所示。

步骤 2 单击"公式">"函数库">"插入函数"图标，弹出"插入函数"对话框，在选择类型下拉列表中选择"数据库"，在函数列表中选择"DMAX"，单击"确定"按钮，弹出"函数参数"对话框，输入参数，三个参数分别为数据区域、所求的属性、筛选条件，如图 9-15 所示，单击"确定"按钮。

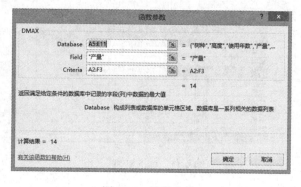

图 9-14　输入数据　　　　　　　　　　　　　　图 9-15　输入参数

步骤 3 生成公式=DMAX(A5:E11,"产量",A2:F3)，计算结果显示在目标单元格中，即高度在 3~6 之间苹果树的产量最大值为 14，如图 9-16 所示。

	A	B	C	D	E	F
1	计算高度在3-6之间苹果树的产量最大值					
2	树种	高度	使用年数	产量	利润	高度
3	苹果树	>3				<6
4	梨树					
5	树种	高度	使用年数	产量	利润	
6	苹果树	5.5	20	14	105	
7	梨树	2.6	12	10	96	
8	樱桃树	4.1	14	9	105	
9	苹果树	4.7	15	10	75	
10	梨树	3.9	8	8	76.8	
11	苹果树	3.8	9	6	45	
12	高度在3-6之间苹果树的产量最大值			14		

图 9-16　计算结果

9.2.6　应用 DMIN 函数计算符合条件的最小数值

功能： 使用 DMIN 函数返回列表或数据库中满足指定条件的记录字段（列）中的最小数字。

格式： DMIN(Database, field, criteria)。

参数： database（必需）。构成列表或数据库的单元格区域。数据库是包含一组相关数据的列表，其中包含相关信息的行为记录，而包含数据的列为字段。列表的第一行包含每一列的标签。

field（必需）。指定函数所使用的列。输入两端带双引号的列标签，如"使用年数"或"产量"；或是代表列在列表中的位置的数字（不带引号）：1 表示第一列，2 表示第二列，依此类推。

criteria（必需）。包含所指定条件的单元格区域。可以为参数 criteria 指定任意区域，只要此区域包含至少一个列标签，并且列标签下方包含至少一个指定列条件的单元格。

下面实例使用 DMIN 函数计算高度在 3~6 之间苹果树的利润最小值，具体操作步骤如下。

步骤 1 输入数据，其中 A2:F4 为筛选条件区域，A5:E11 为数据区域，选择目标单元格 D12，如图 9-17 所示。

步骤 2 单击"公式">"函数库">"插入函数"图标，弹出"插入函数"对话框，在选择类型下拉列表中选择"数据库"，在函数列表中选择"DMIN"，单击"确定"按钮，弹出"函数参数"对话框，输入参数，三个参数分别为数据区域、所求的属性、筛选条件，如图 9-18 所示，单击"确定"按钮。

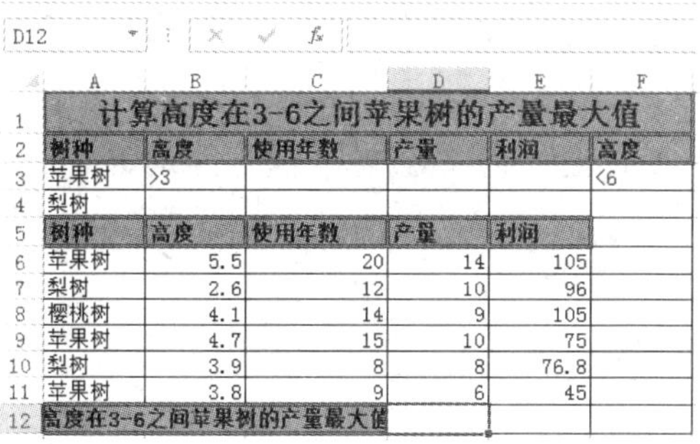

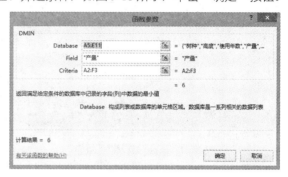

图 9-17　输入数据　　　　　　　　　　图 9-18　输入参数

步骤 3 生成公式=DMIN(A5:E11,"产量",A2:F3)，计算结果显示在目标单元格中，即高度在 3～6 之间苹果树的利润最小值为 6，如图 9-19 所示。

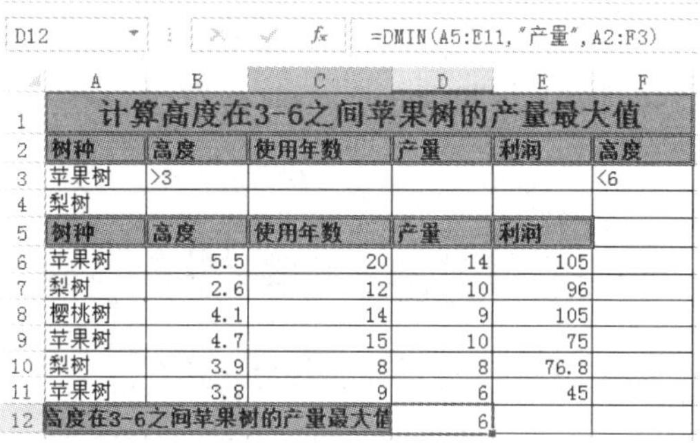

图 9-19　计算结果

9.2.7　应用 DPRODUCT 函数计算指定数值的乘积

功能：使用 DPRODUCT 函数返回列表或数据库中满足指定条件的记录字段（列）中的数值的乘积。

格式：DPRODUCT(database, field, criteria)。

参数：database（必需）。构成列表或数据库的单元格区域。数据库是包含一组相关数据的列表，其中包含相关信息的行为记录，而包含数据的列为字段。列表的第一行包含每一列的标签。

field（必需）。指定函数所使用的列。输入两端带双引号的列标签，如"使用年数"或"产量"；或是代表列在列表中的位置的数字（不带引号）：1 表示第一列，2 表示第二列，依此类推。

criteria（必需）。包含所指定条件的单元格区域。可以为参数 criteria 指定任意区域，只要此区域包含至少一个列标签，并且列标签下方包含至少一个指定列条件的单元格。

下面实例使用 DPRODUCT 函数计算高度在 3～6 之间苹果树的产量之积，具体操作步骤如下。

步骤 1 输入数据，其中 A2:F4 为筛选条件区域，A5:E11 为数据区域，选择目标单元格 D12，如图 9-20 所示。

步骤 2 单击"公式">"函数库">"插入函数"图标，弹出"插入函数"对话框，在选择类型下拉列表中选择"数据库"，在函数列表中选择"DPRODUCT"，单击"确定"按钮，弹出"函数参数"对话框，输入参数，三个参数分别为数据区域、所求的属性、筛选条件，如图 9-21 所示，单击"确定"按钮。

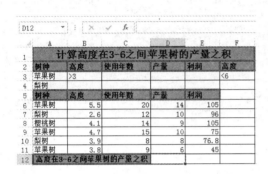

图 9-20　输入数据

图 9-21　输入参数

步骤 3 生成公式=DPRODUCT(A5:E11,"产量",A2:F3)，计算结果显示在目标单元格中，即高度在 3～6 之间苹果树的产量之积为 840，如图 9-22 所示。

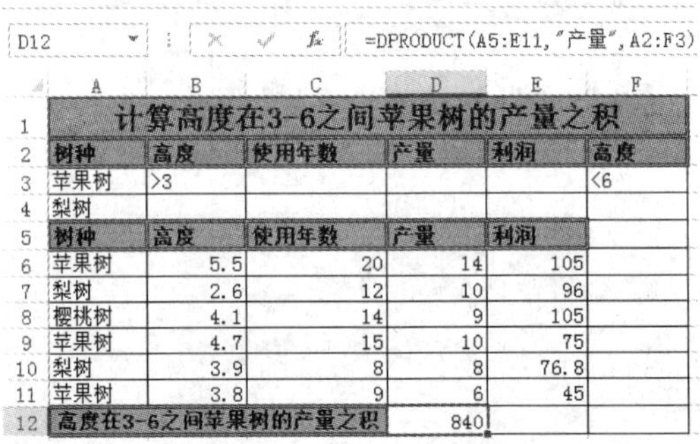

图 9-22　计算结果

9.2.8　应用 DSTDEV 函数计算样本的估算标准偏差

功能：使用 DSTDEV 函数返回利用列表或数据库中满足指定条件的记录字段（列）中的数字作为一个样本估算出的总体标准偏差。

格式：DSTDEV(database, field, criteria)。

参数：database（必需）。构成列表或数据库的单元格区。数据库是包含一组相关数据的列表，其中包含相关信息的行为记录，而包含数据的列为字段。列表的第一行包含每一列的标签。

field（必需）。指定函数所使用的列。输入两端带双引号的列标签，如"使用年数"或"产量"；或是代表列在列表中的位置的数字（不带引号）：1 表示第一列，2 表示第二列，依此类推。

criteria（必需）。包含所指定条件的单元格区域。可以为参数 criteria 指定任意区域，只要此区域包含至少一个列标签，并且列标签下方包含至少一个指定列条件的单元格。

下面实例使用 DSTDEV 函数计算苹果树产量的标准偏差，具体操作步骤如下。

步骤 1 输入数据，其中 A2:F4 为筛选条件区域，A5:E11 为数据区域，选择目标单元格 D12，如图 9-23 所示。

步骤 2 单击“公式”>“函数库”>“插入函数”图标，弹出“插入函数”对话框，在选择类型下拉列表中选择“数据库”，在函数列表中选择“DSTDEV”，单击“确定”按钮，弹出“函数参数”对话框，输入参数，三个参数分别为数据区域、所求的属性、筛选条件，如图 9-24 所示，单击“确定”按钮。

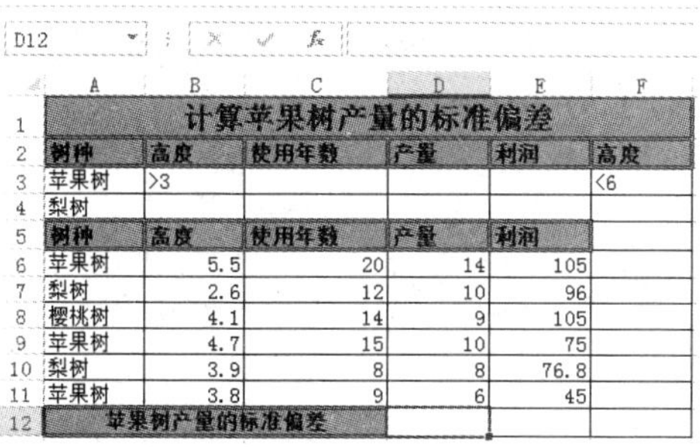

	A	B	C	D	E	F
1	计算苹果树产量的标准偏差					
2	树种	高度	使用年数	产量	利润	高度
3	苹果树	>3				<6
4	梨树					
5	树种	高度	使用年数	产量	利润	
6	苹果树	5.5	20	14	105	
7	梨树	2.6	12	10	96	
8	樱桃树	4.1	14	9	105	
9	苹果树	4.7	15	10	75	
10	梨树	3.9	8	8	76.8	
11	苹果树	3.8	9	6	45	
12	苹果树产量的标准偏差					

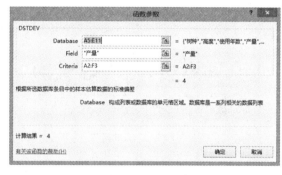

图 9-23　输入数据

图 9-24　输入参数

步骤 3 生成公式=DSTDEV(A5:E11,"产量",A2:F3)，计算结果显示在目标单元格中，即苹果树产量的标准偏差为 4，如图 9-25 所示。

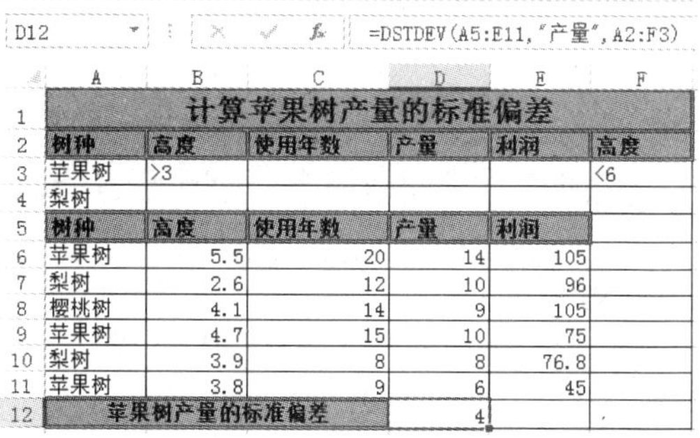

=DSTDEV(A5:E11,"产量",A2:F3)

	A	B	C	D	E	F
1	计算苹果树产量的标准偏差					
2	树种	高度	使用年数	产量	利润	高度
3	苹果树	>3				<6
4	梨树					
5	树种	高度	使用年数	产量	利润	
6	苹果树	5.5	20	14	105	
7	梨树	2.6	12	10	96	
8	樱桃树	4.1	14	9	105	
9	苹果树	4.7	15	10	75	
10	梨树	3.9	8	8	76.8	
11	苹果树	3.8	9	6	45	
12	苹果树产量的标准偏差			4		

图 9-25　计算结果

9.2.9 应用 DSTDEVP 函数计算总体样本的标准偏差

功能：使用 DSTDEVP 函数返回利用列表或数据库中满足指定条件的记录字段（列）中的数字作为样本总体计算出的总体标准偏差。

格式：DSTDEVP(database, field, criteria)。

参数：database（必需）。构成列表或数据库的单元格区域。数据库是包含一组相关数据的列表，其中包含相关信息的行为记录，而包含数据的列为字段。列表的第一行包含每一列的标签。

field（必需）。指定函数所使用的列。输入两端带双引号的列标签，如"使用年数"或"产量"；或是代表列在列表中的位置的数字（不带引号）：1 表示第一列，2 表示第二列，依此类推。

criteria（必需）。包含所指定条件的单元格区域。

下面实例使用 DSTDEVP 函数计算苹果树产量的标准偏差，具体操作步骤如下。

步骤 1 输入数据，其中 A2:F4 为筛选条件区域，A5:E11 为数据区域，选择目标单元格 D12，如图 9-26 所示。

步骤 2 单击“公式”>“函数库”>“插入函数”图标，弹出“插入函数”对话框，在选择类型下拉列表中选择“数据库”，在函数列表中选择“DSTDEVP”，单击“确定”按钮，弹出“函数参数”对话框，输入参数，三个参数分别为数据区域、所求的属性、筛选条件，如图 9-27 所示，单击“确定”按钮。

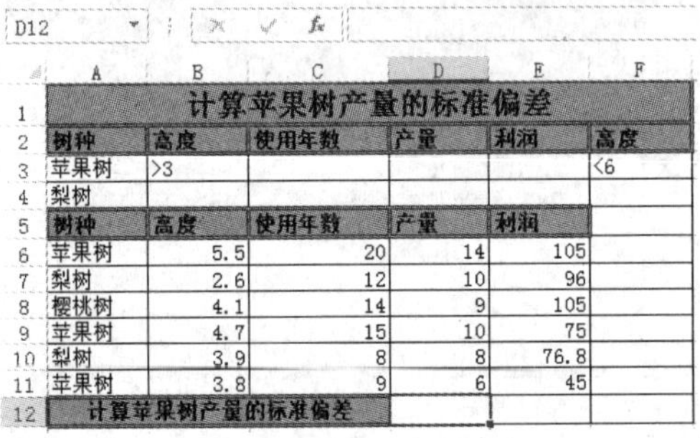

	A	B	C	D	E	F
1	计算苹果树产量的标准偏差					
2	树种	高度	使用年数	产量	利润	高度
3	苹果树	>3				<6
4	梨树					
5	树种	高度	使用年数	产量	利润	
6	苹果树	5.5	20	14	105	
7	梨树	2.6	12	10	96	
8	樱桃树	4.1	14	9	105	
9	苹果树	4.7	15	10	75	
10	梨树	3.9	8	8	76.8	
11	苹果树	3.8	9	6	45	
12	计算苹果树产量的标准偏差					

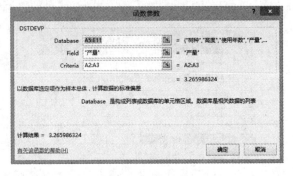

图 9-26　输入数据

图 9-27　输入参数

步骤 3 生成公式=DSTDEVP(A5:E11,"产量",A2:A3)，计算结果显示在目标单元格中，即苹果树产量的标准偏差为 3.265986，如图 9-28 所示。

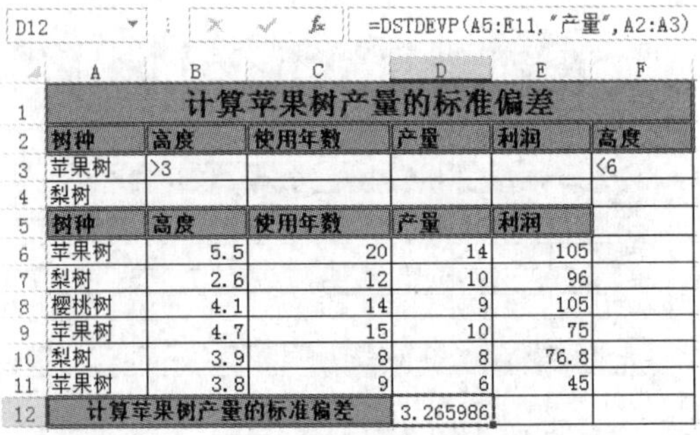

	A	B	C	D	E	F
1	计算苹果树产量的标准偏差					
2	树种	高度	使用年数	产量	利润	高度
3	苹果树	>3				<6
4	梨树					
5	树种	高度	使用年数	产量	利润	
6	苹果树	5.5	20	14	105	
7	梨树	2.6	12	10	96	
8	樱桃树	4.1	14	9	105	
9	苹果树	4.7	15	10	75	
10	梨树	3.9	8	8	76.8	
11	苹果树	3.8	9	6	45	
12	计算苹果树产量的标准偏差			3.265986		

图 9-28　计算结果

9.2.10　应用 DSUM 函数计算指定数值的和

功能：使用 DSUM 函数返回列表或数据库中满足指定条件的记录字段（列）中的数字之和。

格式：DSUM(database, field, criteria)。

参数：database（必需）。构成列表或数据库的单元格区域。数据库是包含一组相关数据的列表，其中包含相关信息的行为记录，而包含数据的列为字段。列表的第一行包含每一列的标签。

field（必需）。指定函数所使用的列。输入两端带双引号的列标签，如"使用年数"或"产量"；或是代表列在列表中的位置的数字（不带引号）：1 表示第一列，2 表示第二列，依此类推。

criteria（必需）。包含所指定条件的单元格区域。

下面实例使用 DSUM 函数计算苹果树利润总和，具体操作步骤如下。

步骤1 输入数据，其中 A2:F4 为筛选条件区域，A5:E11 为数据区域，选择目标单元格 D12，如图 9-29 所示。

步骤2 单击"公式">"函数库">"插入函数"图标，弹出"插入函数"对话框，在选择类型下拉列表中选择"数据库"，在函数列表中选择"DSUM"，单击"确定"按钮，弹出"函数参数"对话框，输入参数，三个参数分别为数据区域、所求的属性、筛选条件，如图 9-30 所示，单击"确定"按钮。

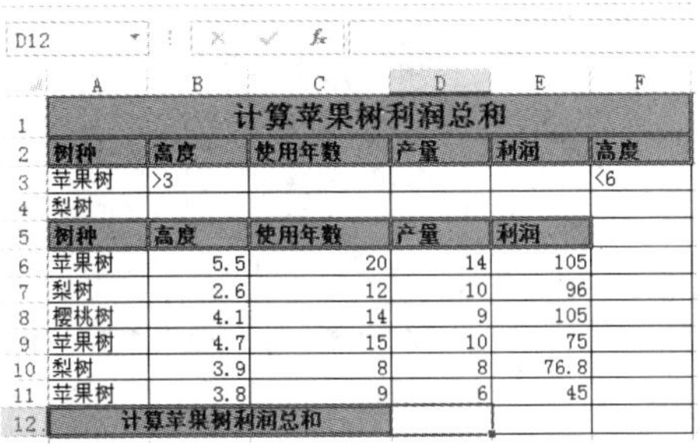

图 9-29　输入数据　　　　　　　　　　　　　图 9-30　输入参数

步骤3 生成公式=DSUM(A5:E11,"利润",A2:A3)，计算结果显示在目标单元格中，即苹果树利润总和为 225，如图 9-31 所示。

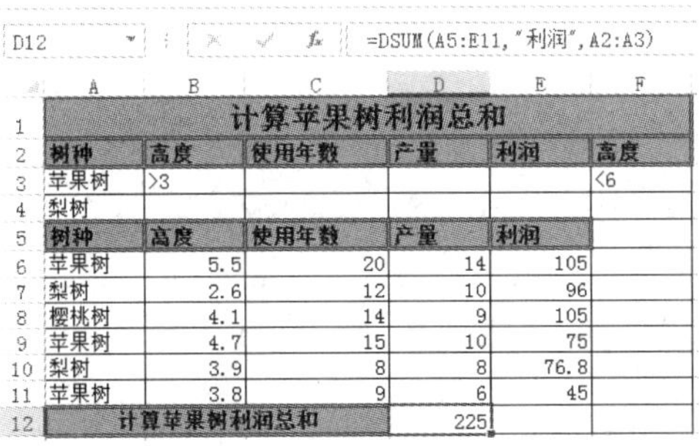

图 9-31　计算结果

9.2.11　应用 DVAR 函数计算样本方差

功能：使用 DVAR 函数返回利用列表或数据库中满足指定条件的记录字段（列）中的数字作为一个样本估算出的总体方差。

格式：DVAR(database, field, criteria)。

参数：database（必需）。构成列表或数据库的单元格区域。数据库是包含一组相关数据的列表，其中包含相关信息的行为记录，而包含数据的列为字段。列表的第一行包含每一列的标签。

field（必需）。指定函数所使用的列。输入两端带双引号的列标签，如"使用年数"或"产量"；或是代表列在列表中的位置的数字（不带引号）：1 表示第一列，2 表示第二列，依此类推。

criteria（必需）。包含所指定条件的单元格区域。可以为参数 criteria 指定任意区域，只要此区域包含至少一个列标签，并且列标签下方包含至少一个指定列条件的单元格。

下面实例使用 DVAR 函数计算苹果树产量的方差，具体操作步骤如下。

步骤 1 输入数据，其中 A2:F4 为筛选条件区域，A5:E11 为数据区域，选择目标单元格 D12，如图 9-32 所示。

步骤 2 单击"公式">"函数库">"插入函数"图标，弹出"插入函数"对话框，在选择类型下拉列表中选择"数据库"，在函数列表中选择"DVAR"，单击"确定"按钮，弹出"函数参数"对话框，输入参数，三个参数分别为数据区域、所求的属性、筛选条件，如图 9-33 所示，单击"确定"按钮。

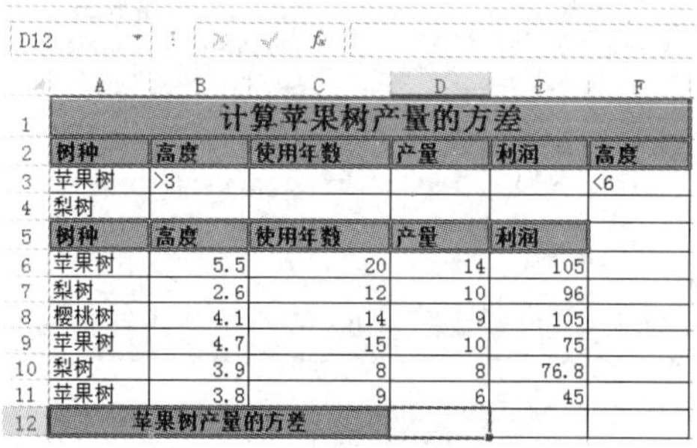

图 9-32 输入数据

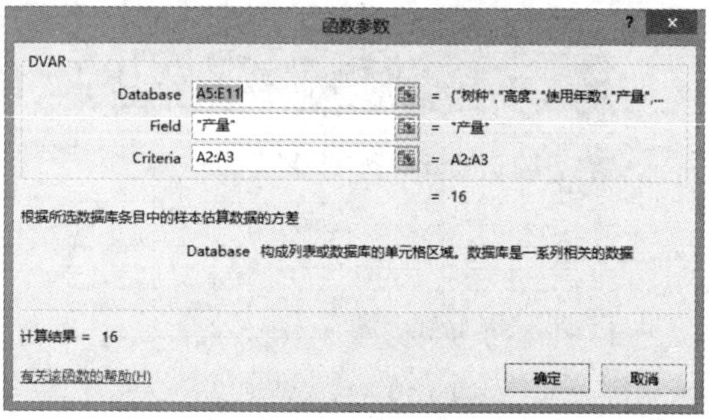

图 9-33 输入参数

步骤 3 生成公式=DVAR(A5:E11,"产量",A2:A3)，计算结果显示在目标单元格中，即苹果树产量的方差为 16，如图 9-34 所示。

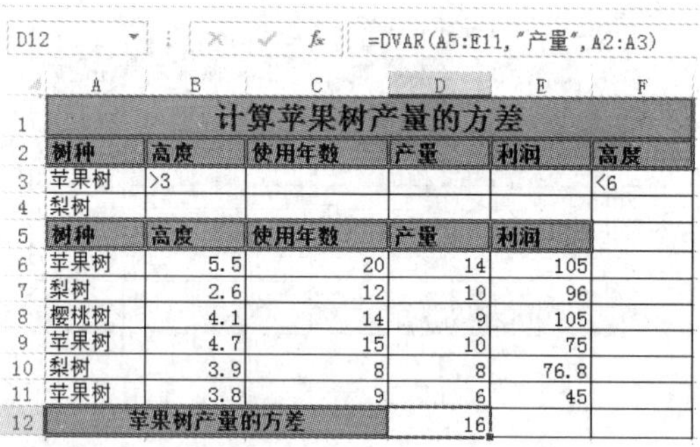

图 9-34 计算结果

9.2.12 应用 DVARP 函数计算总体方差

功能：通过使用列表或数据库中满足指定条件的记录字段（列）中的数字计算样本总体的样本总体方差。

格式：DVARP(database, field, criteria)。

参数：database（必需）。构成列表或数据库的单元格区域。数据库是包含一组相关数据的列表，其中包含相关信息的行为记录，而包含数据的列为字段。列表的第一行包含每一列的标签。

field（必需）。指定函数所使用的列。输入两端带双引号的列标签，如"使用年数"或"产量"；或是代表列表中列位置的数字（不带引号）：1 表示第一列，2 表示第二列，依此类推。

criteria（必需）。包含所指定条件的单元格区域。可以为参数指定 criteria 任意区域，只要此区域包含至少一个列标签，并且列标签下至少有一个在其中为列指定条件的单元格。

下面实例使用 DVARP 函数根据样本总体算出苹果树产量的方差，具体操作步骤如下。

步骤 1 输入数据，其中 A2:F4 为筛选条件区域，A5:E11 为数据区域，选择目标单元格 D12，如图 9-35 所示。

步骤 2 单击"公式">"函数库">"插入函数"图标，弹出"插入函数"对话框，在选择类型下拉列表中选择"数据库"，在函数列表中选择"DVARP"，单击"确定"按钮，弹出"函数参数"对话框，输入参数，三个参数分别为数据区域、所求的属性、筛选条件，如图 9-36 所示，单击"确定"按钮。

图 9-35　输入数据

图 9-36　输入参数

步骤 3 生成公式=DVARP(A5:E11,"产量",A2:A3)，计算结果显示在目标单元格中，即根据样本总体算出苹果树产量的方差为 10.66667，如图 9-37 所示。

	A	B	C	D	E	F
1	计算苹果树产量的方差					
2	树种	高度	使用年数	产量	利润	高度
3	苹果树	>3				<6
4	梨树					
5	树种	高度	使用年数	产量	利润	
6	苹果树	5.5	20	14	105	
7	梨树	2.6	12	10	96	
8	樱桃树	4.1	14	9	105	
9	苹果树	4.7	15	10	75	
10	梨树	3.9	8	8	76.8	
11	苹果树	3.8	9	6	45	
12	苹果树产量的方差			10.66667		

图 9-37　计算结果

9.3 Web 函数

使用 Web 函数可以返回 URL 编码的字符串、使用指定的 XPath 从 Xml 内容返回特定的数据或者从 Web 服务返回数据，是针对网络的函数，下面我们将对 Web 函数进行逐一的介绍。用户可以参考表 9-3 中的具体函数及其作用。

表 9-3　Web 函数

函数名	函数功能及说明
ENCODEURL	返回 URL 编码的字符串
FILTERXML	通过使用指定的 XPath，返回 XML 内容中的特定数据
WEBSERVICE	返回 Web 服务中的数据

9.3.1 应用 ENCODEURL 函数返回 URL 编码的字符串

功能：使用 ENCODEURL 函数返回 URL 编码的字符串。

格式：ENCODEURL(text)。

参数：text（必需）。要进行 URL 编码的字符串。

下面实例将网址进行编码，并返回指定的单元格中，具体操作步骤如下。

步骤 1 输入需要进行编码的网址，选中目标单元格 B3，如图 9-38 所示。

步骤 2 单击"公式">"函数库">"其他函数">"Web">"ENCODEURL"选项，弹出"函数参数"对话框，在第一个参数中输入需要编码网址所在单元格，如图 9-39 所示，单击"确定"按钮。

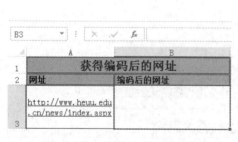

图 9-38　输入需要进行编码的网址

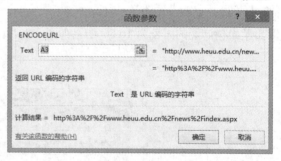

图 9-39　输入 A3

步骤 3 生成公式=ENCODEURL(A3)，编码后的网址显示在目标单元格中，如图 9-40 所示。

图 9-40　编显示码后的网址

258

9.3.2 应用 FILTERXML 函数通过使用指定的 XPath，返回 XML 内容中的特定数据

功能：使用指定的 XPath 从 XML 内容返回特定数据。

格式：FILTERXML(xml, xpath)。

参数：xml（必需）。有效 XML 格式中的字符串。

xpath（必需）。标准 XPath 格式中的字符串。

下面实例演示如何过滤网站内容获取特定信息，具体操作步骤如下。

步骤 1 先使用 WEBSERVICE 函数获得网站的网页信息，选中目标单元格 B5，如图 9-41 所示。

步骤 2 单击"公式">"函数库">"其他函数">"Web">"FILTERXML"选项，弹出"函数参数"对话框，在参数中输入需要获取时间戳的网页所在的单元格及获取的字段，如图 9-42 所示，单击"确定"按钮。

图 9-41　获得网站的网页信息

图 9-42　输入参数

步骤 3 生成公式=FILTERXML(A5,"//rc/@timestamp")，获取的时间戳信息显示在目标单元格中，如图 9-43 所示。

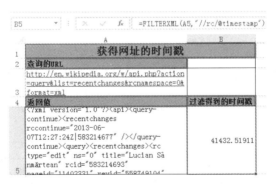

图 9-43　显示获取的时间戳信息

9.3.3 应用 WEBSERVICE 函数返回 Web 服务中的数据

功能：使用 WEBSERVICE 函数从 Web 服务返回数据。

格式：WEBSERVICE(url)。

参数：url（必需）。Web 服务的 URL。

下面实例从百度网站中获取网页信息，并返回单元格中，具体操作步骤如下。

步骤1 输入需要查询的 XML，选中目标单元格 B3，如图 9-44 所示。

步骤2 单击"公式">"函数库">"其他函数">"Web">"WEBSERVICE"选项，弹出"函数参数"对话框，在第一个参数中输入需要查询的网址所在单元格，如图 9-45 所示，单击"确定"按钮。

图 9-44　输入需要查询的 XML

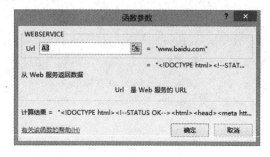

图 9-45　输入 A3

步骤3 生成公式=WEBSERVICE(A3)，查询的网页内容显示在目标单元格中，如图 9-46 所示。

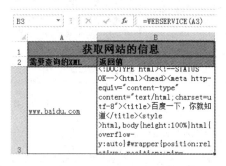

图 9-46　显示查询的网页内容

> **提示**
>
> 如果参数导致含有的字符超过允许的单元格限制（32767 个字符），则 WEBSERVICE 函数返回错误值#VALUE!。

9.4　综合实战：统计分析员工的考试成绩

考试结束后，要对所有员工的考试成绩进行汇总分析，在下面的实例中，可以使用 DMAX 函数和 DMIN 函数来获取男员工年龄在 23～30 之间的最高成绩与及格的员工的最低成绩。

实例使用到的函数有：DMAX、DMIN，具体操作步骤如下。

步骤 1 输入员工的基本信息和考试成绩，选择目标单元格 A12，如图 9-47 所示。

步骤 2 插入 DMAX 函数，求“口语成绩”的最高分，输入必需的参数，条件区域为 D11:E1，如图 9-48 所示。

	A	B	C	D	E	F	G
1	员工考试成绩的统计分析						
2	姓名	考号	性别	年龄	口语成绩	及格	名次
3	丁一	1	男	25	75	1	2
4	李方	2	女	40	82	1	1
5	王立	3	女	20	70	1	4
6	张萌	4	女	22	73	1	3
7	白玉	5	男	26	缺考	无	无
8	李亚文	6	男	24	45	0	7
9	韩芷兰	7	女	22	65	1	5
10	李磊	8	男	30	55	0	6
11	年龄在24-30间的最高成绩			年龄	年龄		
12				>24	<30		
13	及格里面的最低成绩			及格			
14				=1			

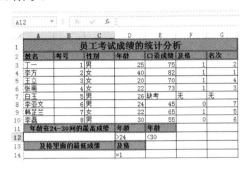

图 9-47　输入员工的基本信息和考试成绩

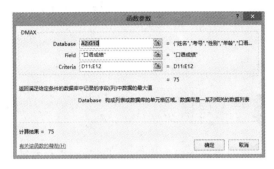

图 9-48　输入参数

步骤 3 生成公式=DMAX(A2:G10,"口语成绩",D11:E12)，计算结果显示在目标单元格 A12 中，如图 9-49 所示。

步骤 4 选择目标单元格 A14，插入 DMIN 函数求及格员工的最低分，输入必需的参数，条件区域为 D13:D14，如图 9-50 所示。

A12　=DMAX(A2:G10,"口语成绩",D11:E12)

	A	B	C	D	E	F	G
1	员工考试成绩的统计分析						
2	姓名	考号	性别	年龄	口语成绩	及格	名次
3	丁一	1	男	25	75	1	2
4	李方	2	女	40	82	1	1
5	王立	3	女	20	70	1	4
6	张萌	4	女	22	73	1	3
7	白玉	5	男	26	缺考	无	无
8	李亚文	6	男	24	45	0	7
9	韩芷兰	7	女	22	65	1	5
10	李磊	8	男	30	55	0	6
11	年龄在24-30间的最高成绩			年龄	年龄		
12	75			>24	<30		
13	及格里面的最低成绩			及格			
14				=1			

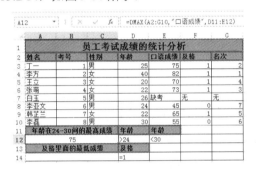

图 9-49　计算结果

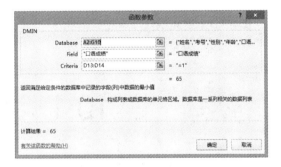

图 9-50　输入参数

步骤 5 生成公式=DMIN(A2:G10,"口语成绩",D13:D14)，计算结果显示在目标单元格 A14 中，如图 9-51 所示。

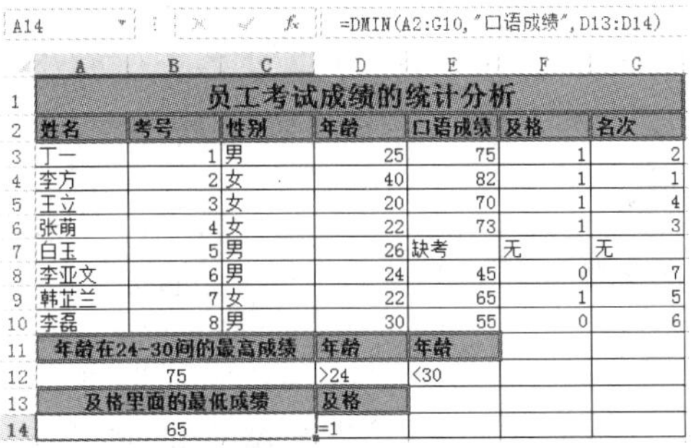

A14　=DMIN(A2:G10,"口语成绩",D13:D14)

	A	B	C	D	E	F	G
1	员工考试成绩的统计分析						
2	姓名	考号	性别	年龄	口语成绩	及格	名次
3	丁一	1	男	25	75	1	2
4	李方	2	女	40	82	1	1
5	王立	3	女	20	70	1	4
6	张萌	4	女	22	73	1	3
7	白玉	5	男	26	缺考	无	无
8	李亚文	6	男	24	45	0	7
9	韩芷兰	7	女	22	65	1	5
10	李磊	8	男	30	55	0	6
11	年龄在24-30间的最高成绩			年龄	年龄		
12	75			>24	<30		
13	及格里面的最低成绩			及格			
14	65			=1			

图 9-51　计算结果

第 10 章
查找和引用函数

 学习导读

本章主要讲解查找与引用函数。查找与引用函数的主要功能是查询各种信息，尤其是在数据量很大的工作表中，查询与引用函数的作用较大。在实际应用中，查找与引用函数会和其他函数一起综合使用，完成复杂的查找及定位功能。在本章中根据函数的性质分为查找函数和引用函数两个小节来进行详细讲解。

学习要点

- 学习查找函数的应用技巧。
- 学习引用函数的应用技巧。

10.1 查找引用函数概述

在 Excel 中，利用查找功能可以查找相关的信息或内容，而使用引用函数是为了减少工作量，下面将对查找与引用函数的分类、用途以及关键点进行介绍。

1. 从目录查找

使用 CHOOSE 函数，根据给定的索引值，可从指定的目录中查找相应值。一般情况下，CHOOSE 函数要和其他函数组合使用。可参考表 10-1 中的函数说明。

表 10-1　目录查找函数

函数名称	函数使用说明
CHOOSE	返回数值参数列表中查找的数值

2. 位置的查找

MATCH 函数可根据给定的数值，在检索范围中显示相应数据的位置。可参考表 10-2 中的函数说明。

表 10-2　位置查找函数

函数名称	函数使用说明
MATCH	在引用或数组中查找值

3. 数据的查找

以查找值为基准，从工作表中查找与该值匹配的值。其中 VLOOKUP 函数是使用频率最高的函数。可参考表 10-3 中的函数说明。

表 10-3　数据查找函数

函数名称	函数使用说明
VLOOKUP	查找首列，并返回指定单元格的值
HLOOKUP	查找首行，并返回指定单元格的值
LOOKUP(向量形式)	在向量中查找一个值
LOKKUP(数值形式)	在数组中查找一个值
INDEX(引用形式)	返回指定单元格的引用
INDEX(数组形式)	返回指定单元格的数值

4. 链接

在指定的文件夹间跳转时使用。可参考表 10-4 中的函数说明。

表 10-4　链接函数

函数名称	函数使用说明
HYPERLINK	创建快捷方式或跳转，以打开存储在网络服务器的文档

5. 提取数据

从支持 COM 自动化的程序中或数据透视表中返回数据。可参考表 10-5 中的函数说明。

表 10-5　提取数据函数

函数名称	函数使用说明
RTD	从支持 COM 的程序中检索实时数据
GETPIVOTDATA	返回存储在数据透视表中的数据

6. 引用单元格

以指定的引用为参照系，通过给定偏移量得到新的引用，也可用于指定行号或列标、单元格等。以此函数返回的结果为基数，可和其他函数组合查找相应的值。可参考表 10-6 中的函数说明。

表 10-6　引用单元格函数

函数名称	函数使用说明
ADDRESS	以文本形式将引用值返回到工作表的单个单元格
OFFSET	从给定引用中返回引用偏移量

（续表）

函数名称	函数使用说明
INDIRECT	返回由文本字符串指定的引用
AREAS	返回引用中包含的区域个数
求引用单元格的行号和列标时使用	
ROW	返回引用的行号
COLUMN	返回引用的列标
求引用或数组的行数或列数时使用	
ROWS	返回引用或数组中包含的行数
COLUMNS	返回引用或数组中包含的列数

7. 行列转置

对行列式进行转置。可参考表 10-7 中的函数说明。

表 10-7　行列转置函数

函数名称	函数使用说明
TRANSPOSE	转置单元格区域

10.2　查找函数

查找函数的主要功能是快速地确定和定位所需要的信息。在实际应用中，可以在工作表或者在多个工作簿中获取需要的信息及数据。本节主要讲解各个查找函数的功能。

10.2.1　应用 ADDRESS 函数以文本形式返回引用值

功能：根据指定行号和列号获得工作表中的某个单元格的地址。

格式：ADDRESS(row_num, column_num, [abs_num], [a1], [sheet_text])。

参数：row_num（必需）。指定要在单元格引用中使用的行号。

column_num（必需）。指定要在单元格引用中使用的列号。

abs_num（可选）。指定要返回的引用类型，可用值如表 10-8 所示。

表 10-8　abs_num 参数后的引用类型

abs_num	返回的引用类型
1 或省略	绝对 URL
2	绝对行号，相对列标
3	相对行号，绝对列标
4	相对单元格引用

a1（可选）。一个逻辑值，指定 A1 或 R1C1 引用样式。在 A1 样式中，列和行将分别按字母和数字顺序添加标签。

sheet_text（可选）。一个文本值，用于指定要用作外部引用的工作表的名称。

在给出指定行号和列标的情况下，可以使用 ADDRESS 函数获取工作表单元格的地址。例如，ADDRESS(2,3)返回$C$2，ADDRESS(77,300)返回$KN$77。可以使用其他函数（如 ROW 和 COLUMN 函数）为 ADDRESS 函数提供行号和列号参数（参数：为操作、事件、方法、属性、函数或过程提供信息的值）。如果参数 abs_num 是表 10-8 指定的 4 个数字之外的任意数字，函数都将返回错误值#VALUE!。

下面实例，学生举行了一个庆元旦活动游戏，最后根据得奖序列号得到学生学号的单元格，具体操作步骤如下。

步骤 1 输入得奖的序列号，选择目标单元格 D3，如图 10-1 所示。

步骤 2 单击"公式">"函数库">"查找与引用">"ADDRESS"选项，弹出"函数参数"对话框，分别输入使用的行号、列号和返回的引用类型，如图 10-2 所示，单击"确定"按钮。

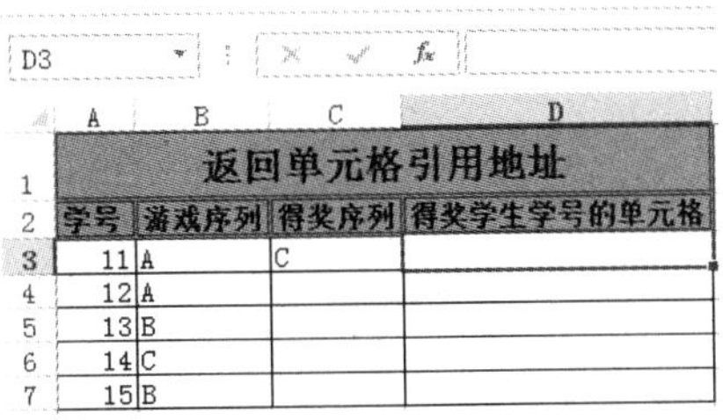

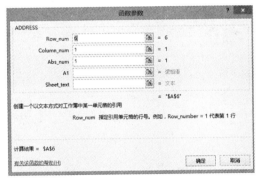

图 10-1　输入得奖的序列号　　　　　　　　图 10-2　输入参数

步骤 3 在公式编辑栏输入公式=ADDRESS(6,1,1)，学生学号的单元格地址显示在目标单元格中，如图 10-3 所示。

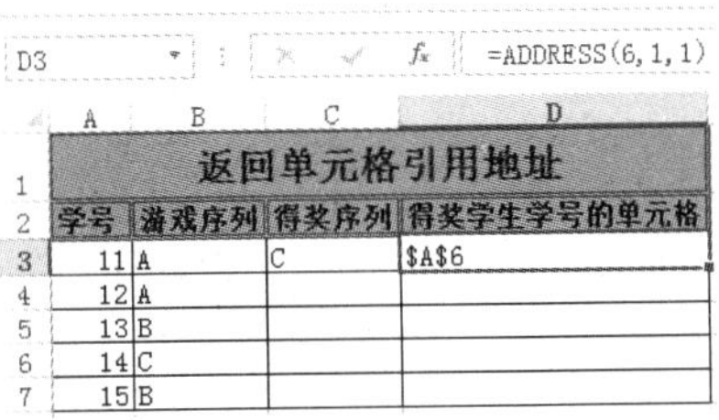

图 10-3　显示学生学号的单元格地址

> **提示**
>
> 在 Excel 中，引用类型有绝对引用、相对引用和混合引用三种类型。另外引用样式有 a1 和 R1C1 两种。
>
> 若要更改 Excel 所使用的引用样式，可单击"文件"选项卡，选择"选项">"公式"命令，在"使用公式"选项组中选中或清除"R1C1 引用样式"复选框。

10.2.2 应用 AREAS 函数计算引用中的区域个数

功能：使用 AREAS 函数返回引用中的区域个数。区域是指连续的单元格或者单个单元格。

格式：AREAS(reference)。

参数：reference（必需）。对某个单元格或单元格区域的引用，可同时包含多个区域。

在引用多个不连续的单元格区域时，一定要用大括号将引用区域括起来。

下面实例为某学校将每个校区的人数统计在不同的单元格内，现统计校区的总数，具体操作步骤如下。

步骤 1 输入各个校区的信息，选择目标单元格 B3，如图 10-4 所示。

步骤 2 单击"公式">"函数库">"查找与引用">"AREAS"选项，弹出"函数参数"对话框，直接输入每个校区的统计情况单元格区域，如图 10-5 所示，单击"确定"按钮。

图 10-4　输入各个校区的信息

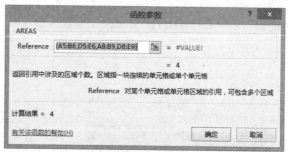

图 10-5　输入参数

步骤 3 生成公式=AREAS((A5:B6,D5:E6,A8:B9,D8:E9))，校区的总数显示在目标单元格中，如图 10-6 所示。

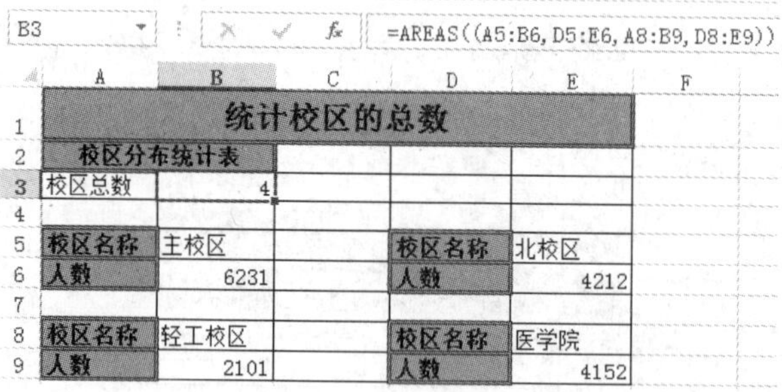

图 10-6　计算校区总数

提示

如果需要将几个引用指定为一个参数，则必须用括号括起来，以免 Excel 将逗号视为字段分隔符。

10.2.3 应用 GETPIVOTDATA 函数返回存储在数据透视表中的数据

功能：使用 GETPIVOTDATA 函数返回存储在数据透视表中的数据。如果报表中的汇总数据可见，则可以使用函数 GETPIVOTDATA 从数据透视表中检索汇总数据。

格式：GETPIVOTDATA(data_field, pivot_table, [field1, item1, field2, item2], ...)。

参数：data_field（必需）。包含要检索数据的数据字段名称，用引号引起来。

pivot_table（必需）。数据透视表中的任何单元格、单元格区域或命名区域的引用。

field1、Item1、field2、Item2…（可选）。描述要检索的数据的第 1 到 126 个字段名称对和项目名称对。

在函数 GETPIVOTDATA 的计算中可以包含计算字段、计算项及自定义计算方法。

下面实例中超市员工根据销售表做出一个冰红茶的销售数据透视表，表中包含日期、商品名称、金额、日期合计与商品合计，具体操作步骤如下。

步骤 1 输入销售数据表，计算每种商品的销售总额，填入"金额"列中，如图 10-7 所示。

步骤 2 使用销售数据生成数据透视表，选择目标单元格 B22，用来计算销售金额，如图 10-8 所示。

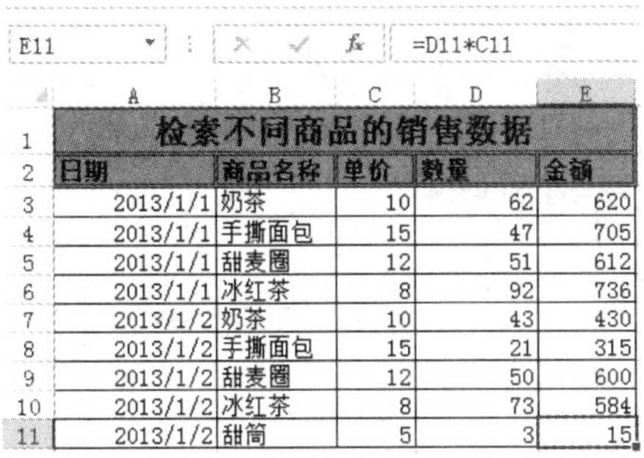

图 10-7 输入销售数据表

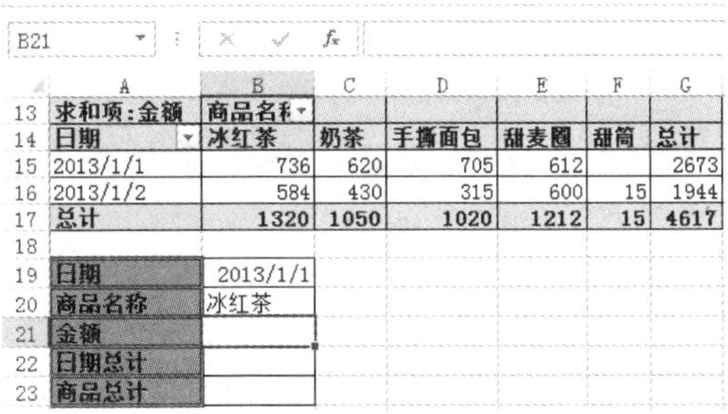

图 10-8 计算销售金额

步骤 3 单击"公式">"函数库">"查找与引用">"GETPIVOTDATA"选项，弹出"函数参数"对话框，在对话框中设置相应的参数，如图 10-9 所示，单击"确定"按钮。

步骤 4 生成公式 =GETPIVOTDATA("金额",A13,A19,B19,A20,B20)，在目标单元格返回日期为"2013/1/1"、商品名称为"冰红茶"的销售金额，如图 10-10 所示。

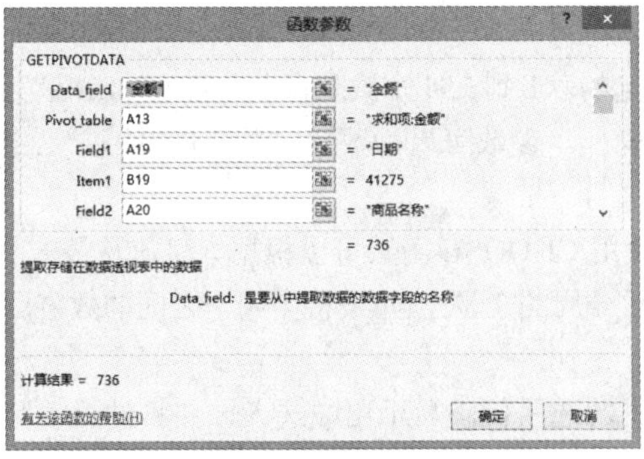

图 10-9 输入参数

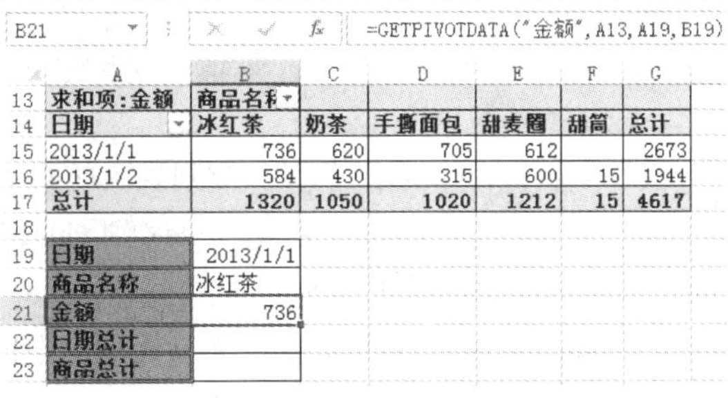

图 10-10 "冰红茶"的销售金额

步骤5 同理，生成公式=GETPIVOTDATA("金额",A13,A19,B19)，获得日期为"2013/1/1"这一天所有的销售金额，如图 10-11 所示。

步骤6 同理，生成公式=GETPIVOTDATA("金额",A13,A20,B20)，获得"冰红茶"的所有销售金额，如图 10-12 所示。

| B22 | : | × ✓ fx | =GETPIVOTDATA("金额",A13,A19,B19) |

	A	B	C	D	E	F	G
13	求和项:金额	商品名称▼					
14	日期▼	冰红茶	奶茶	手撕面包	甜麦圈	甜筒	总计
15	2013/1/1	736	620	705	612		2673
16	2013/1/2	584	430	315	600	15	1944
17	总计	1320	1050	1020	1212	15	4617
18							
19	日期	2013/1/1					
20	商品名称	冰红茶					
21	金额	736					
22	日期总计	2673					
23	商品总计						

图 10-11　2013/1/1 销售金额

| B23 | : | × ✓ fx | =GETPIVOTDATA("金额",A13,A20,B20) |

	A	B	C	D	E	F	G
13	求和项:金额	商品名称▼					
14	日期▼	冰红茶	奶茶	手撕面包	甜麦圈	甜筒	总计
15	2013/1/1	736	620	705	612		2673
16	2013/1/2	584	430	315	600	15	1944
17	总计	1320	1050	1020	1212	15	4617
18							
19	日期	2013/1/1					
20	商品名称	冰红茶					
21	金额	736					
22	日期总计	2673					
23	商品总计	1320					

图 10-12　"冰红茶"销售金额

提示

如果 pivot_table 并不代表数据透视表的区域，则函数 GETPIVOTDATA 将返回错误值 #REF!。

10.2.4　应用 CHOOSE 函数从列表中选择数值

功能：使用 CHOOSE 函数返回数值参数列表中的数值。使用 CHOOSE 可以根据索引号从最多 254 个数值中选择一个。

格式：CHOOSE(index_num, value1, [value2], ...)。

参数：index_num（必需）。用于指定所选定的数值参数。index_num 必须是介于 1 到 254 之间的数字，或是包含 1 到 254 之间的数字的公式或单元格引用。

如果 index_num 为 1，则 CHOOSE 函数返回 value1；如果为 2，则 CHOOSE 函数返回 value2，以此类推。

如果 index_num 小于 1 或大于列表中最后一个值的索引值，则 CHOOSE 函数返回#VALUE! 错误值。

如果 index_num 为小数，则在使用前将被截尾取整。

value1, value2, ... value1 是必需的，后续值是可选的。1 到 254 个数值参数，CHOOSE 函数将根据 index_num 从中选择一个数值或一项要执行的操作。参数可以为数字、单元格引用、已定义名称、公式、函数或文本。

使用 index_num 返回数值参数列表中的数值。使用 CHOOSE 函数可以根据索引值从最多 254 个数值中选择一个。例如，如果 value1 到 value7 表示一周的 7 天，如果将 1 到 7 之间的数字用作 index_num，则 CHOOSE 返回其中的某一天。

下面实例中选民只需要输入选票代码，根据选民的选票代码显示出被选人，并将结果填写在指定的单元格中，具体操作步骤如下。

步骤 1 输入各选民及选票代码，选择目标单元格 C3，如图 10-13 所示。

步骤 2 单击"公式">"函数库">"查找与引用">"CHOOSE"选项，弹出"函数参数"对话框，在参数中输入选择结果和三个选项，如图 10-14 所示，单击"确定"按钮。

图 10-13　输入各选民及选票代码

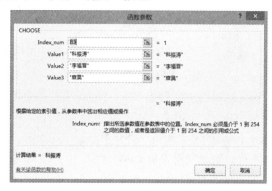

图 10-14　输入参数

步骤 3 生成公式=CHOOSE(B3,"科振涛","李福晋","章昊")，选择结果显示在目标单元格中，如图 10-15 所示。

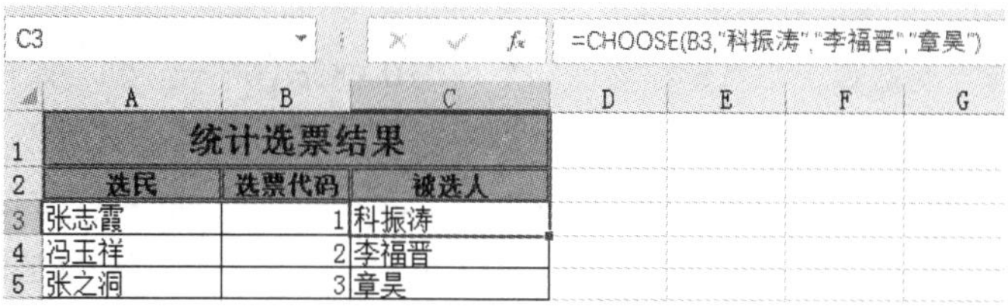

图 10-15　显示选择结果

> **提示**
>
> index_num 可以为数组或引用：如果 index_num 为一个数组，则在计算 CHOOSE 函数时，将计算每一个值。
>
> CHOOSE 函数参数可以为区域引用：函数 CHOOSE 的数值参数不仅可以为单个数值，也可以为区域引用。

10.2.5　应用 HLOOKUP 函数实现水平查找

功能：使用 HLOOKUP 函数在表格的首行或数值数组中查找值，然后返回表格或数组中指定单元格的值。

格式：HLOOKUP(lookup_value, table_array, row_index_num, [range_lookup])。

参数：lookup_value（必需）。要在第一行中查找的值。可以为数值、引用或文本字符串。

table_array（必需）。在其中查找数据的信息表。使用对区域或区域名称的引用。

table_array 第一行的数值可以为文本、数字或逻辑值。

如果 range_lookup 为 TRUE，则 table_array 第一行的数值必须按升序排列：...-2、-1、0、1、2、…、A-Z、FALSE、TRUE；否则，函数 HLOOKUP 将不能给出正确的数值。如果 range_lookup 为 FALSE，则 table_array 不必进行排序。

row_index_num（必需）。table_array 中将返回的匹配值的行号。Row_index_num 为 1 时，返回 table_array 第一行的数值，row_index_num 为 2 时，返回 table_array 第二行的数值，以此类推。如果 row_index_num 小于 1，则 HLOOKUP 返回错误值#VALUE!；如果 row_index_num 大于 table_array 的行数，则 HLOOKUP 返回错误值#REF!。

range_lookup（可选）。一个逻辑值，指定希望 HLOOKUP 查找精确匹配值还是近似匹配值。如果为 TRUE 或省略，则返回近似匹配值。也就是说，如果找不到精确匹配值，则返回小于 lookup_value 的最大数值。如果 Range_lookup 为 FALSE，函数 HLOOKUP 将查找精确匹配值，如果找不到，则返回错误值#N/A。

如果函数 HLOOKUP 找不到 lookup_value，且 range_lookup 为 TRUE，则使用小于 lookup_value 的最大值。

下面实例，公司销售 A、B、C 三种产品，根据 Excel 第一行中三种产品的销售单价，利用 HLOOKUP 函数填充下表对应的产品单价，具体操作步骤如下。

步骤 1 输入产品的单价，选择目标单元格 C6，如图 10-16 所示。

步骤 2 单击"公式"＞"函数库"＞"查找与引用"＞"HLOOKUP"选项，弹出"函数参数"对话框，分别输入数据表第一行中查找的数值、查找数据的数据表、行号和逻辑值，如图 10-17 所示，单击"确定"按钮。

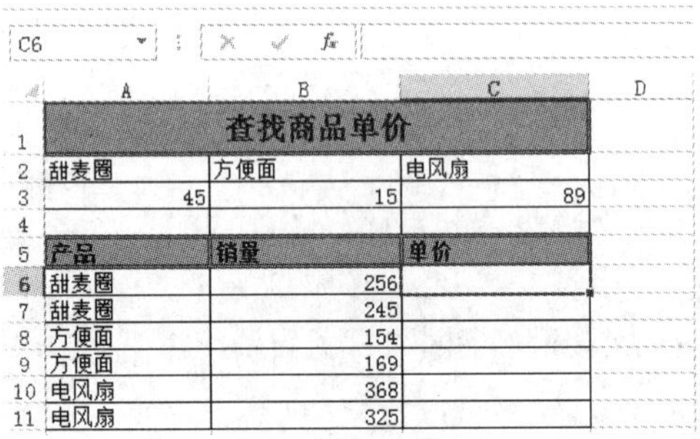

图 10-16 输入产品的单价　　　　　　　　　图 10-17 输入参数

步骤 3 生成公式=HLOOKUP(A6,$A$2:$C$3,2,FALSE)，在目标单元格中返回销售表中的单价，如图 10-18 所示。

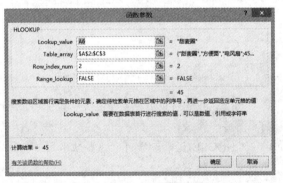

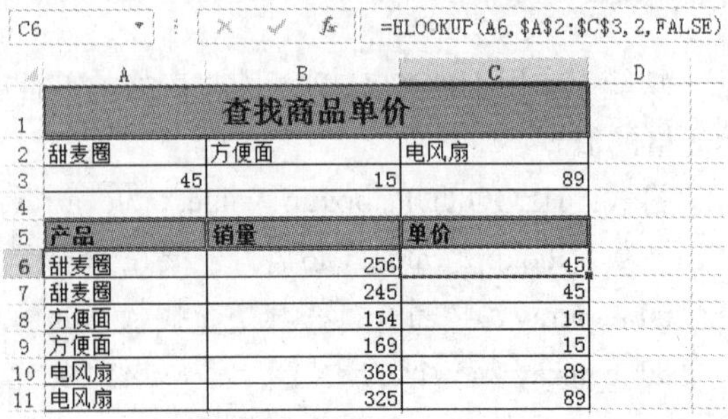

图 10-18 销售表中的单价

HLOOKUP 函数与 VLOOKUP 函数：当比较值位于数据表的首行，并且要查找下面给定行中的数据时，使用函数 HLOOKUP；当比较值位于要查找的数据左边的一列时，可使用函数 VLOOKUP。

10.2.6 应用 HYPERLINK 函数创建快捷方式（跳转）

功能：创建快捷方式或跳转，以打开存储在网络服务器、Intranet 或 Internet 上的文档。

格式：HYPERLINK(link_location, [friendly_name])。

参数：link_location（必需）。要打开的文档的路径和文件名。

friendly_name（可选）。单元格中显示的跳转文本或数字值。

HYPERLINK 函数可以创建快捷方式或跳转，用以打开存储在网络服务器、Intranet 或 Internet 中的文档。

下面实例将一些网站的名称设置超链接，设为该网站的网址，具体操作步骤如下。

步骤 1 输入网站的网址，选择目标单元格 C3，如图 10-19 所示。

步骤 2 单击"公式" > "函数库" > "查找与引用" > "HYPERLINK"选项，弹出"函数参数"对话框，分别输入网址所在单元格和网站名，如图 10-20 所示，单击"确定"按钮。

图 10-19 输入网站的网址

图 10-20 输入参数

步骤 3 生成公式=HYPERLINK(A3,"百度")，网站的超链接显示在目标单元格中，如图 10-21 所示。

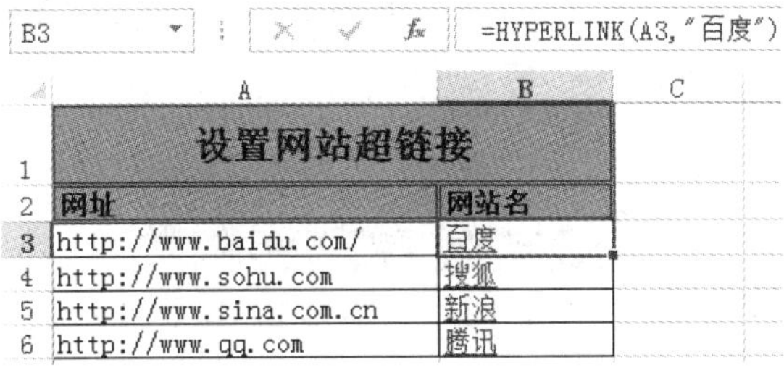

图 10-21 显示网站的超链接

> **提示**
>
> 在 Excel 中，若要选择一个包含超链接的单元格，但不跳转到超链接目标，可单击单元格并按住鼠标左键直到指针变成十字形，然后释放鼠标左键。

10.2.7 应用 INDEX 函数计算表或区域中的值或值的引用

功能：使用索引从引用或数组中选择值。当 INDEX 函数的第一个参数为数组时，使用数组形式。

格式：INDEX(array, row_num, [column_num])。

参数：array（必需）。单元格区域或数组。

row_num（必需）。数组中的某行，函数从该行返回数值。

column_num（可选）。数组中的某列，函数从该列返回数值。

row_num 和 column_num 必须指向数组中的一个单元格；否则，INDEX 函数返回错误值#REF!。

下面实例为从商品价格表中提取台灯的单价，具体操作步骤如下。

步骤 1 输入商品的价格，选择目标单元格 D3，如图 10-22 所示。

步骤 2 单击"公式">"函数库">"查找与引用">"INDEX"选项，弹出"函数参数"对话框，分别输入单元格区域或数组常量、数组中某一指定行的行数和数组中某一列的列号，如图 10-23 所示，单击"确定"按钮。

图 10-22　输入商品的价格

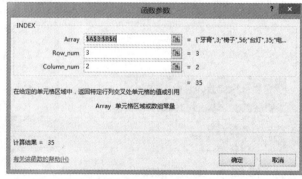

图 10-23　输入参数

步骤 3 生成公式=INDEX($A$3:$B$6,3,2)，台灯的单价显示在目标单元格中，如图 10-24 所示。

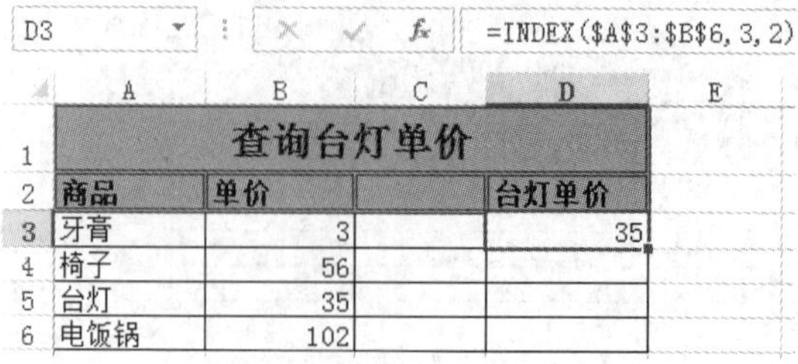

图 10-24　显示台灯的单价

提示

如果将 row_num 或 column_num 设置为 0（零），则函数 INDEX 分别返回整个列或行的数组数值。

10.2.8　应用 LOOKUP 函数查找数据

功能：从单行或单列区域或数组返回值。它有两种形式：向量形式和数组形式，都只包含一行或一列区域。

格式：LOOKUP(lookup_value, lookup_vector, [result_vector])。

参数：lookup_value（必需）。LOOK 函数在向量或数组中搜索的值。lookup_value 可以是数字、文本、逻辑值、名称或对值的引用。

lookup_vector（必需）。只包含一行或一列的区域。lookup_vector 中的值可以是文本、数字或逻辑值。

result_vector（可选）。只包含一行或一列的区域。

下面实例，考生的成绩划分为 A～E 五个等级，本例要求根据考生的成绩，填写其所处的等级，具体操作步骤如下。

步骤 1 输入考生的成绩以及各个等级的分数段，选择目标单元格 D3，如图 10-25 所示。

步骤 2 单击"公式" > "函数库" > "查找与引用" > "LOOKUP"选项，弹出"函数参数"对话框，将考生成绩所在单元格及等级的区域作为参数，如图 10-26 所示，单击"确定"按钮。

图 10-25　输入考生的成绩　　　　　　　　　图 10-26　输入参数

步骤 3 生成公式=LOOKUP(C3,A10:E11)，成绩的等级显示在目标单元格中，如图 10-27 所示。

提示

用 LOOKUP 替代 IF 函数：对于详细的测试或超出函数嵌套限制的测试，还可以使用 LOOKUP 函数来代替 IF 函数。

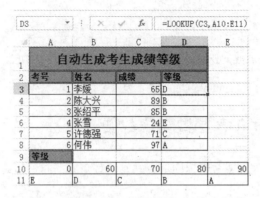

图 10-27　显示成绩的等级

10.2.9　应用 MATCH 函数在数组中进行查找

功能：使用 MATCH 函数可在引用或数组中搜索指定项，然后返回该项在引用或数组中的相对位置。

格式：MATCH(lookup_value, lookup_array, [match_type])。

参数：lookup_value（必需）。要在 lookup_array 中匹配的值。该参数可以为值（数字、文本或逻辑值）或对数字、文本或逻辑值的单元格引用。

lookup_array（必需）。要搜索的单元格区域。

match_type（可选）。数字-1、0 或 1。match_type 参数指定 Excel 如何在 lookup_array 中查找 lookup_value 的值。此参数的默认值为 1。下表介绍了该函数如何根据 match_type 参数的设置查找值，如表 10-9 所示。

表 10-9　match_type 的行为

match_type	行为
1 或省略	MATCH 函数查找小于或等于 lookup_value 的最大值
0	MATCH 函数查找完全等于 lookup_value 的第一个值
-1	MATCH 函数查找大于或等于 lookup_value 的最小值

如果需要获得单元格区域中某个项目的位置而不是项目本身，则应该使用 MATCH 函数而不是 LOOKUP 函数。例如，可以使用 MATCH 函数为 INDEX 函数的 row_num 参数提供值。MATCH 函数返回的是 lookup_array 中的目标值的位置，并非数值本身。

下面实例根据产量查询产品编号，具体操作步骤如下。

步骤 1　输入产品的编号、名称和产量数据，选择目标单元格 C3，如图 10-28 所示。

步骤 2　单击"公式" > "函数库" > "查找与引用" > "MATCH"选项，弹出"函数参数"对话框，输入必要的参数，如图 10-29 所示，单击"确定"按钮。

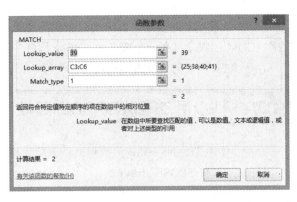

图 10-28 输入产品信息   图 10-29 输入参数

3 生成公式=MATCH(39,C3:C6,1)，查询到的产品编号显示在目标单元格中，如图 10-30 所示。

图 10-30 查询产品编号

提示

> MATCH 函数的局限：MATCH 函数只能在单个区域或者单个数组中的位置查找目标数据，而且该区域或者数组必须是单列或者单行的。
>
> 无精确匹配项：在上面实例中，由于无精确匹配项，因此函数会返回单元格区域 B3:B6 中最接近的下一个最小值（38）的位置。

10.2.10 应用 RTD 函数检索实时数据

功能：从支持 COM 自动化的程序中检索实时数据。此函数在 Excel 2016 中不可用。

格式：RTD(ProgID, server, topic1, [topic2], ...)。

参数：ProgID（必需）。已安装在本地计算机上、经过注册的 COM 自动化加载项的 ProgID 名称，将该名称用引号引起来。

server（必需）。运行加载项的服务器的名称。如果没有服务器，程序将在本地计算机上运行，那么该参数为空。否则，用引号（""）将服务器的名称引起来。如果在 Visual Basic for Applications（VBA）中使用 RTD，则必须用双引号将服务器名称引起来，或对其赋予 VBA NullString 属性，即使该服务器在本地计算机上运行也是如此。

topic1, topic2, ... topic1 是必需的。第 1 个至第 253 个参数放在一起代表一个唯一的实时数据。

COM 加载项是通过添加自定义命令和指定的功能来扩展 Microsoft Office 程序的功能的补充程序。COM 加载项可在一个或多个 Office 程序中运行，其文件扩展名为.dll 或.exe。

由于 RTD 函数的使用需要引用外部文件，在此不再累述。

10.2.11 应用 TRANSPOSE 函数计算转置单元格区域

功能：使用 TRANSPOSE 函数返回转置单元格区域，即将行单元格区域转置成列单元格区域。

格式：TRANSPOSE(array)。

参数：array（必需）。需要进行转置的数组或工作表上的单元格区域。

所谓数组的转置就是，将数组的第一行作为新数组的第一列，数组的第二行作为新数组的第二列，依此类推。

在原销售表中，竖排为商品名称、横排单价、数量和金额，现转置单元格区域，横排和竖排调换，具体操作步骤如下。

步骤1 输入 10 行*5 列的数据表，选择转置的目标区域 A13:J17，如图 10-31 所示。

步骤2 单击“公式”>“函数库”>“查找与引用”>“TRANSPOSE”选项，弹出“函数参数”对话框，选择需要转置的区域，按住 SHIFT+CTRL 键单击“确定”按钮，如图 10-32 所示。

	A	B	C	D	E
1	日期	商品名称	单价	数量	金额
2	2016/1/1	奶茶	10	62	620
3	2016/1/1	手撕面包	15	47	705
4	2016/1/1	甜麦圈	12	51	612
5	2016/1/1	冰红茶	8	92	736
6	2016/1/2	奶茶	10	43	430
7	2016/1/2	手撕面包	15	21	315
8	2016/1/2	甜麦圈	12	50	600
9	2016/1/2	冰红茶	8	73	584
10	2016/1/2	甜筒	5	3	15
11					
12					
13					

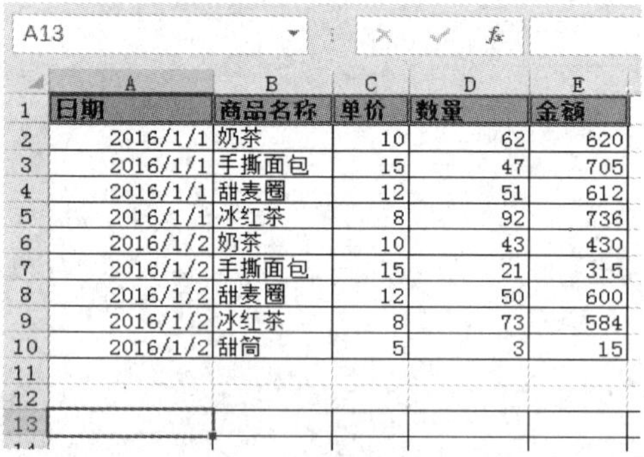

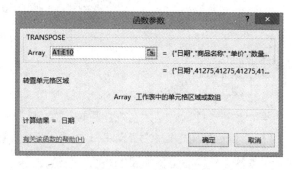

图 10-31　输入数据

图 10-32　输入参数

步骤3 生成数组公式={TRANSPOSE(A1:E10)}，转置后的数据显示在目标区域内，如图 10-33 所示。

	A	B	C	D	E	F	G	H	I	J
1	日期	商品名称	单价	数量	金额					
2	2016/1/1	奶茶	10	62	620					
3	2016/1/1	手撕面包	15	47	705					
4	2016/1/1	甜麦圈	12	51	612					
5	2016/1/1	冰红茶	8	92	736					
6	2016/1/2	奶茶	10	43	430					
7	2016/1/2	手撕面包	15	21	315					
8	2016/1/2	甜麦圈	12	50	600					
9	2016/1/2	冰红茶	8	73	584					
10	2016/1/2	甜筒	5	3	15					
11										
12										
13	日期	42370	42370	42370	42370	42371	42371	42371	42371	42371
14	商品名称	奶茶	手撕面	甜麦圈	冰红茶	奶茶	手撕面	甜麦圈	冰红茶	甜筒
15	单价	10	15	12	8	10	15	12	8	5
16	数量	62	47	51	92	43	21	50	73	3
17	金额	620	705	612	736	430	315	600	584	15

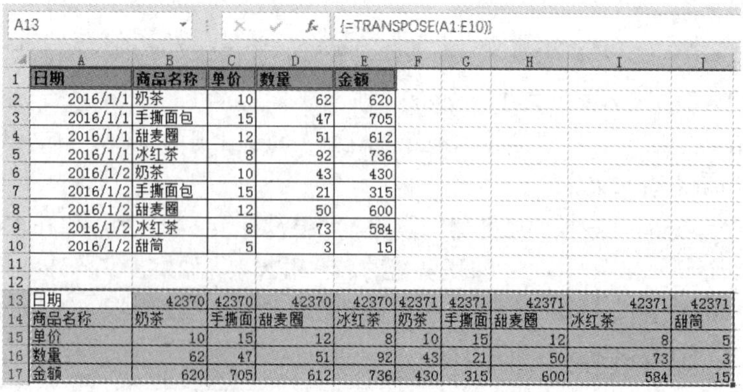

图 10-33　显示转置后数据

转置的限制：TRANSPOSE 函数必须在与源单元格区域具有相同行数和列数的单元格区域中作为数组公式分别输入。

10.2.12 应用 VLOOKUP 函数实现竖直查找

功能：搜索某个单元格区域的第一列，然后返回该单元格区域相同行上指定单元格中的值。

格式：VLOOKUP(lookup_value, table_array, col_index_num, [range_lookup])。

参数：lookup_value（必需）。要在单元格区域的第一列中查找的值。lookup_value 参数可以是值或引用。如果为 lookup_value 参数提供的值小于 table_array 参数第一列中的最小值，则 VLOOKUP 函数将返回错误值#N/A。

table_array（必需）。包含数据的单元格区域。可以使用对区域或区域名称的引用。table_array 第一列中的值是由 lookup_value 搜索的值，这些值可以是文本、数字或逻辑值。文本不区分大小写。

col_index_num（必需）。table_array 参数中必须返回的匹配值的列号。

col_index_num 参数为 1 时，返回 table_array 第一列中的值；

col_index_num 参数为 2 时，返回 table_array 第二列中的值，依此类推。

在 table_array 的第一列中搜索文本值时，要确保 table_array 第一列中的数据不包含前导空格、尾部空格、非打印字符或者未使用不一致的直引号（'或"）与弯引号（'或"），否则 VLOOKUP 函数可能返回不正确或意外的值。

VLOOKUP 函数的使用方法可参考 HLOOKUP 函数。

10.3 引用函数

引用函数可以减少重复数据的操作，灵活应用可以使工作效率更高。

10.3.1 应用 COLUMN 函数计算给定引用的列标

功能：使用 COLUMN 函数返回指定单元格引用的列号。

格式：COLUMN([reference])。

参数：reference（可选）。要返回其列号的单元格或单元格区域。

下面实例中，年级组长统计了每个班学生的学号，根据学生学号判断学生所在班级，具体操作步骤如下。

步骤 **1** 按列出入各个班级及学号，选择目标单元格 D3，如图 10-34 所示。

步骤 **2** 单击"公式">"函数库">"查找与引用">"COLUMN"选项，弹出"函数参数"对话框，输入单元格 C5，如图 10-35 所示，单击"确定"按钮。

图 10-34　输入数据

图 10-35　输入 C5

步骤 3　生成公式=COLUMN(C5)，C5 单元格所在列的班级号显示在目标单元格中，如图 10-36 所示。

图 10-36　显示班级号

如果省略参数 reference，则假定该参数为对 COLUMN 函数所在单元格的引用。

10.3.2　应用 COLUMNS 函数计算数组或引用的列数

功能：使用 COLUMNS 函数返回某一引用或数组中包含的列数。

格式：COLUMNS(array)。

参数：array（必需）。要计算列数的数组、数组公式或是对单元格区域的引用。

COLUMNS 函数和 COLUMN 函数的不同在于该函数不能省略参数。

下面实例中，年级组长统计了每个班学生的学号，根据学生学号统计全年级班级数，具体操作步骤如下。

步骤 1　输入各个班级和学号信息，选择目标单元格 D3，如图 10-37 所示。

步骤 2　单击"公式"＞"函数库"＞"查找与引用"＞"COLUMNS"选项，弹出"函数参数"对话框，输入所有班级所在的区域，如图 10-38 所示，单击"确定"按钮。

图 10-37　输入数据

图 10-38　输入参数

步骤 **3** 生成公式=COLUMNS(A2:C6)，总班级数显示在目标单元格中，如图 10-39 所示。

D3		fx	=COLUMNS(A2:C6)	
	A	B	C	D
1	引用包含的列数			
2	1班	2班	3班	总班级数
3	20110112	20110212	20110312	3
4	20110113	20110213	20110313	
5	20110114	20110214	20110314	
6	20110115	20110215	20110315	

图 10-39　显示总班级数

10.3.3　应用 INDIRECT 函数计算指定的引用

功能：使用 INDIRECT 函数返回由文本字符串指定的引用。如果需要更改公式中对单元格的引用，而不更改公式本身，可使用该函数。

格式：INDIRECT(ref_text, [a1])。

参数：ref_text（必需）。对单元格的引用，可为 A1 样式的引用、R1C1 样式的引用、定义为引用的名称或对作为文本字符串的单元格的引用。

a1（可选）。一个逻辑值，用于指定包含在单元格 ref_text 中的引用的类型。

下面实例中 C3 的返回结果为 16，因为 ref_text 为 A3，而单元格 A3 的数值是单元格 B4，而单元格 B4 的值为 16，具体操作步骤如下。

步骤 **1** 选择目标单元格 C3 文本字符串引用返回的结果，如图 10-40 所示。

步骤 **2** 单击"公式">"函数库">"查找与引用">"INDIRECT"选项，弹出"函数参数"对话框，直接输入需要引用的文本字符串的数据单元格，如图 10-41 所示，单击"确定"按钮。

图 10-40　输入数据

图 10-41　输入 A3

步骤 **3** 生成公式=INDIRECT(A3)，由文本字符串引用的数据显示在目标单元格中，如图 10-42 所示。

C3		fx	=INDIRECT(A3)	
	A	B	C	D
1	返回引用的数据			
2	数据A	数据B	返回结果	
3	B4	12	16	
4	A1	16	返回引用的数据	
5	B2	ABC	数据B	
6	A2	7	数据A	

图 10-42　显示由文本字符串引用的数据

提示

如果 ref_text 引用的单元格区域超出行最大值 1,048,576 或列最大值 16,384，则 INDIRECT 函数返回错误值#REF!。

10.3.4 应用 OFFSET 函数调整新的引用

功能：使用 OFFSET 函数返回对单元格或单元格区域中指定行数和列数的区域的引用。返回的引用可以是单个单元格或单元格区域，且可以指定要返回的行数或列数。

格式：OFFSET(reference, rows, cols, [height], [width])。

参数：reference（必需）。要以其为参照系的底数的引用。引用必须是对单元格或相连的单元格区域的引用，否则 OFFSET 函数返回错误值#VALUE!。

rows（必需）。相对于偏移量参照系的左上角单元格向上或向下偏移的行数。行数可为正数（代表在起始引用的下方）或负数（代表在起始引用的上方）。

cols（必需）。相对于偏移量参照系的左上角单元格向左或向右偏移的列数。列数可为正数（代表在起始引用的右边）或负数（代表在起始引用的左边）。

height（可选）。需要返回的引用区域的行数。height 必须为正数。

width（可选）。需要返回的引用区域的列数。width 必须为正数。

如果行数和列数偏移量超出工作表边缘，OFFSET 函数返回错误值#REF!。

如果省略 height 或 width 参数，则假设其高度或宽度与 reference 相同。

下面实例返回新的引用数据，具体操作步骤如下。

步骤 1 输入付款金额和日期等信息，选择目标单元格 C11，如图 10-43 所示。

步骤 2 单击"公式">"函数库">"查找与引用">"OFFSET"选项，弹出"函数参数"对话框，输入必要的参数，如图 10-44 所示，单击"确定"按钮。

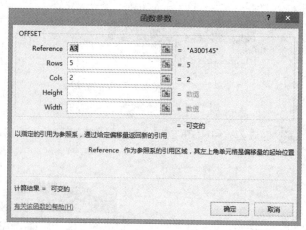

图 10-43　输入付款金额和日期等信息　　　　图 10-44　输入参数

步骤 3 生成公式=OFFSET(A3,5,2)，付款日期显示在目标单元格中，如图 10-45 所示。

C11			× ✓	fx	=OFFSET(A3,5,2)	

▲	A	B	C	D	E
1		查找付款时间			
2	付款票号	付款金额	付款日期		
3	A300145	¥150,000.00	2016/5/1		
4	A300146	¥200,000.00	2016/5/2		
5	A300147	¥155,000.00	2016/5/3		
6	A300148	¥250,000.00	2016/5/4		
7	A300149	¥380,000.00	2016/5/5		
8	A300150	¥130,000.00	2016/5/6		
9	A300151	¥120,000.00	2016/5/7		
10	付款票号		A300150		
11	付款日期		2016/5/6		

图 10-45　显示付款日期

提示

函数 OFFSET 实际上并不移动任何单元格或更改选定区域，它只是返回一个引用。函数 OFFSET 可用于任何需要将引用作为参数的函数。例如，公式 SUM(OFFSET(C2,1,2,3,1)) 将计算比单元格 C2 靠下 1 行且靠右 2 列的 3 行 1 列的区域的总值。

10.3.5　应用 ROW 函数计算行号

功能：使用 ROW 函数返回引用的行号。

格式：ROW([reference])。

参数：reference（可选）。需要得到其行号的单元格或单元格区域。

如果 reference 为一个单元格区域，并且 ROW 函数作为垂直数组输入，则 ROW 函数将以垂直数组的形式返回 reference 的行号。

下面实例返回单元格行号，具体操作步骤如下。

步骤 1　输入文本，选择目标单元格 B2，如图 10-46 所示。

步骤 2　单击"公式">"函数库">"查找与引用">"ROW"选项，弹出"函数参数"对话框，不输入任何参数，如图 10-47 所示，单击"确定"按钮。

图 10-46　输入文本

图 10-47　"函数参数"对话框

步骤 3　生成公式=ROW()，返回目标单元格所在行数，如图 10-48 所示。

步骤 4　在 B3 单元格中输入=ROW(B2)+1，返回下一行行数，如图 10-49 所示。

图 10-48　返回目标单元格所在行数　　　　　图 10-49　返回下一行行数

ROW 函数如果省略 reference，则假定是 ROW 函数所在单元格的引用。

10.3.6　应用 ROWS 函数计算引用的行数

功能：使用 ROWS 函数返回某引用或数组的行数。

格式：ROWS(array)。

参数：array（必需）。需要得到其行数的数组、数组公式或对单元格区域的引用。

使用 ROWS 函数可以得到选择区域的行数。ROWS 函数返回的行数为 1~65536 间的整数。

下面实例中销售表包括日期、商品名称、单价、数量和金额列，现要统计有几行数据，具体操作步骤如下。

步骤 1　输入各种商品的数据，选择目标单元格 B12，如图 10-50 所示。

步骤 2　单击"公式" > "函数库" > "查找与引用" > "ROWS"选项，弹出"函数参数"对话框，选择需要计算行数的区域，如图 10-51 所示，单击"确定"按钮。

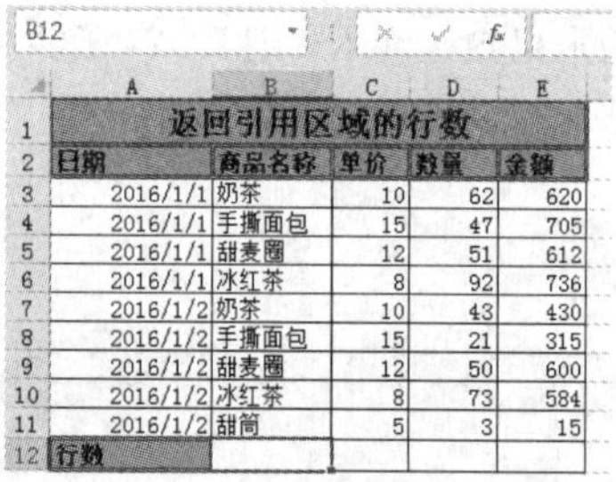

图 10-50　输入各种商品的数据　　　　　　　　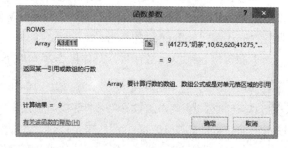

图 10-51　输入参数

步骤 3　生成公式=ROWS(A3:E11)，引用区域的行数显示在目标单元格中，如图 10-52 所示。

图 10-52　显示引用区域的行数

10.4 综合实战：考核员工的销售等级

根据员工的每月销售情况表，考核员工的销售等级。例如，每个月销售量大于 20000 元，销售等级为"一级销售"；小于 20000 元大于 17000 元，销售等级为"二级销售"；小于 17000 大于 14000 元，销售等级为"三级销售"；小于 14000 元，则为"四级销售"。

实例使用的函数有：CHOOSE、IF，具体操作步骤如下。

步骤 1 输入每个员工的销售量，选择目标单元格 C3，如图 10-53 所示。

步骤 2 单击"公式">"函数库">"查找与引用">"CHOOSE"选项，弹出"函数参数"对话框，分别输入用于指定的数值参数区域和每个数值对应的情况，如图 10-54 所示，单击"确定"按钮。

图 10-53　输入每个员工的销售量

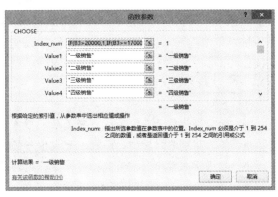

图 10-54　输入参数

步骤 3 生成公式=CHOOSE(IF(B3">"20000,1,IF(B3">"=17000,2,IF(B3">"=14000,3,4))),"一级销售","二级销售","三级销售","四级销售")，员工的销售等级显示在目标单元格中，如图 10-55 所示。

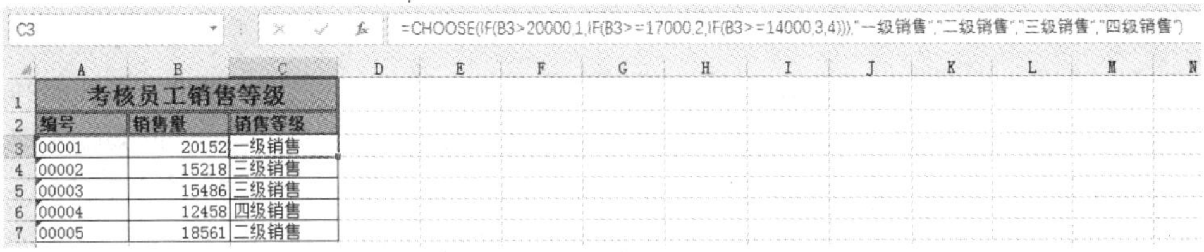

图 10-55　显示员工的销售等级

技巧

实例中先使用 IF 函数来判断销售量所处的等级，然后再使用 CHOOSE 函数返回对应等级的名称。

第 11 章
统计函数

 学习导读

本章主要讲解统计函数的应用方法。统计工作表函数用于对数据区域进行统计分析。统计工作表函数可以提供由一组给定值绘制出的直线的相关信息，如直线的斜率和 y 轴截距，或构成直线的实际点数值。

 学习要点

- 学习平均值函数、Beta 分布函数、概率相关函数、单元格数量计算函数的应用。
- 学习指数与对数相关函数、最大值与最小值函数、标准偏差与方差函数的应用。
- 学习正态累积分布函数、线性回归线函数、数据集相关函数的应用。
- 学习 Pearson 乘积矩函数、t 分布函数、其他函数的应用。

11.1 统计函数概述

统计函数是指统计工作表函数。它的主要作用是分析统计数据，找出数据中的关键特征。统计函数的出现，方便了 Excel 用户从复杂数据中筛选有效的数据。本章将对统计函数的分类和用途进行详细的介绍。

统计函数用于对数据区域进行统计分析。统计函数有如下分类。

1. 基础统计量

基础统计量函数用于捕捉统计数据的所有特征。基础统计量可以求统计数据的个数或者分布状态、分布中心的位置、分布形状和散布度。

求代表值。参考表 11-1 中的函数说明。

表 11-1　求代表值函数

函数名	函数功能及说明
AVERAGE	计算参数的平均值
AVERAGEA	计算参数列表中数值的平均值
HARMEAN	计算一组数据的调和平均值
MODE.MULT	计算一组数据或数据区域中出现频率最高或重复出现的数值的垂直数组
MODE.SNGL	计算某一数组或数据区域中出现频率最大的数值
MEDIAN	计算一组已知数字的中值
GEOMEAN	计算一组正数数据或正数数据区域的几何平均值
TRIMMEAN	计算数据集的内部平均值

求数据分布的散布度。参考表 11-2 中的函数说明。

表 11-2　求分布形状函数

函数名	函数功能及说明
SKEW	计算分布的偏斜度
KURT	计算一组数据的峰值

求数据的散布度。参考表 11-3 中的函数说明。

表 11-3　求散布度函数

函数名	函数功能及说明
MAX	计算一组值中的最大值
MAXA	计算参数列表中的最大值，数字、文本和逻辑值
MIN	计算一组值中的最小值
MINA	计算参数列表中的最小值，数字、文本和逻辑值
DEVSQ	返回偏差的平方和
AVEDEV	计算一组数据点到其算术平均值的绝对偏差的平均值
STDEVPA	根据整个总体计算标准偏差
STDEVA	根据样本估计标准偏差
STDEV.P	计算基于以参数形式给出的整个样本总体的标准偏差
VAR.S	估算基于样本的方差
VARA	计算基于给定样本的方差
VAR.P	计算基于整个样本总体的方差
VARPA	根据整个总体计算方差
QUARTILE.EXC	基于百分点值返回数据集的四分位
PERCENTILE.INC	计算区域中数值的第 k 个百分点的值
PERCENTRANK.EXC	计算某个数值在一个数据集中的百分比排位

求统计数据的个数。参考表 11-4 中的函数说明。

表 11-4　求统计数据个数函数

函数名	函数功能及说明
COUNT	计算参数列表中数字的个数
COUNTA	计算参数列表中值的个数
COUNTBLANK	计算指定单元格区域中空白单元格的个数
COUNTIF	统计区域内符合指定条件的单元格数量
FREQUENCY	计算数值在某个区域内出现的频率，返回数组

2. 排列组合

求数值的排列数。参考表 11-5 中的函数说明。

表 11-5　排列组合函数

函数名	函数功能及说明
PERMUT	计算从数字对象中选择的给定数目对象的排列数

3. 排位

对于统计数据中的一个项目进行排位，或排位某数据。参考表 11-6 中的函数说明。

表 11-6　排位函数

函数名	函数功能及说明
RANK.AVG	计算一列数字的数字排位
RANK.EQ	计算一列数字的数字排位
LARGE	计算数据集中第 k 个最大值
SMALL	计算数据集中的第 k 个最小值

4. 概率分布

概率分布是概率变量的分布。如果我们知道统计数据的概率分布情况，就可以用概率判定统计数据的倾向。参考表 11-7 中的函数说明。

表 11-7　概率分布

函数名	函数功能及说明
PROB	计算区域中的数值落在指定区间内的概率
STANDARDIZE	计算由 mean 和 standard_dev 表示的分布的规范化值
WEIBULL.DIST	返回 Weibull 分布
GAMMAIN.PRECISE	计算 GAMMA 函数的自然对数，$\Gamma(x)$
GAMMALN	计算 GAMMA 函数的自然对数，$\Gamma(x)$
CONFIDENCE.NORM	计算总体平均值的置信区间
CONFIDENCE.T	返回总体平均值的置信区间

5. 检验

检验是检查统计数据倾向的方法。可从统计量中推定统计数据的倾向，根据已知内容或检验假定统计数据的条件，检查此假定条件是否成立。参考表 11-8 中的函数说明。

表 11-8　检验函数

函数名	函数功能及说明
CHISQ.DIST	返回 χ^2 分布
CHISQ.INV	计算 χ^2 分布的左尾概率的反函数
CHISQ.TEST	返回独立性检验值
F.DIST	返回 F 概率分布函数的函数值
F.INV	返回 F 概率分布的反函数
F.TEST	返回 F 检验的结果
T.DIST	计算学生的左尾 t 分布
T.INV	计算学生的 t 分布的左尾反函数
T.TEST	计算与学生 t-检验相关的概率
Z.TEST	计算 z 检验的单尾 P 值

6. 协方差、相关系数和回归分析

利用协方差可以决定两个数据集之间的关系，使用相关系数可以确定两种属性之间的关系，使用回归分析可以计算最符合数据的指数回归拟合曲线，并返回描述该曲线的相关系数。

求两个数据之间的协方差。参考表 11-9 中的函数说明。

表 11-9　求协方差函数

函数名	函数功能及说明
COVARIANCE.P	返回总体协方差

求两个数据之间的相关系数。参考表 11-10 中的函数说明。

表 11-10　求相关系数函数

函数名	函数功能及说明
CORREL	返回两个数据集之间的相关系数
PEARSON	计算 Pearson 乘积矩相关系数
FISHER	计算 x 的 Fisher 变换值
FISHERINV	计算 x 的 Fisher 变换值的反函数
SLOPE	计算线性回归线的斜率
INTERCEPT	利用已知的 x 值与 y 值计算直线与 y 轴的交叉点
LINEST	计算某直线的统计值
FORECAST	计算线性趋势值
TREND	计算线性趋势值

（续表）

函数名	函数功能及说明
STEYX	计算通过线性回归法预测每个 x 的 y 值时所产生的标准误差
RSQ	计算 Pearson 乘积矩相关系数的平方

求两个数据之间的回归曲线。参考表 11-11 中的函数说明。

表 11-11　求回归曲线函数

函数名	函数功能及说明
GROWTH	使用现有数据计算预测的指数等比
LOGEST	计算最符合数据的指数回归拟合曲线，并返回描述该曲线的数值数组

11.2　平均值函数

平均值函数用于返回数据的平均值，这类函数包括 AVEDEV 函数、AVERAGE 函数、AVERAGEA 函数等。

11.2.1　应用 AVEDEV 函数计算数据与其均值的绝对偏差平均值

功能：计算一组数据点到其算术平均值的绝对偏差的平均值。参数可以是数值或包含数值的名称、数组或引用。

格式：AVEDEV(number1, [number2], ...)。

参数：number1, number2, ... number1 参数是必需的，后续参数是可选的。

AVEDEV 函数是对一组数据变化性的度量。输入数据所使用的度量单位将会影响 AVEDEV 函数的计算结果。参数必须是数字或者包含数字的名称、数组或引用。

AVEDEV 函数的使用方法参考 AVERAGE 函数。

11.2.2　应用 AVERAGE 函数计算参数的平均值

功能：使用计算参数的平均值。参数可以是数值或包含数值的名称、数组或引用。

格式：AVERAGE(number1, [number2], ...)。

参数：number1（必需）。要计算平均值的第一个数字。

number2, ...（可选）。要计算平均值的其他数字、单元格引用或单元格区域，最多可包含 255 个。

下面实例为计算学生的平均成绩，具体操作步骤如下。

步骤 1 根据学生的姓名依次输入学生的成绩，选中目标单元格 B7，如图 11-1 所示。

步骤 2 单击"公式函数">"函数库">"其他函数">"统计">"AVERAGE"选项，弹出"函数参数"对话框，在第一个参数中输入需要计算平均值的单元格区域，如图 11-2 所示，单击"确定"按钮。

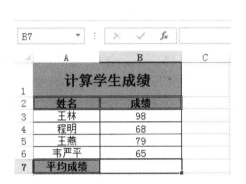

图 11-1　输入学生姓名与成绩

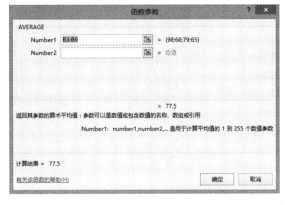

图 11-2　输入参数

步骤 3 生成公式=AVERAGE(B3:B6)，学生的平均成绩显示在目标单元格中，结果保留 1 位小数，如图 11-3 所示。

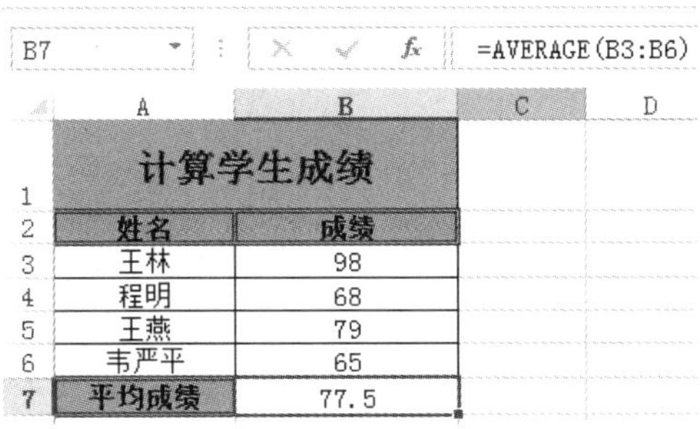

图 11-3　计算平均成绩

提示

如果区域或单元格引用参数包含文本、逻辑值或空单元格，则这些值将被忽略，但包含零值的单元格将被计算在内。

11.2.3　应用 AVERAGEA 函数计算参数列表中数值的平均值

功能：计算参数列表中数值的平均值，包括数字、文本和逻辑值。

格式：AVERAGEA(value1, [value2], ...)。

参数：value1, value2, ... value1 是必需的，后续值是可选的。需要计算平均值的 1 到 255 个单元格、单元格区域或值。

AVERAGEA 函数参数可以是下列形式：数值；包含数值的名称、数组或引用；数字的文本表示或者引用中的逻辑值，例如 TRUE 和 FALSE。包含 TRUE 的参数作为 1 计算；包含 FALSE 的参数作为 0 计算。包含文本的数组或引用参数将作为 0（零）计算。空文本（""）计算为 0（零）。如果参数为数组或引用，则只使用其中的数值。数组或引用中的空白单元格和文本值将被忽略。如果参数为错误值或为不能转换为数字的文本，将会导致错误。如果要使计算不包括引用中的逻辑值和代表数字的文本，可使用 AVERAGE 函数。

下面以计算员工的平均工资为例介绍 AVERAGEA 函数的使用方法，具体操作步骤如下。

步骤 1 根据员工的姓名依次输入工资，选中目标单元格 B7，如图 11-4 所示。

步骤 2 单击"公式函数">"函数库">"其他函数">"统计">"AVERAGEA"选项，弹出"函数参数"对话框，在第一个参数中输入需要计算平均值的单元格区域，如图 11-5 所示，单击"确定"按钮。

图 11-4　输入员工信息

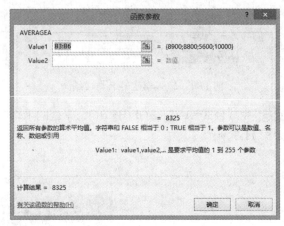

图 11-5　输入参数

步骤 3 生成公式=AVERAGEA(B3:B6)，平均成绩的计算结果显示在目标单元格中，如图 11-6 所示。

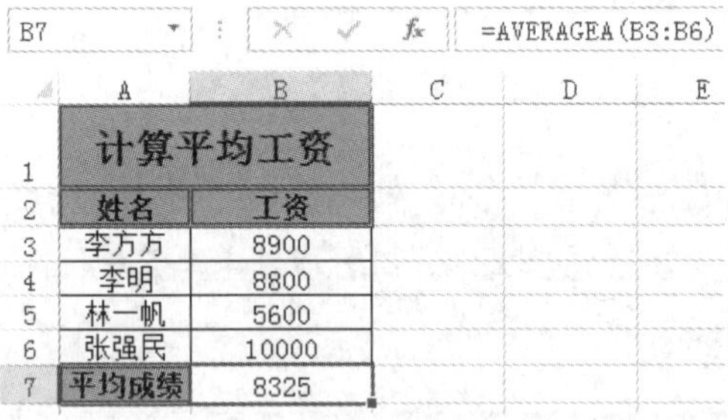

图 11-6　计算平均成绩

提示

　　如果要使计算不包括引用中的逻辑值和代表数字的文本，可使用 AVERAGE 函数。

本函数是计算平均成绩最常见的使用方法之一，下面就以计算学生的平均成绩来介绍本函数的用法。注意，下面实例对于空白的单元格也计算在内。具体操作步骤如下。

步骤 1 根据姓名依次输入成绩，但是要留出一个空白成绩，选中目标单元格 B7，如图 11-7 所示。

步骤 **2** 单击"公式函数">"函数库">"其他函数">"统计">"AVERAGEA"选项，弹出"函数参数"对话框，在第一个参数中输入需要计算平均值的单元格区域，如图 11-8 所示，单击"确定"按钮。

图 11-7　输入学生信息

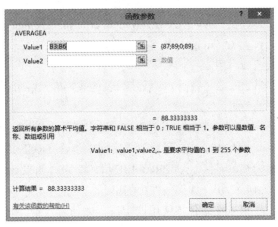

图 11-8　输入参数

步骤 **3** 生成公式=AVERAGEA(B3:B6)，计算结果显示在目标单元格中，此函数计算时包括空白单元格，如图 11-9 所示。

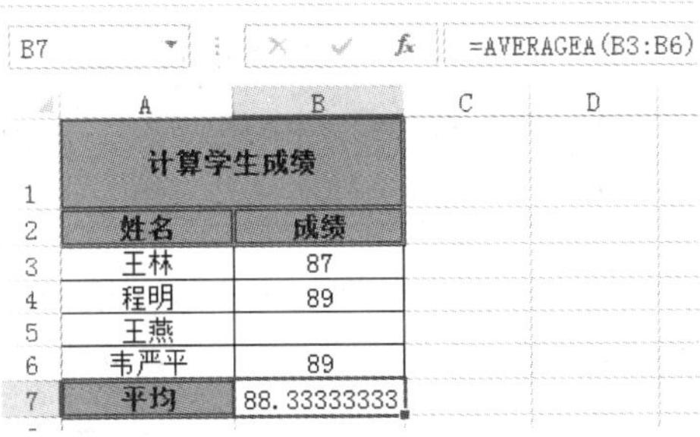

图 11-9　计算平均成绩

> **提示**
>
> AVERAGEA 函数用于计算趋中性，趋中性是统计分布中一组数中间的位置。三种最常见的趋中性计算方法是：
>
> 平均值：平均值是算术平均数，由一组数相加然后除以这些数的个数计算得出。例如，2、3、3、5、7 和 10 的平均数是 30 除以 6，结果是 5。
>
> 中值：中值是一组数中间位置的数；即一半数的值比中值大，另一半数的值比中值小。例如，2、3、3、5、7 和 10 的中值是 4。
>
> 众数：众数是一组数中最多出现的数。例如，2、3、3、5、7 和 10 的众数是 3。
>
> 对于对称分布的一组数来说，这三种趋中性计算方法是相同的；对于偏态分布的一组数来说，这三种趋中性计算方法可能不同。

11.2.4 应用 AVERAGEIF 函数计算满足条件的单元格的平均值

功能：使用 AVERAGEIF 函数计算某个区域内满足给定条件的所有单元格的算术平均值。

格式：AVERAGEIF(range, criteria, [average_range])。

参数：range（必需）。要计算平均值的一个或多个单元格，其中包含数字或包含数字的名称、数组或引用。

criteria（必需）。数字、表达式、单元格引用或文本形式的条件，用来定义对哪些单元格计算平均值。

average_range（可选）。要计算平均值的实际单元格集。如果省略，则使用 range。

AVERAGEIF 函数忽略区域中包含 TRUE 或 FALSE 的单元格。如果 average_range 中的单元格为空单元格，AVERAGEIF 将忽略它；如果 range 为空值或文本值，AVERAGEIF 函数将返回错误值#DIV0!；如果条件中的单元格为空单元格，AVERAGEIF 函数就会将其视为 0 值。

可以在条件中使用通配符，即问号（?）和星号（*）。问号匹配任一单个字符；星号匹配任一字符串。如果要查找实际的问号或星号，需要在字符前键入波形符（~）。

average_range 不必与 range 区域大小和形状相同。求平均值的实际单元格是通过使用 average_range 中左上方的单元格作为起始单元格，然后加入与 range 大小和形状相对应的单元格确定的，如表 11-12 所示。

表 11-12　average_range 与 range

range	average_range	则计算的实际单元格为
A1:A5	B1:B5	B1:B5
A1:A5	B1:B3	B1:B5
A1:B4	C1:D4	C1:D4
A1:B4	C1:C2	C1:D4

下面实例根据员工每个季度的收支情况来计算其平均支出，使用的是计算平均值的一般使用方法。具体操作步骤如下。

步骤 1 根据各个季度输入金额和收支的情况，选中目标单元格 C11，如图 11-10 所示。

步骤 2 单击"公式函数">"函数库">"其他函数">"统计">"AVERAGEIF"选项，弹出"函数参数"对话框，输入必要的参数，如图 11-11 所示，单击"确定"按钮。

图 11-10　各个季度输入金额和收支　　　　图 11-11　输入参数

步骤 3 生成公式=AVERAGEIF(C3:C10,"支出",B3)，计算结果显示在目标单元格中，此函数会根据 Criteria 条件做出相应的判断，如图 11-12 所示。

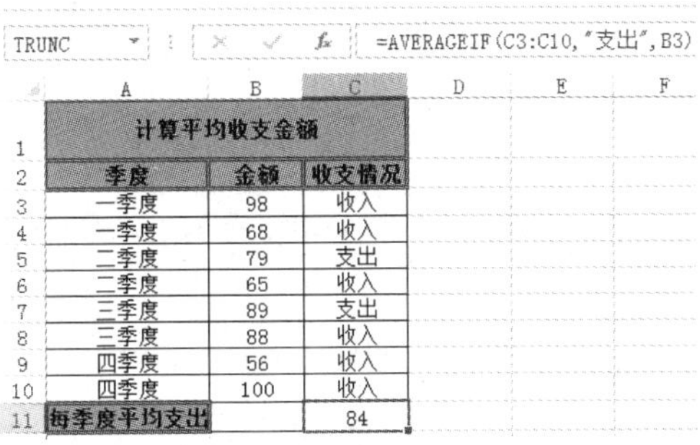

图 11-12　计算结果

条件计算是本函数的使用特点，下面实例要求根据车间的产量计算出产量高于 250 的平均值，具体操作步骤如下。

步骤 1 根据车间的情况输入产量的情况，产量的数据要在 250 左右，选中目标单元格 C3，如图 11-13 所示。

步骤 2 单击"公式函数">"函数库">"其他函数">"统计">"AVERAGEIF"选项，弹出"函数参数"对话框，输入必要的参数，如图 11-14 所示，单击"确定"按钮。

图 11-13　输入产量

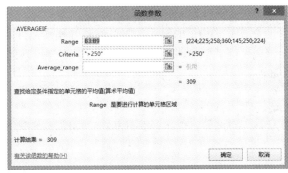

图 11-14　输入参数

步骤 3 生成公式=AVERAGEIF(B3:B9,""">"250")，计算结果显示在目标单元格中，因为在条件中进行了筛选，所以计算的都是产量高于 250 的平均值，如图 11-15 所示。

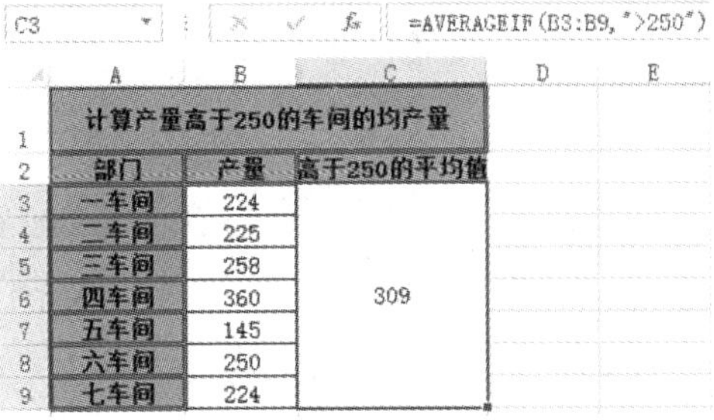

图 11-15　计算结果

当对单元格中的数值求平均值时，应牢记空单元格与含零值单元格的区别，尤其是在清除了"Excel 选项"对话框中的"在具有零值的单元格中显示零"复选框时。选中此选项后，空单元格将不计算在内，但零值会计算在内。

11.2.5 应用 AVERAGEIFS 函数计算满足多重条件的平均值

功能：使用 AVERAGEIFS 函数计算满足多个条件的所有单元格的平均值。

格式：AVERAGEIFS(average_range, criteria_range1, criteria1, [criteria_range2, criteria2], ...)。

参数：average_range（必需）。要计算平均值的一个或多个单元格，其中包括数字或包含数字的名称、数组或引用。

criteria_range1、criteria_range2…criteria_range1 是必需的，后续 criteria_range 是可选的。在其中计算关联条件的 1 至 127 个区域。

criteria1、criteria2…criteria1 是必需的，后续 criteria 是可选的。形式为数字、表达式、单元格引用或文本的 1 至 127 个条件，用来定义将要计算平均值的单元格。

如果 AVERAGEIFS 函数的参数 average_range 为空值或文本值，则返回错误值#DIV0!；如果条件区域中的单元格为空，AVERAGEIFS 将其视为 0 值。区域中包含 TRUE 的单元格计算为 1；区域中包含 FALSE 的单元格计算为 0（零）。

在计算平均值的时候，去掉最高分和最低分是比较公正的计算方法，尤其是在评分中。下面实例为去掉学生最高和最低成绩后求平均值，具体操作步骤如下。

步骤1 根据学生的姓名依次输入成绩，选中目标单元格 B9，如图 11-16 所示。

步骤2 单击"公式函数">"函数库">"其他函数">"统计">"AVERAGEIFS"选项，弹出"函数参数"对话框，输入必要的参数，如图 11-17 所示，单击"确定"按钮。

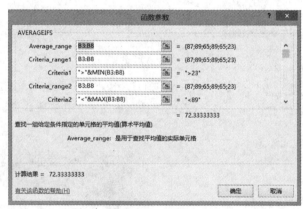

图 11-16　输入学生信息　　　　　　　　　　图 11-17　输入参数

步骤3 生成公式=AVERAGEIFS(B3:B8,B3:B8,"">""&MIN(B3:B8)),B3:B8,"<"&MAX(B3:B8))，平均成绩显示在目标单元格中，此计算结果不计算首尾的数据，如图 11-18 所示。

| B9 | | | f_x | =AVERAGEIFS(B3:B8,B3:B8,">"&MIN(B3:B8),B3:B8,"<"&MAX(B3:B8)) |

	A	B	C	D	E	F	G	H	I	J
1	计算平均成绩(不含首尾)									
2	姓名	成绩								
3	王林	87								
4	程明	89								
5	王燕	65								
6	韦严平	89								
7	李方方	65								
8	李明	23								
9	平均	72.33333333								

图 11-18　计算平均成绩

提示

与 AVERAGEIF 函数中的区域和条件参数不同，AVERAGEIFS 函数中每个 criteria_range 参数区域的大小和形状必须与 sum_range 相同。

11.2.6　应用 COVARIANCE.P 函数计算总体协方差

功能：使用 COVARIANCE.P 函数计算总体协方差，即成对偏差乘积的平均值。

格式：COVARIANCE.P(array1,array2)。

参数：array1（必需）。第一个整数的单元格区域。

array2（必需）。第二个整数的单元格区域。

COVARIANCE.P 函数参数必须是数字，或者是包含数字的名称、数组或引用。如果数组或引用参数包含文本、逻辑值或空白单元格，则这些值将被忽略；但包含零值的单元格将计算在内。

下面实例给出两组学生的身高，计算它们的协方差来了解两组学生身高的关系，具体操作步骤如下。

步骤 1 首先输入用于计算的数据身高 1 和身高 2，选择目标单元格 B7，如图 11-19 所示。

步骤 2 单击"公式函数">"函数库">"其他函数">"统计">"COVARIANCE.P"选项，弹出"函数参数"对话框，输入必要的参数，如图 11-20 所示，单击"确定"按钮。

| B7 | | | f_x | |

	A	B	C	D
1	计算学生身高协方差			
2	身高1	身高2		
3	174	175		
4	168	182		
5	171	165		
6	166	158		
7	协方差			

图 11-19　输入学生身高

图 11-20　输入参数

步骤 3 生成公式=COVARIANCE.P(A3:A6,B3:B6)，最后的计算结果显示在目标单元格中，如图 11-21 所示。

图 11-21　计算协方差

> **提示**
>
> 利用协方差可以决定两个数据集之间的关系。例如，可利用它来检验教育程度与收入档次之间的关系。

11.2.7　应用 COVARIANCE.S 函数计算样本协方差

功能：使用 COVARIANCE.S 函数计算样本协方差，即两个数据集中每对数据点的偏差乘积的平均值。

格式：COVARIANCE.S(array1,array2)。

参数：array1（必需）。第一个整数的单元格区域。

array2（必需）。第二个整数的单元格区域。

COVARIANCE.S 函数参数必须是数字，或者是包含数字的名称、数组或引用。如果数组或引用参数包含文本、逻辑值或空白单元格，则这些值将被忽略；但包含零值的单元格将计算在内。

下面实例给出两组销售数据，计算它们的协方差，具体操作步骤如下。

步骤1 首先输入用于计算的销售数据 1 和销售数据 2，选择目标单元格 B7，如图 11-22 所示。

步骤2 单击"公式函数"＞"函数库"＞"其他函数"＞"统计"＞"CONFIDENCE.S"选项，弹出"函数参数"对话框，输入必要的参数，如图 11-23 所示，单击"确定"按钮。

图 11-22　输入数据

图 11-23　输入参数

步骤3 生成公式=COVARIANCE.S(A3:A6,B3:B6)，最后的计算结果显示在目标单元格中，如图 11-24 所示。

B7 | =COVARIANCE.S(A3:A6,B3:B6)

	A	B	C	D
1	计算销售数据协方差			
2	销售数据1	销售数据2		
3	1740	1750		
4	1680	1820		
5	1710	1650		
6	1660	1580		
7	协方差	1300		

图 11-24　计算协方差

11.2.8　应用 CONFIDENCE.NORM 函数返回总体平均值的置信区间

功能：使用 CONFIDENCE.NORM 函数计算总体平均值的置信区间。信区间为一个值区域。样本平均值 x 位于该区域的中间，区域范围为(x±CONFIDENCE.NORM)。

格式：CONFIDENCE.NORM(alpha,standard_dev,size)。

参数：alpha（必需）。用来计算信水平的显著性水平。置信水平等于 100*(1 - alpha)%，亦即，如果 alpha 为 0.05，则置信水平 95%。

standard_dev（必需）。数据区域的总体标准偏差，假定为已知。

size（必需）。样本容量。

假设样本取自 50 名乘车上班的旅客，他们花在路上的平均时间为 30 分钟，总体标准偏差为 2.5 分钟。假设 alpha =0.05，计算乘客花在路上的平均时间的置信区间，具体操作步骤如下。

步骤 1 首先输入计算的参数、标准偏差和样本容量，选择目标单元格 B6，如图 11-25 所示。

步骤 2 单击"公式函数"＞"函数库"＞"其他函数"＞"统计"＞"CONFIDENCE.NORM"选项，弹出"函数参数"对话框，输入必要的参数，如图 11-26 所示，单击"确定"按钮。

图 11-25　选中单元格 B6

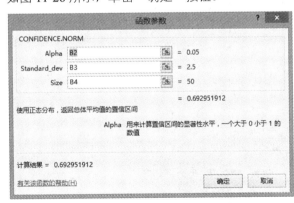

图 11-26　输入参数

步骤 3 生成公式=CONFIDENCE.NORM(B2,B3,B4)，最后的计算结果显示在目标单元格中，如图 11-27 所示。

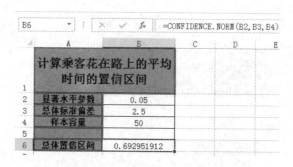

图 11-27　计算总体置信区间

11.2.9　应用 CONFIDENCE.T 函数返回总体平均值的置信区间

功能：使用学生的 t 分布计算总体平均值的置信区间。

格式：CONFIDENCE.T(alpha,standard_dev,size)。

参数：alpha（必需）。用来计算置信水平的显著性水平。置信水平等于 100*(1 - alpha)%，即如果 alpha 为 0.05，则置信水平为 95%。

standard_dev（必需）。数据区域的总体标准偏差，假定为已知。

size（必需）。样本容量。

如果任一参数为非数值型，则返回错误值#VALUE!。如果 alpha≤0 或 alpha≥1，则 CONFIDENCE.T 返回错误值#NUM!。如果 standard_dev≤0，则 CONFIDENCE.T 函数返回错误值 #NUM!。如果 size 不是整数，将被截尾取整。如果 size 等于 1，则返回错误值#DIV/0!。

下面实例要求计算出学生的 t 分布；其中样本的大小为 50 的总体平均值的置信区间，具体操作步骤如下。

步骤 1 首先输入计算的参数、标准偏差和样本容量，选择目标单元格 B6，如图 11-28 所示。

步骤 2 单击"公式函数">"函数库">"其他函数">"统计">"CONFIDENCE.T"选项，弹出"函数参数"对话框，输入必要的参数，如图 11-29 所示，单击"确定"按钮。

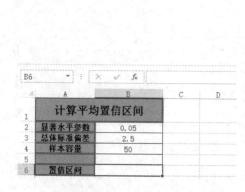

图 11-28　选中单元格 B6

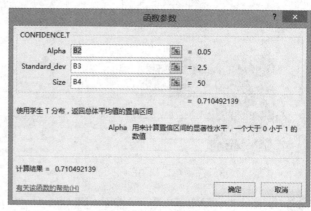

图 11-29　输入参数

步骤 3 生成公式=CONFIDENCE.T(B2,B3,B4)，最后的计算结果显示在目标单元格中，如图 11-30 所示。

B6	▼ : × ✓ fx	=CONFIDENCE.T(B2,B3,B4)		

	A	B	C	D
1	计算平均置信区间			
2	显著水平参数	0.05		
3	总体标准偏差	2.5		
4	样本容量	50		
5				
6	置信区间	0.710492139		

图 11-30　计算置信区间

提示

置信区间为一个值区域。样本平均值 x 位于该区域的中间，区域范围为 x ± CONFIDENCE.NORM。

11.2.10　应用 GEOMEAN 函数计算几何平均值

功能：使用 GEOMEAN 函数计算组正数数据或正数数据区域的几何平均值。

格式：GEOMEAN(number1, [number2], ...)。

参数：number1, number2, ...number1 是必需的，后续数字是可选的。用于计算平均值的 1 到 255 个参数。也可以用单一数组或对某个数组的引用来代替用逗号分隔的参数。

参数可以是数字或者是包含数字的名称、数组或引用。逻辑值和直接键入到参数列表中代表数字的文本被计算在内。如果数组或引用参数包含文本、逻辑值或空白单元格，则这些值将被忽略，但包含零值的单元格将计算在内。

下面实例根据给定的区域计算员工的平均成绩，具体操作步骤如下。

步骤 1 输入员工的培训成绩，选择目标单元格 B8，如图 11-31 所示。

步骤 2 单击"公式函数">"函数库">"其他函数">"统计">"GEOMEAN"选项，弹出"函数参数"对话框，输入必要的参数，如图 11-32 所示，单击"确定"按钮。

B8	▼ : × ✓ fx		

	A	B	C
1	员工培训平均成绩		
2	员工	成绩	
3	王林	6	
4	程明	7	
5	王燕	8	
6	韦严平	9	
7	李方方	10	
8	平均成绩		

图 11-31　选中单元格 B8

图 11-32　输入参数

步骤 3 生成公式=GEOMEAN(A3:A7,B3:B7)，几何平均值计算结果显示在目标单元格中，如图 11-33 所示。

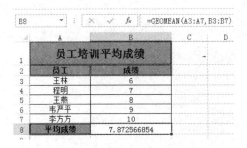

图 11-33　计算平均成绩

如果参数为错误值或为不能转换为数字的文本，将会导致错误。

11.2.11　应用 HARMEAN 函数计算调和平均值

功能：使用 HARMEAN 函数计算一组数据的调和平均值。

格式：HARMEAN(number1, [number2], ...)。

参数：number1, number2, ...number1 是必需的，后续数字是可选的。用于计算平均值的 1 到 255 个参数。也可以用单一数组或对某个数组的引用来代替用逗号分隔的参数。

参数可以是数字或者是包含数字的名称、数组或引用。逻辑值和直接键入到参数列表中代表数字的文本被计算在内。如果数组或引用参数包含文本、逻辑值或空白单元格，则这些值将被忽略；但包含零值的单元格将计算在内。如果参数为错误值或为不能转换为数字的文本，将会导致错误。

下面实例根据给出的员工身高计算其平均身高，具体操作步骤如下。

步骤 1　使用调和平均值，依次输入各员工身高，选择目标单元格 B9，如图 11-34 所示。

步骤 2　单击"公式函数">"函数库">"其他函数">"统计">"HARMEAN"选项，弹出"函数参数"对话框，输入必要的参数，如图 11-35 所示，单击"确定"按钮。

图 11-34　输入员工信息

图 11-35　输入参数

步骤 3　生成公式=HARMEAN(A3:A8,B3:B8)，平均身高的计算结果显示在目标单元格中，如图 11-36 所示。

	A	B	C	D
1	统计员工身高			
2	姓名	身高		
3	王林	165		
4	程明	163		
5	王燕	182		
6	韦严平	186		
7	李方方	190		
8	李明	175		
9	平均身高	176.2431901		

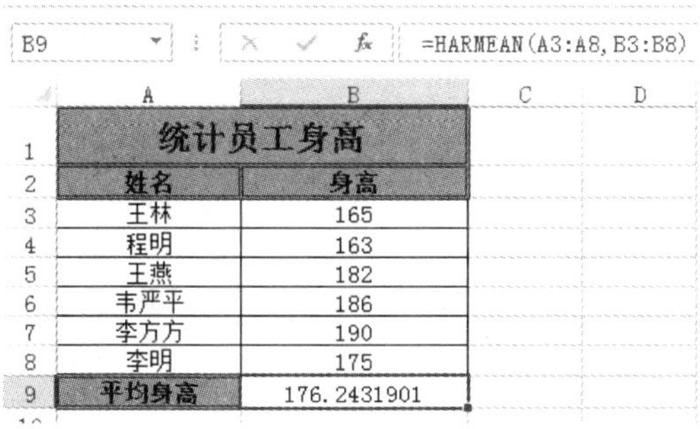

图 11-36 计算平均身高

提示

调和平均值总小于几何平均值，而几何平均值总小于算术平均值。

11.3 Beta 分布函数

Beta 分布函数有 BETADIST、BETAINV，下面介绍其具体应用。

11.3.1 应用 BETA.DIST 函数计算 Beta 累积分布函数

功能：使用 BETA.DIST 函数返回 Beta 累积分布函数。Beta 分布函数通常用于研究样本中一部分的变化情况。

格式：BETA.DIST(x,alpha,beta,cumulative,[A],[B])。

参数：x（必需）。介于值 A 和 B 之间用于进行函数计算的值。分布参数。

beta（必需）。分布参数。

cumulative（必需）。决定函数形式的逻辑值。如果 cumulative 为 TRUE，则 BETA.DIST 函数返回累积分布函数；如果为 FALSE，则返回概率密度函数。

A（可选）。x 所属区间的下界。

B（可选）。x 所属区间的上界。

如果任意参数是非数值型，则 BETA.DIST 函数返回错误值#VALUE!。如果 alpha≤0 或 beta≤0，则 BETA.DIST 函数返回#NUM!错误值。如果 x<A、x>B 或 A=B，则 BETA.DIST 函数返回#NUM!错误值。

下面实例使用 Beta 累计分布来计算看电视的时间比率，具体操作步骤如下。

步骤 1 输入计算的函数值和两个分布参数，选中目标单元格 B7，如图 11-37 所示。

步骤 2 单击“公式函数”>“函数库”>“其他函数”>“统计”>“BETA.DIST”选项，弹出“函数参数”对话框，输入必要的参数，如图 11-38 所示，单击“确定”按钮。

图 11-37　输入数据

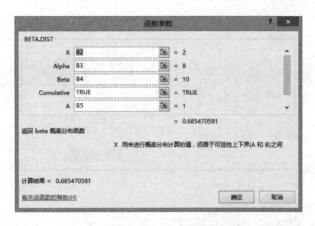

图 11-38　输入参数

步骤 3 生成公式=BETA.DIST(B2,B3,B4,TRUE,B5,B6)，Beta 密度函数的计算结果显示在目标单元格中，此结果计算的是一个函数值，如图 11-39 所示。

图 11-39　计算时间比率

　　如果省略 A 和 B 的值，BETA.DIST 使用标准的累积 beta 分布，即 A = 0，B = 1。

11.3.2 应用BETA.INV函数计算指定Beta分布的累积分布函数的反函数

功能：使用 BETA.INV 函数返回指定 Beta 分布的累积分布函数的反函数。Beta 分布可用于项目设计，在给定期望的完成时间和变化参数后，模拟可能的完成时间。

格式：BETA.INV(probability,alpha,beta,[A],[B])。

参数：probability（必需）。与 Beta 分布相关的概率。如果任意参数为非数值型，则 BETA.INV 返回错误值#VALUE!。

alpha（必需）。分布参数。如果 alpha≤0，则 BETA.INV 函数返回错误值#NUM!。

beta（必需）。分布参数。如果 beta≤0，则 BETA.INV 函数返回错误值#NUM!。

A（可选）。x 所属区间的下界。如果省略 A 和 B 的值，BETA.INV 函数使用标准的累积 beta 分布，即 A = 0，B = 1。

B（可选）。x 所属区间的上界。如果省略 A 和 B 的值，BETA.INV 函数使用标准的累积 beta 分布，即 A = 0，B = 1。

下面实例与 BETA.DIST 函数相反，用于计算 Beta 累积分布的反函数值，下面以已知看电视比率，计算期望看电视时间为例介绍其使用方法，具体操作步骤如下。

步骤 1 输入计算的函数值和两个分布参数，选择目标单元格 B8，如图 11-40 所示。

步骤 2 单击"公式函数">"函数库">"其他函数">"统计">"BETA.INV"选项，弹出"函数参数"对话框，输入必要的参数，如图 11-41 所示，单击"确定"按钮。

图 11-40　输入数据

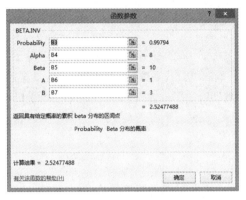

图 11-41　输入参数

步骤 3 生成公式=BETA.INV(B3,B4,B5,B6,B7)，最后的计算的期望时间显示在目标单元格中，如图 11-42 所示。

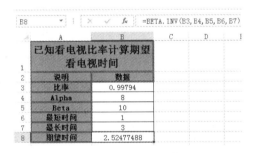

图 11-42　计算期望时间

11.4　概率相关函数

概率相关函数有 CHISQ、CHIINV、CHITEST、BINOMDIST、FDIST 等，下面介绍这些函数的具体应用。

11.4.1　应用 CHISQ.DIST 函数计算 x^2 分布的单尾概率

功能：使用 CHISQ.DIST 函数返回 x^2 分布。x^2 分布通常用于研究样本中某些事物变化的百分比，例如人们一天中用来看电视的时间所占的比例。

格式：CHISQ.DIST(x,deg_freedom,cumulative)。

参数：x（必需）。用来计算分布的数值。

deg_freedom（必需）。自由度数。

cumulative（必需）。决定函数形式的逻辑值。如果 cumulative 为 TRUE，则 CHISQ.DIST 返回累积分布函数；如果为 FALSE，则返回概率密度函数。

下面例要求根据概率和自由度，使用 x^2 分布计算出人们一天花在看电视的时间比率，具体操作步骤如下。

步骤 1 输入计算的概率、自由度和逻辑值，选择目标单元格 B6，如图 11-43 所示。

步骤 2 单击"公式函数">"函数库">"其他函数">"统计">"CHISQ.DIST"选项，弹出"函数参数"对话框，输入必要的参数，如图 11-44 所示，单击"确定"按钮。

图 11-43　输入数据

图 11-44　输入参数

步骤 3 生成公式=CHISQ.DIST(B3,B4,B5)，最后的计算结果显示在目标单元格中，如图 11-45 所示。

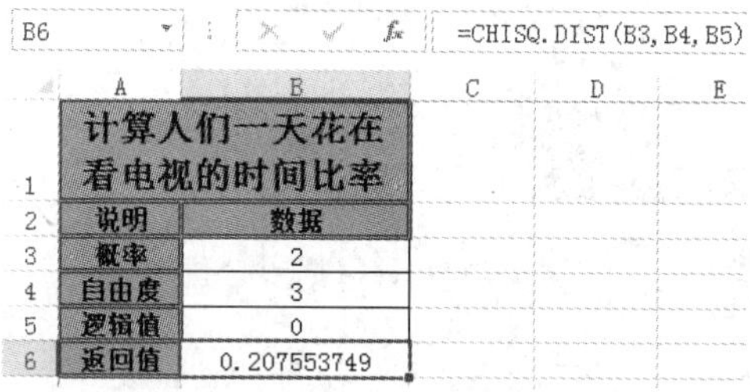

图 11-45　计算返回值

11.4.2　应用 CHISQ.INV 函数返回 x^2 分布的左尾概率的反函数

功能：使用计算 x^2 分布的左尾概率的反函数。x^2 分布通常用于研究样本中某些事物变化的百分比，例如人们一天中用来看电视的时间所占的比例。

格式：CHISQ.INV(probability,deg_freedom)。

参数：probability（必需）。与 x^2 分布相关联的概率。如果 probability<0 或 probability>1，则 CHISQ.INV.RT 返回错误值#NUM！。

deg_freedom（必需）。自由度的数值。如果 deg_freedom 不是整数，则将被截尾取整。

x^2 分布反函数也是一个很常见的计算，下面实例要求根据概率和自由度计算出 x^2 方分布的左尾概率的反函数，具体操作步骤如下。

步骤1 输入计算的概率、自由度，选择目标单元格 B6，如图 11-46 所示。

步骤2 单击"公式函数">"函数库">"其他函数">"统计">"CHISQ.INV"选项，弹出"函数参数"对话框，输入必要的参数，如图 11-47 所示，单击"确定"按钮。

图 11-46　输入数据

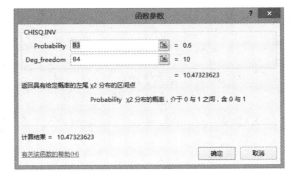

图 11-47　输入参数

步骤3 生成公式=CHISQ.INV(B3,B4)，最后的计算结果显示在目标单元格中，如图 11-48 所示。

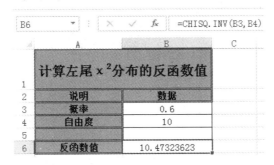

图 11-48　计算反函数值

 提示

如果 deg_freedom<1 或 deg_freedom>10^10，则 CHISQ.INV 返回错误值#NUM!。

11.4.3　应用 CHISQ.INV.RT 函数返回 x^2 分布的右尾概率的反函数

功能：使用 CHISQ.INV.RT 函数计算 x^2 分布的右尾概率的反函数。x^2 分布通常用于研究样本中某些事物变化的百分比，例如人们一天中用来看电视的时间所占的比例。

格式：CHISQ.INV.RT(probability,deg_freedom)。

参数：probability（必需）。与 x^2 分布相关联的概率。如果 probability<0 或 probability>1，CHISQ.INV.RT 返回错误值#NUM!。

deg_freedom（必需）。自由度的数值。如果 deg_freedom 不是整数，则将被截尾取整。

使用此函数可比较观察结果与理论值，以确定初始假设是否有效。

下面实例要求根据概率和自由度计算出 x^2 分布的右尾概率的反函数值，具体操作步骤如下。

步骤 1 首先输入计算的概率、和自由度，选择目标单元格 B6，如图 11-49 所示。

步骤 2 单击"公式函数">"函数库">"其他函数">"统计">"CHISQ.INV.RT"选项，弹出"函数参数"对话框，输入必要的参数，如图 11-50 所示，单击"确定"按钮。

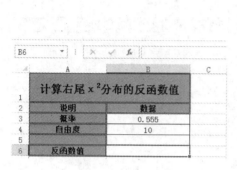

图 11-49 输入数据

图 11-50 输入参数

步骤 3 生成公式=CHISQ.INV.RT(B3,B4)，最后的计算结果显示在目标单元格中，如图 11-51 所示。

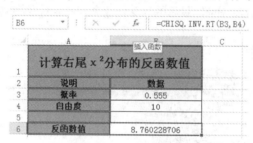

图 11-51 计算反函数值

> **提示**
>
> CHISQ.INV.RT 函数使用迭代搜索技术。如果搜索在 64 次迭代之后没有收敛，则函数返回错误值#N/A。

11.4.4 应用 CHISQ.DIST.RT 函数返回 x^2 分布的右尾概率

功能：使用 CHISQ.DIST.RT 函数计算 x^2 分布的右尾概率。x^2 分布与 x^2 检验相关，使用 x^2 检验可以比较观察值和期望值。

格式：CHISQ.DIST.RT(x,deg_freedom)。

参数：x（必需）。用来计算分布的数值。如果任一参数是非数值型，则函数 CHISQ.DIST.RT 返回错误值#VALUE!。

deg_freedom（必需）。自由度的数值。如果 deg_freedom 不是整数，则将被截尾取整。

下面实例假设已知植物为红色的概率和自由度，计算作为单尾函数返回的 x^2 分布的预测植物颜色的结果，具体操作步骤如下。

步骤 1 输入计算的概率、自由度，选择目标单元格 B6，如图 11-52 所示。

步骤 2 单击"公式函数">"函数库">"其他函数">"统计">"CHISQ.DIST.RT"选项，弹出"函数参数"对话框，输入必要的参数，如图 11-53 所示，单击"确定"按钮。

图 11-52 输入数据

图 11-53 输入参数

步骤 3 生成公式=CHISQ.DIST.RT(B3,B4)，最后的计算结果显示在目标单元格中，如图 11-54 所示。

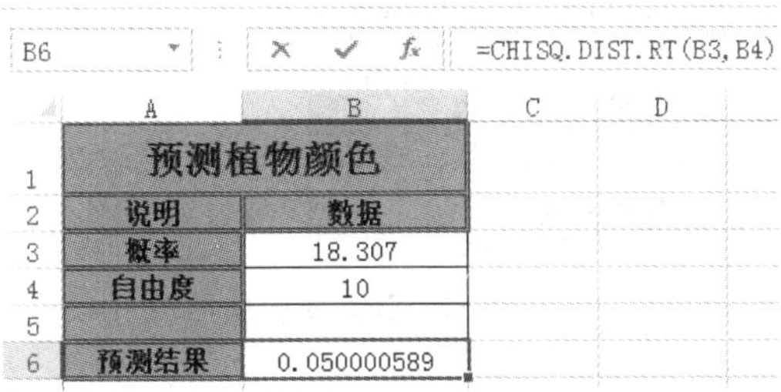

图 11-54 预测结果

11.4.5 应用 CHISQ.TEST 函数返回独立性检验值

功能：使用 CHISQ.TEST 函数计算独立性检验值，该函数返回 x^2 分布的统计值及相应的自由度。

格式：CHISQ.TEST(actual_range,expected_range)。

参数：actual_range（必需）。包含观察值的数据区域，用于检验预期值。

expected_range（必需）。包含行列汇总的乘积与总计值之比率的数据区域。

如果 actual_range 和 expected_range 数据点的个数不同，CHISQ.TEST 函数返回错误值#N/A。

下面实例要求根据某公司的男女人数以及期望人数，计算独立检验的检测结果，具体操作步骤如下。

步骤 1 首先输入要计算的男士实际值、女士实际值和期望值，选择目标单元格 B8，如图 11-55 所示。

步骤 2 单击"公式函数">"函数库">"其他函数">"统计">"CHISQ.TEST"选项，弹出"函数参数"对话框，输入必要的参数，如图 11-56 所示，单击"确定"按钮。

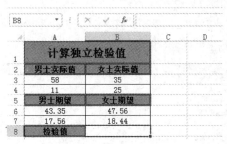

图 11-55　输入数据

图 11-56　输入参数

步骤 3 生成公式=CHISQ.TEST(A3:B4,A6:B7)，最后的计算结果显示在目标单元格中，如图 11-57 所示。

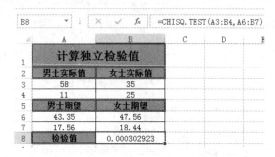

图 11-57　计算检验值

CHISQ.TEST 函数能够使用 x^2 检验值确定假设结果是否被实验证实。

11.4.6　应用 BINOM.DIST 函数计算一元二项式分布的概率值

功能：计算一元二项式分布的概率。例如，可计算每出生三个婴儿中有两个是男婴的概率。

格式：BINOM.DIST(number_s,trials,probability_s,cumulative)。

参数：number_s（必需）。试验的成功次数。

trials（必需）。独立试验次数。

probability_s（必需）。每次试验成功的概率。

cumulative（必需）。决定函数形式的逻辑值。如果 cumulative 为 TRUE，则 BINOM.DIST 函数返回累积分布函数，即最多存在 number_s 次成功的概率；如果为 FALSE，则返回概率密度函数，即存在 number_s 次成功的概率。

BINOM.DIST 函数用于处理固定次数的试验或实验问题。

下面实例使用 BINOM.DIST 函数计算 10 次抛硬币正好 6 次为正面的概率，具体操作步骤如下。

步骤 1 首先要输入实验的成功次数、独立实验的总次数和每次实验成功的概率，选择目标单元格 B5，如图 11-58 所示。

步骤 2 单击"公式函数">"函数库">"其他函数">"统计">"BINOM.DIST"选项，弹出"函数参数"对话框，输入必要的参数，如图 11-59 所示，单击"确定"按钮。

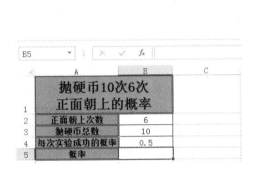

图 11-58 输入数据 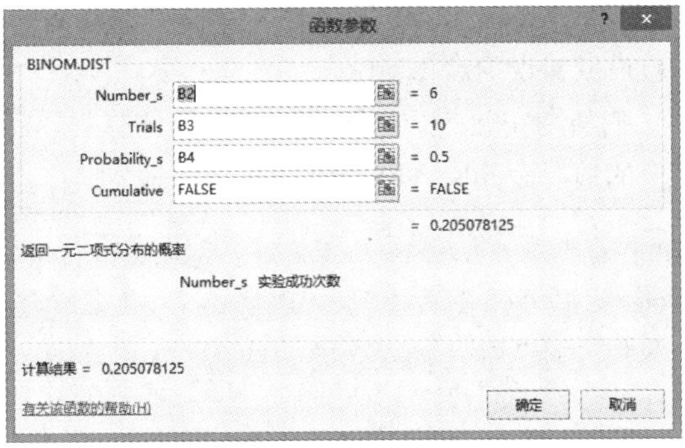　　　　　　　　　　　　　图 11-59 输入参数

步骤 3 生成公式=BINOM.DIST(B2,B3,B4,FALSE)，概率计算结果显示在目标单元格中，如图 11-60 所示。

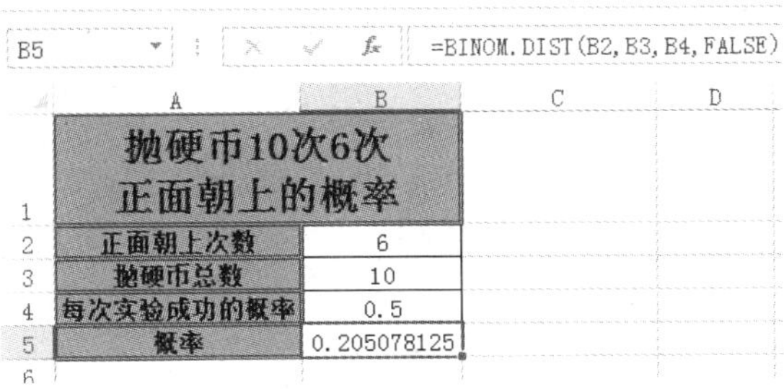

图 11-60 计算概率

> **提示**
>
> 当符合下列所有条件时，可以使用 BINOM.DIST 函数：检验或试验的次数固定，任何试验的结果只包含成功或失败两种情况，试验相互独立，且成功的概率在实验期间固定不变。

11.4.7 应用 BINOM.INV 函数返回使累积二项式分布大于等于临界值的最小值

功能：使用 BINOM.INV 函数返回一个使得累积二项式分布的函数值大于等于临界值的最小整数值。

格式：BINOM.INV(trials,probability_s,alpha)。

参数：trials（必需）。伯努利试验次数。如果任意参数是非数值型，则 BINOM.INV 返回错误值#VALUE!。

probability_s（必需）。每次试验成功的概率。如果 probability_s<0 或 probability_s>1，则 BINOM.INV 函数返回错误值#NUM!。

alpha（必需）。临界值。如果 alpha<0 或 alpha>1，则 BINOM.INV 函数返回错误值#NUM!。

如果任意参数是非数值型，则 BINOM.INV 函数返回错误值#VALUE!。如果 trials 不是整数，将被截尾取整。如果 trials<0，则 BINOM.INV 函数返回错误值#NUM!。如果 probability_s<0 或 probability_s>1，则 BINOM.INV 函数返回错误值#NUM!。如果 alpha<0 或 alpha>1，则 BINOM.INV 函数返回错误值#NUM!。

伯努利实验是一个很常见的概率计算问题。下面实例要求计算实验次数为 6 时，大于等于临界值的情况。其中，临界值是 0.75，具体操作步骤如下。

步骤 1 首先输入伯努利实验次数、首次成功的概率和临界值，选择目标单元格 B5，如图 11-61 所示。

步骤 2 单击"公式函数">"函数库">"其他函数">"统计">"BINOM.INV"选项，弹出"函数参数"对话框，输入必要的参数，如图 11-62 所示，单击"确定"按钮。

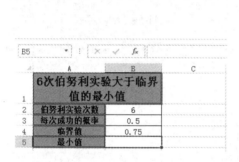

图 11-61　输入数据

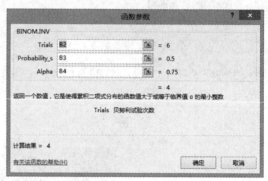

图 11-62　输入参数

步骤 3 生成公式=BINOM.INV(B2,B3,B4)，计算结果显示在目标单元格中，此结果显示的是大于或等于临界值的最小值，如图 11-63 所示。

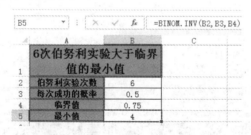

图 11-63　计算最小值

11.4.8　应用 F.DIST 函数返回左尾 F 概率分布

功能：使用 F.DIST 函数计算两个数据集的左尾 F 概率分布。

格式：F.DIST(x,deg_freedom1,deg_freedom2,cumulative)。

参数：x（必需）。用来函数计算的值。如果 x 为负数，则 F.DIST 返回错误值#NUM!。

deg_freedom1（必需）。分子的自由度。如果 deg_freedom1 不是整数，则将被截尾取整。

deg_freedom2（必需）。分母的自由度。如果 deg_freedom2 不是整数，则将被截尾取整。

cumulative（必需）。决定函数形式的逻辑值。

如果 cumulative 为 TRUE，则 F.DIST 返回累积分布函数；如果为 FALSE，则返回概率密度函数。

下面实例计算函数的 F 概率分布，其中分子自由度是 6，分母自由度是 4，具体操作步骤如下。

步骤 1 首先输入用于计算的数值、分子和分母自由度，选择目标单元格 B6，如图 11-64 所示。

步骤 2 单击"公式函数">"函数库">"其他函数">"统计">"F.DIST"选项，弹出"函数参数"对话框，输入必要的参数，如图 11-65 所示，单击"确定"按钮。

图 11-64　输入用于计算的数据

图 11-65　输入参数

步骤 3 生成公式=F.DIST(B3,B4,B5,0)，最后的计算结果显示在目标单元格中，如图 11-66 所示。

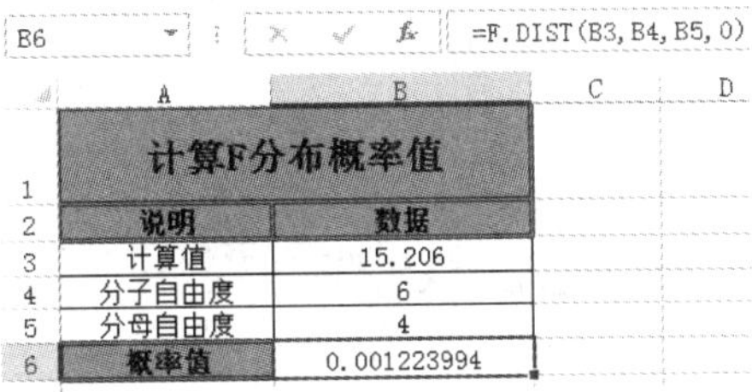

图 11-66　计算概率值

> **提示**
>
> 使用 F.DIST 函数可以确定两个数据集是否存在变化程度上的不同。例如，分析进入高中的男生、女生的考试分数，确定女生分数的变化程度是否与男生不同。

11.4.9　应用 F.DIST.RT 函数返回右尾 F 概率分布

功能：使用 F.DIST.RT 函数计算两个数据集的右尾 F 概率分布。

格式：F.DIST.RT(x,deg_freedom1,deg_freedom2)。

参数：x（必需）。用来计算函数的值。如果 x 为负数，则 F.DIST.RT 返回错误值#NUM!。

deg_freedom1（必需）。分子的自由度。如果 deg_freedom1<1，则 F.DIST.RT 返回错误值#NUM!。如果 deg_freedom2<1，则 F.DIST.RT 返回错误值#NUM!。

deg_freedom2（必需）。分母的自由度。

如果任一参数为非数值型，则 F.DIST 返回错误值#VALUE!。如果 x 为负数，则 F.DIST 返回错误值#NUM!。如果 deg_freedom1 或 deg_freedom2 不是整数，则将被截尾取整。

下面实例利用 F 概率分布来计算学生成绩变化的程度，其中分子自由度是 6，分母自由度是 4。具体操作步骤如下。

步骤 1 首先输入用于计算的学生平均分，选择目标单元格 B7，如图 11-67 所示。

步骤 2 单击"公式函数">"函数库">"其他函数">"统计">"F.DIST.RT"选项，弹出"函数参数"对话框，输入必要的参数，如图 11-68 所示，单击"确定"按钮。

图 11-67　输入学生成绩

图 11-68　输入参数

步骤 3 生成公式=F.DIST.RT(B3,B5,B6)，最后的计算结果显示在目标单元格中，如图 11-69 所示。

图 11-69　计算概率值

技巧

F.DIST.RT 函数的计算公式为 F.DIST.RT=P(F>x)，其中 F 为呈 F 分布且带有 deg_freedom1 和 deg_freedom2 自由度的随机变量。

11.4.10　用 F.INV 函数返回左尾 F 概率分布的反函数值

功能：使用 F.INV 函数计算左尾 F 概率分布的反函数。在 F 检验中，可以使用 F 分布比较两个数据集的变化程度。

格式：F.INV(probability,deg_freedom1,deg_freedom2)。

参数：probability（必需）。F 累积分布的概率值。如果 probability<0 或 probability>1，则 F.INV 返回错误值#NUM!。

deg_freedom1（必需）。分子自由度。如果 deg_freedom1 不是整数，则将被截尾取整。

deg_freedom2（必需）。分母自由度。如果 deg_freedom2 不是整数，则将被截尾取整。

下面实例根据 F 概率分布的反函数来计算学生成绩的平均分，其中分子自由度是 6，分母自由度是 4，具体操作如下。

步骤 1 首先输入用于计算的 F 概率及自由度，选择目标单元格 B6，如图 11-70 所示。

步骤 2 单击"公式函数">"函数库">"其他函数">"统计">"F.INV"选项，弹出"函数参数"对话框，输入必要的参数，如图 11-71 所示，单击"确定"按钮。

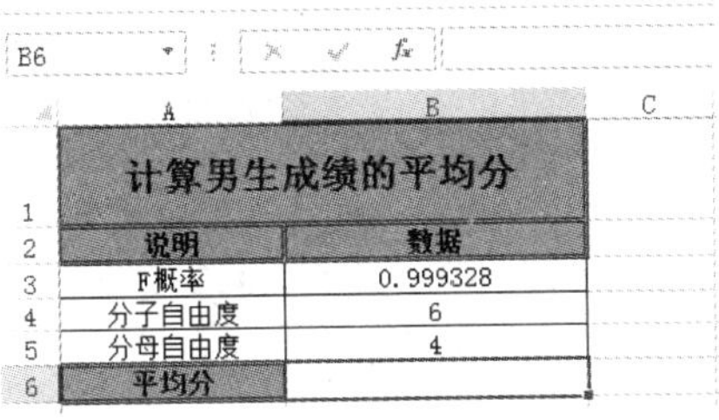

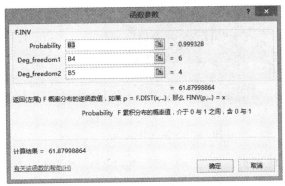

图 11-70　输入数据　　　　　　　　　　图 11-71　输入参数

步骤 3 生成公式=F.INV(B3,B4,B5)，最后的计算结果显示在目标单元格中，如图 11-72 所示。

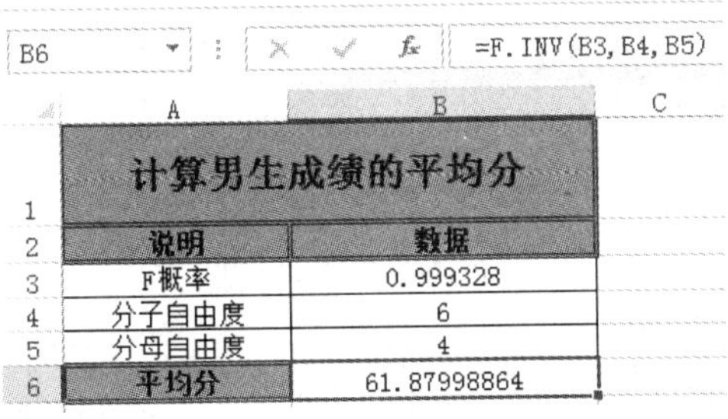

图 11-72　计算平均分

11.4.11　用 F.INV.RT 函数返回右尾 F 概率分布的反函数值

功能：使用 F.INV.RT 函数计算右尾 F 概率分布函数的反函数。在 F 检验中，可以使用 F 分布比较两个数据集的变化程度。

格式：F.INV.RT(probability,deg_freedom1,deg_freedom2)。

参数：probability（必需）。F 累积分布的概率值。如果 probability<0 或 probability>1，则 F.INV.RT 返回错误值#NUM!。

deg_freedom1（必需）。分子的自由度。如果 deg_freedom1 不是整数，则将被截尾取整。

deg_freedom2（必需）。分母的自由度。如果 deg_freedom2 不是整数，则将被截尾取整。

下面实例计算函数的 F 概率分布反函数，其中分子自由度是 6，分母自由度是 4，具体操作步骤如下。

步骤 1 首先输入用于计算的数值、分子和分母自由度，选择目标单元格 B6，如图 11-73 所示。

步骤 2 单击"公式函数">"函数库">"其他函数">"统计">"F.DIST.RT"选项，弹出"函数参数"对话框，输入必要的参数，如图 11-74 所示，单击"确定"按钮。

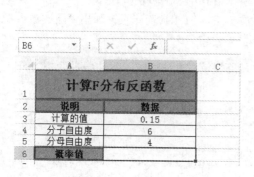

图 11-73　输入数据

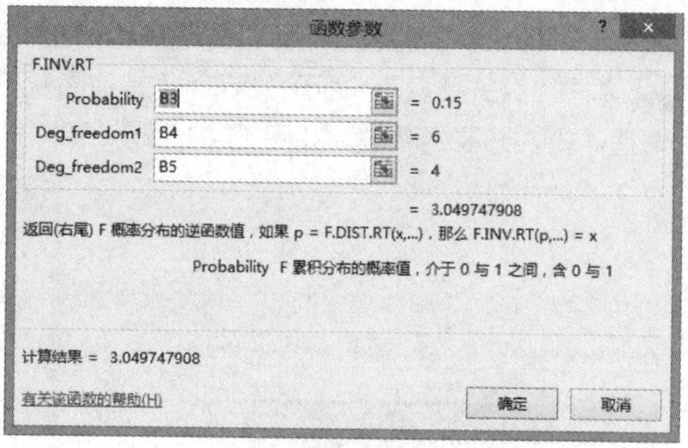

图 11-74　输入参数

步骤 3 生成公式=F.INV.RT(B3,B4,B5)，最后的计算结果显示在目标单元格中，如图 11-75 所示。

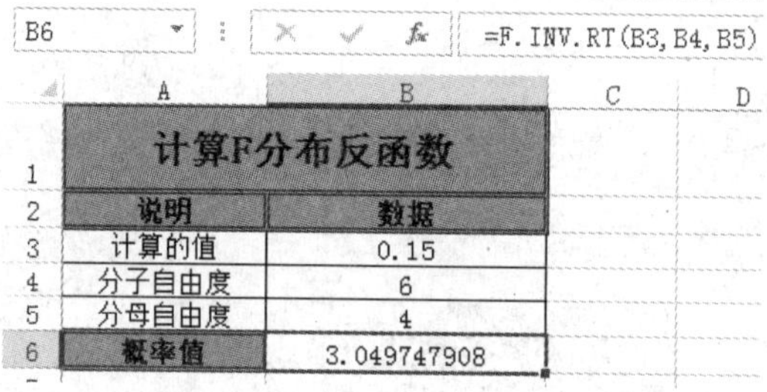

图 11-75　数据概率值

11.4.12　应用 FREQUENCY 函数计算以垂直数组的形式返回频率分布

功能：使用 FREQUENCY 函数计算数值在某个区域内的出现频率，然后返回一个垂直数组。

格式：FREQUENCY(data_array, bins_array)。

参数：data_array（必需）。要对其频率进行计数的一组数值或对这组数值的引用。如果 data_array 中不包含任何数值，则 FREQUENCY 返回一个零数组。

bins_array（必需）。要将 data_array 中的值插入的间隔数组或对间隔的引用。如果 bins_array 中不包含任何数值，则 FREQUENCY 返回 data_array 中的元素个数。

在选择了用于显示返回的分布结果的相邻单元格区域后，函数应以数组公式的形式输入。返回的数组中的元素比 bins_array 中多一个，返回的数组中的额外元素返回最高的间隔以上的任何值的计数。例如，在对输入三个单元格中的三个值范围（间隔）进行计数时，确保将 FREQUENCY 输入结果的四个单元格。额外的单元格将返回 data_array 大于第三个间隔值的值的数量。

下面实例分别计算每个分数段的人员个数。根据条件统计人数是一个很常见的计算，要求计算出分数段 70、80、90 的人数，具体操作步骤如下。

步骤 1 首先输入学生成绩，选择目标单元格 D3，如图 11-76 所示。

步骤 2 单击"公式函数">"函数库">"其他函数">"统计">"FREQUENCY"选项，弹出"函数参数"对话框，输入必要的参数，如图 11-77 所示，单击"确定"按钮。

图 11-76　输入数据

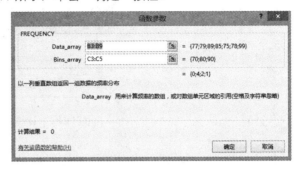

图 11-77　输入参数

步骤 3 生成公式=FREQUENCY(B3:B9,C3:C5)，分段的人数计算结果显示在目标单元格中，如图 11-78 所示。

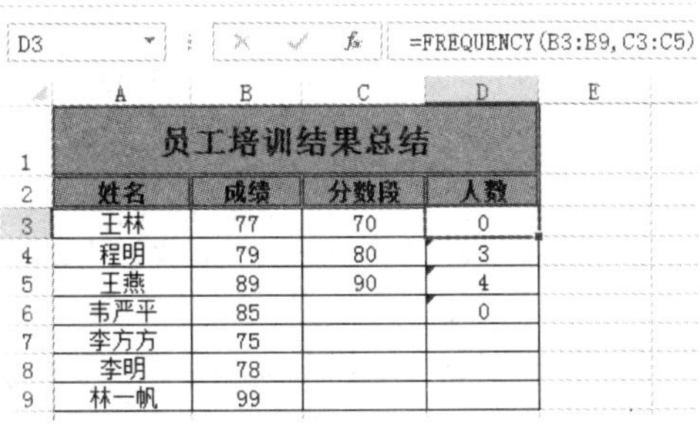

图 11-78　计算分段人数

下面实例为统计高考成绩。下面实例与上面实例，相同处在于展示的都是 FREQUENCY 函数计算不连续区间的值的功能，具体操作步骤如下。

步骤 1 根据学生姓名输入个人的总成绩，输入各个分数段的区间用于计算人数，选择目标单元格 D3，如图 1-79 所示。

步骤 2 单击"公式函数">"函数库">"其他函数">"统计">"FREQUENCY"选项，弹出"函数参数"对话框，输入必要的参数，如图 11-80 所示，单击"确定"按钮。

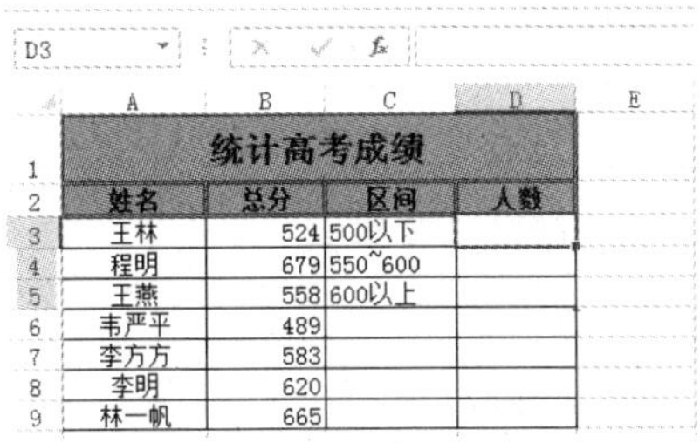

图 1-79　输入学生信息

图 11-80　输入参数

步骤 3 生成公式=FREQUENCY(B3:B9,500)，各阶段人数显示在目标单元格中，如图 11-81 所示。

	A	B	C	D	E
1	统计高考成绩				
2	姓名	总分	区间	人数	
3	王林	524	500以下	1	
4	程明	679	550~600	2	
5	王燕	558	600以上	3	
6	韦严平	489			
7	李方方	583			
8	李明	620			
9	林一帆	665			

图 11-81　计算各阶段人数

> **提示**
>
> 使用 FREQUENCY 函数将忽略空白单元格和文本单元格。

11.4.13　应用 F.TEST 函数计算 F 检验的结果

功能：使用 F.TEST 函数计算 F 检验的结果，即当数组 1 和数组 2 的方差没有明显差异时的双尾概率。

格式：F.TEST(array1,array2)。

参数：array1（必需）。第一个数组或数据区域。如果数据点的个数少于 2，或者方差为零，则 F.TEST 返回错误值#DIV/0!。

array2（必需）。第二个数组或数据区域。如果数据点的个数少于 2，或者方差为零，则 F.TEST 返回错误值#DIV/0!。

参数可以是数字，或者是包含数字的名称、数组或引用。如果数组或引用参数包含文本、逻辑值或空白单元格，则这些值将被忽略；而包含零值的单元格将计算在内。

下面实例计算公立和私立学校成绩的差别。使用 F.TEST 函数计算 F 检验，计算给定了两组成绩的差别。具体操作步骤如下。

步骤 1 首先输入用于计算的成绩数据，选择目标单元格 B7，如图 11-82 所示。

步骤 2 单击"公式函数">"函数库">"其他函数">"统计">"F.TIST"选项，弹出"函数参数"对话框，输入必要的参数，如图 11-83 所示，单击"确定"按钮。

图 11-82　输入成绩

图 11-83　输入参数

步骤 3 生成公式=F.TEST(A3:A6,B3:B6)，最后的计算结果显示在目标单元格中，如图 11-84 所示。

B7 =F.TEST(A3:A6,B3:B6)

	A	B
1	计算公立学校和私立学校成绩差别	
2	公立学校	私立学校
3	89	86
4	88	88
5	90	85
6	96	86
7	结果	0.118418738

图 11-84　计算结果

提示

如果数组 1 或数组 2 中数据点的个数少于 2 个，或者数组 1 或数组 2 的方差为零，则 F.TEST 返回错误值#DIV/0!。

11.4.14 应用 HYPGEOM.DIST 函数计算超几何分布

功能：使用 HYPGEOM.DIST 函数计算超几何分布，此函数可以解决有限总体的问题。

格式：HYPGEOM.DIST(sample_s,number_sample,population_s,number_pop,cumulative)。

参数：Sample_s（必需）。样本中成功的次数。

Number_sample（必需）。样本量。

Population_s（必需）。总体中成功的次数。

Number_pop（必需）。总体大小。

Cumulative（必需）。决定函数形式的逻辑值。如果 cumulative 为 TRUE，则 HYPGEOM.DIST 返回累积分布函数；如果为 FALSE，则返回概率密度函数。

HYPGEOM.DIST 函数的所有参数都将被截尾取整。如果任一参数为非数值型，则返回错误值#VALUE!。

下面实例计算抽到 2 件次品的概率。工厂抽取产品样品以检测其次品率，假设从 400 件产品中抽取 10 件，则抽取到次品的概率计算步骤如下。

步骤 1 首先输入抽取次数、次品总数和产品总数的成功次数，选择目标单元格 B7，如图 11-85 所示。

B7

	A	B
1	计算抽到2件次品的概率	
2	说明	数据
3	抽到次品数	2
4	次品总数	20
5	抽取总数	10
6	产品总数	400
7	结果	

图 11-85　输入数据

步骤 2 单击"公式函数">"函数库">"其他函数">"统计">"HYPGEOM.DIST"选项，弹出"函数参数"对话框，输入必要的参数，如图 11-86 所示，单击"确定"按钮。

步骤 3 生成公式=HYPGEOM.DIST(B3,B4,B5,B6,0)，最后的计算结果显示在目标单元格中，如图 11-87 所示。

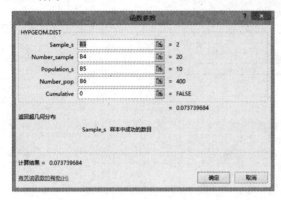

图 11-86　输入参数

图 11-87　显示结果

　　在使用 HYPGEOM.DIST 函数计算超几何分布时，每个观察值必须为成功或者为失败，且给定样本容量的每一个子集有相等的发生概率。

11.4.15　应用 PROB 函数计算区域中的数值落在指定区间内的概率

　　功能：使用 PROB 函数计算区域中的数值落在指定区间内的概率。如果没有给出上限（upper_limit），则返回区间 x_range 内的值等于下限 lower_limit 的概率。

　　格式：PROB(x_range, prob_range, [lower_limit], [upper_limit])。

　　参数：x_range（必需）。具有各自相应概率值的 x 数值区域。

　　prob_range（必需）。与 x_range 中的值相关联的一组概率值。

　　lower_limit（可选）。要计算其概率的数值下界。

　　upper_limit（可选）。要计算其概率的可选数值上界。

　　如果 prob_range 中的任意值≤0 或>1，则 PROB 返回错误值#NUM！。如果 prob_range 中所有值之和不等于 1，则 PROB 返回错误值#NUM！。如果省略 upper_limit，函数 PROB 返回值等于 lower_limit 时的概率。如果 x_range 和 prob_range 中的数据点个数不同，函数 PROB 返回错误值#N/A。

　　下面实例要求对于给定的产品质量，计算次品率和不合格率之和，具体操作步骤如下。

步骤 1 首先输入产品的质量和样品数，选择目标单元格 B7，如图 11-88 所示。

步骤 2 单击"公式函数">"函数库">"其他函数">"统计">"PROB"选项，弹出"函数参数"对话框，输入必要的参数，如图 11-89 所示，单击"确定"按钮。

图 11-88　输入数据　　　　　　　　　　　　　　　图 11-89　输入参数

步骤 3 生成公式=PROB(A3:A6,D3:D6,A5,A6)，计算结果显示在目标单元格中，如图 11-90 所示。

图 11-90　计算不合格或次品概率总和

11.4.16　应用 T.TEST 函数计算与学生的 t 检验相关的概率

功能：使用 T.TEST 函数计算与学生 t 检验相关的概率。可以使用函数 T.TEST 判断两个样本是否可能来自两个具有相同平均值的相同基础样本总体。

格式：T.TEST(array1,array2,tails,type)。

参数：array1（必需）。第一个数据集。

array2（必需）。第二个数据集。

tails（必需）。指定分布尾数。如果 tails = 1，则 T.TEST 使用单尾分布。如果 tails = 2，则 T.TEST 使用双尾分布。

type（必需）。要执行的 t 检验的类型，如表 11-13 所示。

表 11-13　type 检验方法

type 值	检验方法
1	成对
2	双样本等方差假设
3	双样本异方差假设

t 检验的计算就是双尾分布的计算，下面实例要求计算学生 t 检验的概率，具体操作步骤如下。

步骤 1 首先输入两个数据，数据 1 和数据 2，选择目标单元格 B10，如图 11-91 所示。

步骤 2 单击"公式函数">"函数库">"其他函数">"统计">"T.TEST"选项，弹出"函数参数"对话框，输入必要的参数，如图 11-92 所示，单击"确定"按钮。

图 11-91　输入数据　　　　　　　　　　　　　　图 11-92　输入参数

步骤 3 生成公式=T.TEST(A3:A9,B3:B9,2,1)，双尾分布不同于单尾，计算结果显示在目标单元格中，如图 11-93 所示。

图 11-93　计算 t 检验概率

提示

参数 tails 和 type：在计算过程中，如果参数 tails 和 type 不是整数，将被截尾取整。

11.4.17　应用 Z.TEST 函数计算 z 检验的单尾概率值

功能：使用 Z.TEST 函数计算 z 检验的单尾 P 值。

格式：Z.TEST(array,x,[sigma])。

参数：array（必需）。用来检验 x 的数组或数据区域。

x（必需）。要测试的值。

sigma（可选）。总体（已知）标准偏差。如果省略，则使用样本标准偏差。

Z.TEST 代表基础总体平均值为 μ0 时样本平均值大于观察值的概率在正态分布对称情况下，如果 AVERAGE(array)<x，则 Z.TEST 将返回的值大于 0.5。

下面实例，假设总体平均值为 4，计算尾单概率值，具体操作步骤如下。

步骤 **1** 首先输入需要进行测试的数据，选择目标单元格 **B3**，如图 **11-94** 所示。

步骤 **2** 单击"公式函数"＞"函数库"＞"其他函数"＞"统计"＞"Z.TEST"选项，弹出"函数参数"对话框，输入必要的参数，如图 **11-95** 所示，单击"确定"按钮。

图 11-94　输入数据

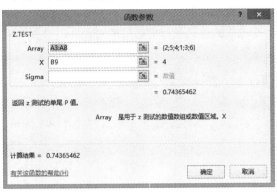

图 11-95　输入参数

步骤 **3** 生成公式=Z.TEST(A3:A8,B9)，计算的概率显示在目标单元格中，如图 **11-96** 所示。

图 11-96　计算概率

提示

Z.TEST 函数的结果：对于给定的假设总体平均值 x，Z.TEST 返回样本平均值大于数据集（数组）中观察平均值的概率，即观察样本平均值。

11.5　单元格数量计算函数

单元格数量计算函数有：COUNT、COUNTA、COUNTBLANK、COUNTIFS，下面介绍这些函数的应用。

11.5.1　应用 COUNT 函数计算参数列表中数字的个数

功能：使用 COUNT 函数计算包含数字的单元格以及参数列表中数字的个数。

格式：COUNT(value1, [value2], ...)。

参数：value1（必需）。要计算其中数字个数的第一个项、单元格引用或区域。

value2, ...（可选）。要计算其中数字的个数的其他项、单元格引用或区域，最多可包含255个。

使用 COUNT 函数获取数字区域或数组中的数字字段中的项目数。

总数的计算是一个很简单的计算，只要求给出要计算的数据即可，下面实例根据员工的成绩计算参加考试的员工人数，具体操作步骤如下。

步骤 1 输入要计算的人员及成绩，选择目标单元格 B10，如图 11-97 所示。

步骤 2 单击"公式函数" > "函数库" > "其他函数" > "统计" > "COUNT"选项，弹出"函数参数"对话框，输入必要的参数，如图 11-98 所示，单击"确定"按钮。

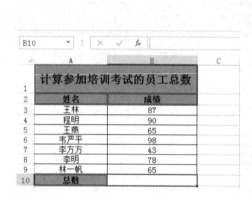

图 11-97　输入数据　　　　　　　　　　图 11-98　输入参数

步骤 3 生成公式=COUNT(B3:B9)，计算结果显示在目标单元格中，如图 11-99 所示。

图 11-99　计算总数

 提示

COUNT 函数参数中可以包含或引用各种类型的数据，但只有数字类型的数据才被计算在内。

11.5.2 应用 COUNTA 函数计算参数列表中值的个数

功能：使用 COUNTA 函数计算区域中不为空的单元格的个数（区域：工作表上的两个或多个单元格。区域中的单元格可以相邻或不相邻）。

格式：COUNTA(value1, [value2], ...)

参数：value1（必需）。要计算值的第一个参数。

value2, ...（可选）。要计算其中数字的个数的其他项、单元格引用或区域，最多可包含 255 个。

COUNTA 函数计算包含任何类型的信息（包括错误值和空文本("")）的单元格。

本实例类似于计算总数，但又有所不同，计算给定区域中不为空的单元格。根据出勤的情况计算人数，具体操作步骤如下。

步骤 1 异常情况的条件输入汉字即可，选择目标单元格 B10，如图 11-100 所示。

步骤 2 单击"公式函数" > "函数库" > "其他函数" > "统计" > "COUNTA"选项，弹出"函数参数"对话框，输入必要的参数，如图 11-101 所示，单击"确定"按钮。

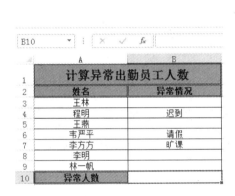

图 11-100　输入数据

图 11-101　输入参数

步骤 3 生成公式=COUNTA(B3:B9)，统计的情况显示在目标单元格中，此函数根据异常的情况统计人数，如图 11-102 所示。

图 11-102　计算异常人数

如果不需要对逻辑值、文本或错误值进行计数（换句话说，只希望对包含数字的单元格进行计数），可使用 COUNT 函数。如果只希望对符合某一条件的单元格进行计数，可使用 COUNTIF 函数或 COUNTIFS 函数。

11.5.3 应用 COUNTBLANK 函数计算区域内空白单元格的数量

功能：使用 COUNTBLANK 函数计算指定单元格区域中空白单元格的个数。

格式：COUNTBLANK(range)。

参数：range（必需）。需要计算其中空白单元格个数的区域。

COUNTBLANK 函数包含返回""（空文本）的公式的单元格也会计算在内，包含零值的单元格不计算在内。

下面实例与上一例正好相反，用来计算给定的区域中空白单元格的数量，具体操作步骤如下所示。

步骤 1 在单元格内输入产品的合格与不合格的情况，空余出一些未知情况的单元格，选择目标单元格 B10，如图 11-103 所示。

步骤 2 单击"公式函数">"函数库">"其他函数">"统计">"COUNTBLANK"选项，弹出"函数参数"对话框，输入必要的参数，如图 11-104 所示，单击"确定"按钮。

图 11-103 输入数据

图 11-104 输入参数

步骤 3 生成公式=COUNTBLANK(B3:B9)，计算的结果显示在目标单元格中，此函数计算的是空白单元格的数量，如图 11-105 所示。

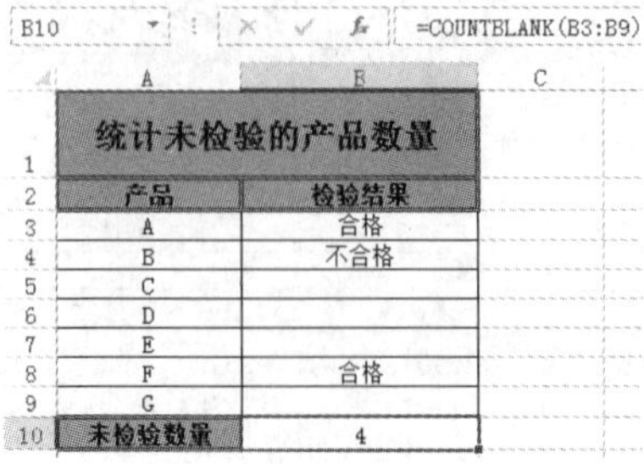

图 11-105 计算未检验数量

11.5.4 应用 COUNTIF 函数计算区域中满足给定条件的单元格的数量

功能：使用 COUNTIF 函数统计某个区域内符合指定的单个条件的单元格的数量。

格式：COUNTIF(range, criteria)。

参数：range（必需）。要计算的一个或多个单元格，包括数字或包含数字的名称、数组或引用。空值和文本值将被忽略。

criteria（必需）。用于定义要对哪些单元格进行计数的数字、表达式、单元格引用或文本字符串。

下面例规定产量大于 500 为达标，根据给出的各个车间的产量计算生产达标的人数，具体操作步骤如下。

步骤 1 根据姓名输入个人的产量，要围绕在 500 左右，选择目标单元格 B10，如图 11-106 所示。

步骤 2 单击"公式函数">"函数库">"其他函数">"统计">"COUNTIF"选项，弹出"函数参数"对话框，输入必要的参数，如图 11-107 所示，单击"确定"按钮。

图 11-106　输入数据

图 11-107　输入参数

步骤 3 生成公式=COUNTIF(B3:B9,C3)，最后计算结果显示在目标单元格中，此结果显示的是大于 500 的数量，如图 11-108 所示。

图 11-108　计算生产达标人数

提示

设置条件时应当注意，条件不区分大小写。例如，字符串 "apples"和字符串 "APPLES" 将匹配相同的结果。

11.5.5　应用COUNTIFS函数计算区域中满足多个条件的单元格的数量

功能：使用 COUNTIFS 函数将条件应用于跨多个区域的单元格，并计算符合所有条件的次数。

格式：COUNTIFS(criteria_range1, criteria1, [criteria_range2, criteria2]…)。

参数：criteria_range1（必需）。在其中计算关联条件的第一个区域。

criteria1（必需）。数字、表达式、单元格引用或文本形式的条件，它定义了要对哪些单元格进行计算。

criteria_range2, criteria2, ...（可选）。附加的区域及其关联条件。最多允许 127 个条件。

下面实例计算产量大于 500 小于 600 的人数。规定产量大于 500 小于 600 为达标，根据给定的车间的产量，计算生产达标的人数，具体操作步骤如下。

步骤1 首先输入个人的产量，选择目标单元格 B10，如图 11-109 所示。

步骤2 单击"公式函数">"函数库">"其他函数">"统计">"COUNTIFS"选项，弹出"函数参数"对话框，输入必要的参数，如图 11-110 所示，单击"确定"按钮。

图 11-109　输入数据　　　　　　　　　　　图 11-110　输入参数

步骤3 生成公式=COUNTIFS(B3:B9,C3,B3:B9,C4)，计算结果显示在目标单元格中，计算的是产量在 500 和 600 之间的数，如图 11-111 所示。

图 11-111　计算生产达标人数

 提示

　　每一个附加的区域都必须与参数 criteria_range1 具有相同的行数和列数。这些区域无须彼此相邻。

11.6 指数与对数相关函数

指数与对数相关函数有 EXPON.DIST、GAMMALN、GROWTH、LOGINV、LOGNORMDIST，下面介绍这些函数的应用。

11.6.1 应用 EXPON.DIST 函数计算指数分布

功能：使用 EXPON.DIST 函数计算指数分布。使用函数 EXPON.DIST 可以建立事件之间的时间间隔模型。

格式：EXPON.DIST(x,lambda,cumulative)。

参数：x（必需）。函数的值。

lambda（必需）。参数值。

cumulative（必需）。逻辑值，用于指定指数函数的形式。如果 cumulative 为 TRUE，则 EXPON.DIST 返回累积分布函数；如果为 FALSE，则返回概率密度函数。

下面实例计算某种产品的故障率与使用年限的关系，其中保修期是 3 年，平均无故障时间是 4 年，故障率是 0.25，具体操作步骤如下。

步骤 1 输入保修期和平均无故障的时间还有故障率，选择目标单元格 B6，如图 11-112 所示。

步骤 2 单击“公式函数”>“函数库”>“其他函数”>“统计”>“EXPON.DIST”选项，弹出“函数参数”对话框，输入必要的参数，如图 11-113 所示，单击“确定”按钮。

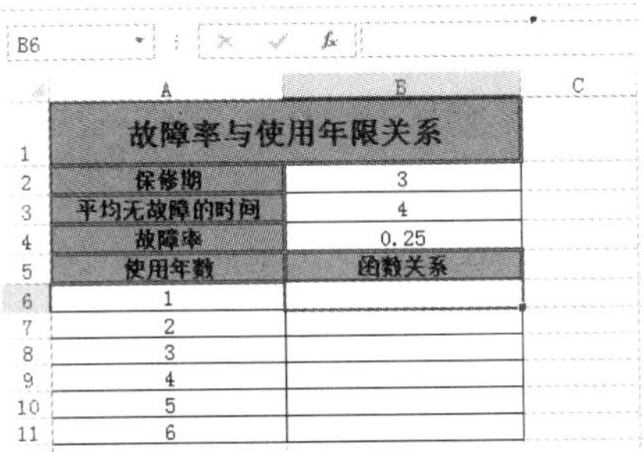

故障率与使用年限关系	
保修期	3
平均无故障的时间	4
故障率	0.25
使用年数	函数关系
1	
2	
3	
4	
5	
6	

图 11-112 输入数据

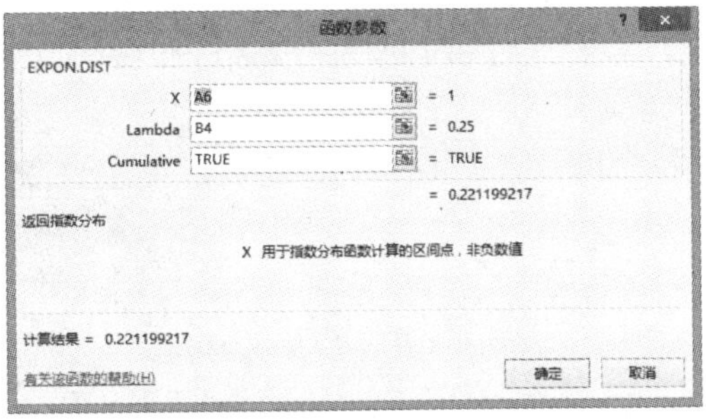

图 11-113 输入参数

步骤 3 生成公式=EXPON.DIST(A6,B4,TRUE)，计算结果显示在目标单元格中，此结果不能使用填充柄复制，如图 11-114 所示。

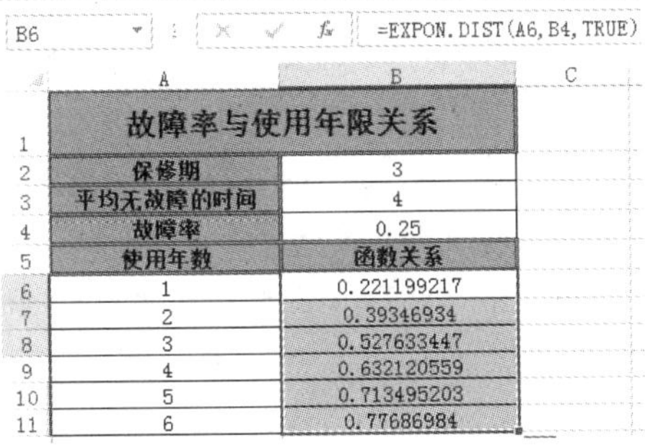

故障率与使用年限关系	
保修期	3
平均无故障的时间	4
故障率	0.25
使用年数	函数关系
1	0.221199217
2	0.39346934
3	0.527633447
4	0.632120559
5	0.713495203
6	0.77686984

图 11-114 显示结果

11.6.2 应用 GAMMALN 函数计算 γ 函数的自然对数 Γ(x)

功能：使用 GAMMALN 函数计算 GAMMA 函数的自然对数 Γ(x)。

格式：GAMMALN(x)。

参数：x（必需）。要计算其 GAMMALN 的数值。

如果 x 为非数值型，则 GAMMALN 返回错误值#VALUE!。如果 x≤ 0，则 GAMMALN 返回错误值#NUM!。数字 e 的 GAMMALN(i)次幂的返回值与（i - 1)!的结果相同，其中 i 为整数。

下面实例求伽马函数值。伽马函数值的计算也是一个很常见的计算，其计算只要求有一个变量 X，具体操作步骤如下。

步骤1 首先输入变量 X 的值，选择目标单元格 B3，如图 11-115 所示。

步骤2 单击"公式函数">"函数库">"其他函数">"统计">"GAMMALN"选项，弹出"函数参数"对话框，输入必要的参数，如图 11-116 所示，单击"确定"按钮。

图 11-115　输入数据

图 11-116　输入参数

步骤3 生成公式=GAMMALN(A3)，最后的计算结果显示在目标单元格中，如图 11-117 所示。

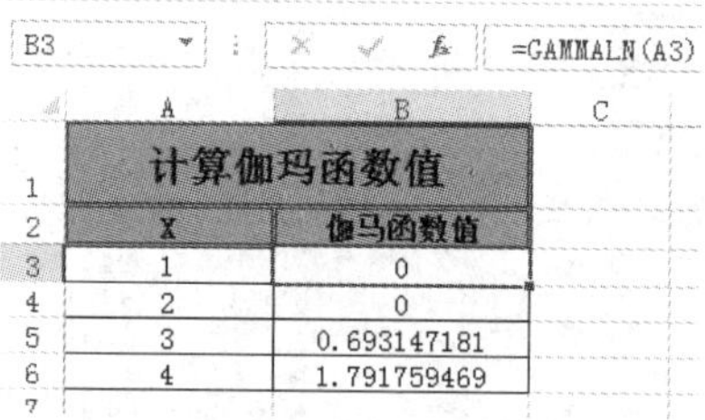

图 11-117　计算伽马函数

11.6.3 应用 GAMMA.DIST 函数计算 γ 分布

功能：使用 GAMMA.DIST 函数返回伽马分布，可以使用此函数来研究具有偏态分布的变量。伽马分布通常用于排队分析。

格式：GAMMA.DIST(x,alpha,beta,cumulative)。

参数：x（必需）。用来计算分布的值。

alpha（必需）。分布参数。

beta（必需）。分布参数。如果 beta = 1，GAMMA.DIST 返回标准伽马分布。

Cumulative（必需）。决定函数形式的逻辑值。如果 Cumulative 为 TRUE，函数 GAMMA.DIST 返回累积分布函数；如果为 FALSE，则返回概率密度函数。

下面实例计算伽马概率分布函数。伽马概率分布函数要求有两个值 A、B，本例变量依次取 1-4，具体操作步骤如下。

步骤 1 首先输入伽马函数的两个变量 A 和 B，这里都确定为 1，选择目标单元格 B5，如图 11-118 所示。

步骤 2 单击"公式函数">"函数库">"其他函数">"统计">"GAMMA.DIST"选项，弹出"函数参数"对话框，输入必要的参数，如图 11-119 所示，单击"确定"按钮。

图 11-118　输入数据

图 11-119　输入参数

步骤 3 生成公式=GAMMA.DIST(A5,B2,B3,FALSE)，计算结果显示在目标单元格中，因为有不连续的单元格，所以不能使用填充柄复制公式，如图 11-120 所示。

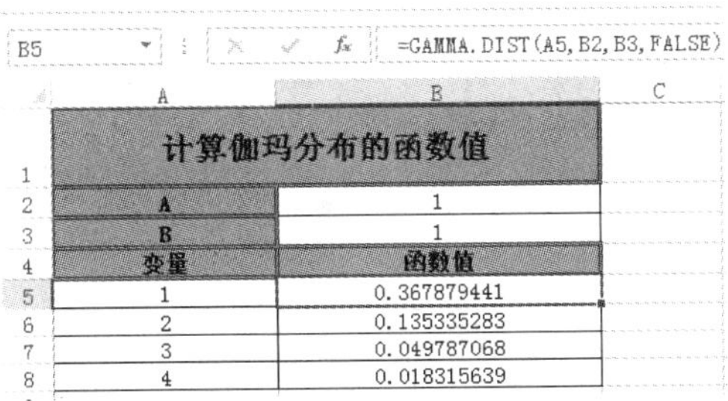

图 11-120　计算函数值

> **提示**
>
> 爱尔朗分布：当 alpha 为正整数时，GAMMA.DIST 也称为爱尔朗（Erlang）分布。

11.6.4　应用 GAMMA.INV 函数计算 γ 累积分布函数的反函数

功能：使用 GAMMA.INV 函数计算 gamma 累积分布函数的反函数。使用此函数可研究可能出现偏态分布的变量。

格式：GAMMA.INV(probability,alpha,beta)。

参数：probability（必需）。伽马分布相关的概率。

alpha（必需）。分布参数。

beta（必需）。分布参数。如果 beta = 1，则 GAMMA 返回标准伽马分布。

如果任意参数为文本型，则 GAMMA.INV 函数返回错误值#VALUE!。如果 probability<0 或 probability>1，则 GAMMA.INV 函数返回错误值#NUM!。如果 alpha ≤0 或 beta≤0，则 GAMMA.INV 函数返回错误值#NUM!。如果已给定概率值，则 GAMMA.INV 函数使用 GAMMA.DIST(x, alpha, beta, TRUE) = probability 求解数值 x。因此，GAMMA.INV 函数的精度取决于 GAMMA.DIST 函数的精度。

下面实例计算伽马概率分布函数的反函数，具体操作步骤如下。

步骤 1 首先输入两个变量 A 和 B，选择目标单元格 B5，如图 11-121 所示。

步骤 2 单击"公式函数"＞"函数库"＞"其他函数"＞"统计"＞"GAMMA.INV"选项，弹出"函数参数"对话框，输入必要的参数，如图 11-122 所示，单击"确定"按钮。

图 11-121　输入数据

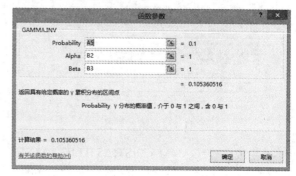

图 11-122　输入参数

步骤 3 生成公式=GAMMA.INV(A5,B2,B3)，计算结果显示在目标单元格中，同样不能够使用填充柄进行计算，如图 11-123 所示。

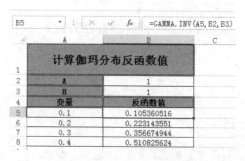

图 11-123　计算反函数

> **提示**
>
> GAMMA.INV 函数使用迭代搜索技术。如果搜索在 64 次迭代之后没有收敛，则函数返回错误值#N/A。

11.6.5 应用 GROWTH 函数计算沿指数趋势的值

功能：使用 GROWTH 函数根据现有的数据预测指数增长值。可以使用 GROWTH 工作表函数来拟合满足现有 x 值和 y 值的指数曲线。

格式：GROWTH(known_y's, [known_x's], [new_x's], [const])。

参数：known_y's（必需）。关系表达式 y = b*m^x 中已知的 y 值集合。

known_x's（可选）。关系表达式 y=b*m^x 中已知的 x 值集合，为可选参数。

new_x's（可选）。需要 GROWTH 返回对应 y 值的新 x 值。

const（可选）。一个逻辑值，用于指定是否将常量 b 强制设为 1。

下面实例根据 2010～2015 年的产量来预测 2016 年的产量，具体操作步骤如下。

步骤 **1** 输入年份和每年的产量，预测 2016 年的产量，选择目标单元格 B9，如图 11-124 所示。

步骤 **2** 单击"公式函数">"函数库">"其他函数">"统计">"GROWTH"选项，弹出"函数参数"对话框，输入必要的参数，如图 11-125 所示，单击"确定"按钮。

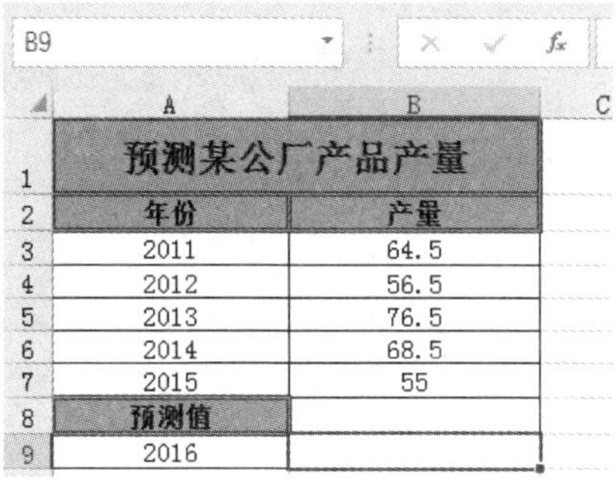

图 11-124　输入数据　　　　　　　　　　图 11-125　输入参数

步骤 **3** 生成公式=GROWTH(B3:B7,A3:A7,A9,1)，预测值结果显示在目标单元格中，此结果是根据前面各数据的关系计算得来，如图 11-126 所示。

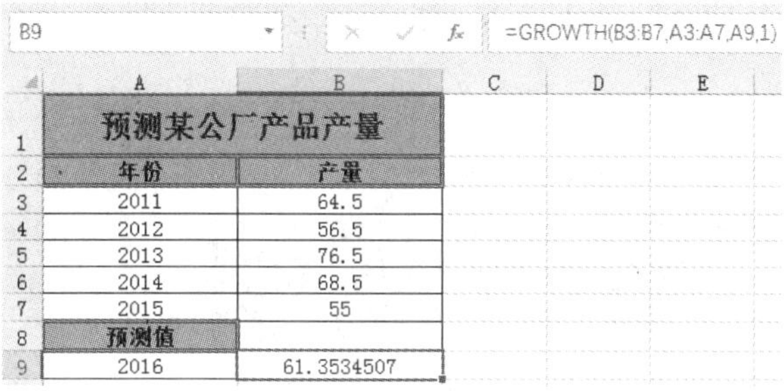

图 11-126　计算预测值

> **提示**
>
> 当为参数（如 known_x's）输入数组常量时，应当使用逗号分隔同一行中的数据，用分号分隔不同行中的数据。

11.6.6　应用 LOGEST 函数计算对数分布函数的反函数

功能：使用 LOGEST 函数计算最符合数据的指数回归拟合曲线，并返回描述该曲线的数值数组。

格式：LOGEST(known_y's, [known_x's], [const], [stats])。

参数：known_y's（必需）。关系表达式 y = mx + b 中已知的 y 值集合。

known_x's（可选）。关系表达式 y = mx + b 中已知的 x 值集合。

const（可选）。一个逻辑值，用于指定是否将常量 b 强制设为 0。

stats（可选）。一个逻辑值，用于指定是否返回附加回归统计值。

在回归分析中，计算最符合数据的指数回归拟合曲线，并返回描述该曲线的数值数组。因为此函数返回数值数组，所以它必须以数组公式的形式输入。

下面实例根据每月的产量计算出线性回归直线的参数，具体操作步骤如下。

步骤 1 输入各月份的产量，选择目标单元格 B8，如图 11-127 所示。

步骤 2 单击"公式函数">"函数库">"其他函数">"统计">"LOGEST"选项，弹出"函数参数"对话框，输入必要的参数，如图 11-128 所示，单击"确定"按钮。

图 11-127　输入数据

图 11-128　输入参数

步骤 3 生成公式=LOGEST(A3:A7,B3:B7,0,0)，线性回归参数计算结果显示在目标单元格中，如图 11-129 所示。

图 11-129　计算线性拟合参数

11.6.7 应用 LOGNORM.DIST 函数计算对数累积分布函数

功能：使用 LOGNORM.DIST 函数计算 x 的对数分布函数。其中，ln(x)是含有 Mean 与 Standard_dev 参数的正态分布。

格式：LOGNORM.DIST(x,mean,standard_dev,cumulative)。

参数：x（必需）。用来计算函数的值。

mean（必需）。ln(x)的平均值。

standard_dev（必需）。ln(x)的标准偏差。

cumulative（必需）。决定函数形式的逻辑值。如果 cumulative 为 TRUE，则 LOGNORM.DIST 返回累积分布函数；如果为 FALSE，则返回概率密度函数。

使用 LOGNORM.DIST 函数可以分析经过对数变换的数据。

下面实例要求根据给定数据，使用对数正态累积分布对其进行加密，具体操作步骤如下。

步骤 1 输入需要加密的数据，选择目标单元格 B3，如图 11-130 所示。

步骤 2 单击"公式函数">"函数库">"其他函数">"统计">"LOGNORM.DIST"选项，弹出"函数参数"对话框，输入必要的参数，如图 11-131 所示，单击"确定"按钮。

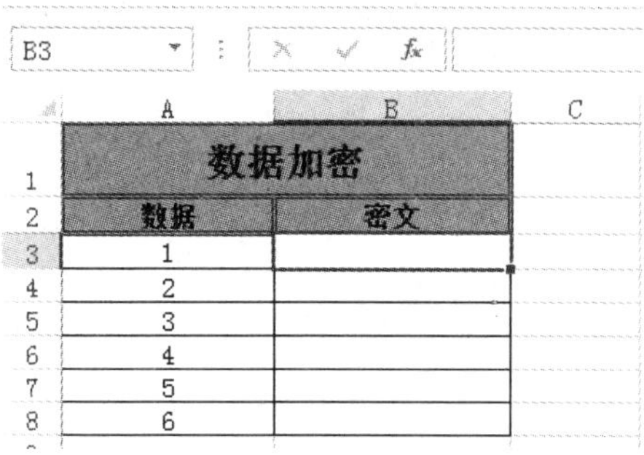

图 11-130　输入数据　　　　　　　　　　图 11-131　输入参数

步骤 3 生成公式=LOGNORM.DIST(A3,0,2,0)，计算结果显示在目标单元格中，使用填充柄计算其他结果，如图 11-132 所示。

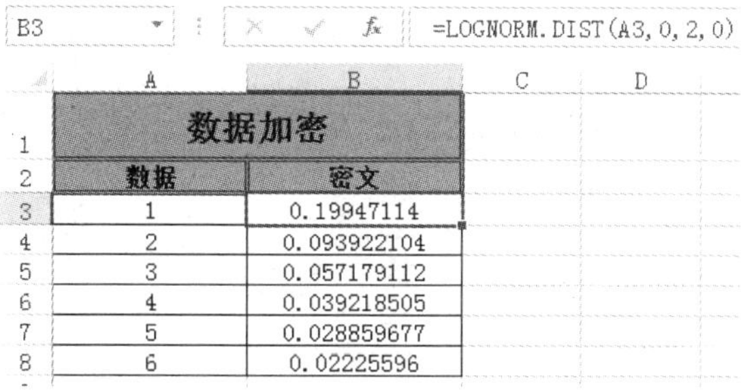

图 11-132　计算密文

11.6.8 应用 LOGNORM.INV 函数返回对数累积分布的反函数

功能：使用 LOGNORM.INV 函数计算 x 的对数分布反函数，其中，ln(x)是含有 Mean 与 Standard_dev 参数的正态分布。

格式：LOGNORM.INV(probability, mean, standard_dev)。

参数：probability（必需）。与对数分布相关的概率。

mean（必需）。ln(x)的平均值。

standard_dev（必需）。ln(x)的标准偏差。

如果任一参数为非数值型，则 LOGNORM.INV 返回错误#VALUE!。如果 probability<=0 或 probability>=1，则 LOGNORM.INV 返回错误值#NUM!。如果 standard_dev <= 0，则 LOGNORM.INV 返回错误值#NUM!。

下面实例为数据解密。根据给定的数值，利用正态累积分布的反函数值对其进行解密，具体操作步骤如下。

步骤 1 首先输入密文数据，选择目标单元格 B3，如图 11-133 所示。

步骤 2 单击"公式函数">"函数库">"其他函数">"统计">"LOGNORM.INV"选项，弹出"函数参数"对话框，输入必要的参数，如图 11-134 所示，单击"确定"按钮。

图 11-133 输入密文数据

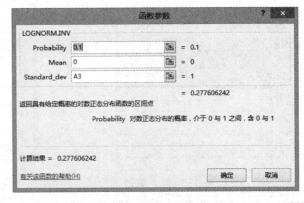

图 11-134 输入参数

步骤 3 生成公式=LOGNORM.INV(0.1,0,A3)，计算结果显示在目标单元格中，如图 11-135 所示。

密文	原始数据
1	0.277606242
2	0.077065226
3	0.021393788
4	0.005939049
5	0.001648717
6	0.000457694

图 11-135 计算原始数据

11.7 最大值与最小值函数

最大值与最小值函数有：LARGE、MAX、MAXA、MEDIAN、MIN、MINA、MODE、SMALL等，下面介绍这些函数的应用。

11.7.1 应用 LARGE 函数计算数据集中第 k 个最大值

功能：使用 LARGE 函数计算数据集中第 k 个最大值。使用此函数可以根据相对标准来选择数值。

格式：LARGE(array, k)。

参数：array（必需）。需要确定第 k 个最大值的数组或数据区域。

k（必需）。返回值在数组或数据单元格区域中的位置（从大到小排序）。

如果数组为空，则 LARGE 函数返回错误值#NUM!。如果 k≤0 或 k 大于数据点的个数，则 LARGE 函数返回错误值#NUM!。如果区域中数据点的个数为 n，则函数 LARGE(array,1) 返回最大值，函数 LARGE(array,n)返回最小值。

下面实例要求根据学生的成绩计算其最大值，但是计算的是它的第三个最大值，具体操作步骤如下。

步骤1 输入数据，选择目标单元格 B10，如图 11-136 所示。

步骤2 单击"公式函数">"函数库">"其他函数">"统计">"LARGE"选项，弹出"函数参数"对话框，输入必要的参数，如图 11-137 所示，单击"确定"按钮。

步骤3 生成公式=LARGE(B3:B9,3),第三名成绩(即第三个最大值)显示在目标单元格中,如图 11-138所示。

图 11-136 输入数据

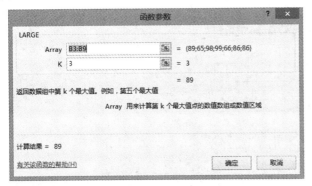

图 11-137 输入参数

图 11-138 计算第三名成绩

11.7.2 应用 MAX 函数计算参数列表中的最大值

功能：使用 MAX 函数计算参数列表中的最大值。

格式：MAX(number1, [number2], ...)。

参数：number1, number2, ...number1 是必需的，后续数字是可选的。要从中查找最大值的 1 到 255 个数字。

参数可以是数字或者包含数字的名称、数组或引用。逻辑值和直接键入参数列表中代表数字的文本被计算在内。如果参数是一个数组或引用，则只使用其中的数字，数组或引用中的空白单元格、逻辑值或文本将被忽略。

下面实例根据员工的成绩计算第一名的成绩，具体操作步骤如下。

步骤 1 输入各员工的成绩，选择目标单元格 B10，如图 11-139 所示。

步骤 2 单击"公式函数">"函数库">"其他函数">"统计">"MAX"选项，弹出"函数参数"对话框，输入必要的参数，如图 11-140 所示，单击"确定"按钮。

图 11-139　输入成绩

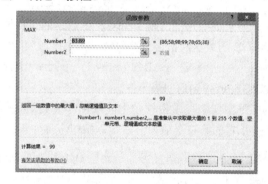

图 11-140　输入参数

步骤 3 生成公式=MAX(B3:B9)，计算结果显示在目标单元格中，显示出最大值是 99，如图 11-141 所示。

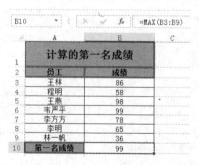

图 11-141　计算第一名成绩

 提示

MAX 函数与 MAXA 函数：如果要使计算包括引用中的逻辑值和代表数字的文本，可使用 MAXA 函数。

11.7.3 应用 MAXA 函数计算参数列表中的最大值（包括数字、文本和逻辑值）

功能：使用 MAXA 函数计算参数列表中的最大值，包括数字、文本和逻辑值。

格式：MAXA(value1,[value2],...)。

参数：value1（必需）。要从中找出最大值的第一个数值参数。

value2,...（可选）。要从中找出最大值的 2 到 255 个数值参数。

参数可以是下列形式：数值；包含数值的名称、数组或引用；数字的文本表示；或者引用中的逻辑值，例如 TRUE 和 FALSE。

下面实例根据学生的成绩计算最大值，具体操作步骤如下。

步骤 1 输入学生成绩，输入的成绩中可以包括逻辑值，选择目标单元格 B10，如图 11-142 所示。

步骤 2 单击"公式函数">"函数库">"其他函数">"统计">"MAXA"选项，弹出"函数参数"对话框，输入必要的参数，如图 11-143 所示，单击"确定"按钮。

图 11-142　输入学生成绩　　　　　　　　图 11-143　输入参数

步骤 3 生成公式=MAXA(B3:B9)，计算结果显示在目标单元格中，最大值为 99，如图 11-144 所示。

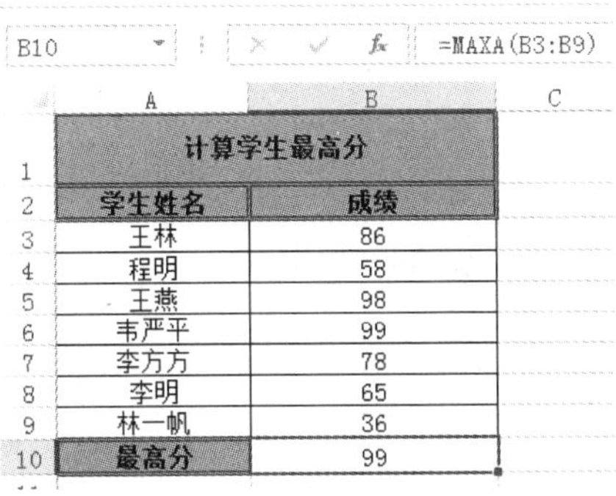

图 11-144　计算最高分

> **提示**
>
> 逻辑值的计算方法包含 TRUE 的参数作为 1 来计算；包含文本或 FALSE 的参数作为 0 来计算。

11.7.4 应用 MEDIAN 函数计算给定数值集合的中值

功能：使用 MEDIAN 函数计算一组已知数字的中值。

格式：MEDIAN(number1, [number2], ...)。

参数：number1, number2, ...number1 是必需的，后续数字是可选的。要计算中值的 1 到 255 个数字。

如果参数集合中包含偶数个数字，MEDIAN 将返回位于中间的两个数的平均值。参数可以是数字或者是包含数字的名称、数组或引用。

下面实例根据培训成绩计算其中值，具体操作步骤如下。

步骤 1 输入学生的成绩，选择目标单元格 B10，如图 11-145 所示。

步骤 2 单击"公式函数">"函数库">"其他函数">"统计">"MEDIAN"选项，弹出"函数参数"对话框，输入必要的参数，如图 11-146 所示，单击"确定"按钮。

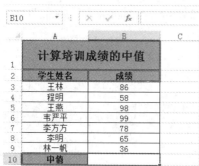

图 11-145　输入学生的成绩

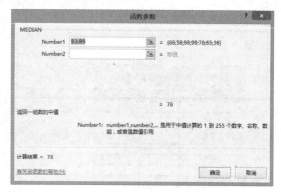

图 11-146　输入参数

步骤 3 生成公式=MEDIAN(B3:B9)，计算结果显示在目标单元格中，中值是各个成绩中最中间的那个值，如图 11-147 所示。

图 11-147　计算中值

提示

如果参数集合中包含偶数个数字，函数 MEDIAN 将返回位于中间的两个数的平均值。

11.7.5 应用 MIN 函数计算参数列表中的最小值

功能：使用 MIN 函数计算参数列表中的最小值。

格式：MIN(number1, [number2], ...)。

参数：number1, number2, ...number1 是必需的，后续数字是可选的。要计算中值的 1 到 255 个数字。

参数可以是数字或者是包含数字的名称、数组或引用。逻辑值和直接键入参数列表中代表数字的文本被计算在内。如果参数是一个数组或引用，则只使用其中的数字，数组或引用中的空白单元格、逻辑值或文本将被忽略。如果参数不包含任何数字，则 MIN 返回 0。

下面实例要求根据学生的月考成绩，计算其最小值，具体操作步骤如下。

步骤1 输入学生的成绩，选择目标单元格 B10，如图 11-148 所示。

步骤2 单击"公式函数">"函数库">"其他函数">"统计">"MIN"选项，弹出"函数参数"对话框，输入必要的参数，如图 11-149 所示，单击"确定"按钮。

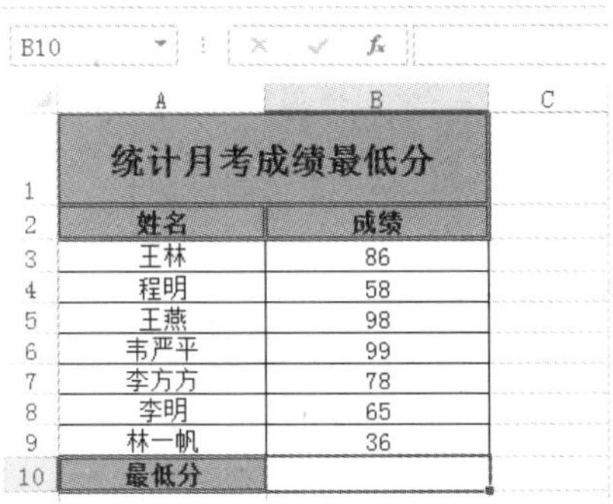

图 11-148 输入学生成绩　　　　　　　　　　图 11-149 输入参数

步骤3 生成公式=MIN(B3:B9)，计算结果显示在目标单元格中，最小值是 36，如图 11-150 所示。

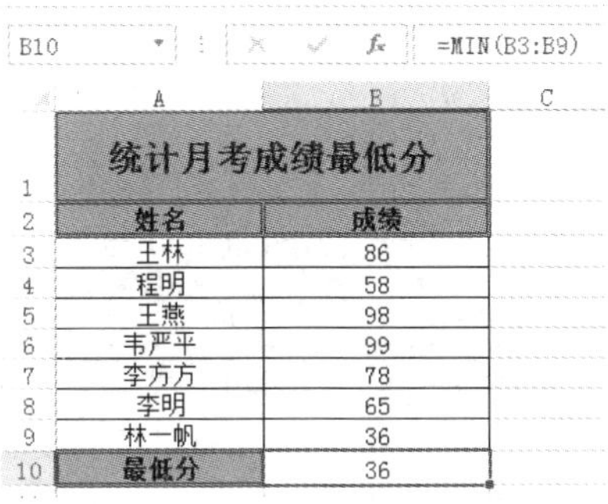

图 11-150 计算最低分

> **提示**
>
> MIN 函数与 MINA 函数：如果要使计算包括引用中的逻辑值和代表数字的文本，可使用 MINA 函数。

11.7.6 应用 MINA 函数计算参数列表中的最小值，包括数字、文本和逻辑值

功能：使用 MINA 函数计算参数列表中的最小值，包括数字、文本和逻辑值。

格式：MINA(value1, [value2], ...)。

参数：value1, value2, ...value1 是必需的，后续值是可选的。要从中查找最小值的 1 到 255 个数值。

参数可以是下列形式：数值；包含数值的名称、数组或引用；数字的文本表示；或者引用中的逻辑值，例如 TRUE 和 FALSE。

下面实例要求根据学生的成绩，计算其最小值，其中包含缺考的情况，具体操作步骤如下。

步骤 1 输入学生的成绩，选择目标单元格 B10，如图 11-151 所示。

步骤 2 单击"公式函数">"函数库">"其他函数">"统计">"MINA"选项，弹出"函数参数"对话框，输入必要的参数，如图 11-152 所示，单击"确定"按钮。

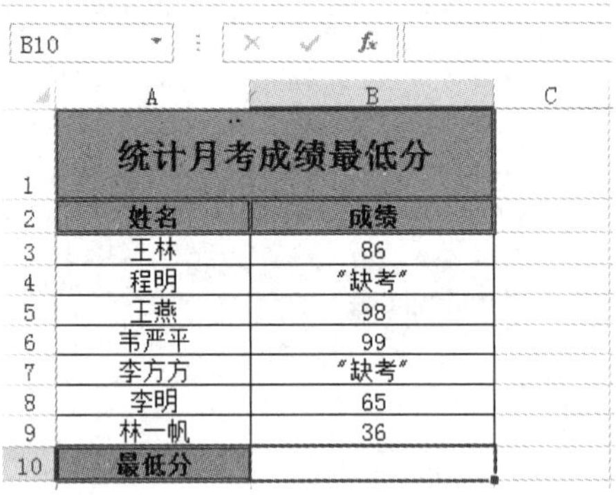

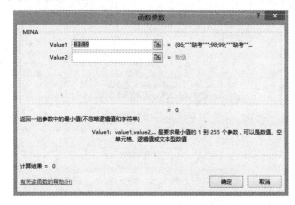

图 11-151 输入学生成绩　　　　　　　　　　图 11-152 输入参数

步骤 3 生成公式=MINA(B3:B9)，计算结果显示在目标单元格中，本函数可以根据逻辑条件进行判断，如图 11-153 所示。

图 11-153 计算最低分

11.7.7 应用 MODE.SNGL 函数计算在数据集内出现次数最多的值

功能：使用 MODE.SNGL 函数计算在某一数组或数据区域中出现频率最多的数值。

格式：MODE.SNGL(number1,[number2],...)。

参数：number1, number2, ...number1 是必需的，后续数字是可选的。要计算中值的 1 到 255 个数字。

下面实例为根据学生成绩计算人数最多的得分，具体操作步骤如下。

步骤 **1** 输入学生成绩，选择目标单元格 B10，如图 11-154 所示。

步骤 **2** 单击"公式函数">"函数库">"其他函数">"统计">"MODE.SNGL"选项，弹出"函数参数"对话框，输入必要的参数，如图 11-155 所示，单击"确定"按钮。

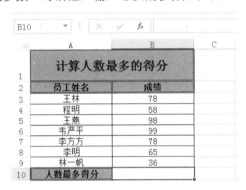

图 11-154　输入学生成绩

图 11-155　输入参数

步骤 **3** 生成公式=MODE.SNGL(B3:B9)，最后的计算结果显示在目标单元格中，如图 11-156 所示。

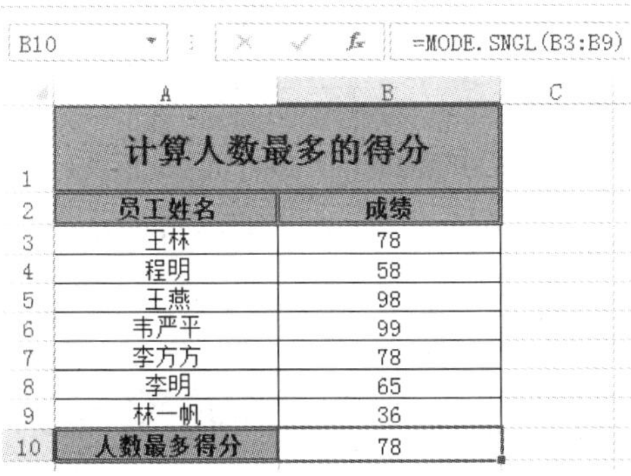

图 11-156　计算人数最多得分

11.7.8 应用 SMALL 函数计算数据集中的第 k 个最小值

功能：使用 SMALL 函数计算数据集中的第 k 个最小值。使用此函数可以返回数据集中特定位置上的数值。

格式：SMALL(array, k)。

参数：array（必需）。需要找到第 k 个最小值的数组或数值数据区域。

k（必需）。要返回的数据在数组或数据区域里的位置（从小到大）。

下面实例计算倒数第二名的成绩，具体操作步骤如下。

步骤 1 输入学生的成绩，选择目标单元格 B9，如图 11-157 所示。

步骤 2 单击"公式函数"＞"函数库"＞"其他函数"＞"统计"＞"SMALL"选项，弹出"函数参数"对话框，输入必要的参数，如图 11-158 所示，单击"确定"按钮。

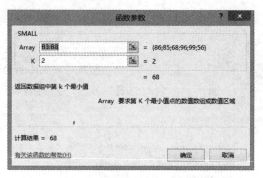

图 11-157　输入学生成绩　　　　　　　　　　　　图 11-158　输入参数

步骤 3 生成公式=SMALL(B3:B8,2)，计算结果显示在目标单元格中，第 2 个最小值为 6，如图 11-159 所示。

图 11-159　计算倒数第二名的成绩

11.8　标准偏差与方差函数

标准偏差与方差函数有：DEVSQ、STDEV、STDEVA、STDEVP、VARPA、VAR、VARP，下面介绍这些函数的应用。

11.8.1　应用 DEVSQ 函数计算偏差的平方和

功能：使用 DEVSQ 函数计算各数据点与各自样本平均值偏差（数据偏差）的平方和。

格式：DEVSQ(number1, [number2], ...)。

参数：number1, number2, ...number1 是必需的，后续数字是可选的。用于计算偏差平方和的 1 到 255 个参数。也可以用单一数组或对某个数组的引用来代替用逗号分隔的参数。

DEVSQ 函数的参数可以是数字或者包含数字的名称、数组或引用。逻辑值和直接键入参数列表中代表数字的文本被计算在内。

下面实例计算员工平均评分，具体操作步骤如下。

步骤 1 输入各位评委的评分，选择目标单元格 C3，如图 11-160 所示。

步骤 2 单击"公式函数">"函数库">"其他函数">"统计">"DEVSQ"选项，弹出"函数参数"对话框，输入必要的参数，如图 11-161 所示，单击"确定"按钮。

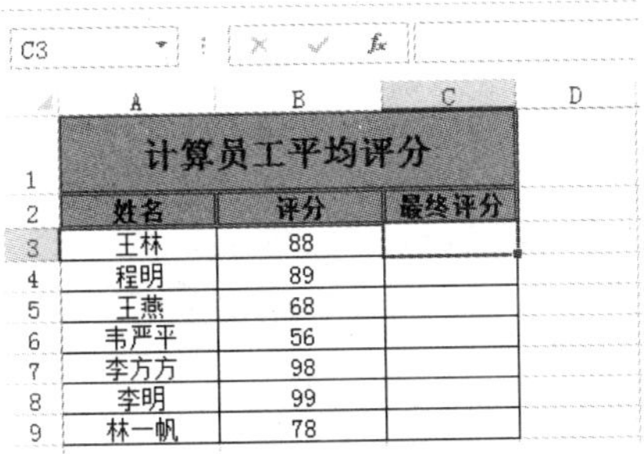

图 11-160　输入各位评委的评分

图 11-161　输入参数

步骤 3 生成公式=DEVSQ(B3:B9)，各个评分的偏差平方和计算结果显示在目标单元格中，如图 11-162 所示。

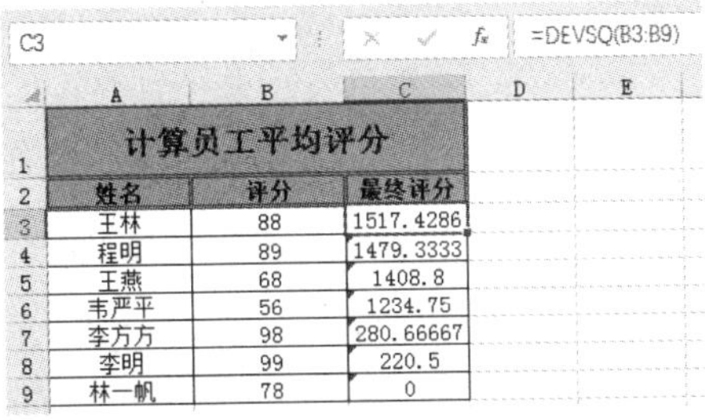

图 11-162　计算最终评分

11.8.2　应用 STDEV.S 函数计算基于样本估算标准偏差

功能：使用 STDEV.S 函数计算基于样本估算标准偏差，忽略样本中的逻辑值和文本。

格式：STDEV.S(number1,[number2],...])。

参数：number1（必需）。对应于总体的第一个数值参数。

number2, ...（可选）。对应于总体的 2 到 254 个数值参数。也可以用单一数组或对某个数组的引用来代替用逗号分隔的参数。

STDEV.S 假设其参数是总体样本。如果数据代表整个总体，可使用 STDEV.P 计算标准偏差。此处标准偏差的计算使用 "n-1" 方法。

下面实例为计算员工业绩的标准偏差，具体操作步骤如下。

步骤 1 输入员工的销售业绩，选择目标单元格 B3，如图 11-163 所示。

步骤 2 单击 "公式函数" > "函数库" > "其他函数" > "统计" > "STDEV.S" 选项，弹出 "函数参数" 对话框，输入必要的参数，如图 11-164 所示，单击 "确定" 按钮。

图 11-163 输入员工销售业绩

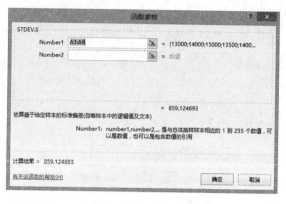

图 11-164 输入参数

步骤 3 生成公式=STDEV.S(A3:A9)，最后的计算结果显示在目标单元格中，如图 11-165 所示。

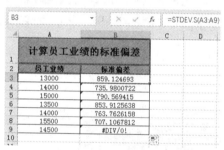

图 11-165 计算员工业绩标准偏差

提示

对于大样本容量，函数 STDEV.S 和 STDEV.P 的计算结果大致相等。

11.8.3 应用 STDEVA 函数计算基于样本（包括数字、文本和逻辑值）估算标准偏差

功能：使用 STDEVA 函数计算基于样本（包括数字、文本和逻辑值）估计标准偏差。

格式：STDEVA(value1, [value2], ...)。

参数：value1, value2, ...value1 是必需的，后续值是可选的。对应于总体样本的 1 到 255 个值。也可以用单一数组或对某个数组的引用来代替用逗号分隔的参数。

下面实例根据学生总成绩计算其标准偏差，具体操作步骤如下。

步骤 **1** 输入学生的总成绩，选择目标单元格 B3，如图 11-166 所示。

步骤 **2** 单击"公式函数"＞"函数库"＞"其他函数"＞"统计"＞"STDEVA"选项，弹出"函数参数"对话框，输入必要的参数，如图 11-167 所示，单击"确定"按钮。

图 11-166　输入学生总成绩　　　　　　　　　图 11-167　输入参数

步骤 **3** 生成公式＝STDEVA(A2:A8)，最后的计算结果显示在目标单元格中，如图 11-168 所示。

图 11-168　计算学生总成绩标准偏差

提示

假定 STDEVA 函数的参数是总体样本，如果数据代表整个总体，则必须使用 STDEVPA 函数计算标准偏差。

11.8.4　应用 STDEV.P 函数计算基于整个样本总体的标准偏差

功能：使用 STDEV.P 函数计算基于以参数形式给出的整个样本总体的标准偏差。

格式：STDEV.P(number1,[number2],...)。

参数：number1（必需）。对应于总体的第一个数值参数。

number2, ...（可选）。对应于总体的 2 到 254 个数值参数。也可以用单一数组或对某个数组的引用来代替用逗号分隔的参数。

下面实例根据某种工具的断裂强度计算出其标准偏差，具体操作步骤如下。

步骤 **1** 输入工具的断裂强度，选择目标单元格 B3，如图 11-169 所示。

步骤 **2** 单击"公式函数"＞"函数库"＞"其他函数"＞"统计"＞"STDEV.P"选项，弹出"函数参数"对话框，输入必要的参数，如图 11-170 所示，单击"确定"按钮。

图 11-169　输入工具断裂强度

图 11-170　输入参数

步骤 3 生成公式=STDEV.P(A3:A9)，最后的计算结果显示在目标单元格中，如图 11-171 所示。

图 11-171　计算工具断裂强度标准偏差

> **提示**
>
> 假定 STDEV.P 函数的参数是整个总体，如果数据代表总体样本，可使用 STDEV 函数计算标准偏差。

11.8.5　应用 STDEVPA 函数计算基于总体的标准偏差

功能：使用 STDEVPA 函数，根据整个总体（包括数字、文本和逻辑值）计算标准偏差。

格式：STDEVPA(value1, [value2], ...)。

参数：value1, value2, ...value1 是必需的，后续值是可选的。对应于总体样本的 1 到 255 个值。也可以用单一数组或对某个数组的引用来代替用逗号分隔的参数。

STDEVPA 假定其参数是整个总体。如果数据代表总体样本，则必须使用 STDEVA 函数计算标准偏差。对规模很大的样本，STDEVA 和 STDEVPA 返回近似值。此处标准偏差的计算使用"n"方法。

下面实例根据计算员工的工资情况计算其标准偏差，具体操作步骤如下。

步骤 1 输入员工的工资，选择目标单元格 B3，如图 11-172 所示。

步骤 2 单击"公式函数" > "函数库" > "其他函数" > "统计" > "STDEVPA"选项，弹出"函数参数"对话框，输入必要的参数，如图 11-173 所示，单击"确定"按钮。

图 11-172　输入员工工资

图 11-173　输入参数

步骤 3 生成公式=STDEVPA(A3:A8)，最后的计算结果显示在目标单元格中，如图 11-174 所示。

图 11-174　计算员工工资标准偏差

提示

对于大样本容量，函数 STDEVA 和函数 STDEVPA 的返回值大致相等。

11.8.6 应用 VARPA 函数计算基于总体（包括数字、文本和逻辑值）的标准偏差

功能：使用 VARPA 函数根据整个总体计算方差。

格式：VARPA(value1, [value2], ...)。

参数：value1, value2, ...value1 是必需的，后续值是可选的。这些是对应于总体样本的 1 到 255 个数值参数。

下面实例员工工资估算方差，具体操作步骤如下。

步骤 1 输入员工的工资，选择目标单元格 B9，如图 11-175 所示。

步骤 2 单击"公式函数">"函数库">"其他函数">"统计">"VARPA"选项，弹出"函数参数"对话框，输入必要的参数，如图 11-176 所示，单击"确定"按钮。

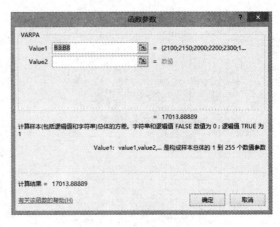

图 11-175　输入员工工资　　　　　　　图 11-176　输入参数

步骤3 生成公式=VARPA(B3:B8)，最后的计算结果显示在目标单元格中，如图 11-177 所示。

	A	B	C
1	估算员工工资的标准偏差		
2	员工编号	员工工资	
3	100001	2100	
4	100002	2150	
5	100003	2000	
6	100004	2200	
7	100005	2300	
8	100006	1900	
9	标准偏差	17013.88889	

图 11-177　计算员工工资标准偏差

11.8.7　应用 VAR.S 函数计算基于样本估算方差

功能：使用 VAR.S 函数估算基于样本的方差，忽略样本中的逻辑值和文本。

格式：VAR.S(number1,[number2],...)。

参数：number1（必需）。对应于总体的第一个数值参数。

number2, ...（可选）。对应于总体的 2 到 254 个数值参数。

下面实例要求根据学生总成绩计算出总体协方差，具体操作步骤如下。

步骤1 输入学生的总成绩，选择目标单元格 B9，如图 11-178 所示。

步骤2 单击"公式函数">"函数库">"其他函数">"统计">"VAR.S"选项，弹出"函数参数"对话框，输入必要的参数，如图 11-179 所示，单击"确定"按钮。

步骤3 生成公式=VAR.S(B3:B8)，最后的计算的方差显示在目标单元格中，如图 11-180 所示。

	A	B	C
1	估算学生总成绩的方差		
2	学生编号	总成绩	
3	000001	571	
4	000002	589	
5	000003	603	
6	000004	556	
7	000005	420	
8	000006	617	
9	方差		

图 11-178　输入学生总成绩

图 11-179　输入参数　　　　　　　　图 11-180　估算学生总成绩方差

11.8.8 应用 VARA 函数计算基于样本（包括数字、文本和逻辑值）估算方差

功能：使用 VARA 函数计算基于给定样本（包括数字、文本和逻辑值）的方差。

格式：VARA(value1, [value2], ...)。

参数：value1, value2, ...value1 是必需的，后续值是可选的。这些是对应于总体样本的 1 到 255 个数值参数。

下面实例预测员工销售业绩的方差，具体操作步骤如下。

步骤 1 输入员工的销售业绩，选择目标单元格 B9，如图 11-181 所示。

步骤 2 单击"公式函数">"函数库">"其他函数">"统计">"VARA"选项，弹出"函数参数"对话框，输入必要的参数，如图 11-182 所示，单击"确定"按钮。

图 11-181　输入员工销售业绩　　　　　　图 11-182　输入参数

步骤 3 生成公式=VARA(B3:B8)，最后的计算的方差显示在目标单元格中，如图 11-183 所示。

图 11-183　计算员工销售业绩方案

技巧

　　VARA 假定其参数是总体样本，如果数据代表的是样本总体，则必须使用函数 VARPA 来计算方差。

　　VARA 函数适用于计算包含参数中带有逻辑值和数字的文本的情况。

11.8.9　应用 VAR.P 函数计算基于样本总体的方差

　　功能：使用 VAR.P 函数计算基于整个样本总体的方差，忽略样本总体中的逻辑值和文本。

　　格式：VAR.P(number1,[number2],...])。

　　参数：number1（必需）。对应于总体的第一个数值参数。

　　number2, ...（可选）。对应于总体的 2 到 254 个数值参数。

　　VAR.P 假定其参数是整个总体。如果数据代表总体样本，可使用 VAR.S 计算方差。

　　总体方差的计算是一种很常见的计算。下面实例要求根据工具的断裂强度计算出总体协方差，具体操作步骤如下。

步骤 1 输入工具的断裂强度，选择目标单元格 B9，如图 11-184 所示。

步骤 2 单击"公式函数">"函数库">"其他函数">"统计">"VAR.P"选项，弹出"函数参数"对话框，输入必要的参数，如图 11-185 所示，单击"确定"按钮。

图 11-184　输入工具断裂强度

图 11-185　输入参数

3 生成公式=VAR.P(A3:A8)，方差的计算结果显示在目标单元格中，如图 11-186 所示。

B9		× ✓ fx	=VAR.P(A3:A8)	
	A	B	C	
1	计算工具断裂强度的总体方差			
2	工具断裂强度			
3	1134			
4	1135			
5	1136			
6	1132			
7	1133			
8	1133			
9	方差	1.805555556		

图 11-186 计算工具断裂强度总体方差

提示

函数 VAR.P 假设其参数为样本总体，如果数据代表样本总体中的一个样本，则使用函数 VAR.S 计算方差。

11.9 正态累积分布函数

正态累积分布函数有：NORM.DIST、NORM.INV、NORM.S.DIST、NORM.S.INV、STANDARDIZE，下面介绍这些函数的应用。

11.9.1 应用 NORM.DIST 函数计算正态累积分布

功能：使用 NORM.DIST 函数计算指定平均值和标准偏差的正态分布函数。

格式：NORM.DIST(x,mean,standard_dev,cumulative)。

参数：x（必需）。需要计算其分布的数值。

mean（必需）。分布的算术平均值。

standard_dev（必需）。分布的标准偏差。

cumulative（必需）。决定函数形式的逻辑值。如果 cumulative 为 TRUE，则 NORM.DIST 返回累积分布函数；如果为 FALSE，则返回概率密度函数。

下面实例计算正太累计分布的函数值，具体操作步骤如下。

1 输入正态累计分布输入计算的值、分布的算术平均值和标准偏差，选择目标单元格 B5，如图 11-187 所示。

2 单击"公式函数" > "函数库" > "其他函数" > "统计" > "NORM.DIST"选项，弹出"函数参数"对话框，输入必要的参数，如图 11-188 所示，单击"确定"按钮。

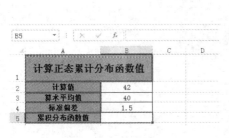

图 11-187　输入数据

图 11-188　输入参数

步骤 3 生成公式=NORM.DIST(B2,B3,B4,1)，正态累计分布的函数结果显示在目标单元格中，如图 11-189 所示。

图 11-189　计算累积分布的数值

提示

如果 mean = 0，standard_dev = 1，且 cumulative = TRUE，则 NORM.DIST 返回标准正态分布，即 NORM.S.DIST。

11.9.2　应用 NORM.INV 函数计算标准正态累积分布的反函数

功能：使用 NORM.INV 函数计算指定平均值和标准偏差的正态累积分布函数的反函数值。

格式：NORM.INV(probability,mean,standard_dev)。

参数：Probability（必需）。对应于正态分布的概率。

Mean（必需）。分布的算术平均值。

standard_dev（必需）。分布的标准偏差。

如果任一参数是非数值的，则 NORM.INV 返回错误值#VALUE!。如果 probability<=0 或 probability>=1，则 NORM.INV 返回错误值#NUM!。如果 standard_dev≤0，则 NORM.INV 返回错误值#NUM!。如果 mean = 0 且 standard_dev = 1，则 NORM.INV 使用标准正态分布。

下面实例计算正态累积分布的反函数值，具体操作步骤如下。

步骤 1 输入分布的概率值、算术平均值和标准偏差，选择目标单元格 B5，如图 11-190 所示。

步骤 2 单击"公式函数">"函数库">"其他函数">"统计">"NORM.INV"选项，弹出"函数参数"对话框，输入必要的参数，如图 11-191 所示，单击"确定"按钮。

图 11-190　输入数据

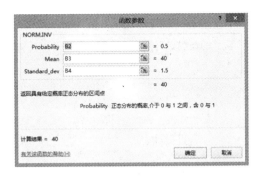

图 11-191　输入参数

步骤 3 生成公式=NORM.INV(B2,B3,B4)，反函数值计算结果显示在目标单元格中，如图 11-192 所示。

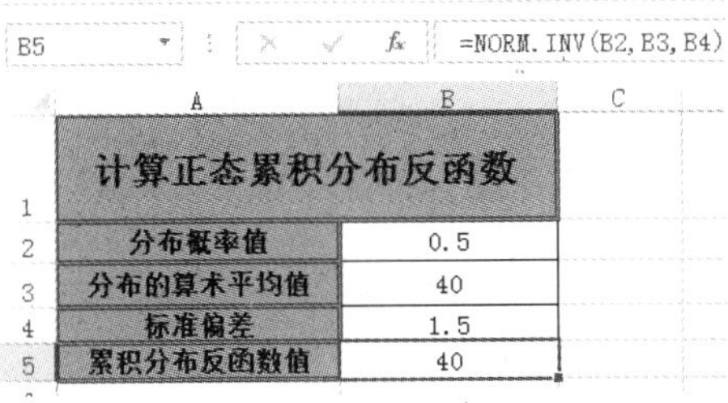

图 11-192　计算正态累积分布反函数

技巧

如果已给定概率值，则 NORM.INV 使用 NORM.DIST(x, mean, standard_dev, TRUE) = probability 求解数值 x。因此，NORM.INV 的精度取决于 NORM.DIST 的精度。

11.9.3　应用 NORM.S.DIST 函数计算标准正态累积分布

功能：使用 NORM.S.DIST 函数返回标准正态分布函数，该分布的平均值为 0，标准偏差为 1。

格式：NORM.S.DIST(z,cumulative)。

参数：z（必需）。需要计算其分布的数值。

cumulative（必需）。cumulative 是决定函数形式的逻辑值。如果 cumulative 为 TRUE，则 NORMS.DIST 返回累积分布函数；如果为 FALSE，则返回概率密度函数。

下面实例计算正态累积分布的函数值，具体操作步骤如下。

步骤 1 输入分布数值、平均值和标准偏差，选择目标单元格 B6，如图 11-193 所示。

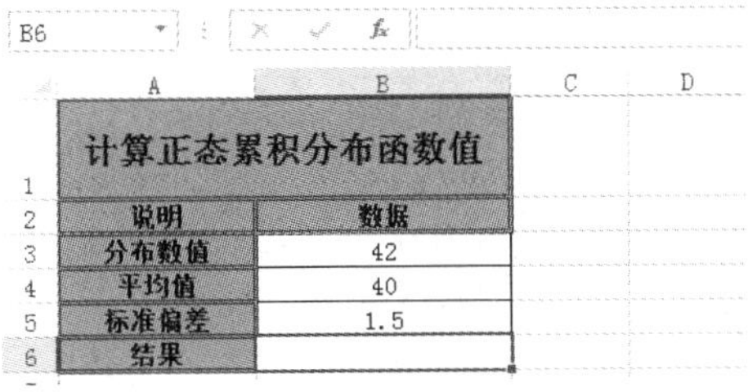

步骤 2 单击"公式函数">"函数库">"其他函数">"统计">"NORM.S.DIST"选项，弹出"函数参数"对话框，输入必要的参数，如图 11-194 所示，单击"确定"按钮。

图 11-193　输入数据

步骤 **3** 生成公式=NORM.DIST(B3,B4,B5,1)，最后的计算结果显示在目标单元格中，如图 11-195 所示。

图 11-194　输入参数　　　　　　　　　图 11-195　计算正态累积分布函数值

11.9.4　应用NORM.S.INV函数计算标准正态累积分布函数的反函数

功能：使用 NORM.S.INV 函数计算标准正态累积分布函数的反函数，该分布的平均值为 0，标准偏差为 1。

格式：NORM.S.INV(probability)。

参数：probability（必需）。对应于正态分布的概率。

如果已给定概率值，则 NORM.S.INV 使用 NORM.S.DIST(z,TRUE) = probability 求解数值 z。因此，NORM.S.INV 的精度取决于 NORM.S.DIST 的精度。NORM.S.INV 使用迭代搜索技术。

标准正态反函数表的绘制是一项复杂的工作。下面实例计算标准正态反函数表，具体操作步骤如下。

步骤 **1** 输入正态分布的 Z 值，选择目标单元格 B4，如图 11-196 所示。

步骤 **2** 单击“公式函数”>“函数库”>“其他函数”>“统计”>“NORM.S.INV”选项，弹出“函数参数”对话框，输入必要的参数，如图 11-197 所示，单击“确定”按钮。

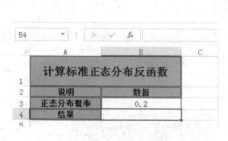

图 11-196　输入数据

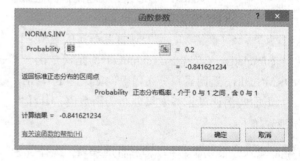

图 11-197　输入 B3

步骤 **3** 生成公式=NORM.S.INV(B3)，正态分布反函数显示在目标单元格中，如图 11-198 所示。

B4 | : | × ✓ fx | =NORM.S.INV(B3)

	A	B	C
1	计算标准正态分布反函数		
2	说明	数据	
3	正态分布概率	0.2	
4	结果	-0.841621234	

图 11-198　计算标准正态分布反函数

11.9.5　应用 STANDARDIZE 函数计算正态化数值

功能：使用 STANDARDIZE 函数计算由 mean 和 standard_dev 表示的分布的规范化值。

格式：STANDARDIZE(x, mean, standard_dev)。

参数：x（必需）。需要进行正态化的数值。

mean（必需）。分布的算术平均值。

standard_dev（必需）。分布的标准偏差。

如果 standard_dev≤0，则 STANDARDIZE 返回错误值#NUM!。

下面实例计算在算术平均值为 40、标准偏差为 1.5 的条件下，42 的规范化值，具体操作步骤如下。

步骤 1 输入要正态化的数、算术平均值和标准差，选择目标单元格 B5，如图 11-199 所示。

步骤 2 单击"公式函数">"函数库">"其他函数">"统计">"STANDARDIZE"选项，弹出"函数参数"对话框，输入必要的参数，如图 11-200 所示，单击"确定"按钮。

图 11-199　输入数据

图 11-200　输入参数

步骤 3 生成公式=STANDARDIZE(B2,B3,B4)，规范化后的值显示在目标单元格中，如图 11-201 所示。

B5 | : | × ✓ fx | =STANDARDIZE(B2,B3,B4)

	A	B	C	D
1	计算规范化值			
2	要正态化的数	42		
3	分布的算术平均值	40		
4	标准偏差	1.5		
5	规范值	1.33333333		

图 11-201　计算规范化值

11.10 线性回归线函数

线性回归线函数有：SLOPE、STEYX，下面介绍线性回归线函数的应用。

11.10.1 应用 SLOPE 函数计算线性回归线的斜率

功能：使用 SLOPE 函数，根据 known_y's 和 known_x's 中的数据点拟合的线性回归直线的斜率。

格式：SLOPE(known_y's, known_x's)。

参数：known_y's（必需）。数字型因变量数据点数组或单元格区域。

known_x's（必需）。自变量数据点集合。

斜率为直线上任意两点的垂直距离与水平距离的比值，也就是回归直线的变化率。

线性回归直线的斜率是一种很常见的计算，得出斜率就能够画出直线。下面实例计算出线性回归的直线斜率，具体操作步骤如下。

步骤 1 输入学生的成绩，选择目标单元格 B9，如图 11-202 所示。

步骤 2 单击"公式函数">"函数库">"其他函数">"统计">"SLOPE"选项，弹出"函数参数"对话框，输入必要的参数，如图 11-203 所示，单击"确定"按钮。

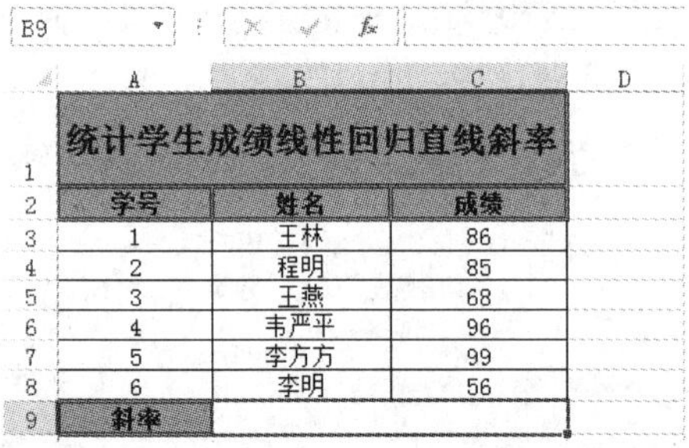

图 11-202　输入学生成绩　　　　　　　　　　图 11-203　输入参数

步骤 3 生成公式=SLOPE(A3:A8,C3:C8)，计算的结果显示在目标单元格中，如图 11-204 所示。

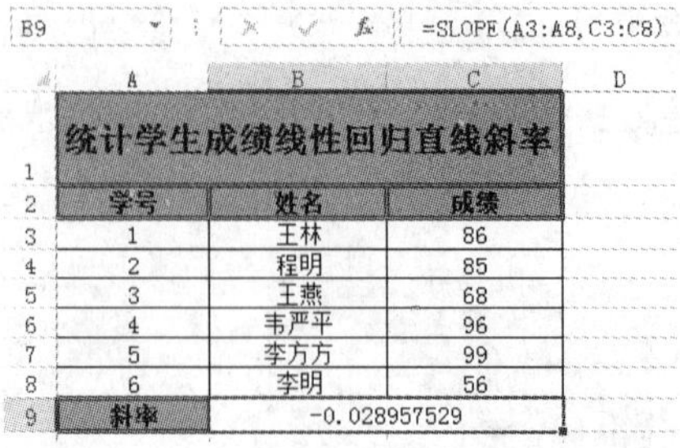

图 11-204　计算学生成绩线性回归直线斜率

11.10.2 应用 STEYX 函数计算通过线性回归法预测每个 x 的 y 值时所产生的标

功能：使用 STEYX 函数计算通过线性回归法预测每个 x 的 y 值时所产生的标准误差。

格式：STEYX(known_y's, known_x's)。

参数：known_y's（必需）。因变量数据点数组或区域。

known_x's（必需）。自变量数据点数组或区域。

下面实例根据已知盐分摄入量和血压值，预测标准误差，具体操作步骤如下。

步骤 1 输入盐分摄入量和血压值，选择目标单元格 B10，如图 11-205 所示。

步骤 2 单击"公式函数">"函数库">"其他函数">"统计">"STEYX"选项，弹出"函数参数"对话框，输入必要的参数，如图 11-206 所示，单击"确定"按钮。

图 11-205　输入数据	图 11-206　输入参数

步骤 3 生成公式=STEYX(B3:B9,A3:A9)，最后的计算结果显示在目标单元格中，如图 11-207 所示。

图 11-207　计算盐分摄入量和血压关系函数标准误差

11.10.3 应用 INTERCEPT 函数计算线性回归线的截距

功能：利用已知的 x 值与 y 值计算直线与 y 轴交叉点。

格式：INTERCEPT(known_y's, known_x's)。

参数：known_y's（必需）。因变的观察值或数据的集合。

known_x's（必需）。自变的观察值或数据的集合。

参数可以是数字，或者是包含数字的名称、数组或引用。如果数组或引用参数包含文本、逻辑值或空白单元格，则这些值将被忽略；但包含零值的单元格将计算在内。如果 known_y's 和 known_x's 所包含的数据点个数不相等或不包含任何数据点，则函数 INTERCEPT 返回错误值#N/A。

下面实例根据盐分摄入量与最高血压，计算其线性回归直线的方程即相关系数，具体操作步骤如下。

步骤 1 输入盐分摄入量与血压数值，选择目标单元格 B12，如图 11-208 所示。

步骤 2 单击"公式函数">"函数库">"其他函数">"统计">"INTERCEPT"选项，弹出"函数参数"对话框，输入必要的参数，如图 11-209 所示，单击"确定"按钮。

图 11-208　输入数据　　　　　　　　　　　　图 11-209　输入参数

步骤 3 生成公式=INTERCEPT(B3:B11,A3:A11)，计算结果显示在目标单元格中，如图 11-210 所示。

图 11-210　计算关系系数

 提示

INTERCEPT 函数利用 x 值与 y 值计算直线与 y 轴的截距。截距为穿过已知的 known_x's 和 known_y's 数据点的线性回归线与 y 轴的交点。

11.10.4　应用 LINEST 函数计算线性趋势的参数

功能：使用最小二乘法计算与现有数据最佳拟合的直线，来计算某直线的统计值，然后返回描述此直线的数组。

格式：LINEST(known_y's, [known_x's], [const], [stats])。

参数：known_y's（必需）。关系表达式 y = mx + b 中已知的 y 值集合。

known_x's（可选）。关系表达式 y = mx + b 中已知的 x 值集合。

const（可选）。一个逻辑值，用于指定是否将常量 b 强制设为 0。

stats（可选）。一个逻辑值，用于指定是否返回附加回归统计值。

LINEST 函数可通过使用最小二乘法计算与现有数据最佳拟合的直线，来计算某直线的统计值，然后返回描述此直线的数组。

本例要求根据 Y 值和 X 值计算出线性回归直线的斜率。具体计算情况如下图所示。

步骤 1 线性回归直线首先要提供 X 值和 Y 值，选择目标单元格 B9，如图 11-211 所示。

步骤 2 单击"公式函数">"函数库">"其他函数">"统计">"LINEST"选项，弹出"函数参数"对话框，输入必要的参数，如图 11-212 所示，单击"确定"按钮。

图 11-211　输入数据

图 11-212　输入参数

步骤 3 生成公式=LINEST(B3:B7,A3:A7,0,1)，线性回归直线斜率显示在目标单元格中，如图 11-213 所示。

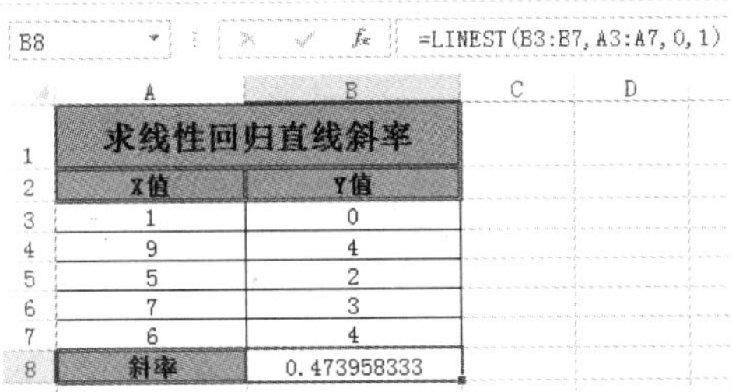

图 11-213　计算线性回归直线斜率

提示

可以将 LINEST 函数与其他函数结合使用来计算未知参数中其他类型的线性模型的统计值，包括多项式、对数、指数和幂级数。

11.10.5 应用 FORECAST 函数计算沿线性趋势的值

功能：使用 FORECAST 函数计算线性趋势值。本函数可以根据已有的数值计算或预测未来值。

格式：FORECAST(x, known_y's, known_x's)。

参数：x（必需）。需要进行值预测的数据点。

known_y's（必需）。相关数组或数据区域。

known_x's（必需）。独立数组或数据区域。

如果 x 为非数值型，则 FORECAST 返回错误值#VALUE!。如果 known_y's 和 known_x's 为空或含有不同个数的数据点，函数 FORECAST 返回错误值#N/A。

线性回归趋势是一个很常见的计算。下面实例根据去年和今年的销售趋势来预测明年的销售额，具体操作步骤如下。

步骤 1 输入用于计算的去年和今年的销售额，选择目标单元格 B7，如图 11-214 所示。

步骤 2 单击"公式函数">"函数库">"其他函数">"统计">"FORECAST"选项，弹出"函数参数"对话框，输入必要的参数，如图 11-215 所示，单击"确定"按钮。

图 11-214　输入数据　　　　　　　　　　图 11-215　输入参数

步骤 3 生成公式=FORECAST(B2,A4:A6,B4:B6)，最后的计算结果显示在目标单元格中，如图 11-216 所示。

图 11-216　计算预测值

提示

FORECAST 函数功能：使用根据已有的数值计算或预测未来值。此预测值为基于给定的 x 值推导出的 y 值。已知的数值为已有的 x 值和 y 值，再利用线性回归对新值进行预测。可以使用该函数对未来销售额、库存需求或消费趋势进行预测。

11.11　数据集相关函数

数据集相关函数有：CORREL、KURT、PERCENTRANK、QUARTILE、RANK、TRIMMEAN，下面介绍这些函数的应用。

11.11.1　应用 CORREL 函数计算两个数据集之间的相关系数

功能：使用 CORREL 函数返回 array1 和 array2 单元格区域的相关系数。使用相关系统可以确定两个属性之间的关系。

格式：CORREL(array1, array2)。

参数：array1（必需）。值的第一个单元格区域。

array2（必需）。值的第二个单元格区域。

如果数组或引用参数包含文本、逻辑值或空白单元格，则这些值将被忽略，但包含零值的单元格将计算在内。

下面实例为根据上课与考试的成绩计算其中的相关系数，具体操作步骤如下。

步骤 1　根据学生姓名输入成绩和到课数，选择目标单元格 D3，如图 11-217 所示。

步骤 2　单击"公式函数">"函数库">"其他函数">"统计">"CORREL"选项，弹出"函数参数"对话框，输入必要的参数，如图 11-218 所示，单击"确定"按钮。

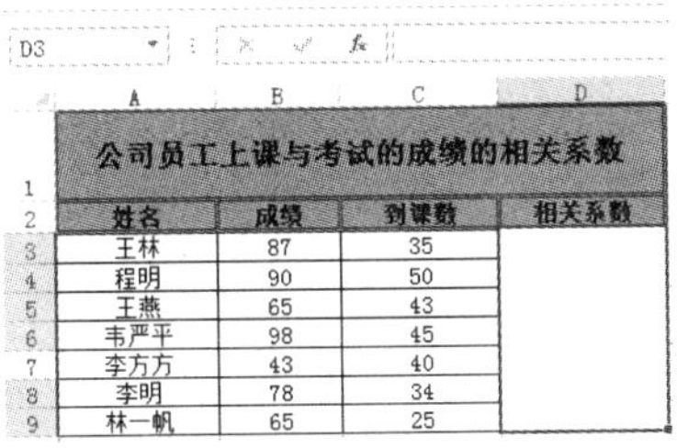

图 11-217　输入成绩和到课数

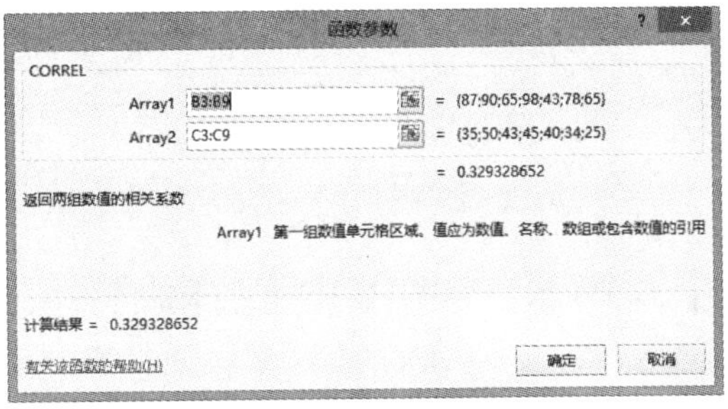

图 11-218　输入参数

步骤 3　生成公式=CORREL(B3:B9,C3:C9)，计算的结果显示在目标单元格中，这是两组数据的关系系数，如图 11-219 所示。

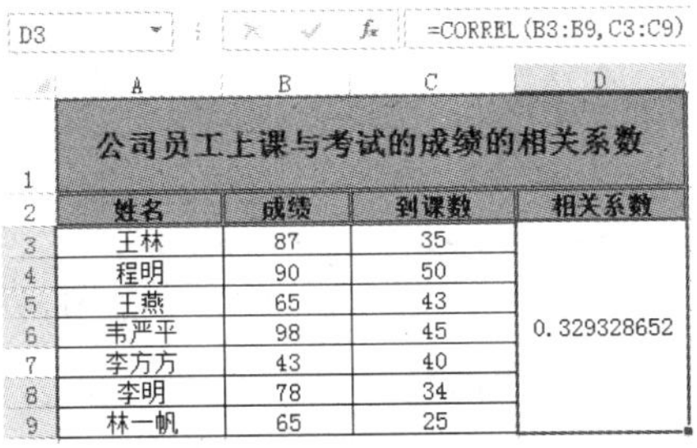

图 11-219　计算相关系数

提示

如果 array1 和 array2 两个参数的数据点的个数不同，函数 CORREL 将返回错误值#N/A。

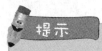

11.11.2 应用 KURT 函数计算数据集的峰值

功能：使用 KURT 函数计算一组数据的峰值。峰值反映与正态分布相比某一分布的尖锐度或平坦度。

格式：KURT(number1, [number2], ...)。

参数：number1, number2, ...number1 是必需的，后续数字是可选的。用于计算平均值的 1 到 255 个参数。也可以用单一数组或对某个数组的引用来代替用逗号分隔的参数。

下面实例根据学生的成绩，计算其峰值，具体操作步骤如下。

步骤 1 根据学生的姓名输入成绩，选择目标单元格 B10，如图 11-220 所示。

步骤 2 单击“公式函数”>“函数库”>“其他函数”>“统计”>“KURT”选项，弹出“函数参数”对话框，输入必要的参数，如图 11-221 所示，单击“确定”按钮。

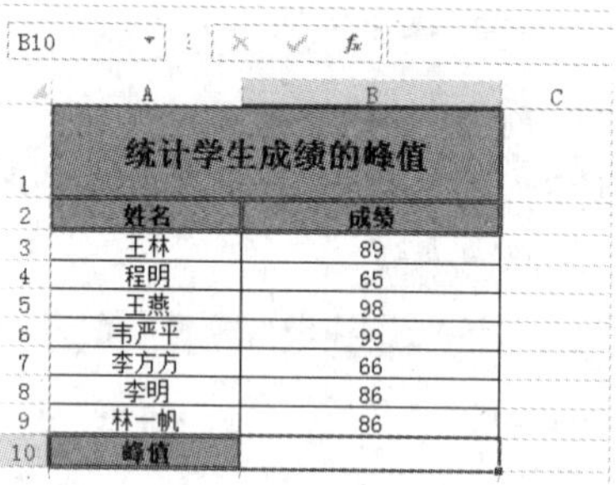

图 11-220　输入成绩

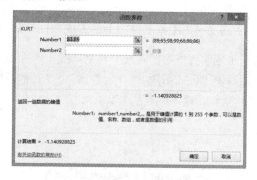

图 11-221　输入参数

步骤 3 生成公式=KURT(B3:B9)，计算的峰值显示在目标单元格中，如图 11-222 所示。

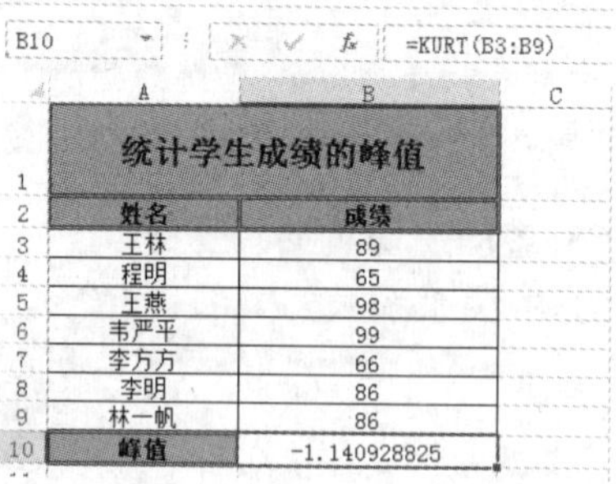

图 11-222　计算学生成绩的峰值

提示

峰值的含义：正峰值表示相对尖锐的分布，负峰值表示相对平坦的分布。

11.11.3 应用PERCENTRANK.INC函数计算数据集中值的百分比排位

功能：使用 PERCENTRANK.INC 函数将某个数值在数据集中的排位作为数据集的百分比值返回，此处的百分比值的范围为 0 到 1（含 0 和 1）。

格式：PERCENTRANK.INC(array,x,[significance])。

参数：Array（必需）。定义相对位置的数值数组或数值数据区域。

X（必需）。需要得到其排位的值。

Significance（可选）。用于标识返回的百分比值的有效位数的值。如果省略，则 PERCENTRANK.EXC 使用 3 位小数(0.xxx)。

如果数组为空，则 PERCENTRANK.INC 返回错误值#NUM！。如果 significance<1，则 PERCENTRANK.INC 返回错误值 #NUM！。如果数组里没有与 x 相匹配的值，函数 PERCENTRANK.INC 将进行插值以返回正确的百分比排位。

下面实例根据给定的成绩计算 80 分学生的排位，具体操作步骤如下。

步骤 1 输入学生姓名和成绩，选择目标单元格 B10，如图 11-223 所示。

步骤 2 单击"公式函数">"函数库">"其他函数">"统计">"PERCENTRANK.INC"选项，弹出"函数参数"对话框，输入必要的参数，如图 11-224 所示，单击"确定"按钮。

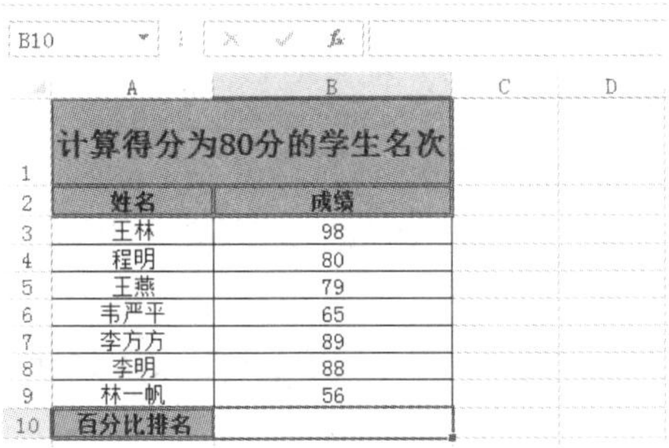

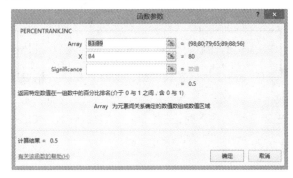

图 11-223　输入数据　　　　　　　　　　　　　图 11-224　输入参数

步骤 3 生成公式=PERCENTRANK.INC(B3:B9,B4)，计算结果显示在目标单元格中，如果需要按照百分比显示则需要设置单元格格式，如图 11-225 所示。

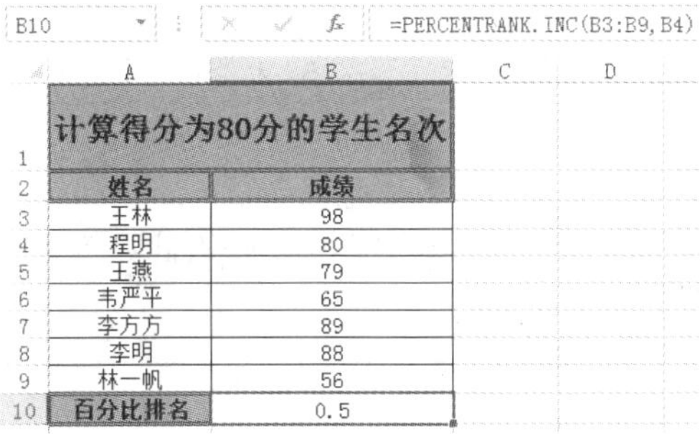

图 11-225　计算百分比排名

PERCENTRANK.INC 函数功能：使用此函数可用于计算特定数据在数据集中所处的位置。例如，可以使用函数 PERCENTRANK.INC 计算某个特定的能力测试得分在所有的能力测试得分中的位置。

11.11.4 应用 PERCENTRANK.EXC 函数返回某个数值在数据集中的排位作为数据集的百分点值

功能：使用 PERCENTRANK.EXC 函数返回某个数值在一个数据集中的百分比（0 到 1，不包括 0 和 1）排位。

格式：PERCENTRANK.EXC(array,x,[significance])。

参数：array（必需）。定义相对位置的数值数组或数值数据区域。

x（必需）。需要得到其排位的值。

significance（可选）。用于标识返回的百分比值的有效位数的值。如果省略，则 PERCENTRANK.EXC 使用 3 位小数(0.xxx)。

如果数组为空，则 PERCENTRANK.EXC 返回错误值#NUM!。如果 significance<1，则 PERCENTRANK.EXC 返回错误值#NUM!。如果 x 与数组中的任何一个值都不匹配，则 PERCENTRANK.EXC 将插入值以返回正确的百分比排位。

下面实例计算得分为 80 分的员工名次，具体操作步骤如下。

步骤 1 输入员工的姓名和成绩，选择目标单元格 B10，如图 11-226 所示。

步骤 2 单击"公式函数">"函数库">"其他函数">"统计">"PERCENTRANK.EXC"选项，弹出"函数参数"对话框，输入必要的参数，如图 11-227 所示，单击"确定"按钮。

图 11-226　输入数据

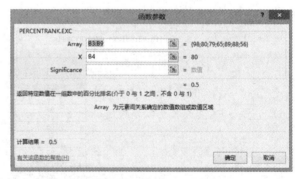

图 11-227　输入参数

步骤 3 生成公式=PERCENTRANK.EXC(B3:B9,B4)，最后的计算结果显示在目标单元格中，如图 11-228 所示。

B10 ▾ : × ✓ fx =PERCENTRANK.EXC(B3:B9,B4)

	A	B	C	D
1	计算得分为80分的员工的名次			
2	姓名	成绩		
3	王林	98		
4	程明	80		
5	王燕	79		
6	韦严平	65		
7	李方方	89		
8	李明	88		
9	林一帆	56		
10	百分比排名	0.5		

图 11-228　计算百分比排名

11.11.5　应用 QUARTILE.EXC 函数计算数据集的四分位数

功能：使用 QUARTILE.EXC 函数返回数据集的四分位数，介于 0 与 1 之间。

格式：QUARTILE.EXC(array, quart)。

参数：array（必需）。要求得四分位数值的数组或数字型单元格区域。

quart（必需）。指定返回哪一个值。

如果 array 为空，则 QUARTILE.EXC 返回错误值#NUM!；如果 quart 不为整数，将被截尾取整；如果 quart≤0 或 quart≥4，则 QUARTILE.EXC 返回错误值#NUM!。

下面实例对于给定的产量，计算第一个四分位，具体操作步骤如下。

步骤 1　输入产量的数据，选择目标单元格 B3，如图 11-229 所示。

步骤 2　单击"公式函数">"函数库">"其他函数">"统计">"QUARTILE.EXC"选项，弹出"函数参数"对话框，输入必要的参数，如图 11-230 所示，单击"确定"按钮。

图 11-229　输入产量数据

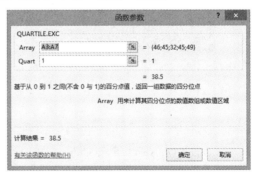

图 11-230　输入参数

步骤 3　生成公式=QUARTILE.EXC(A3:A7,1)，计算结果显示在目标单元格中，第一个四分位结果为 38.5，如图 11-231 所示。

B3 ▾ : × ✓ fx =QUARTILE.EXC(A3:A7,1)

	A	B	C	D	E
1	计算产量的第25个百分点值				
2	产量	第25个百分点			
3	46	38.5			
4	45	35.25			
5	32	32			
6	45	#NUM!			
7	49	#NUM!			

图 11-231　计算 25 个百分点值

> **提示**
>
> 当 quart 分别等于 0（零）、2 和 4 时，MIN、MEDIAN 和 MAX 返回的值与函数 QUARTILE.EXC 返回的值相同。

11.11.6 应用 QUARTILE.INC 函数返回一组数据的四分位点

功能：使用 QUARTILE.INC 函数根据 0 到 1 之间的百分点值计算数据集的四分位数。

格式：QUARTILE.INC(array,quart)。

参数：array（必需）。要求得四分位数值的数组或数字型单元格区域。

quart（必需）。指定返回哪一个值。

如果 array 为空，则 QUARTILE.INC 返回错误值#NUM!；如果 quart 不为整数，将被截尾取整；如果 quart<0 或 quart>4，则 QUARTILE.INC 返回错误值#NUM!。

下面实例对于给定的数据，计算第 2 个四分位，具体操作步骤如下。

步骤1 输入计算的产量数据，选择目标单元格 B3，如图 11-232 所示。

步骤2 单击"公式函数">"函数库">"其他函数">"统计">"QUARTILE.INC"选项，弹出"函数参数"对话框，输入必要的参数，如图 11-233 所示，单击"确定"按钮。

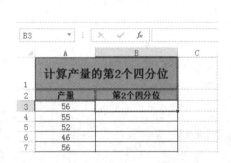

图 11-232　输入数据

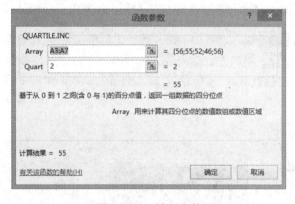

图 11-233　输入参数

步骤3 生成公式=QUARTILE.EXC(A3:A7,2)，计算结果显示在目标单元格中，如图 11-234 所示。

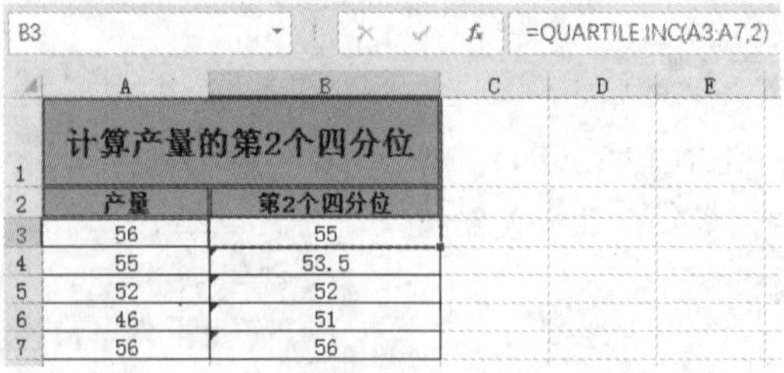

图 11-234　计算第 2 个四分位

提示

四分位数通常用于在销售额和测量数据中对总体进行分组。例如，可以使用函数 QUARTILE.INC 求得总体中前 25% 的收入值。

11.11.7 应用 RANK.AVG 函数计算一列数字的数字排位

功能：使用 RANK.AVG 函数返回一个数字在数字列表中的排位。数字的排位是其大小与列表中其他值的比值；如果多个值具有相同的排位，则将返回平均排位。

格式：RANK.AVG(number,ref,[order])。

参数：number（必需）。要找到其排位的数字。

ref（必需）。数字列表的数组，对数字列表的引用。Ref 中的非数字值会被忽略。

order（可选）。一个指定数字排位方式的数字。

如果 Order 为 0（零）或省略，Excel 对数字的排位是基于 ref 按降序排列的列表。如果 Order 不为零，Excel 对数字的排位是基于 ref 为按升序排列的列表。

下面实例根据每天的温度，计算特定的某一温度的排位，具体操作步骤如下。

步骤 1 输入天数和温度，选择目标单元格 B10，如图 11-235 所示。

步骤 2 单击"公式函数">"函数库">"其他函数">"统计">"RANK.AVG"选项，弹出"函数参数"对话框，输入必要的参数，如图 11-236 所示，单击"确定"按钮。

图 11-235　输入数据　　　　　　　　　　　　图 11-236　输入参数

步骤 3 生成公式 =RANK.AVG(B9,B3:B9,0)，计算结果显示在目标单元格中，如图 11-237 所示。

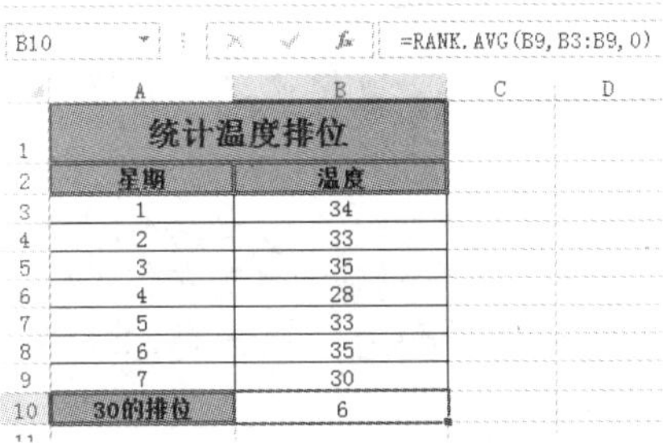

图 11-237　计算 30 的排位

11.11.8 应用 RANK.EQ 函数返回一列数字的数字排位

功能：使用 RANK.EQ 函数返回一个数字在数字列表中的排位，其大小与列表中的其他值相关。如果多个值具有相同的排位，则返回该组数值的最高排位。

格式：RANK.EQ(number,ref,[order])。

参数：number（必需）。要找到其排位的数字。

ref（必需）。数字列表的数组，对数字列表的引用。Ref 中的非数字值会被忽略。

order（可选）。一个指定数字排位方式的数字。

下面实例规定学生的成绩 60 分及格，计算学生成绩刚好及格的排位，具体操作步骤如下。

步骤 1 根据学生的姓名输入学生的成绩，选择目标单元格 B9，如图 11-238 所示。

步骤 2 单击"公式函数"＞"函数库"＞"其他函数"＞"统计"＞"RANK.EQ"选项，弹出"函数参数"对话框，输入必要的参数，如图 11-239 所示，单击"确定"按钮。

图 11-238　输入数据

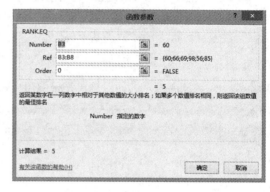

图 11-239　输入参数

步骤 3 生成公式=RANK.EQ(B3,B3:B8,0)，计算结果显示在目标单元格中，如图 11-240 所示。

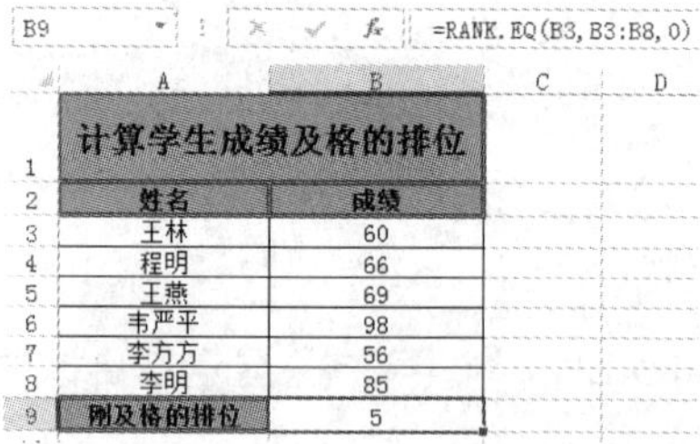

图 11-240　计算刚及格的排位

> **提示**
>
> 重复数的排位问题：RANK.EQ 函数对重复数的排位相同，但重复数的存在将影响后续数值的排位。例如，在一列按升序排列的整数中，如果数字 10 出现两次，其排位为 5，则 11 的排位为 7（没有排位为 6 的数值）。

11.11.9 应用 TRIMMEAN 函数计算数据集的内部平均值

功能：使用 TRIMMEAN 函数计算数据集的内部平均值。先从数据集的头部和尾部除去一定百分比的数据点，然后再求平均值。

格式：TRIMMEAN(array, percent)。

参数：array（必需）。需要进行整理并求平均值的数组或数值区域。

percen（必需）。从计算中排除数据点的分数。

如果 percent<0 或 percent>1，则 TRIMMEAN 返回错误值#NUM!，函数 TRIMMEAN 将排除的数据点数向下舍入到最接近的 2 的倍数；如果 percent = 0.1，30 个数据点的 10%等于 3 个数据点，为对称，TRIMMEAN 排除数据集顶部和底部的单个值。

下面实例根据学生的成绩计算平均值，具体操作步骤如下。

步骤 1 根据姓名输入学生的成绩，选择目标单元格 B9，如图 11-241 所示。

步骤 2 单击"公式函数">"函数库">"其他函数">"统计">"TRIMMEAN"选项，弹出"函数参数"对话框，输入必要的参数，如图 11-242 所示，单击"确定"按钮。

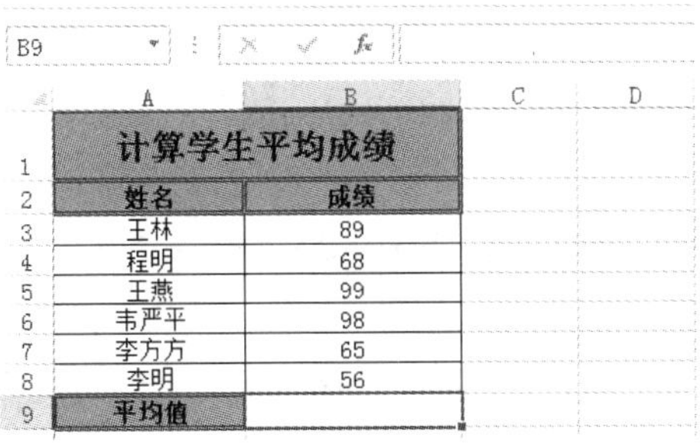

图 11-241　输入数据 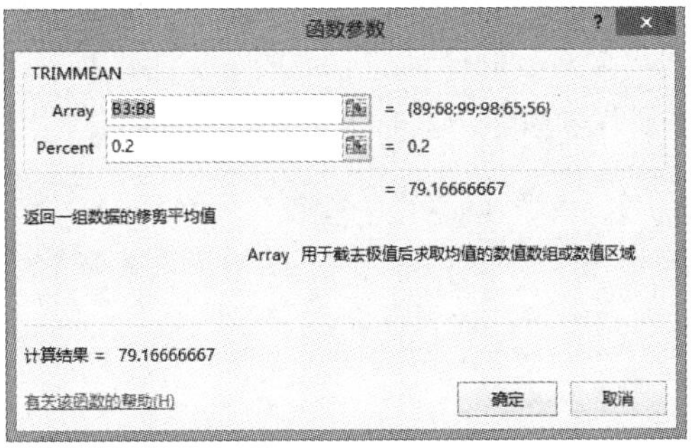　　　　　　　　　图 11-242　输入参数

步骤 3 生成公式=TRIMMEAN(B3:B8,0.2)，最后的平均值结果显示在目标单元格中，如图 11-243 所示。

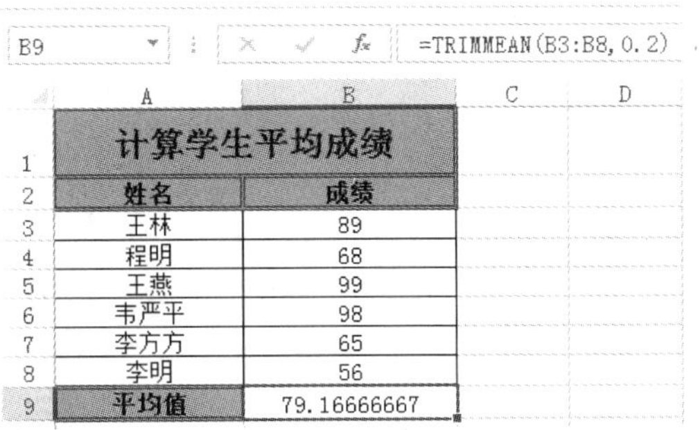

图 11-243　计算平均值

提示

RIMMEAN 函数的使用：当希望在分析中剔除一部分数据的计算时，可以使用此函数。

11.12 Pearson 乘积矩函数

Pearson 乘积矩函数有 PEARSON、RSQ，下面介绍这些函数的应用。

11.12.1 应用 PEARSON 函数计算 Pearson 乘积矩相关系数

功能：使用 PEARSON 函数返回 Pearson（皮尔生）乘积矩相关系数 r，这是一个范围在-1.0 到 1.0 之间（包括 -1.0 和 1.0 在内）的无量纲指数，反映了两个数据集合之间的线性相关程度。

格式：PEARSON(array1, array2)。

参数：array1（必需）。自变量集合。

array2（必需）。因变量集合。

参数可以是数字，或者是包含数字的名称、数组常量或引用。如果数组或引用参数包含文本、逻辑值或空白单元格，则这些值将被忽略，但包含零值的单元格将计算在内。如果 array1 和 array2 为空或其数据点个数不同，函数 PEARSON 返回错误值#N/A。

相关系数的计算是一个很常见的计算。下面实例根据每个人的年龄和握力计算其相关系数，具体操作步骤如下。

步骤 1 根据姓名输入年龄和握力，选中目标单元格 B10，如图 11-244 所示。

步骤 2 单击“公式函数”>“函数库”>“其他函数”>“统计”>“PEARSON”选项，弹出“函数参数”对话框，输入必要的参数，如图 11-245 所示，单击“确定”按钮。

计算年龄和握力的相关系数		
姓名	年龄	握力
王林	20	45
程明	23	48
王燕	25	51
韦严平	28	62
李方方	30	60
李明	32	56
林一帆	36	55
相关系数		

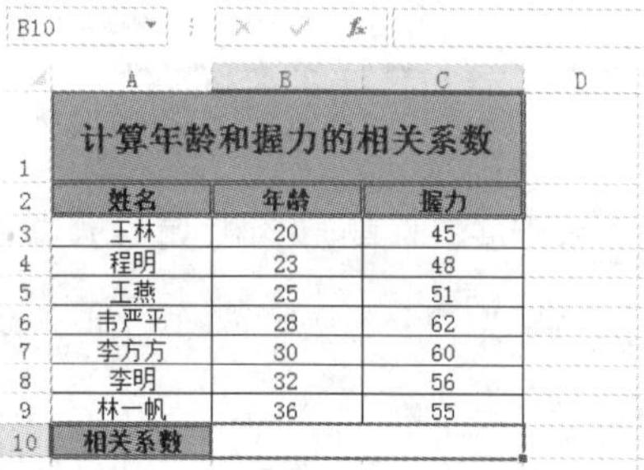

图 11-244 输入数据

图 11-245 输入参数

步骤 3 生成公式=PEARSON(B3:B9,C3:C9)，相关系数的计算结果显示在目标单元格中，如图 11-246 所示。

=PEARSON(B3:B9,C3:C9)

计算年龄和握力的相关系数		
姓名	年龄	握力
王林	20	45
程明	23	48
王燕	25	51
韦严平	28	62
李方方	30	60
李明	32	56
林一帆	36	55
相关系数	0.677792394	

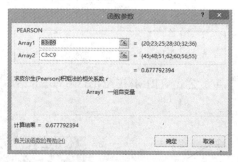

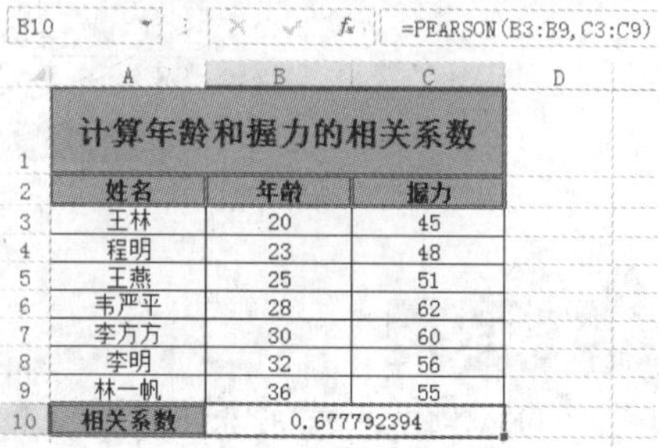

图 11-246 计算相关系数

11.12.2 应用 RSQ 函数计算 Pearson 乘积矩相关系数的平方

功能：使用 RSQ 函数根据 known_y's 和 known_x's 中的数据点计算出 Pearson 乘积矩相关系数的平方。

格式：RSQ(known_y's,known_x's)。

参数：known_y's（必需）。数组或数据点区域。

known_x's（必需）。数组或数据点区域。

Pearson 乘积矩阵平方的计算是一个不太常见的计算，具体操作步骤如下。

步骤 1 输入乘积的 X 值和 Y 值，选择目标单元格 B10，如图 11-247 所示。

步骤 2 单击"公式函数"＞"函数库"＞"其他函数"＞"统计"＞"RSQ"选项，弹出"函数参数"对话框，输入必要的参数，如图 11-248 所示，单击"确定"按钮。

图 11-247　输入数据

图 11-248　输入参数

步骤 3 生成公式=RSQ(A3:A9,B3:B9)，最后的计算结果显示在目标单元格中，如图 11-249 所示。

图 11-249　计算相关系数平方

11.13　t 分布函数

t 分布函数有：T.DIST、T.DIST.2T、T.DIST.RT、T.INV、T.INV.2T，下面介绍这些函数的应用。

11.13.1 应用 T.DIST 函数计算学生的 t 分布

功能：使用 T.DIST 函数计算学生的左尾 t 分布。该 t 分布用于小样本数据集的假设检验。使用此函数可以代替 t 分布的临界值表。

格式：T.DIST(x,deg_freedom, cumulative)。

参数：x（必需）。需要计算分布的数值。

deg_freedom（必需）。一个表示自由度数的整数。

cumulative（必需）。决定函数形式的逻辑值。如果 cumulative 为 TRUE，则 T.DIST 返回累积分布函数；如果为 FALSE，则返回概率密度函数。

如果任一参数是非数值的，则 T.DIST 返回错误值#VALUE!。如果 deg_freedom<1，则 T.DIST 返回一个错误值。Deg_freedom 不得小于 1。

下面实例计算学生的左尾 t 分布为 60，自由度为 1 的累积分布函数，具体操作步骤如下。

步骤 1 输入 t 分布和自由度，选择目标单元格 B4，如图 11-250 所示。

步骤 2 单击"公式函数">"函数库">"其他函数">"统计">"T.DIST"选项，弹出"函数参数"对话框，输入必要的参数，如图 11-251 所示，单击"确定"按钮。

图 11-250　输入数据

图 11-251　输入参数

步骤 3 生成公式=T.DIST(B2,B3,1)，最后的函数返回值显示在目标单元格中，如图 11-252 所示。

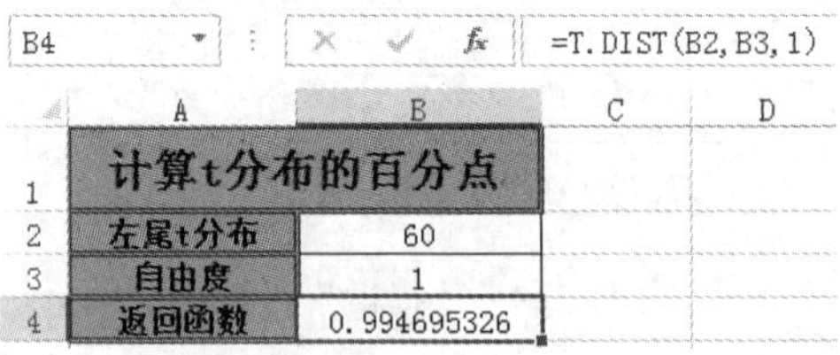

图 11-252　计算返回函数

11.13.2 应用 T.DIST.2T 函数返回学生 t 分布的百分点

功能：使用 T.DIST.2T 函数返回学生的双尾 t 分布。学生的 t 分布用于小样本数据集的假设检验，使用此函数可以代替 t 分布的临界值表。

格式：T.DIST.2T(x,deg_freedom)。

参数：x（必需）。需要计算分布的数值。

deg_freedom（必需）。一个表示自由度数的整数。

如果任一参数是非数值的，则 T.DIST.2T 返回错误值#VALUE!；如果 deg_freedom<1，则 T.DIST.2T 返回错误值#NUM!；如果 x<0，则 T.DIST.2T 返回错误值#NUM!。

下面实例要求计算双尾分布，具体操作步骤如下。

步骤 1 输入要计算的数值，自由度定位为 60，选择目标单元格 B4，如图 11-253 所示。

步骤 2 单击"公式函数">"函数库">"其他函数">"统计">"T.DIST.2T"选项，弹出"函数参数"对话框，输入必要的参数，如图 11-254 所示，单击"确定"按钮。

图 11-253　输入数据

图 11-254　输入参数

步骤 3 生成公式=T.DIST.2T(B2,B3)，双尾分布不同于单尾分布，计算结果显示在目标单元格中，如图 11-255 所示。

图 11-255　计算双尾 t 分布

11.13.3　应用 T.DIST.RT 函数返回学生 t 分布

功能：使用 T.DIST.RT 函数计算学生的右尾 t 分布。该 t 分布用于小样本数据集的假设检验，使用此函数可以代替 t 分布的临界值表。

格式：T.DIST.RT(x,deg_freedom)。

参数：x（必需）。需要计算分布的数值。

deg_freedom（必需）。一个表示自由度数的整数。

如果任一参数是非数值的，则 T.DIST.RT 返回错误值#VALUE!。如果 deg_freedom<1，则 T.DIST.RT 返回错误值#NUM!。

下面实例根据自由度计算具体的 t 分布值，具体操作步骤如下。

步骤 **1** 输入要计算的数值，自由度定位为 60，选择目标单元格 B4，如图 11-256 所示。

步骤 **2** 单击"公式函数">"函数库">"其他函数">"统计">"T.DIST.RT"选项，弹出"函数参数"对话框，输入必要的参数，如图 11-257 所示，单击"确定"按钮。

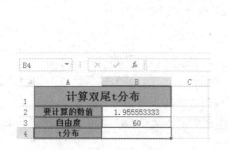

图 11-256　输入数据

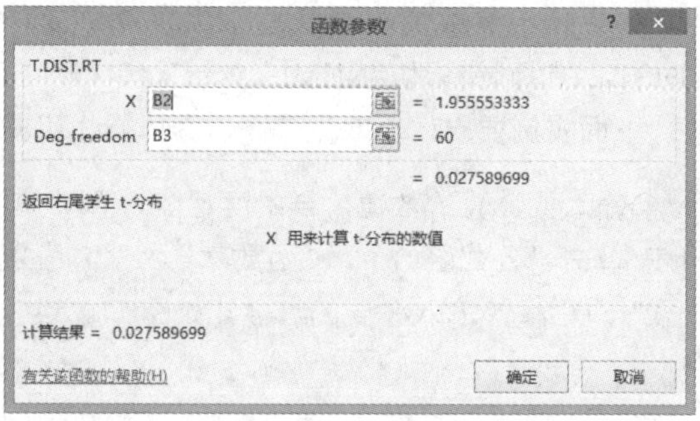

图 11-257　输入参数

步骤 **3** 生成公式=T.DIST.RT(B2,B3)，最后的计算结果显示在目标单元格中，如图 11-258 所示。

图 11-258　计算双尾 t 分布

11.13.4　应用 T.INV 函数计算学生的 t 分布的反函数

功能：使用 T.INV 函数计算学生的 t 分布的左尾反函数。

格式：T.INV(probability,deg_freedom)。

参数：probability（必需）。与学生的 t 分布相关的概率。

deg_freedom（必需）。代表分布的自由度数。

如果任一参数是非数值的，则 T.INV 返回错误值#VALUE!；如果 probability<=0 或 probability>1，则 INV 返回错误值#NUM!；如果 deg_freedom 不是整数，则将被截尾取整；如果 deg_freedom<1，则 T.INV 返回错误值#NUM!。

t 分布是一种很常见的计算。下面实例计算学生的 t 分布的左尾反函数，概率为 75%，自由度为 2，具体操作步骤如下。

步骤 **1** 输入概率，这里自由度定位为 2，选择目标单元格 B4，如图 11-259 所示。

步骤 **2** 单击"公式函数">"函数库">"其他函数">"统计">"T.INV"选项，弹出"函数参数"对话框，输入必要的参数，如图 11-260 所示，单击"确定"按钮。

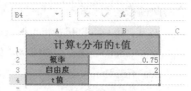

图 11-259　输入数据

步骤 **3** 生成公式=T.INV(B2,B3)，最后返回的结果显示在目标单元格中，如图 11-261 所示。

图 11-260　输入参数 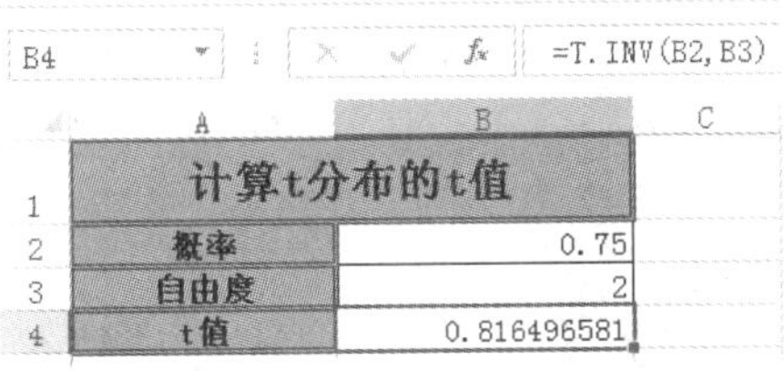　　　　　　　　　　图 11-261　计算 t 分布的 t 值

11.13.5　应用 T.INV.2T 函数返回学生 t 分布的反函数

功能：使用 T.INV.2T 函数计算学生 t 分布的双尾反函数。

格式：T.INV.2T(probability,deg_freedom)。

参数：probability（必需）。与学生的 t 分布相关的概率。

deg_freedom（必需）。代表分布的自由度数。

如果任一参数是非数值的，则 T.INV.2T 返回错误值#VALUE!；如果 probability<=0 或 probability>1，则 T.INV.2T 返回错误值#NUM!；如果 deg_freedom 不是整数，则将被截尾取整；如果 deg_freedom<1，则 T.INV.2T 返回错误值#NUM!。

双尾分布的 t 值计算是 t 分布的逆运算，下面实例为计算 t 值，具体操作步骤如下。

步骤1 输入概率和自由度，选择目标单元格 B4，如图 11-262 所示。

步骤2 单击"公式函数">"函数库">"其他函数">"统计">"T.INV.2T"选项，弹出"函数参数"对话框，输入必要的参数，如图 11-263 所示，单击"确定"按钮。

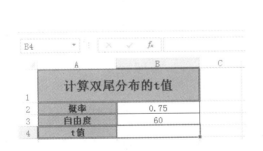

图 11-262　输入数据

图 11-263　输入参数

步骤3 生成公式=T.DIST.2T(B2,B3)，最后的返回值显示在目标单元格中，如图 11-264 所示。

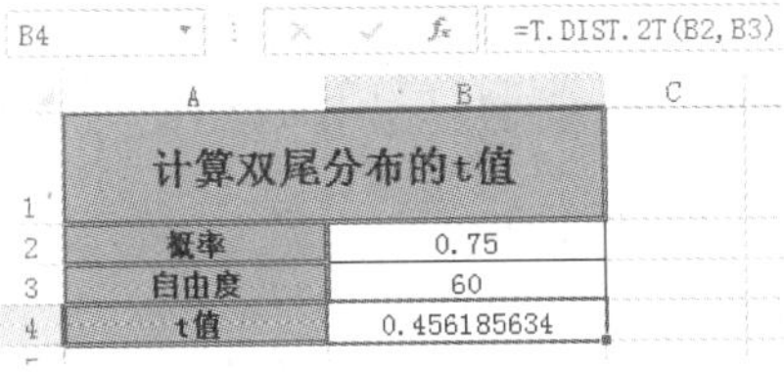

图 11-264　计算双尾分布的 t 值

技巧

单尾与双尾 t 值的关系：单尾 t 值可通过用两倍概率替换概率得出。例如：概率为 0.05 而自由度为 10，则双尾值由 T.INV.2T(0.05,10) 计算得到，它返回 2.28139。而相同概率和自由度的单尾值可由 T.INV.2T(2*0.05,10) 计算得到，它返回 1.812462。

11.14 其他函数

统计函数还有：FISHER、FISHERINV、NEGBINOMDIST、PERCENTILE、PERMUT、SKEW、TREND、WEIBULL，下面介绍这些函数的应用。

11.14.1 应用 FISHER 函数计算 Fisher 变换值

功能：使用 FISHER 函数计算 x 的 Fisher 变换值。该变换生成一个正态分布而非偏斜的函数，使用此函数可以完成相关系数的假设检验。

格式：FISHER(x)。

参数：x（必需）。要对其进行变换的数值。

果 FISHER 函数中的 x 参数为非数值型，则 FISHER 返回错误值#VALUE!。如果 x≤-1 或 x≥1，则 FISHER 返回错误值#NUM!。

下面实例计算 Fisher 的变换值，给定一组数据，右边是对应的计算结果，具体操作步骤如下。

步骤 1 输入用于计算的数值，选择目标单元格 B3，如图 11-265 所示。

步骤 2 单击"公式函数">"函数库">"其他函数">"统计">"FISHER"选项，弹出"函数参数"对话框，输入必要的参数，如图 11-266 所示，单击"确定"按钮。

图 11-265 输入数据

图 11-266 输入 A3

步骤 3 生成公式=FISHER(A3)，最后的计算结果显示在目标单元格中，如图 11-267 所示。

B3 　　fx =FISHER(A3)

计算Fisher变换值	
X	结果
0.2	0.202732554
0.3	0.309519604
0.4	0.42364893
0.5	0.549306144

图 11-267　计算 Fisher 变换值

11.14.2　应用 FISHERINV 函数计算 Fisher 变换的反函数值

功能：使用 FISHERINV 函数计算 x 的 Fisher 变换值的反函数。使用此变换可以分析数据区域或数组之间的相关性。

格式：FISHERINV(y)。

参数：y（必需）。要对其进行逆变换的数值。

下面实例计算 Fisher 变换的反函数值，给定一组数据，右边是对应的计算结果，具体操作步骤如下。

步骤 1 输入用于计算的数值，选择目标单元格 B3，如图 11-268 所示。

步骤 2 单击"公式函数">"函数库">"其他函数">"统计">"FISHERINV"选项，弹出"函数参数"对话框，输入必要的参数，如图 11-269 所示，单击"确定"按钮。

图 11-268　输入数据

图 11-269　输入 A3

步骤 3 生成公式=FISHERINV(A3)，最后的计算结果显示在目标单元格中，如图 11-270 所示。

B3 　　fx =FISHERINV(A3)

计算Fisher变换反函数	
X	反函数
0.2	0.19737532
0.3	0.291312612
0.4	0.379948962
0.5	0.462117157

图 11-270　计算 Fisher 变换反函数

11.14.3 应用 NEGBINOM.DIST 函数计算负二项式分布

功能：使用 NEGBINOM.DIST 函数计算负二项式分布。此函数与二项式分布相似，只是它的成功次数固定，试验次数为变量。

格式：NEGBINOM.DIST(number_f,number_s,probability_s,cumulative)。

参数：number_f（必需）。失败的次数。

number_s（必需）。成功次数的阈值。

probability_s(必需)。成功的概率。

cumulative（必需）。决定函数形式的逻辑值。如果 cumulative 为 TRUE，则 NEGBINOM.DIST 返回累积分布函数；如果为 FALSE，则返回概率密度函数。

下面实例计算掷硬币 10 次有 5 次朝上的概率，具体操作步骤如下。

步骤 1 输入实验总次数、成功次数和成功的概率，选择目标单元格 B5，如图 11-271 所示。

步骤 2 单击"公式函数">"函数库">"其他函数">"统计">"NEGBINOM.DIST"选项，弹出"函数参数"对话框，输入必要的参数，如图 11-272 所示，单击"确定"按钮。

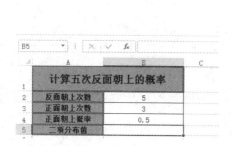

图 11-271　输入数据

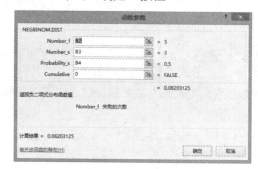

图 11-272　输入参数

步骤 3 生成公式=NEGBINOM.DIST(B2,B3,B4,0)，二项分布的计算结果显示在目标单元格中，小数尾数是自动生成，如图 11-273 所示。

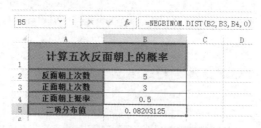

图 11-273　计算二项分布值

11.14.4 应用PERCENTILE.EXC函数返回某个数据集第k个百分点值

功能：使用 PERCENTILE.EXC 函数返回区域中数值的第 k 个百分点的值，其中 k 为 0 到 1 之间的值，不包含 0 和 1。

格式：PERCENTILE.EXC(array,k)。

参数：array（必需）。定义相对位置的数组或数据区域。

k（必需）。0到1之间的百分点值，不包含0和1。

当指定百分点的值位于数组的两个值之间时，PERCENTILE.EXC将进行插补；如果它无法为指定的百分点 k 进行插补，则 Excel 返回错误值#NUM!。

百分点计算是一个很常见的计算，下面实例计算给定区域股票数值的百分位，具体操作步骤如下。

步骤 1 输入股票值和计算所用的 K 值，选中目标单元格 B10，如图 11-274 所示。

步骤 2 单击"公式函数" > "函数库" > "其他函数" > "统计" > "PERCENTILE.EXC"选项，弹出"函数参数"对话框，输入必要的参数，如图 11-275 所示，单击"确定"按钮。

图 11-274 输入数据

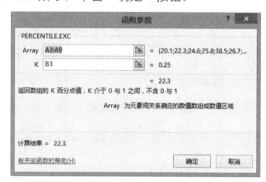

图 11-275 输入参数

步骤 3 生成公式=PERCENTILE.EXC(A3:A9,B3)，计算结果显示在目标单元格中，如图 11-276 所示。

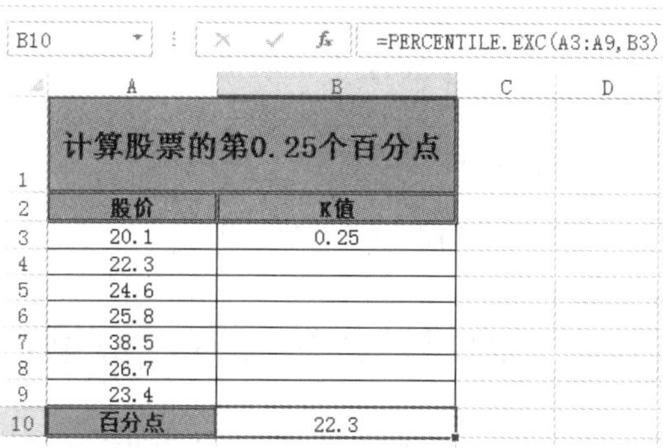

图 11-276 计算百分点

11.14.5 应用 PERCENTILE.INC 函数返回数据集第 k 个百分点的值

功能：使用 PERCENTILE.INC 函数计算区域中数值的第 k 个百分点的值。可以使用此函数来确定接受阈值。

格式：PERCENTILE.INC(array,k)。

参数：array（必需）。定义相对位置的数组或数据区域。

k（必需）。0到1之间的百分点值，不包含0和1。

如果k不是1/(n-1)的倍数，则PERCENTILE.INC使用插值法来确定第k个百分点的值。

下面实例根据给定区域的股价计算其0.5百分位，具体操作步骤如下。

步骤1 输入股价和计算所用的K值，选择目标单元格B10，如图11-277所示。

步骤2 单击"公式函数">"函数库">"其他函数">"统计">"PERCENTILE.INC"选项，弹出"函数参数"对话框，输入必要的参数，如图11-278所示，单击"确定"按钮。

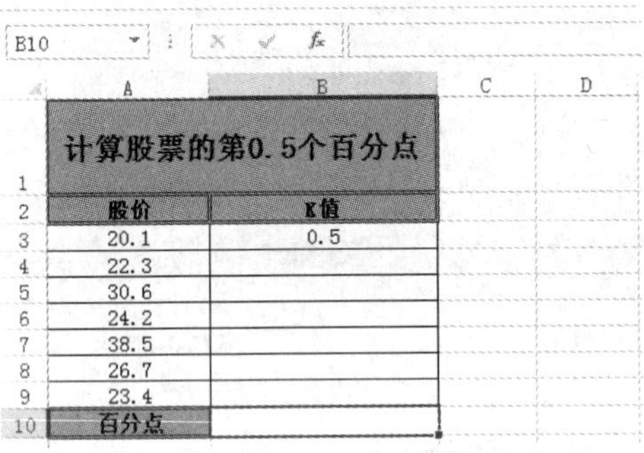

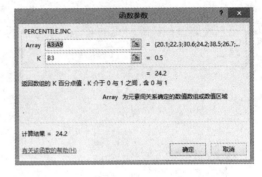

图11-277 输入数据　　　　　　　　　　　　图11-278 输入参数

步骤3 生成公式=PERCENTILE.INC(A3:A9,B3)，计算的结果显示在目标单元格中，如图11-279所示。

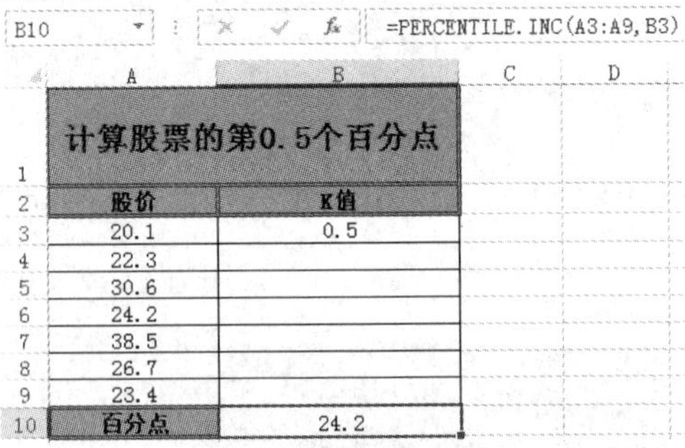

图11-279 计算百分点

11.14.6 应用 PERMUT 函数计算给定数目对象的排列数

功能：使用 PERMUT 函数计算从数字对象中选择的给定数目对象的排列数。

格式：PERMUT(number, number_chosen)。

参数：number（必需）。表示对象个数的整数。

number_chosen（必需）。表示每个排列中对象个数的整数。

如果 number 或 number_chosen 是非数值的，则 PERMUT 返回错误值#VALUE!；如果 number≤0 或 number_chosen<0，则 PERMUT 返回错误值#NUM!。

下面实例计算由 25 个字母组成的密码中，每个密码数为 3 的组合总数，具体操作步骤如下。

步骤1 输入密码字母总数和每个排列的数目，选择目标单元格B4，如图11-280所示。

步骤 **2** 单击"公式函数">"函数库">"其他函数">"统计">"PERMUT"选项，弹出"函数参数"对话框，输入必要的参数，如图 11-281 所示，单击"确定"按钮。

图 11-280　输入数据　　　　　　　　　　图 11-281　输入参数

步骤 **3** 生成公式=PERMUT(B2,B3)，计算的结果显示在目标单元格中，如图 11-282 所示。

图 11-282　计算密码总数

11.14.7　应用 POISSON.DIST 函数计算泊松分布

功能：使用 POISSON.DIST 函数计算泊松分布。泊松分布通常用于预测一段时间内事件发生的次数，比如一分钟内通过收费站的轿车的数量。

格式：POISSON.DIST(x,mean,cumulative)。

参数：x（必需）。事件数。如果 x 不为整数，将被截尾取整。

mean（必需）。期望值。如果 mean<0，则 POISSON.DIST 返回错误值#NUM!。

cumulative（必需）。一逻辑值，确定所返回的概率分布的形式。如果 cumulative 为 TRUE，函数 POISSON.DIST 返回泊松累积分布概率。

下面实例计算期望值为5的分布,具体操作步骤如下。

步骤 **1** 输入事件总数和期望值，选择目标单元格 B4，如图 11-283 所示。

步骤 **2** 单击"公式函数">"函数库">"其他函数">"统计">"POISSON.DIST"选项，弹出"函数参数"对话框，输入必要的参数，如图 11-284 所示，单击"确定"按钮。

图 11-283　输入数据

步骤 **3** 生成公式=POISSON.DIST(B2,B3,1)，计算出车站候车人数泊松分布，如图 11-285 所示。

图 11-284　输入参数　　　　　　　　　　　　图 11-285　计算泊松分布

11.14.8　应用 SKEW 函数计算分布的不对称度

功能：使用 SKEW 函数返回分布的偏斜度（也称为不对称度）。偏斜度反映以平均值为中心的分布的不对称的程度。

格式：SKEW(number1, [number2], ...)。

参数：number1, number2, ...number1 是必需的，后续数字是可选的。用于计算偏斜度的 1 到 255 个参数，也可以用单一数组或对某个数组的引用来代替用逗号分隔的参数。

下面实例要求计算学生的成绩的偏斜度，成绩的偏斜度表明了学生成绩的趋势，具体操作步骤如下。

步骤 1 根据学生的姓名输入学生的成绩，选择目标单元格 B9，如图 11-286 所示。

步骤 2 单击"公式函数" > "函数库" > "其他函数" > "统计" > "SKEW"选项，弹出"函数参数"对话框，输入必要的参数，如图 11-287 所示，单击"确定"按钮。

图 11-286　输入数据　　　　　　　　　　　　图 11-287　输入参数

步骤 3 生成公式=SKEW(B3:B8)，最后的计算偏斜度计算结果显示在目标单元格中，如图 11-288 所示。

| B9 | | f_x | =SKEW(B3:B8) |

计算成绩的偏斜度

姓名	成绩
王林	86
程明	85
王燕	68
韦严平	96
李方方	99
李明	56
偏斜度	-0.731098442

图 11-288 计算偏斜度

提示

偏斜度的正负值含义：正不对称度表示不对称部分的分布更趋向正值，负不对称度表示不对称部分的分布更趋向负值。

11.14.9 应用 TREND 函数计算沿线性趋势的值

功能：使用 TREND 函数返回一条线性回归拟合线的值。

格式：TREND(known_y's, [known_x's], [new_x's], [const])。

参数：known_y's（必需）。关系表达式 y = mx + b 中已知的 y 值集合。

known_x's（必需）。关系表达式 y = mx + b 中已知的可选 x 值集合。

new_x's（必需）。需要函数 TREND 返回对应 y 值的新 x 值。

const（可选）。一个逻辑值，用于指定是否将常量 b 强制设为 0。

可以使用 TREND 函数计算同一变量的不同乘方的回归值来拟合多项式曲线。例如，假设 A 列包含 y 值，B 列含有 x 值。可以在 C 列中输入 x^2，在 D 列中输入 x^3，等等，然后根据 A 列，对 B 列到 D 列进行回归计算。

下面实例根据体重计算具体的回归趋势，具体操作步骤如下。

步骤1 根据姓名输入每个同学的体重，选择目标单元格 B9，如图 11-289 所示。

步骤2 单击"公式函数">"函数库">"其他函数">"统计">"TREND"选项，弹出"函数参数"对话框，输入必要的参数，如图 11-290 所示，单击"确定"按钮。

计算学生体重的线性回归趋势

学号	姓名	体重Kg
1	王林	56
2	程明	54
3	王燕	74
4	韦严平	76
5	李方方	72
6	李明	75
回归值		

图 11-289 输入数据

图 11-290 输入参数

步骤3 生成公式=TREND(A3:A8,C3:C8,74,0)，计算的结果显示在目标单元格中，如图 11-291 所示。

	A	B	C
1	\multicolumn{3}{}{计算学生体重的线性回归趋势}		
2	学号	姓名	体重Kg
3	1	王林	56
4	2	程明	54
5	3	王燕	74
6	4	韦严平	76
7	5	李方方	72
8	6	李明	75
9	回归值	3.948351297	

图 11-291　计算回归值

11.14.10　应用 WEIBULL.DIST 函数计算 Weibull 分布

功能：使用 WEIBULL.DIST 函数返回韦伯分布。使用此函数可以进行可靠性分析，比如计算设备的平均故障时间。

格式：WEIBULL.DIST(x,alpha,beta,cumulative)。

参数：x（必需）。用来计算函数的值。

alpha（必需）。分布参数。

beta（必需）。分布参数。

cumulative（必需）。确定函数的形式。

如果 x、alpha 或 beta 是非数值的，则 WEIBULL.DIST 返回错误值#VALUE!。如果 x<0，则 WEIBULL.DIST 返回错误值#NUM!。如果 alpha≤0 或 beta≤0，则 WEIBULL.DIST 返回错误值 #NUM!。

下面实例根据给定的数据计算韦伯分布，具体操作步骤如下。

步骤1 输入函数值，变量 A 和变量 B，选择目标单元格 B5，如图 11-292 所示。

步骤2 单击"公式函数">"函数库">"其他函数">"统计">"WEIBULL.DIST"选项，弹出"函数参数"对话框，输入必要的参数，如图 11-293 所示，单击"确定"按钮。

图 11-292　输入变量

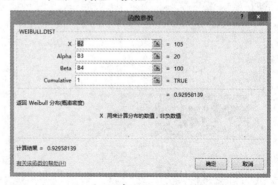

图 11-293　输入参数

步骤3 生成公式=WEIBULL.DIST(B2,B3,B4,1)，计算结果显示在目标单元格中，如图 11-294 所示。

| E5 | : | × ✓ fx | =WEIBULL.DIST(B2,B3,B4,1) | |

	A	B	C	D
1	计算韦伯分布值			
2	函数值	105		
3	A	20		
4	B	100		
5	结果	0.92958139		
6				

图 11-294　计算韦伯分布值

11.14.11　应用 GAMMALN.PRECISE 函数返回 γ 函数的自然对数

功能：使用 GAMMALN.PRECISE 函数计算 GAMMA 函数的自然对数(x)。

格式：GAMMALN.PRECISE(x)。

参数：x（必需）。要计算其 GAMMALN.PRECISE 的数值。

如果 x 为非数值型，则 GAMMALN.PRECISE 返回错误值#VALUE!；如果 x≤0，则 GAMMALN.PRECISE 返回错误值#NUM!。数字 e 的 GAMMALN.PRECISE(i)次幂返回与（i-1)!相同的结果，其中 i 为整数。

伽马自然对数的计算是一个很简单的计算，需要有一个参数，具体操作步骤如下。

步骤 1 首先输入变量 X 的值，这里选取 1~4，选择目标单元格 B3，如图 11-295 所示。

步骤 2 单击"公式函数">"函数库">"其他函数">"统计">"GAMMALN.PRECISE"选项，弹出"函数参数"对话框，输入必要的参数，如图 11-296 所示，单击"确定"按钮。

图 11-295　输入变量

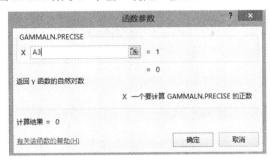

图 11-296　输入 A3

步骤 3 生成公式=GAMMALN.PRECISE(A3)，计算结果显示在目标单元格中，由于只有一个参数，所以能使用填充柄的方式计算，如图 11-297 所示。

| B3 | : | × ✓ fx | =GAMMALN.PRECISE(A3) | |

	A	B	C
1	计算伽玛自然对数		
2	X	伽马函数值	
3	1	0	
4	2	0	
5	3	0.693147181	
6	4	1.791759469	
7			

图 11-297　计算伽马自然对数

11.14.12 应用 MODE.MULT 函数返回数据集中出现频率最高数值的垂直数组

功能：使用 MODE.MULT 函数计算一组数据或数据区域中出现频率最高或重复出现的数值的垂直数组。

格式：MODE.MULT((number1,[number2],...))。

参数：number1, number2, ...number1 是必需的，后续数字是可选的。要计算中值的 1 到 255 个数字。

参数可以是数字或者包含数字的名称、数组或引用。如果数组或引用参数包含文本、逻辑值或空白单元格，则这些值将被忽略，但包含零值的单元格将计算在内。如果参数为错误值或不能转换为数字的文本，将会导致错误。如果数据集不包含重复的数据点，则 MODE.MULT 返回错误值 #N/A。

下面实例根据学生成绩计算人数最多的得分，具体操作步骤如下。

步骤 1 根据学生姓名输入成绩，选择目标单元格 B10，如图 11-298 所示。

步骤 2 单击"公式函数">"函数库">"其他函数">"统计">"MODE.MULT"选项，弹出"函数参数"对话框，输入必要的参数，如图 11-299 所示，单击"确定"按钮。

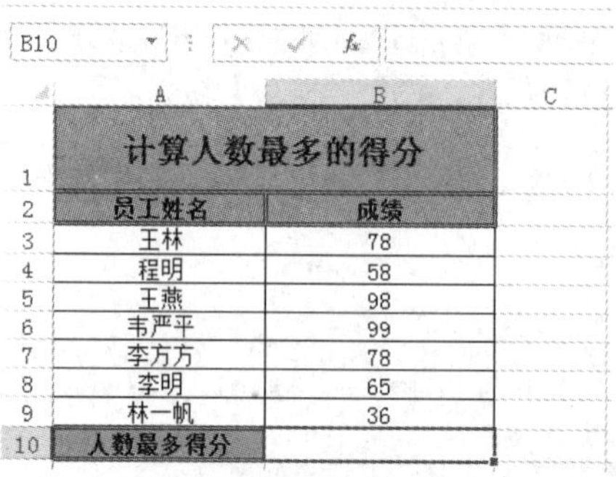

图 11-298 输入数据 　　　　　　　图 11-299 输入参数

步骤 3 生成公式=MODE.MULT(B3:B9)，计算结果显示在目标单元格中，最多的得分为 78 分，如图 11-300 所示。

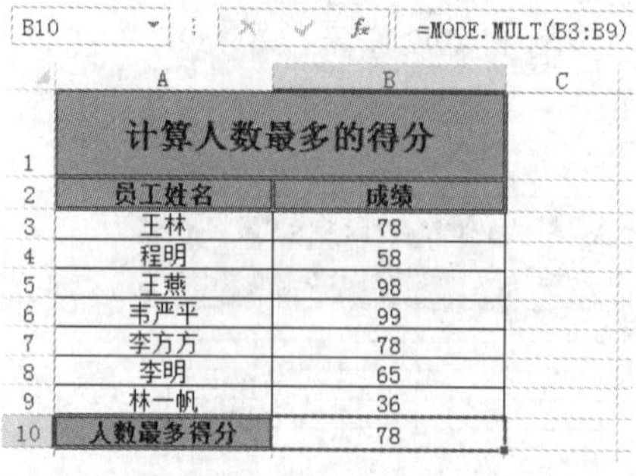

图 11-300 计算人数最多得分

11.14.13　应用 BINOM.DIST.RANGE 函数返回试验结果的概率

功能：使用 BINOM.DIST.RANGE 函数使用二项式分布返回试验结果的概率。

格式：BINOM.DIST.RANGE(trials,probability_s,number_s,[number_s2])。

参数：trials（必需）。独立试验次数。必须大于或等于 0。

probability_s（必需）。每次试验成功的概率。必须大于或等于 0 并小于或等于 1。

number_s（必需）。试验成功次数。必须大于或等于 0 并小于或等于 trials。

number_s2（可选）。如提供，则返回试验成功次数将介于 number_s 和 number_s2 之间的概率。必须大于或等于 number_s 并小于或等于 trials。

如果任何参数超出其限制范围，则 BINOM.DIST.RANGE 返回错误值#NUM!。如果任何参数是非数值，则 BINOM.DIST.RANGE 返回错误值。

下面实例计算抛硬币 60 次而正面朝上的次数为 48 次的概率，具体操作步骤如下。

步骤 1 输入成功的概率、实验总次数和成功次数，选择目标单元格 B5，如图 11-301 所示。

步骤 2 单击"公式函数">"函数库">"其他函数">"统计">"BINOM.DIST.RANGE"选项，弹出"函数参数"对话框，输入必要的参数，如图 11-302 所示，单击"确定"按钮。

图 11-301　输入数据

图 11-302　输入参数

步骤 3 生成公式=BINOM.DIST(B4,B3,B2,1)，概率的计算结果显示在目标单元格中，如图 11-303 所示。

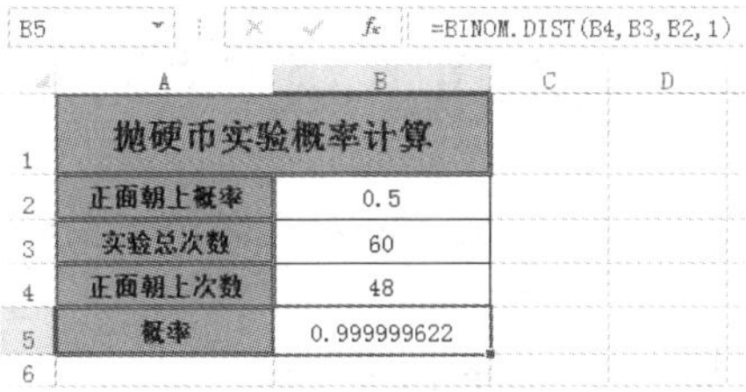

图 11-303　计算概率

11.14.14　应用 GAUSS 函数返回标准正态累积分布减 0.5

功能：使用 GAUSS 函数返回标准正态分布的比累积分布函数(CDF)小 0.5 的值。

格式：GAUSS(number)。

参数：number（必需）。用于设置分布参数的一个数字。

如果 number 不是有效数字，则 GAUSS 返回错误值#NUM!。如果 number 不是有效的数据类型，则 GAUSS 返回错误值#VALUE!。

下面实例计算标准正态分布小 0.5 的值，具体操作步骤如下。

步骤 1 输入要进行计算的数据，选择目标单元格 B3，如图 11-304 所示。

步骤 2 单击"公式函数">"函数库">"其他函数">"统计">"GAUSS"选项，弹出"函数参数"对话框，输入必要的参数，如图 11-305 所示，单击"确定"按钮。

图 11-304　输入数据

图 11-305　输入 A3

步骤 3 生成公式=GAUSS(A3)，最后的计算结果显示在目标单元格中，如图 11-306 所示。

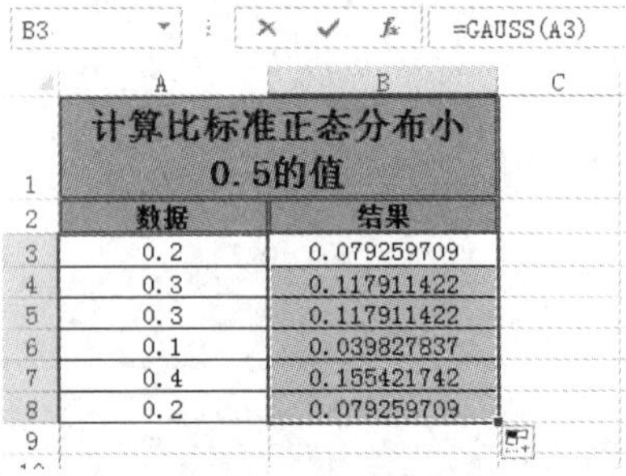

图 11-306　计算标准正态分布小 0.5 的值

11.14.15　应用 PERMUTATIONA 函数返回给定数目对象的排列数

功能：使用 PERMUTATIONA 函数计算可从对象总数中选择的给定数目对象（含重复）的排列数。

格式：PERMUTATIONA(number, number-chosen)。

参数：number（必需）。表示对象总数的整数。

number_chosen（必需）。表示每个排列中对象数目的整数。

两个参数将被截尾取整。如果数字参数值无效，例如，当总数为零（0）但所选数目大于零（0），则 PERMUTATIONA 返回错误值#NUM!。如果数字参数使用的是非数值数据类型，则 PERMUTATIONA 返回错误值#VALUE!。

下面实例计算数组的排序，具体操作步骤如下。

步骤 1 输入构成数组的两个维度，选择目标单元格 B4，如图 11-307 所示。

步骤 2 单击"公式函数">"函数库">"其他函数">"统计">"PERMUTATIONA"选项，弹出"函数参数"对话框，输入必要的参数，如图 11-308 所示，单击"确定"按钮。

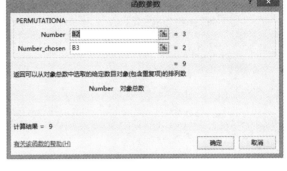

图 11-307　输入数据　　　　　　　　　　图 11-308　输入参数

步骤 3 生成公式=PERMUTATIONA(B2,B3)，最后的计算结果显示在目标单元格中，如图 11-309 所示。

图 11-309　计算对数组进行排列

11.15 综合实战：计算软件公司员工的平均工资

公司在发放奖金时，往往根据各种条件计算每个员工的具体工资，例如请假或者全勤，现计算某个软件公司员工的工资的平均值。其中，根据是否缺勤等条件分别进行统计。

实例应用到的函数有 AVERAGE、AVERAGEIF，具体操作步骤如下。

步骤 1 根据姓名输入工资和出勤情况，首先计算所有员工的平均工资，选择目标单元格 C9，如图 11-310 所示。

步骤 2 单击"公式函数">"函数库">"自动求和">"平均值 AVEAGE"选项，弹出"函数参数"对话框，输入必要的参数，如图 11-311 所示，单击"确定"按钮。

图 11-310　输入工资和出勤情况

图 11-311　输入参数

步骤 3 生成公式=AVERAGE(A3:A8,B3:B8)，计算的平均工资结果填入目标单元格中，如图 11-312 所示。

步骤 4 再计算所有全勤员工的平均工资。选择目标单元格 C10，单击"公式函数">"函数库">"其他函数">"统计">"AVERAGEIF"选项，弹出"函数参数"对话框，输入必要的参数，如图 11-313 所示，单击"确定"按钮。

图 11-312　计算平均工资

图 11-313　输入参数

步骤 5 生成公式=AVERAGEIF(C3:C8,C4,B3:B8)，所有全勤员工的平均工资结果填入目标单元格中，如图 11-314 所示。

步骤 6 选择目标单元格 C11，然后再使用 AVERAGEIF 函数统计加班员工的平均工资，如图 11-315 所示。

图 11-314　计算全勤员工的平均工资

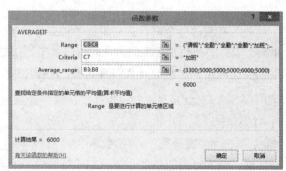

图 11-315　输入参数

步骤 7 生成公式=AVERAGEIF(C3:C8,C7,B3:B8)，最后的计算结果显示在目标单元格中，如图 11-316 所示。

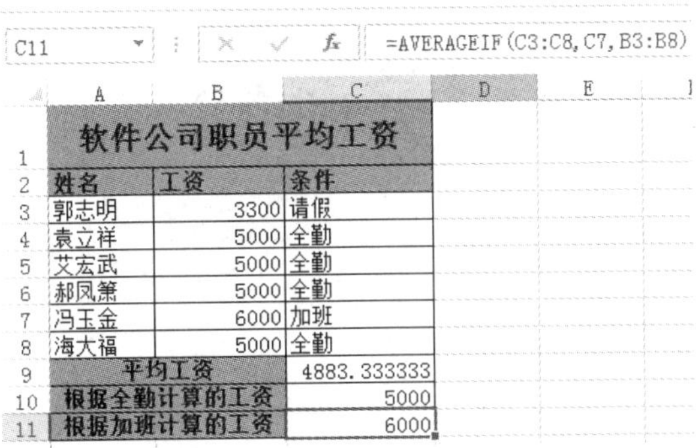
C11 =AVERAGEIF(C3:C8,C7,B3:B8)

	A	B	C
1	软件公司职员平均工资		
2	姓名	工资	条件
3	郭志明	3300	请假
4	袁立祥	5000	全勤
5	艾宏武	5000	全勤
6	郝凤箫	5000	全勤
7	冯玉金	6000	加班
8	海大福	5000	全勤
9	平均工资		4883.333333
10	根据全勤计算的工资		5000
11	根据加班计算的工资		6000

图 11-316　加班计算的平均工资

第 12 章
财务函数

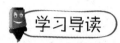

本章主要讲解的是财务函数,财务函数是日常生活办公中应用非常广泛的一种函数,因为使用 Excel 的大部分操作与计算和货币有关系。通过财务函数能够帮助用户进行累计、贴现、利率、本金、利息等。本章介绍财务类函数的同时,也将介绍财务工作中常遇到的问题,使用户既能理解函数的使用方法又可以在工作生活中灵活应用。

- 学习利息与利率计算函数、折旧值计算函数、天数与付息日计算函数的应用。
- 学习收益与收益率计算函数、价格转换函数、未来值计算函数的应用。
- 学习本金计算函数、现价计算函数、净现值与贴现率计算函数的应用。
- 学习期限与期数计算函数、其他财务函数的应用。

12.1 财务函数概述

在 Excel 中,财务函数是指用来进行一般财务处理的函数。如:确定贷款的支付额、投资的未来值和净现值,以及债券或息票的价值等。

1. 计算支付次数

求利息偿还额或累计金额支付次数的函数。参考表 12-1 中的函数说明。

表 12-1 支付次数

函数名	函数功能及说明
NPER	计算某项投资的总期数,基于固定利率和等额分期付款方式
COUPNUM	返回结算日与到期日之间付息次数

2．计算利率

基于利息或累积额，返回它的利率。参考表 12-2 中的函数说明。

表 12-2　利率

函数名	函数功能及说明
RATE	计算年金每期的利率
EFFECT	利用给定的名义年利率和每年的复利期数，计算有效的年利率
NOMINAL	基于给定的实际利率和年复利期数，返回名义年利率

3．计算支付额

贷款或存款时，返回每次支付额的函数。参考表 12-3 中的函数说明。

表 12-3　支付额

函数名	函数功能及说明
PMT	根据固定付款额和固定利率计算贷款的付款额
PPMT	计算根据定期固定付款和固定利率而定的投资在已知期间内的本金偿付额
IPMT	基于固定利率及等额分期付款方式，返回给定期数内对投资的利息偿还额
ISPMT	计算在特定投资期内要支付的利息

4．计算累计额

定期支付一定时间内利息的偿还额或累计额时，在需求利息或本金累计额时使用。参考表 12-4 中的函数说明。

表 12-4　累计额

函数名	函数功能及说明
CUMIPMT	计算一笔贷款在给定的开始和结束期间累计偿还的利息数额
CUMPRINC	计算一笔贷款在给定的开始和结束期间累计偿还的本金数额

5．计算期值

按照支付偿还额，返回累计金额。参考表 12-5 中的函数说明。

表 12-5　期望

函数名	函数功能及说明
FV	基于固定利率和等额分期付款方式，返回某项投资的未来值
FVSCHEDULE	计算应用一系列复利率计算的初始本金的未来值

6．计算当前值

求为了偿还任意时期内的金额时，贷款或累积金额的现值是多少。参考表 12-6 中的函数说明。

表 12-6　当前值

函数名	函数功能及说明
PV	计算投资的现值
NPV	计算一项投资的净现值
XNPV	计算一组现金流的净现值

7. 计算折旧费

求任意期间内的折旧值。参考表 12-7 中的函数说明。

表 12-7　折旧费

函数名	函数功能及说明
DB	计算一笔资产在给定期间内的折旧值
DDB	计算指定期间内某项固定资产的折旧值
VDB	计算一笔资产在给定期间或部分时间内的折旧值
SYD	计算在指定期间内资产按年限总和折旧法计算的折旧
AMORLINC	计算每个记账期的折旧值
SLN	计算固定资产的每期线性折旧费

8. 计算内部收益率

基于未来发生的流动资金，返回收益率。参考表 12-8 中的函数说明。

表 12-8　内部收益率

函数名	函数功能及说明
IRR	返回由值中的数字表示的一系列现金流的内部收益率
XIRR	计算一组现金流的内部收益率
MIRR	计算一系列修改后的定期现金流的内部收益率

9. 证券的计算

对证券的价格，收益率的计算。由于证券计算复杂，需根据条件进行细分，所以要根据情况区别使用。参考表 12-9 中的函数说明。

表 12-9　证券

函数名	函数功能及说明
PRICEMAT	计算到期付息的面值￥100 的有价证券的价格
YIELDMAT	计算到期付息的有价证券的年收益率
ACCRINTM	计算在到期日支付利息的有价证券的应计利息
PRICE	计算定期付息的面值￥100 的有价证券的价格
YIELD	计算定期支付利息的有价证券的收益率
COUPDAYS	计算结算日所在的付息期的天数

（续表）

函数名	函数功能及说明
COUPDAYSNC	计算从结算日到下一付息日之间的天数
COUPDAYBS	计算从票息期开始到结算日之间的天数
COUPNCD	计算结算日之后的下一个付息日
COUPPCD	计算表示结算日之前的上一个付息日的数字
YIELDDISC	计算折价发行的有价证券的年收益
INTRATE	返回完全投资型证券的利率
DISC	计算有价证券的贴现率
RECEIVED	计算一次性付息的有价证券到期收回的金额
PRICEDISC	计算折价发行的面值￥100 的有价证券的价格
ACCRINT	计算定期付息证券的应计利息
ODDFPRICE	计算首期付息日不固定（长期或短期）的面值为￥100 的有价证券价格
ODDFYIELD	计算首期付息日不固定的有价证券（长期或短期）的收益率
ODDLPRICE	计算末期付息日不固定的面值￥100 的有价证券（长期或短期）的价格
ODDLYIELD	计算末期付息日不固定的有价证券（长期或短期）的收益率
DURATION	计算定期支付利息的有价证券的每年期限
MDURATION	计算假设面值￥100 的有价证券的 Macauley 修正期限

10. 国库券的计算

对国库券收益或者价格的计算。参考表 12-10 中的函数说明。

表 12-10　国库券

函数名	函数功能及说明
TBILLEQ	返回国库券的等效收益率
TBILLPRICE	返回面值￥100 的国库券的价格
TBILLYIELD	返回国库券的收益率

11. 美元的计算

调整美元的表示方法。参考表 12-11 中的函数说明。

表 12-11　美元

函数名	函数功能及说明
DOLLARFR	将小数表示的价格转换成以分数表示
DOLLARDE	将以整数部分和分数部分表示的价格

12.2　利息与利率计算函数

利息与利率计算函数有：ACCRINT、ACCRINTM、COUPNUM、CUMIPMT、EFFECT、INTRATE、IPMT、ISPMT、NOMINAL、RATE，下面介绍这些函数的应用。

12.2.1　应用 ACCRINT 函数计算定期支付利息的债券的应计利息

功能：使用 ACCRINT 函数计算定期付息有价证券的应计利息。

格式：ACCRINT(issue, first_interest, settlement, rate, par, frequency, [basis], [calc_method])。

参数：issue（必需）。有价证券的发行日。

first_interest（必需）。有价证券的首次计息日。

settlement（必需）。有价证券的结算日。有价证券结算日是在发行日之后，证券卖给购买者的日期。

rate（必需）。有价证券的年息票利率。

par（必需）。证券的票面值。如果省略此参数，则 ACCRINT 使用￥10,000。

frequency（必需）。年付息次数。如果按年支付，frequency = 1；按半年期支付，frequency = 2；按季支付，frequency = 4。

basis（可选）。要使用的日计数基准类型。basis 的可选参数如表 12-12 所示。

表 12-12　basis 的可选参数

BASIS	日计数基准
0 或默认	US（NASD) 30/360
1	实际天数/实际天数
2	实际天数/360
3	实际天数/365
4	欧洲 30/360

calc_method（可选）。一个逻辑值，指定当结算日期晚于首次计息日期时用于计算总应计利息的方法。如果值为 TRUE(1)，则返回从发行日到结算日的总应计利息。如果值为 FALSE(0)，则返回从首次计息日到结算日的应计利息。如果不输入此参数，则默认为 TRUE。

如果 issue、first_interest 或 settlement 不是有效日期，则 ACCRINT 将返回错误值#VALUE!。

下面实例计算公司发行债券的应计利息，具体操作步骤如下。

步骤 1　输入发行日、首次计息日和结算日，利率使用 0.03，票面价值是 2000，选择目标单元格 B9，如图 12-1 所示。

步骤 2　单击"公式"＞"函数库"＞"财务"＞"ACCRINT"选项，弹出"函数参数"对话框，输入各参数所在单元格，如图 12-2 所示，单击"确定"按钮。

图 12-1　输入数据

图 12-2　输入参数

步骤3 生成公式=ACCRINT(B2,B3,B4,B5,B6,B7,B8)，计算结果显示在目标单元格中，如图 12-3 所示。

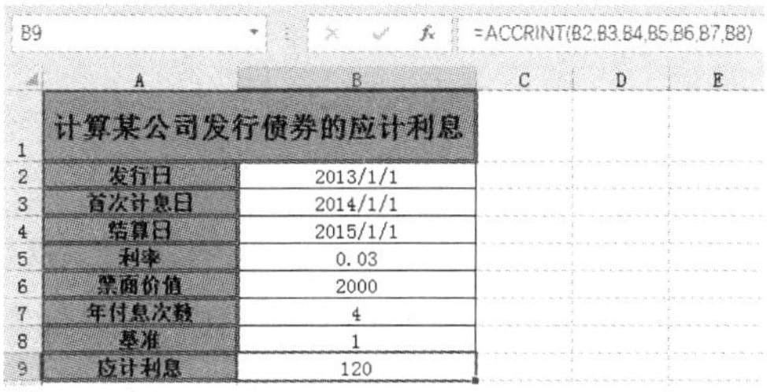

图 12-3　计算应计利息

技巧

应使用 DATE 函数输入日期，或者将函数作为其他公式或函数的结果输入。例如，使用函数 DATE(2008,5,23)输入 2008 年 5 月 23 日。如果日期以文本形式输入，计算时会出现问题。

12.2.2　应用ACCRINTM 函数计算在到期日支付利息的债券的应计利息

功能：使用 ACCRINTM 函数返回到期一次性付息有价证券的应计利息。

格式：ACCRINTM(issue, settlement, rate, par, [basis])。

参数：issue（必需）。有价证券的发行日。

settlement（必需）。有价证券的到期日。

rate（必需）。有价证券的年息票利率。

par（必需）。证券的票面值。如果省略此参数，则 ACCRINTM 使用￥10,000。

basis（可选）。要使用的日计数基准类型。basis 的可选参数如表 12-13 所示。

表 12-13　basis 的可选参数

basis	日计数基准
0 或默认	US（NASD）30/360
1	实际天数/实际天数
2	实际天数/360

（续表）

basis	日计数基准
3	实际天数/365
4	欧洲 30/360

ACCRINTM 函数的计算公式如下：

$$ACCRINTM = par \times rate \times \frac{A}{D}$$

公式中：

A=按月计算的应计天数。在计算到期付息的利息时指发行日与到期日之间的天数。

D=年基准数。

下面实例计算某公司一次性证券利息，具体操作步骤如下。

步骤1 输入发行日期，利率使用 0.03，票面价值是 2000，选择目标单元格 B7，如图 12-4 所示。

步骤2 单击"公式" > "函数库" > "财务" > "ACCRINTM"选项，弹出"函数参数"对话框，将对应的参数单元格输入参数列表中，如图 12-5 所示，单击"确定"按钮。

图 12-4 输入发行日期

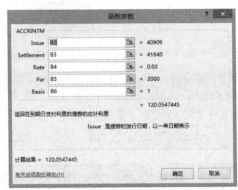

图 12-5 输入参数

步骤3 生成公式=ACCRINTM(B2,B3,B4,B5,B6)，利息的计算结果显示在目标单元格中，如图 12-6 所示。

图 12-6 计算到期利息

提示

如果参数 issue 或 settlement 不是有效日期格式，则 ACCRINTM 函数返回错误值 #VALUE!。

12.2.3 应用 COUPNUM 函数计算成交日和到期日之间的应付利息次数格式

功能：使用 COUPNUM 函数计算成交日和到期日之间的付息次数，向上舍入到最近的整数。

格式：COUPNUM(settlement, maturity, frequency, [basis])。

参数：settlement（必需）。有价证券的结算日。有价证券结算日是在发行日之后，有价证券卖给购买者的日期。

maturity（必需）。有价证券的到期日。到期日是有价证券有效期截止时的日期。

frequency（必需）。年付息次数。如果按年支付，frequency = 1；按半年期支付，frequency = 2；按季支付，frequency = 4。

basis（可选）。要使用的日计数基准类型。basis 的可选参数如表 12-14 所示。

表 12-14　basis 的可选参数

basis 值	日计数基准
0 或默认	US（NASD) 30/360
1	实际天数/实际天数
2	实际天数/360
3	实际天数/365
4	欧洲 30/360

在 COUPNUM 函数中，如果 frequency 参数不是数字 1、2 或 4，将返回错误值#NUM!。如果 basis<0 或 basis>4，将返回错误值#NUM!。如果 settlement 值大于或等于 maturity 值，将返回错误值#NUM!。

下面实例计算成交日和到期日之间的债券付息次数，具体操作步骤如下。

步骤 1 依次输入成交日、到期日，再输入年付息次数和基准，选中目标单元格 B6，如图 12-7 所示。

步骤 2 单击"公式" > "函数库" > "财务" > "COUPNUM"选项，弹出"函数参数"对话框，将对应的参数单元格输入参数列表中，如图 12-8 所示，单击"确定"按钮。

图 12-7　输入时间

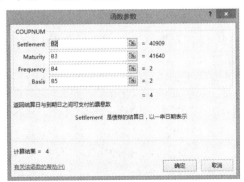

图 12-8　输入参数

步骤 3 生成公式=COUPNUM(B2,B3,B4,B5)，付息次数显示在目标单元格中，如图 12-9 所示。

图 12-9　计算付息次数

COUPNUM 函数返回包含成交日在内的付息期的天数。使用此函数的关键是基准的确定，如果一年或者一个月的天数指定错误，那么计算结果就会发生偏差。

12.2.4　应用 CUMIPMT 函数计算两个付款期之间累积支付的利息

功能：使用 CUMIPMT 函数计算一笔贷款在给定的开始和结束期间累计偿还的利息数额。

格式：CUMIPMT(rate, nper, pv, start_period, end_period, type)。

参数：rate（必需）。利率。

nper（必需）。总付款期数。

pv（必需）。现值。

start_period（必需）。计算中的首期。付款期数从 1 开始计数。

end_period（必需）。计算中的末期。

type（必需）。付款时间类型。type 的可选参数如表 12-15 所示。

表 12-15　type 的可选参数说明

类型	时间类型
0	期末付款
1	期初付款

CUMIPMT 函数要确保指定 rate 和 nper 所用的单位是一致的。如果要以百分之十的年利率按月支付一笔四年期的贷款，则 rate 使用 10%/12，nper 用 4*12。如果对相同贷款每年还一次款，则 rate 使用 10%，nper 用 4。

下面实例根据贷款、利率和时间计算利息，具体操作步骤如下。

步骤 1　输入贷款数、年利率和贷款年限，选择目标单元格 B5，如图 12-10 所示。

步骤 2　单击"公式">"函数库">"财务">"CUMIPMT"选项，弹出"函数参数"对话框，将对应的参数单元格输入参数列表中，如图 12-11 所示，单击"确定"按钮。

图 12-10　输入数据

步骤 3 生成公式=CUMIPMT(B3,B4,B2,1,2,0)，偿还的利息显示在目标单元格中，如图 12-12 所示。

图 12-11　输入参数

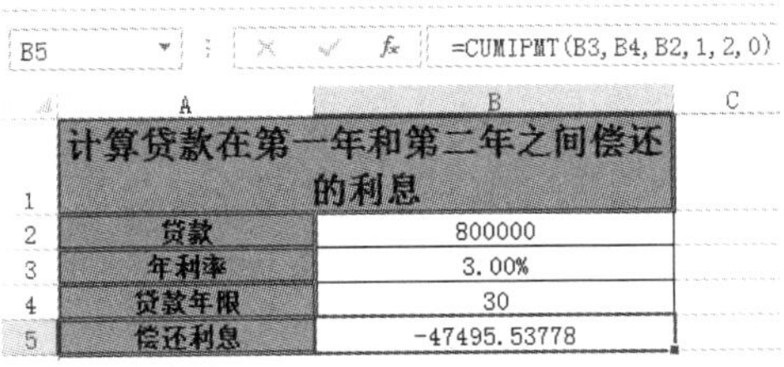

图 12-12　计算偿还利息

提示

　　CUMIPMT 函数的计算结果为负值，如果直接使用计算结果作为其他函数的参数，会产生错误。用户可以在公式前加负号将结果改为正值。

12.2.5　应用 EFFECT 函数计算年有效利率

功能：使用 EFFECT 函数利用给定的名义年利率和每年的复利期数，计算有效的年利率。

格式：EFFECT(nominal_rate, npery)。

参数：nominal_rate（必需）。名义利率。

npery（必需）。每年的复利期数。

函数 EFFECT 的计算公式为：

$$EFFECT = \left(1 + \frac{Nominal\_rate}{Npery} \right)^{Npery} - 1$$

下面实例根据年利率计算存款按月支付的有效年利率，具体操作步骤如下。

步骤 1 输入年利率和期限，选择目标单元格 B4，如图 12-13 所示。

步骤 2 单击"公式">"函数库">"财务">"EFFECT"选项，弹出"函数参数"对话框，将对应的参数单元格输入参数列表中，如图 12-14 所示，单击"确定"按钮。

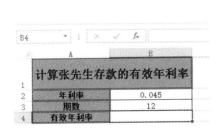

图 12-13　输入年利率和期限

图 12-14　输入参数

步骤 3 生成公式=EFFECT(B2,B3)，有效年利率显示在目标单元格中，如图 12-15 所示。

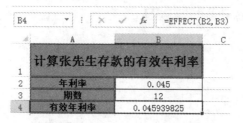

图 12-15　计算有效年利率

如果参数 nominal_rate≤0 或 npery<1，则函数 EFFECT 返回错误值#NUM!。

12.2.6　应用 INTRATE 函数计算完全投资型债券的利率

功能：使用 INTRATE 函数返回完全投资型证券的利率。

格式：INTRATE(settlement, maturity, investment, redemption, [basis])。

参数：settlement（必需）。有价证券的结算日。有价证券结算日是在发行日之后，有价证券卖给购买者的日期。

maturity（必需）。有价证券的到期日。到期日是有价证券有效期截止时的日期。

investment（必需）。有价证券的投资额。

redemption（必需）。有价证券到期时的兑换值。

basis（可选）。要使用的日计数基准类型。basis 的可选参数如表 12-16 所示。

表 12-16　basis 的可选参数说明

basis 值	日计数基准
0 或默认	US（NASD) 30/360
1	实际天数/实际天数
2	实际天数/360
3	实际天数/365
4	欧洲 30/360

INTRATE 函数如果日期以文本形式输入，则会出现问题。

函数 INTRATE 的计算公式如下：

$$INTRATE = \frac{redemption - investment}{investment} \times \frac{B}{DIM}$$

公式中：

$B =$ 一年之中的天数，取决于年基准数。

$DIM =$ 结算日与到期日之间的天数。

下面实例要求计算一次性付息债券的利率，具体操作步骤如下。

步骤 1 输入结算日和到期日，再输入投资额、清偿价值和基准，选择目标单元格 B7，如图 12-16 所示。

步骤 2 单击"公式"＞"函数库"＞"财务"＞"INTRATE"选项，弹出"函数参数"对话框，将对应的参数单元格输入参数列表中，如图 12-17 所示，单击"确定"按钮。

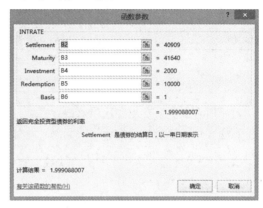

图 12-16　输入数据　　　　　　　　　　　　　　　　图 12-17　输入参数

步骤 3 生成公式=INTRATE(B2,B3,B4,B5,B6)，债券的利率显示在目标单元格中，如图 12-18 所示。

图 12-18　计算债券利率

提示

如果 investment≤0 或 redemption≤0，函数 INTRATE 返回错误值#NUM!。

如果 basis<0 或 basis>4，函数 INTRATE 返回错误值#NUM!。

如果 settlement≥maturity，函数 INTRATE 返回错误值#NUM!。

12.2.7　应用 IPMT 函数计算一笔投资在给定期间内的利息偿还额

功能：使用 IPMT 函数基于固定利率及等额分期付款方式，返回给定期数内对投资的利息偿还额。

格式：IPMT(rate, per, nper, pv, [fv], [type])。

参数：rate（必需）。各期利率。

per（必需）。用于计算其利息数额的期数，必须在 1 到 nper 之间。

nper（必需）。年金的付款总期数。

pv（必需）。现值，或一系列未来付款的当前值的累积和。

fv（可选）。未来值，或在最后一次付款后希望得到的现金余额。

如果省略 fv，则假定其值为 0（例如，贷款的未来值是 0）。

type（可选）。数字 0 或 1，用以指定各期的付款时间是在期初还是期末。如果省略 type，则假定其值为 0。如表 12-17 所示为 type 参数说明。

表 12-17　type 参数说明

type 值	时间类型
0	期末付款
1	期初付款

对于所有参数，支出的款项如银行存款，以负数表示；收入的款项如股息支票，以正数表示。

下面实例计算贷款每期返回的利息，具体操作步骤如下。

步骤 1　输入贷款金额、月利率和支付次数，支付方式选择的是月末，type 的值为 0，选择目标单元格 B7，如图 12-19 所示。

步骤 2　单击"公式">"函数库">"财务">"IPMT"选项，弹出"函数参数"对话框，将对应的参数单元格输入参数列表中，如图 12-20 所示，单击"确定"按钮。

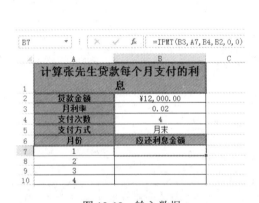

图 12-19　输入数据

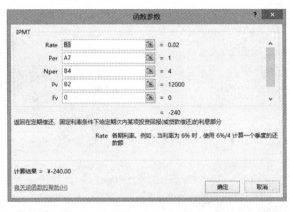

图 12-20　输入参数

步骤 3　生成公式=IPMT(B3,A7,B4,B2,0,0)，计算应得利息显示在目标单元格中，如图 12-21 所示。

图 12-21　计算每月支付利息

DURATION 函数中的 Settlement、maturity、frequency 和 basis 参数将被截尾取整。本例的计算结果为负值，这是因为对于张先生而言，支付利息为支出的款项。如果希望结果显示为正值，可以在公式前加上负号。

12.2.8 应用 ISPMT 函数计算特定投资期内要支付的利息

功能：使用 ISPMT 函数计算在特定投资期内要支付的利息,此函数是为与 Lotus 1-2-3 兼容。

格式：ISPMT(rate, per, nper, pv)。

参数：rate（必需）。投资的利率。

per（必需）。用于计算利息的期数，必须介于 1 和 nper 之间。

nper（必需）。投资的总支付期数。

pv（必需）。投资的现值。对于贷款来说，pv 是贷款金额。

利息计算是一种很常见的计算。下面实例根据贷款计算支付利息，具体操作步骤如下。

步骤 1 输入投资现值、投资利率、投资期数和计息期数，选择目标单元格 B6，如图 12-22 所示。

步骤 2 单击"公式" > "函数库" > "财务" > "ISPMT"选项，弹出"函数参数"对话框，将对应的参数单元格输入参数列表中，如图 12-23 所示，单击"确定"按钮。

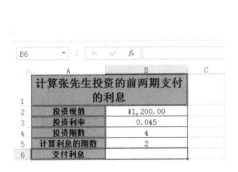

图 12-22　输入数据

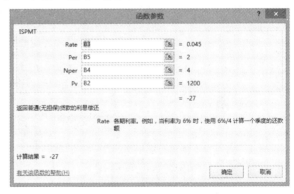

图 12-23　输入参数

步骤 3 生成公式=ISPMT(B3,B5,B4,B2)，支付的利息显示在目标单元格中，如图 12-24 所示。

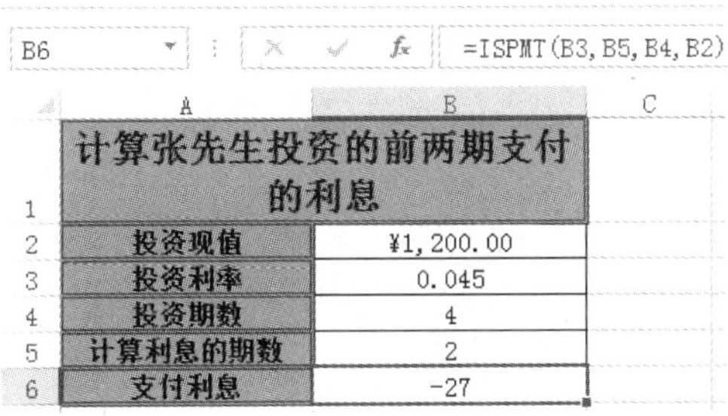

图 12-24　计算前两期支付利息

提示

对于所有参数，都是负数代表现金支出（如存款或他人取款），正数代表现金收入（如股息分红或他人存款）。

12.2.9 应用 NOMINAL 函数计算年度的名义利率

功能：使用 NOMINAL 函数基于给定的实际利率和年复利期数，返回名义年利率。

格式：NOMINAL(effect_rate, npery)。

参数：effect_rate（必需）。实际利率。

npery（必需）。每年的复利期数。

函数 NOMINAL 与函数 EFFECT 相关，如下式所示：

$$EFFECT=\left(1+\frac{Nominal_rate}{Npery}\right)^{Npery}-1$$

下面实例计算名义利率，具体操作步骤如下。

步骤 1 输入实际的年利率和期数，选择目标单元格 B4，如图 12-25 所示。

步骤 2 单击“公式”>“函数库”>“财务”>“NOMINAL”选项，弹出“函数参数”对话框，将对应的参数单元格输入参数列表中，如图 12-26 所示，单击“确定”按钮。

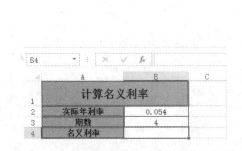

图 12-25　输入数据

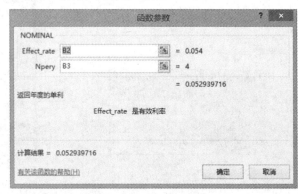

图 12-26　输入参数

步骤 3 生成公式=NOMINAL(B2,B3)，名义利率结果显示在目标单元格中，如图 12-27 所示。

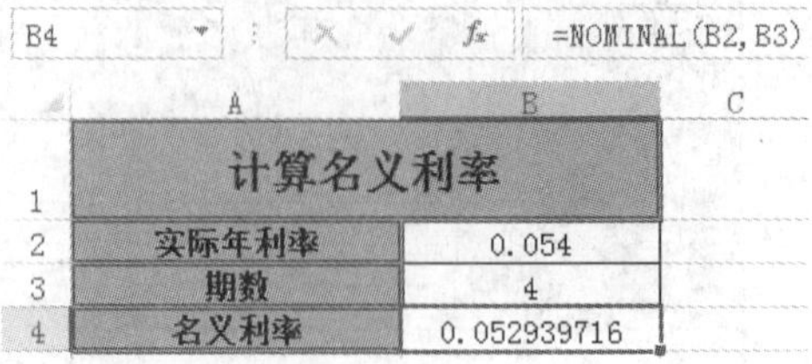

图 12-27　计算名义利率

12.2.10 应用 RATE 函数计算年金的各期利率

功能：使用 RATE 函数计算年金每期的利率。函数 RATE 通过迭代法计算得出，并且可能无解或有多个解。

格式：RATE(nper, pmt, pv, [fv], [type], [guess])。

参数：nper（必需）。年金的付款总期数。

pmt（必需）。每期的付款金额，在年金周期内不能更改。通常，pmt 包括本金和利息，但不含其他费用或税金。如果省略 pmt，则必须包括 fv 参数。

pv（必需）。现值即一系列未来付款当前值的总和。

fv（可选）。未来值，或在最后一次付款后希望得到的现金余额。如果省略 fv，则假定其值为 0（例如，贷款的未来值是 0）。

type（可选）。数字 0 或 1，用以指定各期的付款时间是在期初还是期末。如表 12-18 所示为 type 参数说明。

表 12-18　type 参数说明

type 值	时间类型
0	期末付款
1	期初付款

Guess（可选）。预期利率。

如果省略预期利率，则假设该值为 10%。

如果函数 RATE 不收敛，请改变 guess 的值。通常当 guess 位于 0 到 1 之间时，函数 RATE 是收敛的。

在使用 RATE 函数时，应确认所指定的 guess 和 nper 单位的一致性，如果贷款为期四年（年利率 12%），每月还款一次，则 guess 使用 12%/12，nper 使用 4*12。如果对相同贷款每年还款一次，则 guess 使用 12%，nper 使用 4。

下面实例计算某项投资增长率，具体操作步骤如下。

步骤 1 输入投资金额、投资项目的时间和收益金额，选择目标单元格 B5，如图 12-28 所示。

步骤 2 单击"公式" > "函数库" > "财务" > "RATE"选项，弹出"函数参数"对话框，将对应的参数单元格输入参数列表中，如图 12-29 所示，单击"确定"按钮。

图 12-28　输入数据

图 12-29　输入参数

步骤 **3** 生成公式=RATE(B3,0,-B2,B4)，根据投资金额，时间和收益计算的增长利率的结果显示在目标单元格中，如图 12-30 所示。

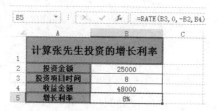

图 12-30 计算增长利率

12.3 折旧值计算函数

折旧值计算函数有：AMORDEGRC、AMORLINC、DB、DDB、SLN、SYD、VDB，下面介绍这些函数的应用。

12.3.1 应用 AMORDEGRC 函数计算每个记帐期的折旧值

功能：使用 AMORDEGRC 函数计算每个结算期间的折旧值。如果某项资产是在该结算期的中期购入的，则按直线折旧法计算。

格式：AMORDEGRC(cost, date_purchased, first_period, salvage, period, rate, [basis])。

参数：cost（必需）。资产原值。

date_purchased（必需）。购入资产的日期。

first_period（必需）。第一个期间结束时的日期。

salvage（必需）。资产在使用寿命结束时的残值。

period（必需）。期间。

rate（必需）。折旧率。

basis（可选）。要使用的年基准。basis 的可选参数如表 12-19 所示。

表 12-19 basis 的可选参数说明

basis 值	日计数基准
0 或默认	使用 US（NASD)方法，按 360 天计算
1	实际天数
3	一年按 365 天计算
4	一年按 360 天计算

AMORDEGRC 函数主要为法国会计系统提供。该函数与函数 AMORLINC 相似，不同之处在于该函数中用于计算的折旧系数取决于资产的寿命。

AMORDEGRC 函数使用的折旧系数如下表 12-20 所示。

表 12-20　AMORDEGRC 函数使用的折旧系数说明

资产的生命周期（1/rate）	折旧系数
3 到 4 年	1.5
5 到 6 年	2
6 年以上	2.5

下面实例计算张先生购买债券第一期的折旧值，具体操作步骤如下。

步骤 1 依次输入各项数据，折旧期间、折旧率、年基数等，选择目标单元格 B9，如图 12-31 所示。

步骤 2 单击"公式">"函数库">"财务">"AMORDEGRC"选项，弹出"函数参数"对话框，将对应的参数单元格输入参数列表中，如图 12-32 所示，单击"确定"按钮。

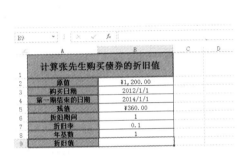

图 12-31　输入数据

图 12-32　输入参数

步骤 3 生成公式=AMORDEGRC(B2,B3,B4,B5,B6,B7,B8)，折旧值的计算结果显示在目标单元格中，如图 12-33 所示。

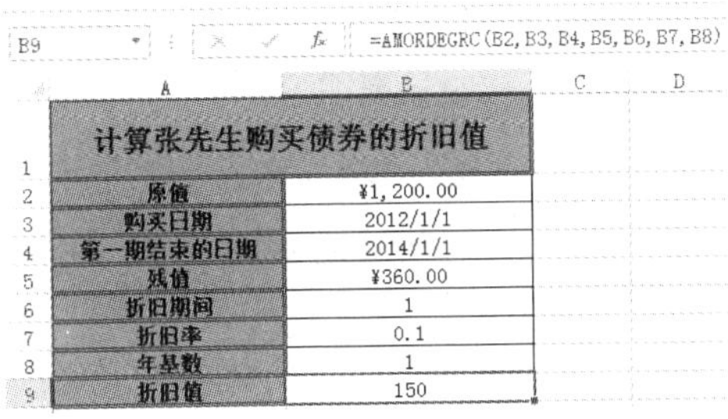

图 12-33　计算折旧值

提示

此函数返回折旧值，截止到资产生命周期的最后一个期间，或直到累积折旧值大于资产原值减去残值后的成本价。

12.3.2　应用 AMORLINC 函数计算每个记帐期的折旧值

功能：使用 MORLINC 函数计算每个记账期的折旧值。如果某项资产是在结算期间的中期购入的，则按线性折旧法计算。

格式：AMORLINC(cost, date_purchased, first_period, salvage, period, rate, [basis])。

参数：cost（必需）。资产原值。

date_purchased（必需）。购入资产的日期。

first_period（必需）。第一个期间结束时的日期。

salvage（必需）。资产在使用寿命结束时的残值。

period（必需）。期间。

rate（必需）。折旧率。

basis（可选）。要使用的年基准。basis 的可选参数，如表 12-21 所示。

表 12-21　basis 的可选参数

basis 值	日计数基准
0 或默认	使用 US（NASD)方法，按 360 天计算
1	实际天数
3	一年按 365 天计算
4	一年按 360 天计算

AMORLINC 函数主要为法国会计系统提供。折旧系数如表 12-22 所示。

表 12-22　折旧系数

资产的生命周期（1/rate）	折旧系数
3 到 4 年	1.5
5 到 6 年	2
6 年以上	2.5

下面实例与 AMORLINC 函数类似，用于计算第一期的折旧值，具体操作步骤如下。

步骤 1　依次输入各项数据，折旧期间、折旧率、年基数等，选择目标单元格 B9，如图 12-34 所示。

步骤 2　单击"公式"＞"函数库"＞"财务"＞"AMORLINC"选项，弹出"函数参数"对话框，将对应的参数单元格输入参数列表中，如图 12-35 所示，单击"确定"按钮。

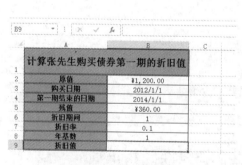

图 12-34　输入数据

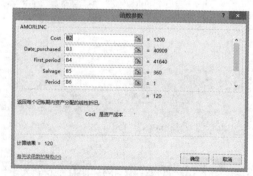

图 12-35　输入参数

步骤 3　生成公式=AMORLINC(B2,B3,B4,B5,B6,B7,B8)，折旧值的计算结果显示在目标单元格中，如图 12-36 所示。

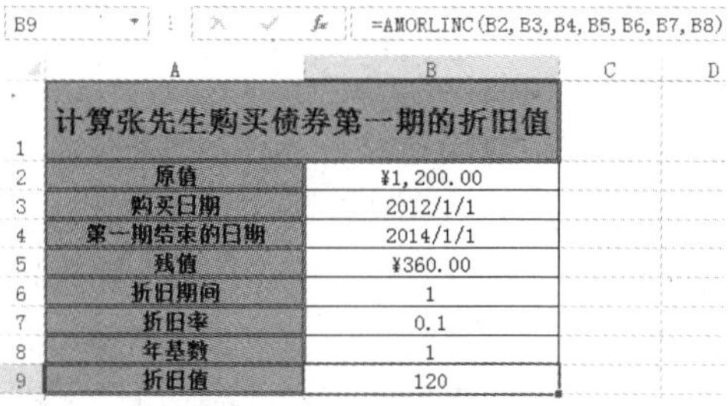

B9 =AMORLINC(B2,B3,B4,B5,B6,B7,B8)

	A	B
1	计算张先生购买债券第一期的折旧值	
2	原值	¥1,200.00
3	购买日期	2012/1/1
4	第一期结束的日期	2014/1/1
5	残值	¥360.00
6	折旧期间	1
7	折旧率	0.1
8	年基数	1
9	折旧值	120

图 12-36　计算折旧值

12.3.3 应用 DB 函数用固定余额递减法计算折旧值

功能：使用 DB 函数计算一笔资产在给定期间内的折旧值，使用固定余额递减法。

格式：DB(cost, salvage, life, period, [month])。

参数：cost（必需）。资产原值。

salvage（必需）。折旧末尾时的值（有时也称为资产残值）。

life（必需）。资产的折旧期数（有时也称作资产的使用寿命）。

period（必需）。要计算折旧的时期，period 必须使用与 life 相同的单位。

month（可选）。第一年的月份数。如果省略月份，则假定其值为 12。

固定余额递减法计算固定速率的折旧。DB 使用下面的公式计算一个阶段的折旧值。

$$(\text{cost}-\text{前期折旧总值})\times \text{rate}$$

其中：

$$\text{rate} = 1-((\text{salvage}/\text{cost})\text{\textasciicircum}(1/\text{life}))\text{，保留 3 位小数}$$

第一个周期和最后一个周期的折旧属于特例。对于第一个周期，函数 DB 的计算公式为：

$$\text{cost}\times \text{rate}\times \text{month}/12$$

对于最后一个周期，函数 DB 的计算公式为：

$$((\text{cost}-\text{前期折旧总值})\times \text{rate}\times (12-\text{month}))/12$$

下面实例计算工地施工设施的折旧值，具体操作步骤如下。

步骤 1 输入资产原值、资产残值折旧年限、月份和使用年限，选择目标单元格 B7，如图 12-37 所示。

步骤 2 单击“公式”>“函数库”>“财务”>“DB”选项，弹出“函数参数”对话框，将对应的参数单元格输入参数列表中，如图 12-38 所示，单击“确定”按钮。

步骤 3 生成公式=DB(B2,B3,B4,B6,B5)，折旧值的计算结果显示在目标单元格中，如图 12-39 所示。

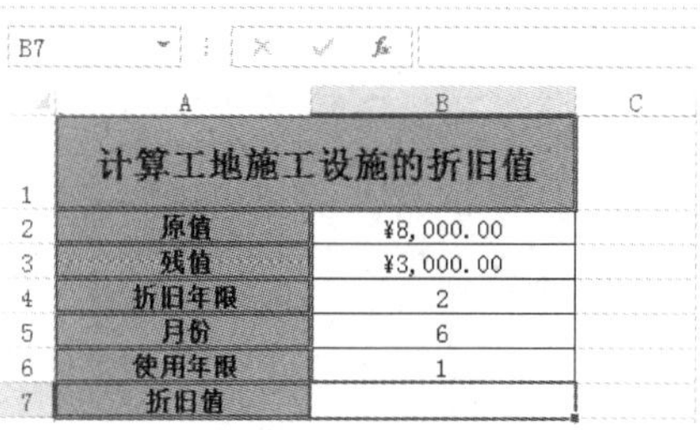

B7

	A	B
1	计算工地施工设施的折旧值	
2	原值	¥8,000.00
3	残值	¥3,000.00
4	折旧年限	2
5	月份	6
6	使用年限	1
7	折旧值	

图 12-37　输入数据

图 12-38　输入参数　　　　　　　　　　　　　　　　图 12-39　计算折旧值

12.3.4　应用 DDB 函数使用双倍余额递减法或其他指定方法计算折旧值

功能：使用 DDB 函数计算指定期间内某项固定资产的折旧值，使用双倍余额递减法或其他指定的方法。

格式：DDB(cost, salvage, life, period, [factor])。

参数：cost（必需）。资产原值。

salvage（必需）。折旧末尾时的值（有时也称为资产残值）。该值可以是 0。

life（必需）。资产的折旧期数（有时也称作资产的使用寿命）。

period（必需）。您要计算折旧的时期，period 必须使用与 life 相同的单位。

factor（可选）。余额递减速率。如果省略 factor，则假定其值为 2（双倍余额递减法）。

双倍余额递减法以加速的比率计算折旧。折旧在第一阶段是最高，在后继阶段中会减少。如果不想使用双倍余额递减法，需要更改余额递减速率。当折旧大于余额递减计算值时，如果希望转换到直线余额递减法，可使用 VDB 函数。

下面实例计算工地施工设施的折旧值，具体的操作步骤如下。

步骤 1　输入资产原值、资产残值、折旧年限、折旧率和使用年限，选择目标单元格 B7，如图 12-40 所示。

步骤 2　单击"公式"＞"函数库"＞"财务"＞"DDB"选项，弹出"函数参数"对话框，将对应的参数单元格输入参数列表中，如图 12-41 所示，单击"确定"按钮。

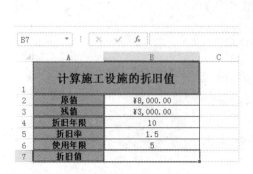

图 12-40　输入数据

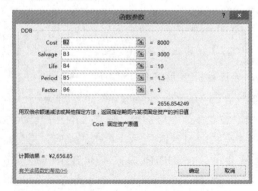

图 12-41　输入参数

步骤 3 生成公式=DDB(B2,B3,B4,B5,B6)，折旧值的计算结果显示在目标单元格中，如图 12-42 所示。

B7		× ✓ fx	=DDB(B2,B3,B4,B5,B6)	
	A	B	C	
1	计算施工设施的折旧值		
2	原值	¥8,000.00	
3	残值	¥3,000.00	
4	折旧年限	10	
5	折旧率	1.5	
6	使用年限	5	
7	折旧值	¥2,656.85	

图 12-42　计算折旧值

提示

DDB 函数的这五个参数都必须是正值。

12.3.5　应用 SLN 函数计算固定资产的每期线性折旧费

功能：使用 SLN 函数计算固定资产的每期线性折旧费。

格式：SLN(cost, salvage, life)。

参数：cost（必需）。资产原值。

salvage（必需）。折旧末尾时的值（有时也称为资产残值）。

life（必需）。资产的折旧期数（有时也称作资产的使用寿命）。

SLN 函数多用于计算线性折旧费用。

下面实例计算固定资产的线性折旧值，具体操作步骤如下。

步骤 1 输入资产原值、残值和使用年限，选择目标单元格 B5，如图 12-43 所示。

步骤 2 单击"公式">"函数库">"财务">"SLN"选项，弹出"函数参数"对话框，将对应的参数单元格输入参数列表中，如图 12-44 所示，单击"确定"按钮。

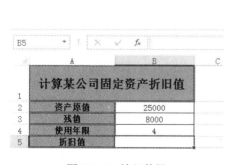

图 12-43　输入数据

图 12-44　输入参数

步骤 3 生成公式=SLN(B2,B3,B4)，最后计算结果显示在目标单元格中，注意单元格格式应设为货币格式，如图 12-45 所示。

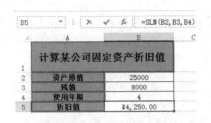

图 12-45　计算折旧值

12.3.6　应用 SYD 函数计算某项固定资产按年限总和折旧法计算的每期折旧金额

功能：使用 SYD 函数计算在指定期间内资产按年限总和折旧法计算的折旧值。

格式：SYD(cost, salvage, life, per)。

参数：cost（必需）。产原值。

salvage（必需）。折旧末尾时的值（有时也称为资产残值）。

life（必需）。资产的折旧期数（有时也称作资产的使用寿命）。

per（必需）。期间必须与 life 使用相同的单位。

SYN 函数是使用年限总和折旧法计算的。

下面实例计算折旧值，具体操作步骤如下。

步骤 1　输入资产原值、资产残值和使用年限，选择目标单元格 D3，如图 12-46 所示。

步骤 2　单击"公式" > "函数库" > "财务" > "SYD"选项，弹出"函数参数"对话框，将对应的参数单元格输入参数列表中，如图 12-47 所示，单击"确定"按钮。

图 12-46　输入数据

图 12-47　输入参数

步骤 3　生成公式=SYD(B3,B4,B5,C3)，计算结果显示在目标单元格中，如图 12-48 所示。

图 12-48　计算折旧值

12.3.7 应用 VDB 函数使用余额递减法计算给定期间或部分期间内的折旧值

功能：使用 VDB 函数使用余额递减法计算一笔资产在给定期间或部分时间内的折旧值。

格式：VDB(cost, salvage, life, start_period, end_period, [factor], [no_switch])。

参数：cost（必需）。资产原值。

salvage（必需）。折旧末尾时的值（有时也称为资产残值）。该值可以是 0。

life（必需）。资产的折旧期数（有时也称作资产的使用寿命）。

start_period（必需）。要计算折旧的起始时期，start_period 必须与 life 使用相同的单位。

end_period（必需）。要计算折旧的终止时期，end_period 必须与 life 使用相同的单位。

factor（可选）。余额递减速率，如果省略 factor，则假定其值为 2（双倍余额递减法）。

no_switch（可选）。逻辑值，指定当折旧值大于余额递减计算值时，是否转用直线折旧法。

VDB 函数使用双倍余额递减法计算。

下面实例计算第二年到第五年的折旧值，具体操作步骤如下。

步骤 1 输入资产的原值和资产残值、折旧年限、折旧率、起始和截止数值，选择目标单元格 B8，如图 12-49 所示。

步骤 2 单击"公式">"函数库">"财务">"VDB"选项，弹出"函数参数"对话框，将对应的参数单元格输入参数列表中，如图 12-50 所示，单击"确定"按钮。

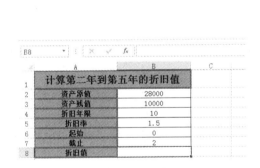

图 12-49　输入数据

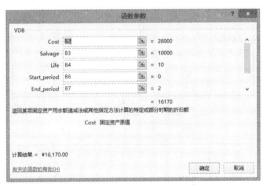

图 12-50　输入参数

步骤 3 生成公式=VDB(B2,B3,B4,B6,B7)，计算的折旧值结果显示在目标单元格中，如图 12-51 所示。

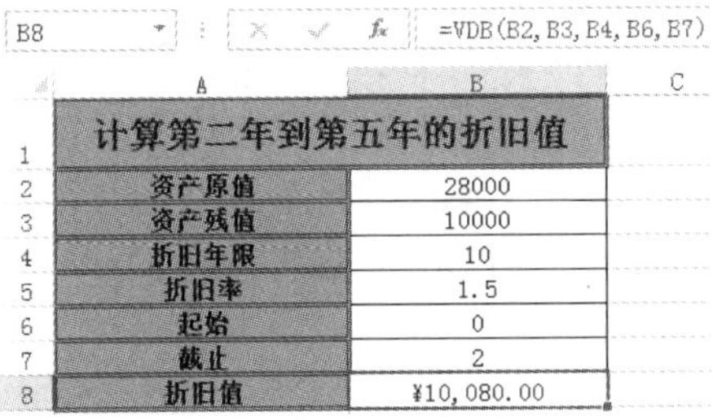

图 12-51　计算折旧值

12.4 天数与付息日计算函数

天数与付息日计算函数有：COUPDAYBS、COUPDAYS、COUPDAYSNC、COUPNCD、COUPPCD，下面介绍这些函数的应用。

12.4.1 应用COUPDAYBS函数计算从付息期开始到成交日之间的天数

功能：使用 COUPDAYBS 函数计算当前付息期内截止到成交日的天数。

格式：COUPDAYBS(settlement, maturity, frequency, [basis])。

参数：settlement（必需）。有价证券的结算日。有价证券结算日是在发行日之后，有价证券卖给购买者的日期。

maturity（必需）。有价证券的到期日。到期日是有价证券有效期截止时的日期。

frequency（必需）。年付息次数。如果按年支付，frequency = 1；按半年期支付，frequency = 2；按季支付，frequency = 4。

basis（可选）。要使用的日计数基准类型。basis 的可选参数如表 12-23 所示。

表 12-23　basis 的可选参数说明

basis 值	日计数基准
0 或默认	US（NASD) 30/360
1	实际天数/实际天数
2	实际天数/360
3	实际天数/365
4	欧洲 30/360

与 COUPDAYBS 函数相似，需要使用结算日的函数还有 COUPDAYS、COUPDAYSNC、COUPNCD、COUPNUM 和 COUPPCD 等。

下面实例根据结算日和到期日计算购房的付息天数，具体操作步骤如下。

步骤 1 利用 data 函数输入结算日、到期日，再输入年付息次数和基准，选择目标单元格 B6，如图 12-52 所示。

步骤 2 单击"公式">"函数库">"财务">"COUPDAYBS"选项，弹出"函数参数"对话框，将对应的参数单元格输入参数列表中，如图 12-53 所示，单击"确定"按钮。

步骤 3 生成公式=COUPDAYBS(B2,B3,B4,B5)，付息天数显示在目标单元格中，如图 12-54 所示。

图 12-52　输入数据

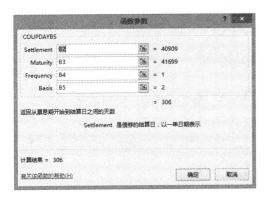

| | 图 12-53 输入参数 | | 图 12-54 计算付息天数 |

技巧

COUPDAYBS 函数的结算日是指购买者买入息票（如债券）的日期，到期日是息票有效期截止时的日期。例如，在 2009 年 1 月 1 日发行的 30 年期债券，六个月后被购买者买走，则发行日为 2009 年 1 月 1 日，结算日为 2009 年 7 月 1 日，而到期日是在发行日 2009 年 1 月 1 日的 30 年后，即 2039 年 1 月 1 日。

12.4.2 应用 COUPDAYS 函数计算包含成交日的付息期天数

功能：使用 COUPDAYS 函数计算包含成交日在内的付息期的天数。

格式：COUPDAYS(settlement, maturity, frequency, [basis])。

参数：settlement（必需）。有价证券的结算日。有价证券结算日是在发行日之后，有价证券卖给购买者的日期。

maturity（必需）。有价证券的到期日。到期日是有价证券有效期截止时的日期。

frequency（必需）。年付息次数。如果按年支付，frequency=1；按半年期支付，frequency=2 按季支付，frequency = 4。

basis（可选）。要使用的日计数基准类型。basis 的可选参数如表 12-24 所示。

表 12-24 basis 可选参数说明

basis 值	日计数基准
0 或默认	US（NASD) 30/360
1	实际天数/实际天数
2	实际天数/360
3	实际天数/365
4	欧洲 30/360

与 COUPDAYS 函数相似，大多数计算利息的函数都会使用到基准，例如 ACCRINT、ACCRINTM、AMORDEGRC、AMORLINC、COUPDAYBS、COUPDAYSNC、COUPNCD、COUPNUM、COUPPCD 等函数。

下面实例根据结算日和到期日计算购买债券的付息期天数，具体操作步骤如下。

步骤 1 用 data 函数输入结算日和到期日，再输入年付息次数和基准，选择目标单元格 B6，如图 12-55 所示。

步骤 2 单击"公式">"函数库">"财务">"COUPDAYS"选项，弹出"函数参数"对话框，将对应的参数单元格输入参数列表中，如图 12-56 所示，单击"确定"按钮。

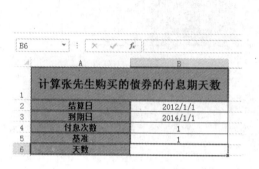

图 12-55 输入数据

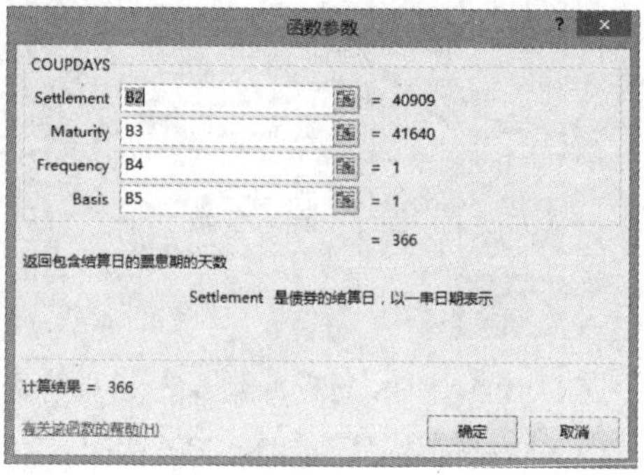

图 12-56 输入参数

步骤 3 生成公式=COUPDAYS(B2,B3,B4,B5)，付息天数显示在目标单元格中，如图 12-57 所示。

图 12-57 计算付息期天数

技巧

COUPDAYS 函数返回包含成交日在内的付息期的天数。使用此函数的关键是基准的确定，如果一年或者一个月的天数指定错误，那么计算结果就会发生偏差。

12.4.3 应用 COUPDAYSNC 函数计算从成交日到下一付息日之间的天数

功能：使用 COUPDAYSNC 函数计算从成交日到下一票息支付日之间的天数。

格式：COUPDAYSNC(settlement, maturity, frequency, [basis])。

参数：settlement（必需）。有价证券的结算日。有价证券结算日是在发行日之后，有价证券卖给购买者的日期。

maturity（必需）。有价证券的到期日。到期日是有价证券有效期截止时的日期。

frequency（必需）。年付息次数。如果按年支付，frequency = 1；按半年期支付，frequency = 2；按季支付，frequency = 4。

basis（可选）。要使用的日计数基准类型。basis 的可选参数如表 12-25 所示。

表 12-25　basis 的可选参数说明

basis 值	日计数基准
0 或默认	US（NASD）30/360
1	实际天数/实际天数
2	实际天数/360
3	实际天数/365
4	欧洲 30/360

在 COUPDAYSNC 函数中，如果 frequency 参数不是数字 1、2 或 4，将返回错误值#NUM!；如果 basis<0 或 basis>4，将返回错误值#NUM!；如果 settlement 值大于或等于 maturity 值，将返回错误值#NUM!。

与 COUPDAYSNC 函数类似的参数有 COUPDAYBS、COUPNCD、COUPNUM、COUPPCD 等，函数的参数都有此限制。

下面实例从结算日开始，计算购买证券的付息期天数，具体操作步骤如下。

步骤 1 用 data 函数输入结算日、到期日，再输入年付息次数和基准，选择目标单元格 B6，如图 12-58 所示。

步骤 2 单击"公式">"函数库">"财务">"COUPDAYSNC"选项，弹出"函数参数"对话框，将对应的参数单元格输入参数列表中，如图 12-59 所示，单击"确定"按钮。

图 12-58　输入数据

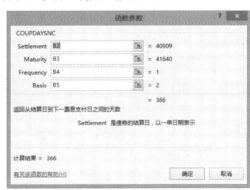

图 12-59　输入参数

步骤 3 生成公式=COUPDAYSNC(B2,B3,B4,B5)，付息天数显示在目标单元格中，如图 12-60 所示。

图 12-60　计算付息天数

12.4.4 应用 COUPNCD 函数计算成交日之后的下一个付息日

功能： 使用 COUPNCD 函数计算结算日之后的下一个票息支付日的数字。

格式： COUPNCD(settlement, maturity, frequency, [basis])。

参数： settlement（必需）。有价证券的结算日。有价证券结算日是在发行日之后，有价证券卖给购买者的日期。

maturity（必需）。有价证券的到期日。到期日是有价证券有效期截止时的日期。

frequency（必需）。年付息次数。如果按年支付，frequency = 1；按半年期支付，frequency = 2；按季支付，frequency = 4。

basis（可选）。要使用的日计数基准类型。basis 的可选参数，如表 12-26 所示。

表 12-26 basis 的可选参数说明

basis 值	日计数基准
0 或默认	US（NASD）30/360
1	实际天数/实际天数
2	实际天数/360
3	实际天数/365
4	欧洲 30/360

在 COUPNCD 函数中，如果 frequency 参数不是数字 1、2 或 4，将返回错误值#NUM!。如果 basis<0 或 basis>4，将返回错误值#NUM!。如果 settlement 值大于或等于 maturity 值，将返回错误值#NUM!。

下面实例根据结算日和到期日计算购买证券的付息期天数，具体操作步骤如下。

步骤 1 用 data 函数输入结算日、到期日，再输入年付息次数和基准，选择目标单元格 B6，如图 12-61 所示。

步骤 2 单击"公式">"函数库">"财务">"COUPNCD"选项，弹出"函数参数"对话框，将对应的参数单元格输入参数列表中，如图 12-62 所示，单击"确定"按钮。

图 12-61 输入数据

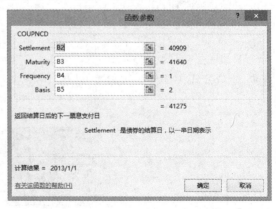

图 12-62 输入参数

步骤 3 生成公式=COUPNCD(B2,B3,B4,B5)，付息日的计算结果显示在目标单元格中，如图 12-63 所示。

图 12-63　计算付息日

提示

COUPNCD 函数返回包含成交日在内的付息期的天数。使用此函数的关键是基准的确定，如果一年或者一个月的天数指定错误，那么计算结果就会发生偏差。

12.4.5　应用 COUPPCD 函数计算成交日之前的上一付息日

功能：使用 COUPPCD 函数计算表示结算日之前的上一个付息日的数字。

格式：COUPPCD(settlement, maturity, frequency, [basis])。

参数：Settlement（必需）。有价证券的结算日。有价证券结算日是在发行日之后，有价证券卖给购买者的日期。

Maturity（必需）。有价证券的到期日。到期日是有价证券有效期截止时的日期。

Frequency（必需）。年付息次数。如果按年支付，frequency = 1；按半年期支付，frequency = 2；按季支付，frequency = 4。

basis（可选）。要使用的日计数基准类型。basis 的可选参数，如表 12-27 所示。

表 12-27　basis 的可选参数说明

basis	日计数基准
0 或默认	US（NASD)30/360
1	实际天数/实际天数
2	实际天数/360
3	实际天数/365
4	欧洲 30/360

在 COUPPCD 函数中，如果 frequency 参数不是数字 1、2 或 4，将返回错误值#NUM!。如果 basis<0 或 basis>4，将返回错误值#NUM!。如果 settlement 值大于或等于 maturity 值，将返回错误值#NUM!。

下面实例计算成交日和到期日之间的上一个付息时间，具体操作步骤如下。

步骤 1 用 data 函数输入结算日、到期日，再输入年付息次数和基准，选择目标单元格 B6，如图 12-64 所示。

步骤 **2** 单击"公式">"函数库">"财务">"COUPPCD"选项,弹出"函数参数"对话框,将对应的参数单元格输入参数列表中,如图 12-65 所示,单击"确定"按钮。

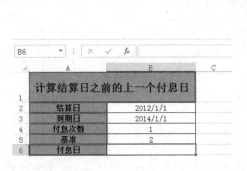

图 12-64　输入数据

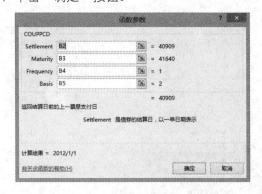

图 12-65　输入参数

步骤 **3** 生成公式=COUPPCD(B2,B3,B4,B5),付息日的计算结果显示在目标单元格中,如图 12-66 所示。

图 12-66　计算付息日

提示

COUPPCD 函数返回包含成交日在内的付息期的天数。使用此函数的关键是基准的确定,如果一年或者一个月的天数指定错误,那么计算结果就会发生偏差。

12.5　收益与收益率计算函数

收益与收益率计算函数有:IRR、MIRR、ODDFYIELD、ODDLYIELD、TBILLEQ、TBILLYIELD、YIELD、YIELDDISC、YIELDMAT、XIRR,下面介绍这些函数的应用。

12.5.1　应用 IRR 函数计算一系列现金流的内部收益率

功能:使用 IRR 函数返回由值中的数字表示的一系列现金流的内部收益率。

格式:IRR(values, [guess])。

参数:values(必需)。数组或单元格的引用,这些单元格包含用来计算内部收益率的数字。

guess(可选)。对函数 IRR 计算结果的估计值。如果省略 guess,假设它为 0.1(10%)。

函数 IRR 与净现值函数 NPV 密切相关。IRR 计算的收益率是与 0（零）净现值对应的利率。下面实例根据一个项目的投入和年收入计算投资的收益率，具体操作步骤如下。

步骤 1 输入第一年到第五年的投资收益，选择目标单元格 B8，如图 12-67 所示。

步骤 2 单击"公式">"函数库">"财务">"IRR"选项，弹出"函数参数"对话框，将对应的参数单元格输入参数列表中，如图 12-68 所示，单击"确定"按钮。

图 12-67　输入数据　　　　　　　　　图 12-68　输入参数

步骤 3 生成公式=IRR(B2:B7)，计算的内部收益显示在目标单元格中，结果是 25%，如图 12-69 所示。

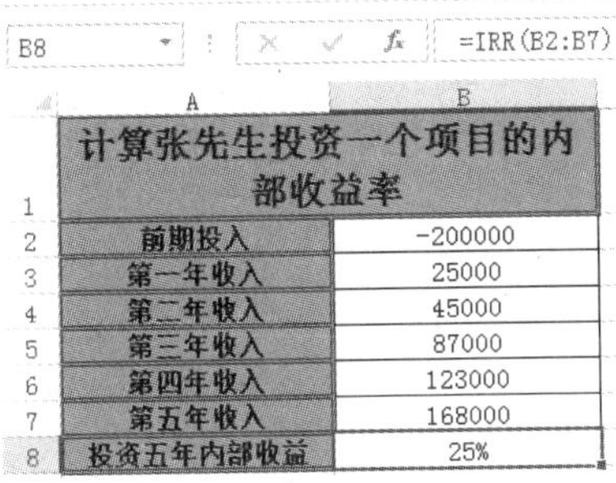

图 12-69　计算内部收益率

> **提示**
>
> 参数 guess 常被省略：在大多数情况下，并不需要为函数 IRR 的计算提供 guess 值。

12.5.2　应用 MIRR 函数计算正和负现金流以不同利率进行计算的内部收益率

功能：使用 MIRR 函数计算一系列定期现金流的修改后内部收益率。MIRR 函数同时考虑投资的成本和现金再投资的收益率。

格式：MIRR(values, finance_rate, reinvest_rate)。

参数：values（必需）。数组或对包含数字的单元格的引用。这些数值代表一系列定期支出（负值）和收益（正值）。

Values 必须包含至少一个正值和一个负值，以计算修改的内部收益率。否则 MIRR 返回错误值#DIV/0!。

如果数组或引用参数包含文本、逻辑值或空白单元格，则这些值将被忽略；但包含零值的单元格将计算在内。

finance_rate（必需）。现金流中使用的资金支付的利率。

reinvest_rate（必需）。将现金流再投资的收益率。

如果现金流的次数为 n，finance_rate 为 frate 而 reinvest_rate 为 rrate，则函数 MIRR 的计算公式为：

$$\left(\frac{- NPV(rrate, values[positive]) * (1 + rrate)}{NPV(frate, values[negative]) * (1 + frate)} \right)^{\frac{1}{n-1}} - 1$$

下面实例根据资产五年内的收益情况来计算修正收益率，具体操作步骤如下。

步骤 1 资产原值使用负数，依次输入每年的收益、年利率和再投资年利率，选择目标单元格 B10，如图 1-70 所示。

步骤 2 单击"公式">"函数库">"财务">"MIRR"选项，弹出"函数参数"对话框，将对应的参数单元格输入参数列表中，如图 12-71 所示，单击"确定"按钮。

图 1-70　输入数据　　　　　　　　　　　　　　　　图 12-71　输入参数

步骤 3 生成公式=MIRR(B2:B7,B8,B9)，五年后的内部修正收益率显示在目标单元格中，如图 12-72 所示。

图 12-72　计算五年后的内部修正收益率

技巧

MIRR 使用值的顺序来说明现金流的顺序。一定要按所需要的顺序输入支出值和收益值，并使用正确的符号（收到的现金使用正值，支付的现金使用负值）。

12.5.3 应用 ODDFYIELD 函数计算第一期为奇数的债券的收益

功能：使用 ODDFYIELD 函数计算首期付息日不固定的有价证券（长期或短期）的收益率。

格式：ODDFYIELD(settlement, maturity, issue, first_coupon, rate, pr, redemption, frequency, [basis])。

参数：settlement（必需）。有价证券的结算日。有价证券结算日是在发行日之后，有价证券卖给购买者的日期。

maturity（必需）。有价证券的到期日。到期日是有价证券有效期截止时的日期。

issue（必需）。有价证券的发行日。

first_coupon（必需）。有价证券的首期付息日。

rate（必需）。有价证券的利率。

pr（必需）。有价证券的价格。

redemption（必需）。面值￥100 的有价证券的清偿价值。

frequency（必需）。年付息次数。如果按年支付，frequency = 1；按半年期支付，frequency = 2；按季支付，frequency = 4。

basis（可选）。要使用的日计数基准类型。basis 的可选参数如表 12-28 所示。

表 12-28　basis 的可选参数说明

basis 值	日计数基准
0 或默认	US（NASD) 30/360
1	实际天数/实际天数
2	实际天数/360
3	实际天数/365
4	欧洲 30/360

Excel 使用迭代法计算函数 ODDFYIELD。该函数基于 ODDFPRICE 中的公式进行牛顿迭代演算。在 100 次迭代过程中，收益率不断变化，直到按给定收益率导出的估计价格接近实际价格。

下面实例计算非固定付息日的收益率，具体操作步骤如下。

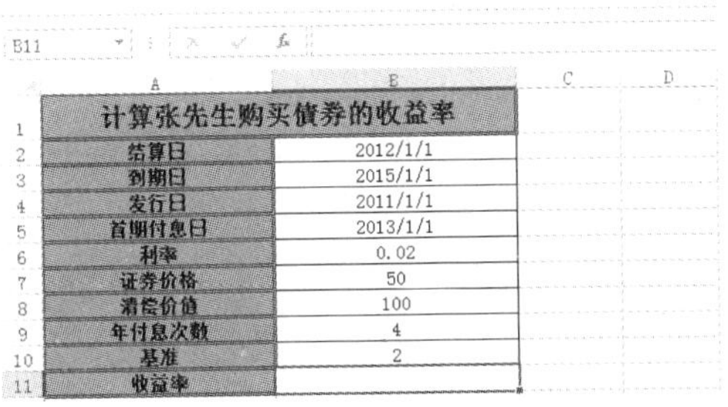

图 12-73　输入数据

步骤 1 使用 data 函数输入证券结算日、到期日、发行日和首次付息日，再输入利率、证券价格、清偿价值、付息次数和基准，选择目标单元格 B11，如图 12-73 所示。

步骤 2 单击"公式">"函数库">"财务">"ODDFYIELD"选项，弹出"函数参数"对话框，将对应的参数单元格输入参数列表中，如图 12-74 所示，单击"确定"按钮。

步骤 3 生成公式=ODDFYIELD(B2,B3,B4,B5,B6,B7,B8,B9,B10)，收益率的计算结果显示在目标单元格中，如图 12-75 所示。

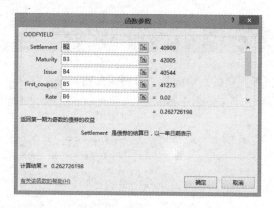

图 12-74　输入参数

图 12-75　计算收益率

> 提示
>
> 应使用 DATE 函数输入日期，或者将日期作为其他公式或函数输入。

12.5.4　应用 ODDLYIELD 函数计算最后一期为奇数的债券的收益

功能：使用 ODDLYIELD 函数计算末期付息日不固定的有价证券（长期或短期）的收益率。

格式：ODDLYIELD(settlement, maturity, last_interest, rate, pr, redemption, frequency, [basis])。

参数：settlement（必需）。有价证券的结算日。有价证券结算日是在发行日之后，有价证券卖给购买者的日期。

maturity（必需）。有价证券的到期日。到期日是有价证券有效期截止时的日期。

last_interest（必需）。有价证券的末期付息日。

rate（必需）。有价证券的利率。

pr（必需）。有价证券的价格。

redemption（必需）。面值￥100 的有价证券的清偿价值。

frequency（必需）。年付息次数。如果按年支付，frequency = 1；按半年期支付，frequency = 2；按季支付，frequency = 4。

basis（可选）。要使用的日计数基准类型。basis 的可选参数如表 12-29 所示。

表 12-29　basis 的可选参数说明

basis 值	日计数基准
0 或默认	US（NASD) 30/360
1	实际天数/实际天数
2	实际天数/360
3	实际天数/365
4	欧洲 30/360

在计算时，参数 settlement、maturity、last_interest 和 basis 将被截尾取整。

下面实例计算张先生购买股票的收益率，具体操作步骤如下。

步骤 1 使用 data 函数输入结算日、到期日、期末付息日，再输入票息利率、价格、付息次数和基准，选择目标单元格 B10，如图 12-76 所示。

步骤 2 单击"公式">"函数库">"财务">"ODDLYIELD"选项，弹出"函数参数"对话框，将对应的参数单元格输入参数列表中，如图 12-77 所示，单击"确定"按钮。

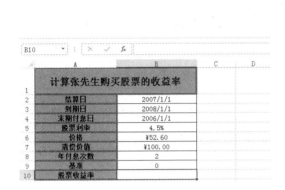

图 12-76　输入数据　　　　　　　　　　　　　　图 12-77　输入参数

步骤 3 生成公式=ODDLYIELD(B2,B3,B4,B5,B6,B7,B8,B9)，股票的收益率显示在目标单元格中，如图 12-78 所示。

图 12-78　计算收益率

12.5.5　应用 TBILLEQ 函数计算国库券的等价债券收益

功能：使用 TBILLEQ 函数计算国库券的等效收益率。

格式：TBILLEQ(settlement, maturity, discount)。

参数：settlement（必需）。国库券的结算日。即在发行日之后，国库券卖给购买者的日期。

maturity（必需）。国库券的到期日。到期日是国库券有效期截止时的日期。

discount（必需）。国库券的贴现率。

下面实例要求计算国库券的等效收益率，具体操作步骤如下。

步骤 1 使用 data 函数输入到期日和成交日，再输入贴现率，选择目标单元格 B6，如图 12-79 所示。

步骤 2 单击"公式">"函数库">"财务">"TBILLEQ"选项，弹出"函数参数"对话框，将对应的参数单元格输入参数列表中，如图 12-80 所示，单击"确定"按钮。

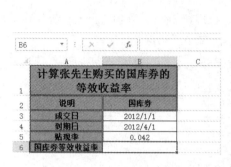

图 12-79　输入数据　　　　　　　　　　　图 12-80　输入参数

步骤 3 生成公式=TBILLEQ(B3,B4,B5)，国库券等效收益率计算结果显示在目标单元格中，如图 12-81 所示。

图 12-81　计算等效收益率

12.5.6　应用 TBILLYIELD 函数计算国库券的收益率

功能：使用 TBILLYIELD 函数计算国库券的收益率。

格式：TBILLYIELD(settlement, maturity, pr)。

参数：settlement（必需）。国库券的结算日。即在发行日之后，国库券卖给购买者的日期。

maturity（必需）。国库券的到期日。到期日是国库券有效期截止时的日期。

pr（必需）。面值￥100 的国库券的价格。

下面实例计算国库券的收益率，具体操作步骤如下。

步骤 1 使用 data 函数输入成交日和到期日，再输入贴现率，选择目标单元格 B6，如图 12-82 所示。

步骤 2 单击"公式">"函数库">"财务">"TBILLYIELD"选项，弹出"函数参数"对话框，将对应的参数单元格输入参数列表中，如图 12-83 所示，单击"确定"按钮。

步骤 3 生成公式=TBILLYIELD(B3,B4,B5)，证券的收益率计算结果显示在目标单元格中，如图 12-84 所示。

图 12-82　输入数据

图 12-83　输入参数　　　　　　　　　图 12-84　计算收益率

12.5.7　应用 YIELD 函数计算定期支付利息的债券的收益

功能：使用 YIELD 函数计算定期支付利息的有价证券的收益率。通常用于计算债券收益率。

格式：YIELD(settlement, maturity, rate, pr, redemption, frequency, [basis])。

参数：settlement（必需）。有价证券的结算日。有价证券结算日是在发行日之后，有价证券卖给购买者的日期。

maturity（必需）。有价证券的到期日。到期日是有价证券有效期截止时的日期。

rate（必需）。有价证券的年息票利率。

pr（必需）。有价证券的价格（按面值为￥100 计算）。

redemption（必需）。面值￥100 的有价证券的清偿价值。

frequency（必需）。年付息次数。如果按年支付，frequency = 1；按半年期支付，frequency = 2；按季支付，frequency = 4。

basis（可选）。要使用的日计数基准类型。basis 的可选参数如表 12-30 所示。

表 12-30　basis 的可选参数说明

basis 值	日计数基准
0 或默认	US（NASD）30/360
1	实际天数/实际天数
2	实际天数/360
3	实际天数/365
4	欧洲 30/360

函数 YIELD 用于计算债券收益率。如果在清偿日之前只有一个或是没有付息期间，函数 YIELD 的计算公式为：

$$YIELD = \frac{(\frac{redemption}{100} + \frac{rate}{frequency}) - (\frac{par}{100} + (\frac{A}{E} \times \frac{rate}{frequency}))}{\frac{par}{100} + (\frac{A}{E} \times \frac{rate}{frequency})} \times \frac{frequency \times E}{DSR}$$

公式中：

A = 付息期的第一天到结算日之间的天数（应计天数）。

DSR = 结算日与清偿日之间的天数。

E = 付息期所包含的天数。

如果在 redemption 之前尚有多个付息期间，则通过 100 次迭代来计算函数 YIELD。基于函数 PRICE 中给出的公式，并使用牛顿迭代法不断修正计算结果，这样，收益率将不断更改，直到根据给定收益率计算的估计价格接近实际价格。

下面实例要求计算购买债券的收益率，具体操作步骤如下。

步骤 1 首先使用 data 函数输入结算日和到期日，再输入利率、证券价值、清偿价值、付息次数和基准，选择目标单元格 B9，如图 12-85 所示。

步骤 2 单击"公式" > "函数库" > "财务" > "YIELD"选项，弹出"函数参数"对话框，将对应的参数单元格输入参数列表中，如图 12-86 所示，单击"确定"按钮。

图 12-85　输入数据

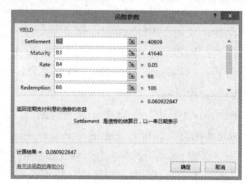

图 12-86　输入参数

步骤 3 生成公式=YIELD(B2,B3,B4,B5,B6,B7,B8)，收益率的计算显示在目标单元格中，如图 12-87 所示。

图 12-87　计算收益率

12.5.8　应用 YIELDDISC 函数计算已贴现债券的年收益

功能：使用 YIELDDISC 函数计算折价发行的有价证券的年收益率。

格式：YIELDDISC(settlement, maturity, pr, redemption, [basis])。

参数：settlement（必需）。有价证券的结算日。有价证券结算日是在发行日之后，有价证券卖给购买者的日期。

maturity（必需）。有价证券的到期日。到期日是有价证券有效期截止时的日期。

pr（必需）。有价证券的价格（按面值为￥100 计算）。

redemption（必需）。面值￥100 的有价证券的清偿价值。

basis（可选）。要使用的日计数基准类型。basis 的可选参数如表 12-31 所示。

表 12-31　basis 的可选参数说明

basis 值	日计数基准
0 或默认	US（NASD) 30/360
1	实际天数/实际天数
2	实际天数/360
3	实际天数/365
4	欧洲 30/360

下面实例要求计算折旧发行债券的收益率，具体操作步骤如下。

步骤 1　首先使用 data 函数输入结算日和到期日，然后输入证券价值、清偿价值和基准，选择目标单元格 B7，如图 12-88 所示。

步骤 2　单击"公式">"函数库">"财务">"YIELDDISC"选项，弹出"函数参数"对话框，将对应的参数单元格输入参数列表中，如图 12-89 所示，单击"确定"按钮。

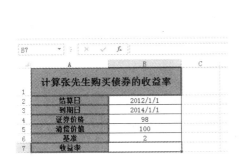

图 12-88　输入数据

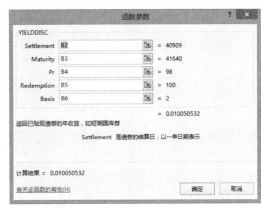

图 12-89　输入参数

步骤 3　生成公式=YIELDDISC(B2,B3,B4,B5,B6)，折旧发行债券的收益率计算结果显示在目标单元格中，如图 12-90 所示。

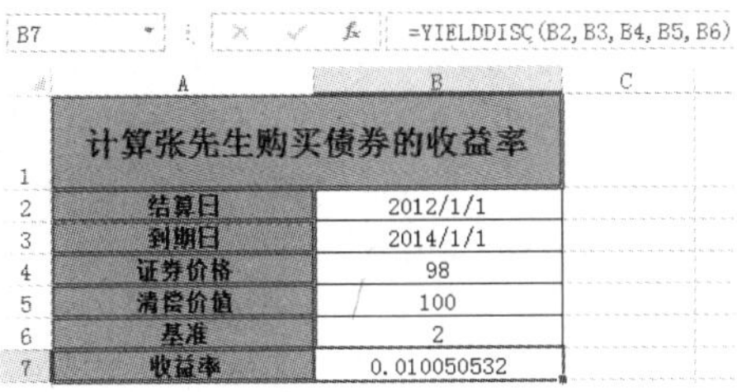

图 12-90　计算收益率

技巧

如果 YIELDDISC 函数的 settlement、maturity 和 basis 参数为非整数，将被截尾取整。

12.5.9 应用YIELDMAT函数计算在到期日支付利息的债券的年收益

功能：使用 YIELDMAT 函数计算到期付息的有价证券的年收益率。

格式：YIELDMAT(settlement, maturity, issue, rate, pr, [basis])。

参数：settlement（必需）。有价证券的结算日。有价证券结算日是在发行日之后，有价证券卖给购买者的日期。

maturity（必需）。有价证券的到期日。到期日是有价证券有效期截止时的日期。

rate（必需）。有价证券的年息票利率。

pr（必需）。有价证券的价格（按面值为￥100 计算）。

redemption（必需）。面值￥100 的有价证券的清偿价值。

frequency（必需）。年付息次数。如果按年支付，frequency = 1；按半年期支付，frequency = 2；按季支付，frequency = 4。

issue（必需）。有价证券的发行日，以时间序列号表示。

basis（可选）。要使用的日计数基准类型。basis 的可选参数如表 12-32 所示。

表 12-32 basis 的可选参数说明

basis 值	日计数基准
0 或默认	US（NASD) 30/360
1	实际天数/实际天数
2	实际天数/360
3	实际天数/365
4	欧洲 30/360

下面实例要求计算债券的到期收益率，具体操作步骤如下。

步骤 1 使用 data 函数输入结算日、到期日和发行日，再输入利率、证券价格和基准，选择目标单元格 B8，如图 12-91 所示。

步骤 2 单击"公式" > "函数库" > "财务" > "YIELDMAT"选项，弹出"函数参数"对话框，将对应的参数单元格输入参数列表中，如图 12-92 所示，单击"确定"按钮。

步骤 3 生成公式=YIELDMAT(B2,B3,B4,B5,B6,B7)，证券的到期收益率计算结果显示在目标单元格中，如图 12-93 所示。

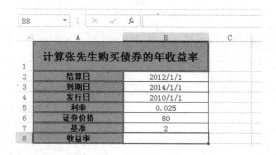

图 12-91 输入数据

图 12-92　输入参数　　　　　　　　　　图 12-93　计算证券的到期收益率

12.5.10　应用 XIRR 函数计算一组现金流的内部收益率

功能：使用 XIRR 函数计算一组不一定是定期发生的现金流的内部收益率。

格式：XIRR(values, dates, [guess])。

参数：values（必需）。与 dates 中的支付时间相对应的一系列现金流。首期支付是可选的，并与投资开始时的成本或支付有关。如果第一个值是成本或支付，则它必须是负值。所有后续支付都基于 365 天/年贴现。值系列中必须至少包含一个正值和一个负值。

dates（必需）。与现金流支付相对应的支付日期表，日期可按任何顺序排列。应使用 DATE 函数输入日期，或者将日期作为其他公式或函数的结果输入。

guess（可选）。对函数 XIRR 计算结果的估计值。

Excel 使用迭代法计算函数 XIRR。XIRR 函数的计算公式如下：

$$0 = \sum_{i=1}^{N} \frac{P_i}{(1 + rate)^{\frac{(d_i - d_1)}{365}}}$$

公式中：

d_i=第 i 个或最后一个支付日期。

d_1=第 0 个支付日期。

P_i=第 i 个或最后一个支付金额。

下面实例计算某工厂的内部收益率，具体操作步骤如下。

步骤 1　使用 data 函数输入各数据的记录日期，选择目标单元格 B8，如图 12-94 所示。

步骤 2　单击"公式">"函数库">"财务">"XIRR"选项，弹出"函数参数"对话框，将对应的参数单元格输入参数列表中，如图 12-95 所示，单击"确定"按钮。

图 12-94　输入数据

步骤 3　生成公式=XIRR(A3:A7,B3:B7)，计算的内部收益率结果显示在目标单元格中，如图 12-96 所示。

图 12-95　输入参数

图 12-96　计算内部收益率

12.6　价格转换函数

价格转换函数有：DOLLARDE、DOLLARFR、TBILLPRICE，下面介绍这些函数的应用。

12.6.1　应用 DOLLARDE 函数将以分数表示的价格转换为以小数表示的价格

功能：使用 DOLLARDE 函数将以整数部分和分数部分表示的价格转换为以十进制数表示的价格。

格式：DOLLARDE(fractional_dollar, fraction)。

参数：fractional_dollar（必需）。以整数部分和分数部分表示的数字，用小数点隔开。

fraction（必需）。用作分数中的分母的整数。

DOLLARDE 函数将以整数部分和分数部分表示的价格（例如 1.02）转换为以小数部分表示的价格。分数表示的金额数字有时可用于表示证券价格。

一般说来，证券价格都是用小数计算的。下面实例将证券的价格表示成小数形式，具体操作步骤如下。

步骤 1 首先输入分子和分母，选择目标单元格 D3，如图 12-97 所示。

步骤 2 单击"公式"＞"函数库"＞"财务"＞"DOLLARDE"选项，弹出"函数参数"对话框，将对应的参数单元格输入参数列表中，如图 12-98 所示，单击"确定"按钮。

图 12-97　输入数据

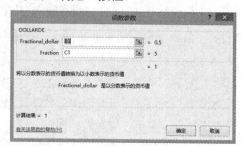

图 12-98　输入参数

步骤 3 生成公式=DOLLARDE(B3,C3)，小数形式的计算结果显示在目标单元格中，如图 12-99 所示。

	A	B	C	D	E
1	用小数形式表示证券的价格				
2		分子	分母	小数形式	
3	价格1	0.5	5	1	
4	价格2	-0.5	7	-0.71429	
5	价格3	0.6	4	1.5	

图 12-99　显示小数形式

> **提示**
>
> DOLLARDE 函数返回折旧值，截止到资产生命周期的最后一个期间，或直到累积折旧值大于资产原值减去残值后的成本价。DOLLARDE 函数将价格的小数部分除以给定的整数，从而将小数部分转换为十进制的小数部分。例如 DOLLARDE(1.02,16)表示将 1.02（读作一又十六分之二）转换为十进制数（1.125）。由于分数值为 16，因此价格采用的是十六进制。

12.6.2　应用 DOLLARFR 函数将以小数表示的价格转换为以分数表示的价格

功能：使用 DOLLARFR 函数将按小数表示的价格转换为按分数表示的价格。使用函数 DOLLARFR 可以将小数表示的金额数字如证券价格，转换为分数型数字。

格式：DOLLARFR(decimal_dollar, fraction)。

参数：decimal_dollar（必需）。需要转换格式的小数。

fraction（必需）。用作分数中分母的整数。

DOLLARFR 函数多用来计算证券价格。

下面实例将证券的价格表示成分数形式，具体操作步骤如下。

步骤 1 输入小数形式的数字和分母，选择目标单元格 D3，如图 12-100 所示。

步骤 2 单击"公式">"函数库">"财务">"DOLLARFR"选项，弹出"函数参数"对话框，将对应的参数单元格输入参数列表中，如图 12-101 所示，单击"确定"按钮。

	A	B	C	D	E
1	用分数形式表示证券价格				
2		小数	分母	分数形式	
3	价格1	0.5	7		
4	价格2	-0.6	50		
5	价格3	0.7	5		

图 12-100　输入数据

图 12-101　输入参数

步骤 3 生成公式=OLLARFR(B3,C3)，分数形式的结果显示在目标单元格中，如图 12-102 所示。

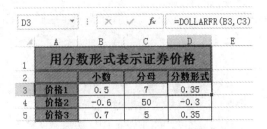

图 12-102　显示分数形式

提示

OLLARFR 函数与 DOLLARDE 函数正好相反，是将小数表示形式转换为特定进制的分数形式，例如 DOLLARFR(1.125,16)公式含义为将按小数表示的数 1.125 转换为按分数表示的数 1.02（读作一又十六分之二）。

12.6.3　应用 TBILLPRICE 函数计算面值￥100 的国库券的价格

功能：使用 TBILLPRICE 函数计算面值￥100 的国库券的价格。

格式：TBILLPRICE(settlement, maturity, discount)。

参数：settlement（必需）。国库券的结算日。即在发行日之后，国库券卖给购买者的日期。

maturity（必需）。国库券的到期日。到期日是国库券有效期截止时的日期。

discount（必需）。国库券的贴现率。

国库券的价格计算是一种很常见的计算。下面实例计算美元国库券的价格，具体操作步骤如下。

步骤 1 使用 data 函数输入成交日和到期日，再输入贴现率，选择目标单元格 B6，如图 12-103 所示。

步骤 2 单击"公式">"函数库">"财务">"TBILLPRICE"选项，弹出"函数参数"对话框，将对应的参数单元格输入参数列表中，如图 12-104 所示，单击"确定"按钮。

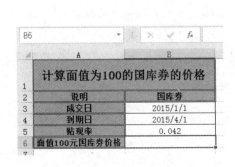

图 12-103　输入数据

图 12-104　输入参数

步骤 3 生成公式=TBILLPRICE(B3,B4,B5)，计算结果显示在目标单元格中，如图 12-105 所示。

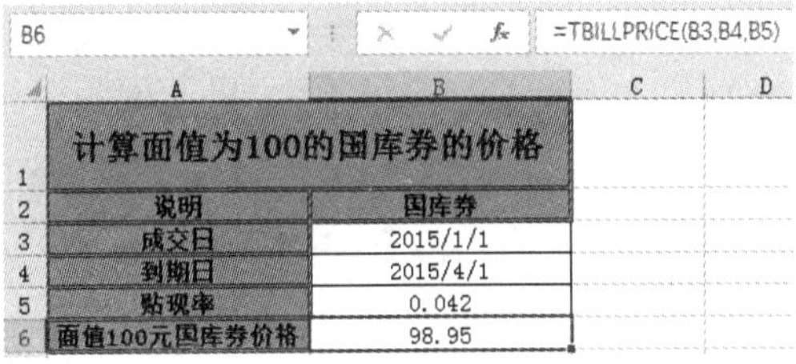

图 12-105　计算国库券价格

12.7　未来值计算函数

未来值计算函数有：FV、FVSCHEDULE，下面介绍这些函数的应用。

12.7.1　应用 FV 函数计算一笔投资的未来值

功能：基于固定利率和等额分期付款方式，返回某项投资的未来值。

格式：FV(rate,nper,pmt,[pv],[type])。

参数：rate（必需）。各期利率。

nper（必需）。年金的付款总期数。

pmt（必需）。各期所应支付的金额，在整个年金期间保持不变。通常 pmt 包括本金和利息，但不包括其他费用或税款。如果省略 pmt，则必须包括 pv 参数。

pv（可选）。现值，或一系列未来付款的当前值的累积和。如果省略 pv，则假定其值为 0（零），并且必须包括 pmt 参数。

type（可选）。数字 0 或 1，用以指定各期的付款时间是在期初还是期末。如果省略 type，则假定其值为 0。type 参数说明如表 12-33 所示。

表 12-33　type 参数说明

type 值	时间类型
0	期末付款
1	期初付款

FV 函数要确保指定 rate 和 nper 所用的单位是一致的。如果贷款为期四年（年利率 12%），每月还一次款，则 rate 应为 12%/12，nper 应为 4*12；如果对相同贷款每年还一次款，则 rate 应为 12%，nper 应为 4。

存款与利息的计算是一种很常见的计算，下面实例根据利率和存款计算三人的利息总和，具体操作步骤如下。

步骤 1 输入不同的年利率值和每年存款，使用相同的存款年限，选择目标单元格 E3，如图 12-106 所示。

步骤 2 单击"公式">"函数库">"财务">"FV"选项，弹出"函数参数"对话框，将对应的参数单元格输入参数列表中，如图 12-107 所示，单击"确定"按钮。

图 12-106　输入数据 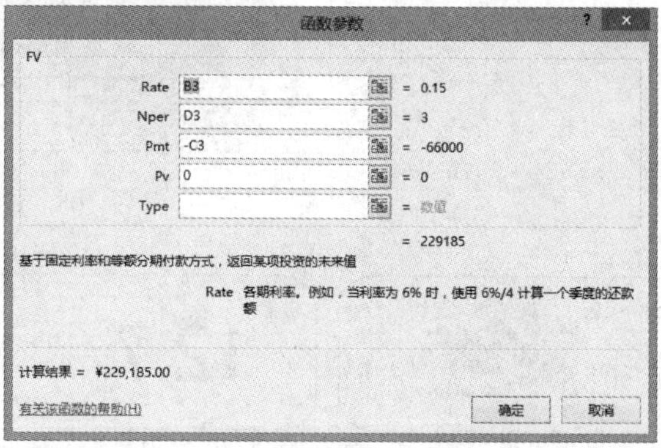　　　　　　　　　　图 12-107　输入参数

步骤 3 生成公式=FV(B3,D3,-C3,0)，存款利息总数显示在目标单元格中，如图 12-108 所示。

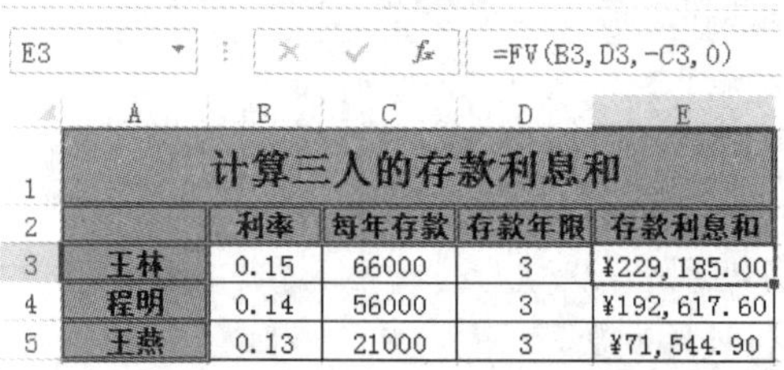

图 12-108　计算利息和

> **提示**
>
> 对于所有参数，支出的款项，如银行存款，表示为负数；收入的款项，如股息收入，表示为正数。

12.7.2　应用 FVSCHEDULE 函数计算应用一系列复利率计算的初始本金的未来值

功能：通过变量或可调节利率计算某项投资未来的价值。计算应用一系列复利率计算的初始本金的未来值。

格式：FVSCHEDULE(principal, schedule)。

参数：principal（必需）。现值。

schedule（必需）。要应用的利率数组。

下面实例按月份计算存款的未来值，具体操作步骤如下。

步骤 1 输入存款额、月份和每个月份对应的月利率，选择目标单元格 B13，如图 12-109 所示。

步骤 2 单击"公式">"函数库">"财务">"FVSCHEDULE"选项，弹出"函数参数"对话框，将对应的参数单元格输入参数列表中，如图 12-110 所示，单击"确定"按钮。

	A	B
1	计算张先生存款的未来值	
2	存款额	¥12,000.00
3	月份	月利率
4	1	0.04
5	2	0.04
6	3	0.03
7	4	0.04
8	5	0.03
9	6	0.04
10	7	0.03
11	8	0.04
12	9	0.04
13	未来存款额	

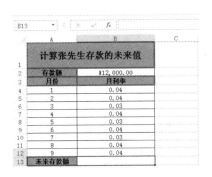

图 12-109 输入数据

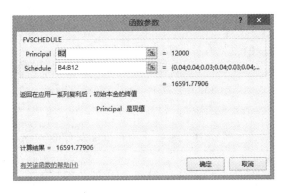

图 12-110 输入参数

步骤 3 生成公式=FVSCHEDULE(B2,B4:B12)，未来的存款额显示在目标单元格中，如图 12-111 所示。

B13 =FVSCHEDULE(B2,B4:B12)

	A	B
1	计算张先生存款的未来值	
2	存款额	¥12,000.00
3	月份	月利率
4	1	0.04
5	2	0.04
6	3	0.03
7	4	0.04
8	5	0.03
9	6	0.04
10	7	0.03
11	8	0.04
12	9	0.04
13	未来存款额	16591.77906

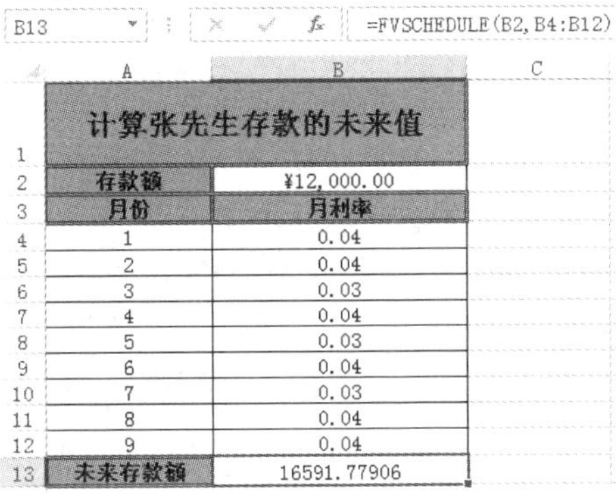

图 12-111 计算存款额

提示

参数 schedule 中的值可以是数字或空白单元格，空白单元格被视为 0（没有利率）。而其他任何值都将生成 FVSCHEDULE 的错误值#VALUE!。

12.8 本金计算函数

本金计算函数有：CUMPRINC、PPMT，下面介绍这些函数的应用。

12.8.1 应用 CUMPRINC 函数计算两个付款期之间为贷款累积支付的本金

功能：使用 CUMPRINC 函数计算一笔贷款在给定的开始和结束期间累计偿还的本金数额。

格式：CUMPRINC(rate, nper, pv, start_period, end_period, type)。

参数：rate（必需）。利率。

nper（必需）。总付款期数。

pv（必需）。现值。

start_period（必需）。计算中的首期。付款期数从 1 开始计数。

end_period（必需）。计算中的末期。

type（必需）。付款时间类型。type 的可选参数如表 12-34 所示。

表 12-34　type 的可选参数说明

类型	时间类型
0	期末付款
1	期初付款

CUMPRINC 函数要确保指定 rate 和 nper 所用的单位是一致的。例如，如果要以百分之十二的年利率按月支付一笔四年期的贷款，则 rate 为 12%/12，nper 为 4*12。

下面实例计算贷款数为 8000 元、利率为 8.50%、贷款年限为 30 年时，每月需要偿还的本金，具体操作步骤如下。

步骤 1 输入贷款数、再输入年利率和贷款年限，选择目标单元格 B5，如图 12-112 所示。

步骤 2 单击"公式">"函数库">"财务">"CUMPRINC"选项，弹出"函数参数"对话框，将对应的参数单元格输入参数列表中，如图 12-113 所示，单击"确定"按钮。

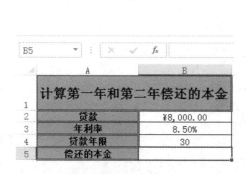

图 12-112　输入数据

图 12-113　输入参数

步骤 3 生成公式=CUMPRINC(B3/12,B4*12,B2,1,24,0)，每月偿还的本金显示在目标单元格中，如图 12-114 所示。

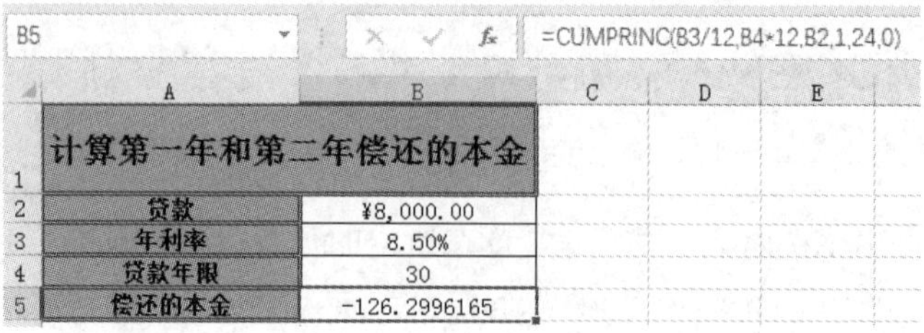

图 12-114　计算每月偿还的本金

　　参数 type 的值只能为 0 或 1，如果为 0 或 1 以外的任何数，CUMPRINC 函数将返回错误值#NUM!。

12.8.2　应用 PPMT 函数计算一笔投资在给定期间内偿还的本金

　　功能：使用 PPMT 函数计算根据定期固定付款和固定利率而定的投资在已知期间内的本金偿付额。

　　格式：PPMT(rate, per, nper, pv, [fv], [type])。

　　参数：rate（必需）。各期利率。

　　per（必需）。指定期数，该值必须在 1 到 nper 范围内。

　　nper（必需）。年金的付款总期数。

　　pv（必需）。现值即一系列未来付款当前值的总和。

　　fv（可选）。未来值，或在最后一次付款后希望得到的现金余额。如果省略 fv，则假定其值为 0（零），即贷款的未来值是 0。

　　type（可选）。数字 0 或 1，用以指定各期的付款时间是在期初还是期末，如表 12-35 所示为参数说明。

表 12-35　type 参数说明

type 值	时间类型
0	期末付款
1	期初付款

　　PPMT 返回的付款包括本金和利息，但不包括税金、准备金，也不包括某些与贷款有关的费用。

　　应确认所指定的 rate 和 nper 单位的一致性。例如，同样是四年期年利率为 12%的贷款，如果按月支付，rate 应为 12%/12，nper 应为 4*12；如果按年支付，rate 应为 12%，nper 为 4。

　　下面实例要求计算每期返还的本金金额，具体操作步骤如下。

　　步骤 1 输入贷款金额、月利率、支付次数和支付方式，选择目标单元格 B7，如图 12-115 所示。

　　步骤 2 单击"公式">"函数库">"财务">"PPMT"选项，弹出"函数参数"对话框，将对应的参数单元格输入参数列表中，如图 12-116 所示，单击"确定"按钮。

　　步骤 3 生成公式=PPMT(B3,A7,B4,B2,0,0)，每月的还款金额显示在目标单元格中，注意其他列不能使用填充柄，如图 12-117 所示。

图 12-115　输入数据

图 12-116　输入参数

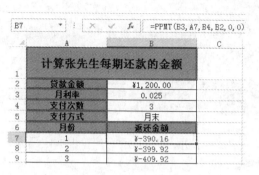

图 12-117　计算返还金额

12.9　现价计算函数

现价计算函数有：ODDFPRICE、ODDLPRICE、PRICE、PRICEDISC、PRICEMAT，下面介绍这些函数的应用。

12.9.1　应用 ODDFPRICE 函数计算每张票面为￥100 且第一期为奇数的债券的现价

功能：使用 ODDFPRICE 函数计算首期付息日不固定（长期或短期）的面值为￥100 的有价证券价格。

格式：ODDFPRICE(settlement, maturity, issue, first_coupon, rate, yld, redemption, frequency, [basis])。

参数：settlement（必需）。有价证券的结算日。有价证券结算日是在发行日之后，有价证券卖给购买者的日期。

maturity（必需）。有价证券的到期日。到期日是有价证券有效期截止时的日期。

issue（必需）。有价证券的发行日。

first_coupon（必需）。有价证券的首期付息日。

rate（必需）。有价证券的利率。

yld（必需）。有价证券的年收益率。

redemption（必需）。面值为￥100 的有价证券的清偿价值。

frequency（必需）。年付息次数。如果按年支付，frequency = 1；按半年期支付，frequency = 2；按季支付，frequency = 4。

basis（可选）。要使用的日计数基准类型。basis 的可选参数如表 12-36 所示。

表 12-36　basis 的可选参数说明

basis 值	日计数基准
0 或默认	US（NASD) 30/360
1	实际天数/实际天数
2	实际天数/360
3	实际天数/365
4	欧洲 30/360

在计算时，参数 settlement、maturity、issue、first_coupon 和 basis 将被截尾取整。

如果 settlement、maturity、issue 或 first_coupon 不是合法日期，则 ODDFPRICE 函数将返回错误值#VALUE!。

如果 rate<0 或 yld<0，则 ODDFPRICE 函数返回错误值#NUM!。

如果 basis<0 或 basis>4，则 ODDFPRICE 函数返回错误值#NUM!。

下面实例计算首期付息日不固定的有价证券的价格，具体操作步骤如下。

步骤 1　使用 data 函数输入证券结算日、到期日、发行日和首次付息日，再输入利率、年收益率、付息次数和基准，选择目标单元格 B11，如图 12-118 所示。

步骤 2　单击"公式">"函数库">"财务">"ODDFPRICE"选项，弹出"函数参数"对话框，将对应的参数单元格输入参数列表中，如图 12-119 所示，单击"确定"按钮。

图 12-118　输入数据

图 12-119　输入参数

步骤 3　生成公式=ODDFPRICE(B2,B3,B4,B5,B6,B7,B8,B9,B10)，证券价格的计算结果显示在目标单元格中，应将此单元格设置为"货币格式"，如图 12-120 所示。

图 12-120　计算证券价格

技巧

在计算时，必须满足下列日期条件，maturity>first_coupon>settlement>issue。否则，ODDFPRICE函数返回错误值#NUM!。

12.9.2 应用ODDLPRICE函数计算每张票面为￥100且最后一期为奇数的债券的现价

功能：使用ODDLPRICE函数计算末期付息日不固定的面值￥100的有价证券（长期或短期）的价格。

格式：ODDLPRICE(settlement, maturity, last_interest, rate, yld, redemption, frequency, [basis])。

参数：settlement（必需）。有价证券的结算日。有价证券结算日是在发行日之后，有价证券卖给购买者的日期。

maturity（必需）。有价证券的到期日。到期日是有价证券有效期截止时的日期。

last_interest（必需）。有价证券的末期付息日。

rate（必需）。有价证券的利率。

yld（必需）。有价证券的年收益率。

redemption（必需）。面值￥100的有价证券的清偿价值。

frequency（必需）。年付息次数。如果按年支付，frequency = 1；按半年期支付，frequency = 2；按季支付，frequency = 4。

basis（可选）。要使用的日计数基准类型。basis的可选参数如表12-37所示。

表12-37　basis的可选参数说明

basis 值	日计数基准
0 或默认	US（NASD) 30/360
1	实际天数/实际天数
2	实际天数/360
3	实际天数/365
4	欧洲 30/360

在计算时，参数settlement、maturity、last_interest和basis将被截尾取整。

下面实例计算有价债券的价格，具体操作步骤如下。

步骤 1 使用data函数输入结算日、到期日和期末付息日，再输入利率、证券价格、清偿价值、付息次数和基准，选择目标单元格B10，如图12-121所示。

步骤 2 单击"公式">"函数库">"财务">"ODDLPRICE"选项，弹出"函数参数"对话框，将对应的参数单元格输入参数列表中，如图12-122所示，单击"确定"按钮。

	A	B
1	计算张先生购买债券的价格	
2	结算日	2012/2/7
3	到期日	2014/6/15
4	期末付息日	2011/10/15
5	利率	3.75%
6	年收益率	4.05%
7	清偿价值	¥100.00
8	年付息次数	2
9	基准	2
10	债券价格	

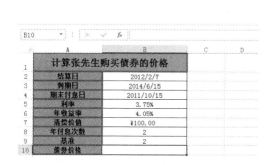

图 12-121　输入数据

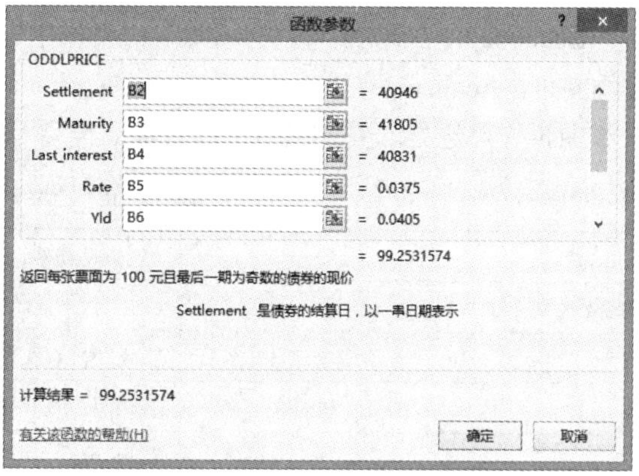

图 12-122　输入参数

步骤 3 生成公式=ODDLPRICE(B2,B3,B4,B5,B6,B7,B8,B9)，债务价格显示在目标单元格中，如图 12-123 所示。

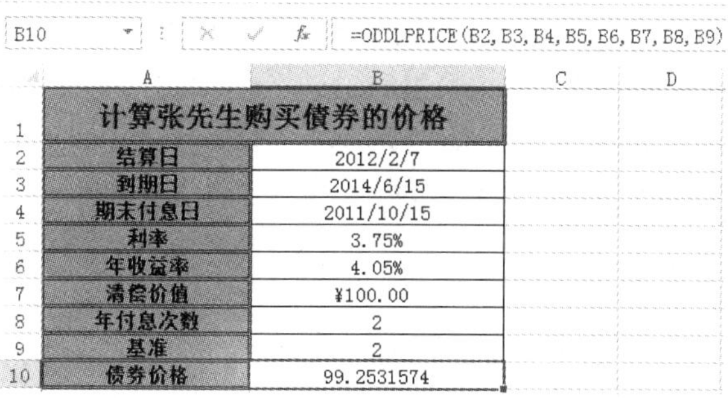

B10　=ODDLPRICE(B2, B3, B4, B5, B6, B7, B8, B9)

	A	B
1	计算张先生购买债券的价格	
2	结算日	2012/2/7
3	到期日	2014/6/15
4	期末付息日	2011/10/15
5	利率	3.75%
6	年收益率	4.05%
7	清偿价值	¥100.00
8	年付息次数	2
9	基准	2
10	债券价格	99.2531574

图 12-123　计算债务价格

技巧

在计算时，必须满足下列日期条件：maturity>settlement>last_interest。否则，函数 ODDLPRICE 返回错误值#NUM!。

12.9.3 应用 PRICE 函数计算每张票面为￥100 且定期支付利息的债券的现价

功能：使用 PRICE 函数计算定期付息的面值￥100 的有价证券的价格。

格式：PRICE(settlement, maturity, rate, yld, redemption, frequency, [basis])。

参数：settlement（必需）。有价证券的结算日。有价证券结算日是在发行日之后，有价证券卖给购买者的日期。

maturity（必需）。有价证券的到期日。到期日是有价证券有效期截止时的日期。

rate（必需）。有价证券的年息票利率。

yld（必需）。有价证券的年收益率。

redemption（必需）。面值￥100 的有价证券的清偿价值。

frequency（必需）。年付息次数。如果按年支付，frequency = 1；按半年期支付，frequency = 2；按季支付，frequency = 4。

basis（可选）。要使用的日计数基准类型。basis 的可选参数如表 12-38 所示。

表 12-38　basis 的可选参数说明

basis 值	日计数基准
0 或默认	US（NASD) 30/360
1	实际天数/实际天数
2	实际天数/360
3	实际天数/365
4	欧洲 30/360

结算日是购买者买入息票（如债券）的日期。到期日是息票有效期截止时的日期。

下面实例要求计算债券的价格，具体操作步骤如下。

步骤 1　使用 data 函数输入结算日和到期日，再输入利率、年收益率、清偿价值、复习次数和基准，选择目标单元格 B9，如图 12-124 所示。

步骤 2　单击"公式"＞"函数库"＞"财务"＞"PRICE"选项，弹出"函数参数"对话框，将对应的参数单元格输入参数列表中，如图 12-125 所示，单击"确定"按钮。

图 12-124　输入数据

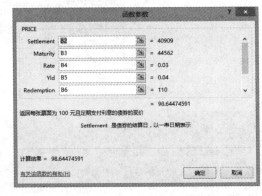

图 12-125　输入参数

步骤 3　生成公式=PRICE(B2,B3,B4,B5,B6,B7,B8)，计算的债券价格显示在目标单元格中，注意设置单元格格式，如图 12-126 所示。

图 12-126　计算债券价格

12.9.4 应用 PRICEDISC 函数计算票面为￥100 的已贴现债券的现价

功能：使用 PRICEDISC 函数计算折价发行的面值￥100 的有价证券的价格。

格式：PRICEDISC(settlement, maturity, discount, redemption, [basis])。

参数：settlement（必需）。有价证券的结算日。有价证券结算日是在发行日之后，有价证券卖给购买者的日期。

maturity（必需）。有价证券的到期日。到期日是有价证券有效期截止时的日期。

discount（必需）。有价证券的贴现率。

redemption（必需）。面值￥100 的有价证券的清偿价值。

basis（可选）。要使用的日计数基准类型。basis 的可选参数如表 12-39 所示。

表 12-39 basis 的可选参数

basis 值	日计数基准
0 或默认	US（NASD) 30/360
1	实际天数/实际天数
2	实际天数/360
3	实际天数/365
4	欧洲 30/360

PRICEDISC 函数如果日期以文本形式输入，则会出现问题。

PRICEDISC 函数的计算公式如下：

$$PRICEDISC = redemption - discount \times redemption \times \frac{DSM}{B}$$

公式中：

B = 一年之中的天数，取决于年基准数。

DSM = 结算日与到期日之间的天数。

下面实例计算有价债券的价格，具体操作步骤如下。

步骤 1 使用 data 函数输入有价证券的结算日和到期日，再输入贴现率、清偿价值和基准，选择目标单元格 B7，如图 12-127 所示。

步骤 2 单击"公式">"函数库">"财务">"PRICEDISC"选项，弹出"函数参数"对话框，将对应的参数单元格输入参数列表中，如图 12-128 所示，单击"确定"按钮。

图 12-127 输入数据

步骤 3 生成公式=PRICEDISC(B2,B3,B4,B5,B6)，有价债券的价格显示在目标单元格中，如图 12-129 所示。

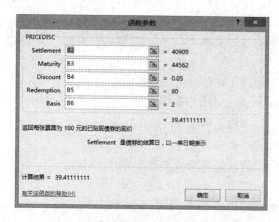

图 12-128 输入参数

图 12-129 计算债券价格

12.9.5 应用 PRICEMAT 函数计算票面为￥100 且在到期日支付利息的债券的现价

功能：使用 PRICEMAT 函数计算到期付息的面值￥100 的有价证券的价格。

格式：PRICEMAT(settlement, maturity, issue, rate, yld, [basis])。

参数：settlement（必需）。有价证券的结算日。有价证券结算日是在发行日之后，有价证券卖给购买者的日期。

maturity（必需）。有价证券的到期日。到期日是有价证券有效期截止时的日期。

issue（必需）。有价证券的发行日，以时间序列号表示。

rate（必需）。有价证券在发行日的利率。

yld（必需）。有价证券的年收益率。

basis（可选）。要使用的日计数基准类型。basis 的可选参数如表 12-40 所示。

表 12-40　basis 的可选参数说明

basis 值	日计数基准
0 或默认	US（NASD）30/360
1	实际天数/实际天数
2	实际天数/360
3	实际天数/365
4	欧洲 30/360

函数 PRICEMAT 的计算公式如下：

$$PRICEMAT = \frac{100\left(\dfrac{DIM}{B} \times rate \times 100\right)}{1 + \left(\dfrac{DSM}{B} \times yld\right)} - \left(\frac{A}{B} \times rate \times 100\right)$$

公式中：

$B =$ 一年之中的天数，取决于年基准数。

$DSM =$ 结算日与到期日之间的天数。

$DIM =$ 发行日与到期日之间的天数。

$A =$ 发行日与结算日之间的天数。

下面实例计算债券的价格，具体操作步骤如下。

步骤 1 使用 data 函数输入有价债券的结算日、到期日和发行日，再输入利率、年收益率和基准，选择目标单元格 B8，如图 12-130 所示。

步骤 2 单击"公式">"函数库">"财务">"PRICEMAT"选项，弹出"函数参数"对话框，将对应的参数单元格输入参数列表中，如图 12-131 所示，单击"确定"按钮。

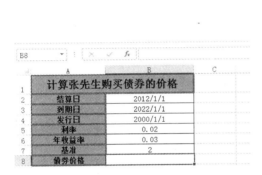

图 12-130　输入数据

图 12-131　输入参数

步骤 3 生成公式=PRICEMAT(B2,B3,B4,B5,B6,B7)，债券的价格显示在目标单元格中，如图 12-132 所示。

图 12-132　计算债的价格

12.10　净现值与贴现率计算函数

净现值与贴现率计算函数有：DISC、NPV、XNPV、PV，下面介绍这些函数的应用。

12.10.1　应用 DISC 函数计算债券的贴现率

功能：使用 DISC 函数计算有价证券的贴现率。

格式：DISC(settlement, maturity, pr, redemption, [basis])。

参数：settlement（必需）。有价证券的结算日。有价证券结算日是在发行日之后，有价证券卖给购买者的日期。

maturity（必需）。有价证券的到期日。到期日是有价证券有效期截止时的日期。

pr（必需）。有价证券的价格（按面值为￥100 计算）。

redemption（必需）。面值￥100 的有价证券的清偿价值。

basis（可选）。要使用的日计数基准类型。basis 的可选参数如表 12-41 所示。

表 12-41　basis 的可选参数说明

basis 值	日计数基准
0 或默认	US（NASD) 30/360
1	实际天数/实际天数
2	实际天数/360
3	实际天数/365
4	欧洲 30/360

函数 DISC 的计算公式如下：

$$DISC = \frac{redemption - par}{redemption} \times \frac{B}{DSM}$$

公式中：

B = 一年之中的天数，取决于年基准数

DSM = 结算日与到期日之间的天数

下面实例计算张先生购买证券的贴现率，具体操作步骤如下。

步骤1 用 data 函数输入贴现率的结算日、到期日，再输入证券价值、清偿价值和基准，选择目标单元格 B7，如图 12-133 所示。

步骤2 单击"公式">"函数库">"财务">"DISC"选项，弹出"函数参数"对话框，将对应的参数单元格输入参数列表中，如图 12-134 所示，单击"确定"按钮。

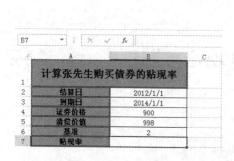

图 12-133　输入数据

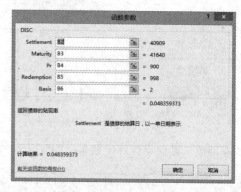

图 12-134　输入参数

步骤3 生成公式=DISC(B2,B3,B4,B5,B6)，贴现率的计算结果显示在目标单元格中，如图 12-135 所示。

B7 | | × ✓ *fx* | =DISC(B2,B3,B4,B5,B6)

	A	B	C
1	计算张先生购买债券的贴现率		
2	结算日	2012/1/1	
3	到期日	2014/1/1	
4	证券价格	900	
5	清偿价值	998	
6	基准	2	
7	贴现率	0.048359373	

图 12-135　计算贴现率

技巧

参数 settlement 和 maturity 应为日期格式，如果不是合法日期，DISC 函数将返回错误值 #VALUE!。

12.10.2　应用 NPV 函数计算基于一系列定期的现金流和贴现率计算的投资的净现值

功能：使用 NPV 函数计算一项投资的净现值，使用贴现率和一系列未来支出（负值）和收益（正值）。

格式：NPV(rate,value1,[value2],...)。

参数：rate（必需）。某一期间的贴现率。

value1, value2, ... value1 是必需的，后续值是可选的。这些是代表支出及收入的 1 到 254 个参数。

NPV 投资开始于 value1 现金流所在日期的前一期，并以列表中最后一笔现金流结束。NPV 的计算基于未来的现金流。如果第一笔现金流发生在第一期的期初，则第一笔现金必须添加到 NPV 的结果中，而不应包含在值参数中。

下面实例计算投资的净现值，具体操作步骤如下。

步骤 1　首先输入贴现率和一年前的初期投资，再输入第一、二、三年的收益，选择目标单元格 B7，如图 12-136 所示。

步骤 2　单击"公式">"函数库">"财务">"NPV"选项，弹出"函数参数"对话框，将对应的参数单元格输入参数列表中，如图 12-137 所示，单击"确定"按钮。

B7 | | × ✓ *fx*

	A	B	C
1	计算张先生投资的净现值		
2	年贴现率	0.1	
3	一年前的初期投资	−10000	
4	第一年的收益	5000	
5	第二年的收益	6000	
6	第三年的收益	7000	
7	投资的净现值		

图 12-136　输入数据

图 12-137　输入参数

步骤 3 生成公式=NPV(B2,B3,B4,B5,B6)，最后的计算结果显示在目标单元格中，设置单元格的格式为人民币的形式，如图 12-138 所示。

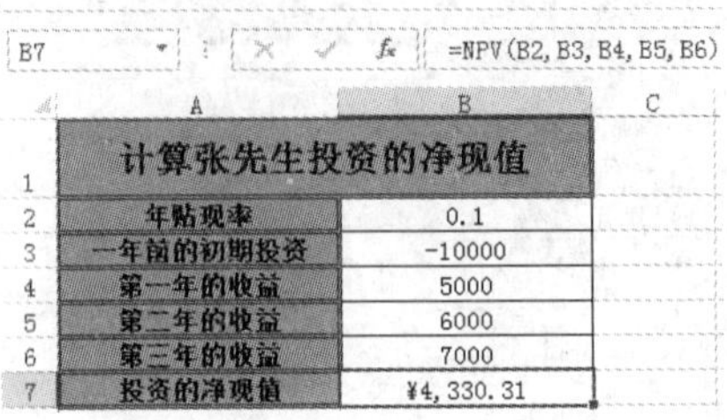

B7		f_x	=NPV(B2,B3,B4,B5,B6)

	A	B	C
1	计算张先生投资的净现值		
2	年贴现率	0.1	
3	一年前的初期投资	-10000	
4	第一年的收益	5000	
5	第二年的收益	6000	
6	第三年的收益	7000	
7	投资的净现值	¥4,330.31	

图 12-138 计算净现值

技巧

函数 NPV 与函数 PV（现值）相似。其主要差别在于：函数 PV 允许现金流在期初或期末开始。与可变的 NPV 的现金流数值不同，PV 的每一笔现金流在整个投资中必须是固定的。有关年金与财务函数的详细信息，请参阅 PV 函数。

12.10.3 应用 XNPV 函数计算一组现金流的净现值

功能：使用 XNPV 函数计算一组现金流的净现值，这些现金流不一定定期发生。

格式：XNPV(rate, values, dates)。

参数：rate（必需）。应用于现金流的贴现率。

values（必需）。与 dates 中的支付时间相对应的一系列现金流。首期支付是可选的，且与投资开始时的成本或支付有关。如果第一个值是成本或支付，则它必须是负值。所有后续支付都基于 365 天/年贴现。值系列中必须至少包含一个正值和一个负值。

dates（必需）。与现金流支付相对应的支付日期表。日期可按任何顺序排列。应使用 DATE 函数输入日期，或者将日期作为其他公式或函数的结果输入。

函数 XNPV 的计算公式如下：

$$XNPV = \sum_{i=1}^{N} \frac{P_i}{(1 + rate)^{\frac{(d_i - d_1)}{365}}}$$

公式中：

d_i=第 i 个或最后一个支付日期。

d_1=第 0 个支付日期。

P_i=第 i 个或最后一个支付金额。

下面实例计算某工厂的净现值，具体操作步骤如下。

步骤 1 首先输入工厂的收益数据及所对应的各个日期，选择目标单元格 B8，如图 12-139 所示。

步骤 2 单击"公式">"函数库">"财务">"XNPV"选项，弹出"函数参数"对话框，将对应的参数单元格输入参数列表中，如图 12-140 所示，单击"确定"按钮。

计算某工厂的净现值	
收益	日期
-60000	2015/1/1
5000	2015/2/1
6000	2015/3/1
7000	2015/4/1
8000	2015/5/1
净现值	

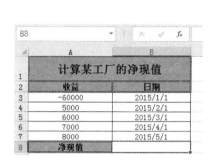

图 12-139　输入数据

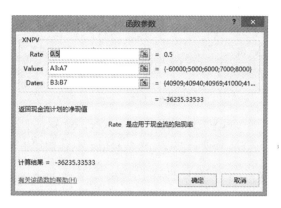

图 12-140　输入参数

步骤 3 生成公式=XNPV(0.5,A3:A7,B3:B7)，计算的净现值显示在目标单元格中，如图 12-141 所示。

计算某工厂的净现值	
收益	日期
-60000	2015/1/1
5000	2015/2/1
6000	2015/3/1
7000	2015/4/1
8000	2015/5/1
净现值	-36214.29065

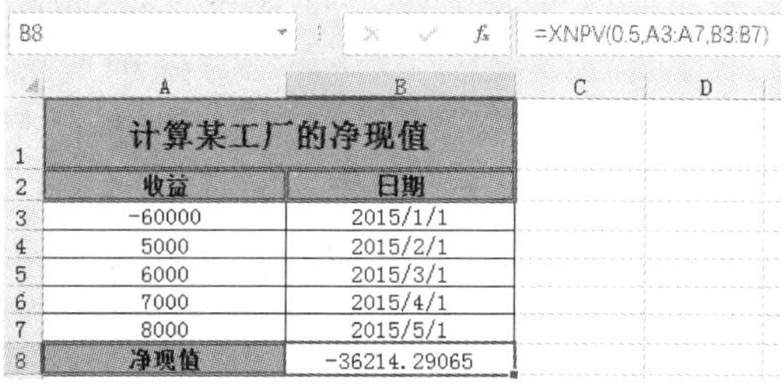

图 12-141　计算净现值

12.10.4 应用 PV 函数计算投资的现值

功能：使用 PV 函数计算投资的现值。现值为一系列未来付款的当前值的累积和。例如，借入方的借入款即为贷出方贷款的现值。

格式：PV(rate, nper, pmt, [fv], [type])。

参数：rate（必需）。各期利率。例如，如果按 10%的年利率借入一笔贷款来购买汽车，并按月偿还贷款，则月利率为 10%/12（即 0.83%）。可以在公式中输入 10%/12、0.83%或 0.0083 作为 rate 的值。

nper（必需）。年金的付款总期数。例如，对于一笔 4 年期按月偿还的汽车贷款，共有 4*12（即 48）个偿款期。可以在公式中输入 48 作为 nper 的值。

pmt（必需）。每期的付款金额，在年金周期内不能更改。通常，pmt 包括本金和利息，不含其他费用或税金。例如，￥10,000 的年利率为 12%的四年期汽车贷款的月偿还额为￥263.33。可以在公式中输入-263.33 作为 pmt 的值。如果省略 pmt，则必须包含 fv 参数。

fv（可选）。未来值，或在最后一次付款后希望得到的现金余额。如果省略 fv，则假定其值为 0（例如，贷款的未来值是 0）。例如，需要存￥50,000 以便在 18 年后为特殊项目付款，则￥50,000 就是未来值。可以根据保守估计的利率来决定每月的存款额。如果省略 fv，则必须包含 pmt 参数。

type（可选）。数字 0 或 1，用以指定各期的付款时间是在期初还是期末。type 值参数说明如表 12-42 所示。

表 12-42　type 值参数说明

type 值	支付时间
0 或省略	期末
1	期初

PV 函数的日期如果以文本形式输入，则会出现问题。

下面实例计算保险金的现值，具体操作步骤如下。

步骤 1 输入要计算的保险的年金支出、投资的年收益率和付款年限，选择目标单元格 B5，如图 12-142 所示。

步骤 2 单击"公式">"函数库">"财务">"PV"选项，弹出"函数参数"对话框，将对应的参数单元格输入参数列表中，如图 12-143 所示，单击"确定"按钮。

图 12-142　输入数据

图 12-143　输入参数

步骤 3 生成公式=PV(B3/12,B4*12,B2)，保险年金的现值计算结果显示在目标单元格中，如图 12-144 所示。

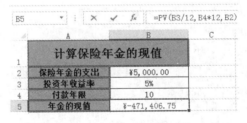

图 12-144　计算年金现值

提示

年金是在一段连续期间内的一系列固定的现金付款，例如汽车贷款或购房贷款就是年金。可以应用于年金的函数有：CUMIPMT、PPMT、CUMPRINC、PV、FV、RATE、FVSCHEDULE、XIRR、IPMT XNPV、PMT

有关详细信息，可参阅各年金函数的详细说明。

在年金函数中，支出的款项如银行存款，表示为负数；收入的款项，如股息收入，表示为正数。例如，对于储户来说，¥1000 银行存款可表示为参数-1000，而对于银行来说该参数为正值 1000。

12.11　期限与期数计算函数

期限与期数计算函数有：DURATION、MDURATION、NPER，下面这些函数的应用。

12.11.1 应用 DURATION 函数计算定期支付利息的债券的每年期限

功能：使用 DURATION 函数计算假设面值￥100 的定期付息有价证券的修正期限。

格式：DURATION(settlement, maturity, coupon, yld, frequency, [basis])。

参数：settlement（必需）。有价证券的结算日。有价证券结算日是在发行日之后，有价证券卖给购买者的日期。

maturity（必需）。有价证券的到期日。到期日是有价证券有效期截止时的日期。

coupon（必需）。有价证券的年息票利率。

yld（必需）。有价证券的年收益率。

frequency（必需）。年付息次数。如果按年支付，frequency = 1；按半年期支付，frequency = 2；按季支付，frequency = 4。

basis（可选）。要使用的日计数基准类型。basis 的可选参数如表 12-43 所示。

表 12-43　basis 的可选参数说明

basis 值	日计数基准
0 或默认	US（NASD) 30/360
1	实际天数/实际天数
2	实际天数/360
3	实际天数/365
4	欧洲 30/360

DURATION 函数中的期限定义为一系列现金流现值的加权平均值，用于计量债券价格对于收益率变化的敏感程度。

修正期限计算是一种很常见的计算。下面实例计算基金的修正期限，具体操作步骤如下。

步骤 1 使用 data 函数输入结算日和到期日，再输入票息利率、收益率、年付息次数和基准，选择目标单元格 B8，如图 12-145 所示。

步骤 2 单击"公式">"函数库">"财务">"DURATION"选项，弹出"函数参数"对话框，将对应的参数单元格输入参数列表中，如图 12-146 所示，单击"确定"按钮。

步骤 3 生成公式=DURATION(B2,B3,B4,B5,B6,B7)，修正期限显示在目标单元格中，如图 12-147 所示。

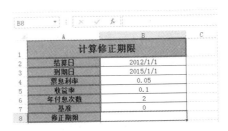

图 12-145　输入数据

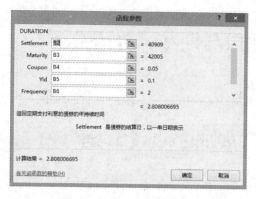

图 12-146　输入参数

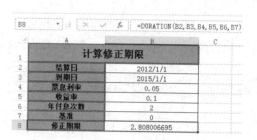

图 12-147　修正期限

 提示

DURATION 函数中的 Settlement、maturity、frequency 和 basis 参数将被截尾取整。

12.11.2　应用 MDURATION 函数计算面值为￥100 的有价证券的 Macauley 修正期限

功能：使用 MDURATION 函数计算假设面值￥100 的有价证券的 Macauley 修正期限。

格式：MDURATION(settlement, maturity, coupon, yld, frequency, [basis])。

参数：settlement（必需）。有价证券的结算日。有价证券结算日是在发行日之后，有价证券卖给购买者的日期。

maturity（必需）。有价证券的到期日。到期日是有价证券有效期截止时的日期。

coupon（必需）。有价证券的年息票利率。

Yld（必需）。有价证券的年收益率。

frequency（必需）。年付息次数。如果按年支付，frequency = 1；按半年期支付，frequency = 2；按季支付，frequency = 4。

basis（可选）。要使用的日计数基准类型。basis 的可选参数如下表 12-44 所示。

表 12-44　basis 的可选参数说明

basis 值	日计数基准
0 或默认	US（NASD) 30/360
1	实际天数/实际天数
2	实际天数/360
3	实际天数/365
4	欧洲 30/360

修正期限的计算公式如下：

$$MIDURATION = \frac{DURATION}{1+(\dfrac{市场收益率}{每年的息票支付额})}$$

下面实例计算基金的修正期限，具体操作步骤如下。

步骤 1 首先使用 data 函数输入此项基金的结算日和到期日，然后输入收益率、票息利率、次数和基准，选择目标单元格 B8，如图 12-148 所示。

步骤 2 单击"公式">"函数库">"财务">"MDURATION"选项，弹出"函数参数"对话框，将对应的参数单元格输入参数列表中，如图 12-149 所示，单击"确定"按钮。

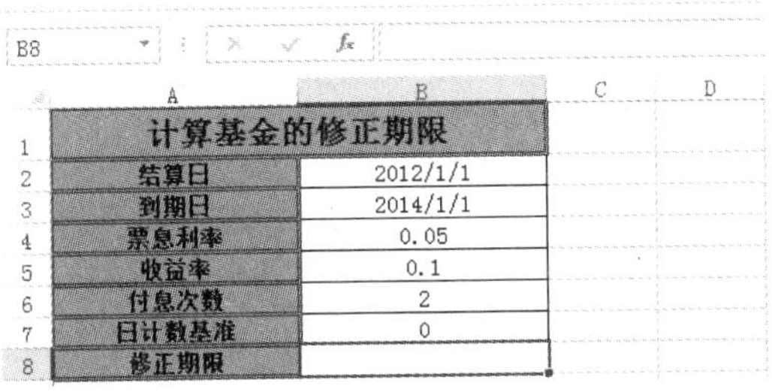

图 12-148　输入数据

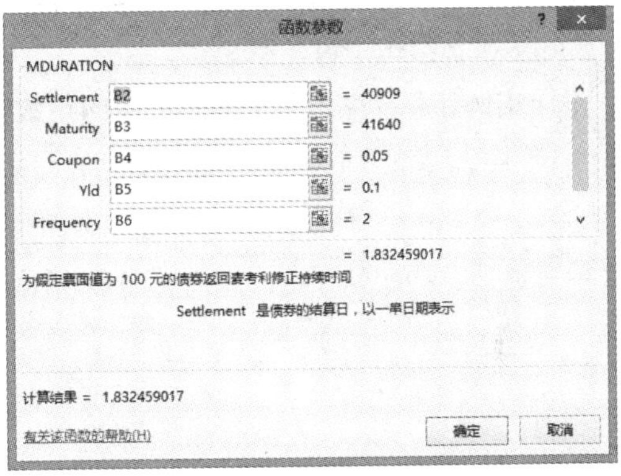

图 12-149　输入参数

步骤 3 生成公式=MDURATION(B2,B3,B4,B5,B6,B7)，修正期限的计算结果显示在目标单元格中，如图 12-150 所示。

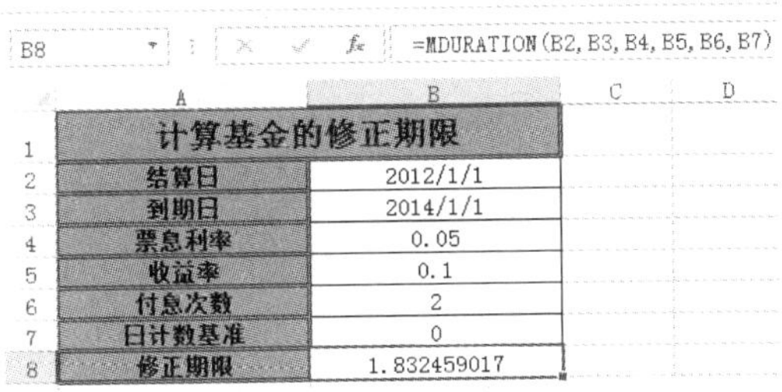

图 12-150　显示修正期限

12.11.3 应用 NPER 函数计算投资的期数

功能：使用 NPER 函数计算某项投资的总期数，基于固定利率和等额分期付款方式。

格式：NPER(rate,pmt,pv,[fv],[type])。

参数：rate（必需）。各期利率。

pmt（必需）。各期所应支付的金额，在整个年金期间保持不变。通常 pmt 包括本金和利息，但不包括其他费用或税款。

pv（必需）。现值，或一系列未来付款的当前值的累积和。

fv（可选）。未来值，或在最后一次付款后希望得到的现金余额。如果省略 fv，则假定其值为 0（例如，贷款的未来值是 0）。

type（可选）。数字 0 或 1，用以指定各期的付款时间是在期初还是期末。type 参数说明如表 12-45 所示。

表 12-45　type 参数说明

type 值	时间类型
0	期末付款
1	期初付款

NPER 函数多用于投资的计算。

下面实例计算存款达到 1 万元所需的年数，具体操作步骤如下。

步骤 1 输入年利率、存款数和余额值 10000，选择目标单元格 D3，如图 12-151 所示。

步骤 2 单击"公式">"函数库">"财务">"NPER"选项，弹出"函数参数"对话框，将对应的参数单元格输入参数列表中，如图 12-152 所示，单击"确定"按钮。

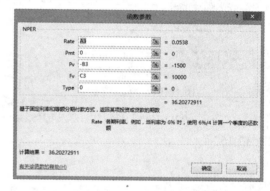

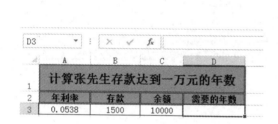

图 12-151　输入数据

图 12-152　输入参数

步骤 3 生成公式=NPER(A3,0,-B3,C3,0)，最后需要的年数显示在目标单元格中，如图 12-153 所示。

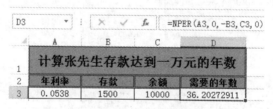

图 12-153　计算需要的年数

12.12　其他函数

下面介绍其他财务函数的应用。

12.12.1 应用 PMT 函数计算年金的定期支付金额

功能：使用 PMT 函数根据固定付款额和固定利率计算贷款的付款额。

格式：PMT(rate, nper, pv, [fv], [type])。

参数：rate（必需）。贷款利率。

nper（必需）。该项贷款的付款总数。

pv（必需）。现值，或一系列未来付款额现在所值的总额，也叫本金。

fv（可选）。未来值，或在最后一次付款后希望得到的现金余额。如果省略 fv，则假定其值为 0（零），即贷款的未来值是 0。

type（可选）。数字 0 或 1，用以指定各期的付款时间是在期初还是期末。type 参数说明如表 12-46 所示。

表 12-46 type 参数说明

type 值	时间类型
0	期末付款
1	期初付款

PMT 返回的付款包括本金和利息，但不包括税金、准备金，也不包括某些与贷款有关的费用。

应确认所指定的 rate 和 nper 单位的一致性。例如，同样是四年期年利率为 12%的贷款，如果按月支付，rate 应为 12%/12，nper 应为 4*12；如果按年支付，rate 应为 12%，nper 为 4。

下面实例计算张先生贷款的每期还款额，具体操作步骤如下。

步骤 1 输入贷款金额和月利率，支付次数是 12，即每个月一次，支付时间在月末，选择目标单元格 B6，如图 12-154 所示。

步骤 2 单击"公式">"函数库">"财务">"PMT"选项，弹出"函数参数"对话框，将对应的参数单元格输入参数列表中，如图 12-155 所示，单击"确定"按钮。

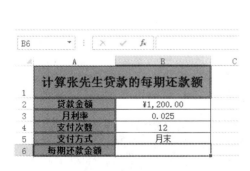

图 12-154　输入数据

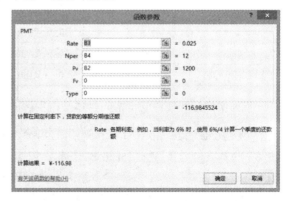

图 12-155　输入参数

步骤 3 生成公式=PMT(B3,B4,B2,0,0)，计算结果显示在目标单元格中，还款金额为负值，如图 12-156 所示。

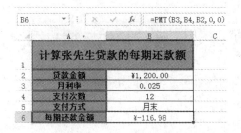

图 12-156　计算每期还款金额

如果要计算贷款期间的支付总额，可使用 PMT 函数返回值乘 nper。

12.12.2　应用 RECEIVED 函数计算完全投资型债券在到期日收回的金额

功能：使用 RECEIVED 函数计算一次性付息的有价证券到期收回的金额。

格式：RECEIVED(settlement, maturity, investment, discount, [basis])。

参数：settlement（必需）。有价证券的结算日。有价证券结算日是在发行日之后，有价证券卖给购买者的日期。

maturity（必需）。有价证券的到期日。到期日是有价证券有效期截止时的日期。

investment（必需）。有价证券的投资额。

discount（必需）。有价证券的贴现率。

basis（可选）。要使用的日计数基准类型。basis 的可选参数如表 12-47 所示。

表 12-47　basis 的可选参数说明

basis 值	日计数基准
0 或默认	US（NASD）30/360
1	实际天数/实际天数
2	实际天数/360
3	实际天数/365
4	欧洲 30/360

下面实例计算债券的价格，具体操作步骤如下。

步骤 1 使用 data 函数输入结算日和到期日，再输入投资额、贴现率和基准，选择目标单元格 B7，如图 12-157 所示。

步骤 2 单击"公式">"函数库">"财务">"RECEIVED"选项，弹出"函数参数"对话框，将对应的参数单元格输入参数列表中，如图 12-158 所示，单击"确定"按钮。

步骤 3 生成公式=RECEIVED(B2,B3,B4,B5,B6)，所计算的证券的到期金额显示在目标单元格中，如图 12-159 所示。

图 12-157　输入数据

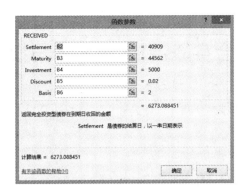

图 12-158 输入参数

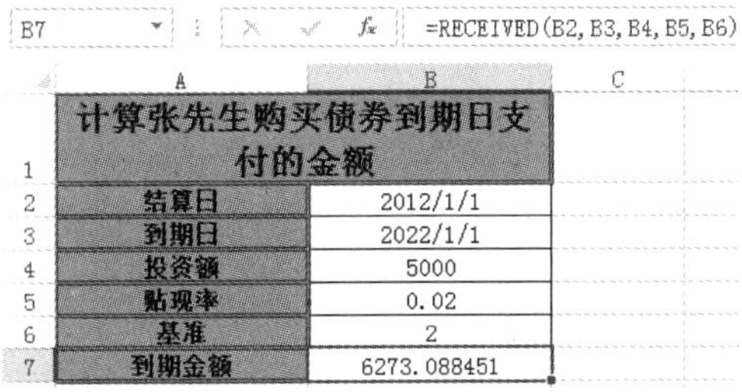

	A	B	C
1	计算张先生购买债券到期日支付的金额		
2	结算日	2012/1/1	
3	到期日	2022/1/1	
4	投资额	5000	
5	贴现率	0.02	
6	基准	2	
7	到期金额	6273.088451	

图 12-159 计算到期金额

12.12.3 应用 PDURATION 函数返回投资到达指定值所需的期数

功能：使用 PDURATION 函数计算投资到达指定值所需的期数。

格式：PDURATION(rate, pv, fv)。

参数：rate（必需）。Rate 为每期利率。

pv（必需）。pv 为投资的现值。

fv（必需）。fv 为所需的投资未来值。

PDURATION 要求所有参数为正值。如参数值无效，则 PDURATION 返回错误值#NUM!。

下面实例计算从 50000 到达 55000 的投资年数，具体操作步骤如下。

步骤 1 输入投资利率、现值和未来值，选择目标单元格 B5，如图 12-160 所示。

步骤 2 单击“公式”>“函数库”>“财务”>“PDURATION”选项，弹出“函数参数”对话框，将对应的参数单元格输入参数列表中，如图 12-161 所示，单击“确定”按钮。

	A	B	C
1	计算投资增长年数		
2	利率	0.025	
3	投资现值	50000	
4	未来值	55000	
5	年数		

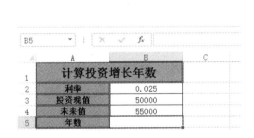

图 12-160 输入数据

图 12-161 输入参数

步骤 3 生成公式=PDURATION(B2,B3,B4)，从 50000 到 55000 的年数显示在目标单元格中，如图 12-162 所示。

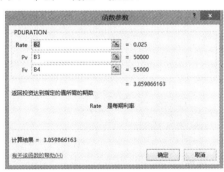

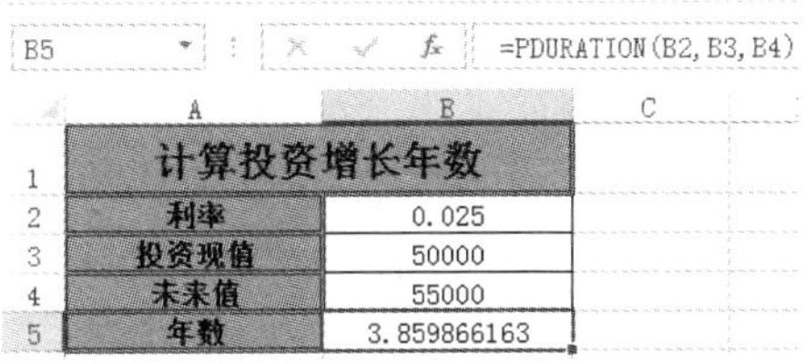

	A	B	C
1	计算投资增长年数		
2	利率	0.025	
3	投资现值	50000	
4	未来值	55000	
5	年数	3.859866163	

图 12-162 计算年数

12.13 综合实战：计算食品公司投资

公司预计明年投资研发一种新口味食品，投资金额为5000元，计算此项投资的现值和年金的收益增长率。

本实例使用的函数有：RATE、PV，具体操作步骤如下。

步骤 1 输入投资金额、预计收益、投资年限等信息，选择目标单元格 B5，如图 12-163 所示。

步骤 2 单击"公式">"函数库">"财务">"RATE"选项，弹出"函数参数"对话框，将对应的参数单元格输入参数列表中，如图 12-164 所示，单击"确定"按钮。

图 12-163 输入数据

图 12-164 输入参数

步骤 3 生成公式=RATE(B4,0,-B2,B3)，增长利率显示在目标单元格 B5 中，如图 12-165 所示。

步骤 4 再选择单元格 B6，单击"公式">"函数库">"财务">"PV"选项，弹出"函数参数"对话框，将对应的参数单元格输入参数列表中，如图 12-166 所示，单击"确定"按钮。

图 12-165 计算增长利率

图 12-166 输入参数

步骤 5 生成公式=-PV(B5,B4,B2,B3,0)，最后的计算结果显示在单元格 B6 中，为了将显示值设置为正值，在公式前需要加"减号"，如图 12-167 所示。

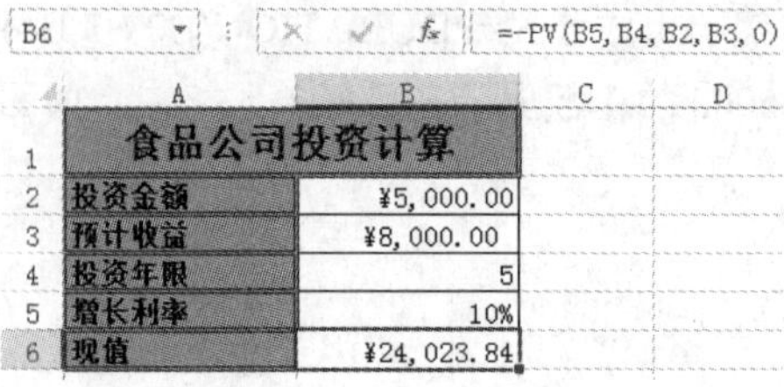

图 12-167 计算现值

第 13 章
工程函数

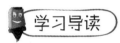 学习导读

Excel 的工程函数与统计函数类似,都是属于比较专业范畴的函数。在本章介绍常用的工程函数。顾名思义,工程工作表函数就是用于工程分析的函数。Excel 中一共提供了近 40 个工程函数。

 学习要点

- 学习进制转换函数、复数计算函数的应用。
- 学习指数与对数函数、贝塞尔相关函数的应用。
- 学习其他工程函数的应用。

13.1 工程函数概述

工程函数是主要用于计算机、工学、物理等专业领域的函数,可以用于进行误差函数、复数、贝塞尔函数等的计算。一般情况下,进行换算单位的函数、比较数值的函数也被划分到工程函数中。下面我们将对工程函数进行逐一的讲解。

1. 比较数据

这些函数用来检测两个数据是否相等以及它们的大小关系。参考表 13-1 中的具体函数及其作用。

表 13-1　比较数据函数

函数名	函数功能及说明
DELTA	检验两个值是否相等
GESTEP	检验数字是否大于阈值

2. 计算数据

这些函数可以对复数进行加减乘除及三角运算。参考表 13-2 中的具体函数及其作用。

表 13-2　计算数据函数

函数名	函数功能及说明
COMPLEX	将实系数和虚系数转换为复数
IMABS	返回复数的绝对值（模数）
IMAGINARY	返回复数的虚系数
IMARGUMENT	返回参数 theta，即以弧度表示的角
IMCONJUGATE	返回复数的共轭复数
IMCOS	返回复数的余弦
IMDIV	返回两个复数的商
IMEXP	返回复数的指数
IMLN	返回复数的自然对数
IMLOG10	返回复数的以 10 为底的对数
IMLOG2	返回复数的以 2 为底的对数
IMPOWER	返回复数的整数幂
IMPRODUCT	返回从 2 到 255 的复数的乘积
IMREAL	返回复数的实系数
IMSIN	返回复数的正弦
IMSQRT	返回复数的平方根
IMSUB	返回两个复数的差
IMSUM	返回多个复数的和

3. 换算数据

这些函数可进行数值的单元换算。参考表 13-3 中的具体函数及其作用。

表 13-3　换算数据函数

函数名	函数功能及说明
BIN2DEC	将二进制数转换为十进制数
BIN2HEX	将二进制数转换为十六进制数
BIN2OCT	将二进制数转换为八进制数
CONVERT	将数字从一种度量系统转换为另一种度量系统
DEC2BIN	将十进制数转换为二进制数
DEC2HEX	将十进制数转换为十六进制数
DEC2OCT	将十进制数转换为八进制数
HEX2BIN	将十六进制数转换为二进制数
HEX2DEC	将十六进制数转换为十进制数

（续表）

函数名	函数功能及说明
HEX2OCT	将十六进制数转换为八进制数
OCT2BIN	将八进制数转换为二进制数
OCT2DEC	将八进制数转换为十进制数
OCT2HEX	将八进制数转换为十六进制数
用于物理现象的分析	
BESSELI	返回修正的贝赛耳函数 In(x)
BESSELJ	返回贝赛耳函数 Jn(x)
BESSELK	返回修正的贝赛耳函数 Kn(x)
BESSELY	返回贝赛耳函数 Yn(x)
用于统计学计算	
ERF	返回误差函数
ERF.PRECISE	返回误差函数
ERFC	返回互补误差函数
ERFC.PRECISE	返回从 x 到无穷大积分的互补 ERF 函数

13.2　进制转换函数

进制转换函数有：BIN2DEC、BIN2HEX、BIN2OCT、DEC2BIN、DEC2HEX 和 DEC2OCT 等，下面介绍这些函数的应用。

13.2.1　应用 BIN2DEC、BIN2HEX 或 BIN2OCT 函数转换二进制数

1. 应用 BIN2DEC 函数将二进制数转换为十进制数

功能：使用 BIN2DEC 函数将二进制数转换为十进制数。如果数字为非法二进制数或位数多于10 位，BIN2DEC 函数返回错误值#NUM!。

格式：BIN2DEC(number)。

参数：number（必需）。要转换的二进制数。

下面实例使用 BIN2DEC 函数将 A 列的二进制数转换为十进制数并填入 B 列，具体操作步骤如下。

步骤 1 原始数据表，要求对二进制数字求出其十进制数，填充指定列，选择目标单元格 B3，如图13-1 所示。

步骤 2 单击"公式">"函数库">"其他函数">"工程">"BIN2DEC"选项，弹出"函数参数"对话框，输入参数，如图 13-2 所示，单击"确定"按钮。

图 13-1　输入数据

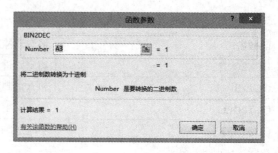

图 13-2　输入 A3

步骤 3 生成公式=BIN2DEC(A3)，计算结果显示在目标单元格中，计算出前面一列二进制数字对应的十进制数值，如图 13-3 所示。

图 13-3　显示十进制数字

提示

number 参数的位数不能多于 10 位（二进制位），最高位为符号位，其余 9 位为数字位。负数用二进制数的补码表示。

2. 应用 BIN2HEX 函数将二进制数转换为十六进制数

功能：使用 BIN2HEX 函数将二进制数转换为十六进制数。如果数字为非法二进制数或位数多于 10 位，BIN2HEX 函数返回错误值#NUM!。

格式：BIN2HEX(number, [places])。

参数：number（必需）。要转换的二进制数。

places（可选）。要使用的字符数。

下面实例使用 BIN2HEX 函数将 A 列的二进制数转换为十六进制数并填入 B 列，具体操作步骤如下。

步骤 1 原始数据表，要求对二进制数求出其十六进制数，填充指定列，选择目标单元格 B3，如图 13-4 所示。

步骤 2 单击"公式" > "函数库" > "其他函数" > "工程" > "BIN2HEX"选项，弹出"函数参数"对话框，输入参数，如图 13-5 所示，单击"确定"按钮。

图 13-4　输入数据

步骤 3 生成公式=BIN2HEX(A3,4)，计算结果显示在目标单元格中，计算出前面一列二进制数字对应的十六进制数值，如图 13-6 所示。

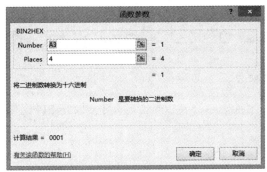

图 13-5 输入参数

将二进制数转换为十六进制数	
二进制数字	十六进制数
1	0001
10	0002
11	0003
101	0005
111	0007
1000	0008
1111	000F

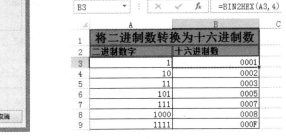

图 13-6 显示十六进制数值

3. 应用 BIN2OCT 函数将二进制数转换为八进制数

功能：使用 BIN2OCT 函数将二进制数转换为八进制数。如果数字为非法二进制数或位数多于 10 位，BIN2OCT 函数返回错误值#NUM!。

格式：BIN2OCT(number, [places])。

参数：number（必需）。要转换的二进制数。

places（可选）。要使用的字符数。

下面实例使用 BIN2OCT 函数将 A 列的二进制数转换为十进制数并填入 B 列，具体操作步骤如下。

步骤 1 原始数据表，要求对二进制数求出其八进制数，填充指定列，选择目标单元格 B3，如图 13-7 所示。

步骤 2 单击“公式”>“函数库”>“其他函数”>“工程”>“BIN2OCT”选项，弹出“函数参数”对话框，输入参数，如图 13-8 所示，单击“确定”按钮。

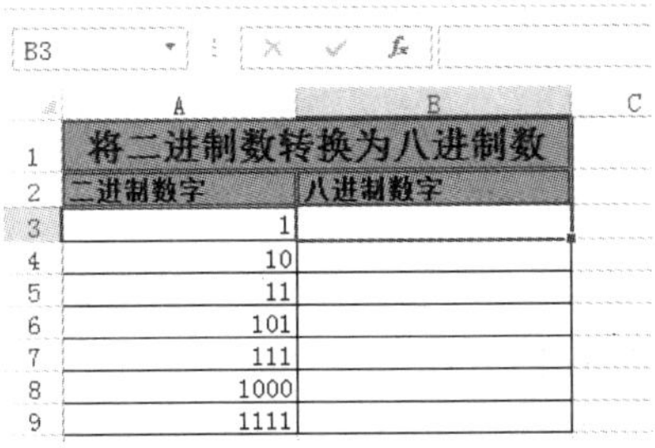

将二进制数转换为八进制数	
二进制数字	八进制数字
1	
10	
11	
101	
111	
1000	
1111	

图 13-7 输入数据

图 13-8 输入参数

步骤 3 生成公式=BIN2OCT(A3,4)，计算结果显示在目标单元格中，计算出前面一列二进制数字对应的八进制数值，如图 13-9 所示。

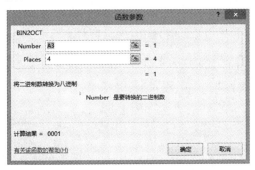

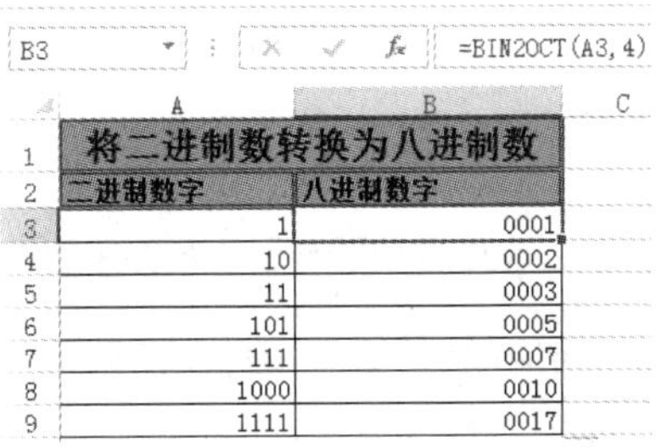

将二进制数转换为八进制数	
二进制数字	八进制数字
1	0001
10	0002
11	0003
101	0005
111	0007
1000	0010
1111	0017

图 13-9 显示八进制数值

13.2.2 应用 DEC2BIN、DEC2HEX 或 DEC2OCT 函数转换十进制数

1. 应用 DEC2BIN 函数将十进制数转换为二进制数

功能：使用 DEC2BIN 函数将十进制数转换为二进制数。十进制数必须介于-512 至 511 之间。

格式：DEC2BIN(number, [places])。

参数：number（必需）。要转换的十进制整数。

places（可选）。要使用的字符数。

下面实例使用 DEC2BIN 函数将 A 列的十进制数转换为二进制数并填入 B 列，具体操作步骤如下。

步骤 1 原始数据表，要求将十进制数转换为二进制数，并填充第二列，选择目标单元格 B3，如图 13-10 所示。

步骤 2 单击"公式">"函数库">"其他函数">"工程">"DEC2BIN"选项，弹出"函数参数"对话框，输入参数，如图 13-11 所示，单击"确定"按钮。

图 13-10　输入数据

图 13-11　输入 A3

步骤 3 生成公式=DEC2BIN(A3)，计算结果显示在目标单元格中，本例可以实现快速将十进制数转换为二进制数，如图 13-12 所示。

图 13-12　显示二进制数字

2. 应用 DEC2HEX 函数将十进制数转换为十六进制数

功能：使用 DEC2HEX 函数将十进制数转换为十六进制数。十进制数必须介于-549,755,813,888 至 549,755,813,887 之间。

格式：DEC2HEX(number, [places])。

参数：number（必需）。要转换的十进制整数。

places（可选）。要使用的字符数。

如果参数 number 是负数，则省略 places，并且函数 DEC2HEX 返回 10 个字符的十六进制数（40 位二进制数），其最高位为符号位，其余 39 位是数字位。负数用二进制数的补码表示。

下面实例使用 DEC2HEX 函数将 A 列的十进制数转换为十六进制数并填入 B 列，具体操作步骤如下。

步骤 1 原始数据表，要求将十进制数转换为十六进制数，并填充第二列，选择目标单元格 B3，如图 13-13 所示。

步骤 2 单击"公式" > "函数库" > "其他函数" > "工程" > "DEC2HEX"选项，弹出"函数参数"对话框，输入参数，如图 13-14 所示，单击"确定"按钮。

图 13-13　输入数据 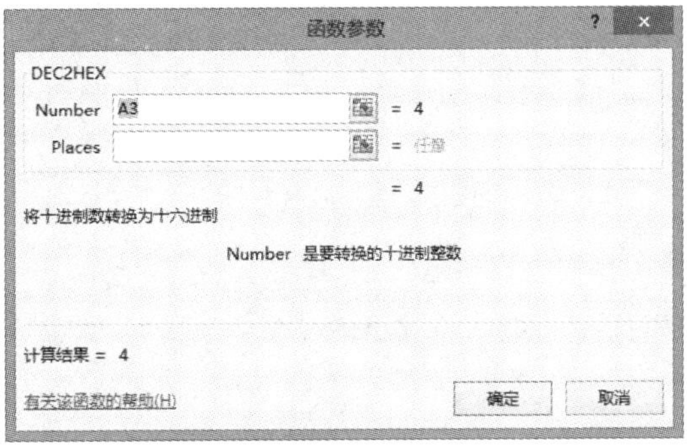　　　　　　　　　　图 13-14　输入 A3

步骤 3 生成公式=DEC2HEX(A3)，计算结果显示在目标单元格中，可以实现快速将十进制数转换为十六进制数，如图 13-15 所示。

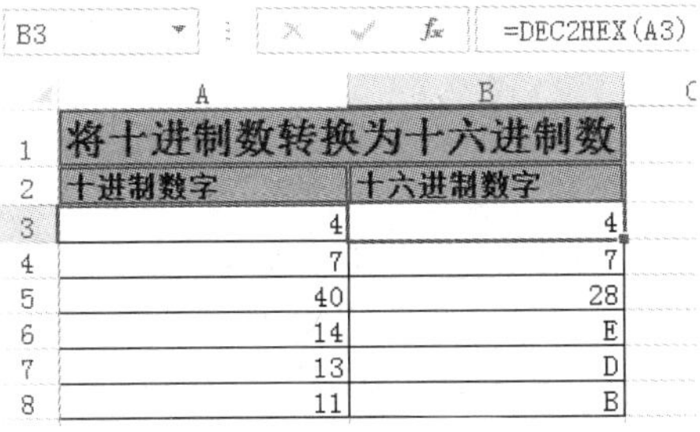

图 13-15　显示十六进制数字

3. 应用 DEC2OCT 函数将十进制数转换为八进制数

功能：使用 DEC2OCT 函数将十进制数转换为八进制数。十进制数必须介于-536,870,912 至 536,870,911 之间。

格式：DEC2OCT(number, [places])。

参数：number（必需）。要转换的十进制整数。

places（可选）。要使用的字符数。

下面实例使用 DEC2OCT 函数将 A 列的十进制数转换为八进制数并填入 B 列，具体操作步骤如下。

步骤 1 原始数据表，要求将十进制数转换为八进制数，并填充第二列，选择目标单元格 B3，如图 13-16 所示。

步骤 2 单击"公式">"函数库">"其他函数">"工程">"DEC2OCT"选项，弹出"函数参数"对话框，输入参数，如图 13-17 所示，单击"确定"按钮。

图 13-16　输入数据

图 13-17　输入 A3

步骤 3 生成公式=DEC2OCT(A3)，计算结果显示在目标单元格中，本例可以实现快速将十进制数转换为八进制数，如图 13-18 所示。

图 13-18　显示八进制数值

13.2.3　应用 HEX2BIN、HEX2DEC 或 HEX2OCT 函数转换十六进制数

1. 应用 HEX2BIN 函数将十六进制数转换为二进制数

功能：使用 HEX2BIN 函数将十六进制数转换为二进制数。十六进制数必须介于-FFFFFFFE00 至 1FF 之间。

格式：HEX2BIN(number, [places])。

参数：number（必需）。要转换的十六进制数。

places（可选）。要使用的字符数。

下面实例使用 HEX2BIN 函数将 A 列的十六进制数转换为二进制数并填入 B 列，具体操作步骤如下。

![步骤1图标] 原始数据表，第一列为十六进制数字，第二列为其对应的二进制数字，选择目标单元格 B3，如图 13-19 所示。

![步骤2图标] 单击"公式">"函数库">"其他函数">"工程">"HEX2BIN"选项，弹出"函数参数"对话框，输入参数，如图 13-20 所示，单击"确定"按钮。

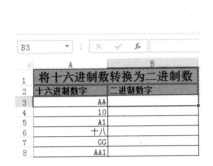

图 13-19　输入数据

图 13-20　输入 A3

![步骤3图标] 生成公式=HEX2BIN(A3)，计算结果显示在目标单元格中，该函数可以实现快速将十六进制数转换为二进制数，如图 13-21 所示。

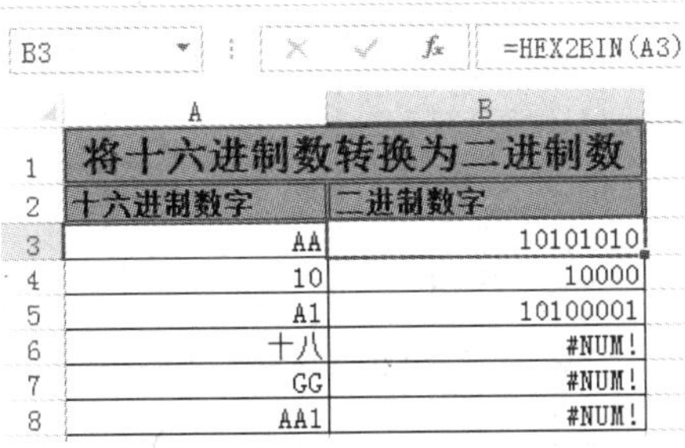

图 13-21　显示二进制数字

> **提示**
>
> 由上例可以看出，如果参数 number 不是合法的十六进制数，则函数 HEX2BIN 返回错误值#NUM!。

2. 应用 HEX2DEC 函数将十六进制数转换为十进制数

功能：使用 HEX2DEC 函数将十六进制数转换为十进制数。十六进制数的位数不能多于 10 位。

格式：HEX2DEC(number)。

参数：number（必需）。要转换的十六进制数。

下面实例使用 HEX2DEC 函数将 A 列的十六进制数转换为十进制数并填入 B 列，具体操作步骤如下。

![步骤1图标] 原始数据表，第一列为十六进制数字，第二列为其对应的十进制数字，选择目标单元格 B3，如图 13-22 所示。

步骤 **2** 单击"公式">"函数库">"其他函数">"工程">"**HEX2DEC**"选项，弹出"函数参数"对话框，输入参数，如图 13-23 所示，单击"确定"按钮。

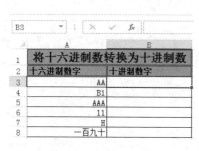

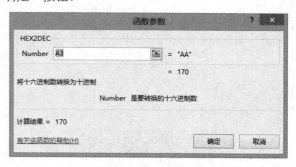

图 13-22　输入数据　　　　　　　　　　　图 13-23　输入 A3

步骤 **3** 生成公式=HEX2DEC(A3)，计算结果显示在目标单元格中，该函数可以实现快速将十六进制数转换为十进制数，如图 13-24 所示。

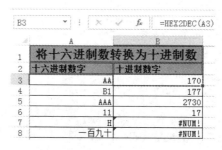

图 13-24　显示十进制数字

3. 应用 HEX2OCT 函数将十六进制数转换为八进制数

功能：使用 HEX2OCT 函数将十六进制数转换为八进制数。十六进制数必须介于-FFE0000000 至 1FFFFFFF 之间。

格式：HEX2OCT(number, [places])。

参数：number（必需）。要转换的十六进制数。

places（可选）。要使用的字符数。

下面实例使用 HEX2OCT 函数将 A 列的十六进制数转换为八进制数并填入 B 列，具体操作步骤如下。

步骤 **1** 原始数据表，第一列为十六进制数，第二列为其对应的八进制数，选择目标单元格 B3，如图 13-25 所示。

步骤 **2** 单击"公式">"函数库">"其他函数">"工程">"HEX2OCT"选项，弹出"函数参数"对话框，输入参数，如图 13-26 所示，单击"确定"按钮。

步骤 **3** 生成公式=HEX2OCT(A3)，计算结果显示在目标单元格中，该函数可以实现快速将十六进制数转换为八进制数，如图 13-27 所示。

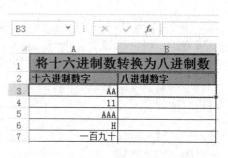

图 13-25　输入数据

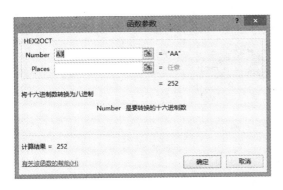

图 13-26　输入 A3

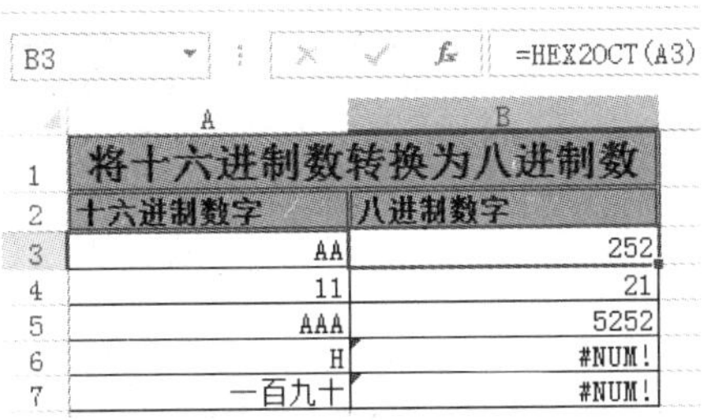

图 13-27　显示八进制数字

13.2.4　应用 OCT2BIN、OCT2DEC 或 OCT2HEX 函数转换八进制数

1. 应用 OCT2BIN 函数将八进制数转换为二进制数

功能：使用 OCT2BIN 函数将八进制数转换为二进制数。八进制数必须介于-7777777000 至 777 之间。

格式：OCT2BIN(number, [places])。

参数：number（必需）。要转换的八进制数。

places（可选）。要使用的字符数。

下面实例使用 OCT2BIN 函数将 A 列的八进制数转换为二进制数，并将结果填入 B 列，具体操作步骤如下。

步骤 1 原始数据表，第一列为八进制形式的数字，要求转换为二进制，选择目标单元格 B3，如图 13-28 所示。

步骤 2 单击"公式" > "函数库" > "其他函数" > "工程" > "OCT2BIN"选项，弹出"函数参数"对话框，输入参数，如图 13-29 所示，单击"确定"按钮。

图 13-28　输入数据

图 13-29　输入 A3

步骤 3 生成公式=OCT2BIN(A3)，计算结果显示在目标单元格中，该函数可以将大量八进制数快速转换为二进制，如图 13-30 所示。

	A	B
1	将八进制数转换成二进制数	
2	八进制数字	二进制数字
3	7	111
4	17	1111
5	9	#NUM!
6	0	0
7	-9	#NUM!

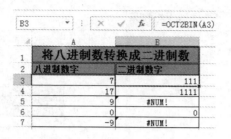

图 13-30　显示二进制数值

2. 应用 OCT2DEC 函数将八进制数转换为十进制数

功能：使用 OCT2DEC 函数将八进制数转换为十进制数。

格式：OCT2DEC(number)。

参数：number（必需）。要转换的八进制数。

参数 number 的位数不能多于 10 位（30 个二进制位），最高位（二进制位）是符号位，其余 29 位是数字位，负数用二进制数的补码表示。

下面实例使用 OCT2DEC 函数将 A 列的八进制数转换为十进制数，并将结果填入 B 列，具体操作步骤如下。

步骤 1 原始数据表，第一列为八进制形式的数字，要求转换为十进制，选择目标单元格 B3，如图 13-31 所示。

步骤 2 单击“公式”>“函数库”>“其他函数”>“工程”>“OCT2DEC”选项，弹出“函数参数”对话框，输入参数，如图 13-32 所示，单击“确定”按钮。

	A	B
1	将八进制数转换为十进制	
2	八进制数字	十进制数字
3	7	
4	17	
5	9	
6	0	
7	-9	

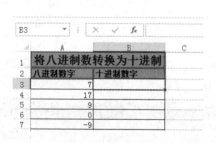

图 13-31　输入数据

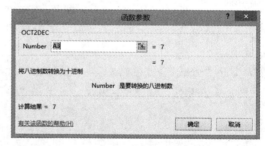

图 13-32　输入 A3

步骤 3 生成公式=OCT2DEC(A3)，计算结果显示在目标单元格中，该函数可以将大量八进制数字快速转换为十进制，如图 13-33 所示。

	A	B
1	将八进制数转换为十进制	
2	八进制数字	十进制数字
3	7	7
4	17	15
5	9	#NUM!
6	0	0
7	-9	#NUM!

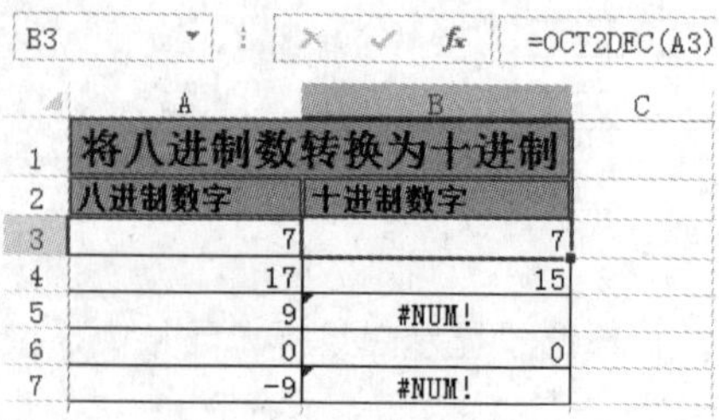

图 13-33　显示十时制数字

3. 应用 OCT2HEX 函数将八进制数转换为十六进制数

功能：使用 OCT2HEX 函数将八进制数转换为十六进制数。

格式：OCT2HEX(number, [places])。

参数：number（必需）。要转换的八进制数。

places（可选）。要使用的字符数。如果省略 places，则 OCT2HEX 函数使用必要的最小字符数。

下面实例使用 OCT2HEX 函数将 A 列的八进制数转换为十六进制数，并将结果填入 B 列，具体操作步骤如下。

步骤 1 原始数据表，第一列为八进制形式的数字，要求转换为十六进制，选择目标单元格 B3，如图 13-34 所示。

步骤 2 单击"公式">"函数库">"其他函数">"工程">"OCT2HEX"选项，弹出"函数参数"对话框，输入参数，如图 13-35 所示，单击"确定"按钮。

图 13-34　输入数据

图 13-35　输入 A3

步骤 3 生成公式=OCT2HEX(A3)，计算结果显示在目标单元格中，该函数可以将大量八进制数快速转换为十六进制，如图 13-36 所示。

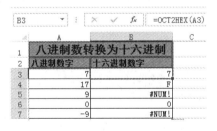

图 13-36　显示十六进制数

13.3 复数计算函数

复数计算函数有：COMPLEX、IMABS、IMARGUMENT、IMCONJUGATE、IMCOS、IMSIN、IMDIV、IMPRODUCT、IMSUB、 IMSUM 等，下面介绍这些函数的应用。

13.3.1 应用 COMPLEX 函数将实系数和虚系数转换为复数

功能：使用 COMPLEX 函数将实系数和虚系数转换为 x+yi 或 x+yj 形式的复数。

格式：COMPLEX(real_num, i_num, [suffix])。

参数：real_num（必需）。复数的实系数。

i_num（必需）。复数的虚系数。

suffix（可选）。复数中虚系数的后缀。

下面实例使用 COMPLEX 函数将 A 列的数值作为实部，B 列的数值作为虚部的复数填入 C 列中，具体操作步骤如下。

步骤 1 原始数据表，要求写出指定实部与虚部的复数，填充在第三列，选择目标单元格 C3，如图 13-37 所示。

步骤 2 单击"公式">"函数库">"其他函数">"工程">"COMPLEX"选项，弹出"函数参数"对话框，输入参数，如图 13-38 所示，单击"确定"按钮。

图 13-37　输入数据

图 13-38　输入参数

步骤 3 生成公式=COMPLEX(A3,B3)，计算结果显示在目标单元格中，计算前两列实部虚部规定下的复数，如图 13-39 所示。

图 13-39　显示复数

提示

　　所有复数函数均接受 i 和 j 作为后缀,但不接受 I 和 J.使用大写将返回错误值#VALUE!。使用两个或多个复数的函数要求所有复数的后缀一致。

13.3.2 应用 IMABS、IMARGUMENT 函数计算复数的模和角度

1. 应用 IMABS 函数复数的绝对值（模数）

功能：使用 IMABS 函数返回以 x+yi 或 x+yj 文本格式表示的复数的绝对值。

格式：IMABS(inumber)。

参数：inumber（必需）。需要计算其绝对值的复数。

下面实例使用 IMABS 函数求 A 列复数的绝对值，并填入 B 列中，具体操作步骤如下。

步骤 1 原始数据表，第一列为复数，要求计算其绝对值，填充在第二列，选择目标单元格 B3，如图 13-40 所示。

步骤 2 单击"公式">"函数库">"其他函数">"工程">"IMABS"选项，弹出"函数参数"对话框，输入参数，如图 13-41 所示，单击"确定"按钮。

图 13-40　输入数据

图 13-41　输入 A3

步骤 3 生成公式=IMABS(A3)，计算结果显示在目标单元格中，该函数可以实现快速计算复数的绝对值，如图 13-42 所示。

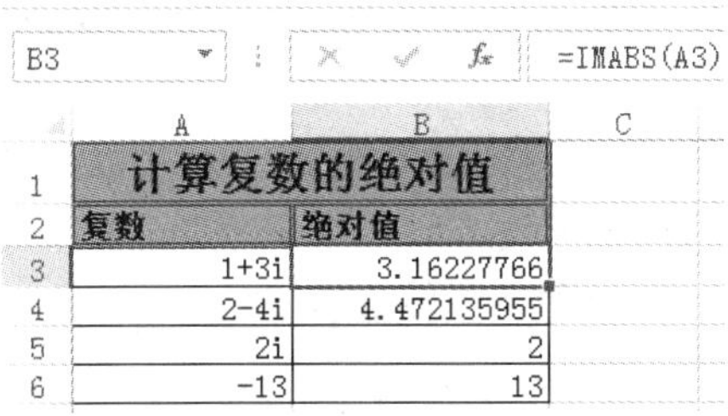

图 13-42　显示绝对值

2. 应用 IMARGUMENT 函数计算以弧度表示的角

功能：使用 IMARGUMENT 函数返回参数θ，即以弧度表示的角。

格式：IMARGUMENT(inumber)。

参数：inumber（必需）。需要计算其辐角 Theta 的复数。

下面实例使用 IMARGUMENT 函数将 A 列以复数表示的角度转换为以弧度表示，并填入 B 列中，具体操作步骤如下。

步骤 1 原始数据表，第一列为复数表示的角度，要求将该角度以弧度表示，选择目标单元格 B3，如图 13-43 所示。

步骤 2 单击"公式" > "函数库" > "其他函数" > "工程" > "IMARGUMENT"选项，弹出"函数参数"对话框，输入参数，如图 13-44 所示，单击"确定"按钮。

图 13-43　输入数据

图 13-44　输入 A3

步骤 3 生成公式=IMARGUMENT(A3)，计算出的复数角度以弧度表示，该函数可以实现快速将复数角度以弧度表示，如图 13-45 所示。

图 13-45　显示经弧度表示

13.3.3　应用 IMCONJUGATE 函数求解复数的共轭复数

功能：使用 IMCONJUGATE 函数返回以 x+yi 或 x+yj 文本格式表示的复数的共轭复数。

格式：IMCONJUGATE(inumber)。

参数：inumber（必需）。需要计算其共轭数的复数。

下面实例使用 IMCONJUGATE 函数求 A 列复数的共轭复数，并填入 B 列中，具体操作步骤如下。

步骤 1 原始数据表，第一列为复数，要求写出该复数的共轭复数，选择目标单元格 B3，如图 13-46 所示。

步骤 2 单击"公式" > "函数库" > "其他函数" > "工程" > "IMCONJUGATE"选项，弹出"函数参数"对话框，输入参数，如图 13-47 所示，单击"确定"按钮。

图 13-46　输入数据

步骤 3 生成公式=IMCONJUGATE（A3），计算结果显示在目标单元格中，该函数可以实现快速计算出复数的共轭复数，如图 13-48 所示。

图 13-47 输入 A3

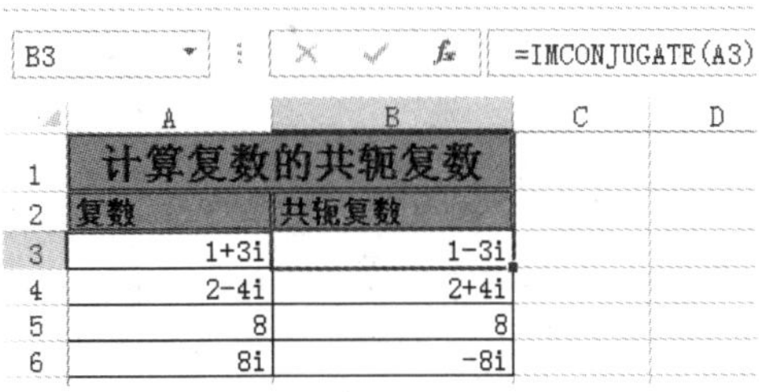

图 13-48 显示共轭复数

13.3.4 应用 IMCOS、IMSIN 函数计算复数的余弦和正弦

1. 应用 IMCOS 函数计算复数的余弦

功能：使用 IMCOS 函数返回以 x+yi 或 x+yj 文本格式表示的复数的余弦。

格式：IMCOS(inumber)。

参数：inumber（必需）。需要计算其余弦的复数。

复数余弦的计算公式如下：

$$\cos(x + yi) = \cos(x)\cosh(y) - \sin(x)\sinh(y)i$$

下面实例使用 IMCOS 函数求 A 列复数角度的余弦值，并填入 B 列中，具体操作步骤如下。

步骤 1 原始数据表，第一列为复数表示的角度，要求写出该复数角度的余弦值，选择目标单元格 B3，如图 13-49 所示。

步骤 2 单击"公式">"函数库">"其他函数">"工程">"IMCOS"选项，弹出"函数参数"对话框，输入参数，如图 13-50 所示，单击"确定"按钮。

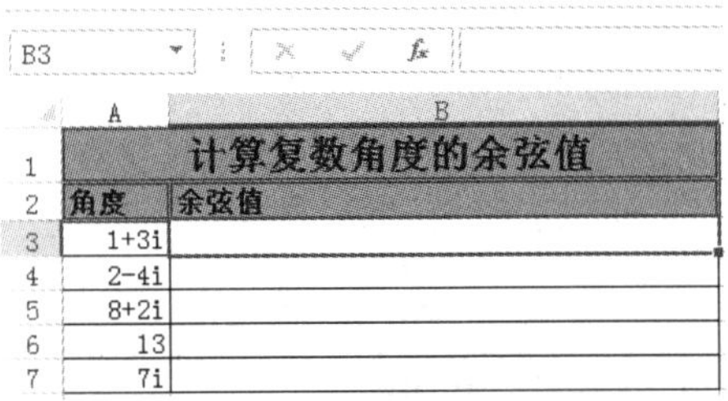

图 13-49 输入数据

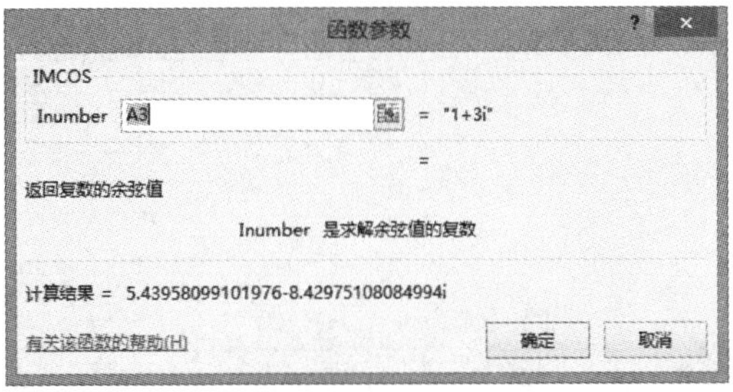

图 13-50 输入 A3

步骤 3 生成公式=IMCOS(A3)，计算出复数角度的余弦值数，该函数可以实现快速计算复数角度的余弦值，如图 13-51 所示。

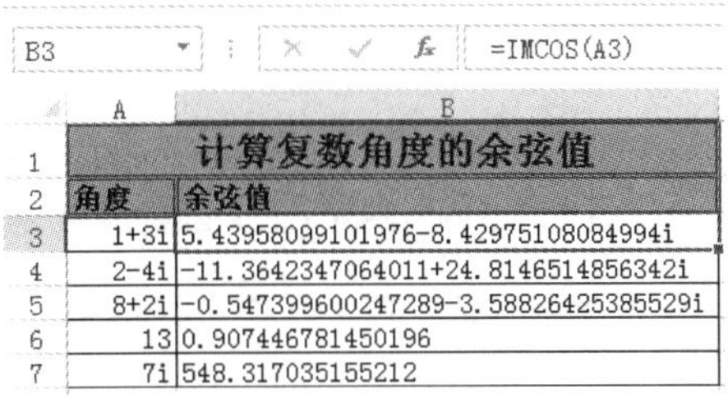

图 13-51 计算余弦值

2. 应用 IMSIN 函数计算复数的正弦

功能：使用 IMSIN 函数返回以 x+yi 或 x+yj 文本格式表示的复数的正弦值。

格式：IMSIN(inumber)。

参数：inumber（必需）。需要计算其正弦的复数。

下面实例使用 IMSIN 函数求 A 列复数的正弦值，并将结果填入 B 列，具体操作步骤如下。

步骤 1 原始数据表，第一列为复数，要求在第二列求出该复数的正弦值，选择目标单元格 B3，如图 13-52 所示。

步骤 2 单击"公式">"函数库">"其他函数">"工程">"IMSIN"选项，弹出"函数参数"对话框，输入参数，如图 13-53 所示，单击"确定"按钮。

图 13-52　输入数据

图 13-53　输入 A3

步骤 3 生成公式=IMSIN(A3)，计算结果显示在目标单元格中，通过该函数可以快速得到复数对应的正弦值，如图 13-54 所示。

图 13-54　计算正弦值

13.3.5　应用 IMCOSH 函数计算复数的双曲余弦值

功能：使用 IMCOSH 函数返回以 x+yi 或 x+yj 文本格式表示的复数的双曲余弦值。

格式：IMCOSH(inumber)。

参数：inumber（必需）。需要计算其双曲余弦值的复数。

下面实例使用 IMSCOSH 函数求 A 列指定复数的双曲余弦值，并填入 B 列，具体操作步骤如下。

步骤 1 原始数据表，第一列为要求双曲余弦值的复数，选择目标单元格 B3，如图 13-55 所示。

步骤 2 单击"公式">"函数库">"其他函数">"工程">"IMCOSH"选项，弹出"函数参数"对话框，输入参数，如图 13-56 所示，单击"确定"按钮。

第 13 章
工程函数

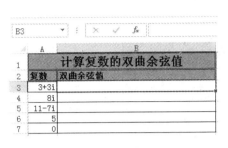

图 13-55　输入数据

图 13-56　输入 A3

步骤 3 生成公式=IMCOSH(A3)，计算结果显示在目标单元格中，通过此函数可以快速求出复数的双曲余弦值，如图 13-57 所示。

图 13-57　计算双曲余弦值

13.3.6　应用 IMCOT 函数计算复数的余切值

功能：使用 IMCOT 函数返回以 x+yi 或 x+yj 文本格式表示的复数的余切值。

格式：IMCOT(inumber)。

参数：inumber（必需）。需要计算其余切值的复数。

下面实例使用 IMCOT 函数求 A 列指定复数的余切值，并填入 B 列，具体操作步骤如下。

步骤 1 原始数据表，第一列为要求余切值的复数，选择目标单元格 B3，如图 13-58 所示。

步骤 2 单击"公式"＞"函数库"＞"其他函数"＞"工程"＞"IMCOSH"选项，弹出"函数参数"对话框，输入参数，如图 13-59 所示，单击"确定"按钮。

图 13-58　输入数据

图 13-59　输入参数

步骤 3 生成公式=IMCOT(A3)，计算结果显示在目标单元格中，通过此函数可以快速求出复数的余切值，如图 13-60 所示。

B3 =IMCOT(A3)

	A	B
1	计算复数的余切值	
2	复数	余切值
3	3+3i	-0.00139182012821237-1.00477043815712i
4	8i	-1.00000022507038i
5	11-7i	-1.47202112736701E-08+0.999998337009093i
6	5	-0.295812915532746
7	0	#NUM!

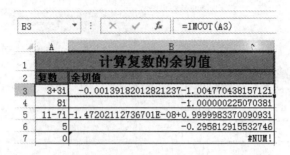

图 13-60　计算复数余切值

13.3.7　应用 IMCSC 函数计算复数的余割值

功能：使用 IMCSC 函数返回以 x+yi 或 x+yj 文本格式表示的复数的余割值。

格式：IMCSC(inumber)。

参数：inumber（必需）。需要计算其余割值的复数。

下面实例使用 IMSCSC 函数求 A 列指定复数的余割值，并填入 B 列，具体操作步骤如下。

步骤 1 原始数据表，第一列为要求余割值的复数，选择目标单元格 B3，如图 13-61 所示。

步骤 2 单击“公式”>“函数库”>“其他函数”>“工程”>“IMCSC”选项，弹出“函数参数”对话框，输入参数，如图 13-62 所示，单击“确定”按钮。

B3

	A	B
1	计算复数的余割值	
2	复数	余割值
3	3+3i	
4	8i	
5	11-7i	
6	5	
7	0	

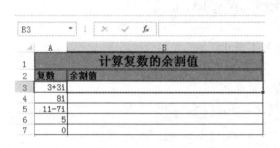

图 13-61　输入数据

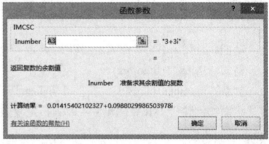

图 13-62　输入 A3

步骤 3 生成公式=IMCSC(A3)，计算结果显示在目标单元格中，通过此函数可以快速求出复数的余割值，如图 13-63 所示。

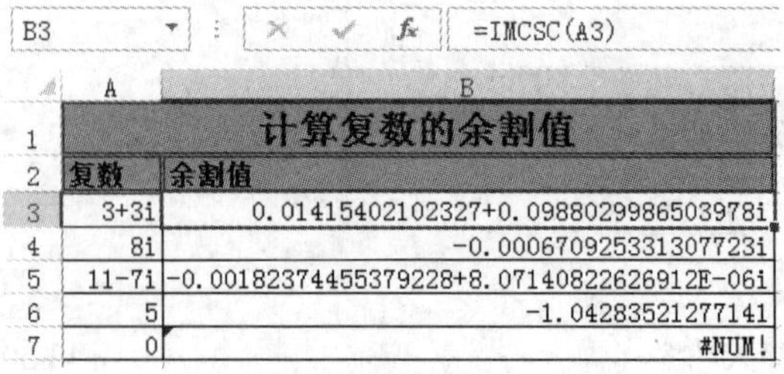

B3 =IMCSC(A3)

	A	B
1	计算复数的余割值	
2	复数	余割值
3	3+3i	0.01415402102327+0.0988029986503978i
4	8i	-0.000670925331307723i
5	11-7i	-0.00182374455379228+8.07140822626912E-06i
6	5	-1.04283521277141
7	0	#NUM!

图 13-63　计算复数余割值

13.3.8　应用 IMCSCH 函数计算复数的双曲余割值

功能：使用 IMCSCH 函数返回以 x+yi 或 x+yj 文本格式表示的复数的双曲余割值。

格式：IMCSCH(inumber)。

参数：inumber（必需）。需要计算其双曲余割值的复数。

下面实例使用 IMCSCH 函数求 A 列指定复数的双曲余割值，并填入 B 列，具体操作步骤如下。

步骤 1　原始数据表，第一列为要求双曲余割值的复数，选择目标单元格 B3，如图 13-64 所示。

步骤 2　单击"公式"＞"函数库"＞"其他函数"＞"工程"＞"IMCSCH"选项，弹出"函数参数"对话框，输入参数，如图 13-65 所示，单击"确定"按钮。

图 13-64　输入数据

图 13-65　输入 A3

步骤 3　生成公式=IMCSCH(A3)，计算结果显示在目标单元格中，通过此函数可以快速求出复数的双曲余割值，如图 13-66 所示。

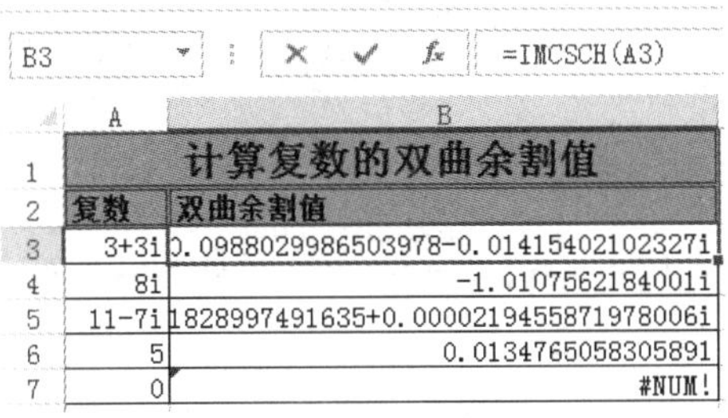

图 13-66　计算复数双曲余割值

13.3.9　应用 IMSINH 函数计算复数的双曲正弦值

功能：使用 IMSINH 函数返回以 x+yi 或 x+yj 文本格式表示的复数的双曲正弦值。

格式：IMSINH(inumber)。

参数：inumber（必需）。需要计算其双曲正弦值的复数。

下面实例使用 IMSINH 函数求 A 列指定复数的双曲正弦值，并填入 B 列，具体操作步骤如下。

步骤 1　原始数据表，第一列为要求双曲正弦值的复数，选择目标单元格 B3，如图 13-67 所示。

步骤 2　单击"公式"＞"函数库"＞"其他函数"＞"工程"＞"IMSINH"选项，弹出"函数参数"对话框，输入参数，如图 13-68 所示，单击"确定"按钮。

图 13-67　输入数据　　　　　　　　图 13-68　输入参数

步骤 3 生成公式=IMSINH(A3)，计算结果显示在目标单元格中，通过此函数可以快速求出复数的双曲正弦值，如图 13-69 所示。

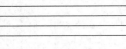

图 13-69　计算复数双曲正弦值

13.3.10　应用 IMDIV、IMPRODUCT、IMSUB 和 IMSUM 函数计算复数的商、积、差与和

1. 应用 IMDIV 函数计算两个复数的商

功能：使用 IMDIV 函数返回以 x+yi 或 x+yj 文本格式表示的两个复数的商。

格式：IMDIV(inumber1, inumber2)。

参数：inumber1（必需）。复数分子或被除数。

inumber2（必需）。复数分母或除数。

两个复数商的计算公式为：

$$IMDIV\ (z_1, z_2) = \frac{(a + bi)}{(c + di)} = \frac{(ac + bd) + (bc - ad)i}{c^2 + d^2}$$

下面实例使用 IMDIV 函数计算 A 列和 B 列，两个复数的商，并填入 C 列中，具体操作步骤如下。

步骤 1 原始数据表，前两列为复数，要求在第三列计算两个复数的商，选择目标单元格 C3，如图 13-70 所示。

步骤 2 单击"公式" > "函数库" > "其他函数" > "工程" > "IMDIV"选项，弹出"函数参数"对话框，输入参数，如图 13-71 所示，单击"确定"按钮。

	计算两个复数的商	
除数	被除数	商
1+3i	4+3i	
2+4i	8+4i	
8-2i	12+6i	
13	7	
7i	11i	
7+13i	0	

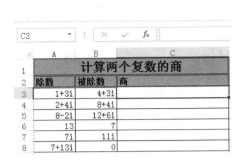

图 13-70　输入数据

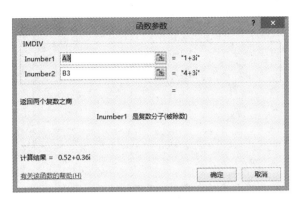

图 13-71　输入参数

步骤 3 生成公式=IMDIV(A3,B3)，计算结果显示在目标单元格中，通过该函数可以快速计算出两个复数的商，如图 13-72 所示。

	计算两个复数的商	
除数	被除数	商
1+3i	4+3i	0.52+0.36i
2+4i	8+4i	0.4+0.3i
8-2i	12+6i	0.466666666666667-0.4i
13	7	1.85714285714286
7i	11i	0.636363636363636
7+13i	0	#NUM!

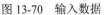

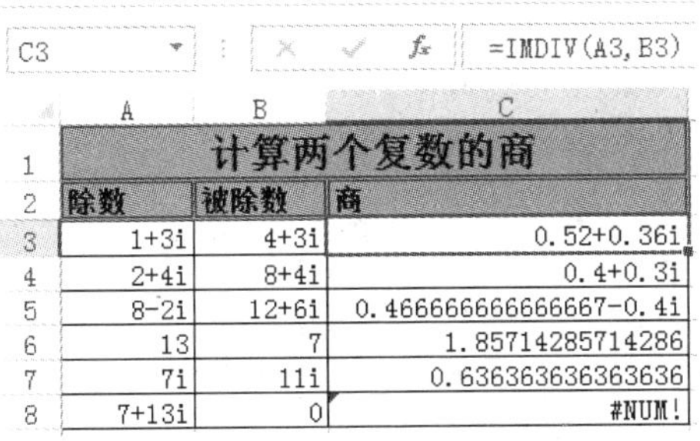

图 13-72　计算两个复数的商

2. 应用 IMPRODUCT 函数计算复数的乘积

功能：使用 IMPRODUCT 函数返回以 x+yi 或 x+yj 文本格式表示的乘积。

格式：IMPRODUCT(inumber1, [inumber2], ...)。

参数：inumber1, [inumber2], … inumber1 是必需的，后续 inumber 不是必需的。1 到 255 个要相乘的复数。

下面实例使用 IMPRODUCT 函数求 A 列和 B 列两列指定复数的乘积值，并填入 C 列，具体操作步骤如下。

步骤 1 原始数据表，前两列为复数，要求计算前两列复数的乘积，选择目标单元格 C3，如图 13-73 所示。

步骤 2 单击"公式">"函数库">"其他函数">"工程">"IMPRODUCT"选项，弹出"函数参数"对话框，输入参数，如图 13-74 所示，单击"确定"按钮。

步骤 3 生成公式=IMPRODUCT(A3,B3)，计算结果显示在目标单元格中，通过该函数可以快速计算多个复数乘积，如图 13-75 所示。

	计算两个复数的乘积	
复数1	复数2	乘积值
1+3i	2+6i	
2+4i	3+8i	
0	4+7i	
13+8i	1	
7i	i	
7	11	

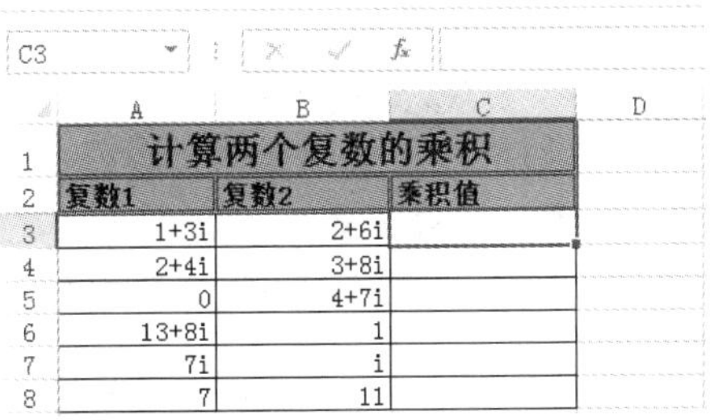

图 13-73　输入数据

图 13-74　输入参数

图 13-75　计算多个复数乘积

3. 应用 IMSUB 函数计算两个复数的差

功能：使用 IMSUB 函数返回以 x+yi 或 x+yj 文本格式表示的两个复数的差。

格式：IMSUB(inumber1, inumber2)。

参数：inumber1（必需）。从（复）数中减去 inumber2。

inumber2（必需）。从 inumber1 中减去（复）数。

下面实例使用 IMSUB 函数求 A 列和 B 列两个复数的差值，并将结果填入 C 列，具体操作步骤如下。

步骤 1 原始数据表，前两列为复数，要求在第三列求出两个复数的差，选择目标单元格 C3，如图 13-76 所示。

步骤 2 单击"公式">"函数库">"其他函数">"工程">"IMSUB"选项，弹出"函数参数"对话框，输入参数，如图 13-77 所示，单击"确定"按钮。

步骤 3 生成公式=IMSUB(A3,B3)，计算结果显示在目标单元格中，该函数可以快速对两个复数进行差运算，如图 13-78 所示。

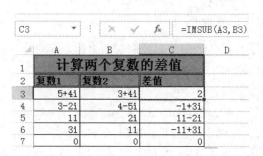

图 13-76　输入数据

图 13-77　输入参数

图 13-78　计算差值

4. 应用 IMSUM 函数计算多个复数的和

功能：使用 IMSUM 函数返回以 x+yi 或 x+yj 文本格式表示的两个或多个复数的和。

格式：IMSUM(inumber1, [inumber2], ...)。

参数：inumber1, [inumber2], ... inumber1 是必需的，后续数值不是必需的。1 到 255 个要相加的复数。

下面实例使用 IMSUM 函数求 A 列和 B 列两个复数的和，并将结果填入 C 列，具体操作步骤如下。

步骤 1 原始数据表，前两列为复数，要求在第三列求出两个复数的和，选择目标单元格 C3，如图 13-79 所示。

步骤 2 单击"公式">"函数库">"其他函数">"工程">"IMSUM"选项，弹出"函数参数"对话框，输入参数，如图 13-80 所示，单击"确定"按钮。

图 13-79　输入数据

图 13-80　输入参数

步骤 3 生成公式=IMSUM(A3,B3)，计算结果显示在目标单元格中，该函数可以快速对两个进行求和运算，如图 13-81 所示。

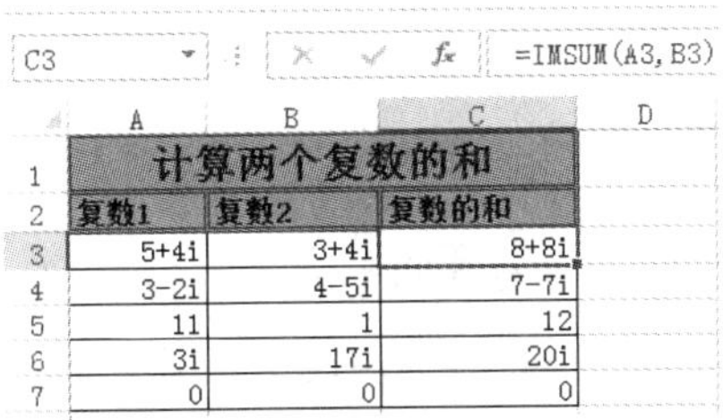

图 13-81　计算复数的和

13.3.11　应用 IMAGINARY 和 IMREAL 函数计算复数的虚系数和实系数

1. 应用 IMAGINARY 函数计算复数的虚系数

功能：使用 IMAGINARY 函数返回以 x+yi 或 x+yj 文本格式表示的复数的虚系数。

格式：IMAGINARY(inumber)。

参数：inumber（必需）。需要计算其虚系数的复数。

下面实例使用 IMAGINARY 函数将 A 列复数的虚系数填入 B 列中，具体操作步骤如下。

步骤 **1** 原始数据表,第一列为复数,要求写出该复数的虚部系数,选择目标单元格 B3,如图 13-82 所示。

步骤 **2** 单击"公式">"函数库">"其他函数">"工程">"IMAGINARY"选项,弹出"函数参数"对话框,输入参数,如图 13-83 所示,单击"确定"按钮。

图 13-82 输入数据

图 13-83 输入 A3

步骤 **3** 生成公式=IMAGINARY(A3),计算结果显示在目标单元格中,该函数可以实现快速提取复数的虚系数,如图 13-84 所示。

图 13-84 计算虚系数

2. 应用 IMREAL 函数计算复数的实系数

功能:使用 IMREAL 函数返回以 x+yi 或 x+yj 文本格式表示的复数的实系数。

格式:IMREAL(inumber)。

参数:inumber(必需)。需要计算其实系数的复数。

下面实例使用 IMREAL 函数求 A 列复数的实系数,并填入 B 列,具体操作步骤如下。

步骤 **1** 原始数据表,第一列为复数,要求直接求出复数的实部系数,选择目标单元格 B3,如图 13-85 所示。

步骤 **2** 单击"公式">"函数库">"其他函数">"工程">"IMREAL"选项,弹出"函数参数"对话框,输入参数,如图 13-86 所示,单击"确定"按钮。

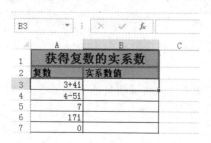

图 13-85 输入数据

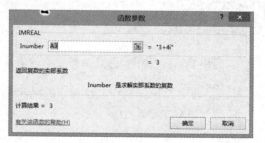

图 13-86 输入参数

步骤 3 生成公式=IMREAL(A3)，计算结果显示在目标单元格中，通过该函数可以迅速对大量复数进行求实部系数，如图 13-87 所示。

B3 =IMREAL(A3)

	A	B
1	获得复数的实系数	
2	复数	实系数值
3	3+4i	3
4	4-5i	4
5	7	7
6	17i	0
7	0	0

图 13-87　计算实系数

13.3.12 应用 IMSQRT 函数计算复数的平方根

功能：使用 IMSQRT 函数返回以 x+yi 或 x+yj 文本格式表示的复数的平方根。

格式：IMSQRT(inumber)。

参数：inumber（必需）。需要计算其平方根的复数。

复数平方根的计算公式如下：

$$\sqrt{x+yi}=\sqrt{r}\cos\left(\frac{\theta}{2}\right)+i\sqrt{r}\sin\left(\frac{\theta}{2}\right)$$

下面实例使用 IMSQRT 函数求 A 列复数的平方根值，并将结果填入 B 列，具体操作步骤如下。

步骤 1 原始数据表，第一列为复数，要求在第二列求出该复数的平方根，选择目标单元格 B3，如图 13-88 所示。

B3

	A	B
1	计算复数的平方根	
2	复数	平方根
3	3+4i	
4	4-5i	
5	11	
6	17i	
7	0	

图 13-88　输入数据

步骤 2 单击“公式”>“函数库”>“其他函数”>“工程”>“IMSQRT”选项，弹出“函数参数”对话框，输入参数，如图 13-89 所示，单击“确定”按钮。

步骤 3 生成公式=IMSQRT(A3)，计算结果显示在目标单元格中，通过该函数可以迅速对大量复数进行求平方根，如图 13-90 所示。

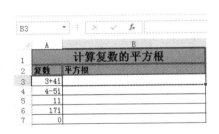

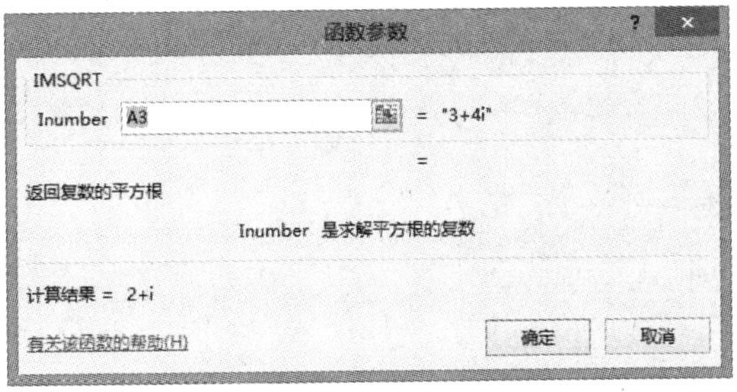

图 13-89　输入 A3

B3 =IMSQRT(A3)

	A	B
1	计算复数的平方根	
2	复数	平方根
3	3+4i	2+i
4	4-5i	2.2806933416653-1.09615788950152i
5	11	3.3166247903554
6	17i	2.91547594742265+2.91547594742265i
7	0	0

图 13-90　计算复数平方根

13.4 指数与对数函数

指数与对数函数有：IMEXP、IMPOWER、IMLN、IMLOG10、IMLOG2，下面介绍这些函数的应用。

13.4.1 应用 IMEXP 和 IMPOWER 函数计算指数和整数幂

1. 应用 IMEXP 函数计算复数的指数

功能：使用 IMEXP 函数返回以 x+yi 或 x+yj 文本格式表示的复数的指数。

格式：IMEXP(inumber)。

参数：inumber（必需）。需要计算其指数的复数。

下面实例使用 IMEXP 函数计算 A 列指定复数的指数值，并填入 B 列中，具体操作步骤如下。

步骤1 原始数据表，第一列为复数，要求在第二列计算出该复数的指数，选择目标单元格 B3，如图 13-91 所示。

步骤2 单击"公式">"函数库">"其他函数">"工程">"IMEXP"选项，弹出"函数参数"对话框，输入参数，如图 13-92 所示，单击"确定"按钮。

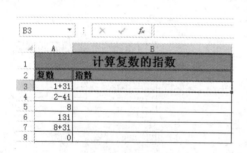

图 13-91　输入数据

图 13-92　输入 A3

步骤3 生成公式=IMEXP(A3)，计算出的该复数的指数，通过该函数可以快速计算出指定复数的指数，如图 13-93 所示。

图 13-93　计算复数的指数

2. 应用 IMPOWER 函数计算复数的整数幂

功能：使用 IMPOWER 函数返回以 x+yi 或 x+yj 文本格式表示的复数的 n 次幂。

格式：IMPOWER(inumber, number)。

参数：inumber（必需）。需要计算其幂值的复数。

number（必需）。需要对复数应用的幂次。

下面实例使用 IMPOWER 函数求 A 列指定复数指定次数的幂值，并填入 C 列，具体操作步骤如下。

步骤 1 原始数据表，第一列为复数，第二列为幂的次数，要求计算指定次数下复数的指定次幂，选择目标单元格 C3，如图 13-94 所示。

步骤 2 单击 "公式" > "函数库" > "其他函数" > "工程" > "IMPOWER" 选项，弹出 "函数参数" 对话框，输入参数，如图 13-95 所示，单击 "确定" 按钮。

图 13-94　输入数据

图 13-95　输入参数

步骤 3 生成公式=IMPOWER(A3,B3)，计算结果显示在目标单元格中，通过该函数可以快速计算出任意复数的指定次幂，如图 13-96 所示。

图 13-96　计算复数的指定次幂

使用函数 COMPLEX 可以将实系数和虚系数复合为复数。

13.4.2 应用 IMLN、IMLOG10 和 IMLOG2 函数计算对数

1. 应用 IMLN 函数计算复数的自然对数

功能：使用 IMLN 函数返回以 x+yi 或 x+yj 文本格式表示的复数的自然对数。

格式：IMLN(inumber)。

参数：inumber（必需）。需要计算其自然对数的复数。

复数的自然对数的计算公式如下：

$$\ln(x + yi) = \ln\sqrt{x^2 + y^2} + i\tan^{-1}(\frac{y}{x})$$

下面实例使用 IMLN 函数求 A 列指定复数的自然对数，并填入 B 列中，具体操作步骤如下。

步骤1 原始数据表，第一列为复数，要求在第二列计算出该复数的指数，选择目标单元格 **B3**，如图 13-97 所示。

步骤2 单击"公式">"函数库">"其他函数">"工程">"IMLN"选项，弹出"函数参数"对话框，输入参数，如图 13-98 所示，单击"确定"按钮。

图 13-97　输入数据

图 13-98　输入 A3

步骤3 生成公式=IMLN(A3)，计算结果显示在目标单元格中，通过该函数可以快速计算出指定复数的自然对数，如图 13-99 所示。

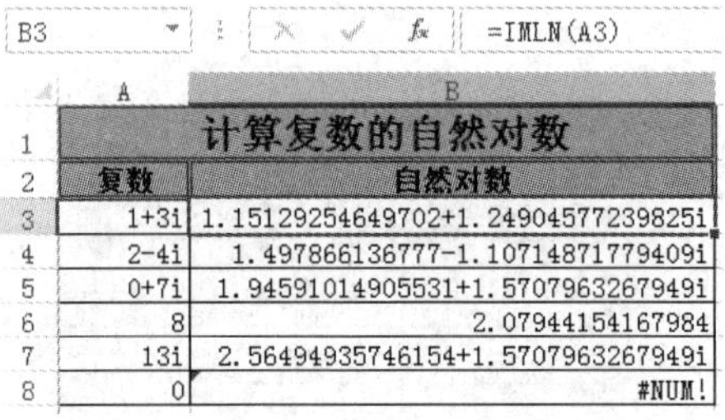

图 13-99　计算复数的自然对数

2. 应用 IMLOG10 函数计算复数的以 10 为底的对数

功能：使用 IMLOG10 函数返回以 x+yi 或 x+yj 文本格式表示的复数的常用对数（以 10 为底数）。

格式：IMLOG10(inumber)。

参数：inumber（必需）。需要计算其常用对数的复数。

复数的常用对数可按以下公式由自然对数导出：

$$\log_{10}(x + yi) = (\log_{10} e)\ln(x + yi)$$

下面实例使用 IMLOG10 函数求 A 列指定复数的常用对数，并填入 B 列中，具体操作步骤如下。

步骤 1 原始数据表，第一列为复数，要求在第二列计算出该复数的常用对数，选择目标单元格 B3，如图 13-100 所示。

步骤 2 单击"公式">"函数库">"其他函数">"工程">"IMLOG10"选项，弹出"函数参数"对话框，输入参数，如图 13-101 所示，单击"确定"按钮。

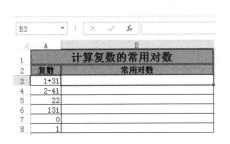

图 13-100　输入数据

图 13-101　输入 A3

步骤 3 生成公式=IMLOG10(A3)，计算结果显示在目标单元格中，通过该函数可以快速计算出指定复数的常用对数，如图 13-102 所示。

图 13-102　计算常用对数

3. 应用 IMLOG2 函数计算复数的以 2 为底的对数

功能：使用 IMLOG2 函数返回以 x+yi 或 x+yj 文本格式表示的复数的以 2 为底数的对数。

格式：IMLOG2(inumber)。

参数：inumber（必需）。需要计算以 2 为底数的对数的复数。

复数的以 2 为底数的对数可按以下公式由自然对数计算出：

$$\log_2(x + yi) = (\log_2 e)\ln(x + yi)$$

下面实例使用 IMLOG2 函数求 A 列指定复数以 2 为底的对数，并填入 B 列中，具体操作步骤如下。

步骤 1 原始数据表，第一列为复数，要求在第二列计算出该复数的以 2 为底的对数，选择目标单元格 B3，如图 13-103 所示。

步骤 2 单击"公式">"函数库">"其他函数">"工程">"IMLOG2"选项，弹出"函数参数"对话框，输入参数，如图 13-104 所示，单击"确定"按钮。

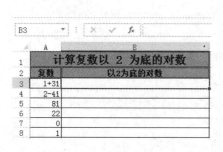

图 13-103　输入数据

图 13-104　输入 A3

步骤 3 生成公式=IMLOG2(A3)，计算结果显示在目标单元格中，通过该函数可以快速计算出指定复数的以 2 为底的对数，如图 13-105 所示。

图 13-105　计算复数以 2 为底的对数

13.5　贝塞尔相关函数

贝塞尔相关函数有：BESSELI、BESSELJ、BESSELK、BESSELY，下面介绍这些函数的应用。

13.5.1　应用 BESSELI 函数计算修正的 Bessel 函数值 Ln(x)

功能：使用 BESSELI 函数返回修正的 Bessel 函数值 In(x)。计算结果与用纯虚数参数运算时的 Bessel 函数值相等。

格式：BESSELI(X, N)。

参数：x（必需）。用来计算函数的值。

n（必需）。贝赛耳函数的阶数。如果 n 不是整数，则截尾取整。

下面实例使用 BESSELI 函数计算参数值的 0 阶和 5 阶修正 Bessel 函数，并给出计算结果对应的函数坐标图，具体操作步骤如下。

步骤 1 原始数据表，给出参数 X，要求计算 0 阶和 5 阶的修正 Bessel 函数值，选择目标单元格 B3，如图 13-106 所示。

步骤 2 单击"公式">"函数库">"其他函数">"工程">"BESSELI"选项，弹出"函数参数"对话框，输入参数，如图 13-107 所示，单击"确定"按钮。

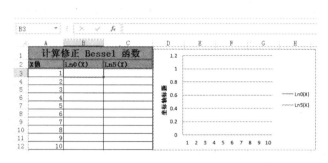

图 13-106　输入数据

图 13-107　输入参数

步骤 3 生成公式=BESSELI(A3,0)，同样的方法在 C3 单元格中生成公式=BESSELI(A3,5)，计算结果显示在目标单元格中，计算出规定参数下的修正 Bessel 函数值，如图 13-108 所示。

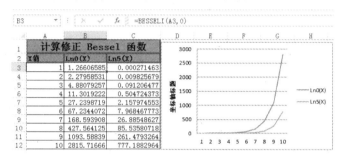

图 13-108　计算修正 Bessel 函数值

提示

BESSELI 函数的计算公式，变量 x 的 n 阶修正 Bessel 函数值为：

$$I_n(x) = (i)^{-n} J_n(ix)$$

13.5.2　应用 BESSELJ 函数计算 Bessel 函数值 Jn(x)

功能：使用 BESSELJ 函数返回 Bessel 函数值 Jn(x)。

格式：BESSELJ(X, N)。

参数：x（必需）。用来计算函数的值。

n（必需）。贝赛耳函数的阶数。如果 n 不是整数，则截尾取整。

下面实例使用 BESSELJ 函数计算特定参数的 Bessel 函数值，并给出计算结果对应的函数坐标图，具体操作步骤如下。

 原始数据表，给出参数 X，要求计算 0 阶和 5 阶的 Bessel 函数值，选择目标单元格 B3，如图 13-109 所示。

步骤 2 单击"公式"＞"函数库"＞"其他函数"＞"工程"＞"BESSELJ"选项，弹出"函数参数"对话框，输入参数，如图 13-110 所示，单击"确定"按钮。

图 13-109　输入数据　　　　　　　　图 13-110　输入参数

步骤 **3** 生成公式=BESSELJ(A3,0)，同样的方法在 C3 单元格中生成公式=BESSELJ(A3,5)，计算结果显示在目标单元格中，计算出规定参数下的 Bessel 函数值，如图 13-111 所示。

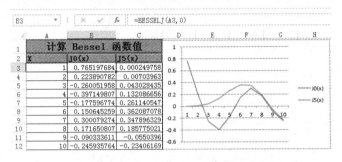

图 13-111　计算 Bessel 函数值

提示

BESSELJ 函数的计算公式，x 的 n 阶修正 Bessel 函数值为：

$$J_n(x) = \sum_{k=0}^{\infty} \frac{(-1)^k}{k!\,\Gamma(n+k+1)}\left(\frac{x}{2}\right)^{n+2k}$$

13.5.3　应用 BESSELK 函数计算修正 Bessel 函数值 Kn(x)

功能：使用 BESSELK 函数返回修正的 Bessel 函数值 Kn(x)。计算结果与用纯虚数参数运算时的 Bessel 函数值相等。

格式：BESSELK(X, N)。

参数：x（必需）。用来计算函数的值。

n（必需）。函数的阶数。如果 n 不是整数，则截尾取整。

下面实例使用 BESSELK 函数计算特定参数的修正 Bessel 函数值，并给出计算结果对应的函数坐标图，具体操作步骤如下。

步骤 **1** 原始数据表，给出参数 X，要求计算 0 阶和 2 阶的修正 Bessel 函数值，选择目标单元格 B3，图 13-112 所示。

步骤 2 单击"公式">"函数库">"其他函数">"工程">"BESSELK"选项,弹出"函数参数"对话框,输入参数,如图 13-113 所示,单击"确定"按钮。

图 13-112 输入数据

图 13-113 输入参数

步骤 3 生成公式=BESSELK(A3,0),同样的方法在 C3 单元格中生成公式=BESSELK(A3,2),计算结果显示在目标单元格中,如图 13-114 所示。

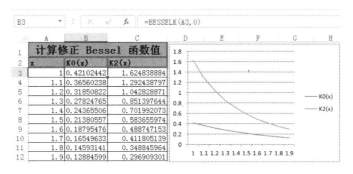

图 13-114 计算修正 Bessel 函数值 Kn(x)

> **提示**
>
> BESSELK 函数的计算公式,变量 x 的 n 阶修正 Bessel 函数值如下,
>
> $$K_n(x) = \frac{\pi}{2} i^{n+1} [J_n(ix) + iY_n(ix)]$$
>
> 公式中 J_n 和 Y_n 分别为 J 和 Y 的 Bessel 函数。

13.5.4 应用 BESSELY 函数计算 Bessel 函数值 Yn(x)

功能:使用 BESSELY 函数返回 Bessel 函数 Yn(x),也称为 Weber 函数。

格式:BESSELY(X, N)。

参数:x(必需)。用来计算函数的值。

n(必需)。函数的阶数。如果 n 不是整数,则截尾取整。

下面实例使用修正的 BESSELY 函数计算指定参数下的修正 Bessel 函数值,并给出计算结果对应的函数坐标图,具体操作步骤如下。

步骤 1 原始数据表，给出参数 X，要求计算 0 阶和 1 阶的修正 Bessel 函数值，选择目标单元格 B3，如图 13-115 所示。

步骤 2 单击"公式">"函数库">"其他函数">"工程">"BESSELY"选项，弹出"函数参数"对话框，输入参数，如图 13-116 所示，单击"确定"按钮。

图 13-115　输入数据　　　　　　　　　　　　　　　图 13-116　输入参数

步骤 3 生成公式=BESSELY(A3,0)，同样的方法在 C3 单元格中生成公式=BESSELY(A3,1)，计算结果显示在目标单元格中，计算出规定参数下的修正 Bessel 函数 Yn，如图 13-117 所示。

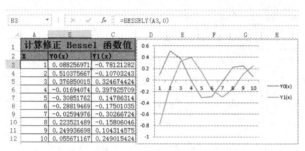

图 13-117　计算修正 Bessel 函数 Yn

提示

BESSELY 函数的计算公式，x 的 n 阶修正 Bessel 函数值为：

$$Y_n(x) = \lim_{v \to n} \frac{J_v(x)\cos(v\pi) - J_{-v}(x)}{\sin(v\pi)}$$

13.6　其他函数

工程函数还有：CONVERT、DELTA、ERF、ERFC、GESTEP，下面介绍这些函数的应用。

13.6.1　应用 CONVERT 函数转换数值的度量系统

功能：使用 CONVERT 函数将数字从一种度量系统转换为另一种度量系统。例如，函数

CONVERT 可以将一个以“英里”为单位的距离表转换成一个以“公里”为单位的距离表。

格式：CONVERT(numbcr,from_unit,to_unit)。

参数：number（必需）。是以 from_unit 为单位的需要进行转换的数值。

from_unit（必需）。是数值的单位。

to_unit（必需）。是结果的单位。

下面实例使用 CONVERT 函数将 B 列的磅数转换为千克数，将结果填入 B 列中，具体操作步骤如下。

步骤 1 原始数据表，要求将单位为磅的货物重量转换为以千克为单位，选择目标单元格 C3，如图 13-118 所示。

步骤 2 单击“公式”>“函数库”>“其他函数”>“工程”>“CONVERT”选项，弹出“函数参数”对话框，输入参数，如图 13-119 所示，单击“确定”按钮。

将货物重量磅转换为千克		
货物号	磅数	千克数
W00001	20	
W00002	50	
W00003	77	
W00004	66	
W00005	62	
W00006	485	

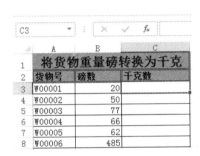

图 13-118　输入数据

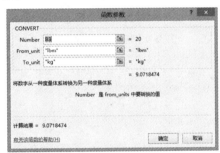

图 13-119　输入参数

步骤 3 生成公式=CONVERT(B3,"lbm","kg")，计算结果显示在目标单元格中，第三列为磅列对应的千克的数值，如图 13-120 所示。

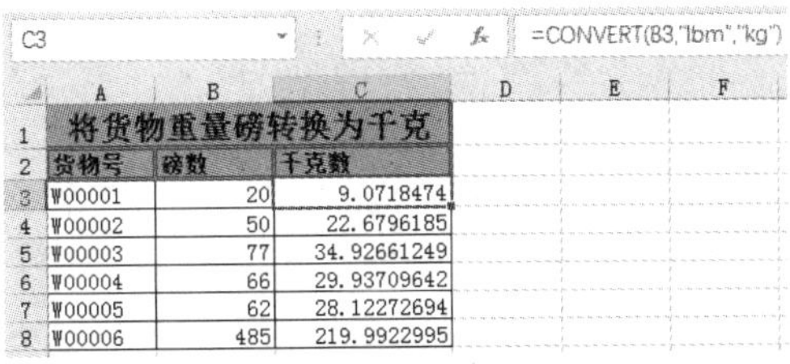

将货物重量磅转换为千克		
货物号	磅数	千克数
W00001	20	9.0718474
W00002	50	22.6796185
W00003	77	34.92661249
W00004	66	29.93709642
W00005	62	28.12272694
W00006	485	219.9922995

图 13-120　计算克数值

13.6.2 应用 DELTA 函数检验两个值是否相等

功能：使用 DELTA 函数检验两个值是否相等。如果两数相等，则返回 1，否则返回 0。

格式：DELTA(number1, [number2])。

参数：number1（必需）。第一个数字。

number2（可选）。第二个数字。如果省略，假设 Number2 的值为零。

下面实例使用 DELTA 函数比较 A 列和 B 列的数值，并将比较结果填入 C 列，具体操作步骤如下。

步骤1 原始数据表，要求比较前两列数字是否相等，在第三列返回比较结果，选择目标单元格 C3，如图 13-121 所示。

步骤2 单击"公式">"函数库">"其他函数">"工程">"DELTA"选项，弹出"函数参数"对话框，输入参数，如图 13-122 所示，单击"确定"按钮。

图 13-121　输入数据

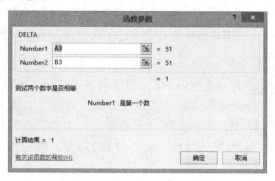

图 13-122　输入参数

步骤3 生成公式=DELTA(A3,B3)，计算结果显示在目标单元格中，其结果返回类型为逻辑值，1 为相等，0 为不等，如图 13-123 所示。

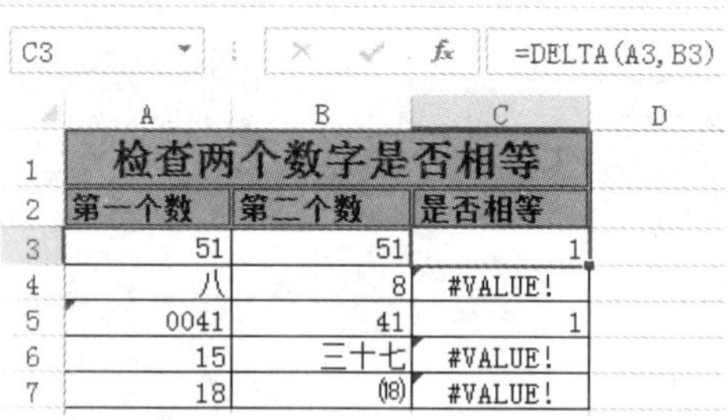

图 13-123　计算是否相等

提示

DELTA 函数参数只能为数字，从上例结果可以看出，DELTA 函数比较的两个参数只能为数字，如果为其他类型的参数，将返回错误值#VALUE!。

13.6.3　应用 ERF、ERF.PRECISE 函数计算误差

1. 应用 ERF 函数计算误差

功能：使用 ERF 函数返回误差函数在上下限之间的积分。

格式：ERF(lower_limit,[upper_limit])。

参数：lower_limit（必需）。ERF 函数的积分下限。

upper_limit（可选）。ERF 函数的积分上限。

下面实例使用 ERF 函数根据 A、B 列积分上下限计算误差函数的积分，将结果填入 C 列，具体操作步骤如下。

步骤 1 原始数据表，前两列规定了误差函数积分的下限与上限，选择目标单元格 C3，如图 13-124 所示。

步骤 2 单击"公式">"函数库">"其他函数">"工程">"ERF"选项，弹出"函数参数"对话框，输入参数，如图 13-125 所示，单击"确定"按钮。

图 13-124　输入数据　　　　　　　图 13-125　输入参数

步骤 3 生成公式=ERF(A3,B3)，计算结果显示在目标单元格中，通过此函数可以快速计算误差函数的积分，如图 13-126 所示。

图 13-126　计算积分

> **提示**
>
> 如果省略参数 upper_limit，ERF 将在零到 lower_limit 之间进行积分。

2. 应用 ERF.PRECISE 函数计算误差

功能：使用 ERF.PRECISE 函数返回误差。

格式：ERF.PRECISE(x)。

参数：x（必需）。ERF.PRECISE 函数的积分下限。

如果 lower_limit 为非数值型，则 ERF.PRECISE 返回错误值#VALUE!。

下面实例使用 ERF.PRECISE 函数根据 A 列积分下限计算误差函数的积分，将结果填入 B 列，具体操作步骤如下。

步骤 1 原始数据表，第一列规定了该函数积分的下限，是必需参数，选择目标单元格 B3，如图 13-127 所示。

步骤 2 单击"公式">"函数库">"其他函数">"工程">"ERF.PRECISE"选项，弹出"函数参数"对话框，输入参数，如图 13-128 所示，单击"确定"按钮。

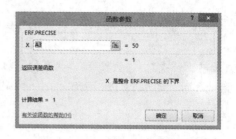

图 13-127　输入数据　　　　　　　　图 13-128　输入 A3

步骤 3 生成公式=ERF.PRECISE(A3)，计算结果显示在目标单元格中，通过此函数可以快速计算误差函数的积分，如图 13-129 所示。

图 13-129　计算积分

提示

从上例结果可以看出，ERF.PRECISE 函数的参数只能为数字，如果为其他类型的参数，将返回错误值#VALUE!。

13.6.4　应用 ERFC、ERFC.PRECISE 函数计算互补错误

1. 应用 ERFC 函数计算互补错误

功能：使用 ERFC 函数返回从 x 到无穷大积分的 ERF 函数的补余误差。

格式：ERFC(x)。

参数：x（必需）。ERFC 函数的积分下限。

下面实例使用 ERFC 函数根据 A 列参数计算 ERF 函数的补余误差函数，将结果填入 B 列，具体操作步骤如下。

步骤 1 原始数据表，第一列规定了该函数积分的下限，是必需参数，选择目标单元格 B3，如图 13-130 所示。

步骤 2 单击"公式">"函数库">"其他函数">"工程">"ERFC"选项，弹出"函数参数"对话框，输入参数，如图 13-131 所示，单击"确定"按钮。

步骤 3 生成公式=ERFC(A3)，计算结果显示在目标单元格中，通过此函数可以快速计算误差函数的积分，如图13-132 所示。

图 13-130　输入数据

| 图 13-131 输入 A3 | 图 13-132 计算误差函数的积分 |

提示

从上例结果可以看出，ERFC 函数的参数只能为数字，如果为其他类型的参数，将返回错误值#VALUE!。

2. 应用 ERFC.PRECISE 函数计算互补错误

功能：使用 ERFC.PRECISE 返回从 x 到无穷大积分的互补 ERF 函数。

格式：ERFC.PRECISE(x)。

参数：x（必需）。ERFC.PRECISE 函数的积分下限。

下面实例使用 ERFC.PRECISE 函数根据 A 列积分下限计算 ERF 函数的补余误差函数，将结果填入 B 列，具体操作步骤如下。

步骤 1 原始数据表，第一列规定了该函数积分的下限，是必需参数，选择目标单元格 B3，如图 13-133 所示。

步骤 2 单击"公式">"函数库">"其他函数">"工程">"ERFC.PRECISE"选项，弹出"函数参数"对话框，输入参数，如图 13-134 所示，单击"确定"按钮。

| 图 13-133 输入数据 | 图 13-134 输入 A3 |

步骤 3 生成公式=ERFC.PRECISE（A3），计算结果显示在目标单元格中，如图 13-135 所示。

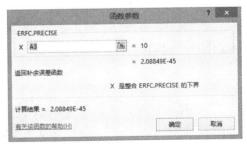

图 13-135 计算积分

13.6.5 应用 GESTEP 函数检验数值是否大于阈值

功能：使用 GESTEP 函数检验数字是否大于阈值。如果大于阈值，返回 1，否则返回 0。

格式：GESTEP(number, [step])。

参数：number（必需）。要针对步骤进行测试的值。

step（可选）。阈值。如果省略 step 值，则 GESTEP 函数使用零。

下面实例使用 GESTEP 函数检查 A 列数值是否大于 B 列设置的阈值，将计算结果填入 C 列中，具体操作步骤如下。

步骤 1 原始数据表，前两列规定了数值与阈值的大小，第三列为比较的结果，选择目标单元格 C3，如图 13-136 所示。

步骤 2 单击"公式">"函数库">"其他函数">"工程">"GESTEP"选项，弹出"函数参数"对话框，输入参数，如图 13-137 所示，单击"确定"按钮。

图 13-136 输入数据

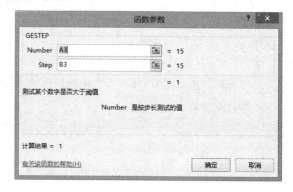

图 13-137 输入参数

步骤 3 生成公式=GESTEP(A3,B3)，计算结果显示在目标单元格中，其返回值类型为逻辑值，1 为真，0 为假，如图 13-138 所示。

图 13-138 显示结果

技巧

  使用 GESTEP 函数可筛选数据。例如，通过计算多个函数 GESTEP 的返回值，可以检测出数据集中超过某个临界值的数据个数。

13.6.6 应用 BITAND 函数返回两个数的按位 "与"

功能：使用 BITAND 函数返回两个数的按位 "与" 的结果。

格式：BITAND(number1, number2)。

参数：number1（必需）。必须为十进制格式并大于或等于 0。

number2（必需）。必须为十进制格式并大于或等于 0。

下面实例使用 BITAND 函数将 A 列和 B 列指定的二进制数按位进行与操作，并将结果填入 C 列，具体操作步骤如下。

步骤 1 原始数据表，前两列为要进行按位 "与" 的两列二进制数据，在第三列返回结果，选择目标单元格 C3，如图 13-139 所示。

步骤 2 单击 "公式" > "函数库" > "其他函数" > "工程" > "BITAND" 选项，弹出 "函数参数" 对话框，输入参数，如图 13-140 所示，单击 "确定" 按钮。

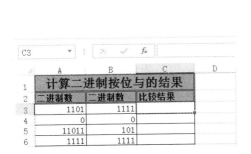

图 13-139 输入数据

图 13-140 输入参数

步骤 3 生成公式=BITAND(A3,B3)，计算结果显示在目标单元格中，该函数可以快速对两个二进制数字进行按位 "与" 操作，如图 13-141 所示。

图 13-141 显示比较结果

13.6.7 应用 BITLSHIFT 函数返回向左移动指定位数后的数值

功能：使用 BITLSHIFT 函数返回向左移动指定位数后的数值。

格式：BITLSHIFT(number, shift_amount)。

参数：number（必需）。number 必须为大于或等于 0 的整数。

shift_amount（必需）。shift_amount 必须为整数。

下面实例使用 BITLSHIFT 函数将 A 列指定二进制数左移若干位，并将结果填入 C 列，具体操作步骤如下。

步骤 1 原始数据表，第一列为二进制数字，第二列为要左移的位数，选择目标单元格 C3，如图 13-142 所示。

步骤 2 单击"公式">"函数库">"其他函数">"工程">"BITLSHIFT"选项，弹出"函数参数"对话框，输入参数，如图 13-143 所示，单击"确定"按钮。

图 13-142　输入数据

图 13-143　输入参数

步骤 3 生成公式=BITLSHIFT(A3,B3)，计算结果显示在目标单元格中，返回值为十进制，如图 13-144 所示。

图 13-144　显示结果

13.6.8　应用 BITXOR 函数计算两个数的按位异或运算

功能：使用 BITXOR 函数返回两个数值的按位异或运算的结果。

格式：BITXOR(number1, number2)。

参数：number1（必需）。必须大于或等于 0。

number2（必需）。必须大于或等于 0。

下面实例使用 BITXOR 函数求 A 列和 B 列两个数的异或结果，并填入 B 列，具体操作步骤如下。

步骤 1 原始数据表，前两列为要进行异或操作的数值，第三列为按位异或运算的结果，选择目标单元格 C3，如图 13-145 所示。

步骤 2 单击"公式">"函数库">"其他函数">"工程">"BITOR"选项，弹出"函数参数"对话框，输入参数，如图 13-146 所示，单击"确定"按钮。

图 13-145　输入数据

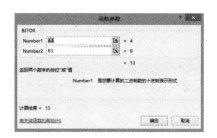

图 13-146　输入参数

步骤 3 生成公式=BITOR(A3,B3)，计算结果显示在目标单元格中，返回值类型为十进制，如图 13-147 所示。

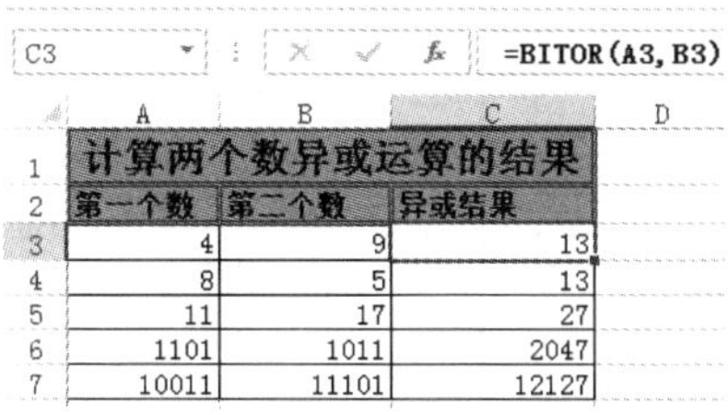

图 13-147　计算异或结果

13.7　综合实战：制作进制数值对照表

在计算机编程或者授课时，用户经常会用到各种进制（二进制、八进制、十六进制）与十进制转换，使用 EXCEL 制作一张进制数值对照表，可以使各种进制的对应关系一目了然。

本实例使用到的函数有：DEC2HEX、DEC2OCT、DEC2BIN，具体操作步骤如下。

步骤 1 原始数据表，在第一列中填入十进制数字，选择目标单元格 B3，如图 13-148 所示。

步骤 2 单击"公式">"函数库">"其他函数">"工程">"DEC2HEX"选项，弹出"函数参数"对话框，指定该函数所必需的参数，此处为 A3 单元格中的十进制数值，如图 13-149 所示，单击"确定"按钮。

图 13-148　输入数据

图 13-149　输入 A3

步骤 3 生成公式=DEC2HEX(A3)，计算结果显示在目标单元格中，再使用填充柄填充第二列中的剩余单元格，生成十进制与十六进制的对照关系表，如图 13-150 所示。

步骤 4 使用同样的方法，分别在第三列和第四列中使用 DEC2OCT 函数和 DEC2BIN 函数，生成公式=DEC2OCT(A3)和=DEC2BIN(A3)，再使用填充柄填充剩余单元格，进制数值对照表制作完毕，如图 13-151 所示。用户还可以根据需要添加其他数值的转换对照关系。

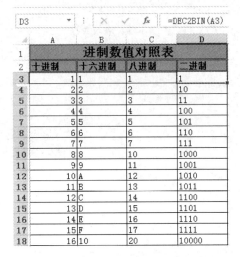

图 13-150 计算十六制数	图 13-151 计算其他进制数

左表（图 13-150）：B3 = DEC2HEX(A3)

十进制	十六进制	八进制	二进制
1	1		
2	2		
3	3		
4	4		
5	5		
6	6		
7	7		
8	8		
9	9		
10	A		
11	B		
12	C		
13	D		
14	E		
15	F		
16	10		

右表（图 13-151）：D3 = DEC2BIN(A3)

十进制	十六进制	八进制	二进制
1	1	1	1
2	2	2	10
3	3	3	11
4	4	4	100
5	5	5	101
6	6	6	110
7	7	7	111
8	8	10	1000
9	9	11	1001
10	A	12	1010
11	B	13	1011
12	C	14	1100
13	D	15	1101
14	E	16	1110
15	F	17	1111
16	10	20	10000

第 14 章
创建与编辑图表

学习导读

本章主要讲解如何在工作表中创建图表，并通过图表反映数据。图表是 Excel 中最常用的对象之一，它通过工作表中的数据按照数据系列生成，是工作表数据的图形表示方法。图表与工作表相比，更能形象地反映出数据的对比关系，通过图表可以使数据更加形象化，更加一目了然，而且当数据发生变化时，图表也会随之改变。

学习要点

- 学习创建图表的过程。
- 学习编辑图表。
- 学习图表的类型。
- 学习自定义图表类型的方法。

14.1 Excel 2016 图表概述

我们生活的这个世界是丰富多彩的，几乎所有的知识都来自于视觉。可能你无法很容易地记住一连串的数字以及它们之间的关系和趋势，但却可以很轻松地记住一幅画或者一个曲线。因此，使用图表会使得用 Excel 编制的工作表更易于理解。

图表是数据的一种可视的表示形式。通过使用类似柱形（在柱形图中）或折线（在折线图中）这样的元素，图表可按照图形格式显示出系列数值数据。

如图 14-1 所示为一张带有柱形图的工作表，描绘的是某公司的历年销售额。通过柱形图我们很容易看出，自 2002 年以来该公司的年销售额呈稳步增长状态，虽然通过数据分析可以得出上述结论，但是显然通过图表我们可以更容易和迅速地得出以上结论。

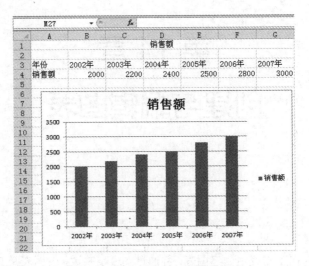

图14-1 某公司的历年销售统计表

如图14-2所示为一张图表的组成结构,其主要组成部分说明如下:

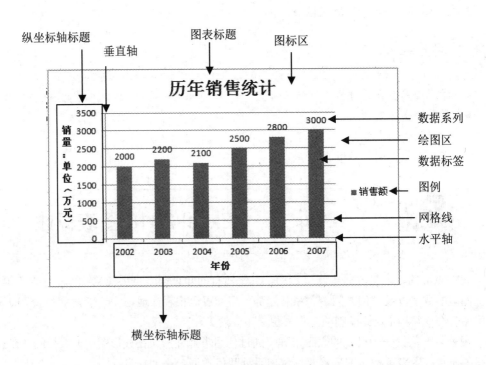

图14-2 图表的组成结构

下面介绍图表的几个组成部分。

- 图表区:图表区就是整个图表的背景部分,图表中的所有信息都位于图表区中。
- 绘图区:绘图区是图表的主要组成部分,主要由图形形状和网格线组成。
- 图表标题:图表标题是图表的名称,用来说明图表的主题。
- 图例:图例使用不同的颜色或形状来标识不同的数据系列。

● 垂直轴和水平轴：垂直轴和水平轴的作用类似于数学中平面坐标系的纵轴和横轴。

按照图表和工作表的关系可以把图表分为两类，即嵌入式图表和图表工作表。

（1）嵌入式图表是指置于工作表中的图表，是工作表的组成部分。嵌入式图表基本上悬浮在工作表上，位于工作表的绘图层。上图 14-2 的例子就是一个嵌入式图表。嵌入式图表同其他的绘图对象（如文本框或图形）一样，可以移动，也可以调整大小、比例、调节边框等。使用嵌入式图表可以将图表和数据放在一起打印以便查看。

（2）图表工作表是指特定的一张工作表，一张图表即构成了整张工作表。图表工作表适用于想要独立于工作表数据查看图表或需要编辑的图表较大且较复杂的情况，也可在想要节省工作表上的屏幕空间的时候使用。

14.2 创建图表

创建图表需要根据当前工作表中的数据进行创建，创建的方法主要包括以下两种。

14.2.1 通过功能区创建图表

选中工作表中需要创建图表的数据区域，切换到"插入"选项卡，单击"图表"选项组中的"柱形图"按钮，出现条形图子类型列表，从中选择一种即可。用这种方式创建的图表为嵌入式图表，如图 14-3 所示。

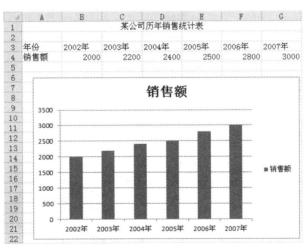

图 14-3 快捷按钮创建图表（嵌入式图表）

下面实例为创建人口普查图表，具体操作步骤如下。

步骤 1 打开工作表，在工作表中选择 A2:C6 区域的所有单元格，如图 14-4 所示。

步骤 2 单击"插入">"图表">"其他图表">"圆环图"选项，如图 14-5 所示。

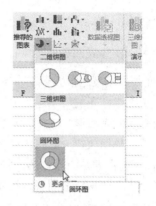

	A	B	C
1	年龄层	该年龄段在该性别中的比例	
2		男性	女性
3	0-18	11.70%	7.80%
4	19-50	51.00%	48.00%
5	50-70	28.30%	29.20%
6	70以上	10.00%	15.00%
7			

图 14-4　选中图表区域　　　　　　　　　　　图 14-5　选择"圆环图"选项

步骤 3 在工作表中生成图表，如图 14-6 所示。

步骤 4 选中图表的内环，单击"图表工具">"设计">"图表布局">"添加图表元素">"数据标签">"其他数据标签选项"选项，如图 14-7 所示。

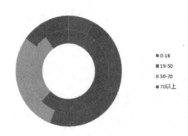

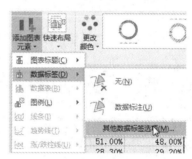

图 14-6　生成图表　　　　　　　　　　图 14-7　选择"其他数据标签选项"选项

步骤 5 弹出"设置数据标签格式"列表，在"标签选项"中选择"系列名称"复选框，单击"关闭"按钮，如图 14-8 所示。

步骤 6 单击绘图区中的外环，然后在弹出的"设置数据标签格式"对话框中选择"系列名称"复选框，使图表显示标签，如图 14-9 所示。

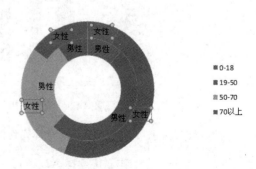

图 14-8　"设置数据标签格式"列表　　　　　　图 14-9　设置图表系列名称

步骤 **7** 选中多余的数据系列标志，然后按 Delete 键将其删除，最终图表效果如图 14-10 所示。

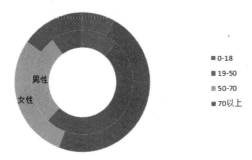

图 14-10　删除多余的数据系列标志

14.2.2 通过"插入图表"对话框创建图表

首先选中需要创建图表的数据区域，切换到"插入"选项卡，单击"图表"组右下角的 ⌐ 按钮，弹出如图 14-11 所示的"插入图表"对话框；选中一种图形，单击对话框下面的"设置为默认图表"按钮，然后关闭"插入图表"对话框即可。

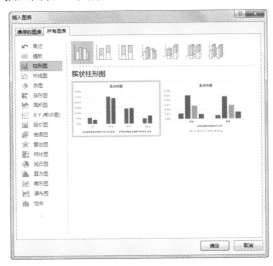

图 14-11　"插入图表"对话框

下面利用"插入图表"对话框制作年份支出图表，具体操作步骤如下。

步骤 **1** 打开图表，在工作表中选择 A3:I8 区域的所有单元格，如图 14-12 所示。

	A	B	C	D	E	F	G	H	I
1				公司年度支出情况					
2									
3	年份	员工工资	广告费	人员培训	市场开发	贷款利息	科研经费	写字楼费用	其他
4	2010年	12876379	1874653	328673	5682900	1000000	1300000	3478100	348197
5	2011年	11897670	3749274	793471	4875290	1000000	1300000	3478100	487914
6	2012年	14237874	5487329	1083784	6587492	1000000	1300000	3478100	694000
7	2013年	13784630	8478426	1287439	7892847	1000000	1300000	3478100	583292
8	2014年	12298430	10837533	1483927	5879000	1000000	1300000	3478100	834870

图 14-12　选择创建图表区域

步骤2 单击"插入">"图表"选项组右下角的 ⊡ 按钮，弹出"插入图表"对话框，选择"折线图"，如图 14-13 所示，单击"确定"按钮。

步骤3 得到公司年度支分析图表，如图 14-14 所示。

图 14-13 "插入图表"对话框

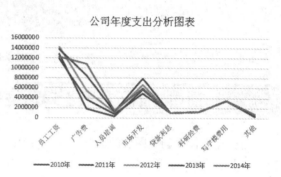

图 14-14 公司年度支出分析图表

14.3 编辑图表

图表创建后，我们还可以通过图表编辑功能使之更为完善和美观。图表的编辑包括调整图表大小、设置图表区字体、更改图表类型、设置数据区域、设置图表区域格式、设置坐标轴格式、设置主要网格线格式、添加主要网格线、设置数据系列格式及复制与删除图表。

14.3.1 调整图表大小

调整图表大小有以下两种方法。

1. 利用鼠标调整图表大小

选中需要调整大小的图表，将鼠标移动到图表边缘四周的中点位置或图表的角上，当鼠标变成 形状时，按下鼠标左键。拖动鼠标以改变图表大小直至满意尺寸，然后释放鼠标左键，如图 14-15 所示。

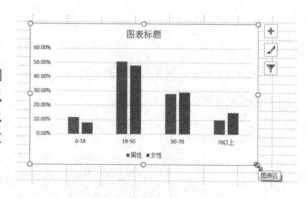

图 14-15 鼠标拖动图表大小

2．利用"大小和属性"对话框调整

选中需要调整其大小的图表，切换到"图表工具">"格式"选项卡，单击"大小"选项组中右下角的 按钮，打开如图 14-16 所示的"设置图表区格式"列表。在该列表中可以调整图表的大小、旋转及调整缩放比例等，调整好后单击"关闭"返回工作窗口即可。

图 14-16　图表"大小和属性"对话框

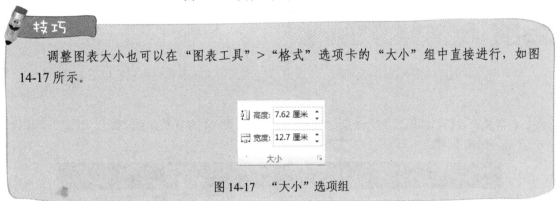

调整图表大小也可以在"图表工具">"格式"选项卡的"大小"组中直接进行，如图 14-17 所示。

图 14-17　"大小"选项组

14.3.2　设置图表区字体

图表区中的图表标题、坐标轴标题、图例名称、文本框等都是文本格式的字符，可以设置这些对象中的字体、字号、字体颜色等。下面分别以格式化图表标题为例来介绍设置图表中文本格式的几种方法。

1．通过"开始"选项卡设置

在图表中选中"图表标题"框，切换到"开始"选项卡，分别单击"字体"组中的"字体"、"字号"、"字体颜色"、"加粗"、"倾斜"等按钮，快速设置对应的字体、字号、字体颜色等，即可将图表标题文本格式化，如图 14-18 所示。

图 14-18　"字体"选项组

2．通过右键快捷菜单设置

步骤 1 在图表中选中"图表标题"框，单击鼠标右键，从出现的快捷菜单中选择"字体"命令，如图 14-19 所示。

步骤 2 打开"字体"对话框，在该对话框中即可设置相应文本的格式，如图 14-20 所示。

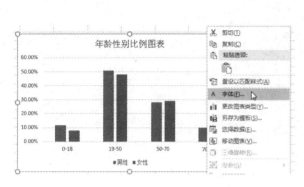

图 14-19　选择"字体"命令

图 14-20　"字体"对话框

14.3.3　更改图表类型

如果用户对创建的图表类型不满意，可以进行更改。更改图表类型可以有以下方法。

方法一：

步骤 1 在需要更改类型的图表中的任意位置单击选中该图表，功能区将出现"图表工具">"设计"选项区域，如图 14-21 所示。

图 14-21　"图表工具">"设计"选项区域

步骤 2 切换到"图表工具">"设计"选项卡，单击"更改图表类型"按钮，弹出"更改图表类型"对话框。选择需要的图表类型，单击"确定"按钮即可，如图 14-22 所示。

方法二：

在需要更改类型的图表中的任意位置单击选中该图表，切换到"插入"选项卡，单击"图表"组中的图表类型按钮，在弹出的下拉列表中选择需要的图表类型即可。

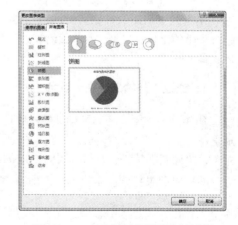

图 14-22　"更改图表类型"对话框

这种方式同插入图表的操作相同，不过需要先选中需要修改类型的图表。

方法三：

在需要更改类型的图表上的任意位置单击鼠标右键，弹出快捷菜单，如图 14-23 所示。需要说明的是，在图表的不同区域单击鼠标右键弹出的快捷菜单不同，但是都有"更改图表类型"选项。选择"更改图表类型"选项，弹出"更改图表类型"对话框。在其中选择需要修改的类型即可，其操作同方法一。

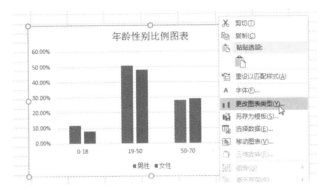

图 14-23　"更改图表类型"命令

14.3.4　设置数据区域

创建图表之后，用户如果发现数据区域有错误，还可重新进行选择数据区域，具体操作步骤如下。

步骤 1 选中需要修改数据源的图表，如图 14-24 所示。

步骤 2 单击"图表工具">"设计">"数据">"选择数据"图标，将弹出"选择数据源"对话框，如图 14-25 所示。

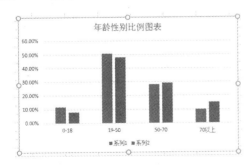

图 14-24　选择修改图表

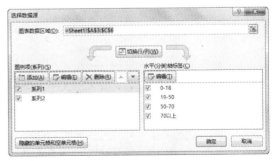

图 14-25　"选择数据源"对话框

步骤 3 单击"图表数据区域"右侧的 图 按钮，弹出如图 14-26 所示的编辑框，在工作表中重新选择数据源，编辑框中跟随显示数据源地址，单击回车键返回"选择数据源"对话框。

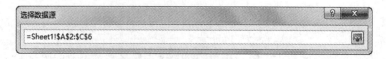

图 14-26   "选择数据源"编辑框

步骤 4 单击"确定"按钮返回工作表，修改数据后的图表如图 14-27 所示。

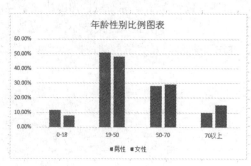

图 14-27   修改数据后的图表

14.3.5   设置图表区域格式

设置图表区域格式具体操作步骤如下。

步骤 1 选中要进行格式设置的图表，切换到"图表工具">"格式"选项卡，单击"当前所选内容"组中"图表元素"框右侧的下拉按钮，出现如图 14-28 所示的下拉列表（该列表根据具体的图表不同而有所不同）。

步骤 2 选择需要重新设置格式的图表元素，例如选择"图表区"。单击"当前所选内容"组中的"设置所选内容格式"按钮，打开"设置图表区格式"列表框，如图 14-29 所示。在该列表框中可以设置图表区的填充、边框颜色、边框样式、阴影以及三维格式等内容。设置完毕后，单击"关闭"按钮，返回 Excel 工作表窗口即可。

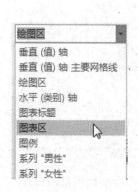

图 14-28   图表元素下拉列表

图 14-29   "设置绘图区格式"列表

14.3.6 设置坐标轴格式

图表中有横、纵坐标，用户可以随意更改坐标轴的格式，具体操作步骤如下。

步骤 1 选中图表，单击"图表工具">"格式">"当前所选内容">"水平（类别）轴"选项，如图 14-30 所示。

步骤 2 图表中横坐标轴被选中，如图 14-31 所示。

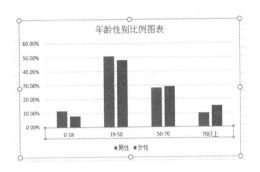

图 14-30 选择"水平（类别）轴"选项 　　图 14-31 选择横坐标轴

技巧

直接在表中单击横坐标轴，也可以选中坐标轴。

步骤 3 单击"图表工具">"格式">"当前所选内容">"设置所选内容格式"选项，打开"设置坐标轴格式"列表，如图 14-32 所示。在该列表框中可以设置坐标轴类型、刻度线、标签、数字等，设置完成后单击"关闭"按钮。

图 14-32 "设置坐标轴格式"列表

提示

纵坐标轴格式的设置与横坐标轴的设置方法相同，在此不再详述。

14.3.7　设置主要网格线格式

设置主要网格线格式的具体操作步骤如下。

步骤 1 选中需要设置的主要网格线，如图 14-33 所示。

步骤 2 单击鼠标右键，在弹出的快捷菜单中选择"设置网格线格式"命令，如图 14-34 所示。

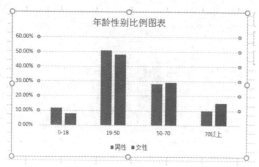

图 14-33　选中主要网格线

图 14-34　选择"设置网格线格式"命令

步骤 3 弹出"设置主要网格线格式"列表框，在该列表框中可以设置线条的样式、颜色、阴影及发光等，如图 14-35 所示。

图 14-35　"设置主要网格线格式"列表框

14.3.8　添加主要网格线

添加主要网格线的操作步骤如下。

步骤 1 选中图表的主要网格线，如图 14-36 所示。

步骤 2 单击"图表工具">"格式">"图表布局">"添加图表元素">"网格线">"主轴主要垂直网格线"选项，如图 14-37 所示。

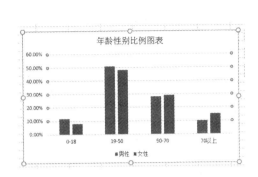

图 14-36　选中图表的主要网格线　　　　图 14-37　选择"主轴主要垂直网格线"选项

步骤 3 此时已添加图表的垂直网格线，如图 14-38 所示。

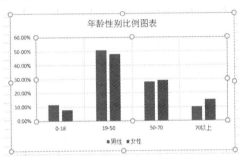

图 14-38　添加图表的垂直网格线

14.3.9　设置数据系列格式

设置数据系列格式，具体操作步骤如下。

步骤 1 选中图表中的数据系列，单击鼠标右键，在弹出的快捷菜单中选择"设置数据系列格式"命令，如图 14-39 所示。

步骤 2 弹出"设置数据系列格式"列表框，在此列表框中可以设置数据系列格式，如图 14-40 所示。

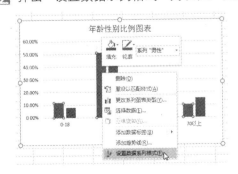

图 14-39　选择"设置数据系列格式"命令　　　图 14-40　"设置数据系列格式"列表框

14.3.10 复制图表

复制图表的情况分为在一个工作表中进行复制与在不同工作表中进行复制。

1. 在一个工作表内复制图表位置

在工作表内移动图表可以用鼠标进行操作，其步骤如下。

步骤 1 选中需要复制的图表，如图 14-41 所示。

步骤 2 选择工作表的某个位置，按快捷键 Ctrl+C，按快捷键 Ctrl+V，即可完成复制图表，如图 14-42 所示。

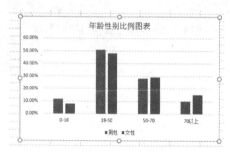

图 14-41　选中图表

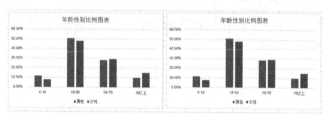

图 14-42　复制图表

2. 在不同工作表间移动图表

将一个图表从一个工作表中移动到另一个工作表中的具体操作骤如下。

步骤 1 在 Sheet1 表中选择需要移动的图表，如图 14-43 所示。

步骤 2 单击"图表工具">"设计">"位置">"移动图表"图标，弹出"移动图表"对话框，如图 14-44 所示。单击"对象位于"方框后的下拉按钮，从出现的工作列表中选择需要移动到的目标工作表，单击"确定"返回工作窗口。

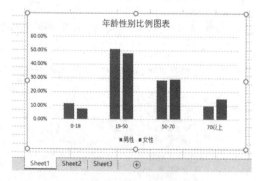

图 14-43　选中图表

图 14-44　"移动图表"对话框

步骤 3 在 Sheet2 工作表中出现移动的图表，如图 14-45 所示。

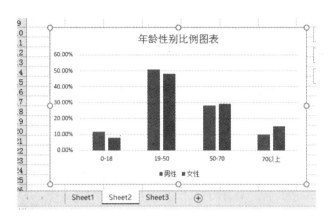

图 14-45　移动图表至目标工作表

> **提示**
>
> 使用移动功能操作之后，Sheet1 工作表中没有了图表，图表被移到 Sheet2 工作表中。用户还可以使用快捷键 Ctrl+C、Ctrl+V，在不同工作表中复制图表。

14.3.11　删除图表

选择要删除的图表，如图 14-46 所示，直接按快捷键 Delete，可直接删除图表。

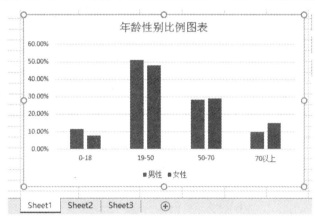

图 14-46　选择要删除的图表

14.4　Excel 的图表类型

Excel 2010 中一共设置了 11 大类 73 种图标类型供用户选择，对于相同的数据，如果选择不同的图标类型，那么得到的图表外观是有很大差别的，所以选择恰当的图表类型对表达自己的观点很重要。

14.4.1 柱形图

柱形图是最为常用的图标类型之一，常用于显示一段时间内的数据变化或比较各项数据的大小。柱形图可以直观地反映数据的变化和对比情况，其典型的应用场景是产品的各个时间段内的销售量或销售额的对比。

Excel 中的柱形图包括常规柱形图、圆柱图、圆锥图和棱锥图4 类，每类又有簇状柱形图、堆积柱形图、百分比堆积柱形图以及相应的三维柱形图几种类型，如图 14-47 所示。

下面我们通过一个实例来了解一下柱形图的应用。

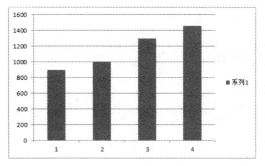

图 14-47　柱形图子类型

步骤 1 建立如图 14-48 所示的表格。

步骤 2 选定 A3:D3 单元格区域，单击"插入">"图表">"柱形图">"二维柱形图">"簇状柱形图"图标，得到如图 14-49 所示簇状柱形图。

	A	B	C	D
1	某产品四季度销售情况			
2	第一季度	第二季度	第三季度	第四季度
3	900	1002	1300	1456

图 14-48　表格框架　　　　　图 14-49　簇状柱形图

簇状柱形图可以用于数据之间简单的对比，堆积柱形图可以用于显示各个组成部分与整体之间的关系，从而直观地看出各个组成部分在整体中所占的比例，百分比堆积柱形图与堆积柱形图相似，只不过其图形中的数据以百分比的形式来表示。

14.4.2 条形图

条形图与柱形图类似，也是用于显示一段时间内的数据变化或比较各项数据的大小。条形图与柱形图的区别在于：条形图沿水平轴（X 轴）组织数据，沿垂直轴（Y 轴）组织类型，而柱形图沿水平轴（X 轴）组织类型，沿垂直轴（Y 轴）组织数据。Excel 提供的条形图的子类型有簇状条形图、堆积条形图、百分比堆积条形图、三维簇状条形图、三维堆积条形图、三维百分比堆积条形图、簇状水平圆柱图、堆积水平圆柱图、百分比堆积水平圆柱图、簇状水平圆锥图、堆积水平圆锥图、百分比堆积水平圆锥图、簇状水平圆锥图、堆积水平圆锥图及百分比堆积水平圆锥图，如图 14-50 所示。

下面我们通过一个实例来了解一下条形图的应用。

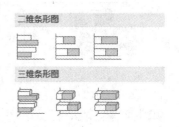

图 14-50　条形图子类型

步骤 1 建立如图 14-51 所示表格。

步骤 2 选定 A2:C6 单元格区域，单击"插入">"图表">"条形图">"二维条形图">"簇状条形图" 图标，得到如图 14-52 所示的簇形条形图。

	A	B	C
1		产品连续销售利润情况	
2		第一季度	第二季度
3	产品A	3476	2998
4	产品B	2768	3009
5	产品C	5409	4998
6	产品D	4603	4309

图 14-51　表格框架

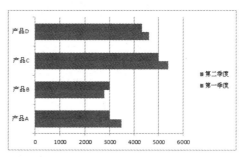

图 14-52　簇状条形图

14.4.3　折线图

折线图也是一种经常会用到的图表类型，可用于随时间变化的数据的显示以及对数据变化趋势的分析。利用折线图我们可以直观地看出销售—利润变化趋势及月销售变化趋势等。

折线图的子类型如图 14-53 所示，分别是折线图、堆积折线图、百分比堆积折线图、带数据标记的折线图、带数据标记的堆积折线图、带数据标记的百分比堆积折线图、三维折线图。堆积折线图和百分比堆积折线图与柱形图中的堆积柱形图和百分比柱形图类似。

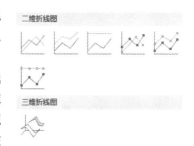

图 14-53　折线图子类型

下面我们通过一个实例来了解一下折线图的应用。

步骤 1 建立如图 14-54 所示表格。

步骤 2 选定 A3:D3 单元格区域，单击"插入">"图表">"折线图">"二维折线图">"带数据标记的折线图" 图标，得到如图 14-55 所示的带数据标记的折线图。

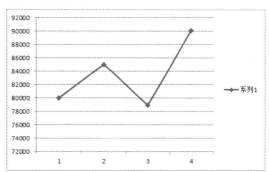

图 14-55　带数据标记的折线图

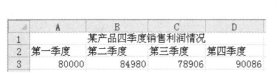

	A	B	C	D
1		某产品四季度销售利润情况		
2	第一季度	第二季度	第三季度	第四季度
3	80000	84980	78906	90086

图 14-54　表格框架

14.4.4 饼图

饼图以整个圆形表示所有数据，以圆心角不同的扇形表示不同的数据类型，用以直观地描述一个数据系列中各项数据的大小及其在总的数据中所占的比例。饼图在产品的成本分析、市场份额占有率分析等情况的描述中非常有用。

Excel 中的饼图共有 6 种子类型，它们分别是饼图、三维饼图、复合饼图、分离饼图、分离型三维饼图和复合条饼图，如图 14-56 所示。

下面我们通过一个实例来了解一下饼图的应用。

步骤 1 建立如图 14-57 所示表格。

步骤 2 选定 A3:E3 单元格区域，单击"插入">"图表">"饼图">"二维饼图">"饼图"图标，得到如图 14-58 所示的饼图。

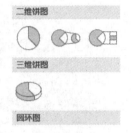

图 14-56 饼图子类型

ⓐ	A	B	C	D	E
1	某产品某月销售利润情况				
2	商品A	商品B	商品C	商品D	商品E
3	4982	3548	6780	8097	999

图 14-57 表格框架

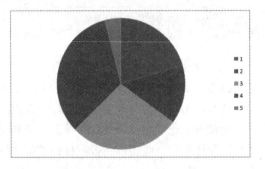

图 14-58 饼图

14.4.5 XY 散点图

散点图用于显示若干数据系列中各数值之间的关系，或者将两组数绘制为 XY 坐标的一个系列。散点图有两个数值轴，沿水平轴（X 轴）显示一组数据，沿垂直轴（Y 轴）显示一组数据。散点图将这些数值合并到单一数据点并以不均匀间隔或簇显示它们。散点图与折线图类似，将带标记的折线图的连线去掉即可得到一般的散点图。散点图的重要作用是绘制函数曲线，例如三角函数、指数函数、对数函数以及复杂函数的绘制都可以用散点图在 Excel 中实现。

散点图的子类型有仅带数据标记的散点图、带平滑线和数据标记的散点图、带平滑线的散点图、带平滑线和数据标记的散点图以及带直线的散点图共 5 类，如图 14-59 所示。

图 14-59 散点图子类型

下面我们通过一个实例来了解一下散点图的应用。

步骤 1 建立如图 14-60 所示表格。

步骤 2 选定 A1:C10 单元格区域,单击"插入">"图表">"散点图">"仅带数据标记的散点图"
图标,得到如图 14-61 所示散点图。

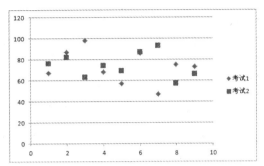

▲	A	B	C
1	学生	考试1	考试2
2	A	67	76
3	B	87	82
4	C	98	63
5	D	68	74
6	E	57	69
7	F	86	87
8	G	47	93
9	H	75	57
10	I	73	66

图 14-60　表格框架

图 14-61　散点图

14.4.6 面积图

面积图强调数量随时间变化的程度,突出数量总值随时间变化的趋势。面积图与折线图比较
类似,它实际上是折线图的变形,以折线与水平轴(X 轴)之间或者两条折线之间填充的颜色或图
案的面积来显示数值上的变化,可以添加多个数据系列。与折线
图不同的是,面积图通过显示所绘制的数值的总和,还可以通过
面积的大小表示部分同整体的关系。

面积图共有 6 个子类型,分别是面积图、堆积面积图、百分
比堆积面积图以及三个类型对应的三维形式,如图 14-62 所示。

下面我们通过一个实例来了解一下面积图的应用。

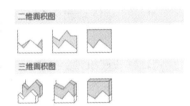

图 14-62　面积图子类型

步骤 1 建立如图 14-63 所示表格。

步骤 2 选定 A1:E4 单元格区域,单击"插入">"图表">"面积图">"二维面积图">"面积图"
图标,得到如图 14-64 所示面积图。

▲	A	B	C	D	E
1		第一季度	第二季度	第三季度	第四季度
2	商品A	40	55	56	65
3	商品B	20	37	26	33
4	商品C	38	31	39	23

图 14-63　表格框架

图 14-64　面积图

14.4.7　圆环图

圆环图与饼图类似，用多个圆心角不同的圆环组成一个整圆，用以描绘各个组成部分数据与整体数据之间的比例关系。与饼图不同的是，圆环图可以包含多个数据系列，即可以显示多个圆环。

圆环图有两种子类型，即圆环图和分离型圆环图，如图 14-65 所示。

下面我们通过一个实例来了解一下圆环图的应用。

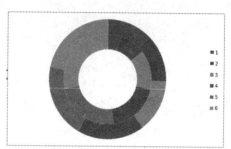

图 14-65　圆环图子类型

步骤 1　建立如图 14-66 所示表格。

步骤 2　选定 A1:B7 单元格区域，单击"插入">"图表">"圆环图">"圆环图"图标，得到如图 14-67 所示圆环图。

	A	B
1	月份	某公司税收（万元）
2	1	987
3	2	1024
4	3	1135
5	4	1463
6	5	1587
7	6	1722

图 14-66　表格框架

图 14-67　圆环图

14.4.8　雷达图

雷达图通过相对于中心点的距离描述数据的大小，用于比较若干数据系列的大小。雷达图有普通雷达图、带数据标志的雷达图和填充雷达图三种子类型，如图 14-68 所示。

下面我们通过一个实例来了解一下雷达图的应用。

图 14-68　雷达图子类型

步骤 1　建立如图 14-69 所示表格。

步骤 2　选定 A4:A16 单元格区域，然后按住 Ctrl 键，再选定 E4:E16 单元格区域，前者是标识坐标轴信息，后者是实际作图的数据源。单击"插入">"图表">"雷达图">"雷达图"图标，得到如图 14-70 所示雷达图。

A	B	C	D	E
需考察的地方	指标名称	实际值	行业平均值	对比值
流动性	流动比率	2.410	2.130	1.131
	速动比率	0.730	0.300	2.443
	应收账款周转率	20.950	7.895	2.654
	存货周转率	0.550	0.630	0.873
收益性	销售利润率	0.115	0.085	1.347
	资产经营利润率	0.081	0.079	1.031
	净资产收益率	0.115	0.115	0.996
成长性	主营业务收入增长率	0.202	0.395	0.511
	净利润增长率	0.619	0.418	1.481
	权益资本增长率	0.319	0.391	0.816
安全性负债比率	资产负债率	0.594	0.549	0.925
	经营净现金流量与总资产比率	2.386	0.445	5.362
	利息保障倍数	13.765	7.632	1.804

图 14-69　表格框架

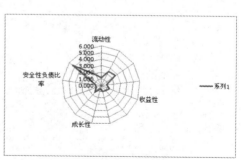

图 14-70　雷达图

14.4.9 气泡图

气泡图使用大小不同的类似气泡的圆形表示数据之间的大小关系。气泡图有二维气泡图和三维气泡图两种子类型，如图 14-71 所示。下面我们通过一个实例来了解一下气泡图的应用。

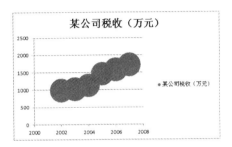

气泡图

图 14-71 气泡图子类型

步骤 1 建立如图 14-72 所示表格。

步骤 2 选定 A1:B7 单元格区域，单击"插入"＞"图表"＞"气泡图"＞"气泡图"图标，得到如图 14-73 所示气泡图。

	A	B
1	年份	某公司税收（万元）
2	2002	987
3	2003	1024
4	2004	1135
5	2005	1463
6	2006	1587
7	2007	1722

图 14-72　表格框架

图 14-73　气泡图

14.4.10 股价图

股价图是常用于描绘股价走势的一种图表，主要用于以图表的形式描述股价的波动。此外，股价图还可用于描述科学数据，例如用股价图可以记录一个时间段内温度的变化。

股价图共有 4 个子类型，分别是盘高－盘低－收盘图、开盘－盘高－盘低－收盘图、成交量－盘高－盘低－收盘图、成交量－开盘－盘高－盘低－收盘图，如图 14-74 所示。

下面我们通过一个实例来了解一下股价图的应用。

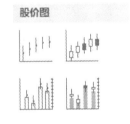

股价图

图 14-74　股价图子类型

步骤 1 建立如图 14-75 所示表格。

步骤 2 选定 D1:F9 单元格区域，单击"插入"＞"图表"＞"股价图"＞"盘高盘低收盘图"图标，得到如图 14-76 所示股价图。

	A	B	C	D	E	F
1		成交量	开盘	盘高	盘底	收盘
2	2007-1-5	3863	59	59	56	56
3	2007-1-6	2865	56	58.5	55	58
4	2007-1-7	1368	59	60.5	57.5	60
5	2007-1-8	1685	60	61	58	59.5
6	2007-1-9	1920	59	60.5	59	59.5
7	2007-1-10	2541	60.5	63.5	60.5	63
8	2007-1-11	2220	62	62.5	61.5	61.5
9	2007-1-12	1295	61	61.5	58.5	58.5

图 14-75　表格框架

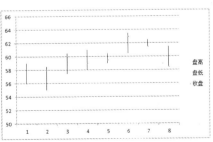

图 14-76　股价图

14.4.11 曲面图

曲面图用来描述比较复杂的数学函数。曲面图的子类型为三维曲面图、三维曲面图（框架图）、曲面图及曲面图（俯视框架图），如图 14-77 所示。

下面我们通过一个实例来了解一下曲面图的应用。

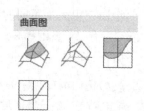

图 14-77 曲面图子类型

步骤 1 建立如图 14-78 所示表格。

步骤 2 选定 A1:F11 单元格区域，单击"插入"＞"图表"＞"曲面图"＞"三维曲面图"图标，得到如图 14-79 所示三维曲面图。

	A 温度	B	C	D	E	F
1						
2	秒	10	20	30	40	50
3	0.2	99	175	250	467	400
4	0.3	107	185	260	385	305
5	0.4	119	200	275	349	209
6	0.5	135	220	275	279	195
7	0.6	155	245	320	245	163
8	0.7	184	279	356	220	144
9	0.8	193	349	392	200	118
10	0.9	295	385	405	185	59
11	1	384	499	459	175	25

图 14-78 表格框架

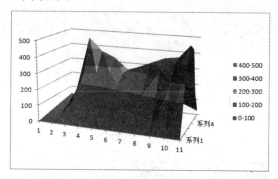

图 14-79 三维曲面图

提示

Excel 工作表中还提供了瀑布图、树形图、直方图、箱形图及组合图等类型，读者可以自行应用，在此不再逐一叙述。

14.5 自定义图表类型

如果经常使用某种图表样式，可以将其保存为图表模板，供以后直接调用。

1. 将图表保存为图表模板

选中要存为模板的图表，单击鼠标右键，在弹出的快捷菜单中选择"另存为模板"命令，将打开"保存图表模板"对话框，如图 14-80 所示，在"保存位置"框中，确保已选中"图表"文件夹，在"文件名"框中，输入适当的图表模板名称，最后单击"保存"按钮即可。

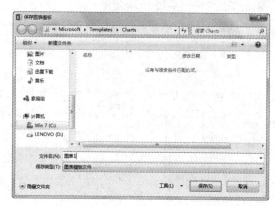

图 14-80 "保存图表模板"对话框

2．调用自定义图表模板

选中合适的数据区域，切换到"插入"选项卡，单击"图表"组右下角的下拉按钮，打开"插入图表"对话框，选中"模板"选项卡，如图 14-81 所示。选中其中的自定义模板，单击"确定"按钮返回。插入图表模板后可根据实际需要再对其进行修改。

图 14-81　"更改图表类型"对话框

14.6　综合实战：制作飞扬科技公司支出情况图表

面积图显示每个系列数值的变化量，强调数据随时间变化的幅度，通过显示数值的总和来反映整体和部分的关系。下面实例为已知飞扬科技公司年度支出情况的数据，利用面积图来制作图表反映其情况。

步骤 1 建立如图 14-82 所示的某公司不同年度支出情况表。

步骤 2 在数据表中选择数据区域 A3:I8，如图 14-83 所示。

公司年度支出情况							
年份	员工工资	广告费	人员培训	市场开发	贷款利息	科研经费	写字楼费用	其他
2010年	12876379	1874653	328673	5682900	1000000	1300000	3478100	348197
2011年	11897670	3749274	793471	4875290	1000000	1300000	3478100	487914
2012年	14237874	5487329	1083784	6587492	1000000	1300000	3478100	694000
2013年	13784630	8478426	1287439	7892847	1000000	1300000	3478100	583292
2014年	12298430	10837533	1483927	5879000	1000000	1300000	3478100	834870

图 14-82　新建表格　　　　　　　　图 14-83　选择数据区域

步骤 3 单击"插入">"图表"右下角的 图标，如图 14-84 所示。

步骤 4 弹出"插入图表"对话框，选择"面积图"中的"堆积面积图"，如图 14-85 所示。

步骤 5 单击"确定"，生成的默认图表如图 14-86 所示。

步骤 6 选中图表，单击"图表工具">"设计">"数据">"切换行/列"图标，得到更改后的图表如图 14-87 所示。

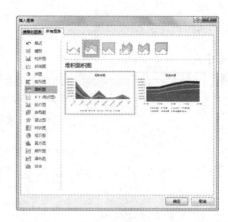

图 14-84　"图表"选项组

图 14-85　"插入图表"对话框

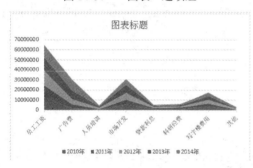

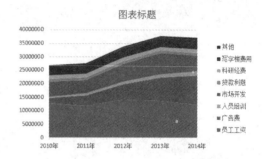

图 14-86　生成的默认图表

图 14-87　更改后的图表

步骤 7 选中图表，单击"图表工具">"设计">"位置">"移动图表"图标，弹出"移动图表"对话框，选中"新工作表"选项，如图 14-88 所示。

步骤 8 单击"确定"按钮，在 Chart1 中得到的图表如图 14-89 所示。

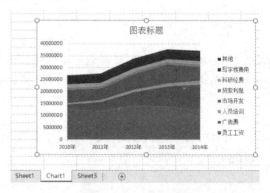

图 14-88　"移动图表"对话框

图 14-89　Chart1 中得到的图表

步骤 9 在"标签"选项卡中选择"坐标轴标题"中的"主要横坐标轴标题"，选择"坐标轴下方标题"，在图表中输入"年度"。选择"坐标轴标题"中的"主要纵坐标轴标题"，选择"旋转过的标题"，在图表中输入"金额"，如图 14-90 所示。

步骤 10 选中数值轴，单击鼠标右键，在弹出的快捷菜单中选择"设置坐标轴格式"命令，如图 14-91 所示。

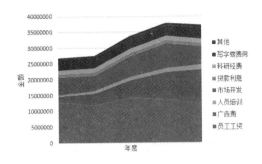

图 14-90　更改后的图表

图 14-91　选择"设置坐标轴格式"

步骤 11 弹出"设置坐标轴格式"列表框，设置"坐标轴选项"选项区的"显示单位"为"百万"，如图 14-92 所示。

步骤 12 单击"关闭"按钮，得到更改后的图表如图 14-93 所示。

图 14-92　"设置坐标轴格式"对话框

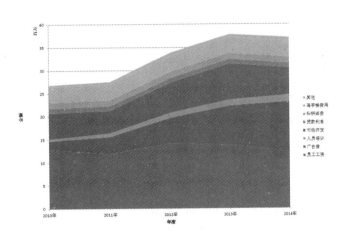

图 14-93　更改后的图表

第 15 章
格式化与自定义图表

 学习导读

作为专业的电子数据表软件，Excel 提供的另一个强大的功能是图表的制作和分析。图表是数据的可视化表示，使用图表的形式可以使得数据的分析和比较变得更为直观。本章介绍格式化与自定义图表，使读者对编辑、修改图表等操作更加熟练。

学习要点

- 学习图表的布局与样式的设定方法。
- 学习图表元素的选择、背景、标题、图例的添加编辑操作。
- 学习图表坐标轴、数据标签、数据表的添加编辑操作。
- 学习三维图表的编辑操作。

15.1　图表的布局与样式

在 Excel 工作表中，用户可以根据自己的需要，更改图表的布局与样式，使其变得更加精致美观。本节介绍图表的布局与样式的设定。

15.1.1　使用预定义图表布局

Excel 工作表提供了 11 种图表布局，用户可以随意更改图表的布局，使其变得更加符合要求。预定义图表布局的具体操作步骤如下。

步骤 1 选择要设置布局的图表，如图 15-1 所示。

步骤 2 单击"图表工具">"设计">"图表布局">"快速布局"下三角按钮，在弹出的列表中选择要使用的图表布局即可更改图表的整体布局，如图 15-2 所示。

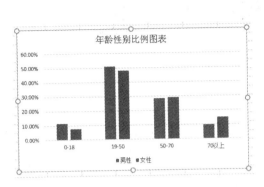

图 15-1 选择图表

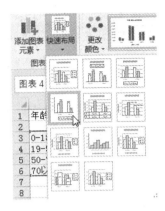

图 15-2 图表布局方式列表

步骤 3 可以看到更改后的图表布局效果，如图 15-3 所示。

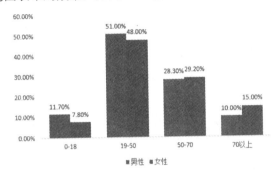

图 15-3 图表布局后的效果

15.1.2 使用预定义图表样式

修改图表样式的具体操作步骤如下。

步骤 1 选择要设置样式的图表，如图 15-4 所示。

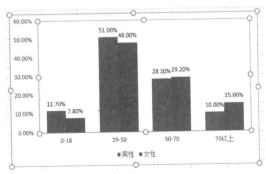

图 15-4 选择图表

步骤 2 单击"图表工具">"设计">"图表样式">"其他"按钮，在弹出的下拉列表中选择要使用的图表样式，如图 15-5 所示。

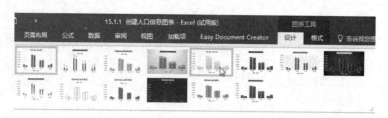

图 15-5　图表样式列表

步骤 **3**　可以看到更改后的图表整体外观样式，如图 15-6 所示。

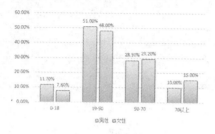

图 15-6　改变图表样式效果

15.2　图表元素的选择

在 Excel 工作表中，要编辑图表必要先选中图表元素。图表元素的选择方法有两种：第一种是使用鼠标选择图表元素；第二种是使用图表元素列表。

15.2.1　使用鼠标选择图表元素

使用鼠标选择图表元素是用户最常用的方法，也是最快速的方法。

步骤 **1**　打开工作表，鼠标单击图表元素即可选定，如图 15-7 所示。

步骤 **2**　双击图表元素，可打开设置图表标题格式列表框，如图 15-8 所示，用户可以设定图表的格式。

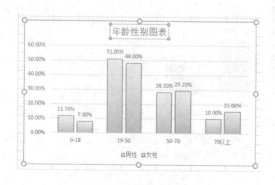

图 15-7　选定图表元素

图 15-8　设置图表元素格式列表框

15.2.2 使用图表元素列表

用户还可以利用"图表工具">"格式"选项卡中的列表选定图表元素，具体操作步骤如下。

步骤 1 打开工作表，选定图表区，单击"图表工具">"格式">"当有所选内容">"图表元素"下三角按钮，在弹出的列表中选择所需要的图表元素选项，如图 15-9 所示。

步骤 2 图表元素被选定，如图 15-10 所示。

图 15-9　选择图表元素选项

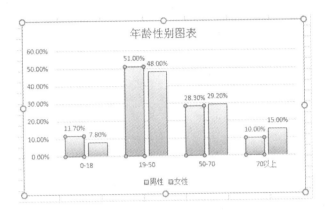

图 15-10　选定图表元素

15.3　设置图表背景

图表区、绘图区的背景默认为白色，用户可以根据需要更改背景，使其变得更加美观。下面介绍图表背景的设定方法。

15.3.1 设置图表区背景

设置图表区背景的方法基本有两种：第一种利用形状样式来设定；第二种通过设置图表区格式来设定。

1. 利用形状样式设定图表区背景

利用形状样式设定图表区背景的具体操作步骤如下。

步骤 1 打开工作表，选定图表区，如图 15-11 所示。

步骤 2 单击"图表工具">"格式">"形状样式">"其他"下三角按钮，在弹出的下拉列表中选择主题样式，如图 15-12 所示。

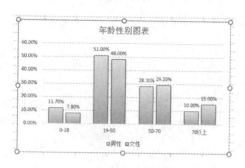

图 15-11　选定图表区域

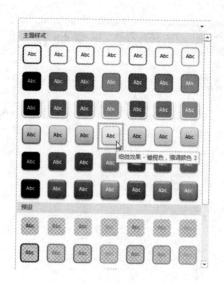

图 15-12　选择主题样式

步骤 3 设置图表区背景进行改变，如图 15-13 所示。

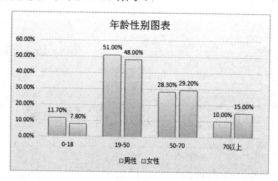

图 15-13　图表区背景效果

2. 通过设置图表区格式设定背景

通过设置图表区格式设定背景的具体操作步骤如下。

步骤 1 打开工作表，选定图表区，如图 15-14 所示。

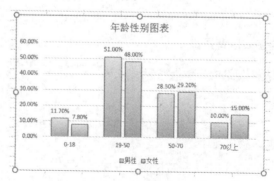

图 15-14　选定图表区域

步骤 2 在图表区单击鼠标右键，在弹出的快捷菜单中选择"设置图表区格式"命令，弹出"设置图表区格式"列表框，填充方式有：无填充、纯色填充、渐变填充、图片或纹理填充、图案填充、图案填充及自动，如图 15-15 所示。用户可根据需要选择不同的背景填充效果。

步骤 3 选择"图片或纹理填充"，纹理设定为"画布"，如图 15-16 所示。

图 15-15　"设置图表区格式"列表框

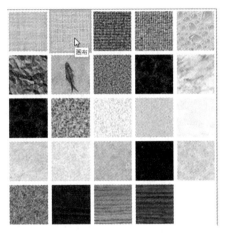

图 15-16　选择"画布"

步骤 4 其他参数保持不变，得到图表区背景效果如图 15-17 所示。

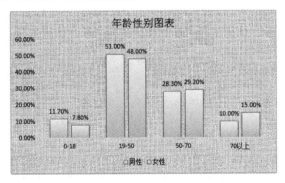

图 15-17　图表区背景效果

提示

在"设置图表区格式"列表框中，还可以设定图表边框的线条样式、阴影、发光等。

15.3.2　设置绘图区背景

图表绘图区背景的设定方法与图表背景区相同，首先要选定绘图区的区域，然后再进行设定。下面只介绍如何通过设置绘图区格式设定背景，具体操作步骤如下。

步骤 1 打开工作表，选定绘图区，如图 15-18 所示。

步骤 2 在绘图区单击鼠标右键，在弹出的快捷菜单中选择"设置绘图区格式"命令，打开"设置绘图区格式"列表框，选择"渐变填充"单选按钮，并设置渐变色，以及其他参数，如图 15-19 所示。

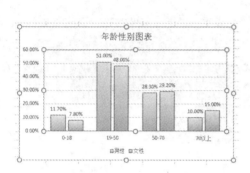

图 15-18　选定绘图区　　　　　　　　　　图 15-19　"设置绘图区格式"列表框

步骤 3 图表的绘图区背景发生改变，最终效果如图 15-20 所示。

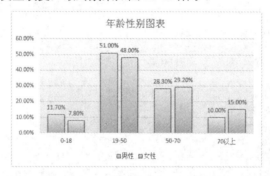

图 15-20　图表绘图区背景效果图

技巧

　　在"设置绘图区格式"列表框中，用户还可以随意设定渐变的类型、方向、颜色、位置、透明度等。

15.4　设置图表标题

　　图表的标题主要为了说明图表的主要内容，也是图表的主题。有时候添加图表之后，却发现图表中没有标题，用户可以单独添加图表标题，并设定图表标题的字体、颜色等格式。用户还可以利用"图表布局"来添加图表的标题。

15.4.1 通过修改图表布局添加标题

使用包含标题的图表布局的具体操作方法如下。

步骤 1 打开工作表，选定图表区，如图 15-21 所示。

步骤 2 单击"图表工具">"设计">"图表布局">"快速布局"下三角按钮，在弹出的列表中选择带有标题的布局，如图 15-22 所示。

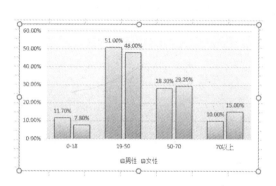

图 15-21　选定图表区

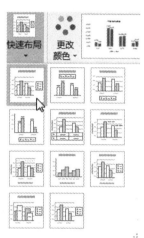

图 15-22　选择带有标题的布局

步骤 3 图表上方出现标题框，填入文字即可，如图 15-23 所示。

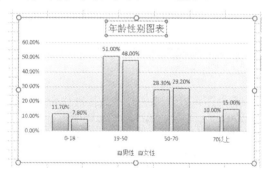

图 15-23　添加图表标题

15.4.2 通过添加图表元素添加标题

用户可以通过添加图表元素的方式为图表添加标题，具体操作步骤如下。

步骤 1 打开工作表，选定图表区，如图 15-24 所示。

步骤 2 单击"图表工具">"设计">"图表布局">"添加图表元素"下三角按钮，选择"图标标题"右三角按钮，可选择"图表上方"或"居中覆盖"的方式添加标题，如图 15-25 所示。

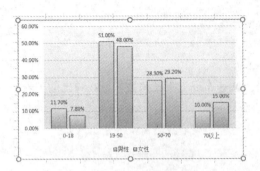

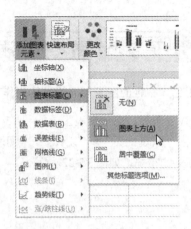

图 15-24　选定图表区　　　　　　　　图 15-25　选择"图表上方"选项

步骤3 在图表绘图区的上方出现标题文本框，如图 15-26 所示。

步骤4 双击文本框可添加文字，如图 15-27 所示。

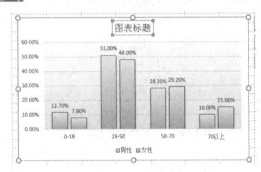

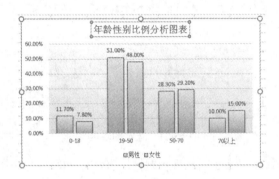

图 15-26　标题文本框　　　　　　　　　　图 15-27　添加标题

15.4.3　更改标题文本

如果所添加的标题有误，用户还可以继续更改，具体操作步骤如下。

步骤1 打开工作表，选定图表标题，如图 15-28 所示。

步骤2 单击图表标题框，修改文字内容，如图 15-29 所示。

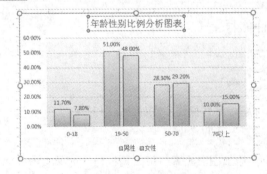

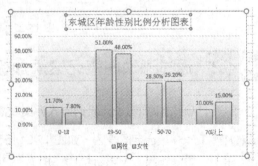

图 15-28　选定标题　　　　　　　　　　图 15-29　修改标题文字

15.4.4　格式化标题文本

用户还可美化图表标题，如设置标题文字大小、样式，设置标题背景、边框颜色等，使文本效果更加美观。此处标题格式的设定与文字格式设置相同，具体操作步骤如下。

步骤 1 打开工作表，选定图表标题，如图 15-30 所示。

步骤 2 单击"开始"＞"字体"选项组，设置文字的样式、大小及颜色，如图 15-31 所示。

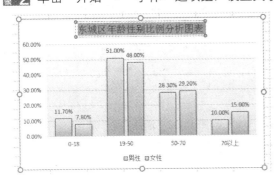

图 15-30　选定图表标题

图 15-31　"字体"选项组

步骤 3 标题文字设置为橙色，如图 15-32 所示。

步骤 4 继续选定标题文字，单击"图表工具"＞"格式"选项卡，在"形状样式"、"艺术字样式"选项组中，可以继续设置标题的格式，如图 15-33 所示。

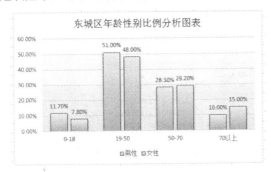

图 15-32　设置标题文字颜色

图 15-33　"图表工具"＞"格式"选项卡

15.4.5　删除图表标题

删除图表标题有两种方法：第一种是通过设置图表元素删除；第二种是使用快捷键删除。下面介绍这两种法的具体操作步骤。

1. 通过设置图表元素删除图表标题

在"图表工具"＞"设计"＞"图表布局"＞"添加元素"列表中有添加元素，同时也有删除元素的功能，具体操作步骤如下。

步骤 1 打开工作表，选定图表区，如图 15-34 所示。

步骤 2 单击"图表工具">"设置">"图表布局">"添加元素">"图表标题">"无"选项，如图 15-35 所示。

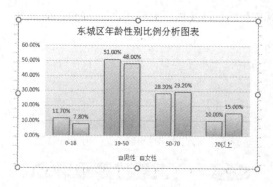

图 15-34 选定图表区

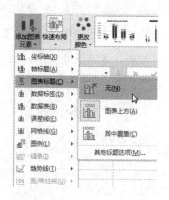

图 15-35 选择"无"选项

步骤 3 此时已删除图表标题，如图 15-36 所示。

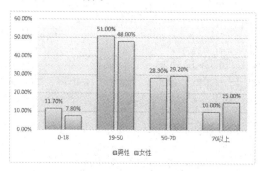

图 15-36 删除图表标题

2．使用快捷键删除图表标题

使用加快捷键删除图表标题是最快捷的方法，同时也是最常用的方法，具体操作步骤如下。

步骤 1 打开工作表，选定图表区标题，如图 15-37 所示。

步骤 2 按下快捷键 Delete，删除图表的标题，如图 15-38 所示。

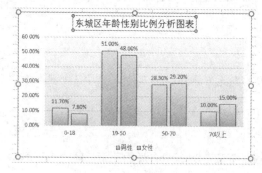

图 15-37 选定图表区

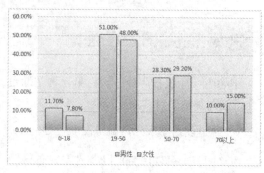

图 15-38 删除图表标题

15.5 设置图表的图例

图例可以被放置在图表的左侧、右侧、顶部、底部，也可以覆盖显示，还可以被随处移动、删除或调整大小。选定图例，单击鼠标右键，在弹出的快捷菜单中选择"其他图例选项"命令，可以弹出"设置图例格式"对话框来设置图例的格式，其方法同标题的格式设置基本相同。

15.5.1 添加图例

如果创建图表后，发现没有图例，且用户需要添加图例时，可通过添加图表元素的方法来添加，具体操作步骤如下。

步骤 1 单击"图表工具" > "设计" > "图表布局" > "添加元素" > "图例" > "右侧"选项，如图 15-39 所示。

步骤 2 图例显示在图表的右侧，如图 15-40 所示。

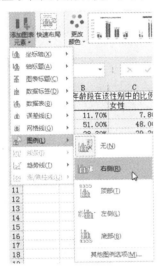

图 15-39 选择"右侧"选项

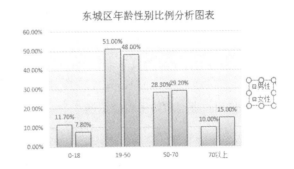

图 15-40 显示图例

15.5.2 删除图例

删除图例有两种方法：第一种是通过设置图表元素删除；第二种是使用快捷键删除。下面介绍这两种法的具体操作步骤。

1. 通过设置图表元素删除图表的图例

在"图表工具" > "设计" > "图表布局" > "添加元素"列表中有各种元素的添加，同时也有删除元素的功能，具体操作步骤如下。

步骤1 打开工作表，选定图表区，如图 15-41 所示。

步骤2 单击"图表工具">"设计">"图表布局">"添加元素">"图例">"无"选项，如图 15-42 所示。

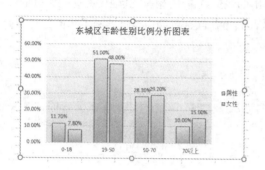

图 15-41　选定图表区

图 15-42　选择"无"选项

步骤3 此时已删除图表的图例，如图 15-43 所示。

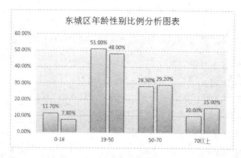

图 15-43　删除图表标题

2. 使用快捷键删除图表的图例

使用快捷键删除图例是最快捷的方法，同时也是最常用的方法，具体操作步骤如下。

步骤1 打开工作表，选定图表区的图例，如图 15-44 所示。

步骤2 按下快捷键 Delete，删除图表的标题，如图 15-45 所示。

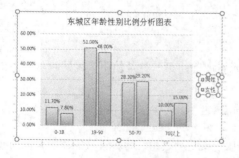

图 15-44　选定图例

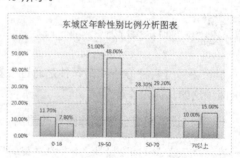

图 15-45　删除图例

15.5.3 移动图例

图表中图例可以被随处移动，基本有两种方法：第一种是通过设置图表元素的方法移动；第二种是利用鼠标移动。下面介绍这两种法的具体操作步骤。

1. 通过设置图表元素的方法移动图表的图例

在"图表工具">"设计">"图表布局">"添加元素"列表中有各种元素的添加，同时也有移动元素的功能，具体操作步骤如下。

步骤1 打开工作表，选定图表区的图例，如图 15-46 所示。

步骤2 单击"图表工具">"设计">"图表布局">"添加元素">"图例">"左侧"选项，如图 15-47 所示。

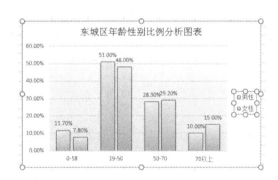

图 15-46　选定图例

图 15-47　选择"左侧"选项

步骤3 图例被移动到图表的左侧，如图 15-48 所示。

步骤4 继续单击"图表工具">"设计">"图表布局">"添加元素">"图例">"左侧">"其他图例选项"选项，会弹出"设置图例格式"列表框，用户可以更加细致地移动图例，如图 15-49 所示。

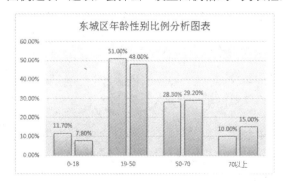

图 15-48　移动图例

图 15-49　"设置图例格式"列表框

图例列表中有右侧、顶部、左侧、底部 4 种显示图例的位置，选择任意一种，可以改变图例的位置。

2．利用鼠标移动图例

利用鼠标移动图例是最快捷的方法，同时也是最常用的方法，具体操作步骤如下。

步骤 1 打开工作表，选定图表区的图例，如图 15-50 所示。

步骤 2 鼠标变形十字箭头后，按下鼠标移动图例即可，如图 15-51 所示。

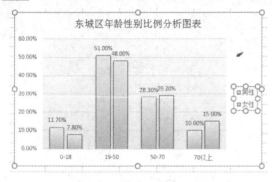

图 15-50　选定图例　　　　　　　　图 15-51　移动图例

15.5.4　调整图例大小

调整图例大小的具体操作步骤如下。

步骤 1 打开工作表，选定图例，如图 15-52 所示。

步骤 2 将鼠标放在图例的四角或边缘处，鼠标变形双向箭头后，按下鼠标拖动图例即可，如图 15-53 所示。

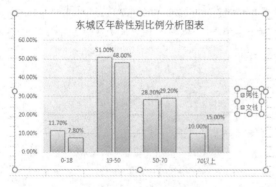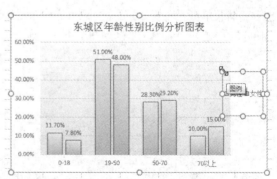

图 15-52　选定图例　　　　　　　　图 15-53　调整图例大小

15.6　设置图表坐标轴

图表中的坐标轴显示了坐标的基本信息，通过这些基本信息，可以使读者理解图表分析的数据内容。坐标轴分为纵坐标轴、横坐标轴，选中图表区，单击"图表工具-格式>图表布局>添加图表>坐标轴"三角按钮，弹出列表显示主要纵坐标轴、主要横坐标轴选项，选择其中一个选项，可显示或隐藏坐标轴。

15.6.1　添加坐标轴标题

坐标轴分为横坐标轴、纵坐标轴，添加标题的方法相同，本节只介绍横坐标轴标题的添加方法，具体操作步骤如下。

步骤1　打开工作表，选定图表，如图 15-54 所示。

步骤2　单击"图表工具"＞"设计"＞"图表布局"＞"添加元素"＞"轴标题"＞"主要横坐标轴"选项，如图 15-55 所示。

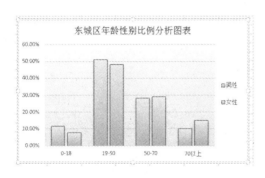

图 15-54　选定图表

图 15-55　选择"主要横坐标轴"选项

步骤3　在弹出的文本框中输入"年龄"，添加完横坐标轴标题，如图 15-56 所示。

步骤4　按照相同的方法添加纵坐标轴标题，如图 15-57 所示。

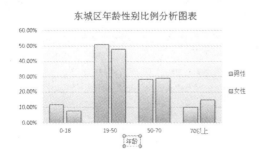

图 15-56　横坐标轴标题

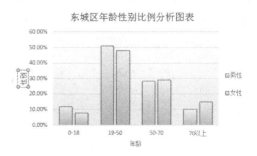

图 15-57　纵坐标轴标题

15.6.2 设置刻度线和标签

设置坐标轴的刻度线、标签的具体操作步骤如下。

步骤 1 打开工作表，选定图表的纵坐标轴，如图 15-58 所示。

步骤 2 单击鼠标右键，在弹出的快捷菜单中选择"设置坐标轴格式"命令，弹出"设置坐标轴格式"列表框，单击"刻度线标记"三角按钮，有主要类型、次要类型，两种类型分别有无、内部外部、交叉选项，如图 15-59 所示。

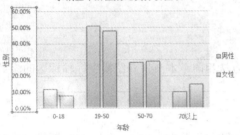

图 15-58　选定图表的纵坐标轴　　　　　　　图 15-59　刻度线标记

步骤 3 选择"外部"，显示纵坐标轴刻度线，如图 15-60 所示。

步骤 4 横坐标轴刻度线也设置为"外部"，如图 15-61 所示。

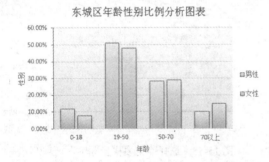 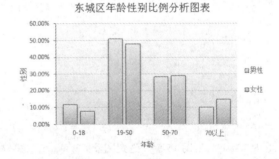

图 15-60　设置纵坐标轴刻度线　　　　　　　图 15-61　设置横坐标轴刻度线

步骤 5 在"设置坐标轴格式"列表框中可设置"标签"，分别有轴旁、高、低、无选项，此处选择"轴旁"选项，如图 15-62 所示，原坐标轴标签保持不变。

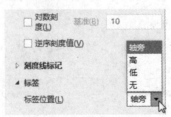

图 15-62　"标签"设置

15.6.3 设置坐标轴数字格式

设置坐标轴数字格式的具体操作步骤如下。

步骤 1 打开工作表，选定图表的纵坐标轴，如图 15-63 所示。

步骤 2 单击"开始"＞"字体"选项组，在此可以设置坐标轴数字格式，如图 15-64 所示。

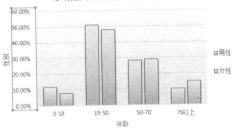

图 15-63　选定图表的纵坐标轴　　　　　图 15-64　"字体"选项组

技巧

如果要删除纵坐标轴或横坐标轴标题，选定，然后按 Delete 键即可删除。

15.7　设置图表数据标签

数据标签即每一个图表对应的数据项，有关数据标签的选项可以在"图表工具"＞"设计"＞
"图表布局"＞"添加图表元素"＞"标签"组中找到。

15.7.1 添加数据标签

添加数据标签的具体操作步骤如下。

步骤 1 打开工作表，选定图表，如图 15-65 所示。

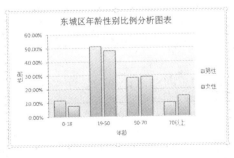

图 15-65　选定图表

步骤2 单击"图表工具">"设计">"图表布局">"添加图表元素">"数据标签"三角按钮,弹出列表,有6种选项,选择"数据标签外"选项,如图15-66所示。

步骤3 在图表中添加数据标签,如图15-67所示。

图 15-66　选择"数据标签外"选项

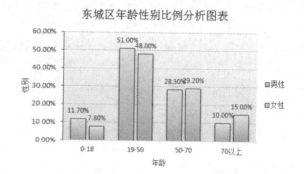

图 15-67　添加数据标签

15.7.2　删除数据标签

删除数据标签的具体操作步骤如下。

步骤1 打开工作表,选定图表,如图15-68所示。

步骤2 单击"图表工具">"设计">"图表布局">"添加图表元素">"数据标签">"无"选项,如图15-69所示。

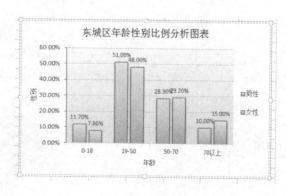

图 15-68　选定图表

图 15-69　选择"无"选项

步骤 3 此时图表中的数据标签已删除，如图 15-70 所示。

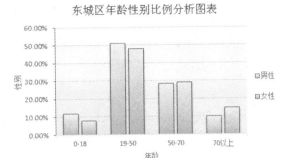

图 15-70　删除数据标签

技巧

使用快捷键删除数据标签，选定数据标签，然后按 Delete 键即可删除。

15.7.3 编辑数据标签

编辑数据标签的具体操作步骤如下。

步骤 1 打开工作表，选定图表中的男性数据标签，如图 15-71 所示。

步骤 2 单击"图表工具" > "格式" > "当前所选内容" > "设置所选内容格式"选项，弹出"设置数据标签格式"列表框，在此列表框中可以编辑数据标签。本例中，勾选"系列名称"复选框，如图 15-72 所示。

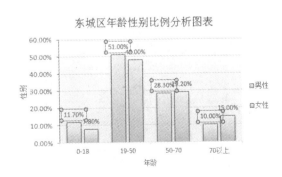

图 15-71　选定图表男性数据标签

图 15-72　点选"系列名称"复选框

步骤 3 男性的数据标签设置效果如图 15-73 所示。

步骤 4 按照相同的方法设置女性的数据标签，最终效果如图 15-74 所示。

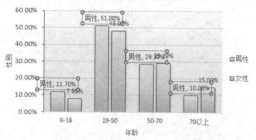

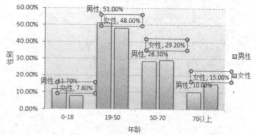

图 15-73　男性的数据标签设置效果　　　　　图 15-74　女性的数据标签设置效果

15.8　处理图表数据表

数据表显示了图表中的数据信息，以单独数据表显示图表中的数据，方便人们观看，下面介绍在图表中添加、编辑数据表。

15.8.1　添加和删除数据表

1. 添加数据表

添加数据表的具体操作步骤如下。

步骤 1　打开工作表，选定图表，如图 15-75 所示。

步骤 2　单击"图表工具">"设计">"图表布局">"添加图表元素">"数据表">"显示图例项标示"选项，如图 15-76 所示。

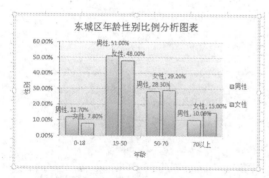

图 15-75　选定图表

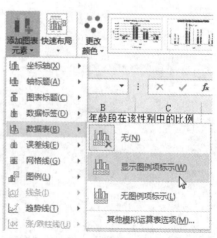

图 15-76　选择"显示图例项标示"选项

步骤 3　在图表最下方添加数据表，如图 15-77 所示。

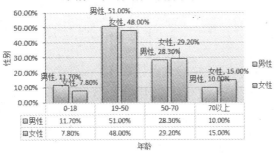

图 15-77　添加数据表

2. 删除数据表

添加数据表的具体操作步骤如下。

步骤 1 打开工作表，选定图表，如图 15-78 所示。

步骤 2 单击"图表工具" > "设计" > "图表布局" > "添加图表元素" > "数据表" > "无"选项，如图 15-79 所示。

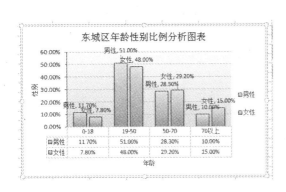

图 15-78　选定图表

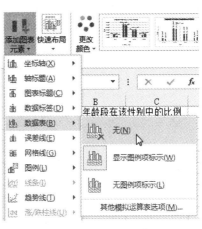

图 15-79　选择"无"选项

步骤 3 数据表被删除，如图 15-80 所示。

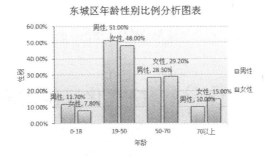

图 15-80　删除数据表

技巧

用户也可以用快捷键删除数据表，选中数据表，按下 Delete 键即可删除。

15.8.2 数据表的格式化

数据表的格式化的具体操作步骤如下。

步骤1 打开工作表，选定图表中的数据表，如图 15-81 所示。

步骤2 单击鼠标右键，在弹出的快捷菜单中选择"设置模拟运算表格式"命令，弹出"设置模拟运算表格式"列表框，在此列表框中可以对数据表进行格式化编辑操作。取消勾选"显示图例项标示"复选框，如图 15-82 所示。

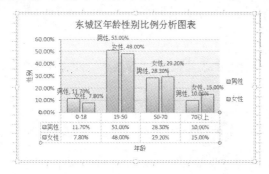

图 15-81　选定图表中的数据表　　　　图 15-82　取消点选"显示图例项标示"复选框

步骤3 数据表中的图例标示已删除，如图 15-83 所示。

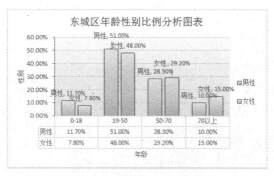

图 15-83　删除数据表图例标示

15.9　格式化三维图表

Excel 2016 提供了三维图表，对于三维图形，还可以通过设置图表基底和图表背景墙来达到增强立体感和美化图形的目的，下面介绍三维图表的更改、编辑操作。

15.9.1　更改三维图表

更改三维图表的具体操作步骤如下。

步骤 1 打开工作表，选定图表，如图 15-84 所示。

步骤 2 单击"图表工具">"设计">"类型">"更改图表类型"图标，弹出"更改图表类型"对话框，选择"三维簇状柱形图"，如图 15-85 所示，单击"确定"按钮。

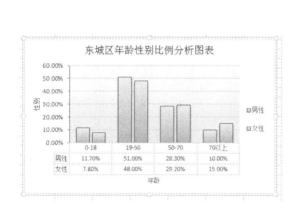

图 15-84　选定图表　　　　　　　　　　图 15-85　选择"三维簇状柱形图"

步骤 3 原本的柱形图更改为三维簇状柱形图，如图 15-86 所示。

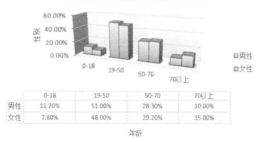

图 15-86　三维簇状柱形图

15.9.2　旋转三维图表

旋转三维图表的具体操作步骤如下。

步骤 1 打开工作表，选定图表绘图区，如图 15-87 所示。

步骤 2 单击鼠标右键，在弹出的快捷菜单中选择"三维旋转"命令，弹出"设置绘图区格式"列表框，选择"三维旋转"三角按钮，在此可以对绘图区进行三维旋转，设置旋转参数，如图 15-88 所示。

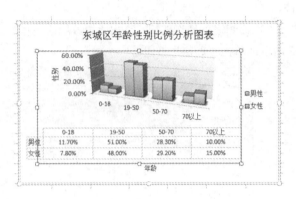

图 15-87　选定图表绘图区

图 15-88　设置旋转参数

步骤 3 旋转三维图表后的效果如图 15-89 所示。

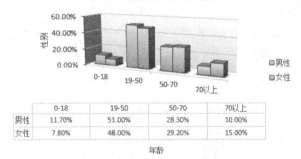

图 15-89　旋转三维图表

15.10　综合实战：制作公司销售额雷达图表

本章讲解的是图表的应用，通过图表来直观地表现数据，使数据关系更加生动地展现出来，非常方便。接下来制作公司销售额的雷达图表，通过图表可以对比出哪个月份的销售额比较高，哪个月份的销售额比较低，具体操作步骤如下。

步骤 1 创建"销售额"工作簿，并在工作表中输入公司每个月的销售情况，如图 15-90 所示。

步骤 2 选中数据后，单击"插入">"图表">"雷达"选项，如图 15-91 所示。

	A	B
1	销售额图	
2	月份	销售额
3	1	12343400
4	2	14548390
5	3	11938849
6	4	20152687
7	5	13838940
8	6	14390584

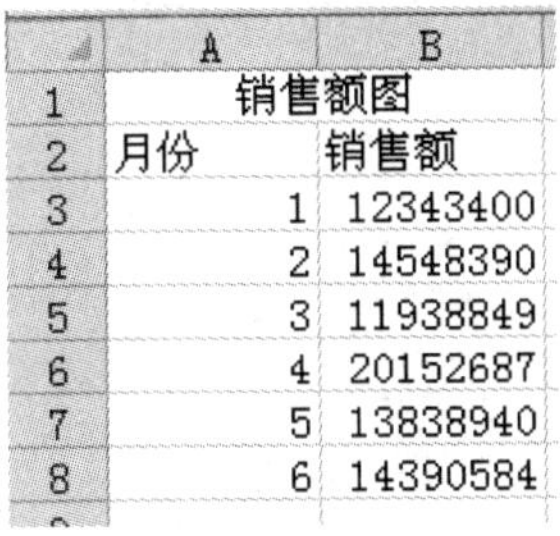

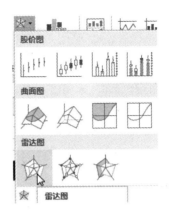

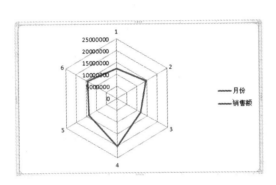

图 15-90　创作工作表

图 15-91　选择“雷达”选项

步骤 3 在工作表中插入图表，如图 15-92 所示。

步骤 4 选定图表，单击“图表工具”>“布局”>“图表布局”>“添加图表元素”>“图表标题”>“图表上方”选项，如图 15-93 所示。

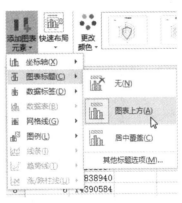

图 15-92　插入图表

图 15-93　选择“图表上方”选项

步骤 5 单击图表中的标题区域，然后输入“公司销售额图”，如图 15-94 所示。

步骤 6 单击“图表工具”>“布局”>“图表布局”>“添加图表元素”>“图例”>“无”选项，取消图表中的图例，如图 15-95 所示。

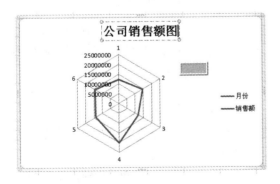

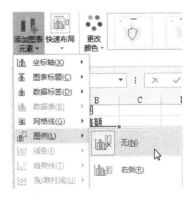

图 15-94　输入“公司销售额图”

图 15-95　选择“无”

步骤 **7** 选定数值轴，单击鼠标右键，在弹出快捷菜单中选择"设置坐标轴格式"命令，如图 15-96 所示。

步骤 **8** 弹出"设置坐标轴格式"列表框，在"坐标轴选项"选择区中，设置"显示单位"为百万，如图 15-97 所示。单击"关闭"按钮，完成对数值轴的更改。

图 15-96 选择"设置坐标轴格式"命令　　　　图 15-97 设置"显示单位"为百万

步骤 **9** 拖动绘图区，调整其大小，如图 15-98 所示。

步骤 **10** 调整图标标题位置，如图 15-99 所示。

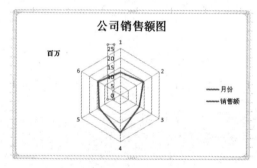

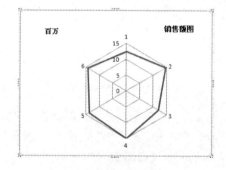

图 15-98 调整图标区大小　　　　图 15-99 调整图标标题位置

步骤 **11** 选中主要网格线，单击鼠标右键，在弹出快捷菜单中选择"设置网格线格式"命令，弹出"设置主要网格线格式"列表框，设置相应的线型，单击"关闭"按钮，得到修改后的图表，如图 15-100 所示。

步骤 **12** 选中图表标题"销售额图"，单击鼠标右键，在弹出的快捷菜单中选择"字体"命令，弹出"字体"对话框，按照如图 15-101 所示的数值进行设置，单击"确定"按钮，得到更改后的图表。

步骤 **13** 选定图表，单击鼠标右键，在弹出的快捷菜单中选择"设置图表区域格式"命令，弹出"设置图表区域格式"列表框，在"联接类型"选中"圆形"，如图 15-102 所示。

步骤 **14** 在"设置图表区格式"对话框中，设置"填充"相关的值，单击"关闭"按钮，如图 15-103 所示。

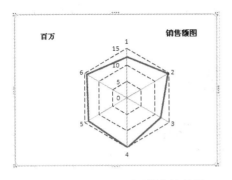

图 15-100　设置主要网格线效果图

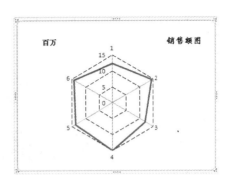

图 15-101　设置字体后效果

图 15-102　设置图表边框参数

图 15-103　设置图表填充参数

步骤 15　更改后的图表如图 15-104 所示。

步骤 16　选中绘图区，单击鼠标右键，在弹出的快捷菜单中选择"设置绘图区格式"命令。在"设置绘图区格式"列表框中设置"填充"相关的值，单击"关闭"按钮，得到更改后的最终图表，如图 15-105 所示。

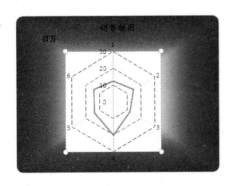

图 15-104　更改后的图表

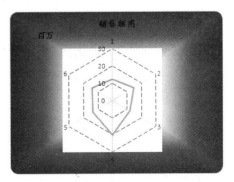

图 15-105　最终图表效果

第 16 章
使用图片与图形

学习导读

本章主要讲解如何美化电子表格的页面。在电子表格中除了数据文本以外，还可以适当地添加图形、图片、剪贴画、SmartArt 等对象，通过这些对象使电子表格的页面更美观，多种对象通过不同的布局方式，可以有效地传达信息或观点。

学习要点

- 学习图片的插入、编辑方法。
- 学习剪贴画的插入、编辑方法。
- 学习形状的插入、编辑方法。
- 学习艺术字的插入、编辑方法。
- 学习 SmartArt 的插入、编辑方法。

16.1　使用图片

使用图片就是将外部的图片插入工作表中，作为对象，图片在工作表中可以再进行编辑修饰。本节介绍在 Excel 2016 中图片的插入、编辑等操作。

16.1.1　插入图片

Excel 工作表可以插入图片，使工作表更加美观，具体操作步骤如下。

步骤 1 新建工作簿，在工作表中插入图片，单击"插入">"插图">"图片"图标，如图 16-1 所示。

步骤 2 弹出"插入图片"对话框，从中选择需要插入的图片，然后单击"插入"按钮，如图 16-2 所示。

图 16-2　"插入图片"对话框

图 16-1　选择"图片"图标

步骤3 在工作表中插入图片，如图 16-3 所示。

图 16-3　插入图片

16.1.2　改变图片大小与位置

1. 改变图片大小

图片在插入工作表时可能大小并不符合所需条件，用户可以对图片的大小进行适当的调整。改变图片大小的方法有以下两种。

步骤1 在"图片工具-格式">"大小"选项组中，可以通过裁剪调整大小，或通过设置图片的高度与宽度来放大或缩小图片，如图 16-4 所示。

步骤2 选定图片，图片周围会出现选定效果，用鼠标拖动图片四角之一，也可改变图片大小，如图 16-5 所示。

图 16-4 "大小"选项组

图 16-5 改变图片大小

> **提示**
>
> 需要注意，当设置高度或宽度其中的一项数值时，另一项会同时自动改变，这是因为图片的宽度和高度具有一定的比例。

2. 改变图片位置

改变图片位置的方法有以下几种。

步骤1 拖动鼠标可移动图片的位置（注意：在同一工作表中）。

步骤2 利用复制、粘贴的方法也可移动图片的位置。

16.1.3 应用图片样式

图片的样式主要包括边框、三维、阴影等效果，其中也提供了样式库，直接选择即可添加样式，也可以根据需要自定义样式效果，在"图片工具-格式"选项卡的"图片样式"中可以设置，也可以在"设置图片格式"列表框中进行设置。具体操作步骤如下。

步骤1 单击选中需要设置的图片，如图 16-6 所示。

步骤2 单击"图片工具-格式" > "图片样式"区域中样式库右下角的（其他）按钮，弹出下拉列表，如图 16-7 所示。设置样式还可打开"设置图片格式"对话框，在此设置样式。

图 16-6 选定图片

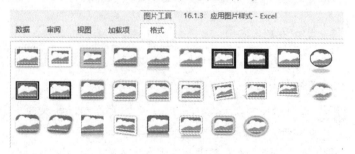

图 16-7 图片样式列表

步骤 3 选择样式应用到图片中，效果如图 16-8 所示。

图 16-8　应用图片样式

16.1.4　为图片添加边框

在"图片工具-格式"选项卡的"图片样式"中可以设置图片边框，也可以在"设置图片格式"列表框中进行设置。具体操作步骤如下。

步骤 1 选定需要添加边框的图片，如图 16-9 所示。

步骤 2 单击"图片工具-格式" > "图片样式" > "图片边框"三角按钮，弹出列表，选择其中一种颜色，如图 16-10 所示。

步骤 3 图片添加了边框，效果如图 16-11 所示。

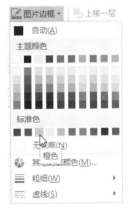

图 16-9　选定图片　　　　　图 16-10　选定橙色　　　　　图 16-11　添加图片边框

16.1.5　为图片添加效果

单击"图片工具-格式" > "图片样式" > "图片效果"三角按钮，弹出列表，在此列表中为图片添加效果。图片效果有：预设、阴影、映像、发光、柔化边缘、棱台、三维旋转，每个效果都有更细致的划分设定。为图片具体操作步骤如下。

步骤 1 选定要添加效果的图片，如图 16-12 所示。

步骤 2 单击"图片工具-格式">"图片样式">"图片效果">"映像">"紧密映像，接触"图标，如图 16-13 所示。

图 16-12　选定图片　　　　　　　　图 16-13　选择"紧密映像，接触"图标

步骤 3 添加"紧密映像，接触"映像效果，如图 16-14 所示。

步骤 4 单击"图片工具-格式">"图片样式">"图片效果">"棱台">"松散嵌入"图标，如图 16-15 所示。

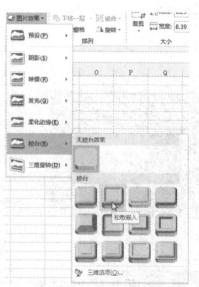

图 16-14　"紧密映像，接触"映像效果　　　图 16-15　选择"松散嵌入"图标

步骤 5 单击"图片工具-格式">"图片样式">"图片效果">"三维旋转">"平行，离轴 1 右"图标，如图 16-16 所示。

步骤 6 旋转图像后的效果，如图 16-17 所示。

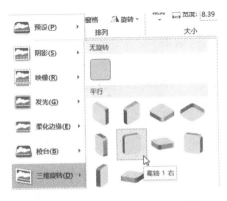

图 16-16 选择"离轴 1 右"图标

图 16-17 旋转图像效果图

16.1.6 排列图片

当工作表中存在多个对象时，可以通过排列命令调整对象之间的关系。这些对象可以是图片，也可以是图形、文本框、图表等。

首先选中需要设置的对象，然后在"图片工具-格式"选项卡的"排列"选项组中，单击某个图标按钮调整图片的排列次序，如图 16-18 所示。

"排列"选项组各图标说明如下。

- 上移一层：是指当多个对象重叠时，将图片向上移一层。
- 下移一层：是指当多个对象重叠时，将图片向下移一层。
- 选择窗格：用于选择或取消选择对象。单击该按钮，弹出"选择"列表框，如图 16-19 所示。在窗口中将显示出工作表中所有的对象，单击列表即可选中该对象，在该窗口中可以控制对象的显示与隐藏，还可以调整各对象之间的重叠层次。
- 对齐：用于设置对象的对齐方式。
- 组合：用于将两个或多个对象组合成一个对象。
- 旋转：用于将对象进行旋转和翻转。

排列图片的具体操作步骤如下。

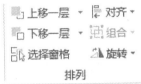

图 16-18 "排列"选项组

图 16-19 "选择"列表框

步骤 1 打开工作表，选定图片，如图 16-20 所示。

步骤 2 单击"图片工具-格式">"排列">"选择窗体格"图标，弹出"选择"列表框，如图 16-21 所示。

图 16-20 选定图片

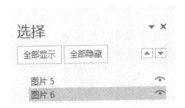

图 16-21 "选择"列表框

步骤 3 单击"图片工具-格式">"排列">"上移一层"图标，如图 16-22 所示。

步骤 4 "选择"列表框中的图片顺序发生了变化，如图 16-23 所示。

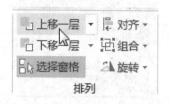

图 16-22 选择"上移一层"图标

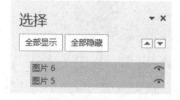

图 16-23 排列图片

16.1.7 调整图片

在"图片工具-格式">"调整"选项组有图片的调整操作，包括删除背景、更正、颜色、艺术效果、压缩图片、更改图片、重设图片等，如图 16-24 所示。

图 16-24 "调整"选项组

1. 删除图片背景

根据需要删除图片的背景。原图片效果如图 16-25 所示，选定图片，单击"图片工具-格式">"调整">"删除背景"图标，图片的背景被删除，如图 16-26 所示。

图 16-25 原图

图 16-26 删除图片背景

2. 调整图片亮度与对比度

根据需要调整图片的色调，包括亮度、对比度以及颜色等。

步骤 1 选中需要调整的图片，选择"图片工具-格式"选项卡，在"调整"区域中单击"更正"按钮，弹出列表，从中可以选择现成的亮度和对比度样式，如图 16-27 所示。

步骤 2 如果对提供的样式不满意，可选择"图片更正选项"命令，弹出"设置图片格式"列表框，从中可以自定义亮度和对比度，如图 16-28 所示。

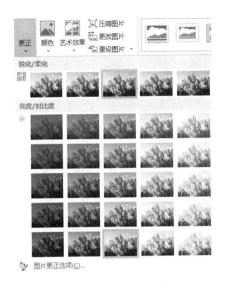

图 16-27　"更正"列表

图 16-28　"设置图片格式"列表框

3. 调整图片颜色

单击"图片工具-格式">"调整">"颜色"按钮，从中选择着色方式，如图 16-29 所示。也可以在"设置图片格式"列表框中选择预设的着色方式。

4. 艺术效果

单击"图片工具-格式">"调整">"艺术效果"按钮，从中选择效果方式，如图 16-30 所示。

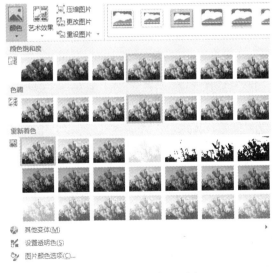

图 16-29　"颜色"列表

图 16-30　"艺术效果"列表

5. 压缩图片

压缩图片是对工作表中的图片大小进行压缩，压缩后的图片占用的存储空间更小。

步骤 1 单击"图片工具-格式">"调整">"压缩图片"图标，如图 16-31 所示。

步骤 2 弹出"压缩图片"对话框，用于设置压缩的方式，如图 16-32 所示。

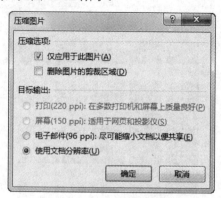

图 16-31 选择"压缩图片"图标　　　　　图 16-32 "压缩图片"对话框

6. 更改图片

更改图片是在不删除图片的情况下直接将其替换成另外一幅图片。单击"图片工具-格式">"调整">"更改图片"图标，再次弹出"插入图片"窗口，如图 16-33 所示，选择相应的方式，再选择替换的图片即可替换原来的图片。

图 16-33 "插入图片"窗口

7. 重设图片

重设图片是指将图片恢复到刚插入时的默认状态。单击"图片工具-格式">"调整">"重设图片"三角按钮，在弹出的列表中选择重设的方式，如图 16-34 所示。

图 16-34 "重设图片"列表

16.1.8　裁剪图片

裁剪图片是将原来的图片进行裁剪操作，具体操作步骤如下。

步骤 1　选中图片后，单击"图片工具-格式" > "大小" > "裁剪" > "裁剪"选项，此时在图片周围出现边框，拖动即可裁剪图片，如图 16-35 所示。

步骤 2　图片的每个边都可以进行裁剪，完成后在工作表的任意位置单击，图片中不需要的部分被裁剪，只保留需要的部分，如图 16-36 所示。

图 16-35　选择"裁剪"选项

图 16-36　裁剪后效果

步骤 3　对于不能裁剪但必须缩小的图片，可以调整其高度和宽度值。选中图片后，在"大小"区域中的"高度"和"宽度"文本框中直接输入数值即可，如图 16-37 所示。

图 16-37　"高度"和"宽度"文本框

技巧

　　裁剪图片或更改图片大小时，要将鼠标指针置于图片的编辑点上，此时若按住 Ctrl 键，则鼠标拖动的对面一侧也会自动随之改变，如图 16-38 所示。需要注意的是，对于裁剪掉的部分相当于是隐藏起来了，若是想要再显示，可再次使用裁剪工具重复裁剪操作，只是方向相反，此时即可显示裁剪掉的部分。

图 16-38　裁剪图片

16.2 使用剪贴画

剪辑管理器收集并保存剪贴画、照片、动画、视频和其他媒体文件，以便在文档、演示文稿、电子表格和其他文件中使用。按照下面说明启动剪辑管理器，在工作表中可以插入剪贴画，该操作与插入图片类似。

16.2.1 插入剪贴画

插入剪贴画的具体操作步骤如下。

步骤 1 打开工作表，单击"插入">"插图">"联机图片"图标，弹出"插入图片"窗口，在必应图像搜索文本框中输入"动漫"，单击"搜索"图标，可以搜索出"动漫"的剪贴画，选择其中一张插画，单击"插入"按钮，如图 16-39 所示。

步骤 2 在工作表中插入剪贴画，如图 16-40 所示。

图 16-39　"插入图片"窗口　　　　　　　　　　　图 16-40　插入剪贴画

16.2.2 编辑剪贴画

编辑剪贴画与编辑图片的方法相同，都要先选定剪贴画，然后在"图片工具-格式"选项卡中选择相应的选项或图标，如图 16-41 所示。

图 16-41　"图片工具-格式"选项卡

下面以编辑图片版式为例，介绍剪贴画的编辑过程，具体操作步骤如下。

步骤 **1** 打开工作表，选定图表，如图 16-42 所示。

步骤 **2** 单击"图片工具-格式">"图片样式">"图片版式">"生序图片重点流程"图标，如图 16-43 所示。

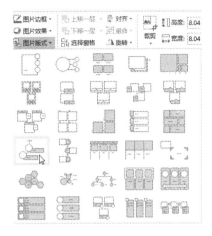

图 16-42　选定图片　　　　图 16-43　"生序图片重点流程"图标

步骤 **3** 进入编辑状态，输入文本，如图 16-44 所示。

图 16-44　输入文本

> **提示**
>
> 设置完图片版式后，会进入"SMARTART 工具-设计"、"SMARTART 工具-格式"选项卡，用户在这两个选项卡中可以对图片版式继续进行编辑操作。

16.3　使用形状

在工作表中添加形状，或者合并多个形状以生成一个绘图或一个更为复杂的形状。可用的形状包括：线条、基本几何形状、箭头、公式形状、流程图形状、星、旗帜和标注。添加一个或多个形状后，可以在其中添加文字、项目符号、编号和快速样式。

16.3.1　插入形状

插入形状的具体操作步骤如下。

步骤1 新建工作表，单击"插入">"插图">"形状"三角按钮，从弹出列表中选择需要使用的图形，如图 16-45 所示。

步骤2 单击所需形状，接着单击工作簿中的任意位置，然后拖动鼠标以放置形状，如图 16-46 所示。若要创建长度与宽度相同的图形，在拖动鼠标的同时按住 Ctrl 键进行拖动，即可复制图形。

图 16-45　选择形状图形　　　　　　　　　　　　　图 16-46　绘制形状

16.3.2　更改形状

在工作表中插入形状后，还可以设置形状的格式，具体操作步骤如下。

步骤1 插入的形状还可以通过编辑更改其形状。选定需要更改形状的图形，单击"绘图工具-格式">"插入形状">"编辑形状">"更改形状"三角按钮，在弹出的列表中继续选择更改后的形状即可更改图形，如图 16-47 所示。

步骤2 或者单击"绘图工具-格式">"插入形状">"编辑形状">"编辑顶点"选项，插入形状此时出现顶点，拖动顶点即可改变图形的形状，如图 16-48 所示。

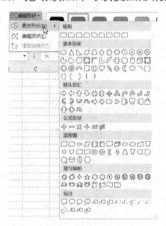

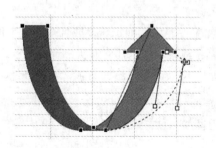

图 16-47　更改形状列表　　　　　　　　　　　　　图 16-48　拖动顶点

16.3.3 使用形状样式

形状的外观样式与图片的外观样式类似。设置图形格式可在"绘图工具-格式"选项卡的"形状样式"区域中进行设置,还可以在图形上单击鼠标右键,在弹出的快捷菜单中选择"设置形状格式"命令,在"设置形状格式"列表框中进行设置,或单击 📷 按钮打开"设置形状格式"列表框,具体操作步骤如下。

步骤 1 在工作表中插入图形,然后单击选中要插入的图形,如图 16-49 所示。

步骤 2 选择"绘图工具-格式"选项卡,在"形状样式"区域中单击样式库下拉按钮,从中选择所需的样式,如图 16-50 所示。

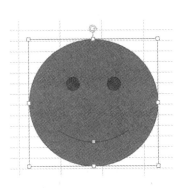

图 16-49 选定图形

图 16-50 选择样式

步骤 3 此样式将应用到所选的图形中,如图 16-51 所示。

图 16-51 形状样式效果

16.3.4 设置形状填充

插入的图形,用户可以重新对其进行填充颜色,具体操作步骤如下。

步骤 1 打开工作表,选定图形,如图 16-52 所示。

步骤 2 单击"绘图工具-格式">"形状样式">"形状填充"下三角按钮,在弹出的列表中选择颜色,如图 16-53 所示。

步骤 3 此时，图形重新填充颜色，如图 16-54 所示。

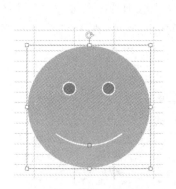

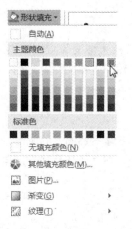

图 16-52　选定图形　　　　图 16-53　选择形状填充颜色　　　　图 16-54　形状填充颜色

提示

除了颜色之外，还可以使用图片、渐变和纹理对图形进行填充，若要对颜色进行更加细致的填充，可选择"其他填充颜色"选项，在打开的"颜色"对话框中输入颜色的 RGB 值进行设置。

16.3.5　设置形状轮廓

插入的图形设置形状轮廓的具体操作步骤如下。

步骤 1 打开工作表，选定图形，如图 16-55 所示。

步骤 2 单击"绘图工具-格式"＞"形状样式"＞"形状轮廓"下三角按钮，在弹出的列表中选择颜色，如图 16-56 所示。

步骤 3 图形轮廓被填充颜色，如图 16-57 所示。

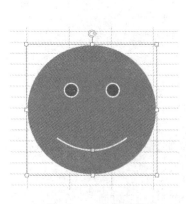

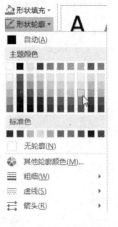

图 16-55　选定图形　　　　图 16-56　选择形状轮廓颜色　　　　图 16-57　添加轮廓填充

提示

除了可以设置轮廓线颜色之外，还可以设置图形轮廓线的粗细、虚线等。

16.3.6 设置形状效果

插入图形可以对形状效果进行设置，单击"绘图工具-格式">"形状样式">"形状效果"下三角按钮，在弹出的列表中有预设、阴影、映像、发光、柔化边缘、棱台、三维旋转选项，用户可以选择其中之一进行设置，如图 16-58 所示。

图 16-58 "形状效果"列表

下面以实例介绍设置形状效果，具体操作步骤如下。

步骤 **1** 打开工作表，选定图形，如图 16-59 所示。

步骤 **2** 单击"绘图工具-格式">"形状样式">"形状效果">"棱台"下三角按钮，在弹出的列表中选择"棱纹"图标，如图 16-60 所示。

步骤 **3** 得到棱台效果，如图 16-61 所示。

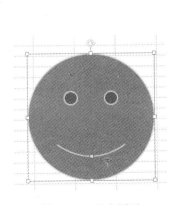

图 16-59 选定图形

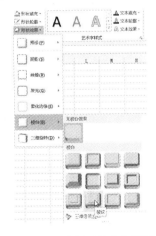

图 16-60 选择"棱纹"图标

图 16-61 棱台效果

16.3.7 排列形状

插入图形的排列形状与插入图片的操作类似，在"绘图工具-格式">"排列"选项组中进行设置，如图 16-62 所示。

排列形状的具体操作步骤如下。

步骤 1 打开工作表，选定图形，如图 16-63 所示。

图 16-62 "排列"选项组

图 16-63 选定图形

步骤 2 单击"绘图工具-格式">"排列">"选择窗格"选项，弹出"选择"列表框，是形状的显示顺序，如图 16-64 所示。

步骤 3 单击"绘图工具-格式">"排列">"上移一层">"上移一层"选项，可以看到"选择"列表框中的图形选项顺序被改变，如图 16-65 所示。

图 16-64 "选择"列表框

图 16-65 改变显示顺序

16.3.8 对齐形状

在 Excel 2016 中，用户可以对图形进行对齐设置。选定图形，单击"绘图工具-格式">"排列">"对齐"三角按钮，在弹出的列表中有左对齐、水平居中、右对齐等 11 种对齐方式，如图 16-66 所示。

图 16-66 "对齐"列表

下面以实例介绍对齐形状，具体操作步骤如下。

步骤 1 打开工作表，选定图形，如图 16-67 所示。

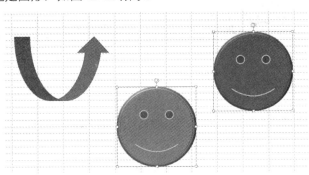

图 16-67　选定图形

步骤 2 单击"绘图工具-格式" > "排列" > "对齐" > "顶端对齐"选项，图形进行顶端水平对齐，如图 16-68 所示。

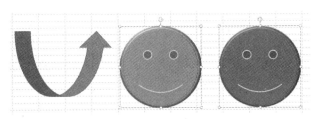

图 16-68　顶端水平对齐

16.3.9　组合形状

组合形状是指将多个图形捆绑在一起，只要移动其中一个图形，其他图形跟随着一起移动。单击"绘图工具-格式" > "排列" > "组合" > "组合"选项，如图 16-69 所示。

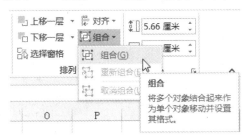

图 16-69　"组合"选项

下面以实例介绍组合形状，具体操作步骤如下。

步骤 1 打开工作表，选定图形，如图 16-70 所示。

步骤 2 单击"绘图工具-格式" > "排列" > "组合" > "组合"选项，两个分散的图形被组合在一起，如图 16-71 所示。

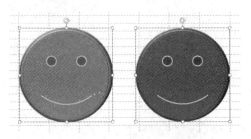

图 16-70　选定图形

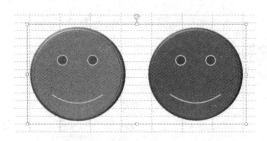

图 16-71　组合图形

提示

在组合设置情况下，单击"绘图工具-格式"＞"排列"＞"组合"＞"取消组合"选项，将取消图形组合操作。

16.3.10　旋转形状

用户可以对插入的图形进行旋转操作。首先选定图形，单击"绘图工具-格式"＞"排列"＞"旋转"三角按钮，在弹出的列表中选择相应的旋转选项，如图 16-72 所示。如果选择"其他旋转选项"，则弹出"设置形状格式"列表框，并输入旋转角度值，如图 16-73 所示。

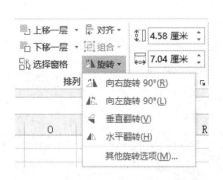

图 16-72　旋转列表

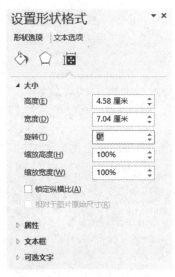

图 16-73　输入旋转角度值

下面以实例介绍旋转形状，具体操作步骤如下。

步骤 1 打开工作表，选定图形，如图 16-74 所示。

步骤 2 单击"绘图工具-格式"＞"排列"＞"旋转"＞"其他旋转选项"选项，在"旋转"文本框中输入"40°"，如图 16-75 所示，单击"关闭"按钮。

步骤 3 图形旋转效果如图 16-76 所示。

图 16-74　选定图形　　　　　图 16-75　设置旋转角度　　　　图 16-76　图形旋转效果

16.3.11　改变形状大小

要想改变图形的大小，用户可以利用"绘图工具-格式">"大小"选项组，设置图形高度、宽度来改变，如图 16-77 所示；或者打开"设置形状格式"列表框，在此列表框中设置高度、宽度，如图 16-78 所示。

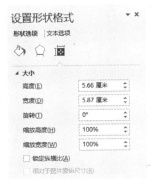

图 16-77　"大小"选项组　　　　　　　　图 16-78　"设置形状格式"列表框

下面以实例介绍改变形状大小，具体操作步骤如下。

步骤 1 打开工作表，选定图形，如图 16-79 所示。

步骤 2 单击"绘图工具-格式">"大小"选项组，输入亮度、高度值，如图 16-80 所示。

步骤 3 此时，原图形已改变大小，如图 16-81 所示。

图 16-79　选定图形　　　　图 16-80　设置图形大小参数　　　图 17-81　改变图形大小效果图

除了上述方法可以更改图形大小之外，还可以通过拖动鼠标来改变图形大小。

16.4 使用艺术字

艺术字，顾名思义就是带有艺术效果的文字，前面在图形和文本框中输入的文字也可以设成艺术字的样式。本节讲解如何将艺术字作为一个独立的对象插入工作表中。在工作表中插入艺术字，类似于插入图片、图形等对象，编辑格式的方法也类似。

16.4.1 插入艺术字

在 Excel 2016 工作表中，单击"插入">"文本">"艺术字"三角按钮，在弹出列表中选择艺术样式，如图 16-82 所示，可添加艺术字。

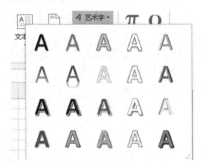

图 16-82 "艺术字"列表

下面以实例介绍插入艺术字，具体操作步骤如下。

步骤 1 新建工作表，单击"插入">"文本">"艺术字"三角按钮，在弹出列表中选择艺术样式，如图 16-83 所示。

步骤 2 此时在工作表中出现一个文本框，如图 16-84 所示。

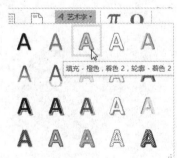

图 16-83 选择艺术字样式

图 16-84 艺术字文本框

使用图片与图形

步骤 3 接下来直接输入文本内容，如图 16-85 所示。

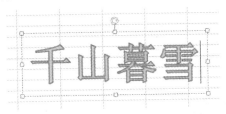

图 16-85　输入文本

16.4.2　改变艺术字样式

在"绘图工具-格式" > "艺术字样式"选项组中可以设置艺术字的样式，与设置图片的样式方法类似，在"艺术字样式"下拉列表框中选择艺术样式，如图 16-86 所示。

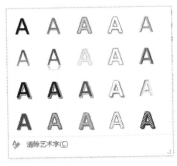

图 16-86　艺术字样式

在"艺术字样式"选项组中还有文本填充、文本轮廓、文本效果选项设置，其设置方法与图片（或图形）的样式相同。在此不再详细讲解。

16.5　使用 SmartArt

SmartArt 图形是信息的可视表示形式，它通过多种图形布局创建所需的表现形式，以便直接有效地表现出来。SmartArt 图形包括图形列表、流程图以及更为复杂的图形，例如维恩图组织结构图。

16.5.1　插入 SmartArt 图形

SmartArt 图形依然在"插入"选项卡中进行设置，具体操作步骤如下。

步骤 1 新建工作表，单击"插入" > "插图" > "SmartArt"图标，如图 16-87 所示。

步骤 2 弹出"选择 SmartArt 图形"对话框，从中选择图形类别，然后再选择类别下所需的样式，如图 16-88 所示，单击"确定"按钮。

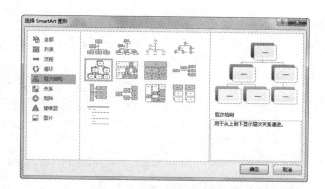

图 16-87　选择"SmartArt"图标　　　　图 16-88　选择"SmartArt 图形"对话框

步骤 3 可在工作表中插入一个层次结构的 SmartArt 图形，如图 16-89 所示。

步骤 4 单击"文本"，输入内容即可完成 SmartArt 图形的创建，如图 16-90 所示。

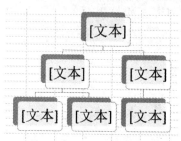

图 16-89　插入 SmartArt 图形

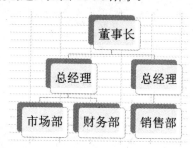

图 16-90　输入文本

16.5.2　SmartArt 图形的样式、颜色

选定需要设置样式的 SmartArt 图形，单击"SMARTART 工具-设计">"SmartArt 样式"三角按钮，在弹出的列表中选择所需的样式即可，如图 16-91 所示。

单击"SMARTART 工具-设计">"更改颜色"按钮，在弹出的列表中选择所需的颜色样式即可改变 SmartArt 图形的颜色，如图 16-92 所示。

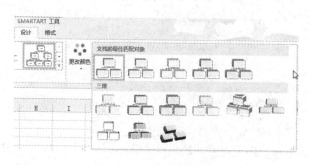

图 16-91　SmartArt 样式

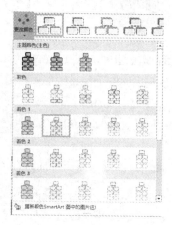

图 16-92　SmartArt 图形颜色样式

下面以实例介绍 SmartArt 图形的编辑过程，具体操作步骤如下。

步骤 1 打开工作表，选定 SmartArt 图形，如图 16-93 所示。

步骤 2 单击 "SMARTART 工具" > "设计" > "SmartArt 样式" > "粉末" 图标，如图 16-94 所示。

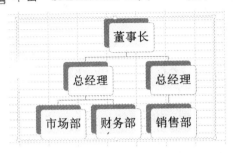

图 16-93　选定 SmartArt 图形

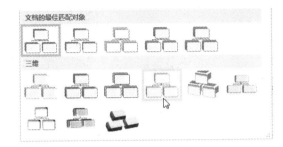

图 16-94　选择 "粉末" 图标

步骤 3 SmartArt 样式效果如图 16-95 所示。

步骤 4 单击 "SMARTART 工具" > "设计" > "更改颜色" > "彩色范围 着色 3 至 4" 图标，改变 SmartArt 图形色彩，如图 16-96 所示。

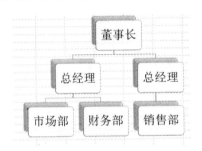

图 16-95　SmartArt 样式效果图

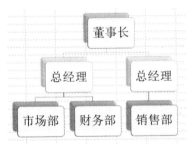

图 16-96　改变 SmartArt 图形色彩

16.6　综合实战：制作信息登记表

美化工作表的方式在前面已经讲解过，除了插入对象以外，还可以套用表格的格式，在色彩上可以使表格更加艳丽，同时其他对象可达到突出显示的作用。

步骤 1 新建工作簿并命名为 "客户信息登记表"，然后将工作表 Sheet1 重命名为信息表，并将 Sheet2 和 Sheet3 删除，在工作表中输入数据，如图 16-97 所示。

步骤 2 对工作表进行格式化设置，设置表头以及各行各列格式，如图 16-98 所示。

步骤 3 在客户信息表中输入客户的名称、编号、联系人、地址、邮编、职位、传真、电话、企业性质、主要产品等方面内容，如图 16-99 所示。

步骤 4 选定 B3 单元格，然后单击 "审阅" > "批注" > "新建批注" 图标，在弹出批注框中输入批注的内容，如图 16-100 所示。

图 16-97　信息表

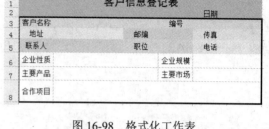

图 16-98　格式化工作表

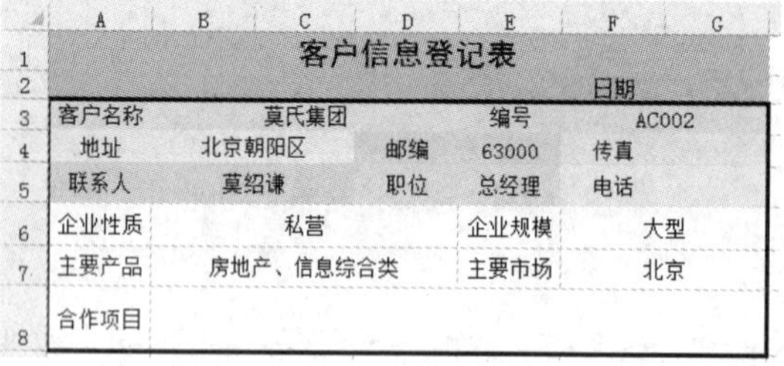

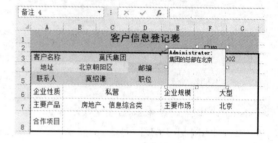

图 16-99　输入客户基本信息

图 16-100　新建批注

步骤 5 选择"批注"选项，鼠标右键单击 B3 单元格，在弹出的快捷菜单中选择"显示/隐藏批注"命令，此时批注框就会显示出来。在批注框上单击鼠标右键，在弹出的快捷菜单中选择"设置批注格式"命令，打开"设置批注格式"对话框，可设置字体、颜色与线条和对齐方式，如图 16-101 所示。

步骤 6 批注内容格式设置后的效果如图 16-102 所示。

图 16-101　设置批注格式

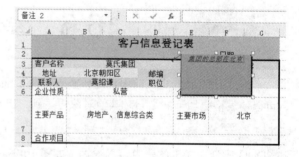

图 16-102　批注效果 1

步骤 7 选定 C6 单元格，按照相同的方法设置批注，效果如图 16-103 所示。

步骤 8 选定 F7:G7 单元格，单击"插入" > "插图" > "形状" > "星与旗帜"图标，用鼠标在工作表中拖动出一个大小合适的图形，并调整单元格的高度，如图 16-104 所示。

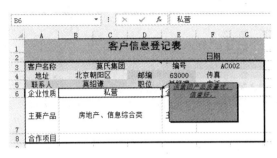

图 16-103　批注效果 2

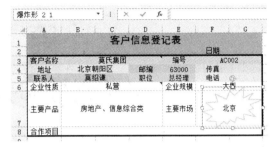

图 16-104　插入星与旗帜图标

步骤 9 选定插入的图形，单击"绘图工具-格式" > "形状样式" > "形状轮廓" > "浅绿"图标，如图 16-105 所示。

步骤 10 插入的图形效果如图 16-106 所示，信息表制作完成。

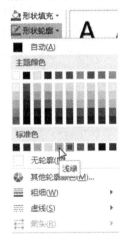

图 16-105　选择"浅绿"图标

图 16-106　信息表最终效果

第 17 章
数据透视表分析数据

本章将要介绍 Excel 2016 的高级数据分析工具——数据透视表和数据透视图。对于高级别的数据分析工作，需要从不同的分析角度对同一张数据表的不同指标进行分类汇总。这一过程被人们形象地称为"透视分析"。数据透视表和数据透视图就是为了快速、方便地实现这种分析功能而设置的。

学习要点

- 学习创建数据透视表的方法。
- 学习数据透视表的编辑操作。
- 学习数据分析。

17.1　创建数据透视表

数据透视表是对明细数据进行全面分析时的最佳工具，它有机地结合了分类汇总和合并计算的优点，可以方便灵活地调整分类汇总的依据，以多种不同的方式来展示数据的特征。

17.1.1　数据透视表概述

数据透视表其实是一种交互式的表格，可以对大量数据进行快速汇总、分析、浏览和提供摘要数据，通过选择其中页、行和列中的不同数据元素，快速查看源数据的不同统计结果。这个特点使得用户可以深入分析数值数据，并且可以回答一些预计不到的数据问题。数据透视表是针对以下用途特别设计的。

- 对数值数据进行分类汇总和聚合，按分类和子分类对数据进行汇总，创建自定义计算和公式。
- 展开或折叠要关注结果的数据级别，查看感兴趣区域摘要数据的明细。
- 将行移动到列或将列移动到行（或"透视"），以查看源数据的不同汇总。

- 对最有用和最关注的数据子集进行筛选、排序、分组和有条件地设置格式，得到所需的信息。
- 提供简明、有吸引力并且带有批注的联机报表或打印报表。
- 如果要分析相关的汇总值，尤其是在要合计较大的数字列表并对每个数字进行多种比较时，通常使用数据透视表。

17.1.2 创建数据透视表

数据透视表，是一种对大量数据进行快速汇总和建立交叉列表的交互式表格，它不仅可以转换行和列以显示源数据的不同结果，也可以显示不同页面以筛选数据，还可以根据用户的需要显示区域中的细节数据。

数据透视表的功能很强大、也很灵活。下面实例通过分析某公司 2015 年上半年销售计划完成情况统计表，介绍数据透视表的使用。

步骤 1 建立数据透视表。选取需要分析的内容，如图 17-1 所示。单击"插入">"表格">"数据透视表"图标，如图 17-2 所示。

图 17-1 选取建立数据透视表的数据区域   图 17-2 "数据透视表"图标

步骤 2 确定数据透视表的位置。打开"创建数据透视表"对话框，如图 17-3 所示。选中"新工作表"按钮，单击"确定"按钮后，在工作表的右侧会自动弹出"数据透视表字段"窗格，如图 17-4 所示。

图 17-3 "创建数据透视表"对话框   图 17-4 "数据透视表字段"窗格

步骤 **3** 设置数据透视表的行、列字段。选中需要分析数据对应的复选框，本例的分析内容包括"实际销售额"、"计划增长率"和"月增长率"三项，在工作表中得到数据透视表，如图 17-5 所示。至此，一个简单的数据透视表就制作好了，从表中可以看出数据分析。

图 17-5　数据透视表

17.2 自定义数据透视表的字段与布局

数据透视表是数据源的一种表格表现形式。数据源表格中的数据可以轻松地编辑和修改，而数据透视表中的数据是不能编辑的。本节介绍数据透视表的字段与布局操作。

17.2.1　添加数据透视表字段

1. 添加数据透视字段

步骤 **1** 数据透视表的行标签只有"品牌"一个字段，在"数据透视表字段"列表框的区域节的"行标签"框栏中也显示"品牌"、"数量"、"金额" 3 个字段，如图 17-6 所示。

步骤 **2** 在窗格的字段节中选中"季度"复选框，则在"行标签"框栏中能看到"季度"字段，在数据透视表中也能看见该字段相应的数据，如图 17-7 所示。

图 17-6　添加字段前

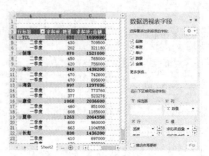

图 17-7　添加字段后

2. 数据透视表行、列标签互换

步骤1 在数据透视表中，行、列标签是可以互相更换的。把鼠标放在"数据透视表字段"列表框的"行标签"框栏中的"季度"字段上，单击鼠标左键将其拖到"列标签"框栏中，如图 17-8 所示，或者单击字段上的下拉列表，选择"移动到列标签"，则字段被添加到列标签中，如图 17-9 所示。

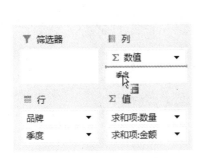

图 17-8 拖动行标签

图 17-9 "上移"命令

步骤2 数据透视表的变化如图 17-10 所示。

	A	B	C	D	E	F	G
1							
2							
3		列标签 ▼					
4		求和项:数量		求和项:金额		求和项:数量汇总	求和项:金额汇总
5	行标签 ▼	二季度	一季度	二季度	一季度		
6	TCL	430	202	709500	321180	632	1030680
7	创维	450	420	765000	756000	870	1521000
8	海尔	470	470	742600	695600	940	1438200
9	海信	520	377	773760	523276	897	1297036
10	康佳	460	608	851000	1185600	1068	2036600
11	夏华	600	663	960000	1104558	1263	2064558
12	长虹	410	420	697000	739200	830	1436200
13	总计	3340	3160	5498860	5325414	6500	10824274

图 17-10 添加列字段

步骤3 也可以把"季度"字段添加到"移动到报表筛选"框栏中，数据透视表将首先按"季度"字段分类，然后按品牌分类，如图 17-11 所示。

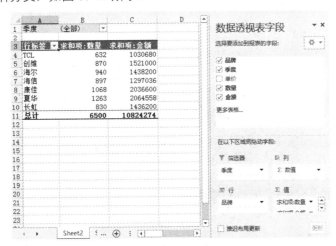

图 17-11 添加报表筛选字段

17.2.2 删除数据透视表字段

删除数据透视表中的字段非常容易，只需要在"数据透视表字段"列表框的字段节区域中去掉选中的相应复选框即可。在数据透视表中虽然不能对具体的数据进行编辑和修改，但可以对行列标签的名称进行编辑。

步骤 1 选定数据表中的单元格，Excel 窗口右侧出现"数据透视表字段"列表框，报表字段有品牌、季度、数量及金额，如图 17-12 所示。

步骤 2 去掉数量字段前的复选框即可删除数量字段，如图 17-13 所示。

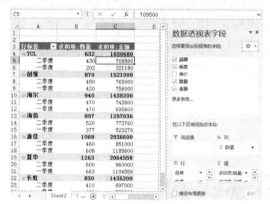

图 17-12　显示透视表字段

图 17-13　删除数据透视表字段

提示

在"数据透视表字段"列表框中，选定行或列字段，单击鼠标右键，在弹出的快捷菜单中选择"删除字段"命令，也可以删除数据透视字段，如图 17-14 所示。

图 17-14　"删除字段"命令

17.2.3 设置数据透视表的布局

在"数据透视表工具"＞"分析"＞"数据透视表"＞"选项"中，可以对数据透视表的布局、格式、汇总、筛选、显示、打印和数据进行设置。

步骤1 选定数据透视表中的任意单元格，单击"数据透视表工具">"分析">"数据透视表">"选项"，如图 17-15 所示，弹出"数据透视表选项"对话框。

步骤2 切换到"显示"选项卡，选中"对于空单元格，显示"复选框，其他保持默认，如图 17-16 所示。

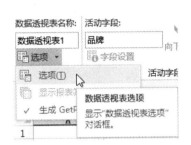

图 17-15 选项

图 17-16 "数据透视表选项"对话框

17.2.4 字段设置

在"数据透视表字段"列表框中可以对字段进行设置，具体操作步骤如下。

步骤1 选定数据透视表某个单元格，打开"数据透视表字段"列表框，如图 17-17 所示。

步骤2 在"行"或"列"列框中单击下三角按钮，弹出快捷菜单，选择"字段设置"命令，如图 17-18 所示。

图 17-17 "数据透视表字段"列表框

图 17-18 选择"字段设置"命令

步骤 **3** 弹出"字段设置"对话框，在自定义名称文本框中可以重新输入字段名称，此对话框还可以设置分类汇总、筛选、布局和打印等，如图 17-19 所示。

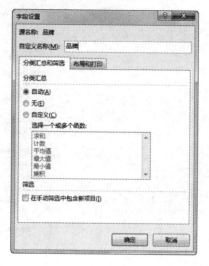

图 17-19　"字段设置"对话框

17.2.5　值字段设置

数据透视表的值字段设置，具体操作步骤如下。

步骤 **1** 选定数据透视表值单元格，单击鼠标右键，在弹出的快捷菜单中选择"值字段设置"命令，如图 17-20 所示。

步骤 **2** 弹出"值字段设置"对话框，在"值汇总方式"选项卡中有不同的计算类型，如求和、平均值、最大值等，用户可根据需要进行更改；在"值显示方式"选项卡中对值的显示方式进行设置，如图 17-21 所示，完成设置后单击"确定"按钮。

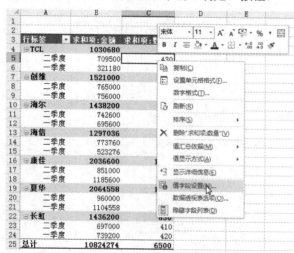

图 17-20　选择"值字段设置"命令

图 17-21　"值字段设置"对话框

17.3 数据透视表相关操作

下面重点介绍数据表的基本操作，包括复制数据透视表、移动数据透视表、清除与删除数据透视表、更新和刷新数据等。

17.3.1 复制数据透视表

复制数据透视表与移动数据透视表是有区别的，复制是创建副本，而移动是将其移动另外的位置，不创建复本。下面介绍复制数据透视表，具体操作步骤如下。

步骤1 选定数据透视表（Sheet2 工作表），单击鼠标右键，在弹出的快捷菜单中选择"移动或复制"命令，如图 17-22 所示。

步骤2 弹出"移动或复制工作表"，选中"建立副本"复选框，单击"确定"按钮，如图 17-23 所示。

步骤3 创建数据透视表的副本，如图 17-24 所示。

图 17-22　选择"移动或复制"命令　图 17-23　选中"建立副本"复选框　图 17-24　创建数据透视表副本

> **技巧**
>
> 复制数据透视表也可以使用快捷键 Ctrl+C、Ctrl+V 进行操作，这是最快捷、最方便的操作方法。

17.3.2 移动数据透视表

创建数据透视表时要选择合适的空白单元格，如果位置选择不合适，在数据透视表建好后也可以移动。单击数据透视表中的任意单元格，在"数据透视表工具">"分析">"操作"选项组中选择“移动数据透视表”图标进行移动操作，具体操作步骤如下。

步骤 1 选定要移动的数据透视表，如图 17-25 所示。

步骤 2 单击“数据透视表工具”>“分析”>“操作”>“移动数据透视表”图标，弹出“移动数据透视表”对话框，然后选择合适的位置或者选择新的工作表，单击“确定”按钮就可以移动数据透视表，如图 17-26 所示。

	A	B	C
1			
2			
3	行标签	求和项:金额	求和项:数量
4	⊟TCL	1030680	632
5	二季度	709500	430
6	一季度	321180	202
7	⊟创维	1521000	870
8	二季度	765000	450
9	一季度	756000	420
10	⊟海尔	1438200	940
11	二季度	742600	470
12	一季度	695600	470
13	⊟海信	1297036	897
14	二季度	773760	520
15	一季度	523276	377
16	⊟康佳	2036600	1068
17	二季度	851000	460
18	一季度	1185600	608
19	⊟夏华	2064558	1263
20	二季度	960000	600
21	一季度	1104558	663
22	⊟长虹	1436200	830
23	二季度	697000	410
24	一季度	739200	420
25	总计	10824274	6500

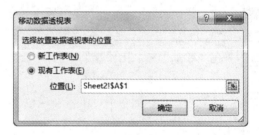

图 17-25　选定要移动的数据透视表

图 17-26　“移动数据透视表”对话框

步骤 3 移动后的数据透视表如图 17-27 所示。

	A	B	C
1	行标签	求和项:金额	求和项:数量
2	⊟TCL	1030680	632
3	二季度	709500	430
4	一季度	321180	202
5	⊟创维	1521000	870
6	二季度	765000	450
7	一季度	756000	420
8	⊟海尔	1438200	940
9	二季度	742600	470
10	一季度	695600	470
11	⊟海信	1297036	897
12	二季度	773760	520
13	一季度	523276	377
14	⊟康佳	2036600	1068
15	二季度	851000	460
16	一季度	1185600	608
17	⊟夏华	2064558	1263
18	二季度	960000	600
19	一季度	1104558	663
20	⊟长虹	1436200	830
21	二季度	697000	410
22	一季度	739200	420
23	总计	10824274	6500

图 17-27　移动后的数据透视表

17.3.3 清除与删除数据透视表

数据透视表中的数据是不可编辑和删除的，如果想重新创建数据透视表可以清除或者删除现有的数据透视表，具体操作步骤如下。

步骤 1 清除数据透视表。单击数据透视表中的任意单元格，单击"数据透视表工具-分析">"操作">"清除">"全部清除"选项，可清除数据透视表，回到数据原始状态，如图 17-28 所示。

步骤 2 删除数据透视表。选择整个数据透视表，单击"开始">"单元格">"删除">"删除单元格"选项，可将数据透视表完全删除，如图 17-29 所示。

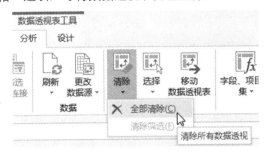

图 17-28　选择"全部清除"选项

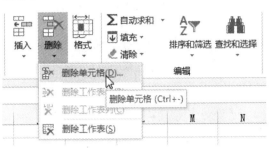

图 17-29　选择"删除单元格"选项

17.3.4　重命名数据透视表

数据透视表的重命名与工作表重命名相同，具体操作步骤如下。

步骤 1 选定要重命名的数据透视表（Sheet2），单击鼠标右键，在弹出的快捷菜单中选择"重命名"命令，如图 17-30 所示。

步骤 2 工作表名称编辑框处于编辑状态，输入重命名的文本即可，如图 17-31 所示。

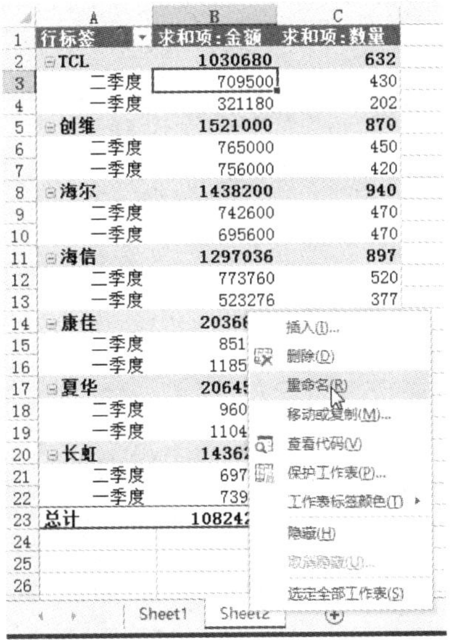

图 17-30　选择"重命名"命令

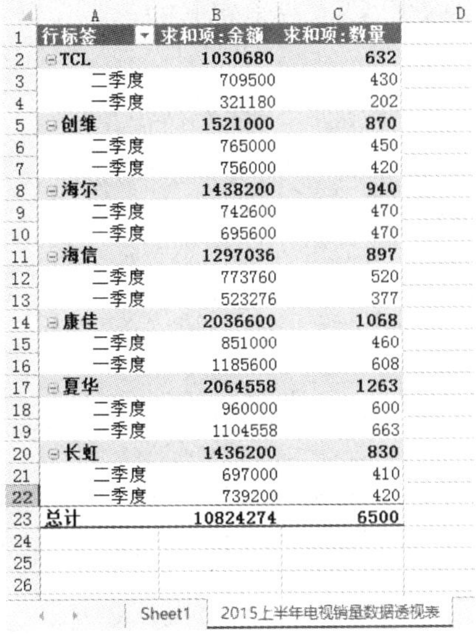

图 17-31　数据透视表重命名

 技巧

双击工作表名称编辑框可快速进入编辑文本状态。

17.3.5 刷新数据透视表

数据透视表是以数据源为基础的，因此数据透视表应当随着数据源的变化而变化。但数据透视表并不能自动随之变化，需要人工进行一定的操作。

单击"数据透视表工具">"分析">"数据">"更改数据源">"更改数据源"选项，如图17-32所示，Excel将自动切换到数据表中，并打开"更改数据透视表数据源"对话框，如图17-33所示。在工作表中点右键拖动鼠标重新选择数据区域，然后单击"确定"按钮，数据透视表将显示新的数据源的信息。

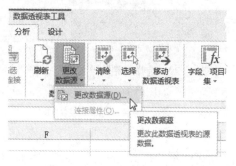

图 17-32 "更改数据源"选项

图 17-33 更改数据源

除了数据源的选择的变化外，数据源中的具体数据发生变化时，数据透视图也应及时地反映其变化，这通过刷新数据来实现，相关操作如下所述。

数据表中C9的原值为1600，如图17-34所示。

图 17-34 原始数据表、数据透视表

将数据表中C9的值改为2000，这时数据透视表并没有随之变化。单击数据透视表中的任意单元格，单击"数据透视表工具">"分析">"数据">"刷新">"刷新"选项，如图17-35所示。数据透视表的数据被更新，如图17-36所示，但是这种方法只能更新当前工作表中的数据透视表的数据，其他透视表没有更新。单击"全部刷新"选项可以更新全部引用该数据源的数据透视表。

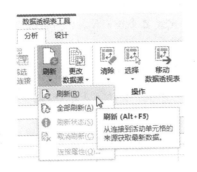

图 17-35　选择"刷新"选项

	A	B	C	D	E
1	2015年上半年电视机销售情况				
2	品牌	季度	单价	数量	金额
3	TCL	二季度	1650	430	709500
4	长虹	二季度	1700	410	697000
5	创维	二季度	1700	450	765000
6	海尔	二季度	1580	470	742600
7	海信	二季度	1488	520	773760
8	康佳	二季度	1850	460	851000
9	夏华	二季度	2000	600	1200000
10	TCL	一季度	1590	202	321180
11	长虹	一季度	1760	420	739200
12	创维	一季度	1800	420	756000
13	海尔	一季度	1480	470	695600
14	海信	一季度	1388	377	523276
15	康佳	一季度	1950	608	1185600
16	夏华	一季度	1666	663	1104558

	A	B	C	D
1	行标签	求和项:金额	求和项:数量	求和项:单价
2	TCL	1030680	632	3240
3	二季度	709500	430	1650
4	一季度	321180	202	1590
5	创维	1521000	870	3500
6	二季度	765000	450	1700
7	一季度	756000	420	1800
8	海尔	1438200	940	3060
9	二季度	742600	470	1580
10	一季度	695600	470	1480
11	海信	1297036	897	2876
12	二季度	773760	520	1488
13	一季度	523276	377	1388
14	康佳	2036600	1068	3800
15	二季度	851000	460	1850
16	一季度	1185600	608	1950
17	夏华	2304558	1263	3666
18	二季度	1200000	600	2000
19	一季度	1104558	663	1666
20	长虹	1436200	830	3460
21	二季度	697000	410	1700
22	一季度	739200	420	1760
23	总计	11064274	6500	23602

图 17-36　刷新数据

17.3.6　显示与隐藏字段列表

数据透视表的字段列表可随意显示、隐藏，具体操作步骤如下。

步骤 1 显示字段列表。选定数据透视表某个单元格，单击鼠标右键，在弹出的快捷菜单中选择"显示字段列表"命令，如图 17-37 所示。

步骤 2 Excel 工作表右侧显示出数据透视表，如图 17-38 所示。

图 17-37　选择"显示字段列表"命令

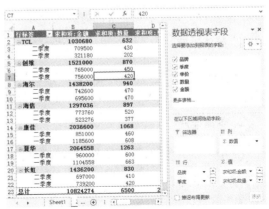

图 17-38　显示数据透视表

步骤 **3** 隐藏数据透视表。选定数据透视表某个单元格，单击鼠标右键，在弹出的快捷菜单中选择"隐藏字段列表"命令，如图 17-39 所示。

步骤 **4** Excel 工作表右侧数据透视表被隐藏，如图 17-40 所示。

行标签	求和项:金额	求和项:数量	求和项:单价
TCL	1030680	632	3240
二季度	709500	430	1650
一季度	321180	202	1590
创维	1521000	870	3500
二季度	765000	450	1700
一季度	756000	420	1800
海尔	1438200	940	3060
二季度	742600	470	1580
一季度	695600	470	1480
海信	1297036	897	2876
二季度	773760	520	1488
一季度	523276	377	1388
康佳	2036600	1068	3800
二季度	851000	460	1850
一季度	1185600	608	1950
夏华	2064558	1263	3266
二季度	960000	600	1600
一季度	1104558	663	1666
长虹	1436200	830	3460
二季度	697000	410	1700
一季度	739200	420	1760
总计	10824274	6500	23202

图 17-39　选择"隐藏字段列表"命令　　　　　　图 17-40　隐藏数据透视表

17.4　数据分析

Excel 2016 提供了强大的数据处理功能，包括数据筛选、排序和汇总等，利用这些功能可以从工作表中获得有用的数据，并根据需要重新整理数据，这样用户就可以按自己的需要从不同的角度去观察和分析数据，管理好自己的工作簿。

17.4.1　数据排序

数据排序是把一列或多列无序的数据整理成有序的数据，为进一步处理数据做好准备。用户可以按照升序、降序和自定义的方式进行排序。

1. 简单排序

如果要针对某一列数据进行排序，可以选择作为排序的列（在数据区域内该列任意单元格单击即可），单击"数据"选项卡，单击"排序和筛选"分组中的"升序"按钮或"降序"按钮。

2. 多重排序

所谓多重排序就是可以对多个字段进行排序操作，操作步骤如下。

步骤 **1** 选定所有需要排序的数据（选择 A2:C10），如图 17-41 所示。单击"数据">"排序和筛选">"排序"图标，打开"排序"对话框。

	A	B	C
1	国家和地区	出口额	进口额
2	中国台湾	351	1249
3	韩国	389	403
4	印度	345	2480
5	中国	345	330
6	美国	434	345
7	英国	343	543
8	法国	754	864
9	意大利	443	679
10	德国	356	684

图 17-41　选择排序区域

步骤 2 选中"数据包含标题"复选框。单击"添加条件"按钮，添加一个排序条件。将"主要关键字"设为"出口额"，"次要关键字"设为"进口额"，将"排序依据"及"次序"分别设置为"数值"和"升序"，单击"确定"按钮，如图 17-42 所示。

步骤 3 "出口额"、"进口额"的升序排序如图 17-43 所示。

图 17-42　"排序"对话框

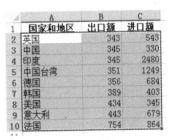

	A	B	C
1	国家和地区	出口额	进口额
2	英国	343	543
3	中国	345	330
4	印度	345	2480
5	中国台湾	351	1249
6	德国	356	684
7	韩国	389	403
8	美国	434	345
9	意大利	443	679
10	法国	754	864

图 17-43　排序效果

17.4.2　筛选

如果表格中包含大量原始数据，而实际只需要浏览、使用其中部分数据，此时用户可以考虑使用筛选功能，将不需要的行隐藏起来，仅显示符合条件的某些行。

1. 普通筛选

步骤 1 切换到待筛选的工作表，单击"数据">"排序和筛选">"筛选"图标，工作表顶部的字段名变为下拉列表框，如图 17-44 所示。

步骤 2 从需要筛选的列标题下拉列表中，选择需要的项目，如选择英文，按升序进行排序，如图 17-45 所示，排序后的结果如图 17-46 所示。

	A	B	C	D	E	F
1	学号	姓名	概率	英语	马哲	计算机基础
2	083101101	邓铁军	70	90	76	90
3	083101102	韩文斌	77	91	89	89
4	083101103	黄帅	79	96	67	95
5	083101104	苗正	59	94	78	94
6	083101105	唐天	83	95	56	95
7	083101106	童志刚	79	89	90	69
8	083101107	王国平	89	78	78	68
9	083101108	张胜	90	68	97	57
10	083101109	张有键	89	59	96	90
11	083101110	张志远	78	80	89	95
12	083101111	郑国林	80	88	67	96
13	083101112	车路	86	97	89	94
14	083101113	孙阳	69	79	85	69
15	083101114	关超楠	95	80	87	78
16	083101115	李洪丽	96	69	93	86

图 17-44　"普通筛选"示例

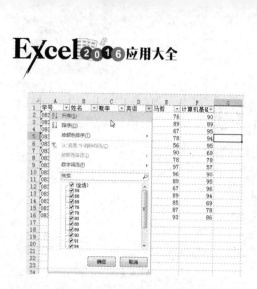

图 17-45　设置自定义筛选条件

	学号	姓名	概率	英语	马哲	计算机基础
1						
2	083101109	张有键	89	59	96	90
3	083101108	张胜	90	68	97	57
4	083101115	李洪丽	96	69	93	86
5	083101107	王国平	89	78	78	78
6	083101113	孙阳	69	79	85	69
7	083101110	张志远	78	80	89	95
8	083101114	关超楠	95	80	87	78
9	083101111	郑国林	80	88	67	96
10	083101106	童志刚	79	89	90	69
11	083101101	邓铁军	70	90	76	90
12	083101102	韩文宾	77	91	89	89
13	083101104	苗正	59	94	78	94
14	083101105	唐天	83	95	56	95
15	083101103	黄帅	79	96	67	95
16	083101112	车路	86	97	89	94

图 17-46　英语升序排序

提示

如果要取消某一列的筛选，单击该列的筛选箭头，从下拉列表框中，选择"全选"选项。

2. 自定义筛选

用户还可以设定某一个或两个条件来自定义筛选。例如，筛选出英语成绩大于等于 60 且小于等于 80 的同学。

步骤 1 切换到待筛选的工作表，单击"数据">"排序和筛选">"筛选"图标，工作表顶部的字段名变为下拉列表框。单击"英语"列标题下拉按钮，选择下拉列表中的"数字筛选"，在其扩展列表中选择"介于"选项，如图 17-47 所示。

步骤 2 打开"自定义自动筛选方式"对话框，在"大于或等于"文本框中输入"60"，在"小于或等于"文本框中输入"80"，如图 17-48 所示。

图 17-47　"自定义自动筛选方式"对话

图 17-48　"自定义自动筛选方式"对话框

提示

"与"表示两个条件都必须满足，"或"表示仅满足其中的一个条件即可。

步骤 3 单击"确定"按钮，如图 17-49 所示为自定义筛选结果。

	A 学号	B 姓名	C 概率	D 英语	E 马哲	F 计算机基础
8	083101107	王国平	89	78	78	78
9	083101108	张胜	90	68	97	57
11	083101110	张志远	78	80	89	95
14	083101113	孙阳	69	79	85	69
15	083101114	关超楠	95	80	87	78
16	083101115	李洪丽	96	69	93	86

图 17-49 自定义筛选结果

3. 高级筛选

如果工作表中的字段比较多，筛选条件也比较多，可以使用"高级筛选"功能来筛选数据。"高级筛选"功能，突破了前两种只对一列数据操作的筛选方法，而且最多只能应用两个条件的限制，可以对一列数据应用三个或更多条件。

要使用"高级筛选"功能，必须建立一个条件区域，用来指定筛选的数据需要满足的条件。条件区域的第一行是作为筛选条件的字段名，这些字段名必须与工作表中的字段名完全相同，条件区域的其他行用来输入筛选条件。

条件区域必须与工作表相距至少一个空白行或列，操作步骤如下。

步骤 1 在工作表中复制含有待筛选值字段的字段名。

步骤 2 将字段名粘贴到条件区域的第一空行中，如"英语"和"计算机基础"。

步骤 3 在条件标志下面的一行中，键入所要匹配的条件，如图 17-50 所示。

步骤 4 单击"数据">"排序和筛选">"高级"图标，打开"高级筛选"对话框。

步骤 5 在"条件区域"编辑框中，键入条件区域的引用（包括条件标志），也可使用鼠标选中，如图 17-51 所示。

	A 学号	B 姓名	C 概率	D 英语	E 马哲	F 计算机基础
1	学号	姓名	概率	英语	马哲	计算机基础
2	083101101	邓铁军	70	90	76	90
3	083101102	韩文宾	77	91	89	89
4	083101103	黄帅	79	96	67	95
5	083101104	苗正	59	94	78	94
6	083101105	唐天	83	95	56	95
7	083101106	童志刚	79	85	90	69
8	083101107	王国平	89	78	78	78
9	083101108	张胜	90	68	97	57
10	083101109	张有健	89	59	96	90
11	083101110	张志远	78	80	89	95
12	083101111	郑国林	80	88	67	96
13	083101112	车路	86	97	89	94
14	083101113	孙阳	69	79	85	69
15	083101114	关超楠	95	80	87	78
16	083101115	李洪丽	96	69	93	86
17						
18				英语	计算机基础	
19				>=90	>=90	

图 17-50 条件设置

图 17-51 "高级筛选"对话框

步骤 6 单击"确定"按钮，筛选结果如图 17-52 所示。

	A 学号	B 姓名	C 概率	D 英语	E 马哲	F 计算机基础
21	学号	姓名	概率	英语	马哲	计算机基础
22	083101101	邓铁军	70	90	76	90
23	083101103	黄帅	79	96	67	95
24	083101104	苗正	59	94	78	94
25	083101105	唐天	83	95	56	95
26	083101112	车路	86	97	89	94

图 17-52 将筛选结果显示在当前工作表中

如果不想显示重复记录，可选中"选择不重复的记录"复选框。

如果选中"在原有区域显示筛选结果"，则筛选的结果在数据源区域显示，即筛选结果左上角的单元格是从 A1 开始。

如果选中"将筛选结果复制到其他位置"，并单击选中要复制到区域的左上角单元格，或在"复制到"文本框中输入筛选结果所在区域的第一个单元格（该区域左上角的单元格），那么筛选结果将在自定义的区域显示。

17.4.3 分类汇总

分类汇总就是将工作表中相同类别的内容加以汇总处理的方法。在工作中，用户经常需要根据某一类别对工作表内的一项或多项数据进行汇总处理。例如，统计单位各职称人员的总数，统计各部门人员的平均年龄等。

1. 分类汇总

"分类汇总"功能可以自动对所选数据进行汇总，并插入汇总行。汇总方式灵活多样，可以求和、求平均值、最大值、标准方差等，能满足用户多方面的需要。下面就以"职员信息表"为例，介绍对数据的分类汇总操作。

提示

分类汇总之前，必须先对分类字段进行排序（此处按部门进行升序排序）。

步骤 1 选定工作表，如图 17-53 所示，单击"数据">"分级显示">"分类汇总"图标，打开"分类汇总"对话框，在"分类字段"下拉列表框中选择"部门"选项，在"汇总方式"下拉列表框中选择"计数"选项，在"选定汇总项"列表框中选择"职称"复选项，如图 17-54 所示。

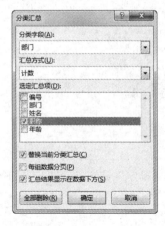

	A	B	C	D	E
1	编号	部门	姓名	职称	年龄
2	001	技术部	邓铁军	高级工程师	40
3	008	技术部	张胜	副高级工程师	39
4	003	开发部	黄帅	工程师	36
5	007	开发部	王国平	高级工程师	40
6	010	开发部	郑国林	高级工程师	48
7	005	生产部	唐天	工程师	45
8	004	市场部	苗正	副高级工程师	39
9	006	市场部	董志刚	助理工程师	27
10	002	销售部	韩文宾	助理工程师	30
11	009	销售部	张有键	工程师	32

图 17-53　选定工作表　　　　　图 17-54　职员登记表及"分类汇总"对话框

步骤 2 单击"确定"按钮，结果如图 17-55 所示。

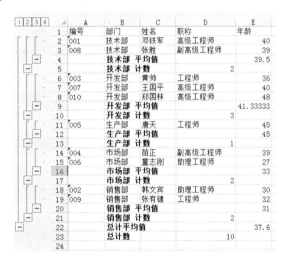

图 17-55　对"部门"进行的"职称"的计数汇总

2. 分类汇总的嵌套

由图 17-55 中我们得到一个较满意的结果，但是，在上面的工作表中能否再计算出各部门人员的平均年龄呢？Excel 2016 提供了这种汇总的方法，这就是分类汇总的嵌套。嵌套汇总的具体方法如下。

步骤 1 在第一次分类汇总的基础上进行第二次的分类汇总，在"分类汇总"对话框的"分类字段"下拉列表框中选择"部门"选项，在"汇总方式"下拉列表框中选择"平均值"选项，在"选定汇总项"列表框中选择"年龄"复选项。

步骤 2 取消"替换当前分类汇总"的复选框，如图 17-56 所示。

步骤 3 单击"确定"按钮，结果如图 17-57 所示。

图 17-56　"分类汇总"对话框

图 17-57　嵌套的分类汇总

> **提示**
>
> 对数据进行分类汇总后，还可以恢复工作表的原始数据，方法如下。
>
> ● 再次单击工作表，然后单击"数据">"分级显示">"分类汇总"按钮。
> ● 在弹出的"分类汇总"对话框中单击"全部删除"按钮，即可恢复到原始数据状态。

17.4.4 合并计算

受地域或办公地点所限，同一张表的数据可能由不同的用户提供，为了快速合并处理这些分散的数据，Excel 提供了合并计算功能。用户只需指定标签位置，即可快速将多张工作表的内容，汇总整理至一张工作表中，从而大幅提升工作效率。

步骤 1 选取准备呈现合并结果的工作表 A1 单元格，单击"数据">"数据工具">"合并计算"图标，如图 17-58 所示，弹出"合并计算"对话框。

步骤 2 单击"合并计算"对话框中"引用位置"文本框右侧的按钮，切换回笔试成绩工作表，选择需要合并的第一部分，如图 17-59 所示。单击"合并计算—引用位置"对话框中的按钮，返回"合并计算"对话框。

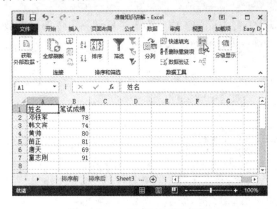

图 17-58　"合并计算"图标

图 17-59　选择需要合并的第一部分

步骤 3 单击"添加"按钮，如图 17-60 所示，重复上一步的操作，将需要合并的获奖加分、业绩评分添加进来。

步骤 4 在"合并计算"对话框中选择"函数"为"求和"，并选中"标签位置"下的"首行"和"最左列"复选框，如图 17-61 所示，单击"确定"按钮，合并计算结果如图 17-62 所示。

图 17-60　添加引用位置

图 17-61　勾选标签位置复选框

	A	B	C	D
1	姓名	笔试成绩	获得加分	业绩评分
2	邓铁军	78		59
3	韩文宾	74		65
4	黄帅	80	20	80
5	苗正	81	25	76
6	唐天	69		79
7	童志刚	91	30	59
8				

图 17-62　合并计算结果

17.5 综合实战：制作企业日常费用表

1. 设置企业日常费用表的数据输入有效性

孙阳为了尽量避免输入错误，提高工作效率，根据实际情况对企业日常费用表中的数据设置有效性验证，具体操作步骤如下。

步骤 1 新建工作簿文件，输入表格标题和列标志，并将其格式化，如图 17-63 所示。

步骤 2 使用自动填充功能输入"序列"数据，并将其设置为"0000"样式，然后将涉及货币的"金额"列设置为"￥700.00"格式，最后输入除"所属部门"和"费用类别"列的相关数据，如图 17-64 所示。

图 17-63　格式化表格

图 17-64　输入数据

> 在单元格输入'0001，可以显示出"0001"，如果直接输入0001将显示为"1"。

步骤 3 单击选定"时间"列的所有单元格，如图 17-65 所示。单击"数据">"数据工具">"数据验证">"数据验证"选项，打开"数据验证"对话框。

步骤 4 在"允许"下拉列表中选择"日期"选项，在"数据"下拉列表中选择"介于"，在"开始日期"文本框中输入"2005-1-1"，在"结束日期"文本框中输入"2005-1-31"，如图 17-66 所示，单击"确定"按钮返回工作表。

步骤 5 在 B3 单元格中输入"2004-1-3"，系统会自动弹出"输入值非法"提示框，如图 17-67 所示。

序号	时间	员工姓名
0001	2005/1/3	陈叙
0002	2005/1/4	刘莉
0003	2005/1/10	孙渠
0004	2005/1/14	屈若
0005	2005/1/29	贺小
0006	2005/2/1	罗列
0007	2005/2/5	张磊
0008	2005/2/18	舒小玲
0009	2005/2/27	杜帆
0010	2005/2/27	杨柳
0011	2005/3/1	许可
0012	2005/3/3	李映
0013	2005/3/15	肖李因
0014	2005/3/20	胡林涛
0015	2005/3/21	伍小麦
0016	2005/4/1	张磊
0017	2005/4/2	屈若
0018	2005/4/20	罗列
0019	2005/5/29	许可

图 17-65　数据有效性

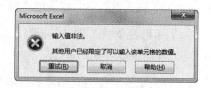

图 17-66 "数据有效性"对话框　　　　　　　图 17-67 输入值非法

步骤6 选中"所属部门"列，单击"数据">"数据工具">"数据验证">"数据验证"选项，在打开的"数据验证"对话框的"允许"下拉列表中选择"序列"，如图 17-68 所示。

步骤7 在"来源"文本框中输入"研发部,销售部,企划部,秘书处,行政部"，如图 17-69 所示。

图 17-68 选择"序列"　　　　　　　　　　图 17-69 来源

步骤8 单击"确定"按钮确认对单元格数据有效性所做的设置，返回工作表中，如图 17-70 所示。

步骤9 选定单元格时，右侧会出现下拉列表按钮，单击下拉列表按钮，在设置的序列中选择符合员工的部门即可，如图 17-71 所示。

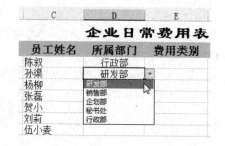

图 17-70 设置所属部门数据验证　　　　　　图 17-71 下拉列表

步骤10 将所有员工隶属的部门在下拉列表中选择填写，按照步骤 5 和步骤 6 所述的方法对"费用类别"列进行相同的设置，最后效果如图 17-72 所示。

	A	B	C	D	E	F	G
1				企业日常费用表			
2	序号	时间	员工姓名	所属部门	费用类别	金额	备注
3	0001	2005/1/3	陈叙	行政部	办公费	700.00	打印机墨盒
4	0003	2005/1/10	孙渠	研发部	办公费	350.00	打印机墨盒
5	0010	2005/2/27	杨柳	研发部	办公费	800.00	办公书柜
6	0007	2005/2/5	张磊	企划部	办公费	350.00	打印机墨盒
7	0005	2005/1/29	贺小	秘书处	办公费	50.00	办公用笔
8	0002	2005/1/4	刘莉	秘书处	办公费	250.00	打印纸
9	0015	2005/3/21	伍小麦	秘书处	办公费	700.00	墨盒
10	0006	2005/2/1	罗列	销售部	差旅费	1,300.00	江苏
11	0018	2005/4/20	罗列	销售部	差旅费	2,000.00	
12	0004	2005/1/14	昆若	销售部	差旅费	2,100.00	广州
13	0012	2005/3/3	李映	销售部	差旅费	2,100.00	湖北
14	0008	2005/2/18	舒小玲	销售部	差旅费	2,500.00	上海
15	0017	2005/4/19	昆若	销售部	差旅费	2,500.00	北京
16	0014	2005/3/20	胡林涛	研发部	差旅费	1,200.00	西安
17	0013	2005/3/15	肖李因	研发部	差旅费	2,500.00	深圳
18	0011	2005/3/1	许可	企划部	宣传费	1,300.00	在商报上做广告
19	0009	2005/2/27	杜帆	销售部	招待费	1,000.00	鑫宁宾馆
20	0016	2005/4/1	张磊	企划部	招待费	500.00	电影费
21	0019	2005/5/29	许可	企划部	招待费	900.00	世外桃源农家乐

图 17-72　最终效果

2. 对企业日常费用表数据进行排序

（1）默认顺序排序

孙阳使用默认顺序对企业日常费用表进行排序，具体操作步骤如下所述。

步骤 1 这里对"费用类别"进行排序。单击任意单元格，单击"数据">"排序和筛选">"排序"按钮，如图 17-73 所示。

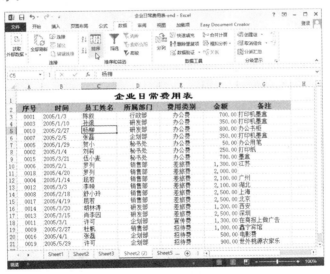

图 17-73　排序

步骤 2 弹出"排序"对话框，在对话框中单击"主要关键字"旁的下拉三角形按钮，在弹出的下拉列表中用户可以选择"费用类别"列，然后在其右侧单击选中"降序"单选项，如图 17-74 所示。

步骤 3 单击"确定"按钮，关闭"排序"对话框，返回工作表中，此时费用表排序后的效果如图 17-75 所示。

图 17-74　"排序"对话框

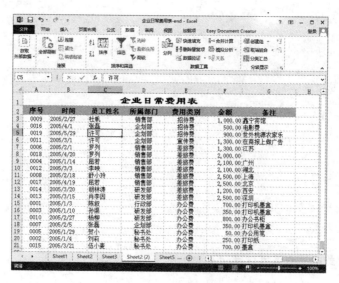

图 17-75　排序后效果

（2）对数据清单排序

在如图 17-75 所示的排序结果中，可以看出根据单个依据进行的排序后的结果仍有不足之处，在对"费用类别"进行排序后，"所属部门"和"金额"的情况仍然没有顺序规律，无法更好地分析数据，此时只需设置多个关键字。

步骤 1 打开"排序"对话框后，在"排序"对话框中设置"主要关键字"为"所属部门"，设置"次要关键字"为"费用类别"，设置"第三关键字"为"金额"，然后均选中"降序"单选项，其余保持系统默认设置，如图 17-76 所示。

步骤 2 单击"确定"按钮，关闭"排序"对话框，返回工作表中，此时工作表中的数据便会按照"所属部门"进行排序，再按"费用类别"进行排序，再在此基础上按照"金额"的多少进行排序，最后排序结果如图 17-77 所示。

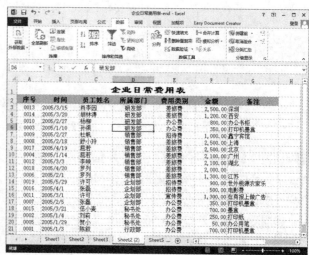

图 17-76　设置排序　　　　　　　　　　　　图 17-77　排序后效果

提示

这里的所属部门排序是按第一个字的拼音字母降序排列的，例如，研发部的"研"的第一个字母 y 排在销售部"销"的 x 后面，因此研发部排在销售部的前面。

（3）自定义排序

上两节的排序都是按照拼音字母的前后或者按照数字的大小前后顺序排列的，但在实际的应用中这样的排序并不能完全满足用户的需要，例如需要按"行政部"、"销售部"、"研发部"、"企划部"、"秘书部"的顺序，或各部门费用多少来排序，但前面介绍的方法中并没有此类排序方法，所以上述要求难以实现。由于已经知道各项费用的金额，孙阳通过自定义排序来解决以上问题，具体操作步骤如下。

步骤 1 单击"开始">"编辑">"排序和筛选">"自定义排序"选项，如图 17-78 所示。

步骤 2 在"排序"对话框中单击"升序"下三角按钮，选择"自定义序列"，打开"自定义排序"对话框，如图 17-79 所示。

图 17-78 自定义排序

图 17-79 "自定义排序"对话框

步骤 3 各个部门的费用按照"行政部"、"销售部"、"研发部"、"企划部"、"秘书处"的顺序由多到少排列，并按此顺序将各个部门输入"自定义序列"选项卡中的"输入序列"列表框中，每输入一个需按 Enter 键换行，如图 17-80 所示。

步骤 4 单击对话框中右侧的"添加"按钮，刚才自定义的序列就添加至左侧的"自定义序列"列表框中，如图 17-81 所示。

图 17-80 输入序列

图 17-81 添加

如果用户想删除某些序列，只需在左侧的"自定义序列"列表框中选择所要删除的序列名称，然后单击"删除"按钮即可，如图 17-82 所示。

图 17-82　删除

步骤 5 在确认刚才的输入后，单击"确定"按钮，返回工作表中，如图 17-83 所示。

序号	时间	员工姓名	所属部门	费用类别	金额	备注
			企业日常费用表			
0001	2005/1/3	陈叙	行政部	办公费	700.00	打印机墨盒
0009	2005/2/27	杜帆	销售部	招待费	1,000.00	鑫宁宾馆
0008	2005/2/18	舒小玲	销售部	差旅费	2,500.00	上海
0017	2005/4/19	屈若	销售部	差旅费	500.00	北京
0004	2005/1/14	屈若	销售部	差旅费	2,100.00	广州
0012	2005/3/3	李映	销售部	差旅费	2,100.00	湖北
0018	2005/4/20	罗列	销售部	差旅费	2,000.00	
0006	2005/2/1	罗列	销售部	差旅费	1,300.00	江苏
0013	2005/3/15	肖李因	研发部	差旅费	2,500.00	深圳
0014	2005/3/20	胡林涛	研发部	办公费	1,200.00	西安
0010	2005/2/27	杨柳	研发部	办公费	800.00	办公书柜
0003	2005/1/10	孙渠	研发部	办公费	350.00	打印机墨盒
0019	2005/5/29	许可	企划部	招待费	900.00	世外桃源农家乐
0016	2005/4/1	张磊	企划部	办公费	200.00	电影费
0011	2005/3/1	许可	企划部	宣传费	1,300.00	在商报上做广告
0007	2005/2/5	张磊	企划部	办公费	350.00	打印机墨盒
0015	2005/3/21	伍小麦	秘书处	办公费	700.00	墨盒
0002	2005/1/4	刘莉	秘书处	办公费	250.00	打印纸
0005	2005/1/29	贺小	秘书处	办公费	50.00	办公用笔

图 17-83　返回工作表

步骤 6 打开"排序"对话框，单击对话框中的"选项"按钮，打开"排序选项"对话框，如图 17-84 所示。

步骤 7 对话框中的其他选项保持系统默认设置，单击"确定"按钮返回"排序"对话框中，然后设置"主要关键字"为"所属部门"，设置"次要关键字"为"金额"，如图 17-85 所示。

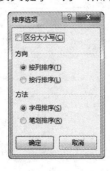

图 17-84　排序选项

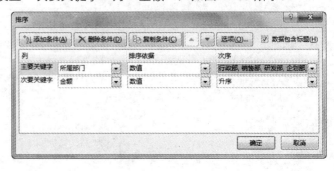

图 17-85　排序

步骤 8 此时，单击"确定"按钮，就完成了对工作表的自定义排序工作，如图 17-86 所示。

图 17-86　排序效果

3. 筛选日常费用表记录

步骤 1 选定单元格 D3:F21 区域，然后单击"数据">"排序和筛选">"高级"按钮，如图 17-87 所示。

步骤 2 弹出"高级筛选"对话框，在对话框中的"方式"文本框中单击"在原有区域显示筛选结果"选项，选定"列表区域"和"条件区域"，如图 17-88 所示。

图 17-87　高级

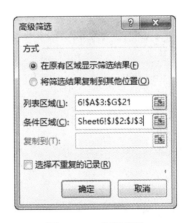

图 17-88　高级筛选

步骤 3 单击"确定"按钮关闭"高级筛选"对话框，返回工作表中，此时可以看到筛选结果，如图 17-89 所示。

技巧

如果需要撤销"高级筛选"，只需选择"数据">"排序和筛选">"筛选">"清除"图标即可。

图 17-89　最终效果

4. 按"费用类别"分类汇总

步骤 1 单击选定数据区域任意单元格，单击"数据">"排序和筛选">"排序"图标，如图 17-90 所示。

步骤 2 弹出"排序"对话框，在"主要关键字"下拉列表中选择"费用类别"，按照"升序"排序，如图 17-91 所示。

图 17-90　排序

图 17-91　升序

步骤 3 单击"确定"按钮，关闭"排序"对话框，返回工作簿中，效果如图 17-92 所示。

步骤 4 单击"数据">"分级显示">"分类汇总"图标，打开"分类汇总"对话框，如图 17-93 所示。

图 17-92　效果

图 17-93　分类汇总

步骤 5 在对话框中的"分类字段"列表框中选择"费用类别",在"汇总方式"列表框中选择"求和",在"选定汇总项"中选择"金额",如图 17-94 所示。

步骤 6 其余保持系统默认设置,单击"确定"按钮关闭对话框,得到的分类汇总结果如图 17-95 所示。

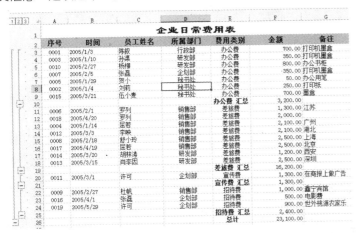

图 17-94   选定汇总项   图 17-95   效果

5. 计算清单最大值

孙阳在原有的数据清单中生成嵌套式分类汇总,在上面的汇总结果的基础上添加"费用类别"的"金额"的最大值,具体操作步骤如下。

步骤 1 在数据清单上选择任意单元格,如图 17-96 所示。

步骤 2 单击"数据">"分级显示">"分类汇总"图标,打开"分类汇总"对话框。在分类汇总对话框中,单击"汇总方式"下拉列表按钮,在下拉列表中选择"最大值",并取消对"替换当前分类汇总"选项选中,如图 17-97 所示。

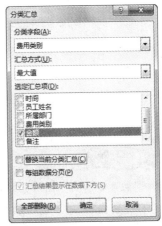

图 17-96   选择任意单元格   图 17-97   选择"最大值"选项

步骤 3 单击"确定"按钮关闭"分类汇总"对话框,返回工作表中,则数据清单添加了最大值的分类汇总,如图 17-98 所示。

1 2 3 4	A	B	C	D	E	F	G
1				**企业日常费用表**			
2	序号	时间	员工姓名	所属部门	费用类别	金额	备注
3	0001	2005/1/3	陈叙	行政部	办公费	700.00	打印机墨盒
4	0003	2005/1/10	孙渠	研发部	办公费	350.00	打印机墨盒
5	0010	2005/2/27	杨柳	研发部	办公费	800.00	办公书柜
6	0007	2005/2/5	张磊	企划部	办公费	350.00	打印机墨盒
7	0005	2005/1/29	贺小	秘书处	办公费	50.00	办公用笔
8	0002	2005/1/4	刘莉	秘书处	办公费	250.00	打印纸
9	0015	2005/3/21	伍小麦	秘书处	办公费	700.00	墨盒
10					办公费 最大值	800.00	
11					办公费 汇总	3,200.00	
12	0006	2005/2/1	罗列	销售部	差旅费	1,300.00	江苏
13	0018	2005/4/20	罗列	销售部	差旅费	2,000.00	
14	0004	2005/1/14	屈若	销售部	差旅费	2,100.00	广州
15	0012	2005/3/3	李映	销售部	差旅费	2,100.00	湖北
16	0008	2005/2/18	舒小玲	销售部	差旅费	2,500.00	上海
17	0017	2005/4/19	屈若	销售部	差旅费	2,500.00	北京
18	0014	2005/3/20	胡林涛	研发部	差旅费	1,200.00	西安
19	0013	2005/3/15	肖李因	研发部	差旅费	2,500.00	深圳
20					差旅费 最大值	2,500.00	
21					差旅费 汇总	16,200.00	
22	0011	2005/3/1	许可	企划部	宣传费	1,300.00	在商报上做广告
23					宣传费 最大值	1,300.00	
24					宣传费 汇总	1,300.00	
25	0009	2005/2/27	杜帆	销售部	招待费	1,000.00	鑫宁宾馆
26	0016	2005/4/1	张磊	企划部	招待费	500.00	电影费
27	0019	2005/5/29	许可	企划部	招待费	900.00	世外桃源农家乐
28					招待费 最大值	1,000.00	
29					招待费 汇总	2,400.00	
30					总计最大值	2,500.00	

图 17-98　效果

步骤 4 对数据清单进行分类汇总后，Excel 2016 会自动按汇总时的分类对数据清单进行分级显示，而且在数据清单的行左侧会出现一些层次按钮 ⊟，这便是分级显示按钮。单击分级显示按钮，它将变为按钮 ⊞，同时将其右侧对应的分类汇总数据结果隐藏起来，因此可以通过控制这两个按钮，将一组或多组分类汇总数据隐藏起来，只保留需要的那部分数据。例如现在只需要"办公费"的各项费用记录，则可以将其他内容都隐藏起来，如图 17-99 所示。

1 2 3 4	A	B	C	D	E	F	G
1				**企业日常费用表**			
2	序号	时间	员工姓名	所属部门	费用类别	金额	备注
3	0001	2005/1/3	陈叙	行政部	办公费	700.00	打印机墨盒
4	0003	2005/1/10	孙渠	研发部	办公费	350.00	打印机墨盒
5	0010	2005/2/27	杨柳	研发部	办公费	800.00	办公书柜
6	0007	2005/2/5	张磊	企划部	办公费	350.00	打印机墨盒
7	0005	2005/1/29	贺小	秘书处	办公费	50.00	办公用笔
8	0002	2005/1/4	刘莉	秘书处	办公费	250.00	打印纸
9	0015	2005/3/21	伍小麦	秘书处	办公费	700.00	墨盒
10					办公费 最大值	800.00	
11					办公费 汇总	3,200.00	
21					差旅费 汇总	16,200.00	
24					宣传费 汇总	1,300.00	
28					招待费 最大值	1,000.00	
29					招待费 汇总	2,400.00	
30					总计最大值	2,500.00	
31					总计	23,100.00	
32							

图 17-99　分级显示

技巧

如果要删除全部的分级显示，只需单击选定数据清单上的任意单元格，然后在菜单栏上选择"数据>分级显示> 取消组合>取消分级显示"选项，即可清除所有的分级显示。

参考文献

【1】刘益杰.《Excel 2010 公式函数与图表》.北京：中国铁道出版社，2012.

【2】曹正松，吴爱好.《高效办公一本通：Excel 公式、函数与图表实战技巧精粹》.北京：机械工业出版社，2013.

【3】陈志民.《Excel2010 函数·公式·图表应用完美互动手册》.北京：清华大学出版社，2014.

【4】罗晓琳，魏艳.《从新手到高手：Excel 图表·公式·函数·数据分析》.北京：中国青年出版社，2014.

【5】一线文化.《Excel 2013 公式·函数·图表与电子表格制作》.北京：中国铁道出版社，2015.

【6】杨小丽.《Excel 公式、函数、图表与数据处理应用大全》.北京：中国铁道出版社，2015.